POINT

측량 및
지형공간정보
기술사

지적기술사

5급
국가공무원
(토목식)

측량 및
지형공간정보
기술사 II

박성규 · 임수봉 · 박종해
강상구 · 송용희 · 이혜진

차례 CONTENTS

PART

07

지도
제작

CHAPTER **01** Basic Frame

CHAPTER **02** Speed Summary

CHAPTER **03** 단답형(용어해설)

CHAPTER **04** 주관식 논문형(논술)

차례 CONTENTS

CHAPTER 05 실전문제

PART

08

지형공간
정보체계
(공간정보
구축 및 활용)

CHAPTER 01 Basic Frame

CHAPTER 02 Speed Summary

CHAPTER 03 단답형(용어해설)

CHAPTER 04 주관식 논문형(논술)

CHAPTER 05 실전문제

차례 CONTENTS

PART 09 응용측량

CHAPTER 05 실전문제

PART 10 수로 및 지적측량

CHAPTER 01 Basic Frame

CHAPTER 02 Speed Summary

CHAPTER 03 단답형(용어해설)

차례 CONTENTS

CHAPTER 04 주관식 논문형(논술)

CHAPTER 05 실전문제

APPENDIX
부록

그림 차례 CONTENTS

PART

08

지형공간
정보체계
(공간정보
구축 및 활용)

그림 차례 CONTENTS

PART

09

응용 측량

그림 차례 CONTENTS

그림 차례 CONTENTS

PART

07

지도 제작

PART

08

지형공간 정보체계
(공간정보 구축 및 활용)

표 차례 CONTENTS

PART 09
응용 측량

PART

10

수로 및
지적측량

PART

07

지도 제작

CONTENTS

CHAPTER

01 Basic Frame

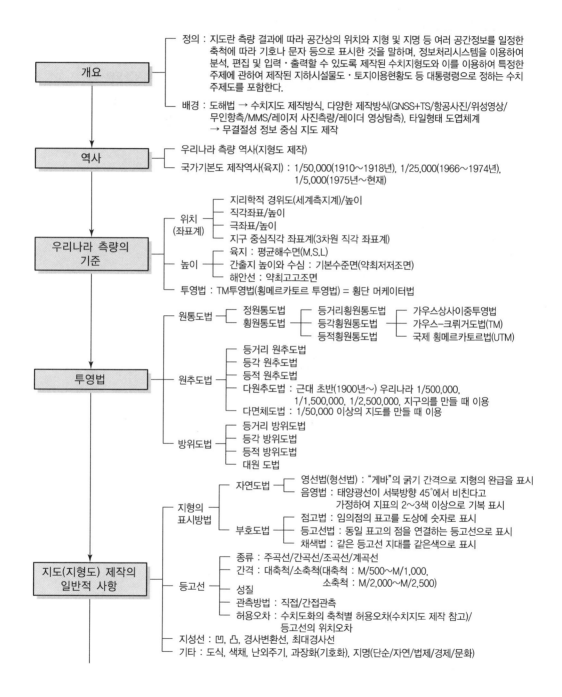

개요
- 정의 : 지도란 측량 결과에 따라 공간상의 위치와 지형 및 지명 등 여러 공간정보를 일정한 축척에 따라 기호나 문자 등으로 표시한 것을 말하며, 정보처리시스템을 이용하여 분석, 편집 및 입력·출력할 수 있도록 제작된 수치지형도와 이를 이용하여 특정한 주제에 관하여 제작된 지하시설물도·토지이용현황도 등 대통령령으로 정하는 수치주제도를 포함한다.
- 배경 : 도해법 → 수치지도 제작방식, 다양한 제작방식(GNSS+TS/항공사진/위성영상/무인항측/MMS/레이저 사진측량/레이더 영상탐측), 타일형태 도엽체계 → 무결절성 정보 중심 지도 제작

역사
- 우리나라 측량 역사(지형도 제작)
- 국가기본도 제작역사(육지) : 1/50,000(1910~1918년), 1/25,000(1966~1974년), 1/5,000(1975년~현재)

우리나라 측량의 기준
- 위치(좌표계)
  - 지리학적 경위도(세계측지계)/높이
  - 직각좌표/높이
  - 극좌표/높이
  - 지구 중심직각 좌표계(3차원 직각 좌표계)
- 높이
  - 육지 : 평균해수면(M.S.L)
  - 간출지 높이와 수심 : 기본수준면(약최저저조면)
  - 해안선 : 약최고고조면
- 투영법 : TM투영법(횡메르카토르 투영법) = 횡단 머케이터법

투영법
- 원통도법
  - 정원통도법
  - 횡원통도법
    - 등거리횡원통도법
    - 등각횡원통도법
    - 등적횡원통도법
      - 가우스상사이중투영법
      - 가우스-크뤼거도법(TM)
      - 국제 횡메르카토르법(UTM)
- 원추도법
  - 등거리 원추도법
  - 등각 원추도법
  - 등적 원추도법
  - 다원추도법 : 근대 초반(1900년~) 우리나라 1/500,000, 1/1,500,000, 1/2,500,000, 지구의를 만들 때 이용
  - 다면체도법 : 1/50,000 이상의 지도를 만들 때 이용
- 방위도법
  - 등거리 방위도법
  - 등각 방위도법
  - 등적 방위도법
  - 대원 도법

지도(지형도) 제작의 일반적 사항
- 지형의 표시방법
  - 자연도법
    - 영선법(형선법) : "게바"의 굵기 간격으로 지형의 완급을 표시
    - 음영법 : 태양광선이 서북방향 45°에서 비친다고 가정하여 지표의 2~3색 이상으로 기복 표시
  - 부호도법
    - 점고법 : 임의점의 표고를 도상에 숫자로 표시
    - 등고선법 : 동일 표고의 점을 연결하는 등고선으로 표시
    - 채색법 : 같은 등고선 지대를 같은색으로 표시
- 등고선
  - 종류 : 주곡선/간곡선/조곡선/계곡선
  - 간격 : 대축척/소축척(대축척 : M/500~M/1,000, 소축척 : M/2,000~M/2,500)
  - 성질
  - 관측방법 : 직접/간접관측
  - 허용오차 : 수치도화의 축척별 허용오차(수치지도 제작 참고)/ 등고선의 위치오차
- 지성선 : 凹, 凸, 경사변환선, 최대경사선
- 기타 : 도식, 색채, 난외주기, 과장화(기호화), 지명(단순/자연/법제/경제/문화)

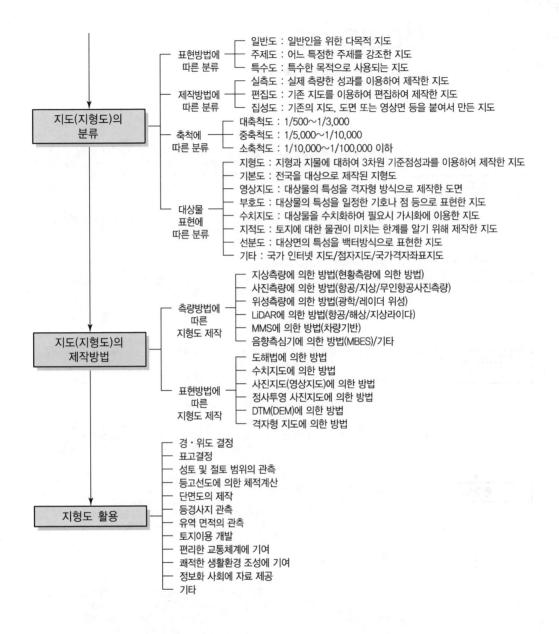

지도(지형도)의 분류
- 표현방법에 따른 분류
  - 일반도 : 일반인을 위한 다목적 지도
  - 주제도 : 어느 특정한 주제를 강조한 지도
  - 특수도 : 특수한 목적으로 사용되는 지도
- 제작방법에 따른 분류
  - 실측도 : 실제 측량한 성과를 이용하여 제작한 지도
  - 편집도 : 기존 지도를 이용하여 편집하여 제작한 지도
  - 집성도 : 기존의 지도, 도면 또는 영상면 등을 붙여서 만든 지도
- 축척에 따른 분류
  - 대축척도 : 1/500~1/3,000
  - 중축척도 : 1/5,000~1/10,000
  - 소축척도 : 1/10,000~1/100,000 이하
- 대상물 표현에 따른 분류
  - 지형도 : 지형과 지물에 대하여 3차원 기준점성과를 이용하여 제작한 지도
  - 기본도 : 전국을 대상으로 제작된 지형도
  - 영상지도 : 대상물의 특성을 격자형 방식으로 제작한 도면
  - 부호도 : 대상물의 특성을 일정한 기호나 점 등으로 표현한 지도
  - 수치지도 : 대상물을 수치화하여 필요시 가시화에 이용한 지도
  - 지적도 : 토지에 대한 물권이 미치는 한계를 알기 위해 제작한 지도
  - 선분도 : 대상면의 특성을 백터방식으로 표현한 지도
  - 기타 : 국가 인터넷 지도/점자지도/국가격자좌표지도

지도(지형도)의 제작방법
- 측량방법에 따른 지형도 제작
  - 지상측량에 의한 방법(현황측량에 의한 방법)
  - 사진측량에 의한 방법(항공/지상/무인항공사진측량)
  - 위성측량에 의한 방법(광학/레이더 위성)
  - LiDAR에 의한 방법(항공/해상/지상라이다)
  - MMS에 의한 방법(차량기반)
  - 음향측심기에 의한 방법(MBES)/기타
- 표현방법에 따른 지형도 제작
  - 도해법에 의한 방법
  - 수치지도에 의한 방법
  - 사진지도(영상지도)에 의한 방법
  - 정사투영 사진지도에 의한 방법
  - DTM(DEM)에 의한 방법
  - 격자형 지도에 의한 방법

지형도 활용
- 경·위도 결정
- 표고결정
- 성토 및 절토 범위의 관측
- 등고선도에 의한 체적계산
- 단면도의 제작
- 등경사지 관측
- 유역 면적의 관측
- 토지이용 개발
- 편리한 교통체계에 기여
- 쾌적한 생활환경 조성에 기여
- 정보화 사회에 자료 제공
- 기타

CHAPTER

02 Speed Summary

01 지도란 어떤 공간을 기호로 나타낸 것으로, 주로 지구의 표면 전체 또는 부분을 일정한 비율로 줄여 평면에 그린 것이다. 국경지도, 종교지도, 역사지도, 전쟁 등 나타내고자 하는 주제에 따라 여러 지도가 있다. 지도의 제작과 관련한 학문을 지도학이라 한다.

02 지형도란 지표면상에 공간의 위치와 지명, 토지의 이용상황, 취락, 도로, 철도 그 밖의 각종 지형·지물 등의 배치 상황을 일정한 축척에 의하여 기호나 문자 등으로 표시한 지도를 말한다.

03 지표면상의 자연 및 인공적인 지물, 지모의 형태와 수평, 수직의 위치관계를 결정하여 그 결과를 일정한 축척과 도식으로 표현한 지도를 지형도라 하고, 한 나라의 가장 기본이 되는 지도로서 국토 전역에 걸쳐 일정한 정확도와 축척으로 제작된 지형도를 국가기본도라 한다.

04 국가기본도는 전국을 대상으로 하여 제작된 지형도 중 규격이 일정하고 정확도가 통일된 것으로서 축척이 최대인 것을 뜻한다. 종래 여러 축척의 지형도 중 1/25,000 지형도가 국가기본도로 지정되었으나, 현재 1/5,000 지형도가 전국을 대상으로 제작되어 실제적으로 1/5,000 지형도를 국가기본도로 보아야 할 것이다.

05 국가기본도가 제4차 산업혁명시대의 핵심 인프라로 자리매김하기 위해서는 기존 국토지리정보원에서 생산되는 제품과 이를 생산하기 위한 업무프로세스의 변화가 필요한 시점이다. 하나의 원천 DB 중심의 생산·관리체계, 다양한 방법을 이용하여 국토변화정보의 최신성 확보, 제품별 일관된 품질 확보 및 객체별 이력관리, 대량 맞춤체계 지원을 위한 자동생산 등과 같이 현재 국가기본도 체계를 혁신하기 위한 패러다임이 필요하다.

06 기존의 지도라는 개념은 건물과 도로처럼 시간적으로 변화가 적은 정보를 의미했다. 하지만 앞으로는 교통규제와 사고, 정체 등 수시로 변하는 동적인 정보 등도 포함된다. 이처럼 시간적인 변화가 다른 정보를 효율적으로 관리하기 위해 지도 정보를 시간변화의 정도에 따라 계층화하고 그것들을 복합적으로 관리하는 동적 지도 방법이 검토되고 있다.

07 주제도란 특정한 목적으로 사용하기 위하여 지형도 및 주제도 등을 이용하여 특정 주제가 강조되도록 제작한 지도로서 도로지도나 관광안내지도 등의 생활지도와 생태자연도, 토지피복도, 임상도 등의 학술 또는 행정목적 지도로 구분할 수 있다.

08 최근의 지형도 제작은 GNSS나 토털스테이션에 의한 지상측량, 항공사진측량에 의한 방법, 지상사진측량이나 고해상도 위성 영상을 이용하는 방법 등이 있으며, 종래 도해법에 의한 지도 제작방식에서 수치지도 제작방식으로 완전히 전환되었다.

09 종래의 지형도가 점과 선을 통하여 종이 위에 만들어진 시대에서 점과 선 대신 부호화와 수치화하여 컴퓨터 속에 저장되고, 디지털 영상을 이용한 수치표고모델의 자동 생성은 오차를 최소화하고 도화사의 노력과 시간을 획기적으로 줄여주어 모든 지형도 작업이 빠르게 자동화되었다.

10 지형도는 위치결정, 방향결정, 거리결정, 경사결정, 면적계산, 체적계산 및 단면도 작성, 토지이용 개발, 편리한 교통체계에 기여, 쾌적한 생활 환경조성에 기여, 정보화 사회에 자료 제공 등에 이용된다.

11 지형도는 일정한 축척과 면적으로 제작되며, 각각의 지형도에는 고유한 명칭인 도엽명이 부여되고 있다. 일반적으로 도엽명은 지형도가 나타내는 지역의 대표적인 행정명이나 지명을 따라서 부여한다.

12 투영이란 가상의 지구 표면인 곡면을 평면 상에 재현하는 것을 말하며, 지구 표면의 일부에 국한하여 얻어진 측량의 결과를 평평한 종이 위에 어떤 모양으로 표시할 수 있는가를 취급하는 수학적 기법을 말한다. 투영법은 지도제작방법에 따른 투영법, 지도에 표현된 지점들이 어떤 성질을 갖는가에 따른 투영성질에 따른 도법, 어떠한 면에 투영하여 지도를 만드는가 하는 투영면 형태에 따른 도법, 그리고 투영축에 따른 투영도법 등으로 구분된다.

13 횡원통도법(Transverse Cylindrial Projection)은 적도에 지구와 원통을 접하여 투영하는 것으로 길이가 정확히 투영되는 곳은 적도 부근이며, 경선에 원통을 접하여 투영하는 방법을 총칭하여 횡원통도법이라 한다. 횡원통도법에는 등거리횡원통도법, 등각횡원통도법, 가우스상사이중투영법, 가우스-크뤼거도법, 국제횡메르카토르도법 등이 있다.

14 지형음영이란 지형도를 작성할 때 태양광이 지표면을 비칠 경우 음영의 상태를 이용하여 지표면의 입체감을 나타내는 방법으로, 부호적 방법의 일반 지도에 비해 산이나 골짜기 등을 보다 사실적으로 볼 수 있는 장점이 있다.

15 지형은 다수의 평면, 즉 凸선, 凹선, 경사변환선 및 최대경사선으로 이루어졌다고 생각할 때 이 평면의 접합부를 지성선이라 하며 일명 지세선이라고도 한다.

16 수치지형도란 측량 결과에 따라 지표면 상의 위치와 지형 및 지명 등 여러 공간정보를 일정한 축척에 따라 기호나 문자, 속성 등으로 표시하여 정보시스템에서 분석, 편집 및 입력·출력할 수 있도록 제작된 것(정사영상지도는 제외한다)을 말한다.

17 국토지리정보원에서 수치지도 ver1.0의 단점을 검토 보완하여 새로 마련한 수치지형도를 수치지도 ver2.0이라 한다. 2004년부터 제작되는 수치지형도는 수치지도 ver2.0 기준에 의해 작성되고 있다.

18 국토지리정보원에서는 수치지형도를 수치지형도 1.0과 2.0으로 나누어 제작하고 있으며, 이는 속성정보를 가지고 있느냐 없느냐가 큰 차이점이다. 수치지형도 1.0은 정위치 편집이 수행된 파일이고, 수치지형도 2.0은 정위치 편집, 구조화 편집이 수행된 파일이다.

19 정위치 편집이란 지리조사 및 현지측량에서 얻어진 자료를 이용하여 도화 데이터 또는 지도 입력 데이터를 수정·보완하는 작업을 말한다.

20 구조화 편집이란 데이터 간의 지리적 상관관계를 파악하기 위하여 지형·지물을 기하학적 형태로 구성하는 작업을 말한다.

21 연속수치지도란 단순히 수치지도의 도엽을 붙여놓은 것이 아닌 도엽 간의 시스템체계를 일원화시켜 도로, 건물 등의 객체가 연계된 데이터베이스로서, 이용자는 사용자 목적에 맞게 행정구역, 도로, 하천, 건물 등 객체 단위로 활용이 가능하게 되어 각종 GSIS 시스템 등에 별도의 편집 없이 직접 사용 가능한 지도를 말한다.

22 온맵(On-Map)은 대국민 공모전을 통해 선정된 전자문서(PDF) 형식의 전자지도로 "온"의 '꽉 찬', '전체의', '완전한' 및 "On"의 '지도 위에 다양한 정보를 얹을 수 있는' 지도라는 의미이다. 온맵은 사용자가 가지고 있는 정보를 추가하거나 원하는 지역에 대한 다양한 편집 기능을 통해 맞춤형 지도 제작이 가능해 단골고객, 등산로 표기 등 국민편의 및 생활지원에 까지 널리 이용될 것으로 예상된다.

23 점자지도는 지형도의 주요 지형·지물 및 지리정보를 돌출된 선과 양각면, 음각면, 점자, 촉지기호 등으로 간략하게 표시하여 만져서 알 수 있는 지도를 말하며, 넓은 의미의 촉지도(Tactile Map)로 볼 수 있다.

24 사용자 참여형 지도는 사용자들이 직접 참여해 지도를 만드는 위키피디아 방식의 지도를 말한다. 위키피디아에서 착안한 사용자 참여형 지도는 위성측위시스템(GNSS)이 장착된 스마트폰을 사용하는 사람들이 아무런 사전지식 없이도 세계지도를 만들 수 있게 도와준다.

25 효율적인 국토관리 및 공간정보구축과 활용을 위한 기본도 제작을 위해 수치지도(지형도)와 지적도의 연계·활용이 이루어져야 한다. 하지만 우리나라의 지형도와 지적도는 서로 다른 투영법과 좌표계 및 기준점에서 출발하였기 때문에 수치지도와 지적도를 연계·활용하기에는 많은 어려움이 있다.

26 POI(Point Of Interest)는 관심지점에 대한 정보이다. 즉, 주요 시설물, 역, 공항, 터미널, 호텔 등을 좌표로 전자 수치지도에 표시하는 데이터를 의미한다. 이러한 관심지점을 지도 위에 표시될 수 있도록 하며 입력된 정보를 통해 사용자들이 원하는 위치의 정보를 쉽고 빠르게 찾는 데 목적을 두고 있다.

27 모바일 매핑시스템(Mobile Mapping System)이란 이동체에 장착된 센서를 통하여 수집한 데이터와 별도로 측량한 지상기준점 정보를 연합하여 지형·지물의 위치와 형상을 측정하는 시스템이다. 대도시 지역 내의 고층건물지역 측량에서 지상 MMS의 차량기반 멀티센서 측량시스템을 이용하여 국가기본도 수정 및 각종 지리정보 구축에 도입·적용하기 위하여 2010년부터 연차적 사업을 추진했으며, 대축척지도의 수정·갱신에 활용할 수 있는 정확도를 확보하기 위해 시도되고 있다.

28 재해지도는 자연재해로부터 안전하도록 개발계획을 수립하고 재해 발생 시에는 신속한 주민 대피에 활용되는 지도로서, 수치지도와 지적도 등의 기본 도형자료에 침수와 관련된 각종 정보를 수록하여 제작하며, 그 종류로는 침수흔적도, 침수예상도 및 재해정보지도 등이 있다.

29 드론길은 드론의 안전한 비행에 필요한 3차원 정밀공간정보와 비행에 방해되는 장애물 정보를 포함한 새로운 개념의 3차원 공간정보 기반의 드론 경로를 의미한다. 이 지도가 만들어지면 고층 건물이나 송전탑, 전신주, 고압선 같은 비행에 방해되는 장애물을 드론이 미리 인식해 안전하게 비행할 수 있을 것으로 예상된다.

30 지하공간통합지도는 지하공간을 개발·이용·관리함에 있어 기본이 되는 지하시설물, 지하구조물, 지반정보를 3D기반으로 통합·연계한 지도로 지하시설물은 상·하수도, 통신 등 관로형태로 땅속에 매설된 시설물을 의미하며, 지하구조물은 지하철, 공동구 등 콘크리트 구조물 형태의 시설물, 지반정보는 지하 지층구조를 확인할 수 있는 시추, 지질 등으로 구성된다.

CHAPTER **03** 단답형(용어해설)

01 등각도법(Conformal Projection)/등적도법(Equal – Area Projection)

1. 개요

투영법은 모든 지점들이 어떤 성질을 갖느냐에 따라 등각도법(Conformal Projection), 등적도법(Equal – Area or Equivalent Projection), 경선을 따라 거리가 정확히 나타나는 등거리도법(Equidistance Projection)으로 나누어진다. 대원이 직선으로 표시되는 대원도법도 여기에 포함시키기도 한다.

2. 지도투영법의 분류

지도투영법은 지도제작방법에 따른 도법, 지도에 표현된 지점들이 어떤 성질을 갖는가에 따른 투영성질에 따른 도법, 어떠한 면에 투영하여 지도를 만드는가 하는 투영면 형태에 따른 도법, 그리고 투영축에 따른 도법 등으로 구분된다.

[표 7-1] **지도투영법의 분류**

투영방법	투영식	투영 형태	투영축	투영 성질
투시도법	직각좌표	원통도법	정축법	등각도법
		원추도법	사축법	등적도법
비투시도법	극좌표			등거리도법
		방위도법	횡축법	대원도법

3. 등각도법

등각도법(Conformal Projection)이란 지구 위의 두 선이 교차하는 각이 지도 위에 동일하게 나타나도록 고안한 지도투영법을 말한다. 지구에서 경선과 위선은 항상 직각으로 교차하므로, 등각도법으로 만든 지도에서 경선과 위선은 직각으로 교차한다. 우리나라 지형도와 지적도는 등각도법을 채택하고 있다.

4. 등적도법

등적도법(Equivalent Projection)이란 지구상의 면적과 지도상의 면적이 동일하게 유지되도록 하는 투영법이다. 등적성을 유지하기 위해서는 경선과 위선을 따라 지도의 축척을 조정해야 한다. 즉, 경선과 위선이 직각으로 교차하지 않고, 형상의 왜곡이 발생하는데, 왜곡도는 지도의 주변부로 갈수록 심화된다. 통계지도나 지도첩을 제작할 때 적합한 투영법이다.

5. 등거리도법

등거리도법(Equidistance Projection)이란 지구타원체상에서와 같은 거리 관계를 지도상에서도 그대로 유지하도록 하는 투영법으로, 등거리 방향은 투영의 중심에서만 방사상으로 나타난다.

---

02 횡원통도법(Transverse Cylindrical Projection)

1. 개요

지도투영법을 분류하는 가장 중요한 기준은 「투영면의 종류」와 「투영성질」이며, 실질적으로 이 두가지 기준으로 「투영집합」이라는 것이 결정된다. 투영면의 종류에 따라 원통도법, 원추도법, 방위도법(평면도법), 기타 도법 등이 있으며, 원추도법과 평면도법은 대축척 지도제작, 세계지도와 같은 소축척 지도에는 원통도법과 기타 도법이 사용된다. 원통도법(Cylindrical Projection)은 적도에 지구와 원통을 접하여 투영하는 것으로 길이가 정확히 투영되는 곳은 적도 부근이며, 경선에 원통을 접하여 투영하는 방법을 총칭하여 횡원통도법이라 한다. 횡원통도법에는 등거리횡원통도법, 등각횡원통도법, 가우스상사이중투영법, 가우스-크뤼거도법, 국제횡메르카토르도법 등이 있다.

2. 횡원통도법의 종류와 특징

(1) 등거리횡원통도법(Transverse Cylindrical Equal Spaced Projection)
① 한 중앙점으로부터 다른 한 점까지의 거리가 같게 나타내는 투영법으로 원점으로부터 동심원 길이가 같게 재현한 방법이다.
② y의 값을 지구상의 거리와 같게 하는 도법을 말한다.
③ 현재 프랑스 지도의 기초가 되었고 유럽의 구식 지형도에 널리 이용되었다.

(2) 등각횡원통도법(Transverse Cylindrical Orthomorphic Projection)
① 지도상의 어느 곳에서도 각의 크기가 동일하게 표현되는 투영법이다.

② 소규모 지역에서 바른 형상을 유지하며 두 점 간의 거리가 다르고 지역이 클수록 부정확하다.

③ 실제 지도에는 이용되지 않았지만 가우스 이중투영의 기초가 되었다.

④ 가우스상사이중투영법과 가우스－크뤼거도법을 이해하는 데 필요하다.

(3) 가우스상사이중투영법(Gauss Conformal Double Projection)

① 타원체에서 구체로 등각 투영하고 이 구체로부터 평면으로 등각 횡원통 투영하는 방법이다.

② 지구 전체를 구에 투영하는 경우와 일부를 구에 투영하는 방법이 있으며, 전자는 소축척 지도에 후자는 대축척 지도와 측량의 경우에 이용되었다.

③ 우리나라의 지적도 제작에 이용되었다.

(4) 가우스－크뤼거도법(Gauss－Krüger's Projection or TM)

① 회전타원체로부터 직접 평면으로 횡축 등각 원통도법에 의해 투영하는 방법을 말한다.

② 오늘날 횡메르카토르도법(TM : Transverse Mercator Projection)이라 한다.

③ 원점을 적도상에 놓고 중앙 경선을 x축, 적도를 y축으로 한 투영으로 축상에서는 지구상의 거리와 같다.

④ 투영범위는 중앙 경선으로부터 넓지 않은 범위에 한정한다.

⑤ 넓은 지역에 대해서는 지구(地區)를 분할하여 지구 각각에 중앙 경선을 설정하여 투영한다.

⑥ 투영식은 타원체를 평면의 등각 투영이론에 적용함으로써 구할 수 있다.

⑦ 지구 표면상의 모든 점을 x축, y축의 측지 좌표상의 점으로 표시 가능하다.

⑧ 이 도법의 좌표 투영식은 $x = R\cot^{-1}(\cos\phi\cos\lambda)$, $y = \dfrac{R}{2}\log\dfrac{1+\cos\phi\sin\lambda}{1-\cos\phi\sin\lambda}$ 이다.

⑨ 우리나라의 지형도 제작에 이용되었으며, 우리나라와 같이 남북이 긴 형상의 나라에 적합하다.

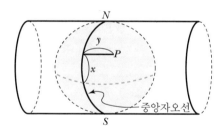

[그림 7－1] 횡메르카토르 투영 개념도

(5) 국제횡메르카토르도법(UTM : Universal Transeverse Mercator Projection)

① 지구를 회전타원체로 보고 80°S~84°N(또는 80°S~80°N)의 투영범위를 경도 6°, 위도 8°씩 나누어 투영한다.

② UTM 좌표는 제2차 세계대전에 이용되었다.

③ 투영방식 및 좌표변환식은 가우스－크뤼거(TM)도법과 동일하나, 원점에서의 축척계수를

0.9996으로 하여 적용범위를 넓혔다.

④ 지도 제작 시 구역의 경계가 서로 30′씩 중복되므로 접합부에 빈틈이 생기지 않는다.

⑤ 우리나라 1/50,000 군용지도에 사용한다.

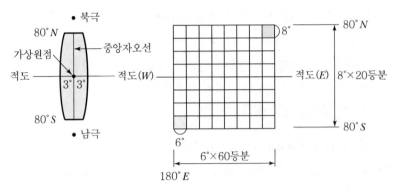

[그림 7-2] UTM 좌표계 개념도

3. 가우스상사이중투영과 횡메르카토르 투영의 비교

가우스상사이중투영법은 지구를 원으로 가정하여 평면상에 투영하는 방법으로 원점에서 멀어질
수록 커다란 오차를 지니고 있다. 지구를 회전타원체로 가정하여 평면상에 투영하는 횡메르카토
르 투영과 가우스상사이중투영을 비교·분석하면 다음과 같다.

(1) 두 투영법의 좌표오차

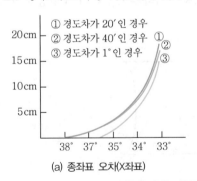

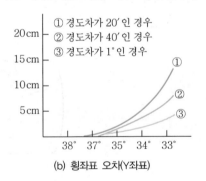

[그림 7-3] 가우스상사이중투영과 횡메르카토르 투영의 비교

(2) 결과분석

① 원점이 위치한 38°, 37° 및 36° 지역은 거의 오차가 없음

② X좌표 오차는 위도차가 클수록 오차가 증가하여 경도차가 20′인 경우 33° 지역에서는 약
19cm까지 오차가 발생

③ X좌표 오차는 경도차가 클수록 X좌표의 오차는 조금씩 감소

④ Y좌표 오차는 위도차와 경도차가 클수록 오차가 크게 발생함

⑤ Y좌표 오차도 역시 38°, 37° 및 36° 지역에서는 거의 오차가 없음

⑥ 33° 지역에서는 경도차가 1°일 때 13cm 오차가 발생

⑦ 가우스상사이중투영법에서 횡메르카토르 투영으로 바꿀 경우 X좌표에서는 최대 17~19cm, Y좌표에서는 4~13cm까지 오차를 줄일 수 있음

03 지도의 일반적 특성

1. 개요

지표면상의 자연 및 인공적인 지물, 지모의 형태와 수평, 수직의 위치관계를 결정하여 그 결과를 일정한 축척과 도식으로 표현한 지도를 지형도라 하고, 한 나라의 가장 기본이 되는 지도로서 국토 전역에 걸쳐 일정한 정확도와 축척으로 제작된 지형도를 국가기본도라 한다. 이 지형도는 표현 내용, 제작방법, 축척, 지형표현방법에 따라 다음과 같이 구분된다.

2. 표현내용에 따른 구분

지도는 그 표현내용에 따라 일반도, 주제도, 특수도로 구분할 수 있다.

(1) 일반도(지형도)

지표면상 공간의 위치와 지명, 토지의 이용상태, 취락, 도로, 철도 그 밖의 각종 지형·지물 등의 배치상황을 일정한 축척에 의하여 기호나 문자 등으로 표시한 지도를 말한다.

① 일반인을 위한 다목적지도

② 자연, 인문, 사회 상황을 정확하고 상세하게 표현

③ 1/5,000 및 1/50,000 국토기본도, 1/25,000 토지이용도, 1/250,000 지세도, 1/1,000,000 대한민국전도 등

(2) 주제도

특정한 목적으로 사용하기 위해서 지형도 및 다른 주제도 등을 이용하여 특정주제가 강조되도록 제작된 지도로서 도로지도나 관광안내지도 등의 생활지도와 토지피복도, 임상도 등의 학술 또는 행정목적지도로 구분할 수 있다.

① 특정한 주제를 강조하여 표현한 지도

② 일반도를 기초로 하여 일정한 색채 또는 기호를 사용하여 표시

③ 토지이용도, 지질도, 토양도, 산림도, 관광도, 교통도, 통계도, 도시계획도 등

(3) 특수도

특수한 사용목적을 위하여 측량 또는 기 제작된 지도(지형도)를 목적에 맞게 편집하여 제작된 지도이다.
① 특수한 목적에 사용되는 지도
② 항공도, 해도, 대권항법도, 천기도, 점자지도, 사진지도, 입체모형지도 등

3. 제작방법에 따른 구분

지도제작방법에 따라 실측도, 편집도, 집성도로 구분된다.

(1) 실측도

지상측량·항공사진측량으로 직접 지형측량을 시행하여 얻은 측량원도에서 작성한 지도를 말한다.
① 실제 측량한 성과를 이용하여 제작한 지도
② 1/5,000 및 1/50,000 국토기본도, 지적도, 공사용 대축척지도 등

(2) 편집도(편찬도)

실제의 측량에 근거하여 제작되는 실측도에 비하여, 실제 측량을 수행하지 않고 기존에 제작된 실측도와 기타 통계자료, 지리 등에 근거하여 편찬, 제작되는 지도를 말한다.
① 기존 지도를 이용하여 편집, 제작
② 대축척지도로부터 소축척지도로 편집하는 것이 원칙
③ 1/50,000 지형도 및 1/250,000 지세도는 각각 1/25,000 및 1/5,000 지형도를 모체로 하는 편집도

(3) 집성도

① 기존의 지도, 도면 또는 영상(사진) 등을 이어 붙여서 만든 지도
② 항공사진을 집성한 사진집성지도

4. 축척에 따른 구분

축척에 따라서는 대축척, 중축척, 소축척도로 구분되는데, 명확하게 구별하기는 어려우나 일반적으로 대축척도는 축척 1/500~1/3,000 이상, 중축척도는 1/5,000~1/10,000, 소축척도는 1/10,000~1/100,000 이하를 말한다.

5. 지형표현에 따른 구분

지형도에 의한 지형표현법은 자연적 도법과 부호적 도법으로 구분할 수 있으며, 최근의 지형도는
이들 기법을 모두 함께 쓰고 있다.

(1) 자연도법

태양광선이 지표면을 비칠 때에 생긴 명암의 상태를 이용하여 지표면의 입체감을 나타내는 방
법으로 영선법과 음영법으로 구분된다.

① 영선법(Hachuring) : '게바'라고 하는 선을 이용하여 지표의 기복을 표시하는 방법으로 기
복의 판별은 좋으나 정확도가 낮다.

② 음영법(Shading) : 태양광선이 서북방향 45°에서 빛이 비친다고 가정하여 지표의 기복을
2~3색 이상으로 기복을 표시한다.

(2) 부호도법

일정한 부호를 사용하여 지형을 세부적으로 정확히 나타내는 방법으로 점고법, 등고선법, 채
색법으로 구분된다.

① 점고법(Spot System) : 지표면상에 있는 임의 점의 표고를 도상에 숫자로 표시하는 방법으
로 하천 및 해양 등의 수심 표시에 주로 이용한다.

② 등고선법(Contour System) : 동일 표고의 점을 연결하는 등고선에 의해 지표를 표시하는
방법으로 토목에서 가장 널리 이용하고 있다.

③ 채색법(Layer System) : 같은 등고선 지대를 같은 색으로 표시하는 방법으로 지리관계의
지도에 주로 이용된다.

---

04 지형음영(Hill Shading)

1. 개요

지형음영이란 지형도를 작성함에 있어 태양광이 지표면을 비칠 때 생기는 음영의 상태를 이용하
여 지표면의 입체감을 나타내는 방법으로, 부호적 방법의 일반 지도에 비해 산이나 골짜기 등을
보다 사실적으로 볼 수 있는 장점이 있다.

2. 지형의 표시 방법

(1) 자연적 도법

태양광에 의한 음영의 상태를 이용하여 지표면의 입체감을 표현한다.

① 영선법(게바법) : 게바(단선)의 굵기 간격으로 지형의 완급 표시

② 음영법 : 서북쪽 상공 45°에서 태양광을 비출 때 생기는 그림자로 지형기복 표시

(2) 부호적 도법

일정한 부호를 사용하여 지형을 세부적으로 표현한다(일반지도).

① 점고법 : 해도 등과 같이 표고를 숫자로 표시

② 등고선법 : 등고선으로 지형의 기복 표시

③ 단채법(채색법) : 등고선의 높이에 따라 다른 색깔로 채색을 하여 지표면의 고저 표시

3. 음영법(명암법)의 특징

(1) 지형기복에 대한 정성적 표현법(지표면의 고도만을 이용하여 작성)이다.

(2) 표고값은 알 수 없으나 지형을 쉽게 파악할 수 있다.

(3) 광원을 서북쪽 45°에 설정함으로써 실제의 태양 위치보다는 인간의 지각에 바탕을 둔다.

(4) TIN으로부터 음영기복도를 제작하는 과정은 격자 대신 삼각형에서 반사량이 정해지는 것 외에는 격자형 DEM에서와 동일하다.

4. 음영법의 이용

(1) 비숙련자도 지형기복의 직관적인 해석이 가능하다.

(2) DEM 제작 시 생성된 DEM 자료를 음영기복도 및 등고선을 생성한 후, 이미 제작된 수치지도와 중첩하여 표고값 및 지형자료유형 등에 대한 오류의 확인 및 수정이 가능하다.

5. 음영기복도(Shaded Relief Image)

(1) 음영기복도는 지형의 표고에 따른 음영효과를 이용하여 지표면의 높낮이를 3차원으로 보이도록 만든 영상 및 지도를 말한다.

(2) 음영기복도는 DEM과 같은 3차원 데이터를 이용하여 작성한다.

(3) 사용자가 정의한 태양의 방위값과 고도값에 따라 지형을 표현한다.

(4) 태양이 비치는 곳은 밝게, 그림자 부분은 어둡게 표시한다.

지명(Geographical Name)

1. 개요

사람에게 인명이 있는 것과 같이 토지에는 지명이 있다. 토지에 지명을 정하여 붙여 놓는 것은 사회를 구성하여 모여 사는 인간생활에 도움을 주고 편리하기 때문이다. UN지명위원회(UNGEGN)는 '땅이름(지명)'을 Geographical Name으로 통일하였으며, "하나 또는 그 이상의 단어로서 이루어지고 있는 개개의 지리적 실재물(Geographic Entity)을 호칭하기 위하여 사용되는 고유명사"로 정의하고 있다.

2. 분류

일반적으로 지명은 다음과 같이 단순지명, 자연지명, 법제지명, 경제지명, 문화지명 등으로 분류한다.

(1) 단순지명

뜻이 있던 지명이나 별다른 뜻이 없던 지명이 그대로 유지되어 내려온 지명을 말한다. 우리나라의 지명 가운데 그 수가 가장 많다.

(2) 자연지명

자연물체지명, 위치지명, 형상 · 성질지명, 지형지명 등으로 구분된다.

(3) 법제지명

토지 · 세제지명, 경계 · 군사지명, 관아 · 행정지명 등으로 나누어진다.

(4) 경제지명

산업지명과 교역지명으로 나누어진다.

(5) 문화지명

인물 · 인사지명과 어문에 관한 지명으로 나누어진다.

3. 우리나라 지명의 문제점

(1) 우리나라의 지명이 혼란을 겪고 있는 가장 큰 원인은 지명과 직접 관계되는 법이 너무 많아 제대로 통제되지 않는다는 것이다.

(2) 우리나라 지명은 심하게 합성, 변조, 감소되고 있다.

(3) 기타 요인으로는 쉬운 우리말 지명을 어려운 한자 지명으로 바꾸려는 생각, 풍수지리설에 얽매인 고정관념, 유교사상으로 미화시키려는 충동, 유지들의 고집 등이 있다.

4. 지명 관리방안

(1) 현재 쓰이고 있는 지형도 상의 지명이 정확하게 조사되었다고 할지라도 제도과정 또는 교정과정에서 지명을 충분히 검토하는 것이 바람직하다.

(2) 지명은 쓰는 사람 개개인의 의사에 맡길 것이 아니라 어느 정도는 통제가 이루어져야 한다. 그러기 위해서는 모든 지명을 총괄하는 국토지리정보원의 중앙지명위원회에서 지명의 조사·제정·통일·표기·연구가 이루어지도록 각 부처로 분산된 지명에 관한 업무를 국토교통부에서 총괄해야 한다.

---

06 수치지도의 종류 및 활용

1. 개요

수치지도(Digital Map)는 지도에 표시된 정보와 관련 정보를 수치화하여 전산기용 기록매체에 기록한 수치 형태의 지도이다. 국토지리정보원에서는 1995년부터 다음과 같은 다양한 종류의 수치지도를 제작하여 배포하고 있다.

2. 수치지도의 종류

[표 7-2] 수치지도 종류

특성	수치지도 1.0	수치지도 2.0	연속수치지도	온맵
구조	• 도형정보만 포함 • 문자와 기호로 속성정보를 대체	도형정보와 속성정보 모두 포함	도형정보와 속성정보 모두 포함	• 도형정보만 포함 • 문자와 기호로 속성정보를 대체 • 배경영상 포함
묘사 특성	주로 점과 선을 이용하여 지형·지물을 묘사	점, 선, 다각형을 모두 이용하여 지형·지물을 묘사	점, 선, 다각형을 모두 이용하여 지형·지물을 묘사	• 점, 선, 다각형을 모두 이용하여 지형·지물을 묘사 • 하이브리드 지도 표현
포맷	DXF 파일	• NGI 파일 • NDA 파일 • ESRI Shape 파일	• NGI 파일 • NDA 파일 • ESRI Shape 파일 • Geodatabase	PDF 파일
제공·제작 단위	축척별 도엽 단위로 제작·제공됨	축척별 도엽 단위로 제작·제공됨	• 연속화된 수치지도(도엽 단위로 구분되지 않음) • 사용자 지정 영역 단위로 제공	축척별 도엽 단위로 제작·제공됨
제작 축척	• 1/1,000 • 1/5,000 • 1/25,000	• 1/1,000 • 1/5,000	• 1/5,000 • 1/25,000	• 1/5,000 • 1/25,000 • 1/50,000 • 1/250,000

3. 수치지도의 활용

(1) 지형 · 지물 속성정보의 검색과 조회
(2) 관심 대상 정보의 선택적 표시
(3) 수치지도 및 GSIS 교육
(4) GSIS 소프트웨어를 이용한 2차원 공간분석
(5) GSIS 소프트웨어를 이용한 3차원 지형분석
(6) 기타

---

07 수치지도 표준 코드

1. 개요

표준 코드는 수치지도의 호환성을 확보하기 위하여 일정한 형식으로 구성된 코드를 말하며, 크게 도엽 코드, 통합 코드로 구분된다.

2. 도엽 코드

도엽 코드 및 도곽은 다음과 같다.
① 1/50,000 : 경위도 1° 간격을 15′씩 16등분, 도곽크기 15′×15′
② 1/25,000 : 1/50,000 도엽을 4등분, 도곽의 크기 7′30″×7′30″
③ 1/10,000 : 1/50,000 도엽을 25등분, 도곽의 크기 3′×3′
④ 1/5,000 : 1/50,000 도엽을 100등분, 도곽의 크기 1′30″×1′30″
⑤ 1/2,500 : 1/25,000 도엽을 100등분, 도곽의 크기 45″×45″
⑥ 1/1,000 : 1/10,000 도엽을 100등분, 도곽의 크기 18″×18″
⑦ 1/500 : 1/1,000 도엽을 4등분, 도곽의 크기 9″×9″

37°	01	02	03	04
	05	06	07	08
	09	10	11	12
36°	13	14	15	16

127°　　　　　　　　　　　　　128°

[그림 7-4] 1/50,000 도엽 코드의 예

※ 하단 위도 두 자리 숫자와 좌측 경도의 끝자리 숫자를 합성한 뒤 해당 코드를 추가한다.

　• 도엽 코드 : 36715　　　　　　　　　　• 도곽의 크기 : (15′×15′)

3. 통합 코드

기존의 레이어 코드 및 지형 코드를 통합한 코드로서 대분류, 중분류, 소분류(지형지물명) 및 세분류의 계층구조로 이루어진다. 대분류와 중분류는 8개 코드, 소분류(지형지물명) 및 세분류는 670여 개로 구분된다.

(1) 대분류

[표 7-3] 통합 코드(대분류)

코드	내용	코드	내용	코드	내용
A	교통	B	건물	C	시설
D	식생	E	수계	F	지형
G	경계	H	주기		

(2) 중분류

[표 7-4] 통합 코드(중분류의 예)

코드	내용	코드	내용	코드	내용
A	교통	C002	부두	F001	등고선
A001	도로경계	D	식생	F002	표고점
A002	도로중심선	D001	경지계	G	경계
B	건물	D002	지류계	G001	행정경계
B001	건물	E	수계	G002	수부지형경계
B002	담장	E001	하천경계	H	주기
C	시설	E002	하천중심선	H001	도곽
C001	댐	F	지형	H002	기준점

※ 대분류 '교통'은 도로경계, 도로중심선, 인도(보도), 횡단보도, 안전지대, 육교, 교량, 교차로 등 22개의 중분류로 구분된다.

08 수치지도 도엽번호 해석

1/1,000 성동 69번 수치지도의 도엽번호가 377051769인 경우, 여기에서 <u>37705</u> <u>17</u> <u>69</u>의 의미
                                                    ①   ②③

1. 개요

도엽번호는 수치지도의 검색 및 관리 등을 위하여 각 축척별로 일정한 크기에 따라 분할된 지도에 부여하는 일련번호를 말하며 1/1,000 수치지도의 도엽번호 377051769는 다음과 같은 의미를 갖는다.

'37705'는 1/50,000 도엽으로 1°를 15′×15′으로 분할한 16개 구획 중에서 05번째 도엽을, '17'은 1/10,000 도엽으로 15′을 3′×3′으로 분할한 25개 구획 중 17번째 도엽을, '69'는 1/1,000 도엽으로 3′을 18″×18″로 분할한 100개 구획 중 69번째 도엽을 뜻한다.

2. 37705

(1) 37705는 해당 지역의 1/50,000 수치지도의 도엽번호를 뜻한다.
(2) 37은 위도 37° 이상 38° 미만의 지역
(3) 7은 경도 127° 이상 128° 미만의 지역
(4) 05는 가로 15분, 세로 15분(15′×15′)으로 자른 16개 구획 중 5번째 도엽을 뜻한다.

3. 17

(1) 1/50,000 도엽을 25등분(가로 5, 세로 5)하면 1/10,000 도엽이 나오며
(2) 이를 좌측 상단으로부터 일련번호를 붙인 것 중 17번째 도엽을 뜻한다.

4. 69

(1) 1/10,000 도엽을 다시 100등분(가로 10, 세로 10)하면 1/1,000 도엽이 나오며
(2) 이를 좌측 상단으로부터 일련번호를 붙인 것 중 69번째 도엽을 뜻한다.

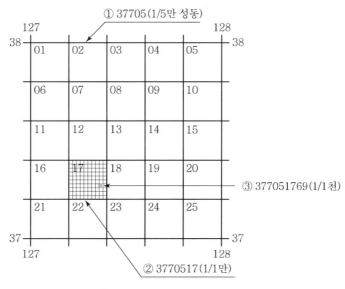

[그림 7-5] 수치지도 도엽번호(377051769) 체계도

정위치 편집/구조화 편집

1. 개요

국토지리정보원에서는 수치지형도를 수치지형도 1.0과 2.0으로 나누어 제작하고 있으며, 이는 속성정보를 가지고 있느냐 없느냐가 큰 차이점이다. 수치지형도 1.0은 정위치 편집이 수행된 파일이고, 수치지형도 2.0은 정위치 편집, 구조화 편집이 수행된 파일이다.

2. 정위치 편집

(1) 정의

정위치 편집이란 지리조사 및 현지측량에서 얻은 자료를 이용하여 도화 데이터 또는 지도 입력 데이터를 수정·보완하는 작업을 말하며, 자료의 호환성을 확보하기 위하여 표준코드와 표준도식을 적용하여 수치지형도를 완성하는 일련의 작업이다.

(2) 정위치 편집 요령

「수치지형도 작성 작업규정」 제19조 참조

3. 구조화 편집

(1) 정의

구조화 편집이란 데이터 간의 지리적 상관관계를 파악하기 위하여 지형·지물을 기하학적 형태로 구성하는 작업을 말한다. 수치지형도 2.0의 큰 특징은 수치지형도 1.0과 달리 위상관계와 속성정보를 가지고 있는 것으로 구조화 편집이 수행된 수치지형도는 다양한 공간정보의 기반이 된다.

(2) 특징

① 기존 수치지형도의 논리적 모순 및 기하학적 문제점이 제기된 데이터
② 기본지리정보 구축에 기반이 되는 데이터
③ 최소한 또는 편집과정 없이 위상구조를 구축할 수 있는 데이터
④ 자동 종이지도 제작이 용이한 데이터
⑤ 새로운 지형 지물 분류체계를 만족하며, 국토지리정보원 내부 포맷(도형 및 속성정보 표현 가능)에 적합한 데이터
⑥ 수정과 갱신이 용이한 데이터
⑦ 일반화를 이용하여 대축척 지도로부터 소축척 지도의 제작이 용이한 데이터

(3) 구조화 편집 요령

「수치지형도 작성 작업규정」 제21조 참조

10 수치지도 ver1.0과 ver2.0의 특징 및 차이점

1. 개요

수치지도 ver1.0은 지리조사 및 현지측량에서 얻어진 자료를 이용하여 도화 데이터 또는 지도입력 데이터를 수정·보완하는 정위치 편집 작업이 완료된 수치지도를 말한다. 수치지도 ver2.0은 데이터 간의 지리적 상관관계를 파악하기 위하여 정위치로 편집된 지형·지물을 기하학적 형태로 구성하는 구조화 편집 작업이 완료된 수치지도를 말한다. 수치지도 ver1.0과 ver2.0의 주요 특징 및 차이점은 다음과 같다.

2. 수치지도 ver1.0

1995년부터 2000년까지 진행된 제1차 NGIS 구축 기본계획에 의해 제작된 기존 수치지형도를 수치지도 ver1.0이라 한다. 수치지도 ver1.0은 생산자 위주의 지도적 관점의 지형·지물 표현에 중점을 두어 제작되었다.

3. 수치지도 ver2.0

국토지리정보원에서 수치지도 ver1.0의 단점을 검토 보완하여 새로 마련한 수치지형도를 수치지도 ver2.0이라 한다. 2004년부터 제작되는 수치지형도는 수치지도 ver2.0 기준에 의해 작성된다.

(1) 수치지도 ver2.0의 특징

① 다양한 GSIS 활용에 적합한 데이터
② 새로운 지형·지물 분류체계를 만족할 수 있는 데이터
③ 국토지리정보원 내부 포맷에 적합한 데이터(도형정보 : NGI, 속성정보 : NDA)
④ 수정·갱신이 용이한 데이터
⑤ 자동 종이지도 제작이 용이한 데이터

(2) 수치지도 ver2.0의 필요성

① 수치지도 ver1.0 사용의 어려움, 불편함, 많은 시간과 예산의 낭비, 중복작업, 데이터의 일관성 및 데이터로서의 정확성 결여

② 편리하고 다양한 공간정보서비스 필요

③ 사용자 요구 대응, 불만 해소

4. 수치지도 ver1.0과 ver2.0의 차이점

[표 7-5] 수치지도 ver1.0과 ver2.0의 비교

구 분	수치지도 ver1.0	수치지도 ver2.0
분류체계	• 축척에 따라 서로 다른 코드체계 사용 • 567가지의 소분류로 구성	• 축척에 관계없이 동일한 코드체계 사용 • 8가지의 대분류에 674가지의 소분류로 구성
단위	도엽단위	도엽단위
UFID(유일식별자)	무	유
속성항목	무	다양한 속성항목
위상정보 표현	위상정보구축 불가능	위상정보구축 가능
데이터 구조	도형구조 (도형객체로서의 의미가 없음)	도형구조(점, 선, 면)
데이터 형식	DXF	NGI(국립지리원 포맷)
기본지리정보 구축	별도의 작업공정이 필요한 데이터	기본지리정보 구축에 기반이 되는 데이터

---

11 연속수치지도(Seamless Digital Map)

1. 개요

연속수치지도란 단순히 수치지도의 도엽을 붙여 놓은 것이 아닌 도엽 간의 시스템체계를 일원화
하여 도로, 건물 등의 객체가 연계된 데이터베이스로서, 이용자는 사용자 목적에 맞게 행정구역,
도로, 하천, 건물 등 객체 단위로 활용이 가능하게 되어 각종 GSIS 시스템 등에 별도의 편집 없이
직접 사용 가능한 지도를 말한다.

2. 기존의 수치지도

(1) 전 지역이 '도엽'이라는 직사각형 모양의 단위로 나뉘어 있음

(2) 동일한 지형에 대한 속성정보가 도엽별로 분리되어 있음

(3) 사용자가 원하는 지역과 원하는 용도에 맞춰 활용하는 데 많은 제약이 있음

3. 연속수치지도 제작 현황

(1) 도엽단위 지도제작 체계에서 발생하게 되는 정보단절의 문제를 해결하기 위하여 국토지리정
보원에서는 2010년부터 연속수치지도를 제작하기 시작

(2) 연속수치지도 1/5,000과 1/25,000의 두 가지 축척으로 제작되며, 수치지도 2.0과 동일한
SHP 파일 혹은 NGI 파일로 제공

4. 연속수치지도의 특징

(1) 단순히 기존 수치지도의 도엽들을 붙여만 놓은 것이 아님

(2) 도엽 간의 시스템 체계를 일원화하여 객체화된 데이터베이스를 구현

(3) 레이어별로 속성 체계가 일치되어, 각종 GSIS 시스템 등에 별도의 편집 없이 직접 사용 가능

(4) 사용자는 원하는 레이어를 영역(도곽) 제한 없이 자유롭게 선택하여 주문 가능

(5) 사용 목적에 맞게 행정구역, 도로, 하천, 건물 등 객체 단위로 활용 가능(예 산, 도로, 문화재
등 원하는 레이어를 선택하면 각각 등산지도, 도로지도, 관광지도와 같은 특수한 용도에 맞춘
형태로 활용할 수 있음)

(6) 2년 주기로 갱신되는 국가기본도 주기수정 내용과 1개월 단위로 갱신되는 수시수정 내용을
즉시 반영

(7) 지형과 지도 상의 불일치로 인하여 발생하는 다양한 문제를 해결

5. 세부 사양 및 주요 데이터 제공 현황

(1) 세부 사양

[표 7-6] 연속수치지도의 세부 사양

구분	내용
데이터 포맷	SHP, NGI
레이어	83개(1/5,000 기준)
사용 환경	Pentium 4 이상, RAM 1GB 이상
총 데이터 용량	50GB(1/5,000 기준)
주요 속성	UFID, 명칭, 구분, 종류, 재질, 용도, 층 수, 법정동 코드, 통합코드, 제작년도 등

(2) 주요 데이터 제공 현황

① 국토교통부(공간객체등록번호 부여사업, 공간정보오픈플랫폼 구축)

② 국립농산물 품질관리원(중금속 통합관리시스템)

③ 국립해양조사원(연안해역 정밀조사)

6. 기대효과

전국 연속수치지도는 사용자의 다양한 요구를 파악하여 공간정보와 속성정보를 연계한 고부가 가치정보 구축으로 국민이 원하는 맞춤형 정보를 제공하게 되며, 더 나아가 대한민국의 국가 역량을 강화하고 행정 생산성을 향상하는 데 이바지하게 될 것이다.

---

12 온맵(On – Map)

1. 개요

온맵(On – Map)은 대국민 공모전을 통해 선정된 전자문서(PDF)형식의 전자지도로 "온"의 '꽉 찬', '전체의', '완전한' 및 "On"의 '지도 위에 다양한 정보를 얹을 수 있는' 지도라는 의미이다. 온맵은 사용자가 가지고 있는 정보를 추가하거나 원하는 지역에 대한 다양한 편집 기능을 통해 맞춤형 지도 제작이 가능해 단골고객, 등산로 표기 등 국민편의 및 생활지원에까지 널리 이용될 것으로 예상된다.

2. 필요성 및 개발목적

(1) 필요성

현행 수치지도는 여러 분야에서 다양한 용도로 쓰이도록 제작되어 있으나 전문지식과 특정 S/W가 없는 일반국민은 활용이 곤란하였다. 이에 따라 국민 누구나 스마트폰, PC 등에서 자유롭고 독창적인 나만의 지도를 제작하기 위한 새로운 형식의 지도가 필요하게 되었다.

(2) 개발목적

민간 수요가 대폭 감소하고 있는 1/5,000 종이제작은 축소하고 영상과 수치지도가 중첩된 PDF 전자지도(온맵)로 대체하며 온맵의 편의성과 활용성 제고를 위해 도식규정에 있는 기호 등 다양한 분석기능 개발 등을 목적으로 한다.

3. 온맵(On – Map) 사업의 주요 내용

(1) 온맵 제작방법, 활성화 방안, 서비스 및 관련 기술 개발
(2) 1/5,000, 1/25,000, 1/50,000 축척에 대한 온맵 제작

4. 온맵(On–Map) 사업의 세부 내용

(1) 온맵 레이어 선정

① 온맵 제작 방안 연구
- 수치지도 레이어에 도로명, 실내, 지하공간정보 제작
- 지도와 영상이 중첩된 GeoPDF형 전자지도 제작
- 스타일 설정(라인 색상, 굵기 등) 등을 통해 표준화된 온맵 제작

② 유·무상 공급방안
③ 사용자 의견 수렴 및 홍보방안 마련

(2) 온맵 활성화를 위한 서비스 체계

모바일 서비스, 홈페이지 서비스 체계 구축

(3) 사용자 편의성, 활용성을 위한 온맵 기술 개발

① 사용자 맞춤형 지도 서비스를 위한 다양한 보조 도구 개발
② 유지관리를 위한 국토지리정보원 연속수치지도 관리시스템과 연계방안
③ 3차원 PDF 제작방안

(4) 온맵 제작

1/5,000, 1/25,000, 1/50,000 축척의 온맵 제작

5. 온맵 활용분야

(1) 소상공인(부동산 매물관리) 업무지원
(2) 등산코스 선정
(3) 안전한 학교 가는 길
(4) 기타 : 교육현장, 자영업자, 관광/여행, 계획, 자전거 도로, 안전, 생활/레저, 행정

※ 오픈스트리트 맵(OSM : Open Street Map) : 크라우드소싱(Crowd–Souring) 방식으로 구축한 세계지도. 위키피디아(Wikipedia)처럼 누구나 지도 정보를 생성하고 수정할 수 있는 지도로 다양한 스타일 지도를 지원한다.

국가인터넷지도(National Internet Map)

1. 개요

공공부분에서는 중앙부처, 산하기관 및 지방자치정부 등 대다수 공공기관에서 각종 공간정보서비스를 다양한 형태로 시민들에게 서비스하고 있으며, 그 종류와 내용 등이 계속적으로 증가하고 있다. 이에 따라 국토지리정보원에서는 각종 공공정보를 수집 및 정제하고 다양한 분야에서 활용하기 쉬운 형태로 가공하여 별도의 가공작업 없이 누구나 바로 활용할 수 있도록 국가관심지점정보 및 인터넷 지도를 구축하였다. 국가인터넷지도의 주요 내용은 다음과 같다.

2. 국가인터넷지도의 정의

인터넷지도 서비스, 내비게이션, 각종 공간정보시스템 등에서 별도의 가공작업 없이 바로 활용할 수 있도록 국가기본지도에 지적도, 토지이용현황도 등의 주제도를 융·복합하여 제작한 인터넷 서비스용 지도를 말한다.

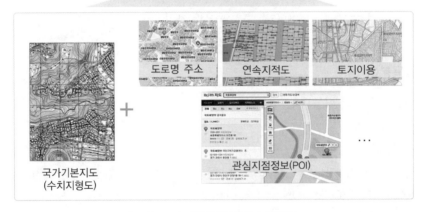

[그림 7-6] 국가인터넷지도 개념도

3. 국가인터넷지도와 민간 포털지도의 차별성

(1) 국가 차원의 다양하고 풍부한 정보를 다국어(영·일·중문)로 제공

민간 포털지도는 상업적 광고료에 따라 지도에 표시 여부 결정

(2) 국가인터넷지도를 Data로 직접 제공하여 활용분야 확대

다음, 구글 등 민간 포털지도는 API로만 서비스 제공(지도데이터 미제공)

(3) 최신성, 편의성, 공신력을 갖춘 지도 서비스

민간 포털지도는 상업적 서비스에 국한되어 신뢰성은 미흡

4. 국가인터넷지도와 민간 포털지도의 비교

[표 7-7] 국가인터넷지도와 민간 포털지도의 비교

구분	국가인터넷지도	민간 포털지도
제공방식	Data 제공, Open API	Open API
API 서비스	무료 제공	일부 유료(구글)
정보량	약 50여 종	약 10여 종
수정 주기	주단위	불규칙
행정망 내 사용 가능 여부	가능	불가능
표준 여부	국가표준 적용	미적용
서비스 지속성	안정적	업체 사정에 따라 서비스 중단 우려
관심지점 정보량	약 1,000만 건 이상	약 200만 건
다국어 지원	영문, 일문, 중문 서비스 지원	없음

14 국가관심지점정보(POI : Point Of Interest)

1. 개요

모바일의 대중화 확대, LBS 수요증가 및 융복합 산업의 고속성장으로 국가기본도를 기반으로 누구나 손쉽게 활용할 수 있도록 공간정보와 축적된 정보들이 선순환될 수 있는 필요성이 확대되고 있다. 국가관심지점정보(POI)란 국가기본도의 정보(지명, 지형·지물 등)와 정부에서 구축된 공공정보(주소, 복지, 안전 등)를 가공, 정제하여 다양한 분야에 활용하기 쉬운 형태(명칭+위치정보+분류체계+속성)로 가공한 위치 정보이다.

2. 국가관심지점정보

국가기본도의 정보(지명, 지형·지물 등)와 정부에서 구축된 각종 공공정보(주소, 복지, 안전 등)를 추가 수집, 정제하여 다양한 분야에서 활용하기 쉬운 형태(명칭+위치정보+분류체계+속성)로 가공한 위치정보이다.

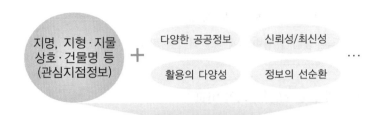

지명, 지형·지물
상호·건물명 등
(관심지점정보)
+
다양한 공공정보   신뢰성/최신성

활용의 다양성   정보의 선순환   …

국가관심지점정보

국가관심지점정보 목표 범위

국가 관심지점정보 (600만 건)	지명기반 정보+생활편의 정보+공공 정보(관광/교통/보행자/재난재해 등)+실내정보 다국어(한국어/영어/일본어/중국어) 지원 API, DBMS, Excel, Txt 등 다양한 환경 제공				
민간업체 (300만 건)			지명기반 정보 + 생활편의 정보 한국어 지원 API 제공		
국가기본도 (100만 건)					지명기반 정보
구분	공공 POI	실내 POI	생활편의 POI		기초 POI

[그림 7-7] 국가관심지점정보 및 목표 범위

3. 구축배경

(1) 지도 및 위치 정보 패러다임 변화

(2) 사용자 체감 만족도 개선

(3) 시간 및 비용의 중복투자 방지

(4) 사회 · 경제적 약자 산업진입장벽 제거

(5) 외국인도 활용이 가능하도록 다국어 지도의 필요성

4. 목표 범위

[표 7-8] 국가관심지점정보 목표 범위

구분	세부내용
구축대상	건물, 경계, 교통, 수계, 시설, 식생, 주기, 지형
종류	공공 POI, 실내 POI, 생활편의 POI, 기초 POI
정보량	국가관심지점정보(600만 건), 민간업체(300만 건), 국가기본도(100만 건)
제공 Data	Open API, DBMS, Excel, Txt 등 다양한 환경 제공
다국어 지원	한국어, 일본어, 영어, 중국어
기타	지속적 서비스 및 표준화 적용으로 활용성 확대

5. 특징

   (1) 주요 건물, 토지, 용도, 공간객체가 서로 연계되어 있어 활용성 용이

   (2) 자료가 단순하고 확장이 용이

   (3) 파일 용량이 작아 유통에 효율적

   (4) 텍스트 기반의 독립적인 형태로 구축

6. 활용

   (1) 공공업무 지원 및 대민서비스

   (2) 실내 · 외 위치 검색, 길찾기 등 위치기반 서비스(LBS)산업 분야

   (3) 관광산업 및 레저스포츠 분야

15 점자지도

1. 개요

점자지도는 지형도의 주요 지형 · 지물 및 지리정보를 돌출된 선과 양각면, 음각면, 점자, 촉지기호 등을 활용하여 간략하게 표시하여 만져서 알 수 있는 지도를 말하며, 넓은 의미의 촉지도(Tactile Map)로 볼 수 있다.

2. 제작 배경 및 현황

(1) 제작 배경

   ① 사회적 약자들을 위한 특수지도를 제공함으로써 공간정보 격차 해소 : 시각장애인과 색각이상자(색맹, 색약 등)를 위한 지도로는 한반도를 개략적으로 점자로 표시한 촉각지도가 전부로 국가지도가 없어 지리공부를 공부하는 데 많은 제약이 있었다. 또한, 시각장애인을 위한 지도 제작 기준인 도식규정조차 없어 시 · 도 경계, 등고선, 학교 등 기호를 표시하는 기준조차 없었다.

   ② 점자지도제작 작업규정 개정(2015. 7. 23)

(2) 제작 현황

   ① 지도가 부족한 문제를 해결하기 위해 종이 표면에 양각과 음각으로 우리나라의 지형 · 지물을 새겨 시각장애인이 읽을 수 있는 점자지도를 제작하여 보급

     • 2014년 대한민국전도와 세계지도에 대한 점자지도 제작 시작

- 2015년부터 2016년까지는 서울특별시, 6대 광역시, 제주도를 중심으로 좀 더 상세한 점자지도를 제작
- 2018년부터는 전국의 8개도에 대해 행정구역별 자연지형, 생활정보 등을 수록한 점자지도를 제작
- 2021년 경상남·북도 점자지도 배포를 통해 전국에 대한 상세한 점자지도 보급 완료

② **교육 지원용 세계주제도 배포** : 세계지리 관련 주제를 선정하여 제작된 것으로, 세계 화산대, 산맥 및 해류 등 총 17가지의 점자 주제도로 구성되어 맹학교, 점자도서관 등 약 110여 곳의 시각장애인 관련 기관에 배포

③ 배포하는 점자지도에 대한 파일은 국토지리정보원 누리집(www.ngii.go.kr)에서 다운 가능

④ 색맹 등 색각이상자를 위한 지도도 제작하여 배포할 예정

3. 점자지도의 표현

(1) 일반화

지형·지물과 지리정보는 점자 가독성을 고려하여 점, 선, 면을 일반화하여 최대한 단순하게 표현해야 한다.

(2) 표시대상

촉지 편의성을 고려하여, 중요한 지형·지물과 지리정보를 우선적으로 표현하고, 이외에는 생략하는 것을 원칙으로 한다.

① 문화관광	② 교통시설	③ 공공시설	④ 편의시설
⑤ 보건복지	⑥ 보행시설	⑦ 식생	⑧ 경계
⑨ 지형	⑩ 주기 및 난외 사항		

4. 특수국가기본도

(1) 점자지도

점자지도는 지형도의 주요 지형·지물 및 지리정보를 돌출된 선과 양각면, 음각면, 점자, 촉지기호 등을 활용하여 간략하게 표시하여 만져서 알 수 있는 지도를 말한다.

(2) 색각지도

현재 일반지도는 관광지명과 햇빛에 관련된 기호는 빨간색, 지형이 낮은 평야나 녹지대 공원 등은 녹색 등으로 표시하지만, 색맹·색약 등 색각이상자는 이를 구분할 수 없다. 따라서 이들을 위한 새로운 지도색 도식규정을 신설해 다른 색상으로 대체한 지도를 색각지도라고 한다.

16 국가생활안전지도

1. 개요

국민이 안전한 사회를 실현하기 위해 국가에서는 안전 및 재난ㆍ재해 예방관리정책을 중점적으로 추진하고 있으며, 공공정보의 개방ㆍ공유ㆍ소통ㆍ협력을 통해 국민 맞춤형 서비스를 제공하기 위해 「정부 3.0」 정책 패러다임을 제시하고 있다. 이러한 정책의 일환으로 구축된 생활안전지도는 국민안전과 예방을 위해 국가가 보유한 필수적인 안전정보를 지도상에 통합하여 제공하는 서비스이다.

2. 생활안전지도 서비스

(1) 생활안전지도 서비스는 「재난 및 안전관리기본법」에 따라 국민이 스스로 위험을 회피하거나 관리할 수 있도록 위험정보, 사고통계, 내 주변 안전시설 등을 위치기반 지도 형태로 제공하는 것이다.
(2) 국가가 보유한 필수적인 안전정보를 지도상에 통합하여 국민에게 공개하고 있으며, 2021년 기준 34개 기관 159개 정보를 수집, 재난ㆍ치안ㆍ보건 등 6대 분야 134종의 정보를 제공 중이다.
(3) 언제, 어디서나 사용할 수 있도록 PC와 모바일 서비스를 제공한다(www.safemap.go.kr).
(4) 생활안전지도의 다양한 콘텐츠와 데이터를 좀 더 쉽게 이용할 수 있도록 오픈API 서비스와 기술을 제공한다.

3. 생활안전 부문별 서비스 콘텐츠 개발

서비스 모델 개발 시나리오를 활용하여 생활안전 관련 4개 부문에 대한 서비스 콘텐츠를 도출하였다. 각 부처ㆍ자치단체로부터 수집ㆍ구축된 통합 DB를 활용하여 4대 분야별 서비스 콘텐츠 모델을 다음과 같이 개발하였으며 신규서비스로 '국가지점번호', '범죄예방환경개선사업', '물놀이관리지역' 등을 제공하고 있다.

[표 7-9] 생활안전 부문별 서비스 콘텐츠

분야	서비스 내용	서비스 콘텐츠
치안	• 특정지역 범죄 발생 정보제공 • 시간대별 치안안전정보 서비스	• 범죄발생이력도 • 안전녹색길(시간대별) • Safety Zone
재난	• 지역별 침수, 산불, 산사태, 지진, 화재 등 재난 발생 정보제공 • 재난대비 대피소 · 대피경로 정보제공 • 대피안내도, 화재이력정보 등	• 수해취약지 대피안내도 • 재난시설대피안내도 • 화재발생안내도
교통	• 교통사고 지점별 사고다발지역 및 교통안전 주의구간 정보제공 • 계층별 · 시간대별 교통안전 정보제공 • 출퇴근 교통안전, 등하교길 교통안전 등	• 교통사고분포도 • 보행자사고다발지도 • 등하교길교통지도
맞춤	• 안전 취약계층별 맞춤형 안전지도 제공 • 여성밤길안전지도, 노인건강안전지도 등	• 어린이안전지도 • 여성밤길안전지도

4. 구축효과

생활안전지도는 생활 주변의 안전정보를 지도라는 매개체를 통해 제공하고, 이를 활용하여 국민 스스로 생활 주변의 안전 위협요소를 발견하고 예방책을 강구함으로써 안전 관련 민원이 정책적으로 해소 · 개선되면서 국민 스스로가 느끼는 체감 안전도도 보다 높아질 수 있을 것으로 기대된다.

17 드론길을 위한 3차원 공간정보지도 제작(3차원 격자지도)

1. 개요

드론길은 드론의 안전한 비행에 필요한 3차원 정밀공간정보와 비행에 방해되는 장애물 정보를 포함한 새로운 개념의 3차원 공간정보 기반의 드론 경로를 의미한다. 이 지도가 만들어지면 고층 건물이나 송전탑, 전신주, 고압선 같은 비행에 방해되는 장애물을 드론이 미리 인식해 안전하게 비행할 수 있을 것으로 예상된다. 이에 국토교통부에서는 2015년 말 드론 안전성 검증 시범사업에 의해 지정된 5개 공역(부산, 대구, 전주, 영월, 고흥) 가운데 전주, 영월의 일부 지역에 시범적으로 3차원 공간정보 지도를 구축하였다.

2. 드론길 현황

현재 드론 비행에는 2차원 지도가 활용되고 있다. 드론은 3차원 공간을 날아다니지만 2차원 지도는 지표면의 평면 정보만 제공해 그동안 사고 위험이 컸다. 실제로 해외는 물론 국내에서도 드론이 전깃줄에 걸리거나 건물에 충돌하는 일이 종종 발생하고 있다.

3. 구축방향 및 포함된 정보

(1) 구축방향

드론길은 지형과 건물의 높이 같은 공간정보와 비행에 방해가 되는 장애물 정보를 포함한 3차원 공간정보를 포함한다.

(2) 포함된 정보

① 장애물과 비행허가구역에 대한 비행정보
② 온도, 바람, 습도, 미세먼지 등 기상정보
③ 토질, 지반에 관한 지질정보
④ 상·하수도, 전력, 통신 등과 관련한 지하시설물정보
⑤ 해수온도, 염분농도, 조류 등 해상관련 정보

4. 문제점

(1) 안전을 위한 3차원 공간정보 구축의 필요성에 대해 공감하나, 드론길 구축이 또 다른 규제가 될 수 있다.
(2) 국내의 경우 분단 국가의 특성과 「도로교통법」, 「항공보안법」 등의 제재 때문에 드론 활성화가 어려운 상황이다.

5. 보안문제

(1) 드론에서 발생 가능한 보안문제는 드론 자체에 대한 공격과 드론을 이용한 국가 중요시설 또는 기업 및 개인의 피해가 발생한다.
(2) 주로 통신 해킹, 컨트롤러 해킹, 센서 해킹 등 해킹 공격에 노출되어 있다.
(3) 그러므로 키의 안전한 운용, 드론과 드론, 드론과 서버 간 통신보안, 기기 인증, 악성코드 방지, 개인정보 보호, 네트워크 보안 등의 보안성 강화가 요구된다.

18 | 정밀도로지도

1. 개요

자율주행자동차의 상용화를 위해서는 센서, 연산제어 및 통신기술뿐만 아니라 3차원 좌표가 포함된 정밀도로정보가 필요하다. 이에 국토지리정보원에서는 2015년 「자율주행차 지원을 위한 정밀도로지도 구축방안연구」 사업을 실시하여 정밀도로지도의 효율적 구축방안, 기술기준, 표준 등을 마련하고, 시험운행구간에 대한 정확하고 표준화된 정밀도로지도를 시범 제작하였다.

2. 정밀도로지도

(1) 자율주행에 필요한 차선(규제선, 도로경계선, 정지선, 차로중심선), 도로시설(중앙분리대, 터널, 교량, 지하차도), 표지시설(교통안전표지, 노면표시, 신호기) 정보를 정확도 25cm로 제작한 전자지도이다.

(2) 정밀지도 또는 HD Map(High Definition Map)이라고도 한다.

3. 정밀도로지도 제작과정(MMS에 의한 방법)

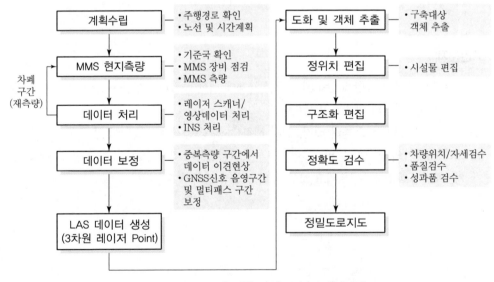

[그림 7-8] MMS에 의한 정밀도로지도 제작과정

4. 정밀도로지도 활용분야

(1) 자율주행차 기술개발 지원   (2) 국가기본도 수정 · 갱신

(3) 도로관리   (4) 재난관리

LDM(Local Dynamic Map, 동적 지도)

1. 개요

자율주행기술이 증대되면서 정밀맵의 필요성이 주목받고 있다. 자율주행맵은 도로의 주행환경정보와 시간에 따라 변화하는 동적 주행환경 정보로 구성된다. 기존의 지도라는 개념은 건물과 도로처럼 시간적으로 변화가 적은 정보를 의미했다. 하지만 앞으로는 교통규제와 사고, 정체 등 수시로 변하는 동적인 정보 등도 포함된다. 이처럼 시간적인 변화가 다른 정보를 효율적으로 관리하기 위해 지도 정보를 시간변화의 정도에 따라 계층화하고 그것들을 복합적으로 관리하는 동적 지도 방법이 검토되고 있다.

2. LDM(Local Dynamic Map)

동적 지도의 우선 기반이 되는 것은 노면과 차선, 각종 표지, 구조물 등 정적 정보로부터 얻는 고정밀도의 3차원 디지털 지도이다. 이들은 빈번하게 바뀌지 않기 때문에 정보 갱신은 월 단위로 한다. 그 위에 교통 규제와 도로공사, 광역 기상정보 등 시간 단위로 변하는 준정적 정보의 층이 있다. 그 위에 다시 사고와 정체, 갑작스러운 호우 등의 국지적 기상정보 등 분 단위로 바뀌는 준 동적 정보의 층, 그리고 최상위에 주변 차량과 보행자, 신호 등 초 단위로 바뀌는 동적 정보의 층이 겹쳐진다.

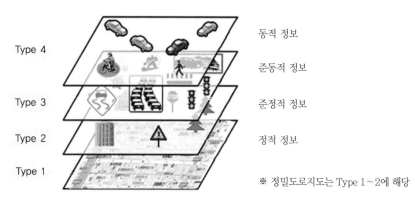

Type 4	동적 정보
Type 3	준동적 정보
	준정적 정보
Type 2	정적 정보
Type 1	※ 정밀도로지도는 Type 1~2에 해당

[그림 7-9] LDM 구성 및 개념

3. 세부적 제작단계

(1) 1단계

영구 정적 데이터, 정밀전자지도를 포함

(2) 2단계

일시적 정적 데이터, 도로 시설물, 교통 표지판 등의 정보를 저장

(3) 3단계

일시적 동적 데이터, 교통 신호, 교통정보(사고, 정체 공사 등), 지역 기상정보 등 실시간 교통 정보를 저장

(4) 4단계

동적 데이터, 차량, 보행자 등 본격적인 자율주행차와 관련된 데이터를 저장, 제공

4. 필요성

(1) 자율주행차는 자동차 센서의 인식 성능에 한계가 있어 안전성 확보를 위해서는 동적 주행환경 정보가 필요
(2) 센서의 인식 능력을 향상시키고 차량 센서의 경제성을 확보

5. 활용

(1) 자율주행차 연구 · 개발 및 상용화
(2) 도로관리
(3) 정밀 내비지도 개발 등

---

20 격자형 국토통계지도 제작

1. 개요

격자형 통계지도는 공간정보와 행정정보(인구, 시설현황 등)를 융 · 복합해 격자 형태로 표시한 것으로 해당 지역 주민들의 생활기반시설의 접근성과 노후 건물현황 등을 알기 쉽게 확인할 수 있는 지도이다.

2. 격자형 국토통계지도 제작

(1) 위치기준

① 기준좌표계 : 세계측지계 기반의 UTM-K
② 격자 원점 : UTM-K 투영원점으로부터 서쪽 300km, 남쪽 700km 지점

(2) 격자체계

① **격자구조** : 상하위 격자는 계층적으로 중첩관계를 유지

② **격자크기** : 격자는 가로와 세로의 길이를 동일하게 하며, 평면상 면적이 동일하도록 10m, 50m, 100m, 250m, 500m, 1km, 10km 구획

③ **격자번호** : 격자는 고유식별이 가능하도록 "단위 격자크기+고유좌표"로 구성된 ID를 부여

※ 지오코딩(Geocoding)이란 격자체계를 기반으로 국토현황정보의 좌표, 주소, 위상관계 등을 이용하여 지리적 좌표를 부여하는 과정이다.

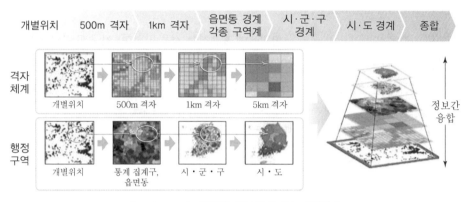

[그림 7−10] 격자형 국토통계지도 제작체계

(3) 국토통계지도 제공

격자형 국토통계지도는 국토지리정보원의 국토정보플랫폼/국토정보맵/국토통계지도에서 인구, 건물, 토지 등 180개의 국토지표를 조사 관리하고 정착자료로 활용할 수 있도록 격자 단위 통계를 제공한다.

3. 향후 계획 및 활용

(1) 2018년부터 전문기관의 연구를 통해 국토모니터링의 역할, 추진체계 등을 정립하여 관련 법규 정비를 추진하고 있다.

(2) 국토종합계획 수립 시, 계획 수립지침에 저성장 · 인구감소 시대에 국민의 삶의 질을 측정할 수 있는 국토지표를 선정하여 각종 계획수립의 목표지표로 제시할 계획이다.

(3) 지방자치단체에서 국토모니터링을 통해 주민의 생활여건 불편 등을 선제적으로 파악하여 대처할 수 있도록 격자형 국토통계 데이터 등을 지속적으로 제공해 나갈 계획이다.

(4) 국토 · 도시계획 수립권자는 해당 계획의 목표 달성도를 위 지표의 모니터링을 통해 점검하고, 동 계획을 수정 · 보완하는 기준으로도 활용할 수 있을 것이다.

(5) 국민이 체감할 수 있는 국토정책지표를 지속적으로 구축하여 지방분권시대에 부합하는 지능화된 국토관리를 수행할 예정이다.

CHAPTER **04** # 주관식 논문형(논술)

01 투영법(Projection)

1. 개요

투영이란 가상의 지구표면인 곡면을 평면상에 재현하는 것을 말하며, 지구 표면의 일부에 국한하여 얻어진 측량의 결과를 평평한 종이 위에 어떤 모양으로 표시할 수 있는가를 취급하는 수학적 기법을 말한다. 지도투영법은 지도제작방법에 따른 도법, 지도에 표현된 지점들이 어떤 성질을 갖는가에 따른 투영성질에 따른 도법, 어떠한 면에 투영하여 지도를 만드는가 하는 투영면 형태에 따른 도법, 그리고 투영축에 따른 도법 등으로 구분된다.

2. 지도투영법의 분류

[표 7-10] 지도투영법의 분류

투영방법	투영식	투영 형태	투영축	투영 성질
투시도법	직각좌표	원통도법	정축법	등각도법
		원추도법	사축법	등적도법
비투시도법	극좌표			등거리도법
		방위도법	횡축법	대원도법

3. 원통도법(Cylindrical Projection)

지구본을 원통으로 둘러싼 후에 광원을 지구본의 중심에 두고 투영·전개하는 방법으로 가장 보편적인 방법이다. 적도 중심의 투영법으로 크게 등각원통도법, 등거리원통도법, 등적원통도법으로 구분된다.

(1) 원통도법 지도의 특징

① 위도와 경도는 직선으로 평행이며 90°로 교차
② 자오선은 등간격
③ 직사각형의 지도
④ 적도 또는 기준 평행선에 대한 축척계수는 1.0000
⑤ 간편하게 구성됨

(2) 중앙원통도법(Central Cylindrical Projection)

원통도법 중 가장 기본적인 도법인 중앙원통도법은 광원이 지구의 중심에 있으며 메르카토르도법의 기초가 된다. 위선의 간격은 고위도로 올라갈수록 급격하게 증가하여 적도에서부터 남북방향으로 축척이 과장될 뿐만 아니라 동서방향도 과장되어 있다.

(3) 메르카토르도법(Mercator Projection)

1569년 네덜란드인 메르카토르(Gerard Mercator)에 의해 고안된 메르카토르도법은 원통으로 지구를 둘러싸고 지구의 각 지점을 원통상에 투영하는 방법으로 국제적으로 세계지도를 제작할 때 가장 많이 사용되는 원통도법의 한 종류로 등각원통도법을 보통 메르카토르도법이라 한다.
① 경선과 위선은 직선이고 등각항로가 직선으로 표시
② 두지점 간의 최단거리인 대권항로가 곡선으로 표시
③ 고위도 지역의 거리와 면적이 과장되어 확대 표시
④ 항정선을 이용하여 선박을 운항할 때 많이 쓰임

4. 횡원통도법

횡원통도법(Transverse Cylindrical Projection)은 원통의 축을 90° 회전하여 적도 대신 임의의 경선과 접하도록 투영하는 방법으로 크게 등거리횡원통도법, 등각횡원통도법으로 구분된다.

(1) 등거리횡원통도법(Transverse Cylindrical Equal Spaced Projection)

카시니(Cassini)에 의해 1744년부터 시작된 프랑스의 지형측량을 위한 도법으로 적용되었으며, 1809년에는 솔드너(Soldner)가 바이에른의 지적측량 때 사용한 이후부터 카시니-솔드너도법이라고 부른다.
① 한 중앙점으로부터 다른 한 점까지의 거리를 같게 나타내는 투영법으로 원점으로부터 동심원 길이가 같게 재현
② y의 값을 지구상의 거리와 같게 하는 도법
③ 현재 프랑스 지도의 기초가 되었고 유럽의 구식 지형도에 널리 이용됨

(2) 등각횡원통도법(Transverse Cylindrical Orthomorphic Projection)

지구상의 어느 곳에서도 각의 크기가 동일하게 표현되는 투영법으로 소규모지역에서 바른 형상을 유지하며 두 점 간의 거리가 다르고 지역이 클수록 부정확하다. 등각횡원통도법은 가우스상사이중투영법, 횡메르카토르도법, 국제횡메르카토르도법 등으로 구분된다.

1) 가우스상사이중투영법(Gauss Conformal Double Projection)

가우스가 1820년에 처음 고안한 것을 1866년에 쉬라이버(O.Schreiber)가 투영법이론을 발표한 것으로 가우스상사이중투영(Gauss Conformal Double Projection), 가우스–쉬라이버도법(Gauss–Schreiber Map Projection)이라고도 한다. 우리나라에서는 가우스–크뤼거도법이 발표되기 이전인 1910년에 조선 총독부가 시행한 삼각점의 대지측량좌표 계산에 가우스상사이중투영법이 사용되었다.

① 타원체에서 구체로 등각 투영하고 이 구체로부터 평면으로 등각 횡원통도법에 의해 투영하는 방법

② 지구 전체를 구에 투영하는 경우와 일부를 구에 투영하는 방법이 있으며 전자는 소축척 지도에, 후자는 대축척지도에 이용

③ 우리나라의 지적도 제작에 이용

2) 횡메르카토르도법(TM : Transeverse Mercator Projection)

횡메르카토르도법은 독일의 크뤼거가 1912년에 발표하고 1919년에 개량한 것으로 가우스–크뤼거도법(Gauss–Krüger Map Projection)이라고도 한다.

① 회전타원체로부터 직접 평면으로 횡축등각 원통도법에 의해 투영하는 방법

② 원점을 적도상에 놓고 중앙경선을 x축, 적도를 y축으로 한 투영으로 축상에서는 지구상의 거리와 같음

③ 투영범위는 중앙 경선으로부터 넓지 않은 범위에 한정

④ 넓은 지역에 대해서는 지구(地區)를 분할하여 지구 각각에 중앙경선을 설정하여 투영

⑤ 투영식은 타원체를 평면의 등각 투영이론에 적용함으로써 구할 수 있으며, 지구표면상의 모든 점을 x축, y축의 측지 좌표상의 점으로 표시 가능

⑥ 이 도법은 원통에 중앙자오선이 접하므로 중앙자오선에는 왜곡이 나타나지 않으나, 중앙자오선에서 멀어질수록 왜곡 정도가 급격히 증가하는 단점이 있음

⑦ 우리나라 지형도 제작에 이용되었으며, 우리나라와 같이 남북이 긴 형상의 나라에 적합

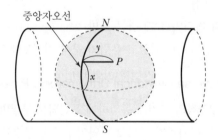

[그림 7–11] 횡메르카토르 투영 개념도

3) 국제횡메르카토르도법(UTM : Universal Transeverse Mercator Projection)

1946년 미국의 육해공군이 공동으로 군사지도로 사용할 목적으로, 투영법을 횡메르카토르법으로 채택하여, 전 세계를 대상으로 80°S~84°N의 범위(또는 80°S~80°N)에 대하

여 일정구역을 고유번호로 분류하고, 구역 내의 기준원점을 정하여 이로부터의 거리를 m로 나타내는 방식의 전 세계 평면직각좌표이다.

① 지구를 회전타원체로 보고 80°S~80°N의 투영범위를 경도 6°, 위도 8°씩 나누어 투영
② UTM 좌표는 제2차 세계대전에 이용됨
③ 투영방식 및 좌표변환식은 가우스－크뤼거(TM)도법과 동일하나, 원점에서의 축척계수를 0.9996으로 하여 적용범위를 넓혔음
④ 지도 제작 시 구역의 경계가 서로 30′씩 중복되므로 접합부에 빈틈이 생기지 않음
⑤ 우리나라 1/50,000 군용지도에 사용됨

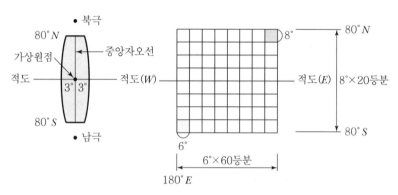

[그림 7-12] UTM 좌표계 개념도

5. 지구본(의)도법

지구본은 지구표면을 실제 지구모양 그대로 지도화한 것이며, 다만 크기만 줄였을 뿐 거리, 방위, 면적 등은 실제 지구상에서와 같은 특성을 그대로 유지하고 있다.

(1) 특징

① 실제 지구상에서와 같이 정각(正角)을 유지하는 성질
② 어떤 지역의 면적도 실제의 면적과 같은 비례로 나타나는 정적(正籍)을 유지하는 성질
③ 각 지점들 간의 거리가 지구상에서와 같이 정거(正距)를 유지하는 성질
④ 각 지점들 간의 방위가 지표면상에서와 같이 동일한 정방위(正方位)로 나타나는 성질

(2) 제작방법

지구본도법이 정각, 정적, 정거 및 정방위의 특징을 갖고 있으므로 평면으로 인쇄된 종이지도 위에 아무리 잘 본뜬다고 해도 완벽하게 하는 것은 불가능하다. 그러므로 여러 개의 경도로 나누어 지구공 위에 밀착시키는 게 보통이다.

① 중앙경선이 구면과 같은 길이이고 위선의 길이도 구면상에서와 같게 다원추도법을 이용해서 경도대에 투영

② 경도대의 수는 구의 크기에 따라 8~16등분하고 극 부분은 등거리천정도법 중에서 정축법으로 투영된 지도를 보완

(3) 지구본 규격

지구를 약 $\dfrac{1}{10,000,000}$ 이상 소축척으로 축소 제작하므로 타원체인 지구를 구로 가정하여서 제작되어도 크게 차이가 나지 않는다.

[표 7-11] 지구본 규격   (단위 : cm)

축척	장반경 축소	단반경 축소	지구본직경
1 : 10,000,000	63.8	63.6	127
1 : 20,000,000	31.9	31.8	64
1 : 30,000,000	21.3	21.2	42
1 : 40,000,000	15.9	15.9	32
1 : 50,000,000	12.8	12.7	25

(4) 지구본 표현

① **북극과 남극** : 지구의 자전축이 지구의 표면과 교차하는 곳
② **자오선** : 경도 10°씩 표시
③ **적도** : 위도의 기준
④ **위선** : 위도 10°씩 표시
⑤ **회귀선** : 북반구 · 남반구 위도 27°23′에 표시
⑥ **지축** : 지구 자전축으로 23°27′의 경사
⑦ **시차조견반** : 시각이나 시차를 비교할 때 사용
⑧ **북위와 남위** : 적도를 기준으로 북쪽은 북반구, 남쪽은 남반구
⑨ **동경과 서경** : 경도 0°부터 동쪽으로 180°까지 동경, 경도 0°부터 서쪽으로 180°까지 서경

6. 결론

도법을 이용해서 지도를 작성하는 경우 지도의 목적, 축척, 넓이, 위도 등을 충분히 고려하여야 하고 또한 그 도법의 계산, 경위선 작도의 난이도, 도법에 따른 전개 후 편집작업 등을 모두 고려해야 한다. 이렇게 목적에 합치하는 도법을 선택하기 위해서는 도법의 특징을 충분히 알아 둘 필요가 있으며 평가기준을 세워 합리적인 지도제작이 되어야 한다.

지도투영법 중에서 원통 · 원추 · 방위투영법

1. 개요

투영(Projection)이란 가상의 지구 표면인 곡면을 평면상에 재현하는 방법으로서, 지구 표면의 일부에 국한하여 얻어진 측량의 결과를 평면상에 어떤 모양으로 표시할 수 있는가를 취급하는 수학적 기법이다. 3차원인 지구를 2차원의 평면 지도로 변환할 때는 모양, 면적, 거리, 방향에서 반드시 왜곡이 발생하며, 오차 없이 평면으로 표현하는 것은 불가능하다.

2. 지도투영법(Map Projection)

지도투영이란 곡면인 3차원 지구상의 점을 2차원 평면 지도로 전개하는 방법을 말한다.

(1) 특징

① 지구의 표면을 평면상에 표현하기 위한 방법
② 지구타원체상의 위치와 형상을 평면에 옮기는 방법
③ 경위선으로 이루어진 지구상의 가상적인 망 또는 좌표를 평면에 옮기는 방법

(2) 분류

[표 7-12] 투영법의 분류

투영방법	투영식	투영 형태	투영축	투영 성질
투시도법	직각좌표	원통도법	정축법	등각도법
		원추도법	사축법	등적도법
				등거리도법
비투시도법	극좌표	방위도법	횡축법	대원도법

3. 원통투영법(Cylindrical Projection)

원통투영법은 지구본을 원통으로 둘러싼 후에 광원을 지구본이 중심에 두고 투영 · 전개하는 방법으로 가장 보편적인 방법이며, 적도 중심의 투영법이다.

(1) 특징

① 위도와 경도는 직선으로 평행이며, 90°로 교차
② 자오선이 등간격인 직사각형의 지도이며, 간편하게 구성됨
③ 적도 또는 기준 평행선에 대한 축척계수는 1.0000

(2) 종류

1) 중앙원통도법
① 원통도법 중 가장 기본적인 도법
② 광원이 지구의 중심에 있으며, 메르카토르도법의 기초가 됨
③ 위선의 간격은 고위도로 올라갈수록 급격하게 증가하여, 적도에서부터 남북방향으로 축척이 과장될 뿐만 아니라 동서방향도 과장되어 있음

2) 메르카토르도법
① 메르카토르(Gerard Mercator)에 의하여 고안된 도법
② 원통으로 지구를 둘러싸고 지구의 각 지점을 원통상에 투영하는 방법
③ 국제적으로 세계지도를 제작할 때, 가장 많이 사용되는 원통도법의 한 종류인 등각원통 도법을 메르카토르도법이라고 함
④ 경선과 위선은 직선이고, 등각항로가 직선으로 표시
⑤ 두 지점 간의 최단거리인 대권항로가 곡선으로 표시
⑥ 고위도 지역의 거리와 면적이 과장되어 확대 표시
⑦ 항정선을 이용하여 선박을 운항할 때 많이 쓰임

4. 횡원통투영법(Transverse Cylindrical Projection)

원통의 축을 90° 회전하여 적도 대신 임의의 경선과 접하도록 투영하는 방법을 횡원통투영법이라 고 한다.

(1) 특징
① 표준형(정) 메르카토르 투영에서 지구를 90° 회전시켜 중앙자오선이 원기둥에 접하도록 투영
② 중앙자오선 이외 지역에서의 축척계수는 1.0000보다 큼
③ 우리나라 대축척 지도 제작에 이용

(2) 종류

1) 등거리횡원통도법
① 한 중앙점으로부터 다른 한 점까지의 거리를 같게 나타내는 투영법
② 원점으로부터 동심원의 길이를 같게 재현
③ y의 값을 지구상의 거리와 같게 하는 도법
④ 현재 프랑스 지도의 기초가 되었고, 유럽의 지형도에 널리 이용됨

2) 등각횡원통도법
① 지도상의 어느 곳에서도 각의 크기가 동일하게 표현되는 투영법

② 소규모 지역에서 바른 형상을 유지하며, 두 점 간의 거리가 다르고 지역이 클수록 부정확함

③ 가우스상사이중투영법, 가우스－크뤼거도법(TM), 국제횡메르카토르도법(UTM) 등이 있음

5. 원추투영법(Conic Projection)

원추투영법은 지구회전타원체를 원뿔의 표면에 투영한 후 이를 절개하여 평면으로 사용하는 투영법을 말한다.

(1) 특징

① 원추의 정점이 지구의 극축선과 일치하도록 원추를 씌워 투영

② 투영된 원추를 전개하여 부채꼴 모양의 투영도면을 얻게 됨

③ 축척의 변화가 동서는 일정하며 남북방향으로 크게 되므로 남북이 좁고 동서가 긴 지역에 적합한 투영방법

(2) 종류

등거리원추도법, 등각원추도법, 등적원추도법, 다원추도법, 다면체도법

6. 방위투영법(Azimuthal Projection)

방위투영법은 지구의 한 극을 점으로 하고, 극을 중심으로 하는 원군을 위선군, 극을 중심으로 하는 직선을 경선군으로 하는 투영법이다. 등거리방위도법, 등각방위도법, 등적방위도법, 대원도법 등이 있다.

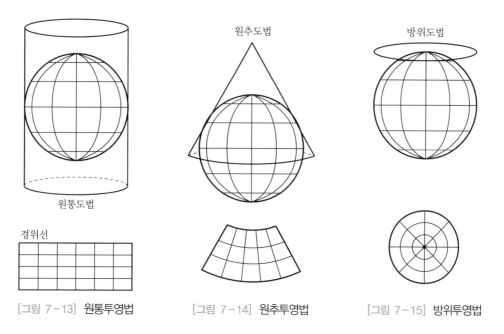

[그림 7-13] 원통투영법   [그림 7-14] 원추투영법   [그림 7-15] 방위투영법

7. 결론

투영법을 이용해서 지도를 작성하는 경우, 지도의 목적, 축척, 넓이, 위도 등을 충분히 고려하여
야 하며, 이에 따른 왜곡량 처리 및 보정 등에 관한 기초적인 연구가 심도 있게 진행되어야 할 것으
로 판단된다.

03 지형도 제작방법 및 이용

1. 개요

종래의 지형도 제작은 주로 평판측량에 의한 지상측량과 항공사진측량에 의한 종이지도 제작이
주를 이루었으나 최근에는 GNSS 및 토털스테이션에 의한 전자평판측량, 수치사진측량, 모바일
매핑시스템(MMS) 및 고해상도 위성영상 등에 의해 지형도가 제작되고 있다.

2. 지형도 제작

지형도 제작은 일반적 방법, 측량방법, 표현방법 및 기타 지형도 제작방법 등으로 구분할 수 있으
며, 측량방법에 따른 지형도 제작에는 지상, 사진, 위성, LiDAR 및 MMS에 의한 방법 등이 있다.
또한, 표현방법에 따른 지형도 제작은 종이지도, 수치지도, 사진지도, 정사투영 사진지도, DEM
지도, 컴퓨터지도 등으로 구분할 수 있다.

(1) 일반적 방법에 의한 지형도 제작

1) 현황측량을 통한 지형도 제작

가장 원시적 방법이지만 가장 정확한 방법이며, 다만 지도제작을 위한 소요시간, 많은 인력
의 투입 등으로 경제성이 떨어지는 방법이다.

2) 사진측량을 통한 지형도 제작

지도를 제작해야 하는 지역이 넓을 경우 매우 경제적이며, 지도제작 시 현황측량보다는 정
확도가 다소 떨어지지만 비교적 요구되는 정확도를 확보할 수 있는 방법이다.

3) 위성영상측량을 통한 지형도 제작

① 아주 높은 고도에서 촬영하기 때문에 넓은 면적을 하나의 영상으로 확보할 수 있고, 비
행기로 항공사진촬영이 불가능한 지역도 영상 취득이 가능하여 수치지도 제작이 가능
하다.

② 다만, 지도 제작이 가능한 위성영상을 확보하기 위해서는 동일 지역에 대해 최소 2번 이
상의 촬영이 필요하며 구름, 태풍 등으로 기상상태가 좋지 않을 때에는 촬영한 위성영상

을 사용할 수 없으며, 동일 지역의 재촬영이 필요한 경우 인공위성 궤도 주기 때문에 기간이 많이 소요된다.

4) 준공도면을 활용한 지형도 제작
① 준공도면을 이용하면 소규모 지역에서 발생하는 지형·지물의 변동을 빠르게 지도화할 수 있다.
② 준공도면 자체가 CAD 파일과 같은 디지털 파일로 제작되어 있어 특히 수치지도 제작에 활용할 수 있는 장점이 있다.
③ 각종 공사에 의한 지형·지물 변동을 준공도면으로 활용한다면 수치지도 수시 수정에 유용하다.
④ 국가기준점을 사용하지 않는 경우가 많아 지도의 정확도가 좋지 않다.
⑤ 수치지도 제작 후 정확도에 대한 별도 검증이 요구된다.

(2) 측량방법에 따른 지형도 제작

1) 지상측량에 의한 방법
① 종래 측량에 의한 지형도 제작
② GNSS 및 TS(토털스테이션)을 이용한 지상측량방법

2) 사진측량에 의한 방법
3) 위성영상에 의한 방법
4) LiDAR에 의한 방법
5) 모바일매핑시스템(MMS)에 의한 방법
6) SAR 영상을 이용하는 방법
7) GNSS 및 멀티빔 음향측심기에 의한 방법(해도)

(3) 표현방법에 따른 지형도 제작

① 도해법에 의한 지형도 제작
② 수치지도에 의한 지형도 제작
③ 사진지도(영상지도)에 의한 지형도 제작
④ 정사투영 영상에 의한 지형도 제작
⑤ DEM에 의한 지형도 제작

(4) 기타 지형도 제작방법

1) 디지타이저에 의한 방법
① 장비 가격이 저렴
② 비전문가도 쉽게 접근
③ 수작업으로 하기 때문에 소량의 수치지도 제작에 가능

2) 스캐너에 의한 방법
　　① 많은 사람의 작업이 없이도 처리 가능
　　② 대량의 지도 입력에 이용

3. 지형도의 이용

지형도는 거리, 방향, 면적산정 등 위치결정에 이용될 뿐만 아니라 도로, 철도, 교량, 댐, 비행장, 단지계획, 도시계획, 국토계획 등에 기초적인 자료로 널리 이용된다.

(1) 위치 및 방향 결정
　① 경위도 결정　　　　　　　　② 표고 결정

(2) 거리 및 경사 결정
　① 직선 수평거리 결정　　　　　② 곡선 수평거리 결정
　③ 직선 경사거리 결정　　　　　④ 곡선 경사거리 결정
　⑤ 지표 경사 결정　　　　　　　⑥ 등경사선의 결정
　⑦ 최대 경사선 결정

(3) 면적 및 체적 산정
　① 수평 면적 산정　　　　　　　② 경사 평면 면적 산정
　③ 경사 곡면 면적 산정　　　　　④ 유역 면적 산정
　⑤ 담수 면적 산정　　　　　　　⑥ 계획면이 수평일 때 체적 산정
　⑦ 계획면이 경사진 경우의 체적 산정　⑧ 등고선에 의한 체적 산정

(4) 단면도 작성
　① 종단면도 작성　　　　　　　② 횡단면도 작성
　③ 가시지역 결정

(5) 토지이용개발

(6) 독도법을 이용한 위치 찾기

(7) 편리한 교통체계에 기여

(8) 레저 활동 계획 및 야외 활동

(9) 쾌적한 생활환경 조성에 기여

(10) 좌표 독취 및 GNSS를 이용한 길 찾기

(11) 정보화 사회에 자료 제공

(12) 기타

4. 지형도 제작의 문제점 및 대책

(1) 지형측량의 한계성

1) 산림지역의 지형측량
① GNSS 관측 시 수목에 의한 위성 시통이 차단되어 수많은 측점 관측이 필요한 지형측량에 어려움이 크다.
② 토털스테이션 관측 시 수목에 의한 시준 장애로 한계성이 자주 발생한다.
③ 항공사진촬영 시 수목에 의해 지면 높이의 정확도가 떨어진다.

2) 하천의 하상부에 대한 지형측량
모든 지도에 하상부에 대한 지형자료가 없다.

3) 도심지의 지형측량
고층빌딩으로 인하여 GNSS 및 TS 관측에 어려움이 많다.

(2) 대책

1) 산림지역에서의 지상 측량
향후 정밀한 관성항법장치(INS)가 개발되면 GNSS와 연동하여 지형측량이 가능할 것으로 예견된다.

2) 산림지역의 항공사진측량
항공사진측량과 항공레이저측량을 병행하여 실시함으로써 산림지 지면 높이값의 정확도를 향상시킬 수 있다.

3) 하천 하상부의 지형 측량
하천의 경우 레이다 센서를 부착한 항공사진측량을 실시하여 수심관측 없이 직접 항공기에서 수심측량을 수행할 수 있는 첨단측량을 활용한다.

4) 도심지 지형 측량
① 모바일매핑시스템(MMS) 방법을 이용하여 효율적인 도심지 지형측량이 되도록 한다.
② 부분적으로 무인항공사진측량을 이용하여 문제점을 보완할 수 있다.

5. 결론

지형도는 제작방법에 따라 정확도와 비용 그리고 작업기간 등에 큰 차이가 있으므로 지형도의 제작 시에는 지형도의 이용목적, 요구정확도, 필요시기 및 가용예상 등을 면밀히 분석하여 최적의 제작방법을 결정하여야 한다.

1. 개요

국가기본도는 전국을 대상으로 하여 제작된 지형도 중 규격이 일정하고 정확도가 통일된 것으로서 축척이 최대인 것을 뜻한다. 종래 여러 축척의 지형도 중 1/25,000 지형도가 국가기본도로 지정되었으나, 현재 1/5,000 지형도가 전국을 대상으로 제작되어 실제적으로 1/5,000 지형도를 국가기본도로 보아야 할 것이며, 그 요건과 제작현황은 다음과 같다.

2. 국가기본도의 제작 목적

(1) 국토의 보전개발
(2) 통계조사의 기초자료 제공
(3) 토지 이용의 고도화 촉진
(4) 건설공사 설계 또는 도로, 철도, 하천 등 세부적인 국토개발에 사용

3. 국가기본도의 제작 및 수정 작업순서

[그림 7-16] 국가기본도 제작 및 수정 작업순서

4. 국가기본도의 요건

(1) 국가기본도의 요건

① 지형도이어야 한다.
② 전국적으로 통일된 축척의 지도이어야 한다.
③ 전 국토를 통일적, 체계적으로 포괄하여야 한다.
④ 모든 지도의 준거적 축척이어야 한다.

(2) 국가기본도 표현의 일반 요건

  1) 표현기준

    ① 투영 : 평면직각 좌표계에 의한 TM도법

    ② 1/50,000 지형도 1구획(경위도 각 15분)을 100등분한 경위도 각 1분 30초(실거리 약 2.75×2.2km, 도상 55×44cm)

  2) 표현대상

    ① 측량 당시 현존하는 지물

    ② 연속성이 없는 지물이라도 필요하다고 인정되는 것

    ③ 건설 중으로 단기간 내 완성 가능한 것

  3) 전위의 제한

    지물을 표시할 경우 평면위치의 전위는 0.7mm 이내

  4) 선의 구분

    ① 실선과 파선으로 구분

    ② 선의 폭(굵기)은 0.1mm로 함

    ③ 단, 소형차로, 계곡선 및 행정경계선의 굵기 : 0.2mm

(3) 주요 세부 요건

  1) 도로 및 철도

    ① 도상 1cm 이하는 생략

    ② **실폭도로** : 폭원이 3.0m 이상의 도로

    ③ **소형차로** : 폭원이 1.6m 이상 3.0m 미만인 도로

    ④ **소로** : 폭원이 1.6m 미만인 도로

    ⑤ **철도** : 연장이 도상 2.0mm 미만은 생략

  2) 경계

    ① 특별시, 광역시, 도, 구, 시, 군, 읍, 면계 표시

    ② 해상경계의 표시는 명확한 경우에만 표시

    ③ 도서의 소속은 당해 행정구역 경계의 경로와 관련시켜 양 도서 사이의 적당 위치에 각 소속이 해독될 수 있도록 표시

  3) 각종 목표물

    ① **삼각점** : 1, 2, 3, 4등 삼각점을 표시하며 표고 수치는 m단위로 소수 1위까지 표현

    ② **수준점** : 1, 2등 수준점을 표시하며 표고 수치는 m단위로 소수 2위까지 표현

    ③ **표고점** : 도화에 의하여 지역의 상태를 표현하기 위하여 필요한 곳에 m단위로 소수 1위까지 표현

4) 등고선

    ① 인천만의 평균해수면 기준(제주도는 제주만의 평균해수면 기준)

    ② 주곡선 : 5.0m 간격

    ③ 계곡선 : 25m 간격으로 주곡선 5선마다 한 줄로 표시

    ④ 간곡선 : 지형 경사가 완만한 경우 2.5m 간격의 파선으로 표시

    ⑤ 조곡선 : 지형 경사가 완만한 경우 주곡선 간격의 1/4 간격으로 표시

5) 좌표

    ① 도곽 4개의 모서리에 지리좌표를 주기

    ② 각 변에 직각 좌표의 수치를 500m 단위로 각각 분할하여 표시

    ③ 직각좌표의 원점은 동해, 동부, 중부, 서부 원점을 사용

    ④ 각 원점의 좌표는 $X(N)=600,000m$, $Y(E)=200,000m$ 사용

5. 우리나라 국가기본도의 제작 현황(육지)

[표 7-13] 육지의 국가기본도 제작 현황

연대	축척	측량방법
1910~1918년	1/50,000	지상측량방법
1966~1974년	1/25,000	항공사진측량방법
1975년~현재	1/5,000	항공사진측량방법

6. 1/5,000 국가기본도의 제작 현황

(1) 1975~1979년 : 3,166 도엽 제작

(2) 1980~1989년 : 9,490 도엽 제작, 1,510 도엽 수정

(3) 1990~1999년 : 3,592 도엽 제작, 7,246 도엽 수정

(4) 2000~2001년 : 313 도엽 제작, 2,538 도엽 수정

(5) 2001~2010년 : 16,561 도엽 제작, 11,294 도엽 수정

※ 우리나라 국가기본도의 수정 주기

    2003년(5년) → 2007년(4년) → 2011년(2년) → 2013년(상시 수정)

※ 수정방법 : UAV, MMS, 건설현장 준공도면 활용

7. 결론

26여 년에 걸친 대작업 끝에 휴전선 부근을 제외한 남한 전역의 1/5,000 축척 국가기본도가 완성됨에 따라 국토개발뿐 아니라 여러 분야에서 그 활용도가 매우 증대될 전망이다. 향후 주기적인 수정·갱신작업을 통하여 실시간 국토변화에 대한 다양한 정보가 제공되기를 기대한다.

05 국가기본도 수정작업과 품질검사 내용

1. 개요

국토 전역에 걸쳐 통일된 축척과 정확도로 엄밀하게 제작된 국가기본도는 일정한 기준에 의해 유지관리되고 있으며, 다른 지도를 제작하는 데 기본도로 사용되므로 국가기본도 수정작업 시 품질검사에 유의하여야 한다.

2. 국가기본도 수정 작업순서

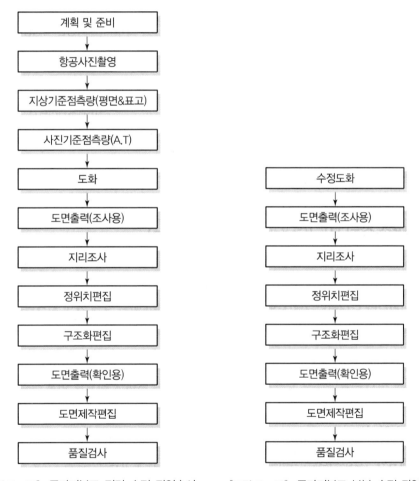

[그림 7-17] 국가기본도 전면 수정 작업순서   [그림 7-18] 국가기본도 부분 수정 작업순서

3. 품질검사의 품질요소 및 기준

'품질검사'란 수치지도의 결과가 수치지도의 작성기준 및 목적에 부합하는지 여부를 판단하는 것으로 품질요소를 기초로 하여 정량적인 품질기준을 마련하고 이를 검사하여야 한다.

(1) 정보의 완전성

수치지도상의 지형·지물 또는 그에 대한 각각의 정보가 누락되지 아니하여야 한다.

(2) 논리의 일관성

수치지도의 형식 및 수치지도상의 지형·지물의 표현이 작성기준에 따라 일관되어야 한다.

(3) 위치정확도

수치지도상의 지형·지물의 위치가 원시자료 또는 실제 지형·지물과 대비하여 정확히 일치하여야 한다.

(4) 시간정확도

수치지도작성의 기준시점은 원시자료 또는 조사자료의 취득시점과 일치하여야 한다.

(5) 주제정확도

지형·지물과 속성의 연계 및 지형·지물의 분류가 정확하여야 한다.

4. 품질검사의 내용

품질검사는 수량검사, 도면검사, 데이터검사 및 프로그램검사 등으로 구분되며, 각 검사가 종료되면 검사결과에 따라서, 검사표를 작성하여야 한다.

(1) 기준점 측량작업이 완료된 후 표본검사를 실시하여 검사결과가 검사규정에 부합되지 않은 경우 재측량을 실시하여야 한다.

(2) 기준점측량성과 일체는 관측자, 점검자, 현장대리인의 순으로 서명날인한다.

(3) 수치화가 완료된 후에는 도화성과를 항공사진과 비교하여 누락된 지역을 확인하고, 누락시 재도화를 실시하여야 한다.

(4) 정위치편집 시에는 지형코드의 적정성, 실형건물의 폐합 여부, 도로 및 하천의 중심선 누락 여부 또는 연결 여부, 등고선·표고점·삼각점 및 수준점의 H값 오류 여부, 도곽좌표의 정확성 여부 등에 대한 검사를 실시하고, 기타 데이터의 표현 및 구조가 규정과 일치하는지의 여부를 검사하여야 한다.

(5) 구조화편집 시에는 지형코드의 적정성, 속성데이터의 누락, 데이터의 면처리 등에 대한 검사를 실시하여야 한다.

(6) 도면제작편집 시에는 각 지형도에 표현된 지형·지물, 기호 및 주기 등이 관련규정에 따라 정확히 표현되었는지 검사하여야 하며, 이 경우 반드시 도면으로 출력하여 색상 및 표현 등을 정확히 검사하여야 한다.

(7) 인접사항은 도화, 정위치, 구조화, 도면제작편집 공정별로 각각 실시하여야 하며, 100% 검사를 실시하여야 한다.

(8) 행정경계는 지리조사 시에 행정경계의 변경여부나 종전의 데이터 오류를 확인하여야 하며, 변동사항이 있는 경우 발주처에 보고 후 작업하여야 한다. 또한, 정위치편집 및 구조화편집이 완료된 후 전체적으로 재검사하여야 한다.

(9) 각 공정별 검사가 종료되면 발주처에 해당 공정이 종료된 도엽에 대하여 검사를 의뢰하여야 한다.

(10) 발주처에 검사의뢰시 자체검수 결과를 첨부하여야 하고, 사업시행계획서에 첨부된 예정공정표 및 검수의뢰일정에 따라 해당일자에 정확하게 검사를 의뢰하여야 한다.

(11) 발주처의 표본 또는 전체검사결과 부적합인 경우 의뢰 도엽전체에 대한 재작업을 시행하여 다시 검사를 의뢰하여야 한다.

5. 결론

우리나라 국가기본도는 축척 1/5,000, 1/25,000, 1/50,000의 기본도와 1/25,000의 토지이용도 및 1/250,000의 지세도가 있다. 하지만 국토의 보전 및 개발을 위해 환경, 수자원 등 다양한 분야에서 전 국토의 수치주제도가 이용되고 있으며, 좀 더 정밀한 수치지형도가 요구되고 있다. 따라서 첫 번째 기존의 국가기본도의 품질이 향상되어야 하며, 두 번째 다양한 분야의 주제도와 수치지형도가 대축척으로 작성되어야 한다.

06 수치지도(DM : Digital Map)

1. 개요

수치지도란 지표면·지하·수중 및 공간의 위치와 지형·지물 및 지명 등의 각종 지형공간정보를 전산시스템을 이용하여 일정한 축척에 의하여 디지털 형태로 나타낸 지도를 말한다.

2. 수치지도 특징 및 수록정보

(1) 특징

① 특정 X, Y 좌표계에 기반을 두고 각종 지형·지물을 점·선·면으로 표현

② 최종적으로 상호변환이 가능하도록 구성

③ 도형정보는 사전계획된 양식을 따라 기록함으로써 데이터베이스화가 가능

④ 일반 사용자의 요구에 따른 수치지도 대상자료의 선정과 구축방법 및 표현 방법에 대한 제약이 존재하므로 다양한 문제점을 포함

(2) 수록정보

① 수치지도의 수록정보는 「수치지도 작성 작업규칙」에 근거하여 제작

② 표준코드는 수치지도를 구성하는 통합코드로 구분

③ 레이어는 8개로 분류되며 교통(A)~주기(H)까지 순차 코드를 부여

④ 레이어 코드는 수직구조로 대분류, 중분류, 소분류, 세분류로 부여

⑤ 코드 구조는 「수치지도 작성 작업규칙」에 약 670여 개 코드로 정의

3. 수치지도 제작

항공사진의 해석을 위하여 두 장의 중복사진을 놓고 모델(Model)을 형성하여 도화를 거친 다음 도화원도를 제작한다. 이 과정에서 인위적 방법으로 도화 대상자료를 수치화함으로써 수치 자료를 취득하여 전산기에 입력시키거나 영상면에 출력시켜 볼 수 있게 하는 사진의 정보를 지도 정보로써 나타낼 수 있는 원리이다.

(1) 수치지도 자료 취득방법

① 종래의 지형도 작성법으로 완성된 지도를 디지타이저 또는 스캐너 등을 이용하여 수치화하는 방법

② 항공 사진의 도화 작업 시 해석 도화기 또는 수치도화기를 이용하여 수치지도 자료를 직접 취득하는 방법

(2) 수치지도 제작의 3단계

① 입력체계 : 디지타이저 또는 스캐너에 의해 도면이나 영상 정보를 수치화하여 자기테이프나 하드디스크에 기록

② 편집체계 : 입력된 수치자료를 화면상에 표시하여 대화적으로 영상이나 도형의 가공, 편집, 수정

③ 출력체계 : 수치화된 정보를 플로터, 레이저플로터, 프린터 등의 출력장치를 이용하여 출력

(3) 수치지도 제작의 작업공정

① 항공사진측량에 의한 수치지도제작 작업순서

② 기존 지도에 의한 수치지도 제작 작업순서

[그림 7-19] 수치지도 제작순서(1)   [그림 7-20] 수치지도 제작순서(2)

(4) 수치지도 제작현황

우리나라는 1995년 5월 「국가지리정보체계 구축 기본계획」에 의거하여 수치지도 작업에 착수하였으며 우선적으로 1/1,000, 1/5,000, 1/25,000 축척의 지형도를 수치지도로 제작하고 있다.

1) 1/5,000 축척 지형도

산악지역을 제외한 전국의 수치지도로 1998년에 완료

2) 1/1,000 축척 지형도

지자체의 적극적인 참여로 원활하게 추진(78개 도시지역)

3) 주제도

    ① 지하시설물도 : 가스, 전력, 통신, 송유관, 상하수도, 지역난방

    ② 공통 주제도 사업 : 국토이용계획도, 지형지번도, 토지이용현황도, 도시계획도, 행정구
        역도, 도로망도

(5) 위치정확도

    ① 1/5,000 : 평면($\pm$3.5m), 수직($\pm$1.67m)

    ② 1/1,000 : 평면($\pm$0.7m), 수직($\pm$0.33m)

4. 수치지도 1.0과 2.0

(1) 수치지도 1.0

지리조사 및 현지측량에서 얻어진 자료를 이용하여 도화 데이터 또는 지도입력 데이터를 수정·보완하는 정위치 편집 작업이 완료된 수치지도를 말한다.

(2) 수치지도 2.0

데이터 간의 지리적 상관관계를 파악하기 위하여 정위치로 편집된 지형·지물을 기하학적 형태로 구성하는 구조화 편집 작업이 완료된 수치지도를 말한다.

5. 수치지도의 품질요소

수치지도를 작성하는 기관은 수치지도의 작성기준 및 목적에 부합하는지 여부를 판정하기 위하여 품질요소를 기초로 하여 정량적인 품질기준을 마련하고 이를 검사하여야 한다.

(1) 정보의 완전성

수치지도상의 지형·지물 또는 그에 대한 각각의 정보가 누락되지 아니하여야 한다.

(2) 논리의 일관성

수치지도의 형식 및 수치지도상의 지형·지물의 표현이 작성기준에 따라 일관되어야 한다.

(3) 위치정확도

수치지도상의 지형·지물의 위치가 원시자료 또는 실제 지형·지물과 대비하여 정확히 일치하여야 한다.

(4) 시간정확도

수치지도작성의 기준시점은 원시자료 또는 조사자료의 취득시점과 일치하여야 한다.

(5) 주제정확도

지형·지물과 속성의 연계 및 지형·지물의 분류가 정확하여야 한다.

6. 수치지도 검수항목

수치지도의 품질에 관계되는 항목은 자료의 연혁, 위치정확도, 속성정확도 등 많은 항목이 영향을 미치며, 다양한 분야의 기초정보로 사용하기 위해서는 신뢰성 있는 품질이 확보되어야 한다.

(1) 검수항목

① 데이터 입력과정 및 생성연혁 관리   ② 데이터 포맷
③ 위치 정확성   ④ 속성 정확성
⑤ 기하구조 적합성   ⑥ 논리적 일관성
⑦ 경계정합   ⑧ 문자 정확성
⑨ 시간적 정확성   ⑩ 완결성

(2) 오류 유형

① 육안검사에 의한 주요 오류 유형
② 전산코드검사에 의한 주요 오류 유형
③ 수치지도 제작 시 발생되는 오류 유형별 백분율

7. 수치지도 수정 · 갱신

(1) 수치지도 수정 · 갱신방법

수치지도의 수정 · 갱신에는 다양한 방법들이 적용될 수 있으며, 일반적으로 널리 사용되는 방법은 직접측량에 의한 방법, 준공도면의 활용방법, 기존의 항공사진측량방법, 수치사진측량에 의한 방법, 위성영상에 의한 방법 등이 제시되고 있다.

1) 직접측량에 의한 방법
① 토털스테이션 측량에 의한 방법
② GNSS 측량에 의한 방법
③ RTK에 의한 방법

2) 항공사진 및 위성영상 이용방법
① 해석도화에 의한 방법
② 수치사진측량에 의한 방법
③ 모바일 매핑시스템(MMS)에 의한 방법
④ 무인항공사진측량에 의한 방법
⑤ 위성영상에 의한 방법

3) 준공도면을 이용하는 방법

(2) 수치지도의 수정·갱신

최신의 안정적이고 체계적인 지형정보 공급을 위하여 효율적 수정·갱신방안이 필요하다.

① 수치지도의 제작이 완료되고 있는 시점에서 현실에 맞는 수치지도의 위치 정확도와 지형변화율에 따른 수치지도의 등급을 규정하여 수치지도 사용자들에게 사용목적에 따른 적정 등급의 수치지도를 선택할 수 있게 함으로써 활용도를 더욱 높일 수 있다.

② 현재의 지리조사는 도화원도상의 지형·지물과 관련되는 사항을 현지에서 직접 조사하는 것으로 규정되어 작업을 수행하고 있다. 따라서 현재 규정을 수정하여 지리조사 과정을 현지보완측량 방법이 될 수 있도록 작업규정 변경이 필요하다.

③ 대축척 수치지도의 수정·갱신은 항공사진측량을 통해 해석도화방법, 모바일 매핑시스템 (MMS), 무인항공기에 의한 방법과 현지보완측량 및 준공도면 이용방법을 병행하는 것이 수정·갱신에 효율적일 것이며 수치사진측량 및 위성영상 활용은 소축척 수치지도 갱신에 효율적이다.

④ 수치지도의 수정 주기는 일반적으로 변화지역이 많은 대도시 지역은 수시수정, 변화지역이 적은 소규모 도시는 2년 주기가 적정하다고 판단되며, 특별히 개발이 심한 지역에 대하여는 현지 실정에 맞도록 수정 주기를 설정해야 한다.

⑤ 최근 관심이 집중되고 있는 지하시설물과 관련한 대축척지도를 제작할 경우 평균 해수면에 의한 높이를 표시하고 또한 정확한 종횡단도 작성을 필요로 하고 있다.

⑥ 도심지 수치지도를 제작하거나 각종 목적에 따른 지도제작 시 표석점을 함께 설치하여 지도와 일치하는 기준점을 확보함으로써 정확한 지도제작과 수정·갱신이 이루어질 수 있도록 국가기준점을 보완하여야 한다.

8. 수치지도 활용

(1) 지형·지물 속성정보의 검색과 조회
(2) 관심 대상 정보의 선택적 표시
(3) 수치지도 및 GSIS 교육
(4) GSIS 소프트웨어를 이용한 2차원 공간분석
(5) GSIS 소프트웨어를 이용한 3차원 지형분석

9. 결론

1995년부터 국토교통부에서는 국가지리정보체계구축 기본계획에 의거하여 수치지도 제작작업을 추진하고 있으나 이용목적, 정확도, 유관기관과의 문제점이 야기되고 있는 실정이나. 그러므로 효과적인 국가공간정보사업을 추진하기 위해서는 이러한 문제점을 조기에 연구하여 효과적인 공간정보체계가 되도록 해야 한다.

07

수치지도의 각 축척(1/50,000, 1/10,000, 1/5,000, 1/1,000)에 따른 도엽코드 및 도곽의 크기

1. 개요

수치지도란 지표면 · 지하 · 수중 및 공간의 위치와 지형 · 지물 및 지명 등의 각종 지형공간정보를 전산시스템을 이용하여 일정한 축척에 따라 디지털 형태로 나타낸 것을 말하는 것으로, 「수치지도 작성 작업규칙」은 수치지도 작성의 작업방법 및 기준 등을 정하여 수치지도의 정확성과 호환성을 확보함을 목적으로 한다.

2. 수치지도 관련 용어

(1) 수치지도 작성

각종 지형공간정보를 취득하여 전산시스템에서 처리할 수 있는 형태로 제작하거나 변환하는 일련의 과정

(2) 좌표계

공간상에서 지형 · 지물의 위치와 기하학적 관계를 수학적으로 나타내기 위한 체계

(3) 좌표

좌표계상에서 지형 · 지물의 위치를 수학적으로 나타낸 값

(4) 속성

수치지도에 표현되는 각종 지형 · 지물의 종류, 성질, 특징 등을 나타내는 고유한 특성

(5) 도곽

일정한 크기에 따라 분할된 지도의 가장자리에 그려진 경계선

(6) 도엽코드

수치지도의 검색 · 관리 등을 위하여 축척별로 일정한 크기에 따라 분할된 지도에 부여한 일련번호

3. 좌표계 및 좌표의 기준

(1) 수치지도에 표현되는 지형 · 지물의 위치를 표시하기 위한 좌표의 종류 및 기준은 「공간정보의 구축 및 관리 등에 관한 법률」 제6조 및 「공간정보의 구축 및 관리 등에 관한 법률 시행령」 제7조에 따른다.

(2) 수치지도의 작성에 사용되는 직각좌표의 기준

[표 7-14] 우리나라 평면직각좌표계의 현황 및 기준

명칭	원점의 경위도	투영원점의 가산(加算)수치	원점축척계수	적용 구역
서부좌표계	경도 : 동경 125° 00′ 위도 : 북위 38° 00′	X(N) 600,000m Y(E) 200,000m	1.0000	동경 124~126°
중부좌표계	경도 : 동경 127° 00′ 위도 : 북위 38° 00′	X(N) 600,000m Y(E) 200,000m	1.0000	동경 126~128°
동부좌표계	경도 : 동경 129° 00′ 위도 : 북위 38° 00′	X(N) 600,000m Y(E) 200,000m	1.0000	동경 128~130°
동해좌표계	경도 : 동경 131° 00′ 위도 : 북위 38° 00′	X(N) 600,000m Y(E) 200,000m	1.0000	동경 130~132°

각 좌표계에서의 직각좌표는 다음의 조건에 따라 TM(Transverse Mercator, 횡단 머케이터)방법으로 표시하고, 원점의 좌표는 (X=0, Y=0)으로 한다.

① X축은 좌표계 원점의 자오선에 일치하여야 하고, 진북방향을 정(+)으로 표시하며, Y축은 X축에 직교하는 축으로서 진동방향을 정(+)으로 한다.

② 세계측지계에 따르지 아니하는 지적측량의 경우에는 가우스상사이중투영법으로 표시하되, 직각좌표계 투영원점의 가산수치를 각각 X(N) 500,000미터(제주도지역 550,000미터), Y(E) 200,000m로 하여 사용할 수 있다.

(3) 직각좌표계의 원점의 좌표는 (0, 0)으로 한다. 다만, 수치지도상에서의 표현 및 좌표계산의 편의 등을 위하여 원점에 일정한 수치를 더하여 원점수치로 사용할 수 있으며, 원점수치의 사용에 관한 세부적인 사항은 국토지리정보원장이 따로 정한다.

4. 수치지도의 축척에 따른 도엽코드 및 도곽의 크기

수치지도의 도엽코드 및 도곽의 크기는 수치지도의 위치검색, 다른 수치지도와의 접합 및 활용 등을 위하여 경위도를 기준으로 분할된 일정한 형태와 체계로 구성하여야 한다.

[표 7-15] 축척별 도엽코드 및 도곽 크기

축척	색인도	도엽코드 및 도곽의 크기
1/50,000	37° 01 02 03 04 / 05 06 07 08 / 09 10 11 12 / 36° 13 14 15 16 / 127° 36715 128°	• 도엽코드 : 경위도를 1° 간격으로 분할한 지역에 대하여 다시 15′씩 16등분하여 하단 위도 두 자리 숫자와 좌측경도의 끝자리 숫자를 합성한 뒤 해당 코드를 추가하여 구성한다. • 도곽의 크기 : 15′×15′
1/10,000	01 02 03 04 05 / 06 07 08 09 10 / 11 12 36715 14 15 / 16 17 18 19 20 / 21 22 23 24 25 / 3671523	• 도엽코드 : 1/50,000 도엽을 25등분하여 1/50,000 도엽코드 끝에 두 자리 코드를 추가하여 구성한다. • 도곽의 크기 : 3′×3′
1/5,000	001 ... 010 / 36715 / 091 098 100 / 36715098	• 도엽코드 : 1/50,000 도엽을 100등분하여 1/50,000 도엽코드 끝에 세 자리 코드를 추가하여 구성한다. • 도곽의 크기 : 1′30″×1′30″
1/1,000	01 02 03 04 05 06 07 08 09 10 / 11 / 21 / 31 / 3671523 / 80 / 90 / 98 99 00 / 367152398	• 도엽코드 : 1/10,000 도엽을 100등분하여 1/10,000 도엽코드 끝에 두 자리 코드를 추가하여 구성한다. • 도곽의 크기 : 18″×18″

5. 결론

최근 급속한 ICT 기술발전과 스마트폰의 이용이 증가하면서 다양한 형태의 수치지도 활용에 대한 요구가 증대되고 있다. 이에 따라 국토지리정보원은 수치지도 수정·갱신체계 단축, 국가인터넷지도 등 다양한 형태의 수치지도 공급과 활성화를 위하여 노력하고 있으며, 이러한 변화에 맞게 수치지도 제작에 있어서 지속적인 연구와 기술개발이 뒤따를 수 있도록 모두 함께 노력해야 할 때라 판단된다.

대축척 수치지형도의 수시갱신을 위한 방법

1. 개요

도로 및 지하시설물 관리, 도시계획 수립 지원을 위해 지방자치단체 행정시스템에 탑재되는 기본
지도의 갱신주기는 5~10년으로 도시변화정보를 지도에 빠르게 반영하지 못하는 한계점을 가지
고 있었다. 이를 극복하기 위해 1/1,000 수치지도 표현항목 중 변화주기가 짧고 활용도가 높은
도심지의 도로, 도시시설물 공사 및 건물 등으로 인한 지형변화 정보만 선택해 수정함으로써 지도
의 수정주기를 단축하려고 한다. 이에 따라 본문에서는 항공사진측량, MMS 등 다양한 측량 및
지도 제작방법을 이용하여 변화지역의 수시갱신방법을 중심으로 설명하고자 한다.

2. 대축척 수치지형도의 수시갱신 작업순서

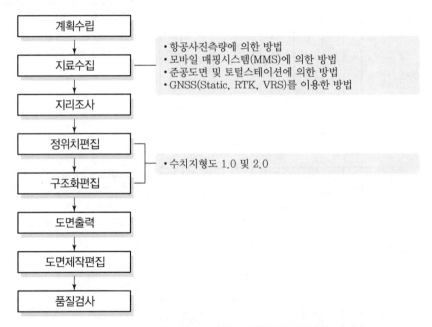

[그림 7-21] 대축척 수치지형도의 수시갱신 작업순서

(1) 지리조사

① 기존 지리조사 야장에 변화가 발생한 지역을 현장에서 확인 및 조사하여 수정사항을 반영
하는 작업을 말한다.
② 지리조사는 정위치편집 및 구조화편집 사항을 고려하여야 하며 「수치지형도 작성 작업규
정」의 "수치지형도 2.0 지형·지물 속성목록"을 기준으로 하여 조사한다.

(2) 수치지형도 1.0 및 2.0

1/1,000 수치지형도 ver 1.0, ver 2.0은 항공사진측량, MMS, 준공도면, 지형보완측량 등
으로 얻은 데이터로 수정

3. 대축척 수치지형도의 수시갱신방법

(1) 항공사진측량에 의한 방법

① 수시수정 지역을 대상으로 변화가 있는 지형·지물에 대해서는 기존 정기수정방법(수치수
정도화, 지리조사, 정위치, 구조화 편집)에 따라 제작한다.

② 정기수정 이외의 지역에서 추가적인 지형·지물의 변동을 확인하였을 경우 발주처 또는
지방자치단체 담당자와 협의 후 수시수정 성과에 반영한다.

(2) 모바일 매핑시스템(MMS)을 이용한 데이터 취득방법(도로구간)

① 수시수정 데이터 취득을 위한 MMS에는 디지털카메라, 레이저스캐너, GNSS/INS가 탑재
되어 있어야 한다.

② MMS 방법은 도로 및 주변 시설물을 대상으로 데이터를 취득하고 이를 이용하여 1/1,000
수치지형도 수정을 실시한다.

(3) 준공도면을 이용한 방법(건물)

1) 지형자료 추출

① 수집된 자료는 형식(전산파일, 도면)과 좌표계(유무)를 반드시 확인하여 1/1,000 수치
지형도에 입력한다.

② 지방자치단체에서 수집된 준공도면은 종이도면이나 전산도면을 확인하고 실제 좌표를
적용할 수 있는 기준점 성과의 유무를 확인하여야 한다.

③ 전산도면이 없는 경우에만 지형자료 추출을 실시하고 스캔할 경우는 준공도면의 구겨
짐, 얼룩짐, 긁힘 등이 없는 깨끗한 상태를 유지하여야 한다.

④ 지형자료 추출 시 레이어는 1/1,000 수치지형도 표준레이어 코드를 준용하여야 한다.

⑤ 실형건물 중 직선건물은 각 코너에 하나씩의 점 데이터만 있어야 하며, 반드시 폐합되어
야 한다(단, 도면 간의 인접부분은 2도엽을 정확히 접합시킨 후 개방하여야 한다).

⑥ 곡선데이터의 점 간 입력간격은 축척 1m, 중간점을 생략할 수 있는 각도는 직선진행방
향을 기준으로 6°로 하는 것을 원칙으로 한다.

⑦ 좌표변환은 기준점측량에서 실시한 측량성과 X, Y를 이용하여 사용하되 정확히 일치되
어야 하며, 준공도면상에 배치한 4개 이상의 모서리 지점은 작업이 완료된 후에도 삭제
하여서는 안 된다.

2) 현지점검측량

① 기준점측량은 4급 기준점측량방법을 준용한다.

② 지형자료 추출 시 좌표가 없는 준공도면 등에 좌표변환이 필요할 경우에는 특이점을 측량하여 좌표변환할 수 있도록 한다.

3) 지형보완측량

준공도면에서 추출된 데이터와 기존 지도와 인접 및 연결성을 위한 보완측량 및 지형·지물 변동 등에 따른 지도수정을 위한 측량을 말한다.

(4) GNSS 측량기를 이용한 방법

① GNSS 측량기를 사용하여 지형·지물의 좌표를 관측하여 그 값을 수시수정데이터로 제작한다.

② RTK-GNSS를 이용하여 세부측량을 실시하고 필요시 발주처와 협의하여 Static 등 다양한 GNSS 기법을 이용하도록 한다.

4. 대축척 수치지형도의 수시갱신방법의 장·단점

[표 7-16] 수시갱신방법의 장·단점

구분	장점	단점
항공사진측량에 의한 방법	정확도 균일성 유지	최신 항공사진을 입수하지 못하면 수시갱신 누락 발생
모바일 매핑시스템에 의한 방법	• 정확도 균일성 유지 • 공간정보와 속성정보를 같이 취득 • 외업의 최소화 • 도로 및 도로기반시설물 자료수집 용이	• 고가의 장비 • 도로 및 도로기반시설물 외 변화정보 수집이 어려움
준공도면에 의한 방법	• 건물 등 변화정보 파악에 용이 • 자료수집에 시간·비용 절감	• 표준화된 도면이 필요 • 기준점 성과 유무에 따라 공정 추가 • 도면 보관상태에 정확도 좌우
GNSS(Static, RTK, VRS)를 이용한 방법	높은 정확도 데이터 취득	• 인력 및 시간이 많이 소요 • 작업능력에 정확도 좌우

5. 기대효과

(1) 수치지형도 최신성 확보로 각종 GIS 응용도 및 활용도 향상

(2) 수치지형도의 정확도 확보로 각종 행정업무의 신뢰성 향상

(3) 최신의 수치지형도 제공으로 대민 서비스 수준 향상

(4) 최신의 정확한 지도정보 유지관리로 향후 모바일, LBS, IoT 등 신기술 기반 조성

6. 결론

대축척 수치지형도의 수시갱신은 항공사진측량, MMS, 준공도면, GNSS를 이용한 방법을 변화지역에 따라 사용하는 것이 효율적일 것이라 판단되며, 주요 지형ㆍ지물 변화지역 위주의 부분갱신체계로 계속 시행되면 미갱신 지역이 누적되어 수치지형도의 정확도 및 신뢰성이 떨어질 수 있으므로 권역별 전면갱신과 부분갱신의 병행을 고려하여야 한다.

---

09 모바일 매핑시스템(Mobile Mapping System)을 이용한 대축척지도의 수정ㆍ갱신방안

1. 개요

모바일 매핑시스템(Mobile Mapping System)이란 이동체에 장착된 센서를 통하여 수집한 데이터와 별도로 측량한 지상기준점 정보를 연합하여 지형ㆍ지물의 위치와 형상을 측정하는 시스템이다. 대도시 지역 내의 고층건물지역 측량에서 지상 MMS의 차량기반 멀티센서 측량시스템을 이용하여 국가기본도 수정 및 각종 지리정보 구축에 도입ㆍ적용하기 위하여 2010년부터 연차적 사업을 추진했으며 대축척지도의 수정ㆍ갱신에 활용할 수 있는 정확도를 확보하기 위해 시도되고 있다.

2. 필요성

(1) 인터넷 지도, 내비게이션 등 생활 지리정보가 활성화됨에 따라 최신 지리정보에 대한 요구 및 관심 증가
(2) 항공사진을 이용한 국가기본도 수정ㆍ갱신 주기에 대한 최신성 확보의 한계
(3) 지형ㆍ지물의 국지적 변화에 대한 실시간 수정이 비경제적

3. 구분

(1) 공중기반(Airborne) MMS
(2) 지상(Land-based) MMS

4. 추진 계획

(1) 신기술 적용의 내실화 및 안정화를 위해 "차량기반 멀티센서 측량시스템의 실용화 및 제도마련을 위한 연구"를 수행

(2) 연차별 계획

  ① 1차년(2009년) : 신기술 실용화 및 제도 마련을 위한 연구

  ② 2차년(2010년) : 시범사업을 통한 문제점 보완 및 고도화

  ③ 3차년(2011년) : 국가기본도 및 기본지리정보 수정 · 갱신 등에 적용

5. 차량기반 멀티센서 측량시스템

(1) 원리

  ① GNSS/INS, LiDAR, 사진측량의 연합으로 구성된 다양한 탐측기들을 차량에 탑재

  ② 차량의 운행과 함께 도로 주변에 있는 지형 · 지물의 위치측정과 시각정보를 취득

(2) 지상측량과의 비교

[표 7-17] 지상측량과 차량기반 멀티센서측량의 비교

구분	장점	단점
지상측량	높은 정확도의 데이터 취득 가능	• 인력 및 시간이 많이 소요 • 객관적인 근거자료 없음 • 개인적인 작업능력에 따른 정확도 • 기후의 영향
차량기반 멀티센서 측량	• 외업의 최소화, 공정의 단순화를 통한 시간적 · 비용적 절감 효과 • 정확도의 균일성 유지 • 공간정보와 속성정보 구축 가능 • 영상정보의 구축으로 객관적인 근거자료로 활용 • 시설물관리 분야 활용 가능	• 고가의 장비 • 장애물의 영향

6. 대축척지도의 수정 · 갱신을 위한 정확도 향상방법

(1) GNSS 수신 상태, IMU 상태 등의 작업지침 마련

(2) 카메라와 객체 간 거리가 가까운 자료에서의 위치 결정

(3) 객체별(점, 선, 면) 특성에 따른 오차 보완

(4) 디지털카메라 등 영상장비의 품질확보를 통한 영상좌표취득 오차의 감소

(5) 소요 정확도를 확보하기 위한 전문인력 양성

7. 기대효과

(1) 국가기본도 수정 · 갱신 비용 절감

(2) 공간, 영상, 속성정보를 One-step 방식 획득으로 인한 신뢰도 향상

(3) 공중기반(항공사진측량) 및 지상기반(지상사진 등) 지리정보의 융·복합을 통한 다양한 비즈니스 가치 창출

(4) 다양한 형태의 지리정보 취득에 따른 다목적·다용도 개념의 새로운 지리정보 구축

(5) 최신의 지리정보 제공에 따른 대민 서비스 향상

(6) 신기술 적용에 따른 새로운 일자리 창출

8. 결론

최근 측량분야에 최신 기법들이 도입되면서 과거에 수행하기 어려웠던 여러 측량의 응용이 가능해지고 있다. 모바일 매핑 시스템과 같이 동시에 여러 관측값을 이용한 자료획득 방법은 용이한 방법으로 보다 높은 정확도의 3차원 위치정보를 제공하므로 지도제작 및 각종 공간정보 관련분야에 그 활용이 급속화되고 있다. 3차원 위치정보 중 높이 정보에 대한 관측 역시 정확히 관측값을 취득하므로 모바일 매핑 시스템과 같은 측량방법은 보다 많은 분야에 활용될 전망이다.

---

10 POI(국가관심지점정보) 통합관리체계의 구축배경, 구축방법, 구축대상 및 이용 분야

1. 개요

공공부분에서는 중앙부처, 산하기관 및 지방자치정부 등 대다수 공공기관에서 각종 공간정보서비스를 다양한 형태로 시민들에게 서비스하고 있으며, 그 종류와 내용 등이 계속적으로 증가하고 있다. 하지만 정부 및 민간의 공공정보사업은 분야 간 불통으로 정보의 재생산 및 연계활용이 미흡하고 위치검색어를 활용하는 지도검색서비스 등은 상업적 서비스 편중으로 공공성 및 활용성이 부족한 실정이다. 이에 따라 각종 공공정보를 수집 및 정제하고 다양한 분야에서 활용하기 쉬운 형태로 가공하여 별도의 가공작업 없이 누구나 바로 활용할 수 있도록 국가관심지점정보 및 인터넷 지도를 구축하였다.

[그림 7-22] 국가인터넷지도 개념도

2. POI(국가관심지점정보) 통합관리체계의 구축배경

최근 모바일 기기 대중화로 위치기반서비스 수요 및 국내위치기반 산업은 급격한 성장과정에 있어 정부 중심의 통합관리가 시급하고, 그간 공유 및 활용이 미흡했던 공공정보를 누구나 쉽게 활용할 수 있도록 통합DB화하고 생산된 정보가 선순환될 수 있는 허브 마련이 필요하다.

(1) 필요성

1) 지도 및 위치정보 패러다임 변화
   ① 기존 종이지도에서 벗어나 웹이나 모바일 환경으로 패러다임 변화
   ② 인터넷, 내비게이션 등 IT 기반의 다양한 위치기반서비스 활발

2) 사용자 체감 만족도 개선
   ① 국가기본지도의 최신성과 활용성 재고에 관한 수요자 요구 증대
   ② 정부 차원의 다양한 노력에도 불구하고 사용자 체감 만족도는 낮음

3) 사회/경제적 약자 산업진입장벽 제거
   ① 공공 및 민간에서 개별 구축, 고비용 및 중복투자 발생
   ② 전자지도 구축을 위한 과다한 초기비용이 요구되어 산업 활성화를 위한 높은 장벽으로 작용

4) 국내 외국인 급증에 따른 다국어 지도
   ① 국내 거주 외국인 및 외국인 관광객 수는 급증
   ② 민간은 수익성 부족으로 미운영
   ③ 공공은 영문만 일부 운영하나 기능이 미흡

(2) 내용적 범위

[표 7-18] 국가관심지점 정보의 내용적 범위

구분	세부 내용
국가관심지점정보 통합DB 구축	• 원천자료 가공을 위한 기반DB 구축 • 기초관심지점정보 구축 • 공공, 관광 및 실내 관심지점정보 구축 • 국가관심지점정보 영문전환
국가인터넷지도 데이터 셋 구축	• 인터넷 지도 생성을 위한 기반DB 구축 • 국가인터넷지도의 맵 디자인 • 국가인터넷지도 서비스별 이미지맵 타일 생성
통합관리체계 기반 조성	• 원천자료 수집, 관리, 가공, 배포기술 개발 • 웹서비스 및 서비스 관리기술 개발 • 모바일 현장조사지원시스템 개발

3. 통합관리체계

원천자료 수집/관리/가공/배포기술 개발은 공공기관의 자료들을 수집하여 데이터를 가공 및 배포서비스를 제공한다. 아울러, 시스템의 원활한 운영 및 관리를 위한 관리자 기능을 제공한다.

(1) 국가관심지점정보(POI : Point Of Interest)

국가기본도의 정보(지명, 지형·지물 등)와 정부에서 구축된 각종 공공정보(주소, 복지, 안전 등)를 추가 수집, 정제하여 다양한 분야에서 활용하기 쉬운 형태(명칭＋위치정보＋분류체계＋속성)로 가공한 위치 정보

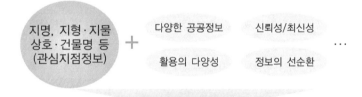

지명, 지형·지물 상호·건물명 등 (관심지점정보) ＋ 다양한 공공정보 신뢰성/최신성 …
활용의 다양성 정보의 선순환

↓

국가관심지점정보

국가관심지점정보 목표 범위

구분	공공 POI	실내 POI	생활편의 POI	기초 POI
국가 관심지점정보 (600만 건)	지명기반 정보+생활편의 정보+공공 정보(관광/교통/보행자/재난재해 등)+실내정보 다국어(한국어/영어/일본어/중국어) 지원 API, DBMS, Excel, Txt 등 다양한 환경 제공			
민간업체 (300만 건)			지명기반 정보 + 생활편의 정보 한국어 지원 API 제공	
국가기본도 (100만 건)				지명기반 정보

[그림 7-23] 국가관심지점정보 및 목표 범위

① 국가 고유업무 수행으로 축적된 각종 DB(주소정보 포함)를 위치기반 서비스 목적으로 통합·가공하여 POI 형태로 구축한 데이터

② 전자지도 위에 지리정보와 함께 좌표 등으로 표시되는 주요시설물, 역, 공항, 터미널, 호텔, 백화점 등을 표현하는 데이터(Land Mark 또는 Way Point)

(2) 국가인터넷지도

국가에서 지속적으로 갱신 관리가 되고 있는 연속수치지형도 데이터 및 도로명주소 데이터 등의 최신자료를 확보하여 기반DB를 구축

4. POI(국가관심지점정보) 구축대상 및 구축방법

(1) 기초관심지점정보

국토지리정보원의 연속수치지형도를 원천자료로 활용하여 가공, 정제, 명칭 추출, 정위치 편집을 실시한다. 공간형태(점·선·면), 지형·지물의 분류(교통, 건물, 지형 등) 등 데이터 사양 및 속성정보 분석을 실시하고, 연속수치지형도의 특성을 반영하여 중복주기를 제외한 기초관심지점정보를 구축한다.

① 구축대상

[표 7-19] 기초관심지점정보 구축대상

분류	지형 · 지물
건물	건물
경계	행정경계(시도, 시군구, 읍면동), 수부지형경계
교통	육교, 교량, 교차부, 입체교차로, 인터체인지, 터널 도로중심선, 철도중심선, 나루
수계	호수/저수지, 하천중심선, 해안선, 폭포
시설	선착장, 야영지, 묘지계, 유적지, 주유소, 휴게소, 성, 우물/약수터, 양식장, 낚시터, 해수욕장, 등대, 광산, 채취장, 관측소, 문화재, 비석/기념비, 탑, 요금징수소
식생	목장, 독립수
주기	지명, 산/산맥
지형	동굴 입구

② 구축방법

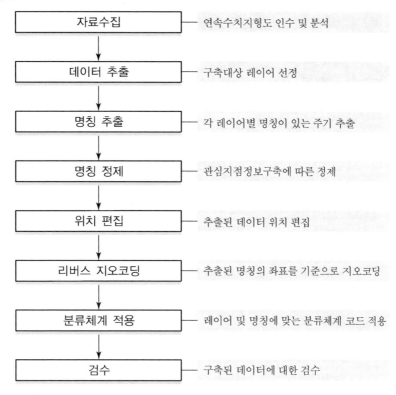

자료수집	— 연속수치지형도 인수 및 분석
데이터 추출	— 구축대상 레이어 선정
명칭 추출	— 각 레이어별 명칭이 있는 주기 추출
명칭 정제	— 관심지점정보구축에 따른 정제
위치 편집	— 추출된 데이터 위치 편집
리버스 지오코딩	— 추출된 명칭의 좌표를 기준으로 지오코딩
분류체계 적용	— 레이어 및 명칭에 맞는 분류체계 코드 적용
검수	— 구축된 데이터에 대한 검수

[그림 7-24] 기초관심지점정보 구축방법

(2) 공공, 관광 및 실내관심지점정보 구축

국가의 중점적 관리대상인 공공분야 관심지점정보에 대하여 행정안전부, 보건복지부, 교육청, 소방방재청 등 다부처에서 유지 및 관리되는 공공 데이터를 대상으로 공공 관심지점정보를 구축한다.

① 구축대상

[표 7-20] 공공, 관광 및 실내관심지점정보 구축대상

기관	내용
건강보험심사평가원	병원, 한의원, 약국 등 의료시설
검찰청	전국검찰청 등
경찰청	경찰서, 파출소, 아동안전지킴이집 현황 등
고용노동부	중년일자리희망센터, 유료/무료 직업소개소
교육부	유치원, 초중고대학교, 도서관정보, Wee센터 등
국방부	한국전쟁기념비, 예비군부대, 국군병원 등
국립전파연구원	전자파지정시험기관

기관	내용
국토교통부	전국산업단지, 휴게소, 졸음쉼터, 버스정류소 정보 등
기상청	기상청, 기상대, 기상관측소
농림축산식품부	동물병원, 농공단지 등
대법원	전국등기소
문화체육관광부	공공 체육시설 현황, 청소년 수련시설 현황 등
과학기술정보통신부	통신사업자 현황
방송통신위원회	지상파방송사 현황
법무부	청소년자립생활관
병무청	병역특례업체
보건복지부	공공보건의료기관, 노인/여성/장애인복지시설 등
산림청	산촌생태마을, 국민의 숲 지정 현황, 유아숲 현황 등
서울시	서울시 공공화장실, 가로판매대, 걷고 싶은 서울길 등
소방방재청	비상급수시설 등
식품의약품안전처	HACCP 교육훈련기관
행정안전부	주요행정기관, 휠체어리스트 현황, 자원봉사센터 등
여성가족부	여성/청소년관련 시설 등
영화진흥위원회	전국극장 현황
우정사업본부	우체국 위치, 우체통 위치 등
외교부	주한공관 현황
중소기업청	창업스쿨, 1인창조기업 비즈니스 센터
한국관광공사	음식점, 관광지, 유원지, 문화시설, 천연기념물 등
한국승강기안전기술원	승강기 유지관리업체 현황
한국장애인고용공단	장애인민간위탁훈련기관
한국정보화 진흥원	일반음식점
해양경찰청	해양경찰청 및 산하기관
해양수산부	어촌체험마을, 양식장, 등대 등
환경부	중계펌프장, 공공하수/분료처리시설, 폐수처리장, 상수원 수질보전을 위한 통행 제한도로 등
Web 사이트	기타 행정기관/투자기관 등

② 구축방법

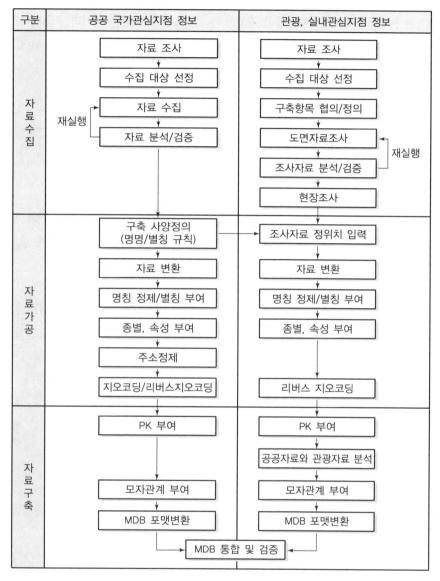

[그림 7-25] 공공, 관광 및 실내관심지점정보 구축방법

5. 이용 분야

공공업무 지원, 공공 대민서비스, IT, 스타트업, 여행, 위치정보 서비스 등 지도데이터가 필요한 분야에서 누구나 자유롭게 데이터를 수령하고 활용할 수 있다.

6. 결론

POI는 관심지점에 대한 정보 등을 좌표로 수치지도에 표시하는 데이터를 의미하므로, 국가관심지도정보통합관리체계 구축을 계기로 공공부분과 민간부분에서 유용하게 활용될 것으로 기대된다.

11 신국가기본도 체계(공간정보생산체계 혁신방안)

1. 개요

현재 국가기본도는 도엽단위 생산에 따른 객체별 이력관리 불가, 생산품에 대한 현재성 부족, 간행물의 개별적 업무프로세스로 인한 제공 정보의 상이 및 품질의 일관성 부족 등으로 인해 관련 산업의 요구사항을 충족시키지 못하고 활용에 한계를 가지고 있다.

제4차 산업혁명시대의 핵심 인프라로 자리매김하기 위해서는 기존 국토지리정보원에서 생산되는 제품과 이를 생산하기 위한 업무프로세스의 변화가 필요한 시점이다. 하나의 원천 DB 중심의 생산·관리체계, 다양한 방법(시스템 연계, MMS, 드론 등)을 이용하여 국토변화정보의 최신성(현재성)의 확보, 제품별 일관된 품질의 확보 및 객체별 이력관리, 대량맞춤체계 지원을 위한 자동생산 등과 같이 현재 국가기본도 체계를 혁신하기 위한 패러다임이 필요하다.

따라서, 국토지리정보원에서는 2017년에 국가기본도 체계의 문제점과 개선사항들을 분석하고 이를 기반으로 신국가기본도 체계의 방향성과 체계전환에 따른 필요 요소들을 제시하였다.

2. 현황

(1) 각종 공간정보 생산의 기본 틀이 되는 국가기본도 등 지도 정보를 주로 완제품(도엽) 형태로 생산·제공하고 있다.

(2) 전 국토를 2개 권역으로 나누어 항공사진으로 촬영·정사 후 도화하여 국가기본도를 2년 주기로 생산(수시수정 병행)하여 도엽단위로 제공하고 있다.

(3) 현행 도엽단위의 지도정보 생산체계는 객체별 중복 생산에 따른 비효율, 정보의 적시성·활용성 부족 등의 한계를 노출하고 있다.

(4) 표시정보 선택 등 수요자 맞춤형 서비스가 곤란하며, 사용자가 객체를 직접 추출·갱신하는 등 가공비용 발생 및 활용성이 부족한 실정이다.

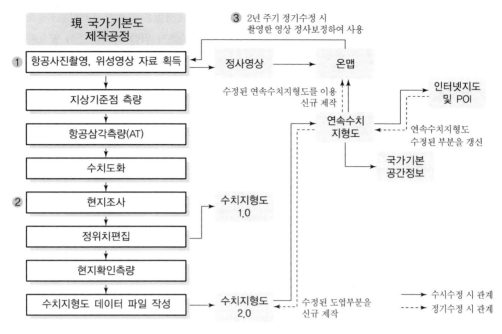

[그림 7-26] 현 국가기본도 제작 및 수정방식

3. 추진 배경과 필요성

(1) 공간정보산업은 독립적인 산업영역을 벗어나 타 분야와의 융·복합 산업으로 발전하고 있으며, 시·공간적인 경계를 허물고 다양한 인문사회 분야와 결합하여 사용자 중심의 맞춤형 서비스로 진화하고 있다.

(2) 이러한 시대적 요구사항을 만족하기 위해서는 정확한 공간정보를 생산하고 관리하여 실시간으로 제공함으로써, 다양한 정보와 기술이 융합되어 새로운 가치를 만들 수 있는 환경이 조성되어야 한다.

(3) 이처럼 급변하는 공간정보 분야에서 다양한 정보와 융·복합이 가능하게 하는 기반 자료 역할을 하는 것이 국토지리정보원에서 생산·관리하는 국가기본도이다. 이러한 국가기본도는 국토의 효율적 관리, 도시계획 수립, 환경 및 재난관리 등 다양한 분야의 기초자료로 활용되고 있다.

(4) 하지만 국가기본도는 도엽단위 생산에 따른 객체별 이력관리 불가, 생산품에 대한 현재성 부족, 간행물의 개별적 업무프로세스로 인한 제공 정보의 상이 및 품질의 일관성 부족 등으로 인해 관련 산업의 요구사항을 충족시키지 못하고 활용에 한계를 가지고 있다.

(5) 제4차 산업혁명시대의 핵심 인프라로 자리매김하기 위해서는 기존 국토지리정보원에서 생산되는 제품과 이를 생산하기 위한 업무프로세스의 변화가 필요한 시점이다. 하나의 원천 DB 중심의 생산·관리체계, 다양한 방법(시스템 연계, MMS, 드론 등)을 이용하여 국토변화 정보의

최신성(현재성)의 확보, 제품별 일관된 품질의 확보 및 객체별 이력관리, 대량맞춤체계 지원을 위한 자동생산 등과 같이 현재 국가기본도 체계를 혁신하기 위한 패러다임이 필요하다.

4. 기본개념, 목표 및 개선방안

(1) 기본개념

① 공통으로 사용되는 공간정보
② 위치기준 및 참조기준이 되는 공간정보
③ 다른 공간정보의 생산, 관리, 활용 기준이 되는 공간정보
④ 수시갱신을 통해 최신성을 가지는 공간정보
⑤ 다양한 수요자를 만족시키는 공간정보
⑥ 최신성을 가지는 공간정보

(2) 목표

① 요소 중심의 공간정보 생산 · 관리방안
② 고객의 요구 상품을 가공하여 제공하는 방안
③ 다양한 공간정보를 자동생산할 수 있는 기술 및 제도 마련
④ 정확성, 일관성, 최신성을 갖춘 공간정보 생산체계 혁신

(3) 개선방안

1) 완제품(도엽)단위, 정기갱신(2년) 위주의 생산체계를 객체(도로, 건물 등) 중심의 수시갱신방식 개편 추진

① 기본공간정보 중 공통적으로 활용도가 높은 건물, 교통 등 10개 정보에 대해 우선적으로 객체 단위의 표준화된 형태의 DB 구축
② 10개 정보는 측량기준점, 구역경계, 교통시설, 건축구조물, 지형, 수계, 식생, 관심지점, 영상, 격자
③ 객체단위 DB를 기반으로 완제품 공간정보가 사용자 요구사항을 반영한 맞춤형 공간정보를 자동생산하는 모듈 개발
④ 사용자 요구에 따라 주제별(건물, 도로 등), 시점별(연도, 계절, 월 등), 영역별(행정구역, 격자형 구역 등), 형태별(파일포맷)로 맞춤형 제공
⑤ 시스템 간 연계 등을 통한 객체별 수시갱신 방식 위주의 관리체계로 전환하여 변화된 정보의 실시간 유통 구현
⑥ 시스템 간 연계는 건축행정시스템(세움터), 부동산종합공부시스템, 도로대장관리시스템 등과 연계하고, 변화내용은 국토정보플랫폼(map.ngii.go.kr)을 통해 실시간 제공

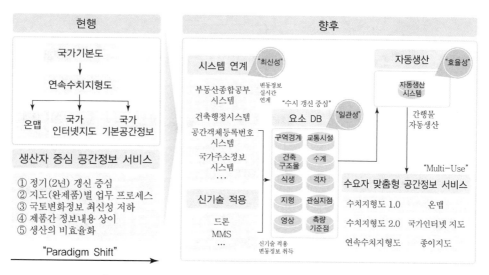

[그림 7-27] 신국가기본도체계(공간정보생산체계 혁신방안)

2) 첨단기술을 활용한 공간정보 생산효율화

   ① 정밀지상관측(해상도 50cm급) 영상 취득을 위한 위성 발사(2019~2020년, 과기부와 공동) 준비 및 위성정보 활용센터 설립 추진

   ② 정밀지상관측영상을 이용하여 시계열적 국토변화, 재난·재해 대응, 접근불능지역 정보 취득 등에 활용

   ③ 도서지역, 하천 등 접근 곤란 지역을 대상으로 드론 활용 측량시범사업 추진 및 제도적 기반 마련

5. 추진 방향

(1) 국가기본공간정보 데이터모델 연구 및 시범 DB 구축에서 정의된 5개 주제의 데이터모델과 국토지리정보원 공간정보 표준화 지침에 따라 2015년 국토지리정보원에서 공고한 기관표준을 참조하여 신국가기본도 8가지 핵심데이터 모델을 정의하였고, 다양한 수요를 충족하기 위해 사용자가 요구하는 상품을 자동생산할 수 있는 기술제도를 마련하였으며, 1/50,000 3도엽에 시범 적용하여 연구내용을 검증하였다.

(2) 시범제작된 DB는 파일럿 시스템에 업로딩하여 온맵(1/5,000), 인터넷 지도의 자동생산을 검토하였다.

(3) 신국가기본도 체계 실현을 위한 기술·제도 기반 마련과 시범 DB 구축 및 파일럿 시스템 개발을 그 범위로 하며, 추진 흐름도는 [그림 7-28]과 같다.

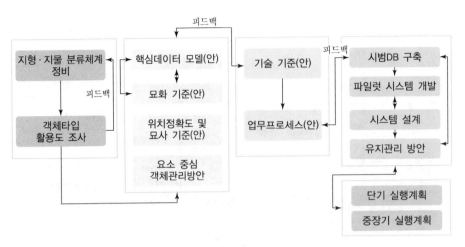

[그림 7 – 28] 신국가기본도 추진 흐름도

(4) 신국가기본도 체계의 실현을 위한 고려사항

① 생산 · 관리 · 유통을 위한 객체 중심의 DB
② 국토변화정보의 이력관리를 위한 고정형 객체관리
③ 생산에서부터 제품까지 일관된 품질확보
④ 다양한 방법으로 실시간 국토변화정보를 신속하게 반영하여 최신성 확보
⑤ 객체 중심의 DB를 이용하여 기존 간행물의 대량맞춤 자동생산
⑥ 주제 중심의 사용자 맞춤형으로 정보 제공

(5) 세부 추진내용

① One Source : 신국가기본도 DB를 생산하기 위해 데이터 모델의 설계가 우선되어야 한다.
② One Model : 신국가기본도 DB의 기초가 되는 데이터 모델의 설계부분이다.
③ Multi Service : 신국가기본도 DB를 기반으로 간행물들의 생산 및 유지 · 관리 방안 마련을
위한 부분이다.

6. 결론

국가기본도는 국토의 효율적 관리, 도시계획 수립, 환경 및 재난관리 등 다양한 분야의 기초자료
로 활용되고 있다. 하지만 국가기본도는 도엽단위 생산에 따른 객체별 이력관리 불가, 생산품에
대한 현재성 부족, 간행물의 개별적 업무프로세스로 인한 제공 정보의 상이 및 품질의 일관성 부
족 등으로 인해 관련 산업의 요구사항을 충족시키지 못하고 활용에 한계를 가지고 있다.

그러므로 현재 추진 중인 신국가기본도 체계 실현을 위한 예산, 법 · 제도, 기술수준 등의 단계별
추진계획과 세부사업 추진으로 합리적인 사업이 되도록 노력해야 할 시점이라 판단된다.

12 재해지도의 제작 및 활용

1. 개요

재해지도는 자연재해로부터 안전하도록 개발계획을 수립하고 재해 발생 시에는 신속한 주민대피에 활용되는 지도로서, 수치지도와 지적도 등의 기본 도형자료에 침수와 관련된 각종 정보를 수록하여 제작하며, 그 종류로는 침수흔적도, 침수예상도 및 재해정보지도 등이 있다.

2. 재해지도별 특징

(1) 침수흔적도

① 침수 피해가 발생한 지역에 대하여 침수흔적 조사 및 측량

② 침수 구역에 대한 침수위, 침수심, 침수시간을 조사하여 지형도 및 지적도에 표시

③ 사전재해영향성 검토, 재해위험지구 정비, 풍수해 저감 종합계획 등 각종 개발 계획 및 인·허가 시 사전 검토 자료로 활용

(2) 침수예상도

① 과거의 침수피해 흔적과 지진해일, 극한강우, 댐·저수지·제방의 붕괴 및 월류, 계획홍수위 등 수문학적 인자를 고려하여 장래의 침수 예상지역 및 침수심 등을 예측하여 작성한 지도

② 내륙지역의 홍수범람 위험도와 해안지역의 해안침수 예상도로 세분

③ 토지이용계획 수립의 기반자료로 이용

(3) 재해정보지도

1) 침수흔적도와 침수예상도를 토대로 재해 발생 시 필요한 정보를 표시한 지도

2) 피난활용형, 방재정보형, 방재교육형으로 구분

3) 재해정보지도 수록 내용

   ① 침수예상 및 흔적 등의 침수 정보

   ② 대피장소, 대피로, 대피기준 등의 대피 정보

   ③ 보건소, 병원 등의 의료시설 정보

   ④ 시청, 구청, 동사무소, 소방서, 경찰서, 기상청, 군부대 등 방재관계기관 정보

   ⑤ 상하수도, 전기, 가스공급시설 및 통신시설 등의 라이프 라인 정보

   ⑥ 풍수해 관련 정보량 등

4) 침수가 예상되는 지역에서 주민들이 원활하고 신속하며 효과적으로 대피할 수 있도록 하는 안전도우미로서 활용

3. 재해지도의 작성

(1) 기본 도형 자료(Base Map)

수치지형도 및 연속지적도

(2) 속성자료

1) 지형도 속성자료
① 표고점 레이어 : 1/1,000~1/5,000 수치지형도(표고값)
② 등고선 레이어 : 1/1,000~1/5,000 수치지형도(등고값)
③ 건물 레이어 : 새주소 관리 시스템의 건물 레이어(주요 건물명)
④ 도로 레이어 : 도로관리 시스템의 도로 레이어(도로폭)
⑤ 하천유역 경계 : 하천대장, 공사도명 자료활용 신규작성(유역명)

2) 지적도 속성 자료
① 지적선, 지목, 지번 등
② 연속지적도 자료(KLIS) 활용

3) 침수상황 속성 자료
침수위, 침수심, 침수면적, 침수구역 경계, 침수피해 내용 등

(3) 작성자

지역 방재 분야, 수자원 분야, 공간정보 분야, 해일 및 해양·측량 분야(해안침수 예상도에 한함)의 전문가가 공동 참여하여 작성

(4) 재해지도 작성순서

재해지도는 침수흔적도와 침수예상도를 먼저 작성하고 이를 토대로 재해정보지도를 작성하는 것을 원칙으로 한다.

(5) 침수흔적도 작성 절차 및 종류

1) 침수흔적도 작성 절차
① 침수흔적조사 자료 검토 및 분석 → ② 침수흔적지 현장 측량 → ③ 침수흔적 상황 도면 표시 등 → ④ 침수흔적 조사 자료 데이터베이스 구축 및 자료관리

2) 침수흔적도 종류
① 연속지적도 기반의 침수흔적도
② 수치지형도 기반의 침수흔적도
③ 연속지적도 및 수치지형도 기반의 침수흔적도

(6) 홍수범람예상도 작성 절차

① 자료수집 및 현장조사 → ② 조사측량(필요시) → ③ 수치표고자료 구축 → ④ 홍수범람시나리오 작성 → ⑤ 수문·수리분석 → ⑥ 격자망 구성 및 계산조건 설정 → ⑦ 범람해석 → ⑧ 계산결과의 검증 → ⑨ 각종 시설의 위치 및 정보전달계통의 정리 → ⑩ 홍수범람예상도 작성

(7) 내수침수예상도 작성 절차

① 과거 내수 침수자료 및 침수 당시 방재시설현황 조사 → ② 강우 및 수문분석 시나리오 구축 → ③ 도시지역 지형자료 구축 → ④ 도시지역 우수배제시스템 자료 구축 → ⑤ 내수침수 해석 모형의 구축 → ⑥ 모형 검증 및 시나리오별 수치계산 → ⑦ 내수침수 결과의 해석 및 정리 → ⑧ 각종 시설의 위치 및 정보전달 계통의 정리 → ⑨ 내수침수예상도 작성

(8) 해안침수예상도 작성 절차

① 해안침수자료 조사 → ② 가상 시나리오 작성 → ③ 해저지형 및 육상지형 자료 수집 → ④ 계산영역설정 및 수치표고자료 구축 → ⑤ 격자망 구성 및 계산조건 설정 → ⑥ 모형 검증 및 시나리오별 수치계산 → ⑦ 수치계산 결과의 해석 및 정리 → ⑧ 시나리오별 계산결과의 검증 → ⑨ 시나리오별 해안침수예상도 작성 → ⑩ 각종 시설의 위치 및 정보전달계통의 반영 → ⑪ 침수예상도의 작성 → ⑫ 시나리오별 DB 구축

(9) 재해정보지도 작성흐름

① 작성조건 설정 : 침수흔적, 침수예상, 작성범위 등 조건 설정
② 대피계획 검토 및 수립 : 대피가 필요한 지역, 대피대상 주민 선정, 대피장소 등을 검토하여 최적의 대안으로 대피계획 수립
③ 지도 작성 : 침수조건 검토자료 및 대피계획 수립내용을 정리하여 도면에 표시

4. 재해지도 활용

(1) 예방·대비단계

자연재해 예방·대비단계에서는 방재계획의 수립 및 재난대비를 위한 교육·훈련·홍보에 활용한다.

(2) 대응단계

자연재해 대응단계에서는 긴급 상황에 신속히 대응할 수 있는 정보 제공 및 지원에 활용한다.

(3) 복구단계

자연재해 복구단계에서는 구호물자 및 복구장비의 신속한 전달, 부상자 이송, 피해원인 분석 및 대책 수립에 활용한다.

5. 문제점 및 대책

(1) 기존 수치지형도를 그대로 사용할 경우 표고값의 오차에 따라 부정확한 침수예상도 작성으로 실용성 저하

1) 대책

① 대상지에 대한 수치지형도의 표고정확도 분석
- 대상지 면적의 약 20% 정도를 표본추출하여 표고를 관측하고 수치지형도의 표고와 비교
- 표고는 네트워크 RTK 관측에 의한 타원체고에 KNGeoid18에 의한 지오이드고를 감산하여 결정

② 표고오차 발생지점에 대해서는 지형보완측량 실시
- 표고오차가 크게(예 10cm 또는 20cm) 발생하는 지점에 대하여는 표고관측 위주의 지형측량을 실시하여 수치지형도 보완
- 지형측량방법은 지상레이저측량, 무인항공사진측량 및 지상측량방법 중 적당한 방법으로 실시

(2) 정확한 측량 없이 조사만을 통해 침수흔적도를 작성함에 따라 부정확한 정보 제공

1) 대책

① 침수흔적선의 정확한 3차원측량
- 네트워크 RTK + KNGeoid18 지오이드 보정으로 정확한 3차원 위치측량 필요
- 재해지도 작성을 위한 측량은 수치지도제작업 등록업체가 아니라 측지측량업, 공공측량업 또는 일반측량업 등록업체가 수행하여야 함

6. 결론

정확한 측량을 배제하고 침수흔적조사자료만을 기존 수치지형도에 표시하여 작성한 재해지도는 부정확한 성과로 인해 실제 업무에 적용성이 떨어진다. 실용성 있는 재해지도는 침수흔적선의 정확한 측량과 수치지형도의 보완을 통해 작성되어야 할 것으로 판단된다.

13 지하공간통합지도 구축 및 유지관리

1. 개요

서울 송파구 싱크홀(대형 지반침하) 발생을 계기로 국민 불안감이 커지자 국토교통부가 '지반 침하 예방 대책'을 발표하면서 지하공간 통합지도 서비스 제공 계획을 발표했다. 국토교통부는 290억 원의 예산을 들여 2015년부터 서울, 부산, 대전, 세종시에서 지하공간 통합 지도 시범 구축에 나서고 2019년까지 전국 85개 시 지역에 지하공간 통합지도를 작성하기로 했다. 여기에서, 지하공간 통합지도란 지하공간의 개발 · 이용 · 관리함에 기본이 되는 지하정보를 통합한 지도를 말한다.

2. 지하공간통합지도 구축 필요성

(1) 최근 도로함몰, 지반침하, 싱크홀 등 안전사고 발생
(2) 지하공간 안전사고가 거듭하여 발생하면서 국민들의 불안이 가중
(3) 지하공간의 개발에 따른 이용 증가로 안전사고에 대한 종합적 대책 마련 시급
(4) 정부의 싱크홀 예방대책 마련에 "지하공간 통합지도" 구축을 포함
(5) 지하공간통합지도 구축을 위해 기관별 보유 정보(15종)의 3D 기반 통합 · 활용 필요

3. 지하공간통합지도 구축방법

(1) 개념

지하공간통합지도 구축방법의 대략적인 개념은 다음과 같다.

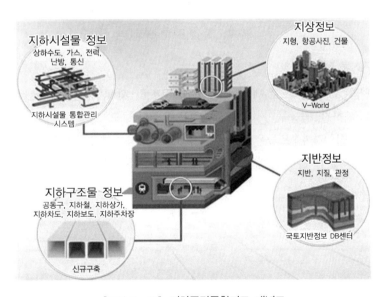

[그림 7-29] 지하공간통합지도 개념도

[표 7-21] 지하공간통합지도 구축대상

구분	종류
지하시설물 정보(6종)	상하수도, 전기, 통신, 난방, 전력, 가스
지하구조물 정보(6종)	공동구, 지하철, 지하보도/차도, 상가, 주차장
지반정보(3종)	시추, 관정, 지질
지상정보(3종)	지형, 항공사진, 건물
관련주제도(13종)	수맥도, 광산지질도, 토양도, 지진발생위치도, 발굴조사구역도, 수문지질도, 진도분포도, 급경사지분포도, 싱크홀발생위치도, 국가주조물위치도, 산사태위험지도, 동굴위치도

(2) 지하시설물(관로형) 정보

① 지하공간에 인공적으로 매설된 6종의 지하시설물(「지하안전관리에 관한 특별법」 제2조 제11
   항) : 상수도, 하수도, 통신, 난방, 전력, 가스

② **구축방법** : 지하시설물의 경우에는 기존에 구축된 2차원 지도의 위치정보와 깊이값, 관 지
   름 등 속성정보를 이용하여 3차원 형태의 관로지도를 작성

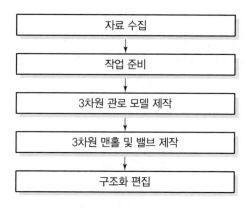

[그림 7-30] 지하시설물정보 구축순서

(3) 지하구조물 정보

① 지하공간에 인공적으로 제작된 6종의 지하구조물(「지하안전관리에 관한 특별법」 제2조 제11
   항) : 지하철, 공동구, 지하상가, 지하도로, 지하보도, 지하주차장

② **구축방법** : 지하구조물은 구조물 준공도면을 이용하여 3차원 모델링을 수행하고 현지 측
   량을 통해 취득한 좌푯값을 모델링 정보에 부여하여 3차원 구조물 지도를 구축

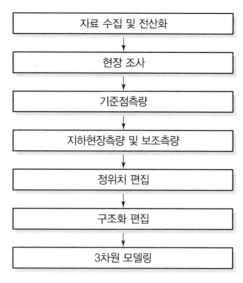

[그림 7-31] 지하구조물정보 구축순서

(4) 지반정보(「지하안전관리에 관한 특별법 시행령」 제3조 제1~3항)

1) 지하공간에 자연적으로 형성된 토층 및 암층에 관한 시추, 지질, 관정에 관한 정보
① **시추정보** : 지반의 특성, 지층의 종류 및 지하수위 등 시추기계 또는 기구를 사용하여 생산된 정보
② **지질정보** : 암석의 종류·성질·분포상태 및 지질구조 등 지질을 조사하여 생산된 정보
③ **관정정보** : 지하수의 수위분포 및 지하수를 함유하고 있는 지층의 구조와 수리적(水理的) 특성 등 관정을 통하여 측정된 정보

2) **구축방법**
지반정보는 기존 시추공에서 포함하고 있는 개별 지층정보와 인접 시추공 동일지층을 연결하여 3차원 지층구조를 생성

[그림 7-32] 지반정보 구축순서

4. 지하공간통합지도 유지관리

(1) 지하정보 활용지원센터

한국건설기술연구원이 지하공간통합지도 활용의 정착 및 활성화와 사용자편의성 중심의 지하공간통합지도 활용 서비스 체계 마련을 목적으로 운영

(2) 지하정보 활용지원센터 주요 업무

① 지하안전영향평가, 지반침하위험도평가 등 지하공간통합지도 활용 지원 및 기술 컨설팅 지하정보의 수집 및 관리 지원

② 지하정보 및 지하공간통합지도의 활용 활성화를 위한 교육·홍보 및 대외협력 추진

③ 스마트시티, 재해·재난, 도시재생 등 지하공간통합지도 활용 분야 지원

(3) 절차

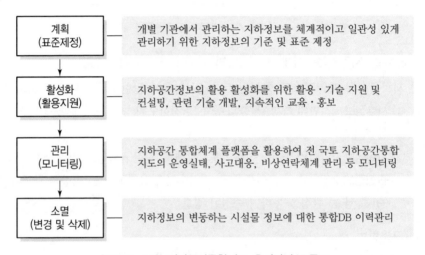

[그림 7-33] 지하공간통합지도 유지관리 흐름도

5. 지하공간통합지도 기대효과

(1) 사회·문화적 효과

지반침하 등으로 발생하는 지하공간의 재난·재해대책 수립에 필요한 객관적인 정보 제공으로 안전생활 도모

(2) 산업 활성화 효과

기 구축된 3D 지상공간정보와 지하공간정보 연계를 통한 국내 공간정보산업 시장 활성화

(3) 경제적 파급효과

통합지도가 구축됨에 따라 DB구축 및 지하공간 3D엔진 개발 등 관련 산업에서 새로운 일자리 창출 기대

6. 결론

지하시설물 안전관리를 위해 여러 전문 분야의 다각적인 활동이 필요하고 이를 통한 정책, 시스템, 안전관리 개선방안을 모색해야 하며 지하공간통합지도가 공공기관과 지하 안전영역 평가 전문 민간기관 등의 활용도를 높이기 위해서는 지도의 자동화기술 개발이 시급할 것으로 판단된다.

14 자율주행자동차 상용화를 위한 정밀도로지도 구축 및 유지 · 갱신방안

1. 개요

자율주행자동차란 자동차 스스로 주변의 환경을 인식하여 위험을 판단하고 주행 경로를 계획하는 등 운전자 주행조작을 최소화하여 스스로 안전주행이 가능한 자동차를 말한다. 자율주행자동차의 상용화를 위해서는 센서, 연산제어 및 통신기술뿐만 아니라 3차원 좌표가 포함된 정밀도로 정보가 필요하다. 이에 국토지리정보원에서는 2015년 「자율주행차 지원을 위한 정밀도로지도 구축방안연구」사업을 실시해 정밀도로지도 효율적 구축방안, 기술기준, 표준 등을 마련하고, 시험운행구간에 대한 정확하고 표준화된 정밀도로지도를 시범 제작하였다.

2. 자율주행자동차

자율주행자동차는 운전자 없이 IT기기로 도로를 달리는 자동차로 주요 특징 및 고려사항, 단계별 기술 수준은 다음과 같다.

(1) 특징 및 고려사항

① 무인자동차와는 다른 개념으로 운전자 또는 승객을 위하여 자동으로 운전을 대신해 주는 자동차

② 여러 가지 센서로 실외 환경변화를 극복하고, 장애물을 피하면서 원하는 목적지까지 스스로 경로를 파악하여 이동할 수 있는 자동차

③ 탑승자의 편의, 안전, 승차감이 최우선적으로 고려되어야 함

④ 탑승자 보호 및 탑승자의 돌발 행동으로 인한 사고방지대책도 마련해야 함

(2) 단계별 기술수준

자율주행자동차는 운전자의 발(가감속), 손(조향), 눈(전방주시)의 사용 유무에 따라 기술 수준이 정의될 수 있으며, 미국 도로교통 안전국에서는 자율주행 기술수준을 레벨 0부터 레벨 4까지 구분하고 [표 7 – 23]과 같은 가이드라인을 발표하였다.

[표 7-22] 자율주행자동차의 단계별 기술수준

구분	사용 유무		
	발(가감속)	손(조향)	눈(전방주시)
레벨 0	사용	사용	사용
레벨 1	미사용	사용	사용
레벨 2	미사용	미사용	사용
레벨 3	미사용	미사용	조건부 사용
레벨 4	미사용	미사용	미사용

① 레벨 0 : 자동화 시스템이 전혀 없는 자동차

② 레벨 1 : 여러 자동화 시스템 중 1개 시스템이 적용된 자동차

③ 레벨 2 : 여러 자동화 시스템 중 2개 이상이 통합되어 적용된 자동차

④ 레벨 3 : 제한된 조건에서만 자율주행이 가능한 자동차

⑤ 레벨 4 : 완전 자율주행 자동차

3. 정밀도로지도

(1) 정밀도로지도

자율주행에 필요한 차선(규제선, 도로경계선, 정지선, 차로중심선), 도로시설(중앙분리대, 터널, 교량, 지하차도), 표지시설(교통안전표지, 노면표시, 신호기) 정보를 정확도 25cm로 제작한 전자지도이다.

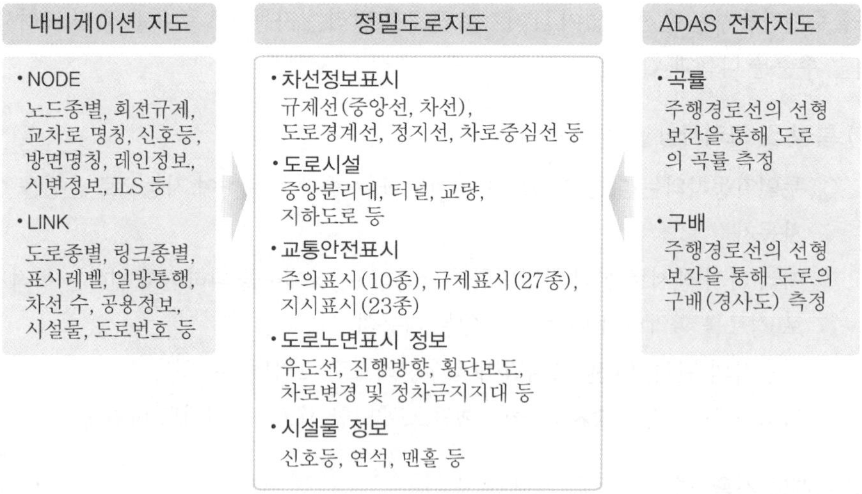

[그림 7-34] 기존 전자지도와 정밀도로지도의 비교

(2) 정밀도로지도 제작과정(MMS에 의한 방법)

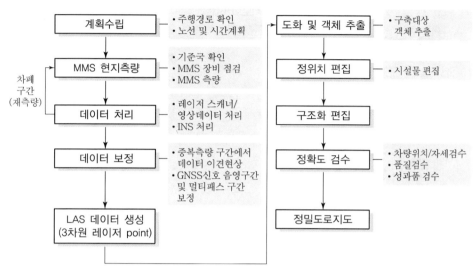

[그림 7-35] MMS에 의한 정밀도로지도 제작과정

(3) 정밀도로지도 구축항목

[표 7-23] 정밀도로지도 구축항목

목록	구분인자	선정 항목		
차선 표시	규제선	• 중앙선 • 버스전용차선	• 유턴구역선 • 진로변경제한선	• 차선 • 가변차선
	도로경계선	• 길가장자리 구역선	• 주차금지 표시선	• 정차주차금지 표시선
	정지선	정지선		
	차로중심선	차로중심선		
도로 시설	중앙분리대	• 중앙분리대	• 무단횡단 방지시설	• 중앙분리대 개구부
	터널	터널		
	교량	교량		
	지하도로	지하도로		
표지 시설	교통안전표지	• 주의표지 10종	• 규제표지 27종	• 지시표지 23종
	노면표시	• 정차금지지대 • 진행방향 표시 • 횡단보도	• 유도선 • 차로변경 표시 • 자전거 횡단도	• 유도면 • 오르막 경사면
	신호기	신호기		

(4) 정밀도로지도와 기존 수치지형도와의 비교

[표 7-24] 기존 수치지형도와 정밀도로지도의 비교

구분	기존 수치지형도	정밀도로지도
방법	항공사진 측량	차량용 매핑 시스템(레이저 측량)
특징	2차원 전자지도	3차원 전자지도
정확도	• (1/5천) 평면 : ±3.5m / 수직 : ±1.67m • (1/1천) 평면 : ±0.7m / 수직 : ±0.33m	평면 : ±0.25m / 수직 : ±0.25m
자율 주행차 지원 정보	• 차선 : × • 차로중심선 : × • 규제선 : × • 도로경계 : ○ • 도로중심선 : △ • 교통표지 : △(도심지, 위치정보) • 노면표지 : ×	• 차선 : ○ • 차로중심선 : ○ • 규제선 : ○ • 도로경계 : ○ • 도로중심선 : △(필요 시) • 교통표지 : ○(위치＋속성정보) • 노면표지 : ○(위치＋속성정보)
활용	국토ㆍ도시관리, 건설ㆍ토목, 행정, 인터넷 지도, 내비지도 등	자율주행차 연구ㆍ개발 및 상용화, 도로관리, 정밀 내비지도 개발 등

(5) 정밀도로지도 활용 분야

① 자율주행차 기술개발 지원
② 국가기본도 수정ㆍ갱신
③ 도로관리
④ 재난관리

4. 확장 정밀전자지도 구축

확장 정밀전자지도는 국토지리정보원의 정밀도로지도를 기반으로 국제표준인 ISO14296(LDM의 동적지도 표준)과 사용자의 요구사항을 반영한 지도이다.

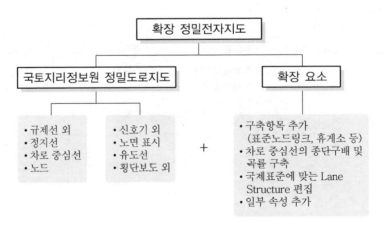

[그림 7-36] 확장 정밀전자지도의 개념

5. 지속적인 활용을 위한 유지 · 갱신방안

매년 도로의 확장 및 진 · 출입로 변경 등 다양한 공사로 인하여 도로의 차선, 구조, 시설물 등이 추가되거나 없어지는 경우가 급증하고 있다. 변경된 사항들을 반영해주지 못한다면 오랜 기간과 비용을 투자하여 제작한 정밀도로지도를 사용 못하는 데이터로 전락시킬 수 있다.

(1) 정밀도로지도의 유지 · 갱신방법으로는 빠르고 정밀하게 제작할 수 있는 차량기반 MMS를 이용한 방법이 있다. 고성능의 디지털카메라, 레이저스캐너, 위성측위시스템(GNSS), 관성항법장치, 주행거리측정장비(DMI) 등과 같은 다양한 센서들을 탑재한 차량기반 MMS를 활용하여 변경된 지역에서 이동하며 주변의 지형 · 지물에 대해서 형상 데이터 및 이미지 데이터 획득이 가능하다. 획득된 데이터를 처리하여 정밀도로지도 유지보수 및 갱신을 할 수 있다.

(2) 그리고 유지 · 갱신의 주기적인 갱신주기 및 도로공사건에 대한 신고체계 등이 국가적인 차원에서 관리할 수 있는 체계가 갖추어져야 한다고 생각한다.

6. 결론

자율주행자동차의 상용화를 위해 구축되는 정밀도로정보는 자동차 위치정보를 통하여 주행정보를 제공하는 기술로 자율주행 구현에 필수 요소이다. 자율주행자동차는 우리나라 산업의 새로운 성장동력이 될 것이며, 정밀도로정보의 구축을 통하여 우리 생활에 많은 변화가 있을 것으로 예상되며, 관련 산업의 활성화에 기여할 것으로 판단된다.

---

15 | 우리나라 연안해역기본도의 현황과 발전방안

1. 개요

연안해역기본도는 연안해역(수심 50m 이내)을 대상으로 하는 설계 및 개발을 위한 기초자료 확보를 목적으로 육지 및 해양의 공간정보를 동일한 기준좌표계로 일치시켜 1/25,000 축척으로 등심선, 기반암심선 등의 해저지형을 추가적으로 표현한 전산파일 형태의 수치지도와 도식규정을 기준으로 표현한 종이지도 형태의 지형도를 말한다.

연안해역기본도는 1/25,000 축척으로 제작되어 설계 및 개발에 있어 활용이 어려운 실정으로 효율적인 제작과 공급, 활용도 증대를 위한 개선방안이 필요하다.

2. 연안의 범위

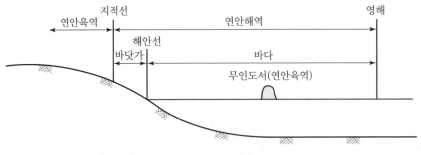

[그림 7-37] 연안의 공간적 범위

(1) 법률적 의미

① 연안이란 연안해역과 연안육역을 말한다.

② 바닷가는 해안선(약최고고조면)으로부터 최외곽 지적선까지의 사이

③ 바다는 해안선으로부터 영해 외측한계까지의 사이의 지역

④ 연안육역은 무인도서와 육지 쪽 경계선으로부터 500~1,000m 이내의 육지 지역

(2) 연안해역기본도 제작을 위한 공간적 범위

① 작업규정은 연안해역기본도 제작을 위한 공간적 범위 없음

② 수심 50m 이내 지역에 대해서만 제작

③ 법률상의 연안의 공간적 범위를 포함하지는 못함

3. 연안해역기본도의 구축현황

(1) 국토지리정보원

① 연안해역 설계 및 개발을 위한 기초자료 확보를 목적으로 제작

② 육지와 수심 50m 이내 연안해역의 해양공간정보를 단일높이기준(인천평균해면)으로 구축

③ 2010년부터 제작방법을 수치지도로 전환

④ 2010~2017년간 서·남해 연안에 대하여 총 82도엽 구축

(2) 국토해양조사원

1) 갯골분포도

① 갯벌의 형상을 3차원으로 표현하여 조간대 지역 갯골의 형상을 표현한 도면

② 인명구조 및 사고 예방 등에 활용히는 갯골분포도 제작

2) 연안해역 재질분포도

① 해안선 기준 육상 500m 해상 수심 20m까지의 연안 해저 표층을 암반, 자갈, 모래, 뻘 등 4개의 재질로 분류하여 표시한 도면

② 백화현상 조사, 인공어초 조성 등의 수산자원 관리나 연안침식 관리 등 활용

③ 축척은 1/10,000, 공간해상도는 1.0m, 좌표계는 WGS-84를 적용, 수심은 약최저저조면

3) 해(海연)아름

① 국립해양조사원에서 제공하는 맞춤형 해양공간 베이스맵

② 전자해도의 해양정보와 바로e맵의 육상정보를 통합한 스마트 지도정보를 제공

③ 국립해양조사원에서 제공하는 '개방해(www.khoa.go.kr/oceanmap/main.do)' 플랫폼을 통해 이용

(3) 해양수산부

1) 연안정보도

① 해양수산부에서는 연안정보도라는 명칭의 연안해역 공간정보를 구축

② 연안 및 국토의 통합적인 관리를 시행하고, 육지(수치지형도)와 바다(수치해도)의 공간 정보를 통합하여 제작

③ 1/25,000 및 1/5,000으로 구축

4. 새로운 연안해역기본도의 필요성

(1) 전 연안에 걸쳐 정보가 구축되지 않음

(2) 갱신 주기가 없어 자료의 최신성 확보 미흡

(3) 연안개발 및 연안건설 분야 활용에 미흡

(4) 자연재해 등 해양변화에 따른 피해 등을 사전에 예측

(5) 해양 인프라 구축에 활용할 수 있는 새로운 형태의 연안해역기본도 제작 필요

5. 기구축된 연안해역기본도의 문제점

(1) 활용적 부분

① 갱신주기가 없어 최신성 확보에 문제

② 동해지역은 미구축

(2) 제도적 부분

① 육상과 해상을 연결하는 일관된 지형정보 미흡

② 국가기본도 기본 요건인 전국 단위 미구축

(3) 제작방식

① 현행 작업규정의 연안해역기본도 구축의 범위 및 갱신주기 등 주요 내용 누락

② 유관기관과의 협의 등을 통한 업무중복 방지 및 사용자 접근성 확보 필요

③ 명칭, 축척, 제작주체, 제작범위 및 주기 등에 대한 검토 필요

6. 연안해역기본도의 발전방안

(1) 1단계 : 제작방식 표준화 수행

① 1안(현행 유지) : 현행 생산체계 혁신방안에 도입 및 신규 연안해역기본도제작 표준화

② 2안(해조원 이관) : 신규 연안해역기본도 제작 성과에 대해 공동활용

③ 3안(공동제작 간행) : 최적 형태의 수록항목 및 제작방식을 표준화하고, 주 관리기관 확정

(2) 2단계 : 전국 단위 연속화 수행

① 해당 연안지역 전체에 대하여 신규 연안해역기본도 연속화 제작

② 자료관리, 구축, 검사 및 분석 등을 통합적으로 지원·구현할 관리체계를 구축

(3) 3단계 : 주요 분야 활용 및 확산 수행

① 전국 통합 국가기본도 DB형태의 공간정보 생산체계로의 편입

② 연안건설, 대규모 연안재해 등에 의한 지형변동 등을 고려한 안정적 수시 갱신체계 적용

③ 통합 DB 활용 및 정보제공서비스 구축

④ 사용자별 활용성을 위한 지속적 모니터링 및 의견 수렴

7. 기대효과

(1) 연안건설산업 및 연안해역 개발을 위한 다양한 산업분야와 융·복합 기반 마련

(2) 우리나라 해양영토에 대한 실효적 지배권 확립을 위한 기초자료 확보

(3) 유관기관들의 중복투자 감소

(4) 연안건설분야 적극지원으로 연안개발 활성화

(5) 연안지역 신산업 생태계 구축 및 활성화

(6) 건설공사를 위한 새로운 공간정보 서비스 혁신

8. 결론

연안해역기본도가 연안건설 분야를 포함한 다양한 관련 분야에 폭넓게 활용되기 위하여

첫째, 정부나 민간의 여러 해양정보 관련 연구나 이를 통한 활용을 정량적으로 지원할 수 있도록 해야 한다.

둘째, 연안해역기본도는 수집된 자료를 토대로 다양한 정보를 제공하는 기능도 있지만 수집된 자료를 재생산하여 필요한 정보를 이용자의 편의에 맞게 제작 가능한 주제도 기능도 갖추어야 한다.

셋째, 기관별로 산재해 있는 연안지역 관련 공간정보 항목을 수집·정리하여, 사용자가 필요한 주요 항목에 대한 소재, 구축현황 및 취득경로 등의 간략한 기초정보라도 일괄 제공할 수 있는 Know-Where 방식의 정보서비스 체계의 구현도 필요하다.

넷째, 연안해역기본도와 관련하여 보다 상세한 정보가 필요한 사용자들이 관련 데이터를 공개하도록 청구하는 창구의 기능을 자료 제공기관이 수행할 수 있도록 해야 한다.

마지막으로 현재 국토지리정보원을 비롯하여 정부 및 공공기관 등에서 구축되고 있거나 시행 중인 연안해역기본도 관련 정책·연구 동향·법제도 등에 대해서 지속적인 홍보의 기능도 수행할 수 있어야 한다.

05 실전문제

01 단답형(용어)

(1) 지형도(Topographic Map)/국토기본도(National Base Map)

(2) 지형음영(Hill Shading)

(3) 수치지도

(4) 수치지도 표준코드

(5) 정위치 편집/구조화 편집

(6) 지형도의 일반화/과장화

(7) 지명(Geographical Name)

(8) 국가인터넷지도/POI(국가관심지점 정보)

(9) 재해지도

(10) 연속수치지도

(11) 원추도법/방위도법/지구의도법

(12) 가우스상사이중투영법/TM 투영법

(13) 다원추도법/다면체도법

(14) 온맵(On-Map)

(15) 점자지도

(16) 지하통합지도 구축

(17) 드론길을 위한 3차원 공간정보지도 제작

(18) 동적지도(Local Dynamic Map)

(19) 격자형 국토통계지도 제작

(1) 국토기본도의 제작 및 현황에 대하여 설명하시오.

(2) 국토기본도 수정작업과 품질검사 내용에 대하여 설명하시오.

(3) 수시 수정에 의한 국토기본도의 최신성 확보방안에 대하여 설명하시오.

(4) 지형도 작성방법 및 이용에 대하여 설명하시오.

(5) 재해지도 제작 및 활용에 대하여 설명하시오.

(6) 지구투영법에 대하여 설명하시오.

(7) 공간정보생산체계 혁신방안(신국가기본도체계)에 대하여 설명하시오.

(8) 가우스상사이중투영법과 가우스-크뤼거투영법(TM)에 대하여 비교·설명하시오.

(9) 지형도와 지적도의 중첩에 대한 문제점과 대책에 대하여 설명하시오.

(10) 수치지형도 ver1.0, ver2.0 및 ver3.0의 특징 및 차이점에 대하여 설명하시오.

(11) 자율주행자동차를 위한 정밀도로정보 구축(정밀도로지도 구축)에 대하여 설명하시오.

(12) 지하공간 통합지도 구축의 필요성과 구축방법 및 유지관리 절차에 대하여 설명하시오.

(13) 우리나라 연안해역기본도의 현황과 발전방안에 대하여 설명하시오.

08

지형공간 정보체계
(공간정보구축 및 활용)

CHAPTER 01

Basic Frame

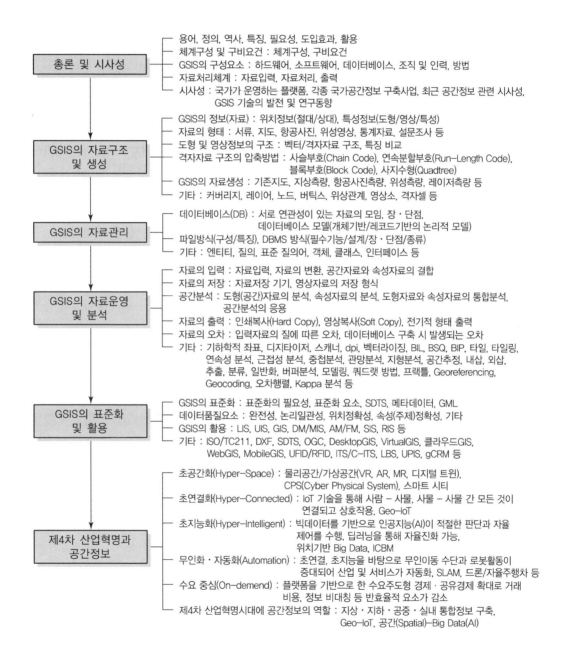

총론 및 시사성
- 용어, 정의, 역사, 특징, 필요성, 도입효과, 활용
- 체계구성 및 구비요건 : 체계구성, 구비요건
- GSIS의 구성요소 : 하드웨어, 소프트웨어, 데이터베이스, 조직 및 인력, 방법
- 자료처리체계 : 자료입력, 자료처리, 출력
- 시사성 : 국가가 운영하는 플랫폼, 각종 국가공간정보 구축사업, 최근 공간정보 관련 시사성, GSIS 기술의 발전 및 연구동향

GSIS의 자료구조 및 생성
- GSIS의 정보(자료) : 위치정보(절대/상대), 특성정보(도형/영상/특성)
- 자료의 형태 : 서류, 지도, 항공사진, 위성영상, 통계자료, 설문조사 등
- 도형 및 영상정보의 구조 : 벡터/격자자료 구조, 특징 비교
- 격자자료 구조의 압축방법 : 사슬부호(Chain Code), 연속분할부호(Run-Length Code), 블록부호(Block Code), 사지수형(Quadtree)
- GSIS의 자료생성 : 기존지도, 지상측량, 항공사진측량, 위성측량, 레이저측량 등
- 기타 : 커버리지, 레이어, 노드, 버틱스, 위상관계, 영상소, 격자셀 등

GSIS의 자료관리
- 데이터베이스(DB) : 서로 연관성이 있는 자료의 모임, 장·단점, 데이터베이스 모델(개체기반/레코드기반의 논리적 모델)
- 파일방식(구성/특징), DBMS 방식(필수기능/설계/장·단점/종류)
- 기타 : 엔티티, 질의, 표준 질의어, 객체, 클래스, 인터페이스 등

GSIS의 자료운영 및 분석
- 자료의 입력 : 자료입력, 자료의 변환, 공간자료와 속성자료의 결합
- 자료의 저장 : 자료저장 기기, 영상자료의 저장 형식
- 공간분석 : 도형(공간)자료의 분석, 속성자료의 분석, 도형자료와 속성자료의 통합분석, 공간분석의 응용
- 자료의 출력 : 인쇄복사(Hard Copy), 영상복사(Soft Copy), 전기적 형태 출력
- 자료의 오차 : 입력자료의 질에 따른 오차, 데이터베이스 구축 시 발생되는 오차
- 기타 : 기하학적 좌표, 디지타이저, 스캐너, dpi, 벡터라이징, BIL, BSQ, BIP, 타일, 타일링, 연속성 분석, 근접성 분석, 중첩분석, 관망분석, 지형분석, 공간추정, 내삽, 외삽, 추출, 분류, 일반화, 버퍼분석, 모델링, 쿼드랫 방법, 프랙틀, Georeferencing, Geocoding, 오차행렬, Kappa 분석 등

GSIS의 표준화 및 활용
- GSIS의 표준화 : 표준화의 필요성, 표준화 요소, SDTS, 메타데이터, GML
- 데이터품질요소 : 완전성, 논리일관성, 위치정확성, 속성(주제)정확성, 기타
- GSIS의 활용 : LIS, UIS, GIS, DM/MIS, AM/FM, SIS, RIS 등
- 기타 : ISO/TC211, DXF, SDTS, OGC, DesktopGIS, VirtualGIS, 클라우드GIS, WebGIS, MobileGIS, UFID/RFID, ITS/C-ITS, LBS, UPIS, gCRM 등

제4차 산업혁명과 공간정보
- 초공간화(Hyper-Space) : 물리공간/가상공간(VR, AR, MR, 디지털 트윈), CPS(Cyber Physical System), 스마트 시티
- 초연결화(Hyper-Connected) : IoT 기술을 통해 사람 – 사물, 사물 – 사물 간 모든 것이 연결되고 상호작용, Geo-IoT
- 초지능화(Hyper-Intelligent) : 빅데이터를 기반으로 인공지능(AI)이 적절한 판단과 자율 제어를 수행, 딥러닝을 통해 자율진화 가능, 위치기반 Big Data, ICBM
- 무인화·자동화(Automation) : 초연결, 초지능을 바탕으로 무인이동 수단과 로봇활동이 증대되어 산업 및 서비스가 자동화, SLAM, 드론/자율주행차 등
- 수요 중심(On-demend) : 플랫폼을 기반으로 한 수요주도형 경제·공유경제 확대로 거래 비용, 정보 비대칭 등 반효율적 요소가 감소
- 제4차 산업혁명시대에 공간정보의 역할 : 지상·지하·공중·실내 통합정보 구축, Geo-IoT, 공간(Spatial)-Big Data(AI)

CHAPTER 02 Speed Summary

01 국토계획, 지역계획, 자원개발계획, 공사계획 등 각종 계획의 입안과 추진을 성공적으로 추진하기 위해서는 토지, 자원, 환경 또는 이와 관련된 사회, 경제적 현황에 대한 방대한 양의 정보가 필요하다. 이러한 요구를 충족하기 위하여 이와 관련된 각종 정보 등을 컴퓨터(Computer)에 의해 종합적, 연계적으로 처리하는 방식이 지형공간정보체계이다.

02 위치정보는 크게 절대위치정보와 상대위치정보로 구분되는데 절대위치정보는 실제공간에서의 위치정보를 말하며, 상대위치정보는 모형공간에서의 상대적 위치 또는 위상관계를 부여하는 기준이 된다.

03 속성정보(Attribute Information)는 대상물의 자연, 인문, 사회, 행정, 경제, 환경적 특성을 나타내는 정보를 말한다. 지형도는 지물의 형상과 위치를 나타내는 공간자료와 그 지물의 성질과 내용을 나타내는 속성자료로 구분된다. 속성자료의 주요내용으로는 대상물의 각종 대장, 서식 및 통계자료, 건물명, 가족수 등 지형도상에 기재되어 있지 않지만 각각의 지형에 대한 고유정보를 말한다.

04 속성정보 평가방법으로는 연역적 평가의 토대 위에서 정량적인 방식으로 평가하는 방법, 독립적인 샘플에 기초한 검사방법, 폴리곤 중첩에 기초한 검사방법 등이 있다.

05 벡터자료 구조는 X, Y 좌푯값으로 저장하므로 자료량이 적다는 장점이 있는 반면에 중첩분석기능을 수행할 때에는 시간이 많이 소요되며 화면출력과 도면출력을 위한 소요비용이 많다. 벡터자료 구조에는 스파게티 구조, 위상적 구조로 구분된다.

06 노드(Node)는 점의 특수한 형태로 무차원이며, 위상적 연결이나 끝점을 나타낸다. GSIS에서 사용하는 용어로 점(Point)과는 구분되고 호(Arc)의 시작 및 끝을 나타내며, 다른 호와의 연결지점으로 노드는 노드에서 만나는 모든 호와 위상관계로 연결된다.

07 호(Arc)는 어느 위치에서 시작하여 다른 위치에서 끝나는 X, Y 좌푯값(Vertex)들이 순서대로 연결되어 있는 형태로 길이만 갖고 면적은 갖지 않는다. 호(Arc)는 끝점(Node)과 면(Polygon)의 양쪽 면과 위상학적으로 연결되어 있으며, 하나의 선 지형요소는 많은 호(Arc)들로 구성될 수 있다.

08 커버리지(Coverage)란 분석을 위해 여러 지도요소를 겹칠 때 그 지도요소 하나하나를 가리키는 말로서, 커버리지 하나는 독립적인 지도가 될 수 있고 완성된 지도의 한 부분이 될 수

도 있다. 커버리지는 지형·지물 혹은 주제적으로 일치하는 주기(Annotation), 점, 선, 면으로 구성되어 있으며 그들의 속성은 속성 테이블에 저장된다.

09 레이어(Layer)는 특정한 주제와 관련된 자료로 방대한 GIS 자료를 조직화할 필요에 의해 만들어졌으며 지형도를 철도, 하천, 도로, 주기 등의 레이어로 구분할 수 있다.

10 스파게티 자료구조는 벡터구조에서 공간정보를 저장하는 자료모형으로서 점, 선, 다각형 등이 단순한 좌표목록으로 저장되기 때문에 위상관계가 정의되지 못하는 구조이다.

11 위상관계(Topology)는 공간관계를 정의하는 데 쓰이는 수학적 방법으로서 입력된 자료의 위치를 좌푯값으로 인식하고 각각의 자료 간의 정보를 상대적 위치로 저장하며, 선의 방향, 특성들 간의 관계, 연결성, 인접성, 영역 등을 정의하는 것을 의미한다.

12 데이터베이스 내의 정보를 구성하는 컴퓨터 프로그램 집합으로 DBMS는 표준형식의 데이터베이스 구조를 만들 수 있으며 자료입력과 검토, 저장, 조회, 검색, 조작할 수 있는 도구를 제공한다.

13 COGO(COordinate GeOmetry)는 측량계산과 토목설계에서 좌표, 위치, 면적, 방향 등을 구하거나 도면으로 전개할 수 있도록 구성된 프로그램이다. 1950년대에 MIT에서 최초로 사용되었으며, 토지의 분할 및 배분, 도로 및 시설물의 디자인에 필요한 측량, 토목엔지니어링에 필요한 기능을 제공하는 대화식의 기하좌표의 입력관리체계이다.

14 ASCII는 미국 정보교환 표준코드(American Standard Code for Information Interchange)의 약어로서 자료처리체계, 자료통신체계, 그리고 관련기기 간의 정보교환을 위해 1962년 10월 ISO 위원회에 미국안으로 제출된 미국국립 표준국이 개발한 코드이다.

15 ArcGIS는 Environmental Systems Research Institute(ESRI)사의 제품으로 ArcMap, ArcCatalog, ArcToolBox로 이루어진 통합 애플리케이션으로 지도를 만들거나 데이터 관리, 분석, 편집 등을 수행할 수 있다.

16 개방형 GIS는 메타데이터, 분산객체형 데이터베이스, 인터페이스 등 관련 하부 구조를 이루고 있는 분야의 표준 및 규약의 연구를 바탕으로 미국과 같은 GIS 선진국에서 국가 GIS 사업을 통하여 지형정보의 유통을 위하여 인터넷 활용과 연계된 지형공간정보체계이다.

17 메타데이터란 데이터베이스, 레이어 속성, 공간형상과 관련된 정보, 즉 데이터에 대한 데이터를 의미한다. 또한 메타데이터는 데이터베이스에 저장된 데이터의 내용에 관한 포괄적이고 체계적인 정보를 포함한다. 따라서 메타데이터는 포함된 데이터베이스의 종류, 데이터의 정확성, 이용방법에 관한 정보를 제공한다.

18 인터넷 지형공간정보체계는 인터넷을 통한 GSIS 서비스로서 다양한 종류의 GSIS 자료를 통합 구축, 관리하며 사용자에게 적합한 내용을 가장 편리한 방식으로 제공함으로써 체계중심의 정보제공이 아니라 서비스 내용의 효용성에 초점을 두어 GSIS 기존 사용자뿐만 아니라, 잠재적 사용자에게도 편의를 제공할 수 있다.

19 오늘날 급속한 정보화 시대의 도래로 인해 편리성을 찾기 위한 각종 서비스에 대한 요구가 점차 늘어나고 있으며, 각종 정보 사용자들은 제품과 서비스의 질적 향상은 물론이고 다양한 매체와 방법을 통해 시간과 장소에 제한 없는 정보제공을 원하게 되었다. 이러한 사용자의 다양한 요구에 부응하고자, 모바일 GIS로 확산되고 있으며, 모바일 GIS는 하드웨어 및 소프트웨어, GNSS, GIS, 무선통신기술이 통합된 정보기술의 집합체로서 여러 분야에 다양한 콘텐츠를 제공하고 있다. 모바일 GIS 시스템의 가장 큰 특징은 이동성, 현장성, 적시성 등으로 공간 및 속성과 관련되는 각종 자료를 현장에서 확인하고, 조사된 자료를 바로 입력할 수 있다. 따라서 모바일 GIS는 현장에서 수행하던 업무와 기존 정보시스템에 자료를 입력하는 실내업무를 시간적, 공간적 제약 없이 휴대정보기기를 통하여 업무를 통합함으로써 업무의 개선효과가 높게 나타나게 된다. 그러나 이러한 모바일 GIS 기술은 각종 시설물에 대한 유지관리에는 도입되고 있으나, 현장성 및 이동성이 요구되는 시설물 데이터베이스 구축에는 아직 사용이 미흡한 실정이다.

20 컴퓨터화의 새로운 패러다임으로 등장한 유비쿼터스화는 유비쿼터스 컴퓨팅과 유비쿼터스 네트워크를 기반으로 물리공간을 지능화함과 동시에 물리공간에 펼쳐진 각종 사물들을 유기적으로 연결하는 기술을 일컫는다. 현재 유비쿼터스 컴퓨팅은 새로운 지식정보국가 건설과 자국의 정보 산업 경쟁력 강화를 위한 핵심 패러다임이라는 인식하에 미국, 유럽, 일본의 정부 및 기업, 연구소들이 관련 기술에 대한 개발에 총력을 다하고 있다. 우리나라의 경우도 정부의 차세대 성장 동력 산업의 주요 부분으로 유비쿼터스 기술을 제시하고 있으며, 국내 유수의 기업도 관련 부문에 많은 투자를 아끼지 않고 있다.

21 최근 정보통신기술산업과 타 산업의 융·복합이 각광을 받으며, 공간을 기반으로 타 분야의 정보를 융·복합하는 경향을 가지고 있는 공간정보산업이 성장동력으로 주목받고 있다. 그러나 공간정보산업은 관련 산업분류체계의 미비, 체계적인 통계조사 및 자료축적의 부재로 산업진흥정책 수립을 위한 실증적 연구는 부족한 실정이다. 최근 분석결과 공간정보 관련 산업이 중소기업체를 중심으로 형성되어 있음이 확인되었고, IT산업과의 공간적 중첩분석에서는 업종세분화를 통한 산업 연관 파악이 필요한 것으로 나타났다.

22 U-City는 편리, 안전, 쾌적, 문화, 생산적, 참여도시 등의 목적 및 비전을 가지고 정보통신 등 다양한 분야의 첨단 기술로 구축된 도시의 U-인프라를 기반으로 서비스가 네트워크를 통하여 제공되고 네트워크를 통하여 관리되는 도시이다.

23 최근 공간정보 서비스의 대상 영역의 크기가 전체적인 공간에서 개별적인 공간으로 진화하고 있다. 실내공간정보는 IT·모바일 등 첨단기술과 융·복합하고 물류·문화 등 다양한 분야에 접목하면서 급성장될 것으로 전망되며, 현재는 글로벌기업의 주도로 이루어지고 있다. 실내공간정보는 다양한 분야에서 서비스가 가능하며, 실내공간에 대한 복지행정 서비스 제공이 가능하고 실내공간정보 기반 업무 효율화, 실내공간산업의 블루오션 창출 및 세계시장 선도의 역할을 기대할 수 있다.

24 공간정보는 '위치정보'만을 중요시하던 과거와 달리 ICT기술과 융합되어 길찾기, 여행, 생활편의 등 국민들의 일상생활에서부터 교통, 국방, 도시계획 등 다양한 전문분야로 활용범위가 확대되고 있다. 또한 공간정보는 다양한 산업과 기술의 융복합을 통해 새로운 부가가치를 창출하며, 앞으로 방대한 일자리 창출이 전망되는 등 미래 국가 경쟁력의 핵심자원으로 성장하고 있다.

25 최근 공간정보는 ICT 기술 등과 융합되어 건설, 제조, 유통 등의 산업부문과 생활정보, 교통정보, 환경정보 등의 생활정보서비스부문에서 고부가가치를 창출하고 있다. 이뿐만 아니라 공간정보는 산사태, 홍수 등의 재난재해와 사고 및 범죄로부터 안전한 국민생활을 영위하기 위한 필수 정보로 여겨지고 있으며, 또한 실시간 물류관리나 고객관리(CRM) 등 기업경영의 기반정보로도 유용하게 활용되고 있다.

26 공간정보는 사람과 기술 간의 만남을 실현해 주는 인터페이스로서 스마트사회 구현의 필수 핵심자원으로 급부상하고 있다. 공간정보는 공간 빅데이터, 클라우드 소싱, 오픈소스, 사물인터넷 기술 등의 발전을 통하여 그동안 인적·기술적 진입장벽들을 허물고, 다양한 기술 간의 융·복합과 사용자들 간의 협업을 지원하는 플랫폼으로 진화하고 있다.

27 영화 속에 나오는 많은 기술들이 점차 현실화되고 있다. 이미 고속도로 환경에서 자동주행이 가능한 무인자동차가 상용화되었으며, 빅데이터를 활용하여 범죄를 예측하는 기술이 연구되고 있다. 또한 스마트폰을 이용하면 자신이 지금 서 있는 곳 주변의 다양한 정보를 볼 수 있을 뿐만 아니라 나에게 유용한 정보를 자동으로 알려 주기도 한다. 이러한 기술의 기반에는 위치에 대한 정확하고 최신의 공간정보가 있다. 공간정보는 우리 일상생활의 대부분에 연관되어 있으며, 특히 공공데이터 개방 및 공유 활성화를 정부 기조로 하는 지금 다른 데이터 및 기술과의 융·복합에 기반이 되는 공간정보의 가치는 날로 커질 것으로 예상된다.

28 최근 공간정보는 디지털 항공사진, 위성영상, 레이저스캐너 등 고도화된 취득장비나 최신기술을 통해 어느 때보다도 안정된 데이터를 구축하게 되었으며, 활용 분야 또한 ICT 기술과 융·복합하여 우리 생활 전반을 지배하고 있다 해도 과언이 아니다. 이러한 공간정보는 창의성과 상상력을 발휘하고 타 분야와 융·복합하면 무궁무진한 가치를 만들어 낼 수 있는 창조경제의 핵심 동력이며 미래 블루오션으로 관심을 모으고 있다. 더욱이 사물인터넷(IoT :

Internet of Things) 정보와 공간정보를 어떻게 결합시키고 활용하느냐를 두고 정부 차원에서 지원책을 마련하고 미래국가발전을 위해 사활을 걸고 시행하고 있는 현실을 감안할 때, 공간정보가 이제 더 이상 우리만의 테두리 안에서 머물 수 없는 중대한 사명감을 생각해야 한다. 주변 정보와의 끊임없는 교류와 융합이 불가피하다는 점을 다시 한 번 인식해야 할 때이다. 하지만 공간정보가 생명력을 갖고 지속적으로 가치를 창출하려면, 공간정보의 품질을 고도화하고 다양한 분야에 접목하여 효과적으로 활용하는 일이 무엇보다 중요하다. 산·학·연·관이 혼연일체가 되어 기술개발과 과감한 혁신을 통해 스스로 경쟁력을 키우는 자세를 갖춰야만 공간정보가 진정한 미래 블루오션으로 재탄생할 수 있을 것으로 판단된다.

CHAPTER

03 단답형(용어해설)

01 GSIS의 구성요소

지형공간정보체계는 지구 및 우주공간 등 인간활동 공간에 관련된 제반 현상을 위치정보와 특성정보로 정보화한 것으로, 시공간적 분석에 이용되는 정보체계이다.

1. 개요

GSIS 분야를 구성하는 주요 구성요소는 데이터(데이터베이스), 소프트웨어, 하드웨어, 인적 자원으로 구성되는 4대 요소와 여기에 방법(애플리케이션)을 추가시킨 5대 요소가 있다.

2. 데이터베이스(Database)

GSIS 분야에서 사용되는 데이터는 지리데이터(Geographic Data)라고도 하며, 이 데이터는 공간데이터(Spatial Data)와 비공간데이터(속성데이터, Attribute Data)로 구성된다. 현재 GSIS 분야에서 중요시되는 부분은 공간데이터 부분으로 공간데이터는 크게 벡터 데이터(Vector Data)와 래스터 데이터(Raster Data)로 구성된다.

3. 소프트웨어(Software)

GSIS 데이터의 구축, 조작뿐만 아니라 GSIS에서 수행하는 대부분의 작업을 소프트웨어를 거치지 않고는 어려울 만큼 대부분의 기능을 여기서 수행하고 있다. GSIS의 주요 소프트웨어로는 Arc/Info, ArcView, QGIS, PostGIS, MapObject, Intergraph의 MGE(Modular GIS Environment)) 등이 있다.

※ Arc/Info와 ArcView는 ArcGIS로 통합[ArcGIS는 3개의 모듈로 구성(ArcMap, ArcCatalog, ArcTool Box)]

4. 하드웨어(Hardware)

하드웨어는 GSIS 구현을 위한 기본 토대로서 소프트웨어가 운용되며 데이터의 구축, 저장 및 프로세스의 수행을 담당하는 장치이다. 하드웨어의 범주에는 데스크탑 PC, 워크스테이션뿐만 아니라 디지타이저, 스캐너, 플로터 등의 입·출력 장비 등이 포함된다.

5. 인적 자원(Manpower)

GSIS의 인적 자원에는 시스템 구축, 유지관리, 활용이라는 단계를 통해, 데이터 제작자, 시스템 관리자, 프로그래머, 시스템 엔지니어, 사용자 등 다양한 역할을 수행하는 인적 자원의 결합이 요구된다.

6. 방법(Application)

하나의 공간 문제를 해결하고 지역 및 공간 관련 계획 수립에 대한 방법을 제공하기 위한 GSIS 시스템의 구성은 목적에 따라 적용되는 방법론이나 절차, 구성, 내용 등이 달라지게 된다.

---

02 GSIS의 도입효과

1. 개요

지구 및 우주공간 등 인간활동 공간에 관련된 제반 현상을 위치정보와 특성정보로 정보화하고 시공간적 분석을 하고자 하는 정보체계이다. GSIS의 도입효과는 자료 상호 간의 공유와 최대한 이용의 원칙에 의거하여 자료수집의 중복과 그에 따른 투자를 극소화시켜 사용자가 정책결정 과정에 있어서 정확한 정보를 제공받을 수 있도록 한다. 도입에 따른 주요 효과는 다음과 같다.

2. 자료수집 및 취득 시 지형공간정보체계의 이용 효과

(1) 수집한 자료와 다른 여러 자료가 용이하게 결합
(2) 사용이 간편하고 자료수집이 용이
(3) 투자 및 조사의 중복을 극소화

3. 지형공간정보체계의 도입효과

(1) 정책 일관성 확보

기존정보의 정확한 진단, 대량정보의 유기적 결합, 미래 예측 및 예방 행정, 지역별·지구별 유기적 분석 및 인접지역 비교 분석

(2) 과학적 정책결정

체계적 분석 및 계획의 일관성, 축척별 이용 매체의 통일, 정보 자료의 이기오차 제거, 최신 정보 이용

(3) 업무의 신속성 및 비용 절감

(4) 합리적 도시계획

기초조사 해석, 시가지 정보 기본계획, 정비, 개발 또는 보존의 방침 결정, 도시에 관한 기본
계획의 검토

(5) 일상 업무 지원

건축 확인, 도로 위치 결정, 도시계획 결정내용의 조회, 열람주거표시, 국토개발에 관련된 각
종 민원서류 처리

4. 지형공간정보체계의 가치와 활용

(1) 가치
① 시간 및 경비 절감
② 일관성 유지
③ 과학적 접근방식
④ 효과적인 사고방식
⑤ 효율적인 문제해결
⑥ 정확한 의사 결정

(2) 활용
① 자료보존 및 관리
② 시각화 및 가시화, 통신
③ 공간분석 및 모델링(Modeling)
④ 의사결정지원
⑤ 조직 내 의사소통 및 통합체계 구축

03 | GSIS의 활용 분야

1. 개요

지형공간정보체계는 지구 및 우주공간 등 인간활동 공간에 관련된 제반 과학적 현상을 정보화하
고 시·공간적 분석을 통하여 그 효용성을 극대화하기 위한 정보체계로 주요 활용 분야는 다음과
같다.

2. 토지 관련 분야

토지에 대한 실제이용현황과 소유자, 거래, 지가, 개발, 이용제한 등에 관한 각종 정보를 통합 데이터베이스화함으로써 공공기관의 토지 관련 정책수립에 필요한 정보를 정확하고 신속하게 제공하고 각종 토지이용 계획수립 시 다양한 시나리오를 검색할 수 있으며 민원인에게 종합적인 토지정보 서비스를 제공한다.

3. 시설물관리 분야

지상과 지하에 복잡하게 얽혀 있는 각종 시설물에 대한 위치정보와 이와 관련된 속성정보(시공자, 관의 지름, 재질, 설계도면 등)를 연계하여 시설물관리에 소요되는 비용과 인력을 절감하고 관리부실로 인한 재난을 사전에 방지할 수 있다.

4. 교통 분야

교통개선계획, 도로유지보수, 교통시설물관리 등 종합적인 도로관리 및 운영시스템을 비롯하여 지능형 교통시스템(ITS : Intelligent Transportation System)의 가장 중요한 부분인 교통정보 제공 분야에 활용된다.

5. 도로계획 및 관리 분야

도시화현상에 의해 발생하는 인구, 교통, 건물, 환경 등에 관한 정보를 구축하여 도시현황 파악, 도시계획수립, 도시정비 및 도시기반시설물 관리에 활용된다.

6. 환경 분야

동식물정보, 수질정보, 지질정보, 대기정보, 폐기물정보 등을 데이터베이스화한 후 각종 환경영향평가와 혐오시설 입지선정 및 대형건설사업에 따른 환경변화예측 등에 활용된다.

7. 농업 분야

지표경사, 토양, 지질 및 재배기술에 관한 정보를 데이터베이스화한 후 토양특성에 가장 적합한 작목을 추천하고 작물재배 시 수확량을 예측하며 토양관리지침을 제공하는 등 과학적 영농을 지원한다.

8. 재해 재난 분야

하천정보, 강우정보 등을 통한 홍수도달시간 예측, 지질정보, 지진발생사례정보 등을 통한 지진
예측 등에 활용되며 재난발생을 미연에 방지할 수 있다.

9. 기타

04 커버리지(Coverage)

1. 개요

컴퓨터 내부에서는 모든 정보가 이진법의 수치형태로 표현되고 저장되기 때문에 수치지도라 불
리는데, 그 명칭을 Digital Map, Layer 또는 Digital Layer라고도 하며, 커버리지 또한 지도를
디지털화한 형태의 컴퓨터상의 지도를 말한다.

2. 레이어와 커버리지

(1) 레이어(Layer)는 특별한 주제와 관련된 자료를 포함하는 지리데이터베이스의 부분집합이다.
(2) 레이어와 커버리지 모두 수치화된 지도형태를 갖지만 수치화된 도형자료만을 나타낸 것이 레이
어이고 도형자료와 관련된 속성데이터를 함께 갖는 수치지도를 커버리지(Coverage)라 한다.

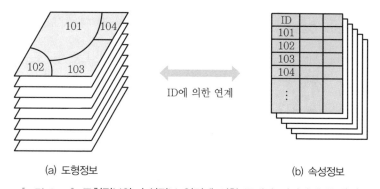

(a) 도형정보   ID에 의한 연계   (b) 속성정보

[그림 8-1] 도형정보와 속성정보 연결에 의한 주제별 커버리지 형성(예)

3. 다른 의미의 커버리지

(1) ESRI사의 ArcGIS에서 사용되는 자료형식

커버리지 파일은 다음과 같은 몇 개의 공통된 공간객체 클래스로 구성

① Tic : 커버리지 파일 전체의 지리적 참조점(Geographical Reference Point)

② Point : 선이나 면 등 형태가 없는 공간객체의 표현

③ Arc : 선형객체나 면형객체의 경계를 표현

④ Node : Arc의 시작점과 끝점 또는 Arc 간 교차점을 표현, 노드(Node)를 제외한 Arc상의 점은 버텍스(Vertex)로 표현

⑤ Annotation : 커버리지에 포함된 공간객체를 설명하기 위한 문자로 분석의 대상이 아닌 화면상에 표현하려는 목적으로만 사용

⑥ Polygon : 다수의 Arc에 의해 닫힌 공간객체

⑦ Label Point : 면형 공간객체의 Feature ID가 Label Point에 할당

⑧ 커버리지 파일은 위상모델을 적용하여 각 사상 간의 관계를 정립하는 구조임

(2) 하나의 인공위성 영상에 포함되는 지상의 면적

---

05 벡터데이터와 래스터데이터

1. 개요

GIS에서 실세계의 복잡한 객체와 필드를 데이터 모델로 나타내는 것은 어려운 일이며, 목적에 따라 데이터 유형을 다르게 사용한다. 일반적으로 GIS에서 가장 많이 사용하는 데이터 모델은 벡터데이터(Vector Data)와 래스터데이터(Raster Data)이다.

2. 벡터데이터(Vector Data)

벡터데이터(Vector Data)는 공간 데이터를 표현하는 두 가지 방식 중 하나로, 실세계 공간현상을 점, 선, 면인 0, 1, 2차원 공간형상(Spatial Feature)으로 표현, 즉 기하학 정보, 위상구조 정보, 메타데이터(Metadata) 등이 구축된다.

(1) 기하학(Geometric) 정보는 점, 선, 면의 데이터를 구성하는 가장 기본적인 정보로서, 점일 경우 (x, y) 하나로 저장되며, 선의 경우는 연결된 점들의 집합, 즉 (x_1, y_1), (x_2, y_2), ……, (x_n, y_n)으로 구성되며, 면의 경우는 면의 내부를 확인하는 참조점으로 구성된다.

(2) 위상구조(Topology) 정보는 GIS 데이터의 필수 요소는 아니지만 공간 분석을 위해 필수적으로 존재해야 한다. 즉, 위상구조란 점, 선, 면들의 공간형상들의 공간 관계(Spatial Relationship)를 말하며, 다양한 공간형상들 간의 공간관계 정보를 인접성(Adjacency), 연결성(Connectivity), 포함성(Containment) 등으로 표현함으로 공간분석을 위해서는 필수적으로 위상구조가 정립되어야 한다.

(3) 벡터데이터의 표현

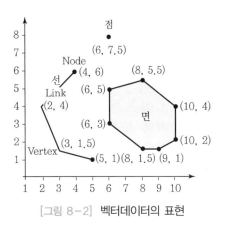

① 점(Point) : 하나의 노드로 구성되어 있고, 노드(Node)의 위치값으로 점사상의 위치좌표를 표현

② 선(Line) : 두 개의 노드와 수 개의 버텍스(Vertex)로 구성되어 있고, 노드 혹은 버텍스는 링크로 연결

③ 면(Area) : 하나의 노드와 수 개의 버텍스로 구성되어 있고, 노드 혹은 버텍스는 링크로 연결

[그림 8-2] 벡터데이터의 표현

3. 래스터데이터(Raster Data)

래스터데이터는 실세계 공간현상을 일련의 셀(Cell)들의 집합으로 정의, 표현한다. 즉, 격자형의 영역에서 X, Y축을 따라 일련의 셀들이 존재하며, 각 셀들이 속성값(Value)을 가지므로 이들 값에 따라 셀들을 분류하거나 다양하게 표현할 수 있다.

(1) 래스터데이터의 해상도

① 각 셀(Cell)들의 크기에 따라 데이터의 해상도와 저장 크기가 다름

② 셀 크기가 작으면 작을수록 보다 정밀한 공간현상을 잘 표현할 수 있음

③ 각종 영상정보에 대해 좌표정보(Georeferencing)를 가지도록 전환하여 생성

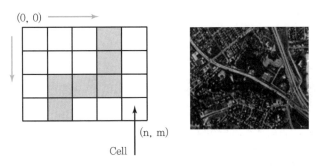

[그림 8-3] 래스터데이터의 표현

(2) 래스터데이터의 특징

실세계 공간현상을 일련의 셀(Cell)들의 집합으로 정의, 표현한다.

① 격자형의 영역에서 x, y축을 따라 일련의 셀들이 존재

② 각 셀들이 속성값을 가지므로 이들 값에 따라 셀들을 분류하거나 다양하게 표현

③ 래스터데이터 유형 : 인공위성에 의한 이미지, 항공사진에 의한 이미지, 또한 스캐닝을 통

해 얻어진 이미지 데이터들

④ 3차원 등과 같은 입체적인 지도 디스플레이 가능

(3) 래스터데이터의 압축방법

① 런 렝스 코드(Run Length Code) 기법

② 체인 코드(Chain Code) 기법

③ 블록 코드(Block Code) 기법

④ 사지수형(Quadtree) 기법

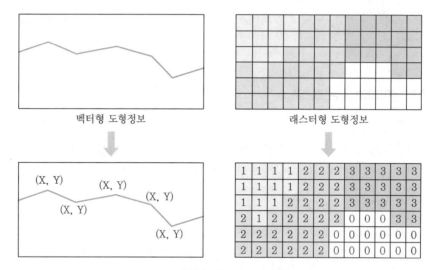

[그림 8-4] 벡터와 래스터의 도형정보 표현

4. 벡터와 래스터데이터의 비교

[표 8-1] 벡터와 래스터데이터 비교

벡터데이터		래스터(격자)데이터	
장점	단점	장점	단점
• 래스터데이터보다 압축 되어 간결 • 지형학적 자료가 필요한 망조직 분석에 효과적 • 지도와 거의 비슷한 도형제작에 적합	• 래스터데이터보다 훨씬 복잡한 자료구조 • 중첩기능을 수행하기 어려움 • 공간적 편의를 나타내는 데 비효과적 • 조작과정과 영상질을 향상시키는 데 비효과적	• 간단한 자료구조 • 중첩에 대한 조작이 용이 • 다양한 공간적 편의가 격자형 형태로 나타남 • 자료의 조작과정에 효과적	• 압축되어 사용되는 경우가 거의 없음 • 지형관계를 나타내기가 난해함 • 미관상 선이 매끄럽지 못함

06 벡터(Vector)데이터의 위상(Topology)관계 설정

1. 개요

위상(Topology)이란 점, 선, 면의 공간형상들 간의 공간관계를 말한다. 위상정보는 공간객체의 길이, 면적 등의 계산을 가능하게 하며 포함성, 연결성 등에 관한 정보를 제공하므로 다양한 공간분석을 가능하게 한다.

2. 위상관계 설정

위상관계는 공간관계를 정의하는 데 쓰이는 수학적 방법으로서 입력된 자료의 위치를 좌푯값으로 인식하고 각각의 자료 간의 정보를 상대위치로 저장하며, 선의 방향, 특성들 간의 관계, 연결성, 인접성, 포함성 등을 저장함으로써 공간분석을 가능하게 한다.

(1) 인접성(Adjacency) : 관심 대상 사상의 좌측과 우측에 어떤 사상이 있는지를 정의
(2) 연결성(Connectivity) : 특정 사상이 어떤 사상과 연결되어 있는지를 정의
(3) 포함성(Containment) : 특정 사상이 다른 사상의 내부에 포함되느냐 혹은 다른 사상을 포함하느냐를 정의

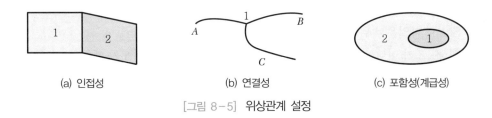

(a) 인접성   (b) 연결성   (c) 포함성(계급성)

[그림 8-5] 위상관계 설정

3. 위상모델의 구성

위상모델은 노드와 링크로 구성된다.

(1) 노드(Node) : 두 개의 선이 교차하는 지점으로 선의 양 끝점 또는 선상에 주어진 특정한 지점, 예를 들어 도로망, 거주지역의 경계 교차지점 등은 대표적인 노드를 형성
(2) 링크(Link) : 두 개의 노드를 연결하는 선

4. 위상모델을 통해 가능한 공간분석

(1) 중첩분석(Overlay Analysis)
(2) 네트워크분석(Network Analysis)
(3) 인접성 분석(Contiguity Analysis)
(4) 연결성 분석(Connectivity Analysis)

5. 위상모델의 특징

(1) 스파게티 모델에 비해 다양한 공간분석이 가능

(2) 모든 노드를 확인하는 데 많은 시간이 소요

(3) 복잡한 네트워크상에서 면을 폐합하고 노드를 형성하기 위한 과정에서 불확실성과 오류가 발생할 수 있음

---

07 벡터자료 파일형식

1. 개요

수치화된 벡터자료는 자료의 출력과 분석을 위해 다양한 소프트웨어에 따라 특정한 파일형식으로 컴퓨터에 저장된다. 각종 벡터자료 파일형식은 다음과 같다.

2. Shape 파일형식

(1) ESRI사의 ArcGIS에서 사용되는 자료형식

(2) Shape 파일은 비위상적 위치정보와 속성정보를 포함

(3) 위상구조가 아니므로 컴퓨터 화면상에 출력되는 속도와 편집속도가 빠름

(4) Shape 파일형식의 dBase 파일에는 각 사상의 위치정보와 속성정보가 행과 열로 구성된 표의 형태로 구축됨

(5) Shape파일의 구성

    ① *.shp : 공간 정보

    ② *.dbf : 속성 정보

    ③ *.shx : 공간정보색인

    ④ *.sbn : ArcGIS 지리 사상의 공간 인덱스를 저장하는 파일

    ⑤ *.sbx : ArcGIS Spatial Join 등의 기능을 수행하거나, Shape 필드에 대한 인덱스를 생성

    ⑥ *.prj : 좌표체계정보

    ⑦ .cpg : 인코딩 정보(ECU−KR, UTF−8 등)

3. Coverage 파일형식

(1) ESRI사의 ArcGIS에서 사용되는 자료형식

(2) 위상모델을 적용하여 각 사상 간의 관계를 정립하는 구조

(3) 커버리지 파일은 다음과 같은 몇 개의 공통된 공간객체 클래스로 구성

   ① Tic : 커버리지 파일 전체의 지리적 참조점(Geographical Reference Point)

   ② Point : 선이나 면 등 형태가 없는 공간객체의 표현

   ③ Arc : 선형객체나 면형객체의 경계를 표현

   ④ Node : Arc의 시작점과 끝점 또는 Arc 간 교차점을 표현, Node를 제외한 Arc상의 점은 버텍스로 표현

   ⑤ Annotation : 커버리지에 포함된 공간객체를 설명하기 위한 문자로 분석의 대상이 아닌 화면상에 표현하려는 목적으로만 사용

   ⑥ Polygon : 다수의 Arc에 의해 닫힌 공간객체

   ⑦ Label Point : 면형 공간객체의 Feature ID가 Label Point에 할당

4. CAD 파일형식

(1) Autodesk사의 AutoCAD 소프트웨어에서는 DWG와 DXF 등의 파일형식을 사용

(2) 이 중에서 DXF 파일형식은 수많은 GIS 관련 소프트웨어뿐만 아니라 원격탐사(Remote Sensing) 소프트웨어에서도 사용할 수 있음

(3) DXF 파일은 단순한 아스키파일(ASCII File)로서 공간객체의 위상관계를 지원하지 않음

(4) 국내에서 수행한 NGIS 사업을 통해 대부분의 종이지도는 DXF 파일형식의 수치지도로 변환

5. DLG 파일형식

(1) Digital Line Graph의 약자로 U.S Geological Survey에서 지도학적 정보를 표현하기 위해 고안한 디지털 벡터 파일형식

(2) DLG는 세 가지 유형의 축척으로 제공됨

   ① 대축척 : 1/20,000, 1/24,000, 1/25,000

   ② 중축척 : 1/100,000

   ③ 소축척 : 1/2,000,000

(3) DLG는 아스키(ASCII) 문자형식으로 구성

(4) 축척에 따라 다르기는 하지만, 일반적으로 다음과 같은 레이어를 포함
Public Land Survey System, 경계(Boundary), 교통(Transportation), 수문(Hydrology), 지형(Geography), 비식생 공간 사상(Nonvegetative Features), 기준점(Survey Control and Marker), 인공구조물(Manmade Feature), 식생(Vegetative Feature Cover)

6. VPF 파일형식

(1) Vector Product Format의 약자로서 미국방성의 NIMA(National Imagery and Mapping Agency)에서 개발한 군사적 목적의 벡터형 파일형식

(2) 지리관계 모델에 기초한 대단위 지리 데이터베이스를 위한 표준 파일 형식

(3) 표와 색인(Index)을 통해서 사상의 공간적 위치와 주제 항목에 직접적 접근이 가능

(4) VPF는 노드, 에지, 페이스로 표현되는 벡터형식으로 다양한 유형의 수치 지리 데이터와도 함께 사용 가능

(5) VPF의 자료구조는 디렉터리, 표, 색인 등으로 구성

(6) 표에는 사상, 속성, 위치, 기하학적 형태, 위상 등에 관한 정보가 아스키(ASCII) 또는 바이너리(Binary) 형태로 저장

7. TIGER

(1) Topologically Integrated Geographic Encoding and Referencing System의 약자로서 U.S Census Bureau(미국 통계국)에서 인구조사를 위해 개발한 벡터형 파일형식

(2) 미국의 가구단위와 그룹쿼터를 위해 주소 목록을 편집·확인하고, 코드화

(3) TIGER 파일형식은 위상구조를 포함

8. NGI

(1) 국토지리정보원에서 DXF 포맷을 대체하기 위해 개발한 포맷으로 수치지도 V2.0의 내부 포맷이며 벡터형 파일 형식

(2) SDTS와 같은 저장방식이나 데이터의 내용을 텍스트 편집기를 사용하여 편집 가능

---

08 버퍼(Buffer)

1. 개요

버퍼(Buffer)란 공간형상의 둘레에 특정한 폭을 가진 구역을 구축하는 것으로, 버퍼를 형성하는 과정을 버퍼링(Buffering)이라 하며 공간분석에 있어 중첩과 함께 중요한 기능으로 사용되고 있다. 버퍼분석은 특성지도 객체나 사용자가 지정하는 지점으로부터 일정거리 내에 존재하는 영역을 분석하여 표시하는 기법이다.

2. 버퍼(Buffer) 분석

(1) 버퍼링 방법

점, 선, 면을 대상으로 버퍼링을 실시하면 폴리곤이 형성되며 방법은 다음과 같다.

| (a) 점 버퍼 | (b) 선 버퍼 | (c) 폴리곤 버퍼 |

[그림 8-6] 점, 선, 폴리곤 버퍼

1) 점 버퍼
① 점을 중심으로 일정한 거리를 갖는 구역을 산출
② 원 형태의 버퍼가 형성

2) 선 버퍼
① 선의 굴곡과 일치하면서 선의 양쪽에서 일정한 거리에 버퍼가 형성
② 속성값을 기준으로 버퍼작업

3) 폴리곤(다각형) 버퍼
① 폴리곤의 변주변에서 일정거리를 갖는 벨트모양의 폴리곤 버퍼가 형성
② Set Back : 폴리곤 내에 버퍼존이 형성되는 경우

(2) 버퍼 분석

① 근접 분석 : 관심대상지역의 경계설정
② 영향권 분석 : 하나 이상의 목표점의 주변 일정한 거리 내에 있는 지역의 영향 분석
③ 주변 특성 분석 : 특정지점 또는 선형으로 나타나는 공간형상 주변 지역의 특성 파악

3. 버퍼 분석의 활용

(1) 대중교통의 접근성 파악 : 백화점 등의 판매시설의 입지결정에 적용
(2) 홍수피해지역 파악 : 홍수취약 마을 및 취약도로 등을 파악 대책수립 가능
(3) 동심원지대 설정 : 우편비용, 교통비용 등을 파악하여 지대결정에 이용 가능
(4) 오염지대 설정 : 거리마찰을 적용하여 취약지역 등의 파악 가능
(5) 특정 시설물 주변에 관련 시설물 분포 파악 가능

지오코딩(Geocoding)

1. 개요

지오코딩이란 지리좌표를 지리정보체계에서 사용 가능하도록 디지털 형태로 만드는 과정으로 도로명(또는 지번주소)을 이용하여 경위도 또는 X, Y 등과 같은 지리적 좌표를 기록하는 것을 말하며 '좌표 부여(Geocoding)'라고도 한다.

2. 지오코딩(Geocoding)

(1) 데이터 소스의 변수

주소 철자 및 표기 오기, 나라 또는 도시마다 주소 표기방법 다양

(2) 변환 시 좌표계, 타원체, 투영법 등 확인 필요

예 EPSG : 5186(GRS80, TM 중부원점)

EPSG : 5179(GRS80, UTM−K)

EPSG : 3857(WGS84, 구글지도)

(3) 도구(Software)

① 도로명주소 안내시스템 open API : 좌표 제공 API

② 스마트서울맵 open API : 주소/좌표변환 서비스

③ 기타 : X−ray map 지오코딩, Geocoder−Xr 등

(4) 지오코딩을 이용한 매핑

① 주소자료에서 좌푯값 얻기

② 타원체 및 투영법 정의

③ 좌푯값을 이용하여 도형데이터 만들기

④ 동일한 좌표체계의 지도에 매핑

3. 관련 용어

(1) 역지오코딩(Reverse Geocoding)

지리적인 좌표를 주소로 변환하는 과정

(2) 지상좌표화(Georeferencing)

영상이나 일반적인 데이터베이스 정보에 좌표를 부여하는 과정

공간보간법(Spatial Interpolation)

1. 개요

보간법이란 구하고자 하는 지점의 높이값을, 관측을 통해 얻어진 주변 지점의 관측값으로부터 보간 함수를 적용하여 추정하는 것을 말한다. 공간보간법은 크게 전역적 보간법(Global Interpolation)과 국지적 보간법(Local Interpolation)으로 나눌 수 있으며, 대표적인 국지적 보간법에는 크리깅(Kriging), 스플라인(Spline), 이동평균/역거리 가중치(Moving Average/Inverse Distance Weighting) 보간법 등이 있다.

2. 전역적 보간법(Global Interpolation)

(1) 모든 기준점을 하나의 연속적인 함수로 표현
(2) 모든 데이터를 사용하여 전체 지역의 기복에 대한 경향을 표현한 근사적 보간법으로 전반적인 경향 분석에 용이
(3) 보간값이 전체 영역의 영향을 받아 국지적인 변이를 나타내지 못해 정확도가 낮은 편
(4) 1차 경향면부터 3차 경향면까지 추정 가능(차수가 높아질수록 표면은 복잡해지고 계산시간이 많이 걸리고, 차수가 높다고 해서 반드시 더 정확한 표면을 생성하지는 않음)
(5) Outlier와 Edge Effect 문제로 심각한 왜곡을 가져올 수 있음

3. 국지적 보간법(Local Interpolation)

대상 지역 전체를 작은 도면이나 구획으로 분할하여, 세분화된 구역별로 부합되는 함수를 추출하는 방법이다.

(1) 기계적/경험적 모델

임의적 또는 경험적 모델 매개변수가 사용되는 모델로, 모델 오류에 대한 추정치는 없으며 일반적으로 변동성에 대한 엄격한 가정은 존재하지 않는다. 이 그룹에 속하는 가장 잘 알려진 보간법은 다음과 같다.
① 스플라인 보간법(Spline Interpolation)
② 이동평균/역거리 가중치 보간법(Moving Average/Inverse Distance Weighting Interpolation)
③ 좌표에 대한 회귀법(Regression on Coordinates)
④ 최근린 내삽법(Minimum Distance Interpolation, Nearest Neighborhood Interpolation)
⑤ 삼각형법(Triangulation Method, TIN) 등

(2) 통계(확률) 모델

① 크리깅 보간법(Kriging Interpolation)

② 환경 상관관계(예 회귀기반)

③ 베이지안 모델(Bayesian Model, 예 베이지안 최대 엔트로피)

④ 혼합모델(회귀-크리깅) 등

4. 전역적 보간법 및 국지적 보간법의 특징

[표 8-2] 전역적 및 국지적 보간법의 주요 특징

전역적(Global) 보간법	국지적(Local) 보간법
• 모든 기준점을 하나의 연속함수로 표현 • 한 지점의 입력값이 변하는 경우 전체 함수에도 영향을 끼침 • 지형의 기복이 완만한 표면을 생성하는 데 적합 • 근사치적 보간법 (Approximate Interpolation) • 종류 : 경향분석	• 대상지역 전체를 작은 도면이나 한 구획으로 분할하여 각각의 세분화된 구획별로 부합되는 함수를 산출하는 방법 • 한 지점의 입력값 변화는 추정하는 반경 또는 참조창 내에만 영향을 미침 • 표본지점들의 고도값에 의해서만 영향받기 때문에 지형의 연속성이나 전 지역에 대한 기복적인 특징을 나타내지 못함 • 종류 : 정밀보간법(Exact Interpolation)-크리깅(Kriging) 보간법, 스플라인, 이동평균/역거리 가중치(Moving Average/Inverse Distance Weighting)

---

11 LoD(Level of Detail)

1. 개요

LoD(Level of Detail)는 세밀도라고도 하며 기본 개념은 가까운 객체는 자세히 표현하고 먼 객체는 세부적인 레벨을 낮추어 자세하지 않게 표현하는 것을 말한다. 일반적으로 3차원 공간정보는 기하학적인 특성으로 인하여 2차원 공간정보에 비해 데이터의 양이 크므로 데이터 전송과 시각화를 효율적으로 처리하기 위하여 세밀도의 개념을 도입하고 있다. LoD는 크게 정적 LoD (Static LoD)와 동적 LoD(Dynamic LoD)로 구분된다.

2. 특징

(1) 객체가 가까워질수록 영상소의 수가 증가한다.

(2) 등거리의 객체는 그 대상물의 크기에 비례하여 표현된다.

(3) 시야각에 따라 중요하지 않은 정보는 대략적으로 표현된다.

(4) 개별 객체에 있어서 구조, 클래스 그리고 세밀도 정보는 선택적으로 정의된다.

3. LoD(세밀도) 기법

(1) 정적 LoD(Static LoD) 기법

카메라와 물체 간의 거리를 관측해서 카메라와 가까운 거리에 있는 물체는 정밀한 메시를 사용하고, 거리가 멀어질수록 낮은 단계의 메시를 사용하는 기법이다.

(2) 동적 LoD(Dynamic LoD) 기법

카메라와 물체의 거리에 따라서 실시간으로 메시의 정밀도를 변화시키는 기법이다.

(3) 정적 LoD와 동적 LoD 기법의 장·단점

[표 8-3] 정적 LoD와 동적 LoD 기법의 장·단점

특징 \ 구분	정적 LoD 기법	동적 LoD 기법
장점	• 연산이 간단 • 처리 속도가 빠름	• 거리에 따라서 자연스럽게 LoD가 이루어지기 때문에 튀는 현상(Popping)이 적음 • 메모리의 낭비가 없음
단점	• 여러 단계의 메시를 추가로 가지고 있어야 하기 때문에 메모리 낭비가 심함 • 거리에 따라서 메시의 단계가 급격하게 변하기 때문에 튀는 현상(Popping)이 발생	• 메시 분할이나 간략화에 추가 연산이 필요 • 상대적으로 속도가 느림

4. LoD를 쿼드트리에 적용

카메라에서 먼 거리에 있는 노드는 자식노드에 대한 렌더링을 하지 않고 자신의 단계에서 렌더링을 해버리고, 상대적으로 카메라에서 가까울수록 더 하위 자식노드로 내려가서 렌더링한다.

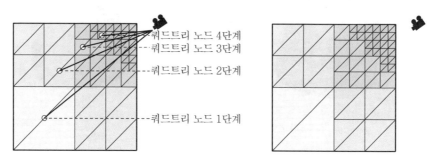

[그림 8-7] LoD를 쿼드트리에 적용

[표 8-4] 세밀도의 구분

구분	세밀도 내용
LoD 0	지표모델에 해당한 것
LoD 1	지형지물을 단순한 상자형태로 확장한 3차원 기하객체로 표현한 것
LoD 2	지붕과 벽면에 대해 단순한 기하 특성으로 표현한 것
LoD 3	창문과 같은 세부적인 벽면 정보와 실제 텍스처를 표현한 것
LoD 4	실내공간을 대상으로 한 것

3차원 모델링의 LoD(Level of Detail)

1. 개요

3차원 데이터 압축, 복원 기술은 데이터 용량은 최소화하면서 데이터 손실이 발생하지 않도록 하는 기술이다. 또한 데이터 전송과 가시화의 경우 효율성을 최대화한다. 3차원 데이터의 압축, 복원 기술을 통해 대용량 데이터 관리와 처리의 효율성을 증대시킬 수 있다. 3차원 GIS 데이터를 보다 효율적이고 빠른 속도로 가시화하기 위해 LoD(Level of Detail) 기술을 적용한다. LoD 기술은 사용자 시점으로부터 거리에 따라 지형, 영상, 3차원 객체의 정밀도와 해상도를 단계적으로 표현하는 기술이다. 이로 인해 실제 데이터보다 적은 용량의 데이터를 가시화함으로써 데이터 가시화 속도를 향상시키고, 사용자의 하드웨어 사용을 최소화하도록 지원한다.

2. LoD(Level of Detail)

(1) "멀리 있는 물체는 잘 보이지 않는다"는 생각을 바탕으로 개발된 모델
(2) 시점에 보이지 않는 것은 삭제하며, 멀리 있는 객체는 단순화하여 표출하고, 가까이 있는 물체는 그대로 표현하는 것
(3) LoD 알고리즘은 거리 기반, 크기 기반, 속도 기반, 편식률 기반, 깊이영역 기반으로 분류할 수 있으며 거리 기반 방식이 현재 가장 많이 사용하는 방식

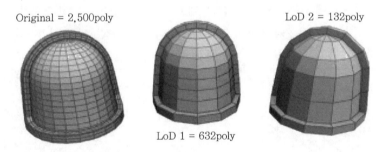

[그림 8-8] LoD 기법의 예

3. LoD 분류

LoD는 기여도를 나타내는 LoD 단계를 이용하여 렌더링될 이미지를 간략하게 표현하는데, 어떤 방법을 이용하여 LoD 단계를 얻어내느냐에 따라 성능이나 속도에 차이가 생긴다.

(1) 데이터 저장방식에 따른 분류

1) 정적 LoD(Static LoD)
 ① Data Pool에 LoD 단계에 맞는 Subset Vertex Data를 미리 계산하여 저장해 두어 후에

렌더링 시 각 지형의 LoD 단계값에 해당하는 Subset Vertex Data를 처리하는 방법

② 프로세서의 부하량이 적으나 전처리의 모든 Vertex 데이터를 만들어 놓아야 하므로 큰 Data Pool을 필요로 하며 Popping 처리방법이 까다로움

③ 고성능 CPU에서는 데이터를 저장할 공간이 많으므로 이 방법을 주로 사용

2) 동적 LoD(Dynamic LoD)

① 각 지형의 LoD 단계값에 따르는 Vertex Data를 계산하여 동적으로 Device Data Pool 에 채워서 렌더링하는 방법

② Popping에 대해 적절하게 대처할 수 있고, 디테일한 컨트롤이 가능

※ Popping : 어떤 객체의 LoD 단계가 변할 때 갑작스럽게 모양이 바뀌는 현상(튀는 현상)

(2) LoD 단계값 계산방법에 따른 분류

1) 거리기반 LoD

① 시점위치와 객체의 거리값을 이용하여 LoD 단계값을 구하는 방법

② 구현이 간단하고 CPU 부하량이 적음

③ 필요 없는 부분이 세밀하게 보이거나, 세밀하게 보여야 하는 부분이 단순하게 보일 수 있는 방법

2) 면적기반 LoD

① 객체가 화면 혹은 바운딩 박스에 투영된 면적을 이용하여 LoD 단계값을 구하는 방법

② CPU 부하량이 크지만 LoD의 효율이 높음

4. 3차원 데이터 표출 기법

(1) 절두체컬링(Frustum Culling)

① 보이는 부분만 렌더링하는 기법

② DirectX에서 3차원 객체를 표현할 때 사용하는 기법

③ 카메라로 대상을 바라봤을 때 볼 수 있는 영역과 볼 수 없는 영역이 정해져 있으므로 시야 에 들어오지 않는 객체는 렌더링할 필요가 없다는 논리

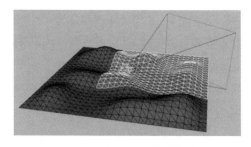

[그림 8-9] 절두체컬링의 예

(2) 쿼드트리 및 옥트리

① 쿼드트리 : 하나의 자식노드가 4개인 트리구조, 지형과 같은 공간정보를 빠르게 검색 가능
② 옥트리 : 3차원 공간에서 오브젝트를 표현하기 위한 계층적 트리 구조의 일종으로, 자식노
트가 8개인 트리

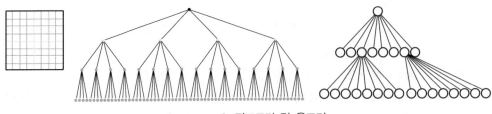

[그림 8-10] 쿼드트리 및 옥트리

13 공간정보 품질관리요소

1. 개요

공간정보의 품질관리란 각종 구축기준에 적합하게 제작될 수 있도록 작업기관이 공정별로 관
리·통제하고, 품질을 검사하는 것을 말한다. 품질검사를 위한 품질요소로는 완전성, 논리적 일
관성, 위치 정확성, 속성(주제) 정확성, 기타 등이 있다.

2. 위치 정확성(Positional Accuracy)

지표면에서 참값의 위치로부터의 변이를 나타내며, 공간상 객체의 올바른 위치를 확인할 때 가장
기본적이고 중요한 항목이다.

(1) 특성

① 일반적으로 대축척일수록 구축되는 위치자료의 정확도는 높아지고, 소축척일수록 정확도
는 낮아진다.
② 정보의 유형에 따라 달라진다. 토양이나 식생단위의 경계선은 모호하기 때문에 조사자에
따라서 정확도가 많은 영향을 받게 된다. 이에 비해 지형정보는 정밀하게 조사되는 편이다.
③ 디지타이징을 통하여 수치지도를 제작하는 경우에는 점의 밀도와 관계된다. 좌표의 독취
간격이 작을수록 자료의 양이 많아지며 일반화의 영향이 적으므로 통상 보다 높은 위치의
정확도를 지니게 된다.

(2) 위치 정확도의 계산

위치 정확도의 평가에는 여러 가지 방법이 있는데, 보통 평균제곱근오차(RMSE : Root Mean Square Error)가 사용된다.

$$RMSE = \sqrt{\frac{\sum\limits_{i=1}^{n} X_i^2}{n}}$$

여기서, X_i : 위치 i에서의 변이
n : 샘플링 수

3. 속성(주제) 정확성(Attribute Accuracy)

속성값의 참값에 대한 근접 정도를 말한다.

(1) 속성 정확도의 특성

속성 오차의 형태에는 분류상의 오차, 기록상의 오차, 판독 오차, 기계 오차 등이 있으며, 토지이용, 식물 유형, 행정 구역 등과 같이 불연속적인 속성값과 온도, 고도, 가격 등과 같이 연속적인 속성값이 있다.

(2) 속성 정확도의 계산

① 오차 행렬(Error Matrix/Confusion Matrix) 사용 : 수치지도상(또는 영상분류결과)의 임의 위치에서 지도에 기입된 속성값을 확인하고, 현장 검사에 의한 참값을 파악하여 오차 행렬을 구성한다.

② 누락 오차(Omission Error) : 실제로 존재하는 자료가 분류 결과에서는 누락되었을 경우 발생하는 오차를 말한다.

　　예 도시지역 토지이용현황의 분류 결과 도로구역의 실제 총 면적이 100km^2인데 분류결과가 94km^2로 나왔을 경우 6%의 누락오차가 발생한다.

③ 중복 오차(Commission Error) : 자료가 분류되었으나, 그것이 실제로 지상에서는 없는 경우 발생하는 오차를 말한다.

　　예 도시지역 토지이용현황의 분류 결과 도로구역의 실제 총 면적이 100km^2인데 분류결과가 115km^2로 나왔을 경우 15%의 중복오차가 발생한다.

④ Kappa 계수 : 오차행렬에 의하여 사용자 정확도(User Accuracy)와 제작자 정확도(Producer Accuracy), 전체 정확도(Overall Accuracy) 등을 계산할 수 있는데, 이 경우 실제로는 우연에 의해 옳게 분류될 확률이 내재되어 있다. 이와 같이 우연에 의해 옳게 분류될 경우의 수를 제거하여 정확도를 계산하는 것을 Kappa 계수라 한다.

$$K = \frac{D - q}{N - q}$$

여기서, K : Kappa 계수
D : 대각선상의 폴리곤 수
q : 중복오차와 누락오차에 해당되는 폴리곤 수
N : 전체 폴리곤 수

4. 논리적 일관성(Logical Consistency)

논리적 일관성이란 자료요소 사이에 논리적 관계가 잘 유지되는 정도를 말한다.
예 산림지역의 경계는 도로의 가장자리와 인접하는 것이 논리적으로 타당하다.

5. 완결성(Completeness)

(1) 완결성은 하나의 자료기반 내에서 일정 지역에 관한 모든 정보를 제공할 수 있도록 자료가 완전하게 구축되어 있다는 것을 의미한다.

(2) 자원의 상태와 같은 정보가 필요할 때에는 최신의 정보가 중요할 수 있고, 어떤 경우에는 과거의 정보일지라도 전체 지역에 대한 동일한 시점의 정보를 얻는 것이 더 중요할 수도 있다.

14 표준화

1. 개요

표준이란 개별적으로 얻어질 수 없는 것들을 공통적인 특성을 바탕으로 일반화하여 다수의 동의를 얻어 규정하는 것으로, GIS 표준은 다양하게 변화하는 GIS 데이터를 정의하고 만들거나 응용하는 데 있어서 발생되는 문제점을 해결하기 위하여 정의되었다. GIS 데이터의 표준화는 보통 다음 7가지 영역으로 분류될 수 있다.

2. 데이터의 표준화 요소

(1) 데이터 모델(Data Model)의 표준화

공간데이터의 개념적이고 논리적인 틀이 정의된다.

(2) 데이터 내용(Data Content)의 표준화

다양한 공간 현상에 대하여 데이터 교환에 의해 필요한 데이터를 얻기 위한 공간형상(Spatial Features)과 관련 속성자료(Attribute)들이 정의된다.

(3) 데이터 수집(Data Collection)의 표준화

Digitizing, Scanning 등 공간데이터를 수집하기 위한 방법을 정의한다.

(4) 위치 참조(Location Reference)의 표준화

공간데이터의 정확성, 의미, 공간적 관계 등을 객관적인 기준(좌표체계, 투영법, 기준점 등)에 의해 정의한다.

(5) 데이터 품질(Quality)의 표준화

만들어진 공간 데이터가 얼마나 유용하고 정확한지, 의미가 있는지에 대한 검증과정으로 정의된다.

(6) 메타데이터(Metadata)의 표준화

사용되는 공간 데이터의 의미, 맥락, 내외부적 관계 등에 대한 정보로 정의된다.

(7) 데이터 교환(Data Exchange)의 표준화

만들어진 공간 데이터가 교환(Exchange) 또는 전환(Transfer)되기 위한 데이터 모델, 구조, 전환방식 등으로 정의된다.

3. 표준화의 효과

(1) 사용자의 편의가 증진된다.
(2) 자료 구축을 위한 중복 투자를 방지할 수 있다.
(3) 서로 다른 시스템이나 사용자 간의 자료 호환이 가능하다.
(4) 경제적이고 효율적인 GIS 구축이 가능하다.
(5) 하나의 기관에서 구축한 데이터를 많은 기관들이 공유하여 사용할 수 있다.

4. GIS 국제표준 관련기관

(1) 국제기관

1) ISO/TC 211(국제표준화기구 및 기술위원회 211)
 ① 1994년 국제표준기구(ISO)에서 구성
 ② 공식명칭은 Geographic Information/Geometics
 ③ TC 211은 디지털 지리정보 분야의 표준화를 위한 기술위원회

④ 2002년 현재 WG4, 6, 7, 8, 9 등 5개의 워킹그룹과 특별위원회로 구성, WG1, 2, 3, 5는 활동 종료

⑤ 2002년 현재 한국을 포함한 29개국의 Active Member(P-member)와 26개국의 Observing Member(22 O-member & 4corresponding Member)로 구성

⑥ WG4 : Geospatial Services

⑦ WG6 : Imagery

⑧ WG7 : Information Communities

⑨ WG8 : Location Based Services

⑩ WG9 : Information Management

2) CEN/TC 287(유럽 표준화 및 기술위원회 287)

TC 287은 1991년 유럽 표준화 기구가 유럽 모든 국가에 적용할 수 있는 지리정보의 표준화 작업을 위해 설립한 기술위원회

3) OGC(Open Geospatial Consortium)

① 1994년부터 2004년까지 Open GIS Consortium이라는 이름으로 운영

② GIS 관련 기관과 업체 중심의 비영리 단체

③ Principal, Associate, Strategic, Technical, University 회원으로 구분

④ ORACLE, SUN/ESRI, Autodesk, Microsoft 등 거의 모든 GIS 관련 소프트웨어/하드웨어 업체와 USGS/NIMA/Natural Resources Canada, UN 등의 기관, 다수의 대학이 참여

(2) 국내기관

① KS(국가표준) : 산업자원부 기술표준원(ISO/TC 211 Korea, 간사기관 : 한국표준협회)

② KICS(정보통신표준) : 정보통신부

③ TTA(단체표준) : 한국정보통신기술협회

---

15 메타데이터(Metadata)

1. 개요

메타데이터란 실제 데이터는 아니지만 데이터베이스, 레이어, 속성, 공간형상 등과 관련된 데이터의 내용, 품질, 조건 및 특징 등을 저장한 데이터로서 데이터에 관한 데이터로 데이터의 이력을 말한다.

2. 주요 내용

(1) 자료의 수집내용, 원자료, 투영법, 축척, 품질, 포맷, 관리자를 포함하는 데이터 파일에서 데이터의 설명이나 데이터에 대한 데이터를 의미한다.

(2) 메타데이터가 중요한 이유는 공간 데이터에 대한 목록을 체계적으로 표준화된 방식으로 제공함으로써 데이터의 공유화를 촉진하고, 대용량의 공간 데이터를 구축하는 데 드는 비용과 시간을 절감할 수 있기 때문이다.

(3) 메타데이터의 표준을 통해 공간 데이터에 대한 질적 수준을 알 수 있고 표준화된 정의, 이름, 내용들을 쉽게 이해할 수 있다.

3. 메타데이터의 필요성

(1) 시간과 비용의 낭비를 제거

(2) 공간정보 유통의 효율성

(3) 데이터에 대한 유지 · 관리 갱신의 효율성

(4) 데이터에 대한 목록화

(5) 데이터에 대한 적합성 및 장 · 단점 평가

4. 메타데이터의 역할

(1) 원하는 지역에 관한 데이터 세트(Data Set)가 존재하는지에 관한 정보 제공

(2) 데이터 세트(Data Set)에 대한 목록을 체계적이고 표준화된 방식으로 제공

(3) 현재 존재하는 자료상태를 문서화하는 데 필요한 정보 제공

5. 메타데이터의 기본 요소

(1) **개요 및 자료 소개** : 데이터 명칭, 개발자, 지리적 영역 및 내용 등

(2) **자료품질** : 위치 및 속성의 정확도, 완전성, 일관성 등

(3) **자료의 구성** : 자료의 코드화에 이용된 데이터 모형(벡터나 래스터) 등

(4) **공간참조를 위한 정보** : 사용된 지도 투영법, 변수, 좌표계 등

(5) **형상 및 속성정보** : 지리정보와 수록 방식

(6) **정보획득 방법** : 관련된 기관, 획득형태, 정보의 가격 등

(7) **참조정보** : 작성자, 일시 등

16 기본공간정보

1. 개요

기본공간정보란 여러 공간정보를 통합·활용하기 위한 기본 틀이 되는 정보로써 「국가공간정보기본법」 제12조 제1항에 따라 국토교통부장관이 관보에 고시한 정보를 말한다. 기본공간정보의 구축 목적 및 주요 내용, 기대효과는 다음과 같다.

2. 기본공간정보의 구축목적 및 내용

(1) 기본공간정보의 구축목적

① 경제적인 지리정보 DB 구축 : 데이터의 중복 방지 및 구축비용 절감 가능
② 지리정보의 통합 : 공간객체의 위치기준을 제공하므로 여러 지리정보 DB 통합 가능
③ DB 연동 : 지형·지물의 유일 식별자를 이용, 사용자 간의 연결이 가능해짐

(2) 기본공간정보의 주요 내용

① 행정구역 : 육지와 해상의 행정구역 경계와 명칭의 정보 구축
② 교통 : 도로, 철도, 해운, 항공, 항만 등의 주요 교통지리정보 구축
③ 지적 : 필지경계선과 지번 등의 지적정보 구축
④ 해양 : 해저지형, 해안선, 해안선 성상 등을 포함한 해양기본지리정보 구축
⑤ 수자원 : 하천망(경계 포함)과 하천시설(댐 포함) 등을 포함하는 수자원 정보 구축
⑥ 측량기준점 : GNSS 상시관측소 설치 확대, 기존의 삼각점·수준점 성과 통합, 한국 지오이드 모델 산출, 기타 특수측량(한일 공동 VLBI, 천문측량, 중력측량, 지자기측량) 성과 구축
⑦ 지형 : 등고선, 수치표고모델(DEM) 구축
⑧ 시설물 : 토지에 정착한 주요 건물 등 인공시설물을 대상으로 구축
⑨ 위성영상 및 항공사진 : 수치정사영상 구축 및 DEM 성과를 이용한 보정
⑩ 기타

3. 기본공간정보의 위치기준 및 정확도

(1) 위치의 기준

단일평면직각좌표계는 전국단위의 연속적인 기본공간정보를 구축하기 위하여 전국을 하나로 표현하는 좌표계로 기본공간정보의 효율적 구축 및 활용을 위하어 도입되었다.

1) 단일평면직각좌표계의 원점
    ① 명칭 : UTM－K(한국형 UTM 좌표계)
    ② 원점의 경위도
        • 경도 : 동경 127°30′00.000″
        • 위도 : 북위 38°00′00.000″
    ③ 적용 구역 : 한반도 전역

2) 투영법
    TM(횡단 머케이터)으로 하고 축척계수는 0.9996으로 함

3) 투영원점의 수치
    기존 직각좌표와의 혼란 방지와 차별화를 위해 투영원점의 수치를 X(N) 2,000,000m, Y(E) 1,000,000m로 정함

(2) 위치정확도

① 벡터데이터 형태의 기본공간정보 : 최소한 1/5,000 축척의 정확도
② 항공사진 및 위성영상 등 래스터데이터 형태의 기본공간정보 : 해상도 50cm 이상

4. 기본공간정보의 역할 및 기대효과

(1) 국가 기본 데이터로서의 역할

① 다양한 사용자가 속성정보 및 상세한 도형정보를 부가할 수 있는 지형 공간적 기초를 제공
② 다른 정보를 표현하기 위한 기초 데이터
③ 다른 데이터의 분석결과 및 위치 참조를 위한 프레젠테이션 역할

(2) 타 데이터와의 통합 및 공유의 기준

① 부문별로 구축 · 활용되는 응용분야를 위한 가장 기본적인 데이터일 뿐만 아니라 각 부문의 응용 데이터들을 통합할 수 있는 기준 역할을 수행
② 데이터의 정확성 및 신뢰성을 확보할 수 있고 데이터를 공유할 수 있는 기반을 제공함

1. 개요

공간 객체 등록번호(UFID : Unique Feature IDentifier)는 일명 전자식별자로 건물, 도로, 교량, 하천 등 인공 및 자연 지형·지물에 부여되는 코드를 말하며 사람의 주민등록번호와 같은 개념이다. 또한 UFID는 현실의 생활 시스템을 그대로 사이버 공간으로 연결하는 매개체 역할을 수행한다.

2. 정의

(1) 「국가공간정보 기본법」에서 "공간객체등록번호"란 공간정보를 효율적으로 관리 및 활용하기 위하여 자연적 또는 인공적 객체에 부여하는 공간정보의 유일식별번호이다.

(2) 「공간정보참조체계 부여·관리 등에 관한 규칙」에서 "공간정보참조체계"란 공간객체등록번호에 따른 공간정보참조체계를 말한다.

3. 공간정보참조체계 부여 및 유지

(1) 공간정보참조체계의 부여방법

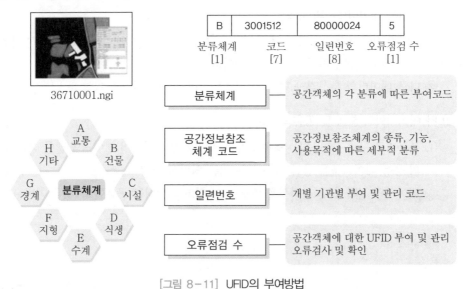

B	3001512	80000024	5
분류체계	코드	일련번호	오류점검 수
[1]	[7]	[8]	[1]

분류체계	공간객체의 각 분류에 따른 부여코드
공간정보참조체계 코드	공간정보참조체계의 종류, 기능, 사용목적에 따른 세부적 분류
일련번호	개별 기관별 부여 및 관리 코드
오류점검 수	공간객체에 대한 UFID 부여 및 관리 오류검사 및 확인

36710001.ngi

A 교통 / B 건물 / C 시설 / D 식생 / E 수계 / F 지형 / G 경계 / H 기타 / 분류체계

[그림 8-11] UFID의 부여방법

(2) 공간정보참조체계의 유지

① 기존 공간객체의 위치만 이동하는 경우

② 기존 공간객체가 단순한 오류 등으로 잘못 표기되어 있는 사실이 명백하여 이를 바로잡는

경우

③ 국토교통부장관이 해당 공간객체의 공간정보참조체계를 유지할 필요가 있다고 인정하는 경우

4. 특징 및 효과

(1) 특징

① 현재 공간 객체 등록번호(UFID)는 제도적 기반이 조성되지 않아 개별기관에서 별도 운영 등으로 인한 기관 간 정보공유 및 객체 식별에 어려움이 많다.

② 전국단위의 공간 대상물에 UFID가 부여되면 국토 및 공간정보의 관리체계가 일원화되어 실시간 검색 및 공유를 할 수 있어 유비쿼터스 기반의 국토정보 서비스가 가능해질 것이다.

③ 전 국토에 대한 UFID 구축이 완료되어 일반생활에 활용하면 국가 기반시설 관리 차원을 넘어 그 편리함은 상상을 초월한다.

④ 숫자 ID 하나로 전국의 모든 기관, 기업, 상점, 가정 등의 위치정보와 홈페이지 검색 및 집 찾기, 전자상거래도 가능해진다.

(2) 효과

[표 8-5] UFID 효과

구분	현재	미래
SOC 분야	개별 목적에 따른 ID 부여로 통합·연계 미흡	국가 UFID 통합관리센터를 통한 ID 부여로 공간정보 공동 활용 및 유지관리 가능
교통 분야	단순 권역별 교통흐름 제어 및 모니터링	전국 단위 통합 교통량 파악 및 지능형 경로 관리
불법 단속 분야	공간정보의 개별 관리에 따른 비효율적 행정 업무 수행	국가 UFID 구축에 따른 불법 단속 등 효율적인 현장 행정 및 법 집행 가능
환경 분야	기관별 개별 정보관리에 따른 정보의 공동 활용 미흡	UFID를 이용한 환경정보의 통합관리에 따라 녹색성장 견인 및 그린 IT 선도국으로서 위상 제고 가능

5. RFID

(1) RFID(Radio Frequency IDentification)의 개념

전자 TAG를 사물에 부착하여, 사물이 주위 상황을 인지하고 기존 IT 시스템과 실시간으로 정보교환/처리할 수 있는 기술

(2) RFID 기술적 특징

바코드나 Smart Card에 비하여 우수한 특성에 의해 다양한 응용이 가능하며, 향후 900MHz 대역 제품이 현재의 13.56MHz 대역을 대신하여 주력 제품이 될 것임

(3) RFID TAG 기술의 원리

1) 안테나는 태그에 전력을 공급하고 태그는 그 응답으로 데이터를 되돌려 주며, 자기장을 이용하는 방식과 전파를 이용하는 방식이 주로 이용됨

2) Inductive Coupling 방식
   ① 안테나에서 강한 고주파를 발생시켜 생성된 자기장이 TAG의 안테나 코일을 통과함으로써 생기는 전류에 의해 작동되는 원리
   ② 30MHz 이하의 주파수(125KHz, 134KHz, 13.56MHz) 대역에 사용
   ③ 자기장과 금속에 흡수되는 성질이 있음

3) Backscatter Coupling 방식
   ① 레이더 기술과 비슷하게, 안테나에서 전파를 보내면 태그에서 받아 파워로 사용하는 원리
   ② 100MHz 이상의 주파수(900MHz, 2.45GHz) 대역에 사용
   ③ 금속은 반사, 물에는 흡수되는 성질이 있음

(4) RFID 시스템 기본 구성

RFID TAG, 각종 형태의 안테나, 성능별 리더, 리더를 지원하는 Local host, 각종 케이블링 및 네트워크 연결로 구성

---

18 개방형 GIS(OpenGIS)

1. 개요

OpenGIS는 서로 다른 분야의 서로 다른 환경에서 만들어져 분산·저장되어 있는 다양한 형태의 공간자료에 대한 사용자의 접근 및 자료 처리 기능을 제공할 수 있도록 하기 위한 사양(Specification)을 정의한 것으로 OpenGIS를 실현하기 위해서는 상호 운용성(Interoperability)이 필수적이다.

2. OpenGIS의 특징

(1) 향상된 작업흐름
(2) 용이한 자료 공유
(3) 구입의 유연성(Procurement Flexibility)
(4) 소프트웨어와 자료 비용의 감소
(5) Customized Solution
(6) Geo-enabled Compound Documents

(7) 특정 지리공간 처리도구에 더 편리한 접근

(8) 서로 다른 자료들의 기능함수로 입력

3. SDTS(Spatial Data Transfer Standard, 공간자료교환표준)

(1) 정의

다른 하드웨어, 소프트웨어, 운영체제를 사용하는 응용시스템에서 지리공간에 관한 정보를 공유하고자 만들어진 공간자료교환표준으로 다양한 GIS 포맷들 간에 교환 가능한 범용의 교환표준이 필요하여 1996년 6월 NGIS 공통 데이터교환포맷 표준으로 채택하였다.

(2) SDTS 내용 및 범위

① 국내 실정에 적합한 좌표체계 및 표준 데이터 사전 정의

② 위상벡터데이터 전환을 위한 개념적, 논리적 구성요소 정의

③ 위상벡터데이터 전환을 위한 물리적인 구성요소 정의

4. OpenGIS and SDTS

(1) OpenGIS와 SDTS의 유사점

OpenGIS와 SDTS는 특정 시스템, 데이터베이스 또는 애플리케이션의 데이터를 다른 시스템이나 애플리케이션에서도 사용할 수 있다는 기본적인 목적을 공유하고 또한 자료의 범위가 유사하다.

(2) OpenGIS와 SDTS의 차이점

OpenGIS는 다른 공간자료 모델을 수용할 뿐만 아니라 이런 모델들을 통합할 True 프로세스 모델을 포함시켜야 한다. 이 점이 SDTS 전송 모델을 뛰어넘는 단계이다. OpenGIS 내에서 구현된 전환 서비스를 지원하는 통합모델은 벡터 시스템을 래스터 자료에 접근할 수 있도록 해주어야만 한다. 자료전송과 상호 운용성의 가장 큰 차이점은 전송은 오직 자료와 관련있고, 상호운용성은 자료와 처리과정 둘을 모두 포함한다는 것이다. SDTS와 OpenGIS의 다른 차이점들은 모두 이 기본적인 차이로 인한 결과로서 나타날 수 있다.

19 GML(Geography Markup Language)

1. 개요

GML은 OGC(Open Geospatial Consortium)에서 공간지리정보의 저장 및 전송을 위한 인코딩 표준으로 제안한 마크업 언어이다. OGC는 XML(eXtensible Markup Language)을 기반으로 지리정보의 저장 및 전송을 위한 인코딩 표준으로 GML을 제안하고 있다.

2. 특징

(1) W3C(World Wide Web Consortium, 웹 언어, 프로토콜 등 웹 기술표준화기구)는 웹에서 데이터를 공유할 수 있는 기술인 XML을 개발하였다.

① XML은 실시간으로 데이터를 전송받을 수 있는 정보의 공유적 측면에서 의미를 가짐

② XML은 데이터를 다양한 뷰(View)로도 표현이 가능하기 때문에 다양한 플랫폼에서도 활용 가능

③ XML은 데이터 자체를 표현할 수 있는 메타데이터 표현방법, 이질적인 데이터들을 통합할 수 있는 기술 등의 장점을 가짐

(2) OGC에서 XML을 GIS 분야에 도입하여 GML을 개발하였다.

① GML에 의해 지도·지형 데이터 등의 공간 데이터와 지리적인 속성을 가진 각종의 정보·콘텐츠 등을 동일한 규칙에 따라 축적·전달할 수 있음

② 지도 데이터에 여러 가지 정보를 맞추어 표시하거나 다른 종류의 데이터를 조합해 가공하거나 하는 처리가 편리해짐

(3) OGC는 네트워크, 응용 혹은 플랫폼의 형식에 관계없이 지리정보의 교환표준으로 GML을 채택하고 있다.

(4) GML은 1999년에 GML 1.0을 발표한 후 2007년에 GML 3.0을 발표하였다.

3. 방법

(1) GML의 클래스 구조

1) GML은 다양한 응용 분야에서 사용할 수 있도록 다양한 객체를 정의하고 있다.

2) GML 3.0은 Feature, Geometry, Topology 등 많은 객체의 표현이 가능한 클래스 구조로, 여러 스키마로 표현된다.

① GML은 피처(Feature)라고 불리는 지리적인 실체를 통해 지리정보를 표현한다.

② GML 명세에는 다양한 표준을 지원하기 위해 약 30여 개의 GML 스키마들을 기술하고 있으며 응용 분야에서 사용할 수 있도록 다양한 객체를 정의하고 있다.

(2) GML 웹서비스

① GML 웹서비스의 특징

[표 8-6] GML 웹서비스 특징

웹서비스명	지리정보 전송유형
WMS	이미지
WFS	Feature(GMS 엔코딩)
WCS	Coverage(GML 엔코딩)

② GML 웹서비스와 현행 유통망 비교

[표 8-7] GML 웹서비스와 현행 유통망 비교

구분	GML 웹서비스	현행 유통망
유통단위	피처/커버리지	도곽(레이어 단위)
데이터소스	원격지의 원본 데이터 사용	따로 저장
데이터포맷	Text 기반의 문서이기 때문에 틀에 종속적이지 않음	특정 틀을 사용해서 데이터 조작

20 3DF GML/City GML/Indoor GML

1. 개요

3차원 국토공간정보는 3차원 공간정보 데이터 형식인 3DF GML로 제작하는 것을 원칙으로 하며, City GML 형식과 상호교환이 가능하도록 한다. 다만, 발주처의 데이터 활용계획에 따라 Shape, 3DS 및 JPEG 형식 등으로 제작할 수 있다. 또한, 실내공간정보의 중요성이 증대됨에 따라 여러 가지 실내공간정보를 위한 국제표준이 최근에 만들어졌으며, 대표적인 것이 OGC에서 표준으로 만든 City GML과 Indoor GML이다.

2. 3DF GML

(1) 정의

3Dimension Feature Geography Markup Language의 약어로, 국내 3차원 국토공간정보를 저장 및 교환하기 위한 XML 기반의 데이터 포맷이다.

(2) 형식

주요 모델 항목별 3DF GML의 표현 범위는 다음과 같다.

[표 8-8] 3DF GML의 표현 범위

분류	표현 항목
지형지물	교통, 건물, 수자원, 지형
기하	2, 3차원 객체(선형, 평면 보간 사용), 혼합집합, 동종집합, 혼합복합, 동종복합
위상	단방향 위상(XLink)
세밀도	Level 1, Level 2, Level 3, Level 4
면의 외형	단색 텍스처, 색깔 텍스처, 가상 영상 텍스처, 실사 영상 텍스처
지형	불규칙삼각망(TIN), 격자 커버리지(GRID)
좌표계	구형좌표계, 타원좌표계, 직교좌표계

(3) 특징

① 3DF GML은 GML 3.1을 기반으로 하는 응용스키마
② 매우 복잡하고 방대한 모델을 가진 GML 3.1 및 GML 3.1의 응용 포맷으로 개발된 City GML보다 간결하게 개발된 포맷
③ 3DF GML은 다양한 국내 3차원 응용분야에서 공통적으로 요구하는 기본항목(Entity), 속성(Attribute), 관계(Relation)들을 정의하고 있음

3. City GML

(1) 정의

City Geography Markup Language의 약어로, 가상 3차원 도시 모델의 저장과 교환을 위한 XML 기반의 데이터 포맷이다.

(2) 형식

주요 모델의 항목별 City GML의 표현 범위는 다음과 같다.

[표 8-9] City GML의 표현 범위

분류	표현 항목
지형지물	일반, 단일 속성
기하	2, 3차원 객체, 면방향성, 동종집합, 선형보간
위상	2, 3차원 위상정보
세밀도	기하 세밀도
면의 외형	단색 텍스처, 색깔 텍스처, 가상 영상 텍스처, 실사 영상 텍스처
지형	격자 커버리지(GRID)
좌표계	구형좌표계, 타원좌표계, 직교좌표계

(3) 특징

    ① 개방 데이터 모델

    ② GML을 기반으로 하는 응용 스키마로서 GML에서 부족한 모델을 보강하여 3차원 공간 모
       델링을 보다 효율적으로 하기 위해 개발된 포맷

    ③ GML 3.1을 기반으로 응용 포맷으로 개발된 City GML은 GML보다 더 복잡하고 방대하
       다는 문제점을 가지고 있음

    ④ City GML은 다른 응용 분야들 간에 공유할 수 있는 공통의 기본항목(Entity), 속성
       (Attribute), 관계(Relation)들을 정의하고 있음

4. Indoor GML

(1) 정의

    Indoor Geography Markup Language의 약어로, City GML 등 이전의 실내공간정보 표준
    이 가지고 있는 단점을 보완하기 위하여 정의된 표준이다.

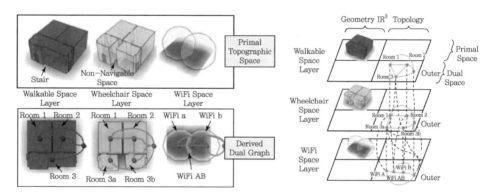

[그림 8-12] Indoor GML의 핵심 개념

(2) 특징

    ① Indoor GML은 멀티 레이어 및 노드 링크 개념을 이용하여 실내공간을 다양한 의미의 관
       점에서 모델링 할 수 있도록 한다.

    ② Indoor GML은 City GML과 달리 실내공간의 객체를 기반으로 표현하기 위한 것이 아니
       라, 셀공간모델(Cellular Space Model)을 기반으로 정의하고 있다.

    ③ 셀의 기하, 셀의 의미, 셀 사이의 위상정보 및 다중 레이어 공간모델 이 4가지의 특성을 통
       하여 Indoor GML의 기본적인 개념을 설명할 수 있다.

오픈 소스 공간정보(Open Source Spatial Information)

1. 개요

오픈 소스 공간정보는 소스코드를 공개해 누구나 특별한 제한 없이 그 코드를 보고 사용할 수 있는, 오픈 소스 라이센스(License)를 만족하는 공간정보를 말한다. 일반적으로 사용자는 공간정보에 대한 자유로운 사용, 복사, 수정, 개작 및 재배포의 권한을 부여받는다. 오픈소스 공간정보의 자유(Free)는 무료를 의미하는 것이 아니라, 사용자가 소스코드에 접근하고, 프로그램을 사용, 수정, 재배포할 수 있는 자유를 의미한다.

2. 오픈 소스 공간정보

오픈 소스 공간정보란 공간정보를 생산, 처리, 분석하기 위한 소프트웨어로서 원시코드가 공개되어 있는 소프트웨어를 말하는데, 전 세계 전문가 협업을 토대로 개발속도가 빠르고, 표준을 따르는 특성이 있다.

(1) 오픈 소스 공간정보 재단인 OSGeo는 서버, DBMS, 데스크톱 등 기존 상용 소프트웨어에 대응하는 여러 용도의 오픈 공간정보 소프트웨어를 제공함

(2) 1984년 미국 공병부대에서 개발한 영상정보처리 오픈 소스인 GRASS를 시작으로, 1980년대에는 공간정보 저장·처리용 오픈 소스가 개발됨

(3) 1990년대에는 데스크톱 및 라이브러리 형태의 오픈소스가, 2000년대부터는 웹, 3차원 가시화, 패키지 형태의 오픈 소스 개발이 증가함

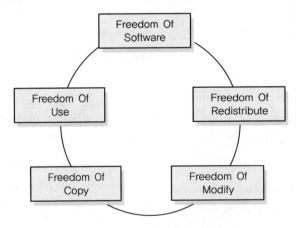

[그림 8-13] 오픈 소스 공간정보 개념

3. 특징

(1) 하나의 프로젝트 혹은 소프트웨어를 전 세계에 흩어져 있는 다양한 사람들과 조직이 어우러져서 개발을 진행하는 방식이다.

(2) 공통 관심사를 갖는 사람들이 함께 특정 소프트웨어나 프로젝트를 개발하는 관계로 자사의 개발과 투자비용을 절감하고, 기업 외부의 인력과 기술을 내재화할 수 있는 특성이 있다.

(3) 공동 개발 방식은 소위 네트워크 효과에 의해 크게 영향을 받는 개발 방식으로 특정 임계점 이상의 개발자가 소프트웨어 개발에 참여해야만 성공적으로 소프트웨어가 유지, 관리, 개발되는 특성이 있다.

(4) 오픈소스와 오픈 API의 차이는 재창조가 가능하게 해놓은 소프트웨어가 오픈 소스 소프트웨어이고, 누구든지 접근해서 이용할 수 있는 프로그램을 오픈 API라 한다.

4. Open API

(1) 누구나 사용할 수 있도록 '공개된(Open)' '응용 프로그램 개발환경(API : Application Programming Interface)'

(2) 임의의 응용 프로그램을 쉽게 만들 수 있도록 준비된 프로토콜, 도구 같은 집합으로 소프트웨어나 프로그램의 기능을 다른 프로그램에서도 활용할 수 있도록 표준화된 인터페이스를 공개하는 것을 말한다.

(3) 공간정보와 연계된 Open API : Map API(지도 API)
웹사이트와 모바일 애플리케이션에서 지도를 이용한 서비스를 제작할 수 있도록 다양한 기능을 제공

---

22 클라우딩 컴퓨팅 GIS

1. 개요

클라우드 컴퓨팅은 인터넷 기반의 컴퓨팅 기술로 정보를 인터넷 상의 서버에 저장하고 이 정보를 각종 IT 기기를 통하여 언제 어디서든 이용할 수 있다는 개념이다. 클라우드, 즉 구름과 같은 무형의 형태로 존재하는 하드웨어, 소프트웨어, 네트워크 등의 전산 자원을 자신이 필요할 때 빌려 쓰고 이에 대한 사용요금을 지급하는 방식의 컴퓨팅 서비스로, 서로 다른 물리적인 위치에 존재하는 컴퓨팅 자원을 가상화 기술로 통합해 제공하는 기술이다.

2. 클라우드 컴퓨팅의 특징

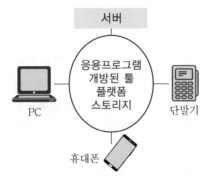

[그림 8-14] 클라우드 컴퓨팅 개념

(1) 저렴한 가격 : 사용한 만큼 지불, 초기 구입 비용 감소
(2) 복잡성의 감소 : IT 인프라는 클라우드 서비스 제공 주체에 의해 관리됨
(3) IT 유지보수 비용의 감소 : 웹 애플리케이션 또는 데이터 관리 비용 절약
(4) 애플리케이션 및 스토리지의 확장성 : 탄력적인 확장성 및 가용성
(5) 이동성 증대 : 다양한 단말기(개인 PC, 스마트폰)를 이용하여 어디에서나 접근 가능

3. 클라우드 서비스 모델

(1) SaaS(Software as a Service)

소프트웨어를 서비스하는 형태로 사용자는 서버에서 호스팅하는 애플리케이션의 기능을 사용
예 Salesforce.com(CRM), Google Apps, Microsoft Exchange Online

(2) PaaS(Platform as a Service)

애플리케이션을 개발할 수 있는 플랫폼을 서비스하는 형태로 일반 사용자가 아니라 개발자들을 위한 서비스, 커스터마이징 및 운영 플랫폼을 서비스 형태로 제공
예 Microsoft Azure

(3) IaaS(Infrastructure as a Service)

소프트웨어, 서버, 스토리지 등 모든 IT 인프라 자원을 서비스하는 형태, 일반적인 스토리지 및 컴퓨팅
예 아마존 S3, EC3

4. 클라우드 GIS

(1) 클라우드 GIS 방법

① 클라우드 컴퓨팅 개념을 GIS에 적용한 것

② 클라우드 인프라 위에 GIS 콘텐츠, GIS 소프트웨어, GIS 애플리케이션 개발 플랫폼을 서비스 형태로 제공

③ 사용자는 탄력적인 IT 인프라 위에서 제공되는 GIS 콘텐츠와 서비스를 효율적인 비용으로 활용

(2) 클라우드 GIS 사례

1) ArcGIS Server on Amazon EC2

① 정의 : GIS 애플리케이션 개발 플랫폼을 서비스하는 PaaS

② 기능
- ArcGIS Server, ArcGIS Enterprise Geodatabase으로 구성
- Amazon 클라우드 인프라를 활용해 수분 내에 ArcGIS Server 활용
- 조직 내에 전산장비 할당 불필요
- 웹 애플리케이션을 개발하여 클라우드에 배포

③ 특징
- 사용자는 GIS 애플리케이션 구축을 위한 전산 장비나 GIS 소프트웨어 필요 없이 클라우드 환경 내에 구축되어 있는 ArcGIS Server 이미지를 활용하여 빠르게 GIS 애플리케이션을 개발할 수 있음
- 개발된 애플리케이션을 클라우드에 배포하여 활용함으로써 사용량에 따른 하드웨어의 사용을 탄력적으로 운영할 수 있음

2) ArcGIS.com

① 정의 : GIS 기능의 애플리케이션을 서비스하는 SaaS

② 기능
- 온라인에서 맵과 도구의 검색 사용 기능
- 웹 API를 이용하여 웹 애플리케이션 생성 기능
- 별도의 프로그램 없이 웹상에서 맵을 작성하는 기능
- 클라우드에 공간정보 및 GIS 콘텐츠 저장, 공유 기능

③ 특징
- 클라우드 환경에서 지도제작, 분석, 공간 데이터 관리, 웹 서비스, 응용프로그램을 포함하는 GIS 기능 제공
- 사용자는 별도의 GIS 소프트웨어나 데이터 없이 웹 브라우저만을 가지고 GIS 맵을 작성하고 이를 다른 사람들과 쉽게 공유할 수 있음

- 애플리케이션 기능과 검색을 통해 전 세계적으로 공유된 다양한 GIS 콘텐츠들도 쉽게 활용 가능

5. 최근 기술 동향

초기 클라우드 서비스는 단순히 IT 인프라를 임대해주는 서비스였지만 지금은 빅데이터 분석, 인공지능 같은 새로운 서비스를 제공해주는 방향으로 발전하고 있다.

---

23 모바일 GIS

1. 개요

Mobile GIS란 지형공간정보의 한 분야로서 별도의 시공간의 제약 없이 지형 및 공간정보에 관련된 자료기반을 유선 및 무선 환경의 통신망을 이용하여 현재 위치 기반의 필요 정보를 제공할 수 있도록 구현된 시스템이다.

2. 모바일 GIS의 구성요소

(1) 소프트웨어

각종 공간정보의 운영 및 관리가 소프트웨어를 통하여 수행되고 클라이언트에 서비스를 수행하는 서버 소프트웨어 역할을 수행

(2) 데이터베이스

① 공간데이터와 비공간데이터(속성데이터)로 구성
② 공간과 관련된 정보를 보관하여 운영하기 위하여 공간처리를 위한 각종 기능을 포함하고 있고, 이것들이 성능에 따라서 데이터베이스의 구축, 운영형태가 달라짐

(3) 하드웨어

입력장비, 처리장비, 출력장비

(4) Mobile Network

1) Mobile 서비스를 위하여는 고정된 위치가 아닌 장소에서 이동 중에 무선으로 통신하는 것을 가능하게 해 주어야 함

2) 구성요소
① 이동체와 무선으로 접속할 수 있도록 하는 기지국

② 고정 통신망과의 접속과 기지국 간의 연결 및 통제를 담당하는 제어국

③ 이동통신 기기를 이용하여 상대방과의 통신을 가능하게 하는 이동체

(5) Mobile 단말기(휴대폰, PDA)

① 휴대용 단말기와 차량에 설치할 수 있는 차량탑재용 단말기 등으로 구분

② 구성품 : 제어 유니트, 송수신기, 안테나

3. 스마트폰 기반의 모바일 GIS

스마트폰 기반의 모바일 솔루션을 Esri사의 제품을 중심으로 설명하면 다음과 같다.

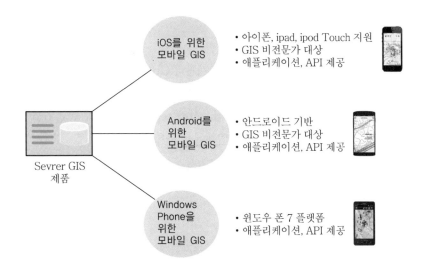

[그림 8-15] 스마트폰 기반의 모바일 GIS 종류

(1) 아이폰 및 아이패드 등 iOS 기반의 모바일 솔루션

① iOS를 위한 엔터프라이즈 모바일 GIS 솔루션

② 애플리케이션 및 API 제공 GIS의 엔터프라이즈 서비스를 극대화하여 활용

③ 온라인 또는 서버의 서비스들을 매시업하여 하나의 웹 맵을 구성 · 공유하여 다른 사용자
들과 같이 GIS 콘텐츠를 공유할 수 있음

(2) 안드로이드 기반의 모바일 솔루션

① 안드로이드 운영체제를 위한 모바일 GIS 솔루션

② 애플리케이션과 API 제공

(3) 윈도우 7 플랫폼에서 제공되는 모바일 솔루션

Microsoft사의 새로운 스마트폰 운영체제인 Windows Phone 7 운영체제 기반의 매핑 애플
리케이션

4. 활용범위

(1) LBS(Location Based Service)

(2) Telematics(지능형 차량정보시스템)

(3) gCRM(지리정보기반 고객관계시스템)

(4) 무선 POS(Point Of Sales, 판매관리시점)를 이용한 유통관리시스템

24 gCRM(geographic Customer Relationship Management)

1. 개요

gCRM은 지리정보시스템(GIS) 기술을 고객관계관리(GRM)에 접목시킨 것으로 주거형태, 주변 상권 등 고객정보 중 지리적인 요소를 포함시켜 마케팅을 보다 정교하게 구사할 수 있는 방법이다. 현재 국내뿐만 아니라 국외에서도 점차 급부상하는 분야로, 국내외 몇몇 기업에서 gCRM 솔루션을 개발 및 구축하여 금융업계나 유통업계에서 사용하고 있다.

2. gCRM 구축 시 고려사항 및 효과

(1) 구축 시 고려사항

① 초기 데이터구축에 많은 비용과 시간을 투자하여야 한다.

② 기존 엔터프라이즈 데이터와 인구통계 유동인구 라이프스타일 정보와 같은 외부데이터 및 공간데이터를 복합적으로 관리하기 위해서는 데이터 통합을 위한 여러 가지 가정과 추정이 필요하다.

③ 언제 어디서나 고객정보를 확보하고 관리할 수 있도록 모바일 및 유무선 통합 환경에서 구축되어야 한다.

④ 현재 운영 중인 기업의 애플리케이션 및 데이터를 활용하기 위하여 시스템 간 상호운용이 가능해야 한다.

⑤ 유비쿼터스 환경에서 운영되는 gCRM에 대한 기술의 다양성, CRM 데이터와 공간데이터 간의 이질성 등으로 인하여 gCRM 시스템에서 필요한 데이터통합 및 공간분석에 필요한 기술들의 개발이 요구된다.

(2) gCRM의 효과

① 고객분석능력 향상

② 시장분석능력 향상

③ 대 고객 채널 전략 수립

④ 1 : 1 맞춤형 전략 시행

3. gCRM 공간데이터통합관리시스템 설계

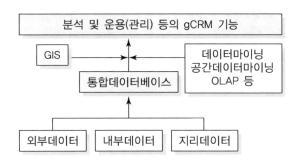

[그림 8-16] gCRM 공간데이터 통합관리시스템

(1) gCRM 시스템 구성

① gCRM 구축에 필요한 CRM 데이터

② 공간데이터를 관리하는 데이터베이스 서버

③ 데이터 통합관리 서버(DIM : Data Integration Management) : 엔터프라이즈 데이터와 제안 시스템에서 사용하는 내부데이터 및 공간데이터를 일관성 있게 통합하여 관리

④ 공간분석 지원모듈(SASM : Spatial Analysis Support Modules) : 지도의 시각화 및 공간분 석 기능을 제공

⑤ gCRM 클라이언트

(2) 데이터관리

① 데이터의 구성

엔터프라이즈 데이터, 지리정보에 관한 공간데이터, 고객관리에 영향을 미치는 데이터(인 구통계 · 유동인구 · 인구밀도 · 라이프스타일 등), 공간데이터를 관리하는 내부 데이터 (지역코드 · 지번정보 · 도엽코드 · 지도정보 등)

② DB 구성

각각의 데이터는 엔터프라이즈 데이터베이스(Enterprise Database), 공간(Spatial) 객체 지향 데이터베이스(OODB : Object-Oriented DataBase), 내부 데이터베이스(Internal Database)로 관리함

③ DBMS

일반적으로 널리 사용되고 있는 관계형 데이터베이스 관리시스템(RDBMS : Relational Database Management System) 기반에서 구축된 CRM시스템에서 공간데이터를 관리

할 수 있는 방법으로 db4objects에서 지원하는 OODB와 내부데이터베이스를 이용하여
공간데이터를 관리함

(3) 데이터통합관리(DIM) 서버

1) DIM 서버의 정의

고객관계 관리정보와 공간분석을 위한 데이터들을 통합하여 관리하고 처리할 수 있는 데이
터관리 인터페이스와 구현 클래스를 제공하고 지도의 시각화 및 공간분석 지원을 위한
SASM(공간분석 지원모듈)을 제공

2) DIM 서버의 역할

① DIM 서버의 MapObject 클래스 : 엔터프라이즈 데이터베이스와 제안시스템의 공간데이
터를 통합관리하기 위한 방법으로 DIM 서버의 MapObject 클래스를 이용하여 공간데
이터를 객체단위로 변환

② DIM 서버의 DataManager 클래스 : DIM 서버의 DataManager 클래스를 이용 객체로
OODB에 저장하고 공간데이터에 대한 메타데이터는 내부데이터베이스에 저장

③ DataRefining 클래스 : 고객의 주소 정보나 고객관계관리에 영향을 미치는 데이터를 지
역코드를 이용하여 데이터를 변환하는 기능을 제공

(4) 공간분석 지원모듈(SASM)

1) SASM의 정의

수치지도의 데이터 변환기능과 MapObject 클래스를 이용한 공간데이터 시각화 및 공간분
석 지원기능을 제공하는 모듈

2) SASM의 방법(MapObject 객체 시각화)

① 공간데이터변환기(SDC : Spatial Data Converter) 모듈을 이용하여 MapObject를
생성

② 데이터관리자를 통하여 생성된 MapObject를 공간 OODB에 저장

③ CRM 분석에 필요한 레이어를 공간데이터분석(SDA : Spatial Data Analysis) 모듈을
이용하여 저장된 MapObject에 추가하고 공간데이터 시각화(SDV : Spatial Data
Visualization) 모듈을 이용하여 MapObject를 시각화

4. gCRM 산업 활용 사례

gCRM은 초기에 대형 유통업체를 대상으로 발진하였으며, 점차 다양한 업종을 대상으로 특화된
모습으로 적용되고 있다.

(1) gCRM 활용사례

① 대형백화점 적용사례

대형백화점은 주로 집단 건물인 아파트 단지에 대한 DB를 구축하여, 각 점포별로 집중 마케팅/세일즈 대상이 되는 아파트 단지를 타기팅하는 용도로 활용하였으며, 일부 백화점의 경우는 문화센터 셔틀 버스의 운행 경로를 결정하는 적용

② 유선 통신 분야 적용사례

유선 통신 사업자의 경우 전국 빌딩 및 집단 건물에 대한 DB를 구축하여, 시설별 자사 전화/초고속 상품의 침투율 및 자사의 네트워크 가용성을 결합 분석하며 영업사원이 집중 관리해야 할 대상 건물을 타기팅하는 용도로 활용

③ 금융권 적용사례

소매금융 중심의 사업을 수행하는 은행의 경우 주로 여신 확대 등을 위해 B2C 고객 중심의 분석 및 자영업자/SOHO 잠재고객 발굴하기 위한 목적으로 gCRM을 활용하고 있으며, 중소기업을 타깃으로 사업을 수행하는 은행의 경우에도 지역별 잠재고객 발굴 및 지역별 여신 관리 목적으로 많이 활용

④ 카드사 적용사례

카드 고객의 주 활동 지역에 대한 분석과 해당 지역의 카드사 가맹점에 대한 분석을 기반으로 최종 고객을 타기팅하거나, 가맹점 로열티 제고의 수단으로 가맹점별 지역 마케팅을 지원하는 데 활용

(2) gCRM 사업영역

1) 컨설팅 영역

마케팅/세일즈/서비스 영역 등에서 활용 가능한 Contents를 생성

① 해당 기업의 Biz. 특성에 적합한 상권 및 점주권 정의

② Geometric 특성을 반영한 BQ(Biz Question) 도출

③ 마케팅 활용 방안 수립

2) SI 영역

GIS 엔진, 외부 DB 구축, 내외부 주소 및 상호 정제, 분석 애플리케이션을 개발

① 외부 DB 구축(통계청 인구 센서스 정보, 빌딩 DB, Apt DB, 사업자/법인 상호 DB 등)

② Map 적용 내외부 주소 정보 정제 및 상호 정보 정제

③ GIS엔진 Customizing 분석 Tool 적용

④ 기존 CRM/마케팅/BI 시스템과의 연계

25 가상현실(Virtual Reality)/증강현실(Augmented Reality)

1. 개요

가상현실은 인간의 상상에 따른 공간과 사물을 컴퓨터에서 가상으로 만들어 시각, 청각, 촉각을 비롯한 인간의 오감을 활용한 작용으로 현실 세계에서는 직접 경험하지 못하는 상황을 간접적으로 체험할 수 있도록 하는 기술이다. 증강현실은 사용자가 눈으로 보는 현실 세계에 가상물체를 겹쳐 보여주는 기술이다. 가상의 공간과 사물을 대상으로 하고 있는 가상현실과는 구분해서 사용한다. 가상현실과 증강현실의 주요 내용은 다음과 같다.

2. 가상현실(VR : Virtual Reality)

(1) 정의

컴퓨터 등을 사용한 인공적인 기술로 만들어낸 실제와 유사하지만 실제가 아닌 어떤 특정 환경이나 상황 혹은 그 기술 자체를 의미한다. 가상현실 기술은 증강현실(AR), 대체현실(SR) 등으로 세분화된다.

(2) 역사

① 1930년 첫 기계 비행 시뮬레이터의 획득으로 시작
② 1940년대 들어 미군은 제2차 세계대전에 대응하기 위한 뷰마스터를 사용
③ 1968년 메사추세츠 공대(MIT)는 첫 VR 헤드셋을 제작
④ 1996년 닌텐도의 3D 비디오 게임 콘솔인 버추얼 보이가 등장
⑤ 2014년 페이스북이 VR 기업인 오큘러스를 인수한 것을 계기로 VR산업은 빠르게 발전

(3) GIS 분야의 가상현실 기술

1) 기존 GIS데이터의 3차원 형상화
　　① DEM, TIN 등의 데이터 모델을 이용한 지표면의 고도 표현
　　② 구축된 공간데이터 내부 이동 및 3차원 심벌을 이용하여 실세계와 가까운 데이터 표현 가능

2) PVR(Photo Virtual Reality, 사진 가상현실) 기술
　　① 일정한 각도로 촬영된 여러 장의 이미지(지역, 풍경, 실내 등)를 합성
　　② 보는 사람의 의도대로(상하좌우 이동, 확대/축소) 시각화하여 실제 그 장소에 있는 것과 같은 효과를 줌

3) 3D VR(3 - Dimensional Virtual Reality, 3차원 가상현실) 기술
   컴퓨터 모델링 기술을 이용하여 현실의 공간과 같은 공간감을 느낄 수 있도록 가상공간을
   제작

(4) 응용

가상현실은 과학연구, 보안, 훈련, 의료, 예술, 오락 등 폭넓은 분야에서 응용되고 있다.

3. 증강현실(AR : Augmented Reality)

(1) 정의

증강현실은 실제 환경에 가상 사물이나 정보를 합성해 원래 환경에 존재하는 사물처럼 보이도
록 하는 컴퓨터 그래픽 기법이다.

(2) 역사

1990년대 후반부터 미국 · 일본을 중심으로 연구개발이 진행되고 있다.

(3) GIS 분야의 증강현실 기술

① 이동형 GIS(Mobile GIS, 스마트폰 기반 GIS) : 위치기반의 필요정보제공 및 의사결정이 가
   능한 시스템으로 시설물 관리 및 재난방지 등 가능
② VGI(Volunteered Geographic Information) 활용 : 사용자의 자발적 참여에 의해 콘텐츠 구
   축, 단순한 정보 제공이 아닌 사용자 간의 의견 제시 및 토론, 정보교환의 장을 제공하고
   의사교환이 가능한 GIS 콘텐츠

(4) 응용

기존에는 증강현실이 원격의료진단 · 방송 · 건축설계 · 제조공정관리 등에 활용되어 왔으나,
최근에는 위치기반서비스, 모바일게임 등으로 활용범위가 확장되고 있다.

4. 대체현실(SR : Subsitutional Reality)

대체현실이란 사람의 인지과정을 왜곡시켜 가상세계에서의 경험을 실제인 것처럼 인식하게 하는
기술을 말한다.

5. 융합현실(MR : Merged Reality)

융합현실이란 가상현실(VR)과 증강현실(AR)을 융합한 것으로 거의 같은 개념인 혼합현실
(Mixed Reality)을 다른 용어로 표현한 것이다.

6. 확장현실(XR : eXtended Reality)

확장현실(XR)은 가상현실(VR)과 증강현실(AR)을 아우르는 혼합현실(MR) 기술을 망라하는 초실감형 기술 및 서비스를 일컫다. 이때 X는 변수를 의미하며 VR, AR, MR뿐만 아니라 미래에 등장할 또 다른 형태의 현실도 다 포괄한다는 뜻이다.

7. Metaverse

메타버스(Metaverse)는 가상 · 초월(Meta)과 세계 · 우주(Universe)의 합성어로, 3차원 가상세계를 뜻한다. 보다 구체적으로는, 정치 · 경제 · 사회 · 문화의 전반적 측면에서 현실과 비현실 모두 공존할 수 있는 생활형 · 게임형 가상 세계라는 의미로 폭넓게 사용되고 있다.

---

26 위치기반 IoT(Geo – IoT)

1. 개요

위치기반 IoT(Geo – Internet of Things)는 공간정보와 사물인터넷의 융합을 통해 실현되는 만물 인터넷 기술이다. 위치기반 IoT는 사물, 공간정보, 사람 간의 연결 및 융합을 통한 지능형 서비스 제공을 주목적으로 하며 연결성, 실시간성, 지능성, 공간정보의 풍부성과 정밀성에서 일반적인 사물인터넷 서비스 및 기술과 상당한 차이가 있다. 위치기반 IoT 기술은 OGC 등을 통해 국제 표준화가 진행 중이며, 미국, 유럽 등에서의 연구개발도 활발하게 진행 중이다. 위치기반 IoT 기술은 개인, 공공, 산업분야에서 무궁무진한 활용 가능성이 있는데 대표적 서비스 예로는 공공서비스인 지능형 시설물 안전망 서비스를 들 수 있다. 이 서비스는 중앙정부, 지방자치단체 등이 관리하는 교량, 터널, 항만, 댐 등을 실시간으로 감시, 관리하며 나아가 시설물의 위험을 예지, 예방할 수 있는 지능형 서비스이다.

2. 위치기반 IoT(Geo-IoT) 영역

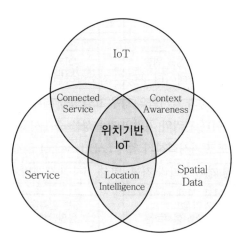

[그림 8-17] 위치기반 IoT 영역

3. 위치기반 IoT(Geo-IoT) 개념

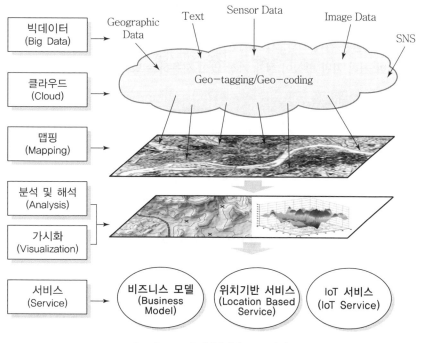

[그림 8-18] 위치기반 IoT 개념

4. 위치기반 IoT(Geo-IoT) 기술 구성 요소

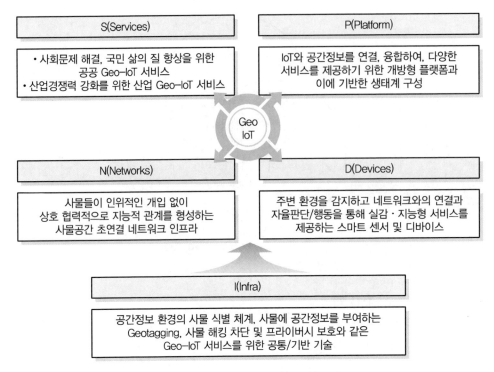

[그림 8-19] Geo-IoT 기술 구성 요소

5. 활용

자동차, 산업, 교통, 건설, 농업, 환경, 안전, 경로추적 등

27 인공지능(AI : Artificial Intelligence)

1. 개요

인공지능은 인간의 지능으로 할 수 있는 사고, 학습 및 자기계발 등을 컴퓨터가 할 수 있도록 하는 방법을 연구하는 컴퓨터공학 및 정보기술의 한 분야로서 최근 측량 및 GIS 분야에서도 널리 이용되고 있다.

2. 인공지능의 적용순서

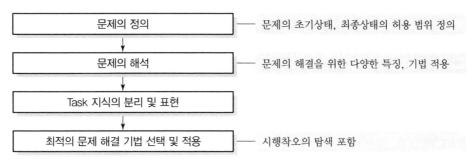

[그림 8-20] 인공지능의 적용순서

3. 인공지능 활용 분야

(1) **자연 언어 처리 분야** : 자동번역, 컴퓨터와의 대화 등

(2) **전문가 시스템 분야** : 의사의 진단, 광물 등의 매장량 평가, 화합물의 구조 추정 등

(3) **영상 및 음성인식 분야** : 각종 영상 분석, 문자 인식, 로봇 제작 등

(4) **이론증명 분야** : 수학적인 정리를 이미 알려진 사실로부터 논리적으로 추론하여 증명

(5) **신경망 분야** : 수학적 논리가 아닌, 인간의 두뇌를 모방하여 수많은 데이터 처리를 네트워크로 구성된 신경망을 통해 자료의 숨어 있는 패턴을 찾아냄

4. 측량 분야에서의 활용

(1) **위성영상 분류 및 정합** : 위성영상의 영상정합 시 신경망 방법에 의한 자동화 실현

(2) **수치사진측량** : 인간의 시각과 인식과정을 묘사하여 항공사진 및 위성영상 등의 데이터에서 자동으로 사물인식 및 추출

(3) **GNSS측량 데이터 처리 전문가 시스템** : 프로그램에 GIS, 측량, 데이터처리 등의 전문 지식을 부여하여 컴퓨터가 자동으로 정밀한 위치 결정

(4) **지도 제작** : 지도에서 지형지물의 간략화 자동 수행

(5) **차량 항법** : 맵매칭 자동화 및 인공지능형 첨단 자동차 제작

디지털 트윈 스페이스(DTS)와 사이버 물리 시스템(CPS)

1. 개요

디지털 트윈 스페이스는 물리적 환경을 가상환경으로 구현하는 가장 효과적인 수단이자 현실세계와 가상세계를 연결하는 플랫폼이며, 사이버 물리 시스템은 물리적 세계와 사이버 세계의 융합을 추구하는 새로운 패러다임으로 디지털 트윈 스페이스와 사이버 물리 시스템의 주요 내용은 다음과 같다.

2. 디지털 트윈 스페이스(DTS : Digital Twin Space)

(1) 디지털 트윈(Digital Twin)

① 물리적 자산이나 프로세스를 디지털로 복제(Modeling)한 것
② 물리적 자산으로부터 생산되는 데이터와 상시 연계되어 있는 살아있는 시스템
③ 항공기 엔진이나 발전소, 플랜트, 빌딩 등 복잡한 시설이나 장치를 효과적으로 모니터링하거나 생산성을 향상하는 데 활용
④ 최근 스마트시티의 플랫폼으로 각광받고 있음(세종시 도시행정 디지털 트윈 진행 중(2018~2022))

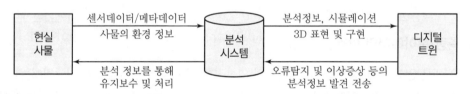

[그림 8-21] 디지털 트윈의 구성

(2) 디지털 트윈 스페이스(DTS : Digital Twin Space)

① 3차원 모델링을 통하여 현실공간의 물리적 자산이나 객체, 프로세스 등을 디지털로 복제하는 것(위치, 모양, 움직임, 상태 등을 포함)
② 물리적 환경을 가상환경으로 구현하는 가장 효과적인 수단이자 현실세계와 가상세계를 연결하는 플랫폼
③ 실세계의 데이터를 활용하여 디지털 트윈 스페이스(DTS)에서 모니터링, 분석, 예측, 시뮬레이션 등을 통하여 얻은 정보를 현실세계에 반영하여 운영 최적화, 문제 해결, 사전 예방 가능

3. 사이버 물리 시스템(CPS : Cyber Physical System)

(1) 실제 공간에 존재하는 물리적 환경과 컴퓨터상에 존재하는 사이버 환경이 사물인터넷, 클라우드, 빅데이터 등의 기술 발달에 힘입어 서로 연계되고 상호 작용하는 시스템

(2) 정보를 활용하여 물리적 환경에 대한 이해를 높여주고, 스스로 인지하고 반응하는 자율성을 기반으로 모니터링, 분석, 시뮬레이션을 통한 문제해결 및 최적화 가능

(3) 물리적 세계와 사이버 세계의 융합을 추구하는 새로운 패러다임으로 생산성 향상은 물론 교통, 안전, 환경, 재난재해 등 사회의 각 분야에 적용하여 인간의 삶에 변화를 일으킬 수 있는 혁신적 기술

4. 현실세계와 가상세계의 융합

현실세계의 물리적 자산에 부착된 센서 등을 통해서 수집되는 데이터를 가상환경에서 분석, 시뮬레이션, 예측 등을 통해 유용한 정보를 얻고, 이를 현실세계에 반영하여 운영을 최적화하거나 문제를 해결한다.

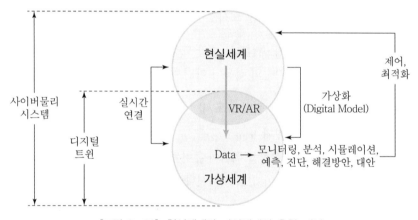

[그림 8-22] 현실세계와 가상세계의 융합 개념

29 스마트시티와 U-City

1. 개요

미래 도시는 현재 도시의 성장과 새로운 도전에 대한 바람직한 대응이 이루어지며, 미래의 지속가능한 발전을 선도할 수 있는 신 성장동력이 충만하고 도시민 삶의 질이 향상되어 정주하고 싶은 매력적인 도시이며, 창조적 신가치가 창출되어 국제적 경쟁력이 있는 도시를 말한다. 대표적인 미래 도시는 스마트시티와 U-City가 있다.

2. 스마트시티와 U-City의 개념

(1) 스마트시티(Smart City)

1) 스마트시티의 일반적인 정의는 도시가 가지고 있는 현안을 스마트한 수단으로 해결하는 것으로 정의하고 있기 때문에, 다양한 개념 정의가 가능

   ① **스마트도시법** : 도시의 경쟁력과 삶의 질 향상을 위하여 건설·정보통신기술 등을 융·복합하여 건설된 도시기반시설을 바탕으로 다양한 도시서비스를 제공하는 지속가능한 도시

   ② **IT 용어** : 사물 인터넷(IoT : Internet of Things), 사이버 물리 시스템(CPS : Cyber Physical Systems), 빅데이터 솔루션 등 최신 정보통신기술(ICT)을 적용한 스마트 플랫폼을 구축하여 도시의 자산을 효율적으로 운영하고 시민에게 안전하고 윤택한 삶을 제공하는 도시

   ③ **시사경제 용어** : 텔레커뮤니케이션(Tele-communication)을 위한 기반시설이 인간의 신경망처럼 도시 구석구석까지 연결되어 있는 도시

   ④ **한경경제 용어** : 교통, 주거, 보건, 치안 등 도시 인프라 각 분야에서 AI 시스템을 활용해 4차 산업혁명이 구현되는 도시

2) 공급자 중심이 아닌 수요자 중심으로 현안 도출과 솔루션 제안이 이루어져야 하며, 스마트한 수단이 최첨단·최신기술의 적용이 아닌 현안을 해결하기 위한 적정한 기술 적용

(2) U-City(Ubiquitous City, 유비쿼터스 도시)

1) 도시 기능이 유비쿼터스화된 도시

2) 도시의 경쟁력과 삶의 질 향상을 위하여 유비쿼터스도시기술을 활용하여 건설된 유비쿼터스도시기반시설 등을 통하여 언제 어디서나 유비쿼터스도시서비스를 제공하는 도시

3) 특징

   ① U-City 추진은 국토교통부를 중심으로 「유비쿼터스도시법」에 의거하여, 기반시설 구축 위주로 진행

   ② U-City의 기반시설은 통신망, 지능화된 기반시설, 도시통합운영센터로 법에 규정되어 있음

   ③ 신도시 개발사업을 할 때 「유비쿼터스도시법」의 적용을 받게 됨

   ④ 개발이익을 통하여 U-City 기반시설을 구축

※ 2017년 「유비쿼터스도시의 건설 등에 관한 법률」(약칭 : 유비쿼터스도시법)에서 「스마트 도시의 조성 및 산업진흥 등에 관한 법률」(약칭 : 스마트도시법)로 변경

3. 스마트시티와 U-City의 특성

[표 8-10] 스마트시티와 U-City의 특성 비교

구분	스마트시티	U-City
기반	기존 도시의 도심문제 해결	신도시 개발
개념 적용/운영	• 시스템의 시스템(시스템의 연계와 지능화) • 도시 전체가 플랫폼으로 연결 • 도시데이터 공유로 단절 없는 시민 맞춤형 서비스 제공	• 개별 시스템(첨단 ICT 기술을 각각 활용) • 도시 내에서 기능별로 분절적 운영 • 도시데이터 공유 불가 • 시민이 도시운영체계에 적응해야 함
구축방향	• 시민의 Smart Living 관련 생활서비스 중심 • 시민, 기업, 정부 등 사용자 중심	• ICT 기반 인프라 구축 중심 • 관리자 중심
대상영역	환경, 근로, 고용, 교육, 행정, 교통 등 확대	교통, 방범, 방재 등 관리 기능
비유	새롭고 복합적인 서비스를 제공하는 스마트 폰	장소와 시간의 제약으로부터 자유로워진 모바일 폰
특성	기존 도시의 업그레이드	신도시 생성을 위한 개발
근거법률	스마트시티 조성 및 산업진흥 등에 관한 법률(2017년 9월 시행)	유비쿼터스도시의 건설 등에 관한 법률(2008~2017년)
해결방식	기존 인프라를 효율적으로 활용 (예 교통체증 → 신호시스템 조정)	도시문제 해결을 위해 신규 인프라 확대 (예 교통체증 → 도로건설)
추진주체	• 민간과 표준을 기반의 Bottom-Up 방식 • 정보의 공개와 공유 • 시민들도 도시운영에 적극 참여	• 중앙정부, 공기업 위주의 Top-Down 방식 • 정보는 소수에 집중 • 시민과 기업은 도시정보 배제

30 | 국가공간정보 플랫폼

1. 개요

우리나라 국가공간정보사업은 그 규모가 크고 정부부처 및 공공기관에서 생산·관리하는 공간데이터의 양이 많기 때문에 공간정보시스템을 기관별로 구축하고 있다. 동시에 기관별로 보유하고 있는 공간데이터를 기관 간 공유·활용하기 위한 다양한 통합시스템도 운영 중이다. 현재 운영되고 있는 주요한 국가공간정보시스템은 생산·수집·제공 목적의 국토정보시스템, 국가공간정보통합체계, 한국토지정보시스템과 분석·활용·개방 목적의 국가공간정보포털, 공간정보 오픈플랫폼, 국토정보플랫폼, 공간빅데이터 분석 플랫폼, 공간정보Dream 등으로 구분된다.

2. 국가공간정보 플랫폼

(1) 공간정보 생산 · 수집 · 제공

① **국토정보시스템** : 전국 토지대장, 지적도 등 부동산 정보를 수집하여 800여 개 중앙부처, 지방자치단체 및 공공기관에서 행정업무에 공동 활용

② **국가공간정보통합체계** : 중앙부처, 지방자치단체 및 공공기관이 생산한 국가공간정보를 양방향 연계 등을 통해 수집하여 제공하는 시스템

③ **한국토지정보시스템** : 지방자치단체로부터 수집된 부동산 관련 정보를 이용해 국토교통부 및 지방자치단체의 토지행정업무 지원

(2) 공간정보 활용 · 개방 · 분석

① **공간정보Dream** : 공간정보를 활용한 지도드림(105종), 모두드림(1,296건), 통계드림(68종), 업무지원 서비스 및 공간정보 Dream Agent 구축 지원

② **국가공간정보포털** : 국가공간정보센터에서 수집 · 제공하는 국가공간정보 중 공개 정보를 민간에 무료로 제공

③ **공간정보오픈플랫폼(브이월드)** : 국가가 보유하고 있는 공개 가능한 공간정보를 모든 국민이 자유롭게 활용할 수 있도록 다양한 방법을 제공

④ **국토정보플랫폼** : 국토지리정보원에서 생산하는 공간정보를 대국민에게 온라인으로 제공

⑤ **공간빅데이터 분석 플랫폼** : 유동인구DB, 카드매출정보 등의 민간정보와 공간정보를 저장 · 분석 및 가시화할 수 있는 범부처 활용 플랫폼

[표 8-11] 국가공간정보 플랫폼

구분	운영주체	서비스 대상	접속 URL
국토정보시스템	국토교통부 국가공간정보센터	중앙부처, 공공기관, 지방자치단체	비공개(내부 업무망)
국가공간정보 통합체계	국토교통부 국가공간정보센터	중앙부처, 공공기관, 지방자치단체	비공개(내부 업무망)
한국토지정보시스템	국토교통부 국가공간정보센터	중앙부처, 공공기관, 지방자치단체, 대국민	• 토지정보시스템 klis.영문지자체.go.kr • 일사편리 부동산정보조회시스템 kras.영문지자체.go.kr
공간정보Dream	국토교통부 국가공간정보센터	정부부처, 공공기관, 지방자치단체	비공개(내부 업무망)
국가공간정보포털	국토교통부 국가공간정보센터	전국민 대상	www.nsdi.go.kr
공간정보오픈플랫폼	국토교통부 공간정보진흥과	전국민 대상	www.vworld.kr
국토정보플랫폼	국토교통부 국토지리정보원 (국토조사과)	전국민 대상	http://map.ngii.go.kr
공간빅데이터 분석 플랫폼	국토교통부 국가공간정보센터	전국민 대상	http://gisbig.nsdi.go.kr

3. 국가공간정보통합플랫폼(K – Geo플랫폼)

(1) 정의

① 국가 · 공공기관에서 생산된 공간정보의 생산부터 수집, 가공, 제공하는 모든 과정을 클라우드 기반의 정보시스템으로 통합하여 활용할 수 있도록 만든 플랫폼

② https : //kgeop.go.kr

(2) 추진배경

① 비효율적 데이터 관리 : 운영장비가 물리적으로 분산(서울 · 춘천 · 평택 등) 및 시스템별 상이한 SW(ArcGIS/DBMS 등)로 구축되어 데이터가 비효율적으로 분산관리

② 공간정보의 활용성 확대 : 수집된 공간정보의 품질을 향상시키고 표준화된 공간정보를 고가의 SW 없이도 손쉽게 활용할 수 있는 기반 필요

③ 운영인프라 개선 : 시스템 노후화로 대용량 공간 DB 운영, 최신기술 반영, 데이터 공동 활용 등 공간정보 기반 행정업무 플랫폼 서비스 곤란

(3) 주요 내용

1) 국토정보시스템(지적 · 부동산 관련 행정지원 업무)의 클라우드 전환

① 지적전산자료 및 토지소유현황 조회 등의 행정지원 기능을 플랫폼 기반으로 전환하여 대용량 데이터의 추출 속도 개선과 사용자의 편의성을 향상

② 행정정보공동이용센터 연계를 통한 재산조회 업무를 자동화하였고, 공간데이터를 활용한 통계분석 및 자료추출 기능이 가능해져 행정지원 서비스 운용 편의성이 강화

2) 국가공간정보통합체계(공간정보 수집 · 연계체계)의 클라우드 전환

① 종전 국가공간정보통합체계의 노후화된 연계모듈을 대용량의 공간정보도 신속하고 안정적으로 연계할 수 있는 클라우드 환경의 대용량 연계모듈을 개발하여 구축

② 앞으로 중앙부처 · 지방자치단체 · 공공기관은 연계통합관리 서비스를 통해 해당 기관의 업무에 필요한 맞춤형 데이터 신청, 연계데이터 관리 및 실시간 송수신 현황 확인 등 안정적인 공간정보 수집 · 제공 여건을 확보

3) 대국민 공간정보 활용 서비스 확대

① 대국민 인터넷 서비스인 '스마트국토정보'는 반응형 Web 기술을 적용 · 개편하여 전국의 토지, 건물 등 부동산 관련 정보를 언제 어디서나 PC, 태블릿, 모바일을 통해 열람 가능

② 또한, 공공기관의 업무 효율성 향상을 위해 공공보상정보지원, 공간정보목록조사, 정책정보제공 등 인터넷을 통한 공간정보 활용 지원 서비스를 강화

4) K-Geo플랫폼 3D 분석기능 확대

  ① 3D 공간정보를 활용하여 절토 · 성토 작업에 따른 토공량 분석, 신축 건물의 높이 규제 분석, 특정 지점 · 지역의 일조량 분석 등 행정기관의 정책의사결정을 지원하는 서비스 모델을 확대 구축

  ② 또한, 지방자치단체가 보유한 건물데이터를 직접 등록하여 경관분석 업무에 활용할 수 있고, 분석한 정보는 3D 맵갤러리를 통해 공유하는 등 기관 간 데이터를 공유할 수 있는 체계를 마련

31 공간정보 오픈 플랫폼(브이월드)

1. 개요

국토교통부는 2012년부터 한국형 공간정보 오픈 플랫폼 "브이월드"를 통해 국가가 보유하고 있는 공개 가능한 공간정보를 모든 국민이 자유롭게 활용할 수 있도록 서비스를 제공하고 있으며, 앞으로 공간정보가 방재, 관광, 게임 등 다양한 분야에 활용되어 미래의 핵심 성장동력으로 자리매김할 것으로 기대하고 있다.

2. 공간정보 오픈플랫폼(Spatial Information Open Platform)

(1) 공간정보(Spatial Information)

우리가 사는 실세계의 형상과 그것을 바탕으로 도형으로 구성한 물리적인 공간 구성요소(건물, 도로 등)와 논리적인 공간 구성요소(행정경계, 연속지적 등) 그리고 그 도형에 속한 속성을 모두 포괄하여 공간정보라고 하며 표현의 수준에 따라 2차원 공간정보와 3차원 공간정보로 나누어 표현

(2) 플랫폼(Platform)

기존의 단상, 무대 따위의 의미가 바뀌어 컴퓨터 시스템 기반이 되는 하드웨어, 소프트웨어, 응용프로그램이 실행될 수 있는 기초를 이루는 컴퓨터 시스템

(3) 오픈(Open)

공간정보를 공개하는 것으로 단순히 볼 수 있게만 하는 것이 아니라, 2차, 3차 활용도 할 수 있도록 다양한 서비스 체계로 공간정보를 공개

(4) 오픈 API(Open Application Programming Interface)

브이월드 2D/3D 기반의 다양한 국가공간정보 및 검색기능을 외부에 웹 서비스(Web Service) 형태로 공개하여 사용자가 원하는 지도 콘텐츠를 만들 수 있는 웹 개발 프로그램

3. 제공 데이터

(1) 영상지도

[표 8-12] 영상지도 서비스 현황

지역	해상도	자료출처	서비스 구분
대한민국	25~50cm	국토지리정보원	2차원, 3차원
백두산	50cm	Pleiades 위성	3차원
전 세계	15m	Landsat ETM+	3차원
해저 지형	450m	해저기복도	3차원
북한	1m	교육과학기술부(아리랑위성 2호)	3차원

(2) 3차원 건물 및 지형

[표 8-13] 3차원 건물 및 지형 서비스 현황

구분	설명	서비스 구분
3차원 건물	LOD4 이상 모델과 건물면 이미지로 구성	3차원
지형	전 세계(90m SRTM DEM), 대한민국(5m DEM)	3차원

(3) 행정경계 및 교통시설

[표 8-14] 행정경계 및 교통시설 서비스 현황

지역	자료명	출처	서비스 구분
대한민국	수치지도 2.0	국토지리정보원	2차원, 3차원
북한	1/25,000 수치지도	국토지리정보원	3차원

(4) 지적도 관련 정보

[표 8-15] 지적도 관련 정보 서비스 현황

지역	자료명	출처	서비스 구분
지적도	연속지적도, 지적 부과정보(공시지가, 토지이용현황)	국토교통부	2차원, 3차원

(5) 배경지도 및 시설명칭

[표 8-16] 배경지도 및 시설명칭 서비스 현황

구분	자료명	서비스 구분
배경지도	수치지도 2.0 기반 제작(도로, 교통시설, 지형지물 등)	2차원
시설명칭	대한민국 약 90만 개(2차원), 북한지역 약 3만 개(3차원), 전 세계 약 5만 개(3차원)	2차원, 3차원

4. 공간정보 오픈 플랫폼 활용 및 기대효과

(1) 국가가 보유하고 있는 공개 가능한 모든 국가공간정보를 점진적으로 국민에게 제공

(2) 다양한 수요에 대응할 수 있도록 단순 조회에서부터 원시 데이터를 직접 제공하여 완전히 새로운 서비스를 구축하거나, 원시 데이터를 이용한 학술적 분석에 활용 가능하도록 함

(3) 국가공간정보의 본격적인 민간 활용이 공간정보 오픈 플랫폼의 궁극적인 목적이며, 이를 통해 민간의 다양한 응용 아이디어 기대

32 국가공간정보 포털

1. 개요

제4차 산업혁명이라 불리는 '데이터 산업의 시대'가 본 궤도에 오르면서 21세기 원유라 불리는 '데이터'는 고갈되지 않는 자원으로 석유와 석탄으로 산업혁명을 일으켰던 18세기 산업혁명과는 차원이 다르며, 특히 공간정보는 다른 정보들과 융·복합하며 새로운 정보로 거듭나는 특성 때문에 데이터 산업의 미래에 중요한 자원이 아닐 수 없다. 국가공간정보 포털이란 국가가 국가·공공·민간에서 생산한 공간정보를 한 곳에서, 한번에, 누구나 쉽게 활용할 수 있도록 구축한 포털 서비스를 말한다.

2. 목표 및 실행방안

(1) 목표

① 공간정보 활성화로 미래성장동력 확보 및 경쟁력 강화

② 국가·공공기관·민간의 통합 공간정보 허브 구축

③ 생태계 조성을 통한 글로벌 마켓 성장

④ 쉽고 편한 공간정보로 일자리 창출

(2) 실행방안

① 데이터셋 개방

② 민간 필요 정보 공유

③ 정부, 공공, 민간 소통

④ 산·학·연 상호 협력

3. 기대효과

(1) 다양한 공간정보와 기술이 융합되어 새로운 부가가치에 의한 일자리 창출로 창조경제의 신성장 동력 확보

(2) 국가공간정보 포털이 다양한 공간정보의 접근성 및 활용성을 제고함으로써 공간정보에 대한 국민과 국가의 거버넌스 역할 수행

(3) 국가 및 민간에서 생산된 정보를 융·복합하여 유통하는 선순환 체계의 장(場) 마련으로 공간 정보 산업 활성화

(4) 공공서비스의 시의성 및 정확성 향상으로 행정업무 효율성 증대와 고유기능이 강화된 맞춤형 대국민 서비스 강화

33 UN-GGIM/GGIM-Korea 포럼

1. 개요

최근 발생하는 지진, 쓰나미, 화산 등 지구적 재난에 적절히 대응하기 위한 공간정보의 중요성이 점차 부각되면서, UN이 전 세계 국가와 관련 국제기구 등과 함께 UN-GGIM을 출범시키게 되었다. 이에 국토교통부(국토지리정보원)는 유엔이 주도하는 공간정보의 글로벌 관리에 실질적으로 기여하기 위해 정부는 물론 산·학·연의 역량을 결집하는 협의체인 GGIM-Korea 포럼을 발족하였다. 국내기업의 해외진출 지원 및 측량·지적·수로 등 관련 분야 간 융합을 위한 싱크탱크 역할을 할 것으로 기대된다.

2. UN-GGIM

(1) 명칭

UN-GGIM(United Nation Global Geospatial Information Management)은 유엔의 글로벌 공간정보관리 포럼 및 전문가위원회를 뜻한다.

(2) 주요 목적

공간정보의 전 지구적 관리를 통해 기후변화 등 글로벌 이슈에 공동대응하고, 국가, 국제기구, 민간부문의 상호협력을 모색하고자 창립되었다.

(3) 규모(2011년 기준)

130개 UN회원국, 국제기구(50), 글로벌기업(20)등 총 500여 명

(4) 창립총회

① 서울에서 2011년 10월 23~27일(코엑스)

② UN, 국토지리정보원의 주관

③ 영국과 함께 공동의장국으로 취임

3. GGIM – Korea 포럼

국토교통부(국토지리정보원)는 유엔이 주도하는 공간정보의 글로벌 관리에 실질적으로 기여하기 위해 정부는 물론 산·학·연의 역량을 결집하는 협의체인 GGIM – Korea 포럼을 발족하였다.

(1) **주관** : 국토지리정보원

(2) **장소** : 서울대학교 호암교수회관

(3) **일시** : 2012년 8월 1일

(4) **주요 내용** : 기관별로 개별 추진되고 있는 국제협력 활동을 연계하고, 글로벌 네트워크 구축을 위해 기관 간에 공조함으로써 국내기업의 해외진출을 지원하며, 산업계의 동향을 모니터링하고, 의견을 수립하는 창구역할을 하며, 관련 분야 간 공동연구를 통해 공간정보산업의 경쟁력 강화에 기여할 목적

4. 발전방향

(1) GGIM – Korea 포럼을 통해 UN – GGIM, IHO(국제수로기구) 등 개별 기관별로 참여하고 있는 국제회의 및 국제 협력사업의 동향과 정보를 공유하는 방향으로 발전

(2) 공간정보의 전 지구적 유통을 위한 플랫폼 개발 등 국제사회에 실질적으로 기여할 수 있는 방안을 모색하고, 측지·지적·수로 등 분야 간 융합을 촉진하는 방향으로 발전

(3) 공간정보가 IT, 건설·교통·관광 등 다양한 분야와 융합됨으로써 사회적 문제를 해결하고 새로운 경제적 가치를 창출할 수 있는 방향으로 발전

(4) 공간정보로서 지명의 중요성을 강조하고 GGIM – Korea 포럼에서 '동해' 지명 확산을 위한 분과의 설치를 통해 국제무대에서 공조할 수 있는 방향으로 발전

(5) GGIM – Korea 포럼을 통해 UN – GGIM 중심의 글로벌 공간정보 관리에 대한 구체적 지원방안, 측량·지도제작 등 공간정보 분야 해외진출방안을 모색할 수 있는 방향으로 발전

(6) '동해', '독도' 지명의 확산을 위해 동북아 역사재단, 해양재단, 해양조사협회 등과 긴밀한 협력체계를 구축하여 국제지명·해양지명 분야의 대응전략을 마련하고 정보를 공유하는 방향으로 발전

CHAPTER 04 주관식 논문형(논술)

01 공간분석

1. 개요

공간분석의 수행은 입력된 자료를 가공하여 분석에 필요한 자료로 변환한 이후 공간질의(Spatial Query)와 탐색과정을 통해 속성자료 테이블에서 필요한 자료를 불러들여 각종 연산기법을 통해 원하는 결과물을 얻기 위한 과정이다.

2. 공간분석 및 모델링

(1) **지형공간 분석** : 공간분석, 의사결정, 재해 · 재난, 적지선정, 환경수질분석, 시뮬레이션
(2) **지형공간정보 모형화** : 수치고도모형, 3차원 지형모형, 모형화, 온톨로지모형, 데이터모형, 응용모형
(3) **알고리즘 및 기법** : 알고리즘, 라이브러리, 보정기법, 기타

3. 공간분석을 위한 연산

(1) 논리연산(Logic Operation)

① 논리적 연산은 개체 사이의 크기나 관계를 비교하는 연산으로서 일반적으로 논리 연산자 또는 부울(Boolean) 연산자를 통해 처리
② 논리 연산자 : 개체 사이의 크기를 비교할 수 있는 연산자로 $=$, $>$, $<$, $\geq$, $\leq$ 등이 있음
③ 부울 연산자 : 개체 사이의 관계를 비교하여 참과 거짓의 결과를 도출하는 연산자로서 AND, OR, XOR, NOT 등이 있음

(2) 산술연산(Arithmetic Operation)

① 산술연산은 속성자료뿐 아니라 위치자료에도 적용 가능
② 산술연산자에는 일반적인 사칙연산자, 즉 $+$, $-$, $\times$, $\div$ 등과 지수승, 삼각함수 연산자 등이 있음

(3) 기하연산(Geometric Operation)

위치자료에 기반하여 거리, 면적, 부피, 방향, 면형 객체의 중심점(Centroid) 등을 계산하는 연산

(4) 통계연산(Statistical Operation)

① 주로 속성자료를 이용하여 수행되는 연산

② 통계연산자 : 합(Sum), 최댓값(Maximum Value), 최솟값(Minimum Value), 평균 (Average), 표준편차(Standard Deviation) 등의 일반적인 통계값을 산출

4. 공간분석 기법

(1) 중첩분석

1) 동일한 지역에 대한 서로 다른 두 개 또는 다수의 레이어로부터 필요한 도형자료나 속성자료를 추출하기 위한 공간분석 기법

2) 다양한 공간객체를 표현하고 있는 레이어를 중첩하기 위해서는 좌표체계가 통일되어야 함

3) 중첩분석은 벡터자료뿐 아니라 래스터자료도 이용할 수 있는데, 벡터자료구조와 래스터자료구조의 중첩, 래스터자료구조의 중첩, 벡터자료구조의 중첩으로 구분할 수 있으며 벡터자료구조의 중첩은 다음과 같이 면형자료를 기반으로 수행

① **면사상과 면사상의 중첩** : 면사상을 포함하는 하나의 주제 레이어(Thematic Layer)를 다른 주제 레이어와 중첩시켜 새로운 주제도를 생성시키는 공간 연산

 예 다음 그림에서 좌측 상단의 그림은 서울시 행정구를 나타내는 면사상 레이어이고, 좌측하단의 그림은 서울시에 위치한 공원을 나타내는 면사상 레이어이다. 우측의 지도는 묘지공원이 위치한 행정구를 탐색하기 위해서 두 개의 면사상 레이어를 중첩한 결과임

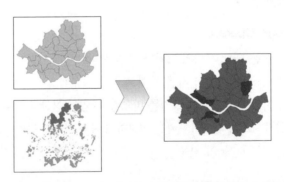

[그림 8-23] 면사상과 면사상 중첩의 예

② **면사상과 선사상의 중첩** : 선사상은 면사상과 중첩될 수 있는데, 분석 이후 선사상은 입력된 선사상과 면사상의 속성을 동시에 포함

 예 다음 그림에서 좌측 상단 부분은 서울시 행정구를 나타내는 면사상 레이어이고, 좌측 하단은 서울시 지하철 노선도를 나타내는 선사상 레이어이다. 우측의 지도는 지하철 노선도에서 2호선이 지나가는 행정구를 탐색하기 위해서 중첩을 통해 면사상과 선사상인 지하철 2호선이 서로 교차하는 지역을 얻어낸 결과임

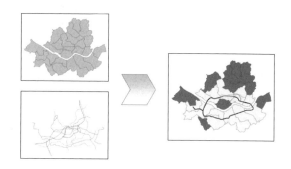

[그림 8-24] 면사상과 선사상 중첩의 예

③ **면사상과 점사상의 중첩** : 면사상 사이의 중첩이 가능하듯이 면사상 위에 점사상을 중첩할 수 있음

  📷 다음 그림에서 좌측 상단은 서울시 행정구를 나타내는 면사상 레이어이고, 좌측 하단은 병원 위치를 나타내는 점사상 레이어이며, 점사상 중에서 한방병원의 위치가 포함되는 행정구를 탐색하기 위해 두 개의 레이어를 중첩하여 우측의 결과지도가 생성됨

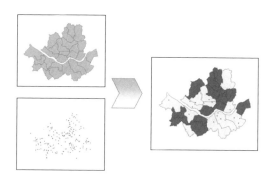

[그림 8-25] 면사상과 점사상 중첩의 예

(2) 버퍼분석

1) 버퍼분석(Buffer Analysis)은 공간적 근접성(Spatial Proximity)을 정의할 때 이용되는 것으로서 점, 선, 면 또는 면 주변에 지정된 범위의 면사상을 생성하는 기법
2) 버퍼분석을 위해서는 먼저 버퍼 존(Buffer Zone)의 정의가 필요
3) 버퍼 존은 입력사상과 버퍼를 위한 거리(Buffer Distance)를 지정한 이후 생성
4) 일반적으로 거리는 단순한 직선거리인 유클리디언 거리(Euclidian Distance) 이용
   입력된 자료의 점으로부터 직선거리를 계산하여 이를 버퍼 존으로 표현하는데, 다음과 같은 유클리디언 거리 공식에 의해 버퍼 존 형성

$$두\ 점\ 사이의\ 거리 = \sqrt{(x_1 - x_2)^2 + (y_1 - y_2)^2}$$

5) 버퍼 존은 입력사상별로 원형, 선형, 면형 등 다양한 형태로 표현 가능

  ① 점사상 주변에 버퍼 존을 형성하는 경우 점사상의 중심에서부터 동일한 거리에 있는 지역을 버퍼 존으로 설정

  ② 면사상 주변에 버퍼 존을 형성하는 경우 면사상의 중심이 아니라 면사상의 경계에서부터 지정된 거리에 있는 지점을 면형으로 연결하여 버퍼 존으로 설정

  예 다음 그림들은 선형 공간객체인 하천과 점형 공간객체인 편의점이 지도에 표현된 것이고, 버퍼 거리를 설정하여 대상물 주변의 버퍼링 결과를 지도로 표현한 것임

 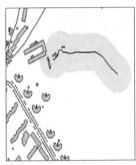 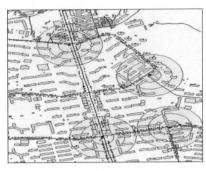

[그림 8-26]　　　　　　　　　　[그림 8-27]　　　　　　　　　　[그림 8-28]
공간객체의 예　　　　　　　　하천의 버퍼링 결과의 예　　　　편의점 주변의 연속 버퍼링의 예

(3) 네트워크 분석

1) 상호 연결된 선형의 객체를 이용하여 경로탐색, 최단거리탐색, 최적경로분석, 자원할당분석을 계산하기 위한 기법

2) 네트워크형 벡터자료는 특정 사물의 이동성 또는 흐름의 방향성(Flow Direction)을 제공

3) 위상모델로 표현된 벡터자료의 선사상이 네트워크 분석을 지원

4) 일반적으로 네트워크는 점사상인 노드와 선사상인 링크로 구성

  ① 노드에는 도로의 교차점, 퓨즈, 스위치, 하천의 합류점 등이 포함될 수 있음

  ② 링크에는 도로, 전송선(Transmission Line), 파이프, 하천 등이 포함될 수 있음

5) 네트워크 분석을 통해 다음과 같은 분석이 가능

  ① **최단경로** : 주어진 기원지와 목적지를 잇는 최단거리의 경로 분석

  ② **최소비용경로** : 기원지와 목적지를 연결하는 네트워크상에서 최소의 비용으로 이동하기 위한 경로를 탐색

  ③ 차량경로탐색과 자원 할당 등의 분석

  예 다음 그림들은 서울시 지하철 노선도에서 임의의 출발지와 목적지를 지정한 이후 네트워크 분석을 통해 최단거리를 산출하는 과정임

[그림 8-29] 서울시 지하철노선도

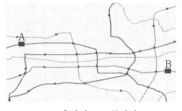

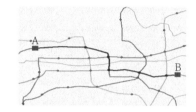

A : 출발지, B : 목적지

[그림 8-30] 출발지와 목적지 설정의 예   [그림 8-31] 출발지와 목적지 사이의 최단거리의 예

5. 결론

GIS의 기능 중 하나인 공간분석은 도형정보와 속성정보에 관한 공간관계를 알아내는 것이다. 이 기법은 구축된 자료들을 이용하여 검색과 같은 간단한 연산으로 해결되는 경우도 있고, 중첩이나 영향권 분석 등과 같은 복잡한 절차를 필요로 하는 것도 있다. GIS의 기능을 보다 효과적으로 활용하기 위해서는 공간분석에 대한 개념과 연산에 대한 이론을 체계적으로 정립해야 할 것이다.

02 공간자료와 속성자료의 통합 분석

1. 개요

GIS와 다른 정보시스템과의 근본적인 차이는 공간분석 기능에 있다. 공간분석 기능은 GIS 내의 공간 및 속성 자료를 이용하여 현실세계에서 발생하는 각종 의문에 대하여 해답을 제시하는 분석이다. 공간분석 관련 기능은 크게 공간자료의 분석, 속성자료의 분석, 공간자료와 속성자료의 통합 분석 세 가지로 분류된다.

2. 공간자료와 속성자료의 통합 분석

(1) 추출/분류/측정 기능

1) 추출(Retrieval)

조작이나 선택기능을 포함하나, 새로운 공간 객체를 생성하거나 공간 객체의 위치에 관한 정보가 수정되지 않음

2) 분류와 일반화(Classification and Generalization)

① 분류(Classification) : 일정한 특징을 기준으로 유사한 것끼리 그룹으로 나누는 것

② 일반화(Generalization) : 지도에서 동일 특성을 갖는 지역의 결합을 의미하며, 일정기준에 의하여 유사한 분류명을 갖는 폴리곤끼리 합침으로써 분류의 정도를 낮추는 것

3) 측정(Measurement)

점 사이의 거리나 선의 길이, 폴리곤의 면적이나 둘레길이, 동질의 분류를 가진 그룹의 크기 등을 측정 계산하는 기능

(2) 중첩 분석(Overlay Analysis)

① 논리적 중첩 기능 : 명시된 조건이 발생하는 지역을 찾아내는 데 주안점을 둠

② 수학적 중첩 기능 : 레이어에 존재하는 수치값에 다른 레이어의 상응하는 지역의 값을 수치 연산을 통하여 새로운 수치값을 얻는 것

(3) 근접성 분석(Neighborhood Analysis)

① 특정위치를 에워싸고 있는 주변 지역의 특성을 추출하는 것

② 근접성 분석은 일반적으로 래스터 구조가 많이 사용(벡터의 경우에는 래스터로 변환 분석 후 다시 벡터로 변환하는 방식)

③ 검색 기능(Search), Line-in-Polygon과 Point-in-Polygon 기능

(4) 연결성 분석(Connectivity Analysis)

① 모든 연결성을 나타내기 위해서는 공간 객체가 상호연결되는 방식, 상호연결성에 따라 허용 가능한 움직임이나 행동, 측정을 위한 단위가 설정에 포함되어야 함

② 연결성 측정(Continuity Measurement)

③ 네트워크 분석 : 최적경로의 선정

(5) 표면분석

1) 지형 분석(Topographic Analysis)

① 지형은 일정 지역의 표면의 상태에 관한 것

② 경사(Slope), 경사 방향(Aspect), 음역기복(Hillshading), 시계(Viewshed) 등

(6) 기타

1) 인접성 분석(Proximity)

Proximity란 공간상에 나타나는 특징 간의 관계를 바탕으로 한 거리의 측정에 관계

2) 확산(Spread)

① 주어진 지점에서 특정한 기능이나 현상이 공간상에서 일정 방향으로 그 영향력을 넓혀
가는 것
② 다양한 특정 현상의 영향력을 분석하는 데 사용
③ 복잡한 지표면의 이동시간이나 관련 비용을 계산하는 데 사용

3. 공간자료의 분석

(1) 데이터 포맷 변환

GIS의 자료형태인 벡터나 래스터자료는 GIS에서 사용하는 자료구조나 파일의 포맷으로 전
환되어야 함

(2) 좌표변환(Geometric Transformation)

실세계의 위치좌표를 부여하여야 하는 작업으로 좌표의 변환을 통해 다른 지도나 레이어와 동
일한 좌표체계를 갖게 함으로써 레이어의 중첩을 통한 정보의 합성이 가능하도록 하는 것

(3) 동형화(Conflation)

동일 지역이라도 입력되는 과정에서 에러가 생성되어 위치 오차가 발생, 정확한 중첩이 불가
능하므로 오차를 제거하여 다른 지점을 일치시키는 것

(4) 경계의 부합(Edge Matching)

① 지도의 경계를 넘어서 다른 지도로 연장되는 객체의 형태를 정확히 나타내기 위한 방법
② 지도제작 시점의 차이, 종이지도의 수축, 디지타이징 과정에서의 에러 등 다양한 원인으로
한 장의 지도의 범주를 벗어나는 객체는 다른 지도와 연결 시 객체의 모양이 정확하게 구현
되지 않음

(5) 편집

공간자료의 첨가나 수정, 삭제, 혹은 객체의 지리적 위치를 바꾸기 위하여 사용

(6) 좌표삭감(Line Coordinate Thinning)

좌표데이터의 양을 줄이기 위하여 사용하는 것으로 불필요한 좌표를 제거하는 것

4. 속성자료의 분석

(1) 속성 편집(Attribute Editing)

속성의 추출, 검색 및 수정을 위한 제반 기능을 제공하며 속성을 첨가하거나 삭제할 수 있는 기능

(2) 속성 질의(Attribute Query)

① 질의기능은 작업자가 부여하는 조건에 따라 속성 데이터베이스에서 정보를 추출
② 다수의 데이터 파일에 관련된 속성을 검색하여 결과를 임의 포맷으로 출력하는 질의 기능을 포함

5. 결론

GIS 데이터베이스는 현실의 특정 현상을 모방하기 위하여 만들어진 모델이므로 현실세계의 인간의 행위를 모방하기 위하여 모델은 특정 객체(사물)와 객체 간의 관계(객체 간의 상호 작용을 지배하는 규정)를 표현할 수 있어야 하며 이러한 기능을 이용한 분석기법이 공간분석 기능이다.

---

03 오픈소스(Open Source) GIS의 특징, 장점, 활용 및 장애요인과 해결방안

1. 개요

품질, 보안성, 전개 용이성, 소스코드 접근 용이성 등을 이유로 오픈소스 소프트웨어가 도입되었으며 그 시장은 공간정보 분야까지 확대되었다. 또한, 세계 최대 공간정보(GIS) 기반 오픈소스 사업을 후원하는 비영리 단체인 OSGeo(Open Source GeoSpatial)의 공식 한국어권 지부가 2009년 만들어져 전 세계 한국어 사용자의 오픈소스 GIS, Open GeoData의 사용과 개발을 장려, 지원, 홍보하고 있다.

2. 오픈소스(Open Source) GIS

(1) 오픈소스 소프트웨어(Open Source Software)

무료이면서 소스코드를 개방한 상태로 실행 프로그램을 제공하는 농시에 소스코느를 누구나 자유롭게 개작하고 개작된 소프트웨어를 재배포할 수 있도록 허용된 소프트웨어로 공개소프트웨어(FOSS : Free & Open Source Software)라고도 한다.
① 특정 라이선스에 따라 소프트웨어의 소스코드가 공개되어 있음

② FOSS의 Free는 '공짜'를 의미하는 것이 아니라, 사용자가 소스코드에 접근하고, 프로그램을 사용, 수정, 재배포할 수 있는 '자유'를 의미함

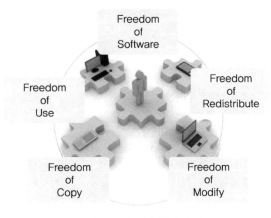

[그림 8-32] 오픈소스 GIS

(2) 오픈소스(Open Source) GIS

공간정보 분야에서 개발, 사용되는 오픈소스 소프트웨어

1) **FOSS4G** : Free Open Source Software for Geo-spatial

2) **GeoFOSS** : Geo Free Open Source Software

3) 특징

① Linux, Apache, PHP 등의 일반 오픈소스 소프트웨어들이 수평적(Horizontal) 소프트웨어인 데 비하여 GIS는 DB부터 Web에 이르는 수직적 아키텍처(Vertical Architecture) 기반

② 오픈소스 GIS 소프트웨어의 표준 호환성 구현

③ 상업용 GIS 소프트웨어와 오픈소스 GIS 간의 대체성 증가

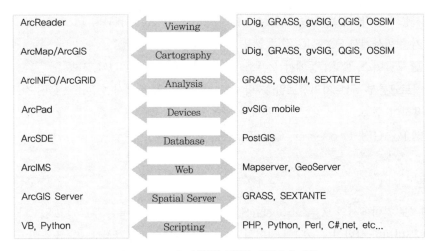

[그림 8-33] 상업용 GIS와 오픈소스 GIS

(3) 오픈소스 소프트웨어의 장·단점

[표 8-17] 각종 오픈소스 소프트웨어의 장·단점

구분	장점	단점
GIS 소프트웨어	• 검증된 품질과 성능 • 사후관리 • 시장점유율	• 컴퓨터당 소프트웨어 라이선스 구매 • 소프트웨어의 공유 불가 • 소스코드 최적화 불가
일반 오픈소스 소프트웨어	• 저비용 • 소프트웨어 의존성 • 수정과 배포 용이	• 너무 다양한 소프트웨어 • 사후관리 • GPL에 따른 상업적 이용 장애
오픈소스 GIS 소프트웨어	• 독점 GIS 대비 초저비용 • 표준 준수에 따른 시스템 독립성 확보 • GIS 응용의 자유로운 수정과 배포 • 효율적이며 다양한 기개발 GIS 응용	• 상업용 GIS 제품으로부터의 전환비용 • 오픈소스 GIS 소프트웨어의 다양성에 따른 교육문제 • 국내 전문가 부족 • GIS 응용 코드 최적화

3. 오픈 소스(Open Source) GIS의 장애요인과 해결방안

[표 8-18] 오픈소스 GIS의 장애요인과 해결방안

장애요인	해결방안
• 공식적 지원의 부족 • 빠른 변화 속도 • 개발 청사진의 부재 • 기능적 차이 • 라이선스 문제 • 소프트웨어 보증 문제	• 전문적 지원과 서비스 제공 • 일정 주기에 맞춘 버그 개선과 성능 개선 • 최종 고객과 오픈소스 소프트웨어 커뮤니티 간의 소통 증대 • 핵심 기능들 간의 차이는 점차적으로 줄어들고 있으며, 라이선스 이슈를 공급자가 책임짐 • 세계 표준 준수를 통한 보증

4. 활용

(1) 독점 소프트웨어의 대체

(2) 사용자 클라이언트로 OpenLayers를 수정하여 사용(OpenAPI) 예 브이월드

(3) 기존 회사에서 FOSS4G 적극 활용

  예 구글어스, ESRI 등에서 오픈소스 GIS 라이브러리인 GDAL 사용

(4) 국토교통부, 국토지리정보원, 지방자치단체, 연구원 등에서 오픈소스 GIS 소프트웨어를 사용하여 구축

  예 PostGIS, GeoServer, OpenLayers, MapServer 등

5. 결론

공간정보 분야에서의 오픈소스(Open Source) 기술개발과 활용은 무르익고 있으나, 아직 관련된 정책은 미비한 상황이다. 제4차 산업혁명시대를 맞이하여, 공간정보 오픈소스의 확산을 위한 정책 마련을 더욱 강화해야 할 것이다.

GIS 국가표준화에 대한 필요성, 추진방향과 기대효과

1. 개요

정보화 사회가 도래하고 국민의 안전 및 시설물의 관리 등에 대한 관심이 증대하면서 공공부분 정보화의 일환으로 국가지리정보체계(NGIS)가 구현되었다. 또한 국가전산망 사업은 지리정보체계를 추진하는 가운데 정보의 효율적 관리, 공동활용 및 상호운용하기 위해 GIS에 대한 표준안을 마련하였다.

2. 표준화의 필요성

(1) GIS(Geographic Information System)가 각종 정보화 추진과제 및 국가 주요 시책에 기본 자료로 공동 활용하기 위한 기반환경이 미흡하다.
   ① 국내에서 구축 중인 GIS 데이터는 수 개의 업체 및 관련 기관이 참여하고 있고, 대부분 개별적인 외국산 소프트웨어를 활용하기 때문에 시스템 간 호환성이 결여됨
   ② 서로 상이한 GIS 소프트웨어 및 수치데이터 포맷을 사용하므로 기관 간의 데이터 전송이 사실상 불가능하고, 전송된 정보도 정확한 의미 전달이 어려움
   ③ 데이터베이스, 분산시스템 등 정보기술을 이용한 GIS 통합시스템 구축 시 공통된 접속방식에 대한 기준이 없어 시스템 간 상호 연계가 곤란함
(2) 도시정보시스템, 환경정보시스템 등 각종 응용시스템과의 연계·활용을 위한 일관성 및 완전성 있는 데이터의 부재와 중복 구축이 발생되고 있다. 국내에서 구축 중인 GIS 데이터는 수 개의 업체 및 공공기관 등이 참여하여 구축하고 있고, 이들의 정보구축체계는 기관별 개별적인 양식과 체계에 의하여 구축되고 있다.
(3) 국가가 막대한 예산을 들여 수집한 국가지리정보의 효율적인 관리 및 활용을 돕고, 서로 다른 GIS 소프트웨어와 시스템 상호 간 호환성을 확보하기 위하여 기초 연구의 강화 및 운영기반 조성에 필요한 표준화 추진이 필요하다.

3. 추진방향

(1) 추진 목적

국가 GIS가 다방면의 국가정보화사업, 정보시스템 등에서 주요 정보인프라의 역할을 수행하기 위한 기반환경 조성
   ① 각종 수치지도 및 속성자료에 대한 구축, 유통, 관리, 활용 분야의 체계적이고 미래지향적인 표준 개발
   ② 고도 정보사회에 대비하여 국가차원에서 GIS 활용기반과 여건을 성숙시켜 국토관리, 국가 중요시설관리, 재해관리 등 국가정책 및 행정, 공공 분야 등에 활용

(2) 추진 내용

1) 정보구축 관련 표준화

① 국가지리정보체계의 수치지도 통합(국가기본도/지하시설물도) 표준화
- 제정된 국가기본도, 지하시설물도 표준의 지형지물 및 속성정보, 축척별 구분 및 데이터 형태와 색상 및 기호 부분을 추가한 통합표준(안) 작성
- 현재까지 개발된 표준의 종합표준으로 개발되며, 각종 표준들의 보완작업을 병행하여 수행

② **주제도 표준화** : 기 제정된 국토이용계획도, 도시계획도 표준에 대한 분류체계 및 분류항목 등의 개선안 작성

2) 정보유통 관련 표준화

여러 기관에서 구축된 각종 지리정보의 검색 및 유통을 위한 표준개발을 수행함

① 국가지리정보체계 메타데이터 표준화 : 지형공간 데이터의 식별, 연혁, 품질, 기준좌표체계, 자료배포 등 지리정보와 관련된 종합적인 메타데이터 내용 표준(안) 작성

② 공통 데이터교환포맷(SDTS) 위상벡터데이터 프로파일 표준화 : 위상벡터데이터의 교환을 위한 공통 데이터포맷(SDTS)의 구체적인 적용지침(안) 작성

3) 표준화 연구

① 국가 GIS의 표준화 참조모델 연구
② OGIS 서비스 지원을 위한 아키텍처(Architecture) 연구
③ 국가 GIS 상호 인터페이스 구성요소 표준화 연구
④ 수치지도 구축을 위한 영상 데이터 구조 및 모델링 연구
⑤ Internet GIS의 데이터 공유 표준 연구
⑥ OGIS 구성을 위한 데이터 모델 연구

4. 기대효과

(1) 서로 다른 시스템 간 지리정보 데이터의 호환성 및 지리정보시스템의 상호운용성 확보
(2) GIS 정보 구축의 중복투자를 방지하며 각 기관별로 구축된 정보의 공동활용을 지원
(3) 국가적으로 일원화된 표준체계의 구축 및 데이터의 호환성을 증대
(4) 지리정보시스템과 관련된 국제표준화 현황 및 향후 추세를 파악하여 국내의 표준화 작업 및 기술개발에 능동적으로 대처

5. 결론

국가지리정보체계 표준화는 추진단계별로 연동적인 계획을 수립하도록 하고 향후 필요로 하는 다양한 표준제안이 발생할 수 있음을 고려하여, 이를 수용할 수 있도록 연동적으로 운영하는 것이 바람직할 것으로 판단된다.

05 공간정보 표준의 개념 및 필요성과 KSDI 표준 (Korea Spatial Data Infrastructure Standard)

1. 개요

우리나라의 공간정보 표준은 한국산업표준(KS)과 정보통신기술협회표준(TTAS)으로 분리되어 공간정보의 표준과 기술의 기준을 통일하는 작업이 본격적으로 시작되었다. 또한 여러 부처에서 구축하는 공간정보의 상호운용성 확보와 융·복합 활성화를 위해 공간정보 표준운영 방안도 마련할 예정이며, 이에 따라 국토교통부는 국가공간정보 포털(www.nsdi.go.kr)에서 공간정보 표준(KSDI 표준) 리스트를 제공하고 있다.

2. 공간정보 표준

(1) 개념

① 공간정보의 상호 교환 및 효율적 활용을 위해 이해 당사자들이 합의에 의해 만든 규칙 및 지침 또는 제품의 특성·관련 공정·생산 방법을 규정한 문서

② 더 넓은 의미로 표준 제·개정 활동 및 이를 지원하는 조직 및 제도 등 공간정보 표준체계 전반을 의미

(2) 필요성

① 한국산업표준(KS)은 지리정보참조 모델·인코딩·기능 표준 등 35개 표준이 있고, 정보통신기술협회표준(TTAS)은 공간통계정보참조 모델·데이터 모델 등 49개 표준이 있으므로 총 84개 표준으로 구성

② 그러나 두 가지의 항목마다 표준이 다르고, 혹시 동일하여도 기술 표준이 일치하지 않음

③ 공간정보 사업 발주자가 다른 표준을 적용할 경우, 상호 운용이나 융·복합에 걸림돌로 작용하고 있음

3. 공간정보 표준화 추진전략

(1) 공간정보 표준화 추진체계 정비

① 공간정보표준 운영체계 마련
② 공간정보 표준화 추진체계 정비에 따른 법률 제 · 개정
③ 표준 적용 활성화를 위한 법 · 제도 개선

(2) 표준정비 및 KSDI 표준체계 정립

① 기존 국가공간정보 표준 재정립 및 신규표준 도입
② 국제표준화 활동 지원

(3) 공간정보사업 표준적용 활성화

① 표준 적합성 평가를 위한 평가도구 및 방법론 개발
② 표준교육 및 홍보
③ 국가 R&D 사업과 협력체계 구축

(4) 표준 관리 · 감독 체계화

① 공간정보 표준의 체계적 관리
② 표준현황 모니터링
③ 표준 적용 실태 조사 및 제도 개선

4. KSDI 표준(Korea Spatial Data Infrastructure Standard)

(1) 개념

① 국가공간정보사업에서 표준을 쉽게 적용할 수 있도록 표준 분류체계를 구성하고 국가공간
정보사업에 반드시 적용해야 하는 표준으로 구성
② 중복된 표준과 현실에 맞지 않는 표준을 배제하고, 활용 가능한 표준을 통합 · 체계화

(2) KSDI 표준의 종류

[표 8-19] KSDI 표준의 종류

종류	내용
지리정보자원	기본공간정보, 데이터 구축 절차/방법, 데이터 모델, 카탈로그, 메타데이터
서비스 구현	일반, 영상 서비스, 교환 서비스, 카탈로그 서비스, 웹&모바일 서비스, 위치기반 서비스, 위치 측위
품질관리	데이터 및 서비스

(3) KSDI 표준 리스트

① 한국산업표준(KS) : 'KS X ISO 19101 – 1 지리정보 – 참조모델' 등 52개
② 정보통신기술협회표준(TTAS) : 'TTAS.KO – 10.0082 국가지리정보체계(NGIS)의 국가 기본도 표준' 등 46개

5. 기대효과

(1) 국가

① 상호 이해의 촉진
② 공간정보 융 · 복합을 통한 산업 육성
③ 국제표준을 선도하여 국제시장 선점

(2) 기업

① 데이터나 시스템 구축 과정에 필요한 연구와 개발로 구축비용 절감
② 국제시장의 기술 변화에 능동적 대처
③ 다양한 분야와 융 · 복합 활성화 가능

(3) 소비자

① 품질과 안전성 보장
② 공간정보의 상호운용성 확보
③ 서비스 개선 등 소비자의 이익 보호

6. 결론

공간정보분야 국가표준개발 및 운영 업무를 국토교통부로 이관하고, 산업통상자원부(국가기술 표준원)는 표준회의 운영을 통한 산업표준 간 중복성 확인 등 조정 역할을 수행하게 되었다. 이로 써, 국토교통부는 국가공간정보 표준화 연구를 통해 두 개의 표준을 정비하고, 한국산업표준(KS) 이관에 따른 공간정보표준 운영방안을 마련하여 공간정보의 표준을 통일함으로써 공간정보 분야 의 표준화에 기여할 것으로 판단된다.

06 3차원 국토공간정보 구축방법

1. 개요

3차원 공간정보는 2차원 공간정보가 지닌 추상성의 한계를 극복하고 현실세계의 실제 형상을 반영한 서비스를 제공하기 위해 마련되었으며 3차원 공간정보를 구축하는 방법은 2차원 공간정보에 높이정보를 입력하여 3차원 면형으로 제작하고 세밀도에 따라 가시화정보를 제작한다. 이렇게 만들어진 3차원 공간정보는 민간과 공공분야를 가리지 않고 다양하게 활용되고 있다.

2. 3차원 국토공간정보 구축과정

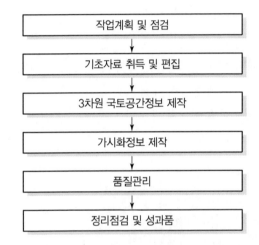

[그림 8-34] 3차원 국토공간정보 제작을 위한 구축과정

3. 기초자료 취득

(1) 기본지리정보와 수치지도2.0을 이용한 2차원 공간정보 취득
(2) 항공레이저측량을 이용한 3차원 공간정보 취득
(3) 항공사진을 이용한 3차원 공간정보 및 정사영상 취득
(4) 이동형측량시스템을 이용한 3차원 공간정보 및 가시화정보 취득
(5) 디지털카메라를 이용한 가시화정보 취득
(6) 건축물관리대장, 한국토지정보시스템, 토지종합정보망, 새주소 데이터 등을 이용한 3차원 공간정보의 속성정보 취득
(7) 속성정보 취득 및 현지보완측량을 위한 현지조사
(8) 기존에 제작된 수치표고모델, 정사영상 및 영상정보를 이용한 자료의 취득

4. 3차원 국토공간정보 제작

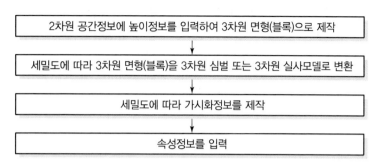

[그림 8-35] 3차원 국토공간정보 제작방법

(1) 3차원 교통데이터 제작방법

1) 단위도로면

① 단위철도면과 같이 서로 다른 면형의 지형·지물과 교차하는 경우에는 항상 우선한다.

② 동일 단면에서 동일한 높이값을 가진 평면으로 제작하여야 한다.

③ 차도면과 인도면으로 구성되며, 인도면은 차도면보다 높게 제작하여 차도면과 인도면을 구별하여야 한다.

④ 차도면에는 차선, 도로중심선 및 횡단보도가 표현되어야 한다. 차선 및 도로중심선은 선형으로, 횡단보도는 면형으로 차도면 위에 제작하여야 한다.

⑤ 세밀도에 따라 선형, 3차원 면형 또는 3차원 실사모델을 실폭(면)으로 제작하여야 한다.

2) 도로교차면

① 단위철도면과 같이 서로 다른 면형의 지형·지물과 교차하는 경우에는 항상 우선한다.

② 도로와 도로가 만나는 교차 지점을 말하는 것으로 세밀도에 따라 선형, 3차원 면형 또는 3차원 실사모델을 실폭(면)으로 제작하여야 하며, 인접 단위도로면의 높이와 동일하여야 한다.

③ 제작방법은 단위도로면과 동일하다. 다만, 차선 및 횡단보도는 제작하지 않는다.

3) 단위철도면

① 단위철도면과 도로의 교차 시 도로가 우선한다.

② 세밀도에 따라 3차원 면형, 3차원 심벌 또는 3차원 실사모델로 제작하여야 한다.

4) 교통시설물

① 도로 및 철도에 관련된 입체적 시설물을 말한다.

② 교량은 일반교량, 철도교량, 고가도로 및 입체교차부(램프) 등이 해당되고, 터널은 일반터널, 지하차도가 있으며 도로교통시설물은 육교를 말한다.

③ 도로면과 접하도록 방향성을 고려하여 제작하여야 한다.

④ 교량에 표현되는 차선 및 도로중심선은 단위도로면과 동일하다.

⑤ 교량의 교각을 제작하는 경우에는 실제 개수로 제작하여야 한다.

⑥ 터널은 터널 양쪽 출입구 및 내부구간을 제작하여야 한다.

⑦ 터널 내부구간의 도로 및 철도는 단위도로면 및 단위철도면과 동일한 방법으로 제작하여야 한다.

⑧ 신호등, 가로등, 가로수, 송전탑, 안전·도로 표지판 등과 같은 도로교통시설물은 추가로 제작이 가능하다.

⑨ 세밀도에 따라 3차원 심벌 또는 3차원 실사모델로 제작하여야 한다.

(2) 3차원 건물데이터 제작방법

① 3차원 면형(블록) 또는 연합블록(높이가 다른 블록의 조합)의 형태로 제작하여야 한다.

② 연합블록을 구성하는 개별 블록마다 높이정보 및 속성을 입력하여야 한다.

③ 세밀도에 따라 지붕의 구조, 수직적·수평적 돌출부 및 함몰부를 제작하여야 한다.

④ 3차원 면형(블록) 및 연합블록은 외곽점 정보를 가져야 한다. 외곽점은 건물의 정면, 좌측면, 뒷면, 우측면, 지붕면 순서로 입력한다.

⑤ 공동주택의 출입구, 환기구와 같이 건물의 부속적인 기능을 수행하며 독립적으로 존재하지 않는 기타 시설은 3차원 심벌로 제작하여야 한다.

⑥ 버스·택시 정류장과 같은 시설물 용도의 무벽건물은 3차원 심벌로 제작하여야 한다.

(3) 3차원 수자원데이터 제작방법

1) 하천부속물(댐, 보)

① 하천부속물(댐, 보)이 도로 또는 교량과 교차하는 경우 도로와 교량이 우선한다.

② 하천부속물(댐, 보)과 인접하는 3차원 지형데이터 또는 제방과 일치하도록 제작하여야 한다.

③ 세밀도에 따라 3차원 면형, 3차원 심벌 또는 3차원 실사모델로 제작하여야 한다.

2) 호안, 제방

① 호안, 제방은 제방부의 천단에서부터 고수부를 포함한 하천면의 경계까지를 말한다.

② 호안, 제방은 인접하는 도로, 철도 및 교량과 일치하도록 제작하여야 한다.

③ 호안, 제방은 경사를 표현하여 제작하여야 한다. 다만, 발주처의 데이터 활용 목적에 따라 고수부는 호안, 제방에서 제외할 수 있다.

④ 우수구와 하수구는 제작하지 않고, 제방의 경계를 연장하여 처리한다.

⑤ 세밀도에 따라 3차원 면형 또는 3차원 실사모델로 제작하여야 한다.

3) 하천면

① 하천의 평수위를 높이로 하는 3차원 면형으로 제작하여야 한다.

② 하천부속물, 교량과 일치하도록 제작하여야 한다.

(4) 3차원 지형데이터 편집방법

① 「항공레이저측량 작업규정」에 따라 제작된 수치표고모델을 사용하는 것을 원칙으로 한다.

② 수치지도 축척에 따른 수치표고모델의 격자간격은 다음 표와 같다.

[표 8-20] 수치지도 축척에 따른 수치표고모델의 격자간격

수치지도 축척	1/1,000	1/2,500	1/5,000
수치표고자료 격자간격	1m×1m	2m×2m	5m×5m

③ 도로, 철도, 교통시설물, 호안, 제방 및 건물 등의 바닥면이 지형과 일치하도록 1/1,000 수치지도 또는 정사영상 등에서 불연속선(Breakline)을 추출하여 수정 및 편집을 수행하여야 한다.

5. 가시화정보 제작

(1) 가시화정보 편집

① 실사 영상으로 취득된 가시화정보는 자료의 특성(그림자 등)을 고려하여 색상을 조정하여야 한다.

② 실사 영상에서 지물을 가리는 수목, 전선 등은 주변영상을 이용하여 편집하여야 한다.

③ 실사 영상에서 폐색지역이나 영상이 선명하지 않은 지역은 지상에서 촬영한 영상을 이용하여 편집하여야 한다. 다만, 편집이 어려운 경우, 가상 영상으로 대체할 수 있다.

④ 3차원 지형데이터의 가시화정보는 정사영상을 이용하여 편집한다(교량, 고가도로, 입체교차부 등 공중에 떠 있는 지물은 삭제하고 가려진 부분은 주변영상을 이용하여 편집한다).

(2) 가시화정보 제작방법

① 3차원 교통데이터, 3차원 건물데이터 및 3차원 수자원데이터는 세밀도에 따라 단색, 색깔, 가상 영상 또는 실사 영상으로 가시화정보를 제작하여야 한다.

② 단색 또는 색깔 텍스처(Texture)는 3차원 면형(블록)을 단색 또는 색깔로 제작하여야 한다.

③ 가상 영상 텍스처는 지물의 용도 및 특징을 나타낼 수 있도록 실제모습과 유사하게 제작하여야 한다.

④ 실사 영상 텍스처는 '가시화정보 편집'에 의해 편집된 실사 영상을 이용하여 제작하여야 한다.

⑤ 가상 영상 및 실사 영상 텍스처는 3차원 모델의 크기에 맞게 제작하여야 한다.

⑥ 10층 이상 고층 공동주택, 시·군·구청 및 우체국 등 공공기관, 3차 의료기관, 경기장, 전시장 및 대형쇼핑센터 등은 실사 영상으로 가시화하여야 한다.

6. 품질관리

(1) 품질요소
① 완전성
② 논리일관성
③ 위치정확성
④ 주제정확성

(2) 검사방법
1) 화면검사
① 3차원 모델의 누락, 인접 오류, 노드점 오류, 방향성 오류 등을 검사한다.
② 속성정보는 1/1,000 수치지도2.0, 각종 대장자료 간의 비교를 통하여 누락, 오류 사항을 검사한다.
③ 가시화정보는 누락, 적절성, 영상정합 오류를 검사한다.

2) 현장검사
① 현장검사는 가시화정보의 영상정합 오류 및 표현 오류 등을 검사하여야 하며, 현장사진과의 비교로 현장 검사를 대신할 수 있다.
② 3차원 모델의 위치정확도에 대한 별도의 검증이 필요하다고 판단되는 경우에는 직접 또는 간접측량의 방법으로 현장검사를 실시할 수 있다.

7. 결론
디지털 트윈의 기반인 3차원 국토공간정보는 행정 · 민간 정보 등 각종 데이터가 결합 · 융합되어 활용 폭이 확대되고 있으며, 전국 3차원 지도 시범사업과 지방자치단체들의 3차원 공간정보 구축사업 등이 본격적으로 추진될 것이다. 따라서 지방자치단체별 다양한 구축 환경과 최신기술이 적용된 구축 방법 등이 작업규정에 적용될 수 있도록 예의주시해야 할 것이다.

07 3차원 입체모형 구축 기술

1. 개요

도시, 건설, 교통, 에너지 등의 기존 국토교통 정보화 서비스뿐만 아니라, 디지털트윈, 자율주행, VR/AR, 디지털콘텐츠 등의 제4차 산업혁명 관련 신규 서비스에 능동적으로 대처하기 위하여 공공 및 민간의 3차원 입체모형 수요가 크게 증가하고 있으며 3차원 입체모형의 활용 분야별로 다양한 정밀도의 입체모형이 요구되고 있다. 현재 입체모형을 구축할 때 고려해 볼 수 있는 기술은 수치지도(도화원도)를 이용한 방식, 항공사진 입체도화를 통한 기존 방식, 영상매칭방식 등이 있다.

2. 3차원 입체모형 활용 현황

(1) 공공 분야 : 도시행정 효율화 및 최신 스마트시티 서비스 등

　① LoD1~4 수준의 3차원 입체모형
　② 수치표고모형, 정사영상, 2차원 공간정보 등

(2) 민간 분야 : 언론사, 대학교, 건축사무소, 부동산, 3차원 게임, VR/AR 등

　LoD3 또는 LoD4의 입체모형을 활용

[표 8-21] 3차원 입체모형의 세밀도 및 제작기준

세밀도	제작기준	제작 예
LoD 1	• 블록 형태 • 지붕면은 단색 텍스처(Texture) • 수직적 돌출부 및 함몰부 미제작 • 단색, 색깔 또는 가상 영상 텍스처	
LoD 2	• 블록 또는 연합블록 형태 • 지붕면은 색깔 또는 정사영상 텍스처 • 수직적 돌출부 및 함몰부 미제작 • 가상 영상 또는 실사 영상 텍스처	
LoD 3	• 연합블록 형태 • 지붕구조(경사면) 제작 • 수직적 돌출부 및 함몰부까지 제작 • 가상 영상 또는 실사 영상 텍스처	
LoD 4	• 3차원 실사모델 • 지붕구조(경사면) 제작 • 수직적·수평적 돌출부 및 함몰부까지 제작 • 실사 영상 텍스처	

3. 3차원 입체모형 구축기술방법

(1) 수치지도(도화원도) 이용방식

① 도화원도를 이용하여 고도 좌표를 유지한 채 구조화편집을 수행하고 건물 옆면을 생성하여 입체모형을 구축하는 기술

② 도화원도의 DXF 파일에서 꼭짓점의 좌표를 포함하는 버텍스와 꼭짓점을 연결하는 폴리라인 섹션으로부터 다각형정보를 건물외곽의 2차원 경계로 구성할 수 있고 꼭짓점에 포함된 고도좌표까지 활용하면 3차원 데이터를 확보할 수 있음

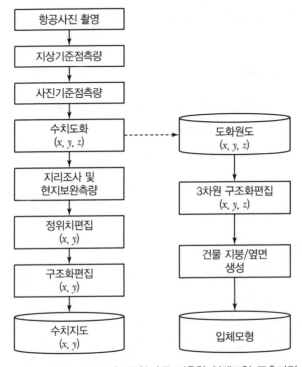

[그림 8-36] 수치지도(도화원도)를 이용한 입체모형 구축과정

(2) 영상매칭방식

항공사진 촬영 후 영상매칭을 통해 건물 형태를 추출하여 모델링하고 항공사진을 이용하여 텍스처 데이터를 구축하는 방식으로 입체모형, 수치표고모형 실감정사영상이 동시에 제작되는 특징이 있음

[그림 8-37] 영상매칭방식을 이용한 입체모형 구축과정

1) 항공사진촬영

　① 항공측량 전용 디지털 카메라를 이용하여 동서남북 교차 촬영

　② 촬영 중복도는 촬영 진행방향(종중복) 70%, 촬영 직각방향(횡중복) 70% 이상으로 촬영
　　실시

2) 수치표면모형(DSM) 제작

　① 입체영상 간의 매칭을 통해 공액점을 생성하고 이를 기반으로 자동으로 3차원 점군자료
　　취득

　② 3차원 점군자료를 이용하여 불규칙삼각망(TIN)을 구성하고 이를 기반으로 격자형태의
　　정밀 수치표면모형(DSM) 제작

3) 실감정사영상 제작

　항공사진과 정밀 수치표면모형을 이용하여 자연 및 인공 구조물의 기복변위가 모두 제거된
　영상지도 생성

4) 자료융합

　수치표면모형과 실감정사영상을 융합하여 일체형 3차원 공간정보 구축

(3) 드론을 이용하여 구축하는 기술

드론사진 촬영 후 영상매칭을 통해 건물 형태를 추출하여 모델링하고 드론 사진을 이용하여
텍스처 데이터를 구축하는 기술

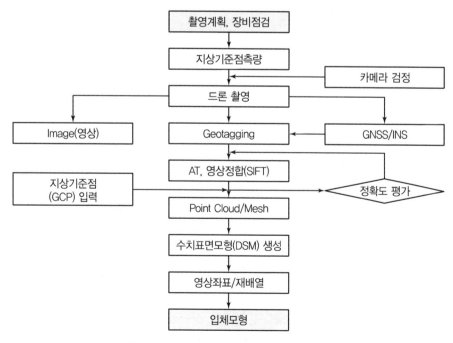

[그림 8-38] 드론 이용 입체모형 구축과정

(4) 기존 방식(객체형 입체모형 구축방식)

항공사진 촬영 후 3차원 도화를 통해 건물 형태를 추출 및 모델링하고, 항공사진을 이용하여 획득한 텍스처 데이터를 부착하는 방식으로, 이때 입체모형의 바탕이 되는 실감정사영상과 수치표고모형도 개별적으로 구축해야 함

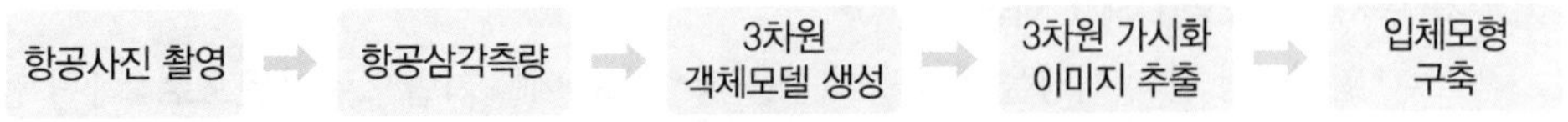

항공사진 촬영 ⇒ 항공삼각측량 ⇒ 3차원 객체모델 생성 ⇒ 3차원 가시화 이미지 추출 ⇒ 입체모형 구축

[그림 8-39] 기존 방식(객체형 방식)을 이용한 입체모형 구축과정

1) 항공사진촬영
① 항공측량 전용 디지털 카메라를 이용하여 동서남북 교차 촬영
② 일반카메라인 경우 촬영 진행방향(종중복) 80%, 촬영 직각방향(횡중복) 60% 이상으로 촬영하되 경사카메라로 촬영 시에는 각각 60%, 30% 이상으로 촬영함

2) 항공삼각측량(AT)
항공촬영 시 동시에 취득된 초기 GNSS/INS 성과와 지상기준점 측량 성과를 이용하여 정밀하게 보정된 외부표정요소 산출

3) 3차원 객체 모델 생성
① 항공사진, 외부표정요소, 수치표고모형 입력 후, 구조물에 대한 3차원 객체 모델링 실시
② 구조물의 윗면 묘사 후 벽면에 대해서는 수치표고모형의 지형 높이를 참조하여 자동으로 생성

4) 3차원 가시화 이미지 추출
① 3차원 객체 모델의 벽면정보를 포함하고 있는 항공사진을 활용하여 자동으로 가시화 이미지 추출
② 추출된 가시화 이미지 확인 후 최적이미지 선정 및 보완

5) 3차원 입체모형 생성
정밀 객체 묘사 및 항공사진을 이용한 실사 가시화 이미지 추출을 통한 실제 모습과 동일한 입체모형 생성

4. 3차원 입체모형 구축기술 비교 분석

(1) 현재 입체모형을 구축할 때 고려해 볼 수 있는 기술은 수치지도(도화원도)를 이용한 방식, 항공사진 입체도화를 통한 기존 방식, 영상매칭방식 등이 있음
(2) 구축방식에 따라 구축 비용, 세밀도, 텍스처, 장단점, 활용 분야 등에서 상이한 특징을 가지고 있으며, 입체모형 구축방식별 주요 특징은 다음과 같다.

[표 8-22] 3차원 입체모형 구축기술 비교

구분	수치지도 이용(도화원도)	영상매칭방식	기존 방식(객체형)
구축방식	1/5,000 도화원도를 이용하여 구축	항공사진 매칭을 통한 자동구축	항공사진 입체도화를 통한 반자동 구축
구축 비용 (만원/km²)	• 텍스처 포함 : 약 42 • 텍스처 제외 : 약 41 ※ 건설공사 표준품셈 기준	• 텍스처 포함 : 약 212 • 텍스처 제외 : 약 211 ※ 건설공사 표준품셈 기준	• 텍스처 포함 : 약 1,546 • 텍스처 제외 : 약 1,367 ※ 건설공사 표준품셈 기준
구축 가능 세밀도	LoD2	LoD3	LoD4
장점	• 최소 비용으로 구축 가능 • 추가 항공사진 촬영 없이 기구축된 도화원도 활용 가능 • 수시갱신체계 맞춘 입체모형 갱신 가능 • 가벼운 용량으로 인해 정보시스템에 활용 용이	기존 방식에 비해 저비용이지만 높은 효율로 입체모형 구축 가능	• 고정밀 데이터 구축 가능 • 활용 범위가 가장 넓음
단점	수치도화 시 건물 옥상의 높낮이와는 상관없이 하나의 폴리곤으로 묘사하고 옥상구조물에 대한 묘사가 없으므로 실상과 다른 형태로 구축	• 중복률 70% 이상의 항공사진 필요 • 정사영상·수치지도 구축사업의 항공사진 촬영성과와 예산 중복 절감방안 필요 • 수치지도 성과, 드론 활용 등 별도의 수시갱신방안 필요	• 활용도가 높지 않음 • 작업 소요시간이 오래 걸림 • 타 방식 대비 매우 높은 구축비용 발생 • 수치지도 성과, 드론 활용 등 별도의 수시갱신방안 필요
활용 분야	• 각종 기본 공간분석 • 지상·지하 3차원 구축 • 드론 택배	• 각종 시뮬레이션(재난방지 등) • 3D 게임 데이터 • BIM, 스마트시티, VR	• 건축 설계 • 통신 기지국 입지 선정

5. 3차원 입체모형의 서비스 방안

(1) 유지관리 및 갱신

입체모형 등 공간정보의 활용 활성화를 위해서는 데이터의 최신성과 정확도를 유지하는 것이 가장 중요

(2) 입체모형 서비스

① 플랫폼을 통한 입체모형 서비스 : 입체모형 데이터를 활용하기 위한 기술·인프라·자금 등이 부족한 중소기업, 스타트업, 1인 창조기업 등을 대상으로 활용 지원하기 위해서는 3차원 플랫폼을 활용

② 데이터 제공 : 4차 산업시대의 공간정보 기반 융복합 산업 활성화를 위해서 기본 인프라 성격의 데이터인 입체모형의 활용 수요 증가에 대한 데이터 제공 절차 검토 필요

6. 결론

디지털트윈시대에 전 국토의 입체모형 구축을 위해서는 기존의 구축방법 외에도 UAV, MMS, 스마트폰 등을 활용한 3차원 입체모형방법이 연구되어야 하며, 정밀도에 따른 입체모형 구축방안을 마련한다면 효율적인 3차원 입체모형정보를 구축할 수 있을 것으로 판단된다.

08 실내공간정보 구축

1. 개요

실내공간정보 구축 사업은 복잡화 · 대형화되고 있는 실내공간에서의 국민 안전과 복지 증진, 공간정보 분야 부가가치 창출이 가능한 신성장 동력 창출과 실내정보산업의 지원을 위해 추진되는 사업이다. 스마트시티, 실내측위 및 실내 내비게이션, 각종 대민서비스, 재난 · 재해 대비 등 실내공간정보의 다양한 응용 분야와 모바일 환경으로의 급속한 변화 및 융 · 복합에 적합한 실내공간정보의 특성을 고려했을 때, 실내공간정보산업의 잠재력은 매우 크다고 볼 수 있다.

2. 추진배경

(1) 실내 활동의 증가 및 각종 재난, 재해로 인한 사회 안전정보 필요성 대두
(2) 재난 안전사고 수습 및 처리, 사회적 약자의 사전정보 습득 필요에 따른 실내공간 정보를 요구
(3) 다양한 건축물 및 지하철 환승역 등에서 발생할 수 있는 요구를 수용하기 위한 정보그릇 역할로서의 필요와 민간의 다양한 상업적 활용 가능

3. 구축과정

(1) 건축도면을 이용한 방법

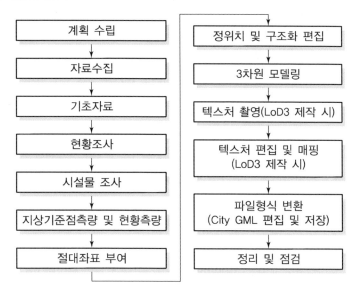

[그림 8-40] 건축도면을 이용한 실내공간정보 구축과정

1) 계획 수립
구축대상의 범위, 작업방법 및 전체 일정, 적용 장비에 대한 계획을 수립

2) 자료수집
① 건축도면 중 공간 및 시설물에 대한 치수를 확인 가능한 전산화된 도면자료를 우선하여 수집

② 구조물(바닥, 벽, 기둥 등) 정보와 시설물(편의, 안전, 이동시설물 등) 정보, 대상시설의 수치, 면적 및 세부 항목들 확인

3) 기초자료
불필요한 치수, 명칭 등을 삭제하여 실내공간정보 구축에 필요한 요소(바닥면, 벽체, 시설물 등)로 구성된 도면자료 생성

4) 현황조사
① 수집된 자료를 활용하여 해당 시설물의 구조, 형상, 내부 시설물의 종류 및 위치 등을 확인

② 대상 시설을 방문하여 현장 상황을 확인하고, 시설물 조사, 기준점 측량 및 현황측량에 필요한 사항(이동 동선, 특징점 선점 등) 확인

5) 시설물 조사
① 수집된 건축도면과 현장비교를 통하여 변화된 지역을 확인한 후 야장 작성을 실시하고,

시설물 현장 확인용 촬영 실시

② 건축도면의 위치와 현장의 위치 기준이 되는 고정 시설물(출입구 등)을 지정하여 현장 조사에서 발생할 수 있는 위치적 오류를 최소화함

③ 변경지역에 대하여 시설물 변경이 확인될 경우 레이저 거리측정기 등을 활용하여 수정된 사항을 야장에 반영

④ 건축도면에 표기된 속성정보를 확인하여 수정

6) 지상기준점측량 및 현황측량

① 지상기준점측량의 작업방법은 「공공측량작업규정」을 준용

② 대상 시설물 또는 시설물군에 대하여 공공기준점(공공삼각점 4급, 공공수준점 4급) 4점 이상을 실시하고 그 공공기준점으로부터 대상 시설물 또는 시설물군에 대하여 현황측량을 실시

③ 현황측량 시 대상 시설물의 외부와 연계되는 출입구나 외벽의 특징점을 포함하여야 함

④ 선점은 공간상의 고정되어 있는 바닥 중심의 시설물을 이용하고, 지형·지물을 이용한 기준점은 선상 교차점이 적합하며 가상적인 표시는 피하여야 한다. 배치는 실내공간 상의 평면과 표고를 고려하여 한쪽으로 치우치지 않게 균형을 이루도록 함

7) 절대좌표 부여

① 기초자료 전처리, 현황조사가 반영된 도면자료에 절대좌표를 적용

② 활용목적에 따른 절대좌표 부여방법
- 지상기준점측량 성과물을 이용하는 방법
- 수치지형도를 이용하는 방법

8) 정위치 및 구조화 편집

실내공간의 단위공간과 시설물을 객체화하고 속성정보를 입력하기 위한 공정

① LoD1 이상의 세밀도 적용 시 시설물 조사 결과를 도면자료에 반영

② 절대좌표가 부여된 파일을 '실내공간정보 레이어 분류체계' 및 '실내공간정보 레이어 명명규칙'에 따라 레이어 분할 생성

③ 실내공간정보 속성테이블은 '실내공간정보 속성입력'의 정의서에 따라 속성정보를 입력하여 '내부시설 위치 및 속성정보' 파일을 생성

④ 면(Polygon), 선(Polyline), 점(Point) 형태로 구성된 성과 제작

9) 3차원 모델링

① **단순 3차원 모델링** : LoD1 제작에 사용되며, LoD0 제작성과에 자동으로 높이 값을 부여하는 공정
- 건축도면의 수직구조물(기둥, 벽면 등)의 입면도, 단면도를 참고하여 구조물의 높이 값을 확인

- 3차원 제작도구를 이용하여 구조물의 높이 값을 일괄 적용
- 내부 시설물은 임의의 객체 높이 값을 일괄 적용

② 정밀 3차원 모델링 : LoD2 및 LoD3 제작에 사용되며 LoD0 제작성과에 정밀한 3차원 묘사를 실시
- 정위치 및 구조화 편집에서 생성된 2차원 지도와 건축도면 자료를 이용하여 각 층별 수평구조체(바닥면), 수직구조체(벽, 기둥)의 기초 모델링
- 건축도면의 계단 세부도 및 창호 단면도를 확인하여 구조물의 실제 치수에 맞게 모델링
- 건축도면의 시설물 상세도면에서 확인한 구조물의 형상, 위치정보 및 시설물 조사에서 확인된 형상, 위치정보에 따라 내부 시설물을 모델링
- LoD2는 벽면, 출입구 등 재질 및 용도를 구분하여 가상 텍스처 매핑을 실시
- 층별 모델링 자료를 수직구조물(계단, 에스컬레이터 등)과 연결하여 건축물 전체의 통합된 모델링 완료

10) 텍스처 촬영(LoD3 제작 시)

① 구조물 및 시설물을 중심부를 맞추어 촬영하는 것을 기준으로 하며 카메라 렌즈의 왜곡 보정을 감안하여 전체 이미지가 포함되도록 촬영
② 텍스처 촬영의 진행방향은 우측에서 좌측으로 진행하며, 영상정합이 가능하도록 10~15% 중복도로 촬영
③ 구조물 및 시설물의 전면부, 우측면, 좌측면을 촬영하며 작업의 혼선을 줄이기 위해 사진촬영 동선을 고려하여 순차적으로 실시
④ 사진촬영이 진행된 구역 또는 경로는 별도의 이력자료로 저장
⑤ 작업 범위가 넓을 경우 구역을 나누어 단계적으로 촬영

11) 텍스처 편집 및 매핑(LoD3 제작 시)

① 텍스처 촬영에서 획득한 이미지 자료를 이용하여 구축 대상 내부 시설물에 대해 연속성이 있도록 편집
② 이미지 크기는 대상 시설물의 특징을 식별할 수 있는 해상도 내에서 최대 압축
③ 매핑 작업 전 영상이 모델링 면의 측면 및 상단 등에 자동 적용되기 위하여 '실내공간정보 레이어 명명규칙'에 따라 매핑코드 부여
④ 구축 대상의 내부 및 시설물에 대해 연속성 및 현실성이 있도록 텍스처 매핑 작업 수행

12) 파일형식 변환(City GML 편집 및 저장)

"실내공간정보 표준데이터 사양"에 따라 편집 및 City GML 데이터를 저장

13) 정리 및 점검

최종 성과물에 대하여 과업지시 이행 여부와 구축 데이터에 대한 최종 포맷으로 변환, 저장 등에 대한 정리와 점검 수행

(2) 지상레이저측량을 이용한 방법

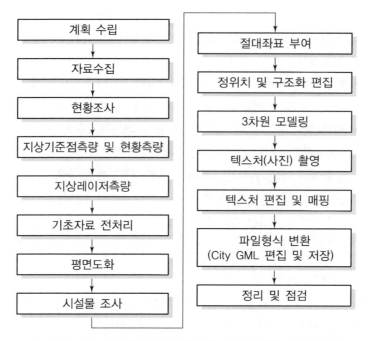

[그림 8-41] 지상레이저 측량에 의한 실내 공간정보 구축과정

1) 계획 수립
   ① 구축대상의 범위, 작업방법 및 전체 일정, 적용 장비에 대한 계획 수립
   ② 대상지에 적합한 규모 및 요구정밀도에 따라 지상레이저측량 장비 선정

2) 자료수집
   건축도면을 이용한 방법의 자료 수집을 따름

3) 현황조사
   ① 수집된 자료를 활용하여 해당 시설물의 구조, 형상, 내부 시설물의 종류 및 위치 등을 확인
   ② 대상 시설을 방문하여 현장 상황을 확인하고, 시설물 조사, 기준점측량 및 현황측량에 필요한 사항(이동 동선, 특징점 선점 등) 확인
   ③ 전체 지역을 대상으로 지상레이저측량장비의 주사선이 구조물 등으로 인하여 직접 도달하지 않는 음영지역을 최소화하기 위해 지상레이저측량의 설치 및 이동 동선 확인

4) 지상기준점측량 및 현황측량
   건축도면을 이용한 지상기준점측량 및 현황측량을 따름

5) 지상레이저측량
   ① 구축대상의 누락 및 음영지역을 최소화하기 위하여 측량지점을 선정하고 유효한 데이터

를 확보할 수 있도록 범위를 지정

② 구축대상의 내부공간 및 시설물에 대한 모든 정보를 얻기 위하여 측량지점을 이동하며 측량을 실시

③ 지상레이저측량 설치 지점은 대상으로부터 하부 −45°를 제외한 360° 측량이 가능한 지점으로 위치시키며, 수평각을 맞춤

④ 유리면을 측량할 경우 포인트 데이터 수집이 되지 않으므로 형태 파악이 용이하도록 유리면 주변을 측량

⑤ 평면 점밀도 기준 2,000점/m² 이상이 되어야 하며, 연속된 개별 지상레이저측량 데이터의 중복도는 약 10~15%가 되어야 함

6) 기초자료 전처리

불필요한 데이터를 삭제하고, 개소별, 층별 또는 위치별로 취득된 개별 점군 데이터의 정합 등 기초자료를 정비하는 작업 실시

7) 평면도화

LoD0의 실내공간정보를 구축하기 위하여 평면도화 실시

① 구역별로 분류

② 가독성이 높은 반사도(Intensity) 값 상태에서 작업 실시

③ '실내공간정보 레이어 명명규칙'에서와 같이 구축 대상의 레이어별로 평면도화 실시

④ 묘사하고자 하는 대상물의 현장사진을 활용하여 불규칙한 점군자료에 가상의 기준면을 설정하여 실제 형상의 외곽선(직선 또는 곡선)에 최대한 가깝게 그려준다. 또한, 평면도화 시 점군자료를 화면상에서 과도하게 확대하지 말고 육안상 선형으로 인식될 수준에서 조정하여 작업 실시

⑤ 평면도화 시 바닥과 벽면의 경계를 정확히 확인하면서 작업 실시

⑥ 구축 대상물은 폐합이 되도록 작업 실시

⑦ 구역별로 분류 및 제작된 데이터를 하나의 레이어로 통합

8) 시설물조사

① 평면도화한 도면자료를 이용하여 시설물조사 야장 준비

② 보안대상물의 조사 시에는 「국토교통부 국가공간정보 보안관리규정」 준수

③ 조사한 속성정보 및 수정사항을 야장에 반영하고, 현장 확인용 촬영 실시

9) 절대좌표 부여

① 전처리된 점군자료에 절대좌표 부여

② 활용목적에 따른 절대좌표 부여방법

• 지상기준점측량 성과물을 이용하는 방법

• 수치지형도를 이용하는 방법

10) 정위치 및 구조화 편집

건축도면을 이용한 방법의 정위치 및 구조화 편집방법을 따름

11) 3차원 모델링

① 단순 3차원 모델링 : LoD1 제작에 사용되며 LoD0 제작성과에 자동으로 높이 값을 부여하는 공정

- 현장에서 취득된 점군자료를 이용하여 수직구조물(기둥, 벽면 등)의 객체의 높이 값을 확인
- 3차원 제작도구를 이용하여 구조물의 높이 값을 일괄 적용
- 내부 시설물은 임의의 객체 높이 값을 일괄 적용

② 정밀 3차원 모델링 : LoD2 및 LoD3 제작에 사용되며 LoD0 제작성과에 정밀한 3차원 묘사 실시

- 정위치 및 구조화 편집에서 생성된 2차원 지도와 지상레이저측량을 통해 얻은 3차원 점군자료를 이용하여 각 층별 수평구조체(바닥면), 수직구조체(벽, 기둥)의 객체면을 제작하는 작업 수행
- 시설물조사에서 확인된 내부 시설물을 3차원 객체로 모델링을 수행하며, 점군자료 중 시설물 형상에 필요한 부분만 추출하여 작업
- LoD2는 벽면, 출입구 등 재질 및 용도를 구분하여 가상 텍스처 매핑 실시
- 층별 모델링 자료를 수직구조물(계단, 에스컬레이터 등)과 연결하여 건축물 전체의 통합된 모델링 완료
- 생성된 모델링 데이터를 「실내공간정보 구축 작업규정」 별표 5에서 규정한 '실내공간 정보 레이어 명명규칙'에 의하여 분류

12) 텍스처(사진) 촬영

건축도면을 이용한 방법의 텍스처 촬영방법과 동일하게 적용

13) 텍스처 편집 및 매핑

건축도면을 이용한 텍스처 편집 및 매핑 방법을 따름

14) 파일형식 변환(City GML 편집 및 저장)

건축도면을 이용한 City GML 편집 및 저장 방법을 따름

15) 정리 및 점검

4. 기대 효과

(1) 향후 세계 공간정보 시장의 점유율을 최대 10%로 확보할 경우 국내 최대 규모의 새로운 시장이 창출할 것으로 기대된다.

(2) 공간정보를 활용한 스마트 쇼핑, 모바일 광고, Door to Door 내비게이션, 위치기반 게임, 기업의 물류 및 재고관리, 실내위치기반 SNS 등 응용산업의 무한한 발전도 기대된다.

(3) 실내공간정보를 융·복합하여 국내 건설산업과 로봇산업, 선박산업 등의 경쟁력도 높여줄 수 있을 것으로 기대된다.

(4) 사이버 영역 확장을 통한 국제 경쟁력 확대 및 실내위치, 방범, 재난, 실내환경 분야의 획기적인 발전이 기대된다.

5. 실내공간 응용 서비스

(1) 실내에서의 최적경로를 안내하는 실내 내비게이션 서비스

(2) 실내공간의 상황을 모니터링하는 실내 공간관리 서비스

(3) 청소 로봇 등과 같이 실내공간의 구조적 정보를 활용하는 실내 로봇 응용 서비스

(4) 위험 상황을 알려주는 실내 긴급 상황 서비스

6. 실내공간정보 구축에 따른 문제점 및 대책

(1) 문제점

① 실내 모델링 및 DB 구축의 표준화

② 실내 위치 측위기술의 표준화

③ 정부 차원의 표준화 제정 및 지원

(2) 대책

① 효율적인 실내공간정보가 구축되도록 빠른 시일 내 국내 표준화가 제정되어야 함

② OGC(개방형 공간정보 컨소시엄), ISO(국제 표준화기구) 및 IEEE(국제 전기 전자 기술자 협회)에 실내공간정보 국제 표준화를 우리나라 주도로 제정함

③ 실내공간정보 기술이 타 분야(로봇, 조선)에 활용할 수 있도록 국가적인 지원이 필요함

7. 결론

최근 공간정보산업의 시장 동향은 전체적 공간에서 개별적 공간으로, 생산자 중심에서 소비자 중심으로 급속하게 변화하고 있다. 그러므로 실내공간정보 구축에서 표준화까지 정부의 전폭적인 지원 아래 우리나라가 세계시장을 점유할 수 있도록 산·학·연·관이 유기적인 협력체계 구축으로 효율적인 사업이 되도록 노력해야 할 때라 판단된다.

09 실내 3차원 공간정보 구축을 위한 점군자료 획득방법과 자동화 처리과정의 문제점

> 실내 3차원 공간정보를 구축하기 위해 ① 지상 LiDAR(Light Detection And Ranging), ② 광학영상, ③ 지상 LiDAR와 광학영상의 통합방식을 이용할 수 있다. 다음 물음에 답하시오.
> 1. 실내 3차원 공간정보의 구축을 위한 점군자료(Point Cloud)의 획득방법을 정지형(Static)과 이동형(Kinematic)으로 나누어 각각 설명하시오.
> 2. 1.의 방법들을 통해 획득한 점군자료의 자동화 처리과정을 제시하고, 각 단계별 문제점을 설명하시오.

1. **실내 3차원 공간정보의 구축을 위한 점군자료(Point Cloud)의 획득방법을 정지형(Static)과 이동형(Kinematic)으로 나누어 각각 설명하시오.**

   (1) 실내 3차원 공간정보 구축방법

   ① **지상 LiDAR(3D 스캐너) 방식** : 지상라이다는 초당 수만에서 수백만 개의 레이저를 주변 대상물에 발사하여, 그 레이저가 다시 반사되어 돌아오는 시간 등의 물리적 값에 근거하여 대상물의 실제 위치정보를 파악하는 측량방법이다.

   ② **지상사진측량(광학영상) 방식** : 지상에서 촬영한 사진을 이용하여 주변 대상물의 형태 및 변위관측을 하기 위한 측량방법이다.

   ③ **지상 LiDAR와 광학영상의 통합방식**

   (2) 실내 3차원 공간정보의 구축을 위한 점군자료 획득방법

   ① **정지형(Static)** : 지상라이다(3D 스캐너), 카메라로 이루어진 시스템으로 관측 대상물에 폐색지역이 발생하지 않도록 사전 계획한 관측점을 기준으로 측량하는 방식

   ② **이동형(Kinematic)** : Push-Cart 시스템과 3D 레이저 스캐너, 카메라, GNSS/INS시스템으로 이루어진 이동형 3D 스캐너 시스템으로 1초에 1m의 속도로 이동하면서 데이터를 취득하기 때문에 고정형 스캐너에 비해 최대 80% 이상의 작업효율성을 높일 수 있는 측량방식

③ 정지형과 이동형의 특성 비교

[표 8-23] 정지형과 이동형의 특성 비교

구분	고정형 LiDAR (T×S)	Mobile MMS
장비거치	5분×기계점수	5분×1회
장비이동	15분×기계점수	도보속도로 이동 (by 카트)
측정별 데이터 취득시간 (1일)	5분×기계점수	8~12시간 연속데이터 취득
데이터 처리 (1일 취득 데이터)	3D : 익일 (수동)	2D : 당일 3D : 익일 (자동)

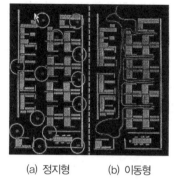

(a) 정지형   (b) 이동형

[그림 8-42] 정지형과 이동형 개념의 예

(3) 점군자료(Point Cloud)의 획득방법

① 실내 3차원 공간정보 구축방법

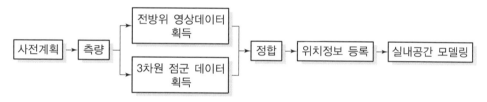

[그림 8-43] 실내 3차원 공간정보 구축방법

② 정지형 레이저 스캐너에 의한 점군자료 획득방법

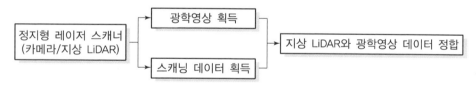

[그림 8-44] 정지형 레이저 스캐너에 의한 점군자료 획득방법

③ 이동형 레이저 스캐너에 의한 점군자료 획득방법

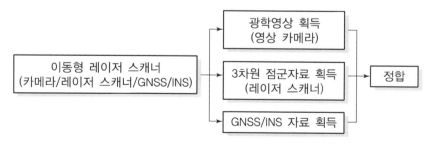

[그림 8-45] 이동형 레이저 스캐너에 의한 점군자료 획득방법

2. 1.의 방법들을 통해 획득한 점군자료의 자동화 처리과정을 제시하고, 각 단계별 문제점을 설명하시오.

(1) 실내 3차원 공간정보의 일반적 모델링 과정

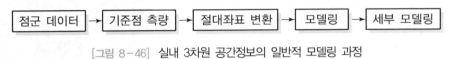

[그림 8-46] 실내 3차원 공간정보의 일반적 모델링 과정

(2) 모델링 자동화

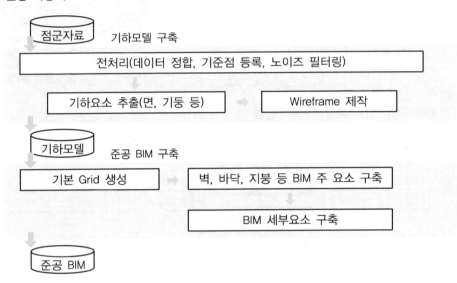

[그림 8-47] 점군자료의 자동화 처리과정

(3) 단계별 문제점

　1) 전처리(데이터 정합, 기준점 등록, 노이즈 필터링)
　　① 데이터 정합, 노이즈 필터링 자동화 시 점군자료의 품질관리가 어려움
　　② 별도의 기준점측량이 필요하므로 자동화가 어려움

　2) 기하요소 추출(면, 기둥 등)
　　① 비선형 구조물의 경우에는 기하요소 추출 자동화가 어려움
　　② 기하요소 추출과정에서 데이터에 왜곡이 발생할 수 있음

　3) 벽, 바닥, 지붕 등 BIM 주요소 구축
　　추출된 기하요소들을 벽, 바닥, 기둥 등으로 자동분류하기 위한 규칙을 만들기 어려움

　4) BIM 세부요소 구축
　　비정형의 세부요소들에 대한 자동화는 거의 불가능

위치기반 서비스(LBS)와 실내측위 최신 기술동향

1. 개요

최근에 대부분의 스마트 디바이스(Device)는 GNSS를 탑재하여 실외에서 위치파악이 가능하고 다양한 부가기능과 서비스를 제공하고 있다. 현재까지 스마트폰 및 태블릿은 GPS 또는 GLONASS 등의 GNSS를 기반으로 대부분 실외 위치서비스를 제공하고, 실내의 경우에는 WiFi를 기반으로 위치서비스를 제공하고 있다. 또한, 사람이나 사물의 위치를 정확하게 파악하고 이를 활용하는 다양한 응용시스템 및 서비스를 통칭하는 LBS 기술은 이동통신기술의 발전과 맥락을 같이 하고 있다.

2. LBS기술의 개요

(1) OGC(Open Geospatial Consortium)에서는 위치정보의 접속 및 제공 또는 위치정보에 의해 작용하는 모든 응용소프트웨어 서비스라고 정의하고 있다.

(2) 일반적 의미로는 사람이나 사물의 위치를 정확하게 파악하고 이를 활용하는 다양한 응용시스템 및 서비스를 통칭한다고 볼 수 있다.

(3) LBS 기술은 이동통신기술의 발전과 맥락을 같이하고 있다. 즉, 다양한 유무선 통신망에서 모바일 기기의 위치를 추적하여 이를 수집하고 가공하여 민간 및 공공부문에 다양한 콘텐츠를 제작·서비스하는 것이다.

(4) 이는 이동통신 및 유비쿼터스 컴퓨팅 환경에서 이동성이 있는 사용자 또는 사물의 위치정보를 다른 정보와 결합·가공하여 그림과 같이 다양한 비즈니스에 필요한 부가적인 서비스를 제공하면서 전 산업분야에 확산되고 있다.

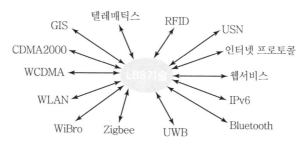

[그림 8-48] LBS 기술의 응용 분야

3. LBS 최신 기술

(1) 기반기술

LBS 기술은 이동통신망이나 위성신호 및 유비쿼터스 시스템 등을 이용하여 모바일기기의 현재 위치를 측정하고 이와 관련된 다양한 정보 서비스를 제공하기 위해 다음 세 가지 기술발전 및 통합이 필수적으로 요구된다.

① 모바일 기기의 위치를 추적·파악하는 측위기술

② 이동통신망과 LBS 응용기술 간 망 접속 및 망 관리 기능을 통해 위치정보를 관리하고 서비스에 필요한 부가적인 기능 등을 제공하는 LBS 플랫폼 기술

③ 다양한 고부가 가치의 LBS 서비스 제공을 위한 LBS 단말기 및 응용서비스 기술

(2) 측위기술

① 네트워크 기반 측위기술 : 핸드셋(Handset)의 하드웨어 및 소프트웨어의 변경이 필요 없는 반면 위치 정확도가 통신망의 기지국 셀 크기와 측정방식에 따라 500m~수 km의 측정오차를 보일 수 있다.

② 핸드셋 기반 측위기술 : 핸드셋에 GNSS 수신기 등 신호수신장치를 추가로 장착하는 등 하드웨어와 소프트웨어의 변경이 필요하다. 이는 네트워크 기반 측위기술에 비해 정확도는 높다. 그러나 고층건물이 밀집된 도심지역, 산림, 숲 및 실내 등 전파음영지역에서는 정확한 GNSS 신호를 수신하지 못해 위치를 결정하지 못하는 단점이 있다.

③ 하이브리드 측위기술 : 이 두 방식의 문제점을 상호보완한 혼합방식으로 서비스 네트워크의 적용 프로토콜이나 토폴로지 등에 따라 사양을 적절히 설계할 수 있다.

(3) LBS 플랫폼 기술

가장 핵심적인 LBS 기능을 제공하는 기술로서 LBS 서비스를 위해 LBS 플랫폼에서 제공해야 할 주요 기능은 다음과 같다.

① 위치정보 요청 및 응답처리 기능

② 위치정보 관리기능

③ 위치기반 기능

④ 프로파일 관리기능

⑤ 인증 및 보안기능

⑥ 사업자 간 위치정보 제공 기능

(4) 공간정보기술

① 지리정보의 중요한 부분인 공간정보는 단순히 하나의 시점에 대한 자료뿐만 아니라 시간적으로 변하는 공간적인 정보를 함께 표현할 수 있어 시공간 정보라고도 한다.

② 또한, 무선통신기술, 측위기술 및 모바일 환경의 발달에 따라 공간정보는 단순히 고정된 위치를 이용한 응용뿐만 아니라 이동성을 요구하는 응용분야에도 확대되고 있다.

4. 실내측위기술

최근에 대부분의 스마트 디바이스는 GNSS를 탑재하여 실외에서 위치파악이 가능하고 다양한 부가기능과 서비스를 제공하고 있다. 또한, 실내 측위기술에는 WiFi를 사용하는 WLAN(Wireless Local Area Network)을 이용한 방법, Bluetooth, ZigBee, UWB(Ultra-Wide Band)를 이용하는 WPAN(Wireless Persional Area Network)방법, RFID(Radio Frequency IDentification)방법 그리고 관성센서 등의 기술이 있다.

[표 8-24] 각종 실내측위기술의 특징 비교

구분	방식	정확도	비용	특징
기지국 기반	• 기지국들로부터 위상(Phase), 전계 강도 정보를 받아 측위 서버(PDE)로 전송 • 도심지를 약 50m×50m 격자구조로 전파를 측정하여 구축한 DB에서 가장 적합한 패턴값을 찾아 위치 파악	200~300m (층구분 못함)	전파 패턴 DB 구축비용	도심지역에는 Cell ID방식 대비 위치 정확도가 높지만, 외곽지역에서는 기지국 커버리지가 넓고, 다수의 기지국 정보 수신 불가
ZigBee	• ZB 탑재 단말이 ZB AP를 통해 단말의 위치를 주기적으로 ZB 위치 서버로 등록 • 이동망 LBS 서버에서 ZB 위치 서버와 연동하여 위치정보를 공유하는 방식	10~30m (층단위 구분)	ZB AP 및 전파 맵 구축비용	• 건물의 층 단위까지 정확한 위치정보를 제공 • 모든 건물에 ZigBee AP를 구축하고, 정확한 위치를 위해 서버와 연동 필요
UWB	UWB 단말기에 자신의 고유 ID를 32Bit로 송출하면 건물 내에 설치된 여러 UWB AP가 이를 수신하여 TDoA 방식으로 UWB 단말기 위치를 계산	10cm (층단위 구분)	UWB AP 구축비용	• 투과성이 좋아 건물 내의 벽이나 칸막이 등을 통과하여 음영지역에서도 위치 파악 가능 • 건물 내 다수의 AP 설치 필요
WiFi	• WiFi 단말이 자신의 위치를 요청할 경우, 단말은 주변에 설치된 WiFi AP의 MAC과 전계강도를 검색하여 서버로 전송 • 사전에 구축한 WiFi AP의 위치정보 DB에서 해당 AP의 MAC 주소를 찾아 위치 파악	10~30m (층단위 구분)	AP에 대한 전파 DB 구축비용	• WiFi AP를 이용하므로 도심지역에서 낮은 비용으로 비교적 정확한 측위 가능 • 전파 맵 작성 및 지속적인 업데이트 필요
관성센서 기반 하이브리드 방식	• 단말기 내 관성센서를 이용한 측위 알고리즘으로 위치 결정 • 실내의 Reference Point를 위한 기술 필요	20m (층단위 구분)	거의 없음	• 단말기에 별도의 부품 불필요 • Drift Error를 보완할 수 있는 기법 적용 필요

5. 결론

최근 위치기반서비스 산업은 모바일기기 제조기술 · 장비기술 · 전송기술 · 서비스기술 등 급속한 산업 환경변화에 적응은 물론 개인의 사생활 보호 측면에서의 정책적 뒷받침 등 역동적으로 대처해야 하는 많은 어려움이 있다. 또한, 기존 실내측위방식은 WiFi를 이용한 방법이 유일하지만,

사업자 측면에서는 전파지도 관리 등 이를 유지하기 위한 비용이 많이 소요되기 때문에 당분간은 대량 상용화가 쉽지 않은 편이다. 이에 LBS 분야와 실내측위는 지속적으로 핵심기술 및 응용서비스 개발과 인프라 구축을 통해 다양하고 유익한 서비스를 확산해 나간다면 성숙기에 접어든 LBS 및 실내측위 시장에 새로운 수익을 지속적으로 창출할 수 있을 것으로 기대된다.

11 실내공간정보 구축에 있어 City GML과 Indoor GML의 특징

1. 개요

실내공간정보의 중요성이 증대됨에 따라 여러 가지 실내공간정보를 위한 국제표준이 최근에 만들어졌으며 그 대표적인 것이 OGC에서 표준으로 만든 City GML과 Indoor GML이다. 그러나 이 두 가지 표준의 단점과 장점에 대한 이해가 정확하지 않아, 어떻게 통합하여 사용할 것인지에 대한 분명한 기준이 마련되어 있지 않다. 즉, 이 두 가지 표준을 효과적으로 결합하여 사용하기 위해 먼저 각각의 특징에 대한 분석이 선행되어야 한다.

2. 실내공간정보 구축

(1) 실내공간정보 구축

실내공간정보는 건물 또는 지하공간의 내부를 정확한 측량을 통해 3차원 또는 2차원 형태로 제작한 실내지도를 말하며 실내공간정보 구축과정은 다음과 같다.

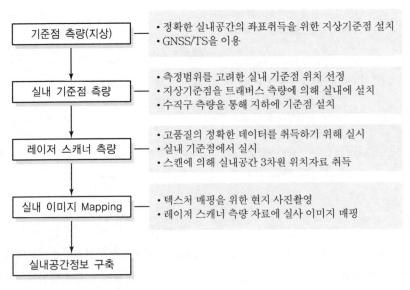

[그림 8-49] 실내공간정보 구축과정

(2) 실내공간의 특성

① 실내공간은 실외공간과 달리 일종의 제약공간(Constrained Space)이다.

두 개의 점 사이 거리가 직선거리로 정의되는 유클리디언 공간과 달리, 벽이나 계단 등으로 제한되어 있는 실내공간은 두 점 사이의 거리가 직선거리로 정의되지 않는다. 그러므로 실내공간정보 표현의 가장 기본적인 사항은 실내의 제약을 어떻게 표현하는가이다.

② 실내공간은 일종의 기호적 공간(Symbolic Space)이다.

기호적 공간은 위치를 지정하는 것이 좌표가 아니라 방 번호나 번지수와 같은 기호로 되는 공간을 말한다. 예를 들어, 실내공간을 이동하는 보행자가 자신의 위치를 알릴 때, 대부분 방 번호나 복도의 이름 등을 사용한다. 따라서 기호적 공간은 아래의 그림과 같이 주어진 내부공간을 기호적 공간으로 표현하게 되면, 각 방과 복도 등의 연결성을 나타내는 위상정보는 일종의 그래프가 된다. 이러한 그래프는 위상적 그래프 또는 노드-관계 그래프(NRG : Node-Relationship Graph)라고 부른다.

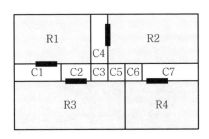

[그림 8-50] 실내공간의 기호적 표현

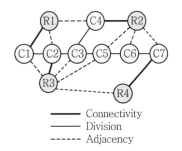

[그림 8-51] NRG(노드-관계 그래프)

3. City GML과 Indoor GML

실내공간정보 구축 시 기하 및 위치데이터 취득 후 실내 이미지 매핑(Mapping)에서 실내공간정보의 표준 정보가 제공되도록 OGC(Open Geospatial Consortium)에서는 City GML과 Indoor GML을 만들었다. City GML은 주로 건축물이나 실내공간에 존재하는 객체를 서술하는 정보를 표현하는 데 주목적이 있다면, Indoor GML은 실내에 벽이나 문, 계단통로 등으로 만들어지는 공간을 표현하는 것이 그 목적이다.

(1) City GML

City GML은 2D 및 3D 형태로 빌딩, 다리, 시설물, 도로 등과 같은 도시공간의 객체를 모델링하기 위한 표준으로서 표현하고자 하는 대상 객체의 세밀도(LoD : Level of Detail)를 여러 단계로 구분하여, 서비스에 맞는 수준의 모델을 활용할 수 있도록 하고 있다. City GML은 5가지의 세밀도(LoD : Level of Detail)를 정의하고 있으며, LoD4는 실내공간을 대상으로 한다. 하지만 모든 모듈이 LoD4를 가지고 있는 것은 아니다.

LoD0	LoD1	LoD2	LoD3	LoD4

[그림 8-52] LoD의 구분

[표 8-25] 세밀도의 구분

구분	세밀도 내용
LoD0	지표모델에 해당한 것
LoD1	지형지물을 단순한 상자형태로 확장한 3차원 기하객체로 표현한 것
LoD2	지붕과 벽면에 대해 단순한 기하 특성으로 표현한 것
LoD3	창문과 같은 세부적인 벽면 정보와 실제 텍스처를 표현한 것
LoD4	실내공간을 대상으로 한 것

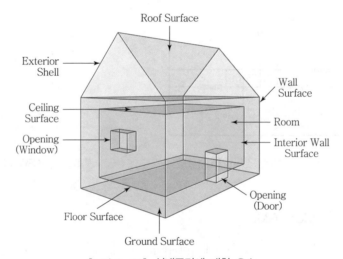

[그림 8-53] 실내공간에 대한 요소

위 그림은 City GML에서 실내공간에 대한 요소를 모델링한 것으로 실내공간 요소는 주로 방, 가구, 실내설치물, 문, 창문, 천장, 벽, 및 바닥으로 구별하여 표현한다. City GML은 단순한 공간모델링과 가시화를 위하여서는 훌륭한 표준이지만 몇 가지 단점을 가지고 있다.

① 실내공간을 모델링하는 것이 아니라, 실내공간의 객체를 모델링하는 것이다. 따라서 실내공간의 객체가 속한 공간을 탐색하는 기능이 매우 떨어진다.

② City GML로 공간을 표현하는 유일한 방법은 Room을 이용하는 것인데, Room의 기하가 닫힌 다면체인 Gml : Solid가 아닌 Gml : MultiSurface로도 표현이 가능하여 실내공간 분석에 부적절하다.

③ City GML에서는 위상적 연결성의 표현이 제한되어 있다.

④ 다양한 관점에서 실내공간의 해석이 불가능하다

(2) Indoor GML

① Indoor GML은 City GML 등 이전의 실내공간정보 표준이 가지고 있는 단점을 보완하기 위하여 정의된 표준이다.

② Indoor GML은 멀티 레이어 및 노드링크 개념을 이용하여 실내공간을 다양한 의미의 관점에서 모델링할 수 있도록 한다. Indoor GML은 City GML과 달리 실내공간의 객체를 표현하기 위한 것이 아니라, 셀공간모델(Cellular Space Model)을 기반으로 정의된 것이다.

③ 셀의 기하, 셀의 의미, 셀 사이의 위상 정보 및 다중 레이어 공간모델 이 네 가지의 특성을 통하여 Indoor GML의 기본적인 개념을 설명할 수 있다.

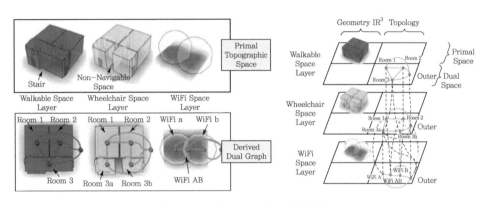

[그림 8-54] Indoor GML의 개념

4. 실내공간정보 구축을 통한 표준 비교

[표 8-26] City GML/Indoor GML 비교

구분	City GML	Indoor GML
단위 공간의 폐합 여부 – 계단의 표현	단위공간을 별도로 정의하지 않고, 단순히 방(Room)을 통하여서만 표현 가능하다. 계단을 건물 내부설치물로 표현한다.	계단이 위치한 공간은, 셀의 기하로 3차원 다면체 또는 2차원 다각형으로 표현되어 폐합된 공간이 된다.
벽과 문의 경계면 표현	벽면이나 문의 경계면은 표현이 되지만 벽이나 문자체는 표현하지 않는다.	벽이나 문도 두께 있는 벽 모델(Thick – Wall Model)로 표현할 경우, 하나의 셀로 표현되므로, 3차원 또는 2차원적 기하요소가 포함되어야 한다. 따라서 바닥이나 천장의 면이 함께 표현된다.
방안의 방	커다란 방은 안의 작은 방의 기하요소가 가지는 공간으로 포함하여 기하를 정의하게 된다.	셀이 중첩되면 안 된다는 셀의 조건 때문에 바깥의 방은 안의 방의 공간을 제외한 구멍이 있는 다면체로 표현되어야 하며, 안의 방은 별도의 셀로 표현되어야 한다.
셀의 분할	별도로 방으로 이 공간을 표현하지 않는 이상, 셀의 분할과 같은 작업은 필요하지 않다.	공간이 하나의 셀로 정의되기에는 너무 크며 무의미하다면 의미가 있는 여러 개의 작은 셀로 구별한다.

구분	City GML	Indoor GML
가상 벽의 표현	동일한 객체에 대하여 양면의 방향을 가지는 면을 표현한다.	종이벽 모델(Paper Door Model)을 적용하여야 하므로, 하나의 셀 경계면(CellBoundary)으로 표현된다.
이동 불가능 지역의 표현	벽과 같은 이동 불가능 지역을 별도의 객체로 표현하지 않는다.	이동 가능한 지역뿐 아니라, 이동 불가능한 공간도 셀로 표현이 가능하다.
벽의 텍스처와 재질의 표현	가시화를 위한 텍스처 또는 실사사진을 붙일 수 있다.	벽면은 단순히 두 개의 셀의 경계면으로만 존재하기 때문에 방향성의 정의가 불가능하고 따라서 가시화를 위한 텍스처나 재질에 대한 속성을 정의할 수 없다.

5. 결론

최근 실내공간정보 중요성이 증대됨에 따라 여러 가지 실내공간정보를 위한 국제표준이 만들어지고 있다. OGC 표준인 City GML과 Indoor GML은 서로 다른 목적과 특성을 가지고 있어, 이 두 가지 표준을 효과적으로 결합하여 사용하려면 먼저 각각의 특징에 대한 분석이 선행되어야 효율적인 실내공간정보가 구축될 수 있다고 판단된다.

12 SLAM(Simultaneous Localization And Map-Building, Simultaneous Localization and Mapping)의 개념, 기존 공간정보취득방식과의 차이점 및 처리절차

1. 개요

미지의 영역에서 작업을 수행하고자 하는 이동로봇은 가용한 주변의 지도가 없을 뿐만 아니라 자신의 위치도 알 수 없다. 이러한 환경에서 주행을 위해 가장 많이 사용하는 방법은 소위 동시 위치지정 및 지도 작성(SLAM : Simultaneous Localization and Mapping)으로, 이동로봇이 센서를 이용하여 자신의 위치를 추적하는 동안 미지의 주변 지역에 대한 지도를 제작하는 것이다. 정확한 지도는 로봇의 주행이나 위치지정(Localization) 등과 같은 특정 작업을 좀 더 빠르고 정확하게 수행할 수 있게 한다.

2. SLAM의 개념

(1) SLAM(Simultaneous Localization And Map-Building, Simultaneous Localization and Mapping)이란 "동시적 위치 추정 및 지도 작성"이라고 하며, 카메라와 같은 센서를 가진 로봇의 주변 환경을 3차원 모델로 복원함과 동시에 3차원 공간상에서 로봇의 위치를 추정

하는 기술을 말한다.

(2) 정확한 3차원 환경의 맵과 로봇의 위치를 예측하는 것은 증강현실, 로보틱스, 자율주행과 같은 응용에서 필수적이다.

[표 8-27] SLAM의 응용분야

증강현실	• 가상의 객체를 사용자가 바라보고 있는 실제 공간에 합성하여 실제로 존재하는 것처럼 느끼도록 하는 기술 • 3차원 환경 맵의 정확한 복원과 사용자가 바라보는 시점의 정확한 예측이 이루어져야 가능
로보틱스	로봇이 특정한 작업(물체 이동, 분류, 수거 등)을 성공적으로 수행하도록 하기 위해서, 로봇 주변의 환경 맵과 로봇의 위치가 반드시 필요
자율주행	• 운송수단이 사고 없이 안전하게 목적지로 탑승자를 이동시키기 위해 SLAM 기술 활용 • 그 외에도 더 많은 응용에서 활용 가능 • 전단부에서 입력되는 센서(Vision, Depth, LiDAR, Fusion)의 종류에 따라 구분되기도 함

3. 기존 공간정보 취득방식과의 차이점

(1) SLAM 알고리즘

SLAM 알고리즘은 크게 전단부(Front-end)와 후단부(Back-end)로 나누어진다.

[표 8-28] SLAM의 알고리즘 구성

전단부	센서로부터 측정된 데이터를 3차원 점군으로 만들고 정합하는 과정 담당
후단부	루프 폐쇄 검출, 변형 처리, 환경 맵 최적화 등의 과정 수행

(2) 루프 폐쇄 검출(Loop Closure Detection)

① 로봇의 이동궤적 상에서 현재의 위치가 이전에 방문했던 위치인지를 판단하는 것

② 검출된 결과를 환경 맵 최적화 단계에서 제약조건으로 활용하도록 하여, SLAM 알고리즘의 로봇 표류 문제 해결

[그림 8-55] 루프 폐쇄 검출을 사용하지 않은 경우   [그림 8-56] 루프 폐쇄 검출을 사용한 경우

③ 위의 그림에서 보이는 바와 같이 삼각형이 로봇 궤적이라고 가정하고 동그란 점이 실제로는 동일한 위치라고 하면, 루프 폐쇄 검출을 사용하지 않은 경우 누적된 궤적 오차 때문에 예측된 로봇의 궤적이 심하게 뒤틀리는 것을 확인할 수 있고, 이는 정확도에 직접적으로 영향을 미침

④ 반대로, 루프 폐쇄 검출을 사용한 경우 궤적이 제대로 수정되어 동시에 정확한 환경 맵을 획득할 수 있음

[표 8-29] 기존 공간정보취득방식과의 차이점

구분	SLAM(Simultaneous Localization And Mapping)		Odometry		Ground Truth
	카메라	LiDAR	IMU	Encoder	GNSS
기술	Visual-SLAM	Particle Filter	Inertia based	Accumulate rotation info	Satellite Triangulation
장점	• 장애물 회피 • 맵 작성용 사진	• 정확한 거리 측위 • 지형도 작성용	부드러운 회전	주행정보 인식	전지구 실외 위치 인식
단점	• 드리프트(Drift) 문제 • 부정확한 거리 측위	• 비슷한 환경에 취약 • 변경 잦은 환경에 취약	• 드리프트 문제 • 위치 측위 불가	슬립으로 인한 오차 누적	실내 인식 불가

4. SLAM의 원리 및 처리절차

(1) 원리

① 거리센서, 엔코더(Encoder) 등의 센서를 사용하며 이를 탑재한 로봇에 적용
② 바퀴의 모터에 장착된 엔코더를 이용하여 기본적인 로봇의 위치를 계산
③ 실내 환경에 존재하는 직선 정보, 코너 정보와 같은 특징 정보를 위치 추정에 활용
④ 특징 정보를 사용하여 로봇의 위치를 추정한 후, 지도 정보를 갱신

(2) 처리절차

① 엔코더 정보로부터 한 주기 동안 이동한 로봇의 다음 위치를 계산함
② 계산한 로봇 위치에서 거리센서에 의하여 관찰될 환경을 예측함
④ 예측된 환경과 관찰된 환경을 매칭함
⑤ 매칭된 값을 바탕으로 로봇의 실제 위치를 추정함
⑥ 추정된 위치에서 지도를 갱신함
⑦ 위의 과정을 반복함

[그림 8-57] SLAM 처리절차

5. 발전 및 활용 분야

(1) 로봇공학의 학계 및 관련 기업에서 다양한 알고리즘을 개발하고 있음
(2) 컴퓨터 비전(Computer Vision) 및 딥러닝과 결합하고 카메라를 이용하여, 3차원 공간상의 위치를 추정
(3) 주변 정보를 취합한 지도를 가상공간에 만들어 내는 Visual SLAM(시각정보를 이용한 동시적 위치 추정 및 지도 작성 기술)로 발전하고 있음
(4) 로봇청소기, 무인자동차, 자동지게차, 무인항공기, 드론, 자율주행, 증강현실, 가상현실 등에서 활용

6. 결론

사람은 SLAM 방식을 이용하여 낯선 장소에서 마음속의 지도를 쉽게 만들 수 있지만, 이동로봇이 SLAM을 수행하는 데는 많은 어려움과 긴 시간의 소모가 발생한다. 이러한 단점을 극복하기 위하여, 익숙하지 않은 건물과 같은 복잡한 환경에서 로봇이 좀 더 빠르고 정확하게 주행할 수 있도록 연구가 이루어져야 할 것이다.

13 제4차 산업혁명

1. 개요

일어나면 자동으로 조명이 켜지고 출근 준비를 마치고 집을 나서면 자동으로 조명이 꺼지며, 스마트키를 들고 차에 접근하면 자동으로 문이 열릴 뿐 아니라 자리에 앉으면 자동으로 시동이 걸리고 목적지를 말하면 자동으로 안내한다. 지금 현재 지구촌에는 우리 삶을 통째로 바꿔놓을 '제4차 산업혁명'이 일어나고 있다. 제4차 산업혁명은 인공지능에 의해 자동화와 연결성이 극대화되는 산업환경의 변화를 의미한다.

2. 산업혁명의 역사

(1) 제1차 산업혁명은 '증기' 이용 기계화
(2) 제2차 산업혁명은 '전기' 이용 대량생산
(3) 제3차 산업혁명은 '반도체(전자, IT)' 이용 자동화
(4) 제4차 산업혁명은 '기술융합' 사물지능시대(생산과 서비스의 완전 자동화, 로봇화, 인공지능화)

3. 각 산업혁명의 특징

[표 8-30] 각 산업혁명의 특징

제1차 산업혁명	제2차 산업혁명	제3차 산업혁명	제4차 산업혁명
18세기	19~20세기 초	20세기 후반	2015년~
증기기관 기반의 기계화혁명 ⇒ 손발기능 확장	전기 에너지 기반의 대량 생산혁명 ⇒ 근육기능 확장	컴퓨터와 인터넷 기반의 지식정보혁명 ⇒ 뇌기능 확장	IoT/CPS/인공지능 기반의 만물 초지능혁명 ⇒ 오감과 브레인의 연계기능 확장
증기기관을 활용하여 영국의 섬유공업이 거대 산업화 ⇒ 동양에서 서양으로 패권 이동	공장에 전력이 보급되어 벨트 컨베이어를 사용한 대량생산 보급 ⇒ 영국에서 미국으로 패권 이동	인터넷과 스마트 혁명으로 미국 주도의 글로벌 IT기업 부상 ⇒ 패권의 다원화·연계화	사람, 사물, 공간을 초연결·초지능화하여 산업구조, 사회시스템 혁신 ⇒ "도전하고 전략적으로 리더십을 발휘하는 나라"가 제4차 산업혁명 선도국가가 될 것

4. 제4차 산업혁명의 특징

제4차 산업혁명은 전통적인 정보통신기술로서의 ICT가 아니라 혁신촉매형 ICT(Innovation & Catalyst Technology)이라는 그 본질이 바뀌고 있다는 데 주목한다. 그 방향성을 다음 3가지로 요약할 수 있다.

(1) 사람-사물-공간의 상호관계의 기축이 아날로그에서 디지털로 전환이 촉진되면서 실시간으로 데이터를 수집, 축적, 활용할 수 있는 만물인터넷(IoT/IoE) 생태계가 가속적으로 성숙되고 있다.

(2) 초연결된 사람-사물-공간에서 획득된 빅데이터를 해석할 수 있는 AI의 진화에 의해 인간이 의사결정을 한층 고도화하고, 현실세계로 피드백하여 제어하는 CPS(Cyber Physical System)가 경제사회를 지원하는 중추시스템이 된다.

(3) 초연결된 만물인터넷 생태계는 삼라만상의 생물적 지능과 인공적 지능 간의 선순환 가치를 발휘하는 만물초지능 통신 기반으로 성숙되면서 제4차 산업혁명을 견인한다.

[표 8-31] 통신기술의 발전단계

1980년대	2000년대	2010년대	2020년~
전기통신	정보통신	사물(만물)통신	만물초지능통신
• 사람과 사람을 연결 • 단말과 단말을 필요할 때만 연결	• 사람과 정보를 연결 • 유무선 브로드밴드 기반 정보처리 생태계	• 사람과 사물 간 데이터와 정보를 연결 • IoT, CPS, 빅데이터, 인공지능의 선형적 발전	• 사람인터넷, 사물인터넷, 공간인터넷이 지능적인 복합시스템을 형성 • IoE, CPS, 빅데이터, 인공지능 등이 지수함수적으로 발전

5. 제4차 산업혁명 관련 주요 용어

(1) IoT(사물인터넷)

사물과 사물이 네트워크로 연결되어 정보를 서로 공유하는 환경을 말한다. 가전제품, 전자기뿐만 아니라 헬스케어, 원격검침, 스마트홈, 스마트카 등 다양한 분야에서 사물을 네트워크로 연결해 정보를 공유할 수 있다.

> **예** 미국 벤처기업 코벤티스가 개발한 심장박동 모니터링 기계, 구글의 구글 글라스, 나이키의 퓨얼 밴드 등도 이 기술을 기반으로 만들어졌다. 특히, 심장박동 모니터링 기계는 사물인터넷의 대표적인 예로, 부정맥을 앓고 있는 환자가 기계를 부착하고 작동시키면 심전도 검사 결과가 자동으로 기록돼 중앙관제센터로 보내진다. 중앙관제센터는 검사 결과를 전문가에게 전송해 임상보고서를 작성하고 이 보고서를 통해 환자와 적합한 의료진이 연결된다.

(2) CPS(Cyber Physical System)

로봇, 의료기기 등 물리적인 실제의 시스템과 사이버 공간의 소프트웨어 및 주변 환경을 실시간으로 통합하는 시스템을 일컫는 용어이다. 기존 임베디드시스템(Embedded System)의 미래지향적이고 발전적인 형태이다. 에너지, 건강진료, 수자원관리시스템, 공공기초 시설, 운송시스템 등 매우 복잡한 핵심인프라가 모두 사이버물리시스템의 적용대상에 해당된다.

(3) AI(Artificial Intelligence)

인간의 인식판단 · 추론 · 문제해결 · 언어나 행동지령 · 학습기능과 같은 인간의 두뇌작용과 같이 컴퓨터 스스로 추론 · 학습 · 판단하면서 작업하는 시스템을 말한다. 또한, 인공지능은 그 자체로 존재하는 것이 아니라, 컴퓨터 과학의 다른 분야와 직 · 간접으로 많은 관련을 맺고 있다. 특히 현대에는 정보기술의 여러 분야에서 인공지능적 요소를 도입하여 그 분야의 문제풀이에 활용하려는 시도가 매우 활발하게 이루어지고 있다.

(4) ICT(Information Communication Technology)

정보기술(Information Technology)과 통신기술(Communication Technology)의 합성어로 컴퓨터, 미디어, 영상기기 등과 같은 정보기기를 운영 · 관리하는 데 필요한 소프트웨어 기술과 이들 기술을 이용하여 정보를 수집 · 생산 · 가공 · 보존 · 전달 · 활용하는 모든 방법을 말한다. ICT는 창조경제의 기반이다. 특히 최근에는 빅데이터, 모바일, 웨어러블이 새로운 화두가 되고 있다. 더 나아가 사물인터넷은 인간과 인간 사이의 연결뿐만 아니라 인간과 사물의 연결, 사물과 사물의 연결도 가능하게 한다. 창조의 가능성이 무한하게 열려 있다 해도 과언이 아니다. 그러나 여기에 개인정보 보호와 프라이버시 보호 등을 보완해야 진정한 창조경제를 만들 수 있다.

(5) 빅데이터(Big Data)

빅데이터란 디지털 환경에서 생성되는 데이터로 그 규모가 방대하고, 생성 주기도 짧고, 형태도 수치 데이터뿐 아니라 문자와 영상 데이터를 포함하는 대규모 데이터를 말한다. 빅데이터 환경은 과거에 비해 데이터의 양이 폭증했다는 점과 함께 데이터의 종류도 다양해져 사람들의 행동은 물론 위치정보와 SNS를 통한 생각과 의견까지 분석하고 예측할 수 있다. 기업은 보유하고 있는 고객 데이터를 활용해 마케팅 활동을 활성화하는 고객관계관리(CRM : Customer Relationship Management) 활동을 1990년대부터 시작했다. CRM은 기업이 보유하고 있는 데이터를 통합하는 고객 데이터 분석을 통한 고객유지와 이탈방지 등과 같은 다양한 마케팅 활동을 진행하는 것을 뜻한다. 기업의 CRM 활동은 자사 고객 데이터뿐 아니라 제휴회사의 데이터를 활용한 제휴 마케팅도 포함한다. 최근에는 구매이력 정보와 웹로그(Web-log)분석, 위치기반 서비스(GNSS) 결합을 통해 소비자가 원하는 서비스를 적기에 적절한 장소에서 제안할 수 있는 기술 기반을 갖추었다.

(6) 드론(Drone)

드론은 무선전파로 조종할 수 있는 무인항공기다. 카메라, 센서, 통신시스템 등이 탑재되어 있으며, 250g부터 1200kg까지 무게와 크기도 다양하다. 군사용으로 처음 생겨났지만 최근 고공 촬영과 배달 등으로 확대되었을 뿐 아니라 값싼 키덜트 제품으로 재탄생돼 개인도 부담없이 구매할 수 있게 되었다. 농약을 살포하거나, 공기질을 측정하는 등 다방면에 활용되고 있다.

(7) 핀테크(Fintech)

'핀테크(Fintech)'는 이름 그대로 '금융(Finance)'과 '기술(Technology)'이 결합한 서비스 또는 그런 서비스를 하는 회사를 가리키는 말이다. 여기서 말하는 기술은 정보기술(IT)이며, 핀테크라는 이름이 나오기 전부터 인터넷뱅킹과 모바일뱅킹을 써 왔다.

(8) 클라우드(Cloud)

영어로 '구름'을 뜻한다. 컴퓨팅 서비스 사업자 서버를 구름 모양으로 표시하는 관행에 따라 '서비스 사업자의 서버'로 통한다. 소프트웨어와 데이터를 인터넷과 연결된 중앙 컴퓨터에 저장, 인터넷에 접속하기만 하면 언제 어디서든 데이터를 이용할 수 있도록 하는 것이다.

(9) 엔트로피(Entropy)

자연물질이 변형되어 다시 원래의 상태로 환원될 수 없게 되는 현상을 말한다. 에너지의 사용으로 결국 사용가능한 에너지가 손실되는 결과를 가져온다. 수많은 인문, 사회학적 저작들에서 '엔트로피'는 근대 물질 문명의 한계를 비판하기 위한 주요한 개념으로 인용돼 왔으며, 현대에 와서는 생태계의 위기, 과학기술의 한계와 관련해 더욱 주목받고 있다. 경제환경학적인 측면에서 엔트로피란 복잡성의 정도를 뜻하는데, 엔트로피 증가의 법칙은 경제시스템 내부의 복잡성은 시간이 지날수록 더해간다는 것이다.

6. 결론

제4차 산업혁명은 공간정보에 많은 변화를 일으킬 것이다. 공간정보 개념의 확대, 공간데이터 생산 및 소비 환경의 변화, 공간정보 이용 주체의 변화, 현실공간과 가상공간의 융합 등에 수많은 변화를 발생시킬 것이다. 그러므로 제4차 산업혁명 사회로의 변화에 따라 국가 차원에서 보다 짜임새 있는 공간정보 산업의 육성전략과 공간정보 기술의 발전전략을 세워야 한다. 이를 위해서는 구체적인 정책이 필요하며, 이러한 정책을 통하여 제4차 산업혁명이 몰고 올 무한한 기회와 도전을 남보다 먼저 내다보고, 지혜롭게 대응해 나가야 할 것이다.

가상현실(Virtual Reality), 증강현실(Augmented Reality), 융합현실(Merged Reality)을 비교하고 위치정보와의 관계 설명

1. 개요

가상현실(VR)기술은 일상적으로 경험하기 어려운 환경을 직접 체험하지 않고서도 실제 주변 상황과 상호작용을 하는 것처럼 만들어 주는 과학기술로서 현재 게임 및 미디어 콘텐츠 산업에 주로 활용되고 있지만 향후 의료나 쇼핑 등 다양한 산업에 융합될 수 있는 잠재력이 있다. 가상현실과 증강현실기술은 공간정보기술과 결합을 통해 우리가 살아가는 공간(Space) 속으로 들어와 날로 진화하고 있다.

2. 가상현실(Virtual Reality)

가상현실(VR)은 컴퓨터 등을 사용한 인공적인 기술로 만들어 낸 실제와 유사하지만 실제가 아닌 어떤 특정 환경이나 상황 혹은 그 기술 자체를 의미한다. 과거에는 '가상현실'이라는 큰 개념 안에 증강현실, 대체현실이 포함되었지만 현재는 의미를 좁혀 VR기기를 통해 볼 수 있는 3차원 또는 360도 영상을 일컫는 용어로 쓰이고 있다.

(1) VR의 적용 사례

① 1960년대 이반 서덜랜드 교수의 3D 컴퓨팅을 이용한 상호작용 연구에서 시작하여 비행기나 우주선의 조정을 위한 시뮬레이션 기술을 거쳐 발달

② 〈매트릭스〉나 〈아바타〉와 같은 영화를 통해 가상현실의 개념이 대중화된 이래 2010년대 이후 HMD(Head Mounted Display)기술 개발이 상용화되면서 의학 · 생명과학 · 로봇공학 · 우주과학 · 교육학 등 다양한 분야에서 활용

(2) VR에 공간정보기술 적용

① GNSS/INS 정보를 이용하여 사용자의 움직임에 따른 영상의 출력

② 기존 수치지도 및 LiDAR 구축 데이터를 이용하여 3차원 가상공간 구축

③ HMD에서 양쪽 눈에 서로 다른 영상을 제공하여 입체영상 제공

(3) VR과 위치정보와의 관계

가상의 세계를 구축하기 위해서는 현실세계의 위치정보(X, Y, Z)를 기반으로 가상세계의 위치(x, y, z)를 만들어야 한다. 현실세계에서 장비를 착용한 사용자의 위치정보와 회전인자는 영상출력 시 기준이 된다.

(4) VR의 장 · 단점

① 가상의 현실에서 실제현실과 유사한 정보를 제공함으로써 사용자가 가상현실에서 다양한

경험을 체험

② 장시간 사용 시 멀미와 두통을 유발하며 전용기기가 있어야만 함

3. 증강현실(Augmented Reality)

증강현실(AR)은 실제 환경에서 가상 사물이나 정보를 합성해 원래 환경에 존재하는 사물처럼 보이도록 하는 컴퓨터 그래픽 기법이다. 현실의 정보를 수집하고(위치정보-GNSS, 기울기나 속도-INS) 가상의 이미지 때문에 현실감이 높으며, VR기기를 착용했을 때 느끼는 어지러움을 줄여준다.

(1) AR의 적용 사례

① 1990년 Tom Caudell은 보잉사가 작업자들에게 항공기의 전선을 조립하는 것을 돕기 위한 과정에서 증강현실이란 용어가 탄생

② 미래의 증강현실은 구글 글래스처럼 가벼운 선글라스에 정보 표시를 추가하거나 개인식별 태그정보를 추가하는 형태로 발전될 전망

③ 2016년에는 닌텐도가 증강현실기술을 적용한 게임인 '포켓몬 고'를 출시하여 큰 인기를 얻음

(2) AR의 공간정보기술 적용

① GNSS/INS 정보를 이용하여 사용자의 위치정보 제공

② 위치기반 LBS 정보를 이용하여 위치 관련 서비스 제공

③ 3차원 가상 이미지를 구축하여 현실과 융합

(3) AR과 위치정보와의 관계

증강현실을 이용하기 위해서는 실제 현실세계의 위치정보와 속성정보가 필요하다. 가상의 이미지가 스마트폰을 통해 융합될 때에 실제 지형의 위치정보에 알맞게 덧입혀야 효율적으로 정보를 제공할 수 있음

(4) AR의 장·단점

① 스마트폰, 태블릿, 노트북 등 사용자가 구하기 쉬운 장비를 사용하여 현실세계에 사용자가 필요한 정보를 융합하여 효과적으로 전달할 수 있음

② 가상현실에 비해 몰입감이 떨어짐

4. 융합현실(Merged Reality)

VR과 AR은 모두 해당기기가 있어야 볼 수 있으며, 여러 명이 함께 볼 수 없고 현실감이 떨어진다는 한계가 있다. 융합현실(Merged) 혹은 혼합현실(Mixed)은 이러한 한계를 보완하고자 하는 기술로 현실과 가상에 존재하는 것 사이에서 실시간으로 상호작용할 수 있는 것을 말한다. 다시 말해, MR이란 AR과 VR을 결합한 기술이다.

(1) MR의 적용 사례

① 1994년 토론토대학 폴 밀그램 교수가 융합현실의 개념을 최초로 정의

② 2015년 마이크로소프트가 마인크래프트의 MR 버전을 출시

③ 2017년부터 인텔은 알로이 VR의 세부사양을 공개하고, 개발자들이 자유롭게 관련 콘텐츠를 만들 수 있도록 API를 오픈 소스화함

④ 2019년 마이크로소프트의 HoloLens2

(2) MR에 공간정보기술 적용

① GNSS/INS 정보를 이용하여 사용자의 위치정보 제공

② 마이크로소프트에서 개발한 동작인식장비 키넥트는 움직이는 사람에게 적외선을 쏜 뒤 반사시간을 분석해 두 명 이상의 사람에게 동일한 위치에 3차원 가상 이미지를 출력

(3) MR과 위치정보와의 관계

융합현실 또한 HMD를 이용하기 때문에 사용자의 위치정보와 회전인자가 영상출력의 기준이 된다. 가상의 물체를 이동시키거나 축소, 확대시키기 위해서도 물체의 위치정보(X, Y, Z)가 가상의 공간(x, y, z)에 구축되어야 함

(4) MR의 장·단점

① 사용자는 3차원 가상이미지와의 상호작용을 함으로써 두 명 이상의 다수의 이용자를 만나지 않고도 시각정보를 공유할 수 있음

② 상용화 MR 데이터가 없는 상태

5. 가상현실, 증강현실 및 융합현실의 특징

[표 8-32] 가상현실, 증강현실 및 융합현실의 특징 비교

구분	가상현실	증강현실	융합현실
특징	• 현실차단 • 가상현실 제공	• 현실배경 • 가상이미지 • 융합영상 제공	• 현실배경 • 가상이미지 • 상호작용
기기	HMD	스마트폰, 태블릿, 노트북	홀로렌즈
위치기반기술	GNSS, INS, LiDAR, 수치지도, 입체시	GNSS, INS, LBS, 3차원 이미지 융합	GNSS, INS, LBS, 키넥트(적외선) 3차원 물체와 상호작용
효과	가상현실 제공	효과적 정보전달	상호작용을 통해 사용자의 편의성 향상
사례	3D 버추얼 보이	• 공군 헬멧 • 포켓몬 GO	• 홀로포테이션 • 매직리프

※ HMD(Head Mounted Display)는 안경처럼 착용하고 사용하는 모니터를 총칭하며, 최근에는 FMD(Face Mounted Display)라고도 부른다.

6. VR, AR, MR의 발전을 위한 공간정보 분야의 역할

(1) 다양한 공간정보 맵 플랫폼 구축, 유통 및 활용 지원

3차원 공간정보, 실내공간정보, 정사영상 등 국가 기본공간정보 구축

(2) 지속적인 위치 정밀도 향상방안에 관한 연구

실내 측위를 위한 WPAN, RFID, WiFi 등 복합 측위를 통한 측위 정밀도 향상방안 연구

(3) 최신의 신뢰성 있는 공간정보 구축 및 관리

드론, 차량기반 MMS 등 최첨단 장비를 사용하여 최신의 성과가 반영될 수 있는 환경조성 마련

7. 결론

(1) AR과 VR은 기술적 지향점이 다르다. AR은 사용자의 시선이 향하는 방향에 가상영상을 적절한 크기로 적절한 위치에 표시하는 디스플레이 기술이 필요하다. 반면 VR은 사용자의 시야각 범위 전체에 가상화면이 표현되도록 하는 디스플레이 기술이 필요하다.

(2) 향후 가상현실 및 증강현실은 단순히 게임 정도가 아닌 다양한 분야에 활용될 것이므로 공간정보의 발전이 더 이상 물리적 공간에만 머물러서는 안 될 것으로 판단되며, 공간정보 분야에서는 최신의 신뢰성 있는 기본공간정보를 구축 · 제공해야 하고, 위치 정밀도를 높일 수 있는 방안에 대한 연구가 필요하다고 판단된다.

---

15 │ 사물 인터넷(IoT : Internet of Things)

1. 개요

세계 IT산업에서 애플이 2007년 아이폰 혁명을 일으킨 이후 스마트폰과 태블릿 PC를 중심으로 폭발적 성장을 보였던 IT산업이 2013년부터 예상보다 빠른 속도로 성장 둔화에 직면하고 있다. 그 대안으로 부각되고 있는 사물인터넷은 2000년 초에 크게 유행하였던 유비쿼터스(Ubiquitous)나 2010년에 급부상한 빅데이터 등과 일맥상통한 개념으로 향후 IT산업에서 빠른 속도로 성장할 전망이다. 사물인터넷은 인터넷을 기반으로 모든 사물을 연결하여 사람과 사물, 사물과 사물 간의 정보를 인간의 명시적 개입 없이 상호소통하는 지능형 기술 및 서비스를 말한다. 즉, 사물에 센서를 부착해 실시간으로 데이터를 인터넷으로 주고받는 기술이나 환경을 일컫는다.

2. 사물인터넷(IoT)의 개념 및 핵심기술

(1) 개념

1999년 캐빈 애시톤(Kevin Ashton)이 처음 제안한 사물인터넷(IoT : Internet of Things)은 인간과 사물, 서비스 세 가지로 분산된 환경요소에 대해 인간의 명시적 개입 없이 상호협력적으로 센싱, 네트워킹, 정보처리 등 지능적 관계를 형성하는 사물공간 연결망을 의미한다. 즉, 주변 사물들이 유무선 네트워크로 연결되어 유기적으로 정보를 수집 및 공유하면서 상호작용하는 지능형 네트워킹 기술 및 환경을 의미하며, 나아가 현실 세계의 사물들과 가상세계의 네트워크를 서로 연결하여 사람과 사물, 사물과 사물 간에 언제 어디서나 서로 소통할 수 있도록 하는 미래 인터넷 기술이다. 사물인터넷은 기기간 연결, 다시 말해 M2M(Machine-to-Machine)에서 출발하며, 핵심기술은 크게 네트워킹기술과 센싱기술, 인터페이스 기술이다.

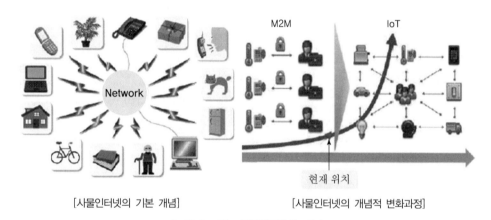

[사물인터넷의 기본 개념]　　　　　　　　[사물인터넷의 개념적 변화과정]

[그림 8-58] 사물인터넷의 개념

(2) 핵심기술

① 네트워킹(Networking) 기술

인간과 사물, 서비스 등 분산된 환경요소들을 서로 연결시킬 수 있는 것은 유무선 네트워킹 기술이며, 유무선 통신 및 네트워크 장치로는 4G/LTE, WiFi(Wireless Fidelity), 블루투스(Bluetooth), 위성통신 등을 이용할 수 있다. 모든 사물의 IP화 개념인 사물인터넷을 구현하기 위해서는 4G LTE을 넘어서는 원거리무선통신과 근거리통신을 완벽하게 연결시키는 것이 수반되어야 하며, 이러한 개념을 5G로 정의하기도 한다.

② 센싱(Sensing) 기술

온도, 습도, 열, 가스, 조도 및 초음파 등 다양한 센서를 이용하여 원격감지, 위치 및 모션추적 등을 통해 사물과 주위 환경으로부터 정보를 획득하는 기능이다. 디지털 IT기기의 스마트화가 가속되면서, IT기기들이 인간의 행동을 정확히 인지하고 모방하거나 해석하고 대응하는 수준까지 발전하고 있기 때문에 센싱기술의 발전이 반드시 필요하다.

③ 인터페이스(Interface) 기술

사물인터넷의 주요 구성요소를 통해 특정 기능을 수행하는 응용서비스와 연동하는 역할이다. 즉, 네트워크 인터페이스의 개념이 아니라 사물인터넷망을 통해 저장, 처리 및 변환 등 다양한 서비스를 제공할 수 있는 인터페이스 역할을 실행할 수 있어야 한다. 정보의 검출, 가공, 정형화, 추출, 처리 및 저장기능을 의미하는 검출정보기반기술과 위치정보기반기술, 보안기능, 데이터 마이닝(Data Mining)기술, 웹 서비스 기술 등이 필요하다.

3. 사물인터넷(IoT)의 적용

사물인터넷(IoT)시장은 다양한 산업과의 융복합을 통해 확대되고 있으며, 사물인터넷의 적용범위는 가전, 헬스케어, 홈케어(Homecare), 자동차, 교통, 건설, 농업, 환경, 엔터테인먼트, 에너지, 식품 등 사실상 이 세상의 모든 영역에 해당된다.

[표 8-33] 사물인터넷(IoT) 적용 분야

분야	내용	주요 제품
헬스케어	건강보조도구, 혈당량 측정, 건강정보송신, 원격진료, 스마트폰 헬스케어 애플리케이션	핏빗플렌스(핏빗), 픽스(코벤티스), S헬스 서비스(삼성전자), 2net(퀄컴), 헬리어스(프로테우스 바이오메디칼), 트윗피(하기스)
홈케어	문/조명 등 제어, 지능 주택 관리, LBS 방범, 외출 보안시스템, 냉난방 환기 자동조절, 스마트홈 서비스, 취약계층 원격케어 서비스	스마트싱스(Smartthings), 스마트홈, 스마트라이트(SKT)
자동차	텔레매틱스 무인자동차, 스마트카, 커넥티드카, 차량원격관리	OnStar(GM), Sync(포드), 블루링크(현대차), 무인자동차(구글), 스마트 오토모티브(SKT), 실시간 차량관제 서비스(LG유플러스)
산업	시설물 관리, 공장 자동화, 유통망 검색, 오·폐수 자동관리, 결제/과금 서비스, 스마트융합가전, 물류시설관리	NFC 결제단말, 공장 자동화 센서, POS 모바일 소액결제
교통	교통안전, 국도 모니터링, 배기가스 실시간 감지, 택시 무선결제, 디지털운행 기록관리	지능형 교통 서비스, 지능형 주차 서비스 SF Park(샌프란시스코시)
건설	건물/교량 원격관리 서비스, 시설물 관리, 스마트시티	가로등 밝기 자동조절, 건물 에너지 효율화 시스템(미 Valam사), 송도 스마트시티(시스코), 원격조명관리시스템(ARM)
농업	실시간 작물상태 모니터링, 온고습도 감지 및 조정, 농작물 수확량 재고 관리	스마트팜(SKT), 지능형 파종 서비스(일본 신푸쿠청과), 지능형 젖소관리 서비스(네덜란드 사프크드사)
환경	날씨나 온도 측정 센서, 야생동물 위치 확인, 서식지 보존, 방사능 등 위험물질 위치파악, 지능형 쓰레기 수거시스템	네탓모(Netatmo), 쓰레기통 최적 수거경로 안내, 불법 벌목 방지, 온도·물 관리시스템(ARM), 스마트 에셋트래킹(SKT), 스마트클린시스템(LG유플러스)

분야	내용	주요 제품
엔터테인먼트/ 게임	재미, 오락	버블리노(Bubblino), 스마트워치(소니), 구글글 라스, 스마트기어(삼성전자), 퓨얼 밴드(나이키), 조본업(조본)
에너지	중앙 전원 통제, 고압 전력 원격검침, 전력 신청 및 공급, 에너지 하베스팅, 분산 전원	위모(WeMo), 스마트미터, 스마트그리드(누리텔 레콤)
안전	재난 예측, 재해 조기감지, 실시간 화재 및 침입 경보 서비스	스마트 원격관제 서비스(KT), 안심마을 zone 서 비스(LG유플러스)
경로추적	애완동물이나 자동차 추적	트랙티브펫트래커(Tractive Pet Tracker)
식품/급식	초밥감지 서비스, 지능형 식기도구, 단체급식 위 생관리 솔루션	회전초밥감지(스시로), 하피포크(하피랩스), 스 마트 프레시(LG유플러스)

4. 사물인터넷(IoT)의 문제점

(1) 사물인터넷 시대에서 가장 큰 문제점으로 제기되고 있는 것이 바로 보안이슈이다. 사물인터
넷 환경에서는 다양한 형태의 수많은 사물 데이터들을 통해 개인정보의 확인이 가능하고, 원
하지 않는 개인정보의 노출이 발생할 우려가 있다.

(2) 소수의 대형업체들이 IT산업을 지배하면서 네트워크 플랫폼을 포함해서 차세대 IT산업의 표
준화를 정립하는 것이 매우 쉬워졌다는 점이며, 그래서 사물인터넷의 개념이 IT산업에 빠른
속도로 접목될 것으로 전망된다. 하지만 소수의 대형 IT업체들이 차세대 IoT산업을 주도하면
서 산업의 성장이 소수업체들 중심으로 이루어지는 부작용에 대해 경각심을 높여야 할 것이다.

(3) 사물인터넷 시대가 본격적으로 사회 전반에 걸쳐 확대될 경우, 사용자 의사결정권이 침해될
우려가 있다는 점이 제기되고 있다.

5. 결론

사물인터넷 시장은 아직 초기 단계이며, 향후 일반적으로 예상하는 수준 이상으로 빠르게 성장할
것으로 판단된다. 또한 스마트폰 보급에 힘입어 광범위한 분야에 사물인터넷이 확산되고 있으며,
산업에 미치는 긍정적인 영향에 대해 기대감이 높지만, 동시에 사물인터넷이 향후 야기할 수 있는
문제점들에 대해서도 심각하게 논의되어야 할 때라 판단된다.

공간 빅데이터(Spatial Big Data)

1. 개요

빅데이터는 데이터의 양·주기·형식 등이 기존 데이터에 비해 너무 크기 때문에 기존 방법으로는 수집·저장·검색·분석이 어려운 방대한 데이터를 말한다. 빅데이터 시대로 변화하면서 대용량의 다양한 데이터가 급증함에 따라 공간데이터도 생성 및 갱신속도, 크기, 다양성의 증가로 인해 기존 처리방법으로는 감당할 수 없을 정도로 공간데이터 셋이 커지게 되었다. 이러한 공간데이터의 효율적인 처리를 위해 기존 빅데이터 중에서 공간데이터가 포함된 빅데이터를 분류하여 생성한 데이터를 공간 빅데이터라 한다. 이 공간 빅데이터를 처리하기 위해 기존 빅데이터 관련 기술들에 공간데이터 처리 기술을 적용하는 연구가 활발히 진행되고 있다.

2. 빅데이터의 3대 요소

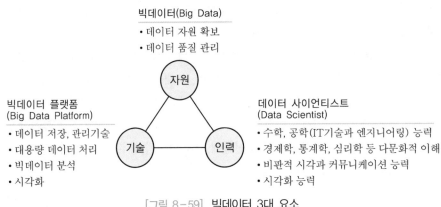

[그림 8-59] 빅데이터 3대 요소

3. 공간 빅데이터의 필요성 및 활용방법

공간 빅데이터는 빅데이터의 일반적인 속성을 공유하면서 이에 부가하여 위치정보와 장소성을 가지는 빅데이터라 할 수 있으며, 이 공간 빅데이터를 여러 분야에 활용 가능하다. 본문에서는 다양한 분야 중에서 국토·도시정책 및 건설산업 분야를 중심으로 필요성, 활용방법을 기술하려고 한다.

(1) 필요성

① 공간 빅데이터를 분석하여 생활밀착형, 증거 기반의 국토·도시정책 수립 및 다양한 분야의 정책 수립에 필요하다.

② 고도성장 시대를 지나 안정성장 시대에 진입하면서 국토·도시정책 및 건설분야에 복잡성과 다양성이 증대되고 있으며, 일반 국민들의 생활과 관심사항 등을 보다 더 자세하게 반영

할 필요성이 증가하고 있다.

③ 공간 빅데이터를 활용하면 보다 현장성이 있고 구체적인 과학지식을 창출하여 효율적인 국토 · 도시정책 수립 및 다양한 건설 분야에 기여할 수 있다.

(2) 활용방법

1) 공간 빅데이터를 국토 · 도시정책 및 건설분야에 활용하기 위해서는 적절한 형태와 기능의 분석방법과 분석수단이 필요하다.

① 공간 빅데이터는 대용량의 공간정보가 아니라 미시적이며, 동태적인 속성정보를 가지고 있는 데이터로서 이를 활용하기 위해서는 적절한 분석방법과 분석수단이 필요하다.

② 새로운 분석방법과 도구를 개발할 수도 있으며, 기존 방법론과 소프트웨어 등을 활용할 수도 있을 것이나, 분석 목적과 데이터 특성 등에 따라 유연하게 적용할 수 있을 것이다.

③ 그럼에도 불구하고 공간 빅데이터를 국토 · 도시정책 및 건설분야에 체계적으로 활용하기 위해서는 논리적 · 물리적 통합분석 활용체계가 필요하다.

2) 공간 빅데이터 통합분석 활용체계의 기능으로는 데이터 시각화, 시공간 분석, 시뮬레이션 등이 필요하며, 상업용 소프트웨어의 활용, 오픈 소스 분석도구의 활용, 자체 개발 등을 통해 구현이 가능하다.

① 시각화는 복잡한 현상의 효과적 탐색과 직관적 이해를 위해 공간데이터의 내용과 의미를 도면이나 도표로 표현하기 위해 필요하다.

② 시공간 분석은 빅데이터를 분석하여 알려지지 않은 새로운 사실을 발견하고 이에 대한 인과관계 등을 파악하기 위해 필요하다.

③ 시뮬레이션은 데이터를 통해 현재 문제 파악과 이해를 넘어 분석된 인과 관계 등을 통해 미래에 대한 추론과 예측을 위해 필요하다.

4. 공간 빅데이터 분석 기술

공간 빅데이터 분석기법은 기존 빅데이터 분석기법에 공간데이터를 처리하는 기술을 적용하는 흐름으로 진행되고 있으며, 대표적으로는 공간데이터 마이닝, 공간데이터 클러스터링, 공간의사결정 지원시스템, 소셜 네트워크 분석, 공간 R 등의 기술이 있다.

(1) 공간데이터 마이닝(Spatial Data Mining)

① 공간데이터 마이닝은 데이터 마이닝에 공간데이터를 처리하기 위한 확장으로 해석할 수 있으며, 공간데이터가 가지는 공간적 특수성을 고려한 데이터 마이닝이라 할 수 있다.

② 공간데이터 마이닝은 기존 공간데이터 베이스에 저장되어 있는 공간데이터들에 대해 공간적 상관관계, 다양한 공간적 패턴을 찾아내어 공간에 대한 새로운 정보를 찾아내는 과정이다.

(2) 공간데이터 클러스터링(Spatial Data Clustering)

① 데이터 클러스터링은 서로 유사성을 가지는 데이터들을 같은 그룹으로 구분하여 여러 개의 클러스터로 분할하는 것이다.

② 데이터 클러스터링은 대부분 ERP(Enterprise Resources Planning)나 그룹웨어 등에서 주어진 데이터만을 사용하여 수행하였으나, 빅데이터를 위한 클러스터링을 통해 다양하게 축적된 데이터를 보다 지능적으로 분석, 재사용함으로써 기존의 역량을 넘어선 데이터 마이닝이 가능하게 되었다.

③ 공간데이터 클러스터링에서도 다양한 빅데이터의 위치정보를 고려하여 지리적·위치적 특성에 따라 관련성이 높은 공간 빅데이터들을 같은 그룹으로 분류하고, 특정 속성에 가중치를 부여하는 방식으로 클러스터링을 수행한다.

(3) 공간의사결정 지원시스템(Spatial Decision Support System)

공간의사결정 지원시스템은 공간 빅데이터로부터 발생하는 공간 의사결정과 관련한 중요한 정보들을 찾아내고 분석하기 위해 기존의 의사결정 시스템에 공간 빅데이터의 특성을 적용하고 융합함으로써 공간정보에 대한 적합한 분석모델을 제시하고 효율적인 공간 의사결정에 활용하고 있다.

(4) 소셜 네트워크 분석(Social Network Analysis)

① 소셜 네트워크 분석은 소셜 네트워크에서 생산되는 다양한 빅데이터에 대해서 각 개인 또는 그룹의 소셜 네트워크 내 영향력, 관심사, 성향 및 행동패턴을 분석, 추출하는 기술이다.

② 소셜 네트워크에서 생산되는 빅데이터 중에는 GNSS좌표와 같은 공간데이터도 포함되어 있으며, 공공기관이나 기업체에서는 소셜 네트워크에서 생산되는 이러한 공간 빅데이터를 분석하여 다양한 서비스를 제공하고 있다.

(5) 공간 R

① R은 대용량 데이터 셋의 분석 기능뿐만 아니라 공간 빅데이터를 분석할 수 있는 많은 기능을 포함하고 있으며, 이러한 공간 빅데이터 분석을 지원하는 패키지를 공간 R이라고 부른다.

② 공간 R을 사용한 공간데이터의 분석은 주로 이동객체 분석이나 공간데이터 셋 분석에 사용된다.

③ 정밀한 공간예측 기능이 뛰어나기 때문에 환경 적합성 모델링에 유용하다.

④ 공간 빅데이터에 대한 단일 패키지를 제공하므로 패키지 간의 데이터 교환을 수월하게 해준다는 장점이 있어서 대량의 공간데이터 셋을 분석하는 데 중점적으로 활용되고 있다.

5. 공간 빅데이터 인프라

공간 빅데이터를 처리하기 위한 인프라 기술로는 데이터 분산처리를 위한 공간 하둡(Hadoop)과 같은 솔루션 프레임 워크, 기존의 데이터베이스에 속도와 비정형 데이터 활용이 강조된 공간 NoSQL, 기존의 공간 시스템과 하둡, NoSQL 등을 활용하기 위한 공간 스토리지 솔루션, 정보 검색분야에 공간 개념을 도입한 공간정보 검색 엔진 등을 들 수 있다.

(1) 공간 하둡(Spatial Hadoop)

아파치에서 진행하고 있는 아파치 하둡 프로젝트는 안정적이고 확장이 용이하며 분산 컴퓨팅 환경을 지원하기 위한 오픈 소스 소프트웨어를 개발하는 프로젝트이다. 최근 이러한 하둡을 기반으로 HDFS와 맵리듀스의 단계에서 효율적인 공간 빅데이터 처리를 위하여 공간 인덱스인 Quad-Tree, R-Tree, KD-Tree 등을 이용하여 공간데이터를 검색하고 저장 관리하는 기술에 대한 연구가 활발하다.

(2) 공간 NoSQL

빅데이터의 동시다발적인 입력과 다양한 속성들은 기존의 관계형 데이터베이스에서 처리하기에 기술적 혹은 비용적인 면에서 한계점이 있기 때문에 다양한 NoSQL 솔루션들이 개발되고 있다. 최근 여러 NoSQL 솔루션에서는 공간 빅데이터 처리를 위한 다양한 연구가 활발하다.

(3) 공간 스토리지(Spatial Storage)

페이스북, 블로그, 트위터 등 SNS 서비스가 다양해지고 그 영역이 확대됨에 따라 빅데이터라는 용어가 생겨났고, 이러한 빅데이터를 처리하기 위해 여러 기업 및 연구소에서는 이에 대한 솔루션으로 하둡, NoSQL 등의 다양한 솔루션을 내놓았다. 이에 맞추어 기존 스토리지 기업들 역시 새로운 솔루션들을 제시하게 되었다.

(4) 공간정보 검색 엔진

최근 정보 검색분야에서도 빅데이터에 대한 분산 처리가 중요한 이슈이다. 오픈 소스 프로젝트인 루신(Lucene)과 구글(Google), NHN, 다음(Daum) 등의 벤더사들은 효율적이고 정보 검색 서비스를 지원하기 위해서 엔진과 관련 솔루션을 연구 개발하고 있다.

6. 공간 빅데이터 활용

최근 빅데이터가 사회적 이슈로 자리 잡으면서 공간데이터가 포함된 공간 빅데이터에 대한 처리 및 관리를 위한 공간 빅데이터 분석 기술, 공간 빅데이터 인프라 기술들이 빠르게 발전하고 있는 추세이다. 이러한 기술들은 공간지형 구축 분야, 재난 방재 분야, 의료 방역 분야, 고용 창출 분야, 사회 안전 분야, 공공 데이터 처리 관련 분야, 국방 분야, 민간 분야 등 사회 전반에 걸쳐 많이 활용되고 있다.

(1) 국내

국내 빅데이터 시장은 국가 연구소 및 대학 연구소를 중심으로 진행되고 있으며, 아직까지는 국외의 연구에 크게 뒤쳐져 있는 실정이다. 그러나 NoSQL과 하둡 환경을 통한 서비스의 두각으로 국내 빅데이터 시장이 서서히 성장하고 있다. 다음(Daum), NHN, 솔트룩스(Saltlux), SK 텔레콤, KT 클라우드웨어 등과 같은 업체들에서는 빅데이터 솔루션을 도입하거나 자체 관련 기술들을 개발하여 공간 빅데이터 서비스를 제공하고 있다. 하지만 공간 빅데이터 시장에서 전문 인력 및 연구 역량을 체계적으로 확보하고 있지 않아 관련 연구는 아직 초기 단계에 머물러 있다. 또한 웹과 모바일을 통해서 공간 빅데이터가 점차 늘어나고 있지만 이 공간 빅데이터를 제대로 활용하지 못하고 있다.

(2) 국외

각 나라의 연구기관 및 정부기관에서는 빅데이터를 핵심 사업으로 인지하고 있다. 주요 내용으로는 미국을 중심으로 한 세계 각국의 공공 데이터 개방이 있고, 다양한 플랫폼과 시스템을 구축하여서 국민들에게 서비스 중이다. 기업에서도 이 트렌드를 유지하기 위하여 다양한 플랫폼을 구축하여 서비스 중이며, 대표적 기업으로는 구글, 야후 그리고 트위터 등이 있다. 공간분야에서도 연구기관 및 정부기관, 기업에서 빅데이터를 이용한 다양한 플랫폼 구축 및 서비스가 제공 중이다.

7. 향후 정책과제(국토 · 도시정책 및 건설산업 분야를 중심으로)

(1) 공간 빅데이터의 접근성과 신뢰성 제고

① 다양한 형태의 공간 빅데이터가 존재하며 빠르게 변화하고 있으므로, 위키 방식과 같은 협업적 지식 플랫폼을 만들어 가용한 공간 빅데이터의 종류와 내용을 효과적으로 파악할 필요가 있다.

② 공간 빅데이터를 정책의사결정에 활용하기 위해서는 무엇보다 데이터의 신뢰성이 확보되어야 하며, 이를 위해서는 데이터의 수집과 가공과정이 공개되고 품질인증기준 등이 마련되어야 한다.

(2) 공간 빅데이터 통합분석활용체계 연구개발과 활용 분야로 발굴

① 빅데이터 자체가 가치를 가지고 있다기보다는 유의미한 목적하에 분석 · 활용됨으로써 그 가치가 발현된다고 할 수 있으며, 따라서 선도적 관점에서 분석수단과 활용분야의 발굴이 필요하다.

② 공간 빅데이터의 정책적 활용을 위한 계획을 세우고 우수사례를 발굴하여 국토 · 도시 및 건설 분야의 공간 빅데이터 활용역량 조성이 필요하다.

③ 국토·도시 및 건설 분야의 전문연구기관과 연구자를 중심으로 공간 빅데이터 분석활용 모형의 지속적 연구개발이 필요하며, 국민체감형 국토·도시정책을 개발하기 위한 차원에서 체계적 지원이 필요하다.

(3) 수요자 관점의 공간 빅데이터 거버넌스(Governance) 체계 마련

① 빅데이터에 대한 사회적 관심이 급증하면서 빅데이터 플랫폼 등 기술적 인프라를 구축하기 위한 논의는 활발히 진행되고 있으나, 정책적 활용에 관한 논의는 상대적으로 미흡하다.
② 국토·도시정책업무 및 건설업무를 수행하는 개별 부처 및 부서, 공간 빅데이터 플랫폼 등 기반조성을 담당하는 부처와 부서, 분석모형 등을 개발하는 연구기관과 연구자 등이 수요자 관점에서 협업할 수 있는 거버넌스 체계가 정립되어야 한다.
③ 각 분야별 국토·도시정책과 건설 분야에 공간 빅데이터 기반조성 정책의 주관부처인 국토교통부를 중심으로 거버넌스 체계를 정립하고 공간 빅데이터 활용 촉진을 위한 생태계를 조성해야 한다.

8. 결론

공간 빅데이터 처리 기술은 기존의 단순한 공간정보 제공에서 벗어나, 다양한 비공간 정보들과 함께 융합, 가공, 분석됨으로써 새로운 형태의 공간정보를 제공하는 방향으로 나아가고 있다. 기존 공간정보 산업은 공간 데이터베이스를 구축하고, GIS 기술을 이용한 공간정보 활용 시스템을 구축하는 데 주력하였으나, 공간 빅데이터를 활용한 공간정보산업은 차세대 성장동력, 미래 예측, 신가치창출 등을 모토로 방대한 공간 빅데이터를 수집·분석 및 활용하는 다양한 서비스와 접목되면서 점차 고도화된 지능형 공간정보 서비스 산업으로 발달해 갈 것이다. 따라서 공간 빅데이터가 가져올 미래의 변화를 예측하고 이에 대한 범국가적인 전략과 적절한 대응방안의 준비가 필요할 것으로 전망된다.

---

17 인공지능의 적용순서, 원격탐사 및 공간정보 분석에서의 활용방안

1. 개요

인공지능(Artificial Intelligence)은 인간의 지능으로 할 수 있는 사고, 학습 및 자기계발 등을 컴퓨터가 할 수 있도록 하는 방법을 연구하는 컴퓨터공학 및 정보기술의 한 분야로서 최근 공간정보 분야에서도 널리 이용되고 있다.

2. 인공지능의 분류

(1) 강한 인공지능(Strong AI)

① 사람과 같은 지능

② 마음을 가지고 사람처럼 느끼면서 지능적으로 행동하는 기계

③ 추론, 문제해결, 판단, 계획, 의사소통, 자아 의식(Self-awareness), 감정(Sentiment), 지혜(Sapience), 양심(Conscience)

④ 튜링 테스트(Turing Test) : 인공지능 판별

(2) 약한 인공지능(Weak AI)

① 특정 문제를 해결하는 지능적 행동

② 사람의 지능적 행동을 흉내 낼 수 있는 수준

③ 대부분의 인공지능 접근방향

3. 인공지능의 적용 순서

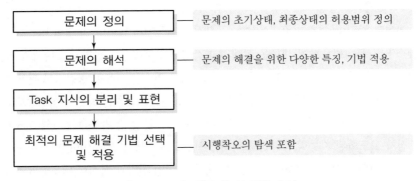

[그림 8-60] 인공지능의 적용 순서

4. 인공지능 기법

(1) 탐색(Search)

문제의 답이 될 수 있는 것들의 집합을 공간(Space)으로 간주하고, 문제에 대한 최적의 해를 찾기 위해 공간을 체계적으로 찾아보는 것

(2) 지식 표현(Knowledge Representation)

문제 해결에 이용하거나 심층적 추론을 할 수 있도록 지식을 효과적으로 표현하는 방법

(3) 추론(Inference)

① 가정이나 전제로부터 결론을 이끌어 내는 것

② 관심 대상의 확률 또는 확률 분포를 결정하는 것

(4) 기계학습(Machine Learning)

① 경험을 통해서 나중에 유사하거나 같은 일(Task)을 더 효율적으로 처리할 수 있도록 시스템의 구조나 파라미터를 바꾸는 것

② 알고 있는 것으로부터 모르는 것을 추론하기 위한 알고리즘을 만드는 것

(5) 계획 수립(Planning)

① 현재 상태에서 목표하는 상태에 도달하기 위해 수행해야 할 일련의 행동 순서를 결정하는 것

② 작업 수행 절차 계획

③ 로봇의 움직임 계획

(6) 에이전트(Agent)

사용자로부터 위임받은 일을 자율적으로 수행하는 시스템

5. 인공지능의 응용 분야

(1) 지식기반 시스템(Knowledge-based System)

1) 지식을 축적하고 이를 이용하여 서비스를 제공하는 시스템

2) 전문가 시스템(Expert System)

① 특정 문제 영역에 대해 전문가 수준의 해법을 제공하는 것

② 간단한 제어시스템에서부터 복잡한 계산과 추론을 요구하는 의료진단, 고장진단, 추천 시스템 등

(2) 자연어 처리(Natural Language Processing)

① 사람이 사용하는 일반 언어로 작성된 문서를 처리하고 이해하는 분야

② 형태소 분석, 구문 분석, 품사 태깅, 의미 분석

③ 언어 모델, 주제어 추출, 객체명 인식

④ 문서 요약, 기계 번역

⑤ 질의 응답

(3) 데이터 마이닝(Data Mining)

① 실제 대규모 데이터에서 암묵적인, 이전에 알려지지 않은, 잠재적으로 유용할 것 같은 정보를 추출하는 체계적 과정

② 연관 규칙, 분류 패턴, 군집화 패턴, 텍스트 마이닝, 그래프 마이닝, 추천, 시각화(Visualization)

(4) 음성지식

사람의 음성 언어를 컴퓨터가 해석해 그 내용을 문자 데이터로 전환하는 처리

(5) 컴퓨터 비전(Computer Vision)

컴퓨터를 이용하여 시각기능을 갖는 기계장치를 만들려는 분야

(6) 지능형 로봇(Intelligent Robots)

인공지능기술을 활용하는 기술

6. 인공지능의 원격탐사 및 공간정보 분석에 활용하는 방안

(1) 수치사진측량

① 인간의 시각과 인식과정을 묘사하여 항공사진 및 위성영상 등의 데이터에서 자동으로 사물을 인식하고 추출하는 데 활용
② 위성영상의 영상정합 시 신경망 방법에 의한 자동화 실현에 활용

(2) GNSS 측량 및 지도 제작

① 데이터 처리 전문가 시스템으로 이용하여 프로그램에 의한 측량, 데이터 처리 등의 전문지식을 부여하여 컴퓨터가 자동으로 정밀한 위치를 결정하는 데 활용
② 지도에서 지형·지물의 간략화 자동 수행에 활용

(3) 원격탐사

① 신경망 및 퍼지방법을 이용하여 위성영상 분류, 클러스터링, 패턴 인식 등에 활용
② 신경망 분석을 이용하여 토양분석, 수계분석 및 수질예측, 환경 및 기상예측 분석 등에 활용

(4) 공간정보 분석

① 신경망 분석을 이용하여 토지의 적합성 및 토지이용계획에 활용
② 신경망 및 퍼지 분석을 이용하여 수계분석, 수질예측, 환경 및 기상예측 분석 등에 활용

(5) 기타

① 운전보조시스템(ADAS)
② 자율주행 자동차(Driverless Car)
③ 사이버 물리 시스템 CPS(Cyber Physical System)

7. 결론

인공지능이란 사고나 학습 등 인간이 가진 지적 능력을 컴퓨터로 구현하는 기법으로 지식기반 추론기법 및 이미지 인식 기술 등을 활용하여 공간정보 분야의 데이터마이닝, 클러스터링, 영상분류 등 다양하게 적용되고 있다. 그러므로 AI에 대한 심도 있는 연구 및 교육훈련으로 공간정보 분야에 효율적으로 적용될 수 있도록 노력해야 할 때라 판단된다.

스마트시티(Smart City)에서 디지털 트윈(Digital Twin)의 활용방안

1. 개요

제4차 산업혁명이 논의되면서 스마트시티는 제4차 산업혁명과 관련한 기술들을 담는 그릇으로 작용하고 또한 제4차 산업혁명이 구현되는 실체로서 그 중요성이 커지고 있다. 스마트시티에 있어서 가장 중요한 변화가 가상공간과 물리적 공간의 통합 및 연계가 된다는 점이며 이와 관련하여 가장 중요한 개념이 디지털 트윈이다.

2. 스마트시티(Smart City)

(1) 개념

스마트시티란 도시공간에 정보통신 융합기술과 친환경기술 등을 적용하여 행정 · 교통 · 물류 · 방범방재 · 에너지 · 환경 · 물관리 · 주거 · 복지 등의 도시기능을 효율화하고 도시문제를 해결하는 도시를 말한다. 국내에서는 2003년 「유비쿼터스 도시의 건설 등에 관한 법률」(약칭 유비쿼터스도시법)에 의거 지능화된 도시기반시설 등을 통하여 언제 어디서나 유비쿼터스 도시서비스를 제공하는 U-City로 등장하였으며 국토교통부를 중심으로 「유비쿼터스도시법」에 따른 기반시설 구축 위주로 진행되었다.

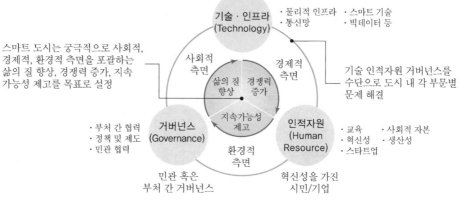

[그림 8-61] 스마트시티 개념

(2) 기존 도시와 스마트시티의 문제해결 방식

도시문제 발생 시 기존 도시계획은 장기적인 대규모 자원을 투자하여 인력 확대 및 물리적 기반시설 등을 추가 건설하는 방식인 반면 스마트시티는 필요한 곳에 정보를 제공하는 방식으로 투자 대비 효율성을 극대화하는 문제해결 방식을 활용한다.

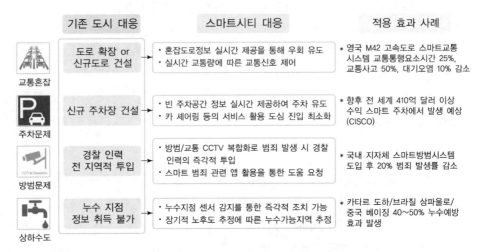

[그림 8-62] 기존 도시와 스마트시티의 문제해결 방식

(3) 스마트시티 고도화 전략

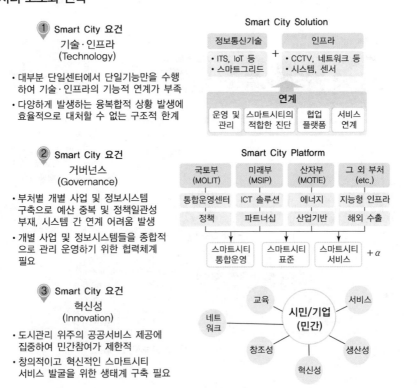

[그림 8-63] 스마트시티 고도화 전략

3. 디지털 트윈(Digital Twin)

(1) 개념

① 디지털로 만든 실제 제품의 쌍둥이가 가상 환경(컴퓨터 안)에서 미리 동작을 해 시행착오를 겪어보게 하는 기술을 말하며 디지털 트윈을 통하여 실제 제품을 만들어 테스트 해봄으로써 시간과 비용을 줄일 수 있다.

② 실제공간의 데이터를 공간정보와 연계해 가상화한 것으로 CPS 기반의 스마트시티를 구현하여 재난 대응, 시설물 관리 등에 활용할 수 있다.

(2) CPS 기반의 스마트시티 구현

1) 현실공간과 가상공간을 구분

① 현실공간의 대상은 공간을 구성하는 객체와 객체 간의 상호관계로 표현되어야 함

② 가상공간은 현실공간과 유사 또는 동일하게 객체와 객체 간 상호관계를 표현할 수 있어야 함

③ 현실공간과 가상공간은 현실공간에서 취득되는 데이터와 가상공간에서 분석되는 결과의 피드백으로 연결되어야 하며 피드백은 현실객체에 대한 제어로 연결되어야 함

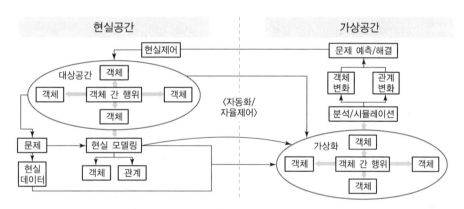

[그림 8-64] 현실공간과 가상공간의 피드백

2) CPS(Cyber Physical System, 사이버물리시스템)

물리적 공간이 디지털화되고, 네트워크로 연결되어 물리적 세계와 사이버 세계가 결합되고 이를 분석·활용·제어할 수 있는 시스템

(3) 디지털 트윈의 예

싱가포르는 Smart Nation 기조하에 전 국토의 스마트화를 위해 '버추얼 싱가포르(Virtual Singapore)'라는 가상공간을 운영

4. 활용방안

(1) 교통 분야

① BIS : 버스 위치, 운행 정보 등을 실시간으로 안내해 대중교통의 이용을 확대하고, 수집된 정보를 공개해 새로운 서비스 창출 유도

② ITS : 과적단속에 빅데이터를 활용해 도로 관리의 효율성을 높이고 사고 정보, 공사 일정 등 공공데이터를 민간과 적극적으로 공유 – 신호체계 관련, 주요 시간대 교통량, 이동방향 등을 분석하여 최적 신호주기를 운영할 수 있도록 지자체 신호시설 개선

(2) 에너지 분야

① 자가용 태양광 : 베란다, 옥상 등 건물형태에 적합한 방식의 태양광패널 설치 지원을 통해 요금 절감 및 에너지 전환 선도

② 스마트미터 : 실시간 전력 소비 데이터 수집 분석, 전기요금 절감 컨설팅 제공 등이 가능하도록 AMI(Advanced Metering Infrastracture, 지능형 검침인프라) 구축

③ 데이터 플랫폼 : AMI 데이터 활용을 위한 '빅데이터 플랫폼' 구축·운영을 통해 요금절감 컨설팅 등 다양한 비즈니스모델 창출

④ 전력중개/국민 DR(Demand Response, 수요반응) : 소규모 잉여·절약 전기를 모집하여 전력시장, 수요자원 거래시장에 판매, 수익 창출 및 낭비 최소화

(3) 환경 분야

① 수자원 : LID 적용 물순환 선도도시를 시범조성(광주광역시 등 5개 도시)하고, ICT를 활용한 스마트 상하수도 관리사업을 전국으로 확대

※ LID(Low Impact Development) 기법 : 빗물을 유출시키지 않고 땅으로 침투·여과·저류하는 친환경 분산식 관리기법으로 수질 개선, 지하수 함양, 강우 유출량 저감 등 효과

② 미세먼지 : 공공 통신 인프라 활용, 국가측정망 사각지대에 간이측정기 보급, IoT 기반 미세먼지 모니터링 정보 제공 추진

(4) 도시행정·주거 분야

① 통합플랫폼 : 교통·방범·방재 등 단절된 개별 도시정보시스템을 상호 연계한 '도시운영 통합 플랫폼'을 지방자치단체에 확대 보급

② 데이터 개방 : 전자정부, 공공데이터 활용 성과에 힘입어 스마트시티 분야 공공데이터 개방을 확대하고, 우수 서비스도 확대 보급

5. 결론

국내의 경우 최근 스마트시티 인프라 구축 단계에서 관리 및 운영 단계로 빠르게 진화하고 있으며 디지털 트윈은 관리 및 운영에 있어서 중요한 기술로 그 필요성이 급격히 증가할 것이다.

19 공간정보 보안관리규정의 적용 현황과 개선방안

1. 개요

공간정보의 활용이 확대 · 재생산되고 고정밀화가 진행됨에 따라 공간정보의 보안관리의 중요성이 대두되고 있으나, 공간정보의 보안관리 체계는 기존 방식에 머물러 있는 상황이다. 그래서 국토지리정보원에서는 공간정보와 관련한 보안업무 체계를 합리적이고 효과적으로 통합, 관리하기위한 방안을 현재 모색하고 있다.

2. 보안관리 현황 및 문제점

(1) 현황

① 보안업무규정의 나열식 체계(공간정보 보안의 전문성 미흡)

② 자체 보안기준 부재(외부 기관 의존)

③ 공간정보 성과자료 중심의 개별 책임제(수직적 관리체계)의 한계

④ 공간정보 보안업무 매뉴얼 부재

⑤ 시스템 단계별 권한 부재(노출 위험)

⑥ 인력 중심(다자 간 개입) 보안관리 체계의 한계

(2) 문제점

① 공간정보 보안업무의 전문성을 약화시키고, 보안업무의 동일한 위계에서 취급하도록 권한 부여(제한)

② 군사시설과 국가보안목표시설 중 비밀 등급 리스트에 한하여 실제 적용 가능, 나머지는 검열 시 잠재적 취약 대상

③ 방대한 성과자료에 대한 물리적 · 전산적 보안의 담보 불가능(생산 · 관리 · 활용 등 통합 관리 미흡)

④ 공간정보 보안업무의 전략적 기능(기획, 조정)이 저하되고, 대외 기관과의 협상, 통합 능력 감소

⑤ 조직 편제상 시스템 운영자에 대한 보안통제 한계, 시스템 이용자를 통한 자료 유출 가능성 내재, 보안시설 삭제 정보노출 위험

⑥ 보안대상에 대한 명확한 기준, 특히 국가보안목표시설에 대한 다자간 관여로 성과자료 관리 혼선(통합관리 미흡)

3. 개선방안

(1) 공간정보의 생산, 관리, 활용 측면에서의 잠재적 보안위험을 통합, 관리할 수 있는 공간정보 보안관리 체계의 구축
(2) 국토지리정보원 보안업무관리지침의 개선
(3) 상위 지침에 따른 일괄적 적용 방식 보완(자체등급 부여)
(4) 생산, 관리, 활용 단계에서의 잠재적 보안 취약 대상 사전관리
(5) 공간정보 전담 조직의 운영 · 관리 및 업무 매뉴얼 작성
(6) 국토공간정보상 시스템 등 제공 시 내부 보안체계 확립
(7) 공간정보 통합 보안관리 시스템 적용방안 확립

4. 단계적 추진방안

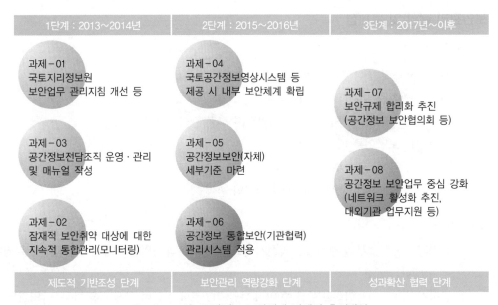

[그림 8-65] 공간정보 보안체계 단계적 추진방안

5. 결론

최근 공간정보의 활용이 확대 · 새생산되고, 고정밀화가 진행됨에 따라 공간정보의 보안관리의 중요성이 대두되고 있다. 그러므로 공간정보의 생산, 관리, 활용 단계에서 발생할 수 있는 잠재적 취약성을 관리하고 공간정보에 대한 자체적 세부 분류기준을 정립함으로써 대외 협상력을 강화해야 할 때라 판단된다.

20 ## 공간정보산업의 현황, 문제점 및 개선방안

1. 개요

공간정보산업은 매우 다양한 분야로 세분화되어 있지만 크게 나누어 보면 지도 및 공간영상제작, GIS 구축 그리고 공사측량 분야 등 세 분야로 대별할 수 있다. 이 중 지도제작이나 GIS분야는 IT 산업과의 융·복합 및 국가공간정보 구축사업과 더불어 크게 발전하고 있는 반면, 공사측량 분야 는 법·제도적 장치의 미비로 인해 운영상 큰 어려움을 겪고 있어 전체 공간정보산업의 불균형이 초래되고 있는 바, 이에 대한 대책이 시급히 요망되고 있는 실정이다.

2. 공간정보산업의 현황 및 문제점

(1) 지도 및 공간영상 제작 분야

1) 장점
① 수치사진측량기술 및 항공 LiDAR 등 첨단기술의 도입으로 기술력 향상
② IT기술과의 융·복합을 위한 다양한 디지털 공간영상 제작기술 확보

2) 단점
① 첨단기술 도입에 따른 업체의 비용부담 증가 및 운용능력 다소 미진
② 내수시장만으로는 투자대비 수익성 저하

(2) GIS 구축 분야

1) 장점
① GIS 구축을 위한 기술력 및 노하우 확보
② 풍부한 GIS 구축 인프라 보유

2) 단점
① 대규모 GIS 구축 사업의 감소로 수주력 저하
② 기 구축된 GIS DB의 유지관리 및 갱신 등 후속사업 미진

(3) 공사측량 분야

1) 장점
근면·성실한 업무수행 능력

2) 단점
① 하청 위주의 설계측량 수주로 수익성 미약
② 시공측량의 경우 법·제도적 사각지대에서 방치, 황폐화 상태임
③ 측량기술자로서의 지위상실 위기

3. 개선방향

(1) 지도 및 공간영상 제작 분야

① 첨단기술 활용을 위한 국가사업의 확충 필요

② 수익성 높은 해외사업의 진출 모색

③ 최신성 있는 지도 및 공간영상자료 구축비용 확보를 위한 IT업계의 비용분담 고려

(2) GIS 구축 분야

① 활용 가치가 높은 GIS DB 시스템 개선방안 연구

② 기 구축 GIS DB의 정확도 향상을 위한 경제적 DB 갱신기법 연구

③ IT산업과의 융·복합을 위한 새로운 아이템 발굴

(3) 공사측량 분야

1) 설계측량 분야

① 설계와 측량의 분리발주를 위한 노력 강화

② 설계사의 측량하도급 관행 철폐

③ 현지검사 위주로 공공측량 성과심사를 강화하여 부실측량을 초래하는 저가 수주 원인 근절

2) 시공측량 분야

① 건설기술관리법 또는 측량법에 시공측량에 관한 규정 의무화
- 건설현장의 측량기술자 배치 규정
- 각 구조물별 시공측량 및 검측방법, 실시 시기 등 규정
- 구조물의 정위치 허용오차 범위 명시

② 표준품셈에 각 구조물별 시공측량 품을 제정하여 건설공사 설계서에 시공측량 비용이 확보되도록 해야 함

4. 결론

지도 및 공간영상 분야는 최신성 있는 공간자료의 사회적 요구 증가에 따라 양적·질적 측면에서 고루 성장하고 있는 반면, 공사측량 분야는 건설산업 분야의 원가절감 추세와 무관심 속에서 점차 퇴보하고 있는 실정이다. 공사측량은 설계오류의 방지, 시설물의 성능 및 안정성 확보를 위한 핵심기술이며, 공간정보산업 분야에서도 큰 비중을 차지하고 있는 만큼 반드시 법·제도 개선을 통해 활성화되어야 한다.

1. 개요

제4차 산업혁명은 공간정보에 많은 변화를 일으킬 것이다. 공간정보 개념의 확대, 공간데이터 생산 및 소비 환경의 변화, 공간정보 이용 주체의 변화, 현실공간과 가상공간의 융합 등에 수많은 변화를 발생시킬 것이다. 이에 제4차 산업혁명시대를 맞이하여 국가 차원에서 보다 짜임새 있는 공간정보산업 육성 전략과 공간정보기술 발전 전략을 세워야 할 것이다.

2. 공간정보 개념의 변화

(1) 개념의 확대

① 기존 공간정보의 핵심요소는 시각적이고 정태적이고 전통적인 측량과 측위, 지도에 기반을 두었다. 그러나 앞으로 공간정보의 핵심요소는 비시각적, 동태적인 초연결 측량이 될 것이다.

② 실시간으로 다양한 센서를 이용하여 시각을 뛰어넘어 인간의 오감을 탐지하여 공간 및 환경을 종합적으로 판단할 것이다.

(2) 이용주체의 변화 및 확대

① 정부주도 생산에서 앞으로는 정부뿐만 아니라 민간, 그리고 소비자도 생산과 소비를 모두 하는 프로슈머가 될 것이다.

② 사람이 주도적으로 공간정보를 활용했다면 이제는 사물 또는 공간 자체가 지능화되어 사물과 사물, 공간과 공간 또는 사물이 서로 정보를 공유하고 서비스하는 방향으로 발전할 것이다.

(3) 융ㆍ복합

① 건물과 사물 등이 분리가 아닌 융ㆍ복합되어 측량한다. 스마트빌딩, 스마트홈 등은 사람이 직접 현장에 위치해 있지 않아도 스스로 센서나 컴퓨터, 스마트폰 등을 통해 상황을 모니터링하고 통제할 것이다.

② 지도 없이도 웹지도나 API 등으로 이용할 수 있으며, GNSS 기기가 따로 필요 없이 스마트폰 내 GNSS 수신기가 탑재되어 어디서든지 위치를 측정할 수 있다.

[표 8-34] 공간정보 개념의 변화

구분	기존	변화
개념	객체(Object) 정보	공간상황(Context 정보)
공간데이터	생산과 소비 분리	생산자 겸 소비자(Prosumer)
이용주체	사람 중심	기기 중심
시각화	현실공간	현실공간+가상공간
활용형태	바탕지도	융·복합 핵심요소(Key Factor)
추진주체	공공기관 주도	민간역할 증대

3. 제4차 산업혁명시대의 공간정보정책의 방향

(1) 스마트시티와 공간정보의 연계

① 스마트시티는 사물인터넷 등과 같은 정보통신기술을 활용하여 도시문제를 해결하고, 시민들이 편리하고 안전하게 생활할 수 있는 도시를 만드는 데 목적을 두고 있음

② 센서정보와 공간정보가 결합하여 절대적·상대적 위치를 파악하고, 공간적 상황을 이해하며 분석결과를 반드시 시각화하는 것이 필요

(2) 사물인터넷과 공간정보의 융합

① 위치정보는 사물인터넷 서비스의 성공 여부를 좌우하는 중요한 요소임

② 사물인터넷 환경에 부응하기 위해서는 공간정보가 지금보다 더욱 더 정확하고 정밀해야 하며, 가볍고 활용하기 쉬워야 함

(3) 고정밀 GNSS 구축

① 자율주행자동차를 비롯하여 드론, 무인농기계는 물론 로봇 등의 활용이 크게 늘어날 것으로 전망됨

② 고정밀 지도와 GNSS는 4차 산업혁명 시대에 가장 기본적이면서 중요한 공간정보의 핵심 인프라임

(4) 실내공간정보 구축

① 실내공간정보는 데이터 중심이 아니라 서비스 중심으로 발전되어야 함

② 민간이 주도적으로 산업을 활성화할 수 있도록 지원

(5) Geo-IoT 생태계 조성

① 사물인터넷을 기반으로 하고 있는 산업생태계는 복잡한 특성을 가지고 있으므로, 다양한 구성요소와 이해관계자들 간의 협력이 매우 중요

② Geo-IoT 산업이 글로벌 경쟁력을 가지고 세계시장을 선점하기 위해서는 정부 차원의 정책과 지원이 필요하며, 정부 또는 지방자치단체가 견인 역할을 해야 함

4. 결론

제4차 산업혁명 사회의 변화에 따라 국가 차원에서는 보다 짜임새 있는 공간정보산업의 육성 전략과 공간정보 기술의 발전전략을 세워야 한다. 이를 위해서는 구체적인 정책이 필요하며, 이러한 정책을 통하여 제4차 산업혁명이 몰고 올 무한한 기회와 도전을 남보다 먼저 내다보고 지혜롭게 대응해 나가야 할 것이다.

실전문제

01 단답형(용어)

(1) GIS의 구성요소

(2) 벡터 자료구조와 격자 자료구조

(3) 커버리지(Coverage)

(4) 공간 데이터 간의 거리

(5) 버퍼링(Buffering)의 기능

(6) 지오코딩(Geocoding)

(7) 공간정보 품질 요소

(8) 표준화

(9) 메타데이터(Metadata)

(10) 공간객체등록번호(UFID)

(11) LBS

(12) Mobile GIS

(13) 클라우드 컴퓨팅 GIS

(14) gCRM

(15) 공간보간법

(16) LoD/3차원 모델링의 LoD

(17) GML

(18) 3DF-GML/City GML/Indoor GML

(19) 오픈 소스 소프트웨어

(20) 국가공간정보 플랫폼/브이월드

(21) UN-GGIM/GGIM-Korea 포럼

(22) Geo-IoT

(23) 인공지능(AI)

(24) 가상현실/증강현실/융합현실

(25) U-City/Smart-City

(26) 디지털 트윈 스페이스(DTS)/사이버물리시스템(CPS)

(1) GIS 데이터 중 벡터자료 파일 형식에 대하여 설명하시오.

(2) 공간데이터 압축방법에 대하여 설명하시오.

(3) 공간자료와 속성자료의 통합분석기능들을 제시하여 자세히 설명하시오.

(4) 공간정보 간의 교환과 상호 활용을 위한 KSDI 표준의 개념, 목적과 선순환 체계 수립에 관하여 설명하시오.

(5) GIS 메타데이터(Metadata)의 기본요소 및 특성에 대하여 설명하시오.

(6) 모바일 GIS(Geographic Information System)의 개념, 구성요소, 위치결정방법을 설명하시오.

(7) 3차원 국토공간정보 고품질 제작, 시설물별 고려사항 및 서비스 고도화방안에 대하여 설명하시오.

(8) 3차원 입체모형 구축기술을 비교 분석하고, 장단점을 설명하시오.

(9) 공간정보와 사물인터넷 기술의 융합방안에 대하여 설명하시오.

(10) 공간 빅데이터체계의 구성요소와 체계구축을 위한 활용전략에 대하여 설명하시오.

(11) 가상현실, 증강현실, 융합현실을 비교 설명하고 위치정보와의 관계에 대하여 설명하시오.

(12) 스마트시티와 U-city의 특성에 대하여 설명하시오.

(13) 스마트시티(Smart City)에서 디지털 트윈(Digital Twin)의 역할에 대하여 설명하시오.

(14) 디지털 트윈(Digital Twin)의 개념과 우리나라 공간정보 분야에 활용하는 방안에 대하여 설명하시오.

(15) 국가공간정보통합체계에서 제공되는 공간서비스의 종류에 대하여 설명하시오.

(16) 공간정보 보안 관리규정의 적용현황과 개선방안에 대하여 설명하시오.

(17) 제4차 산업혁명에 따른 공간정보정책이 나아갈 방향에 대하여 설명하시오.

응용측량

PART 07

CONTENTS

CHAPTER **01** _ Basic Frame

CHAPTER **02** _ Speed Summary

CHAPTER **03** _ 단답형(용어해설)

CHAPTER **04** _ 주관식 논문형(논술)

CHAPTER **05** _ 실전문제

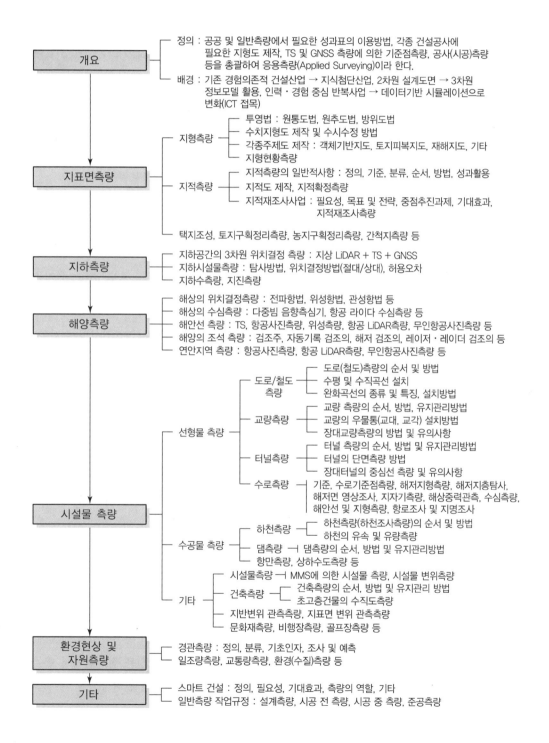

개요
- 정의 : 공공 및 일반측량에서 필요한 성과표의 이용방법, 각종 건설공사에 필요한 지형도 제작, TS 및 GNSS 측량에 의한 기준점측량, 공사(시공)측량 등을 총괄하여 응용측량(Applied Surveying)이라 한다.
- 배경 : 기존 경험의존적 건설산업 → 지식첨단산업, 2차원 설계도면 → 3차원 정보모델 활용, 인력·경험 중심 반복사업 → 데이터기반 시뮬레이션으로 변화(ICT 접목)

지표면측량
- 지형측량
  - 투영법 : 원통도법, 원추도법, 방위도법
  - 수치지형도 제작 및 수시수정 방법
  - 각종주제도 제작 : 객체기반지도, 토지피복지도, 재해지도, 기타
  - 지형현황측량
- 지적측량
  - 지적측량의 일반적사항 : 정의, 기준, 분류, 순서, 방법, 성과활용
  - 지적도 제작, 지적확정측량
  - 지적재조사사업 : 필요성, 목표 및 전략, 중점추진과제, 기대효과, 지적재조사측량
- 택지조성, 토지구획정리측량, 농지구획정리측량, 간척지측량 등

지하측량
- 지하공간의 3차원 위치결정 측량 : 지상 LiDAR + TS + GNSS
- 지하시설물측량 : 탐사방법, 위치결정방법(절대/상대), 허용오차
- 지하수량, 지진측량

해양측량
- 해상의 위치결정측량 : 전파항법, 위성항법, 관성항법 등
- 해상의 수심측량 : 다중빔 음향측심기, 항공 라이다 수심측량 등
- 해안선 측량 : TS, 항공사진측량, 위성측량, 항공 LiDAR측량, 무인항공사진측량 등
- 해양의 조석 측량 : 검조주, 자동기록 검조의, 해저 검조의, 레이저·레이더 검조의 등
- 연안지역 측량 : 항공사진측량, 항공 LiDAR측량, 무인항공사진측량 등

시설물 측량
- 선형물 측량
  - 도로/철도 측량
    - 도로(철도)측량의 순서 및 방법
    - 수평 및 수직곡선 설치
    - 완화곡선의 종류 및 특징, 설치방법
  - 교량측량
    - 교량 측량의 순서, 방법, 유지관리방법
    - 교량의 우물통(교대, 교각) 설치방법
    - 장대교량측량의 방법 및 유의사항
  - 터널측량
    - 터널 측량의 순서, 방법 및 유지관리방법
    - 터널의 단면측량 방법
    - 장대터널의 중심선 측량 및 유의사항
  - 수로측량
    - 기준, 수로기준점측량, 해저지형측량, 해저지층탐사, 해저면 영상조사, 지자기측량, 해상중력관측, 수심측량, 해안선 및 지형측량, 항로조사 및 지명조사
- 수공물 측량
  - 하천측량
    - 하천측량(하천조사측량)의 순서 및 방법
    - 하천의 유속 및 유량측량
  - 댐측량 ─ 댐측량의 순서, 방법 및 유지관리방법
  - 항만측량, 상하수도측량 등
- 기타
  - 시설물측량 ─ MMS에 의한 시설물 측량, 시설물 변위측량
  - 건축측량
    - 건축측량의 순서, 방법 및 유지관리 방법
    - 초고층건물의 수직도측량
  - 지반변위 관측측량, 지표면 변위 관측측량
  - 문화재측량, 비행장측량, 골프장측량 등

환경현상 및 자원측량
- 경관측량 : 정의, 분류, 기초인자, 조사 및 예측
- 일조량측량, 교통량측량, 환경(수질)측량 등

기타
- 스마트 건설 : 정의, 필요성, 기대효과, 측량의 역할, 기타
- 일반측량 작업규정 : 설계측량, 시공 전 측량, 시공 중 측량, 준공측량

01 면적측량에는 토털스테이션으로 실측한 좌표에 의한 직접법과 도상에서 구적기를 이용하여 면적을 관측하는 간접법이 있다.

02 체적측량에는 단면법, 점고법, 등고선법, DTM법 등이 있으며, 단면법은 폭이 좁고 길이가 긴 지역, 점고법은 장방형의 넓은 지역, 등고선법은 저수지의 용량, DTM법은 대단위 지역이나 지형의 기복이 심한 지역의 토공량 산정에 유리하다.

03 공공측량은 기본측량 이외의 측량 중 국가, 지자체 또는 정부 투자기관에서 공공의 목적으로 실시하는 측량으로서, 공공측량 성과심사를 통하여 측량의 정확성을 확보하고 각 기관별로 실시한 측량성과를 서로 활용함으로써 중복 투자를 방지하기 위해 실시된다.

04 노선측량의 일반적 순서는 노선 선정, 지형도 작성, 중심선 측량, 종 · 횡단 측량, 용지측량 및 공사비 산정의 순이다.

05 노선의 일반적인 평면 선형은 직선 → 완화곡선 → 원곡선 → 완화곡선 → 직선의 순서로 구성된다.

06 노선의 수평곡선에는 원곡선과 완화곡선이 있으며, 원곡선은 단곡선, 복심곡선, 반향곡선, 배향곡선으로 구분되고, 완화곡선은 클로소이드 곡선, 렘니스케이트 곡선, 3차 포물선, 반파장 Sine 체감곡선으로 구분된다.

07 노선은 곡선부에서 확폭(Slack)과 편경사(Cant)를 적용해야 하며, 확폭은 곡선부에서 도로의 내측 부분을 직선부보다 넓게 확폭하는 것이고, 편경사는 차량의 안전주행을 위하여 도로의 횡단면 외측을 내측보다 높게 편경사를 주는 것이다.

08 단곡선의 설치방법에는 편각법에 의한 방법, 중앙종거법에 의한 방법, 접선에 의한 지거법, 접선편거 및 현편거법 등이 있다.

09 복심곡선은 반경이 다른 2개의 원곡선이 1개의 공통접선을 가지고 접선의 같은 쪽에서 연결하는 곡선을 말하며, 반향곡선은 반경이 다른 2개의 원곡선이 1개의 공통접선의 양쪽에 서로 곡선 중심을 가지고 연결한 곡선을 말한다. 복심곡선과 반향곡선은 접속점에서 핸들의 급격한 회전이 생기므로 피하는 것이 좋으며, 적당한 길이의 직선과 완화곡선을 넣어 핸들의 급격한 회전을 피하도록 한다.

10 완화곡선은 차량의 급격한 회전 시 원심력에 의한 횡방향의 힘작용으로 인해 발생하는 차량 운행의 불안정과 승객의 불쾌감을 줄이는 목적으로 넣는 매끄러운 곡선으로, 곡률을 ∞ 에서 조금씩 감소시켜 일정한 값(R)에 이르게 하기 위해 직선부와 곡선부 사이에 넣는다.

11 완화곡선 중 클로소이드 곡선은 도로에, 렘니스케이트 곡선은 시가지 철도에, 3차 포물선은 철도에, 반파장 Sine 체감곡선은 고속철도에 사용된다.

12 클로소이드의 형식에는 기본형, S형, 난형, 凸형 및 복합형이 있다.

13 클로소이드 설치법은 직각 좌표에 의한 방법, 극좌표에 의한 방법과 기타의 방법이 있다.

14 클로소이드는 나선형의 일종으로 모든 클로소이드는 닮은꼴이며, 일반적으로 단위가 있는 것도 있고 없는 것도 있다는 성질을 지니고 있다. 접선각은 30°가 적당하다.

15 하천측량은 하천의 형상, 수위, 단면, 경사 등을 관측하여 하천의 평면도, 종·횡단면도를 작성함과 동시에 유속, 유량, 기타 구조물을 조사하여 각종 수공설계, 시공에 필요한 자료를 얻기 위해 실시된다.

16 하천측량 시 평면측량의 범위는 유제부에서는 제외지 전부와 제내지 300m 이내, 무제부에서는 홍수 시 물이 흐르는 맨 옆에서 100m까지이다.

17 하천측량 시 유속관측은 유속계에 의한 방법과 부자에 의한 방법이 있으며, 평균유속은 수심에 따라 1점법, 2점법, 3점법 및 4점법에 의해 구한다.

18 터널측량은 폭이 좁고 길이가 긴 밀폐공간에서의 측량으로, 터널관통 전까지는 오직 개방 트래버스에 의한 기준점 측량과 그 성과에 근거한 중심선 측량, 내공단면 측량으로만 작업이 되므로 매우 정교한 트래버스측량을 통하여 누적오차를 최소화시켜야 한다.

19 터널측량의 순서는 터널 외 기준점측량, 터널 내·외 연결측량, 터널 내 기준점측량(터널 내 중심선 측량), 내공단면 측량, 터널 변위 계측, 그리고 관통 후 시·종점을 연결하는 결합 트래버스측량 순이다.

20 터널 내 측량의 특성은 밀폐된 공간의 측량으로서 전시, 후시의 경우 거리가 짧고 예각발생의 경우가 많아 오차발생요인이 크며, 개방 트래버스에 의한 측량이므로 누적오차 발생의 확인이 어려우며, 굴착면의 변위발생으로 설치한 기준점의 변형이 수반되고 습기, 먼지, 소음, 조명불량 등으로 시준오차 발생요소가 많다.

21 터널 내 측량은 터널 내 기준점 측량과 막장관리 측량으로 구분되며, 터널 내 기준점 측량은 위 20번 내용과 같은 요소가 있으므로 반드시 정밀측량을 수행하여야 하고, 막장관리 측량은 터널 시공의 원활한 공정(발파점 마킹 등)을 위하여 교회법 등으로 측량할 수도 있다.

22 과거의 터널 내 기준점 측량은 기준점(TBM 포함)의 망실을 대비하여 천단부에 기준점을 설치하여, 평면위치(중심선)는 지거측량 방법으로, 수준측량은 역표척에 의한 직접수준측량 방식으로 실시하였다.

23 터널 내공단면 측량방식에는 굴착면까지의 거리측정에 의한 방법, 굴착면의 직접좌표측정에 의한 방법, 3D Scanner에 의한 방법 등이 있다.

24 교량은 상부구조와 하부구조로 나뉘며, 하부 구조물은 교대, 우물통, 교각, 코핑, 교좌장치 등이 있으며, 상부 구조물은 PC부재, 트러스, 아치 등이 있다.

25 우물통 설치 측량에는 토털스테이션에 의한 전방 교회법으로 가거치 후 3차원 직접측량에 의한 정거치 방법, GNSS에 의한 직접거치 방법이 있으며, 근거리인 경우는 토털스테이션으로, 장거리인 경우는 RTK-GNSS로 측량한다.

26 교량의 코핑 공사 시 설치되는 교좌장치는 온도와 환경에 따라 거동(수축·팽창)하는 상부 구조물과 고정된 하부 구조물을 연결하는 부분으로, 측량은 상부 구조물의 거동(수축·팽창)과 정확하게 일치해야 하므로 모든 Shoe의 좌표와 EL을 계산하여 TS와 Level로 정밀하게 측설하고 인접 Shoe와의 관계(고정단, 이동단, 평행성 등)를 확인하여야 한다.

27 교량의 상부 구조물은 대부분 공장에서 생산된 부재의 현장조립 또는 조립장에서 가조립 후 일괄거치되므로 치수검사, 가조립검사 및 설치측량을 실시해야 한다.

28 교량의 안전유지관리 측량에는 GNSS에 의한 후처리 또는 실시간 처리방법, 토털스테이션에 의한 방법과 계측 센서에 의한 방법 등이 있다.

29 비행장의 입지선정요소는 주변지역의 개발형태, 공역의 확보, 기후, 도시와의 접근성, 장애물, 지원시설 등이 있다.

30 비행장 측량의 범위는 용지조성 측량, 배수시설 및 지하구조물 측량, 활주로 및 착륙대 측량, 유도로 및 계류장 측량, 각종 항공시설물 측량 및 부대건축 측량 등이 있다.

31 비행장의 용지는 대단위의 평면용지를 조성하는 것으로 최근에는 용지확보가 어려워 해상 매립을 통해 용지를 조성하는 경우가 많고, 따라서 이에 수반되는 준설, 매립측량과 지반개량 및 침하계측 등의 측량이 수반된다.

32 비행장의 터미널 등 부대건축 측량에는 부지측량, 건물기초측량, 기둥위치측량, 철골 수직도 측량 및 검사측량 등이 있다.

33 댐 측량은 대규모 토공사의 계획적인 수행을 위한 측량계획과 토공측량이 원가절감에 큰 영향을 미치며 댐 구조물은 규모가 크고 담수 등으로 변위가 발생하므로 안전관리 및 품질관리가 중요하다. 따라서 시공 중, 준공 후 변위계측 등의 정밀 측량에도 주의를 기울여야 한다.

34 댐 측량에는 댐을 건설하는 위치까지의 진입도로 측량, 가설도로와 같은 공사용 도로 측량, 댐 축조를 위한 가배수로 및 코퍼(임시) 댐 측량, 댐 축조 측량, 도수터널 측량, 토취장 및 사토장의 토공량 측량, 댐의 안전 및 유지관리 측량, 그리고 수몰지 측량 등이 포함된다.

35 항만 공사는 자연조건에 대한 세밀한 조사가 요구되며 항로, 박지 등의 수역시설은 물론 각종 계류시설, 하역시설 등의 구조물 공사 등을 포함하므로 지질 및 물리탐사와 같은 해양조사, 연안측량, 해안선 측량, 수심측량 및 시설물 변위계측 등 다양한 공종의 측량이 요구된다.

36 항만의 수역시설은 선박이 항행, 조선, 정박, 하역을 위해 이용하는 수역의 시설물로서 항로와 박지가 있다.

37 외곽시설은 항외에서의 파도, 해일, 고조, 표사 등을 차폐하고 항내 선박의 안전과 항만시설의 보존을 계획하여 항만의 기능을 원활하게 하기 위한 시설로서 방파제, 방사제, 도류제, 호안, 수문, 갑문 등이 있다.

38 항만의 계류시설은 선박이 접근하여 화물이나 승객의 하차나 승강을 위한 시설로서 안벽, 물양장, 돌핀 등이 있다.

39 시설물 변위 측량은 각종 구조물이나 기초지반의 변위량을 정밀하게 측정·분석하여 이를 체계적으로 데이터베이스화하는 측량으로서 시공 중의 안전관리나 준공 후의 유지관리는 물론 새로운 설계나 시공기법의 개발에도 활용되어 시설물에 대한 방재 대책 수립과 나아가서는 건설공사비 절감에도 큰 기여를 할 수 있는 측량분야이다.

40 시설물 변위 측량방법에는 센서나 줄자에 의한 방법, GNSS나 토털스테이션에 의한 방법, 3D Scanner에 의한 방법, 사진측량에 의한 방법 등이 있다.

41 상수도는 식수, 가정용수 및 공업용수를 공급하는 것을 목적으로 하고 취수, 도수, 정수, 배수 및 급수의 과정을 포함하며 하수도는 인간생활이나 산업생활로 배수설비, 관로, 하수처리, 펌프시설 등의 과정을 포함한다.

42 상수도 측량은 취수, 도수, 정수, 배수 및 급수에 이르는 전 과정의 측량을 포함한다.

43 하수도 측량은 관로, 펌프장, 하수처리장, 방류의 과정을 포함한다.

44 문화재 측량은 전통문화의 보존과 복원을 위한 기초자료의 구축을 위해 주로 3D Scanner 또는 지상사진측량을 통해 문화재의 기하학적 수치 자료획득과 조형분석을 하는 측량이다.

45 문화재 측량의 순서는 대상물 선정, 기준점 측량, 사진촬영 및 영상획득, 해석도화, 각 해석면의 3차원 좌표성과 획득, 각 해석면 좌표의 동일 좌표체계변환, 기본도 작성, 분석의 순이다.

46 경관은 인간의 시지각적 인식에 의해서 파악되는 공간구성을 뜻하며, 경관측량이란 이러한 경관현상을 공학적으로 파악하고 조작가능한 요소 및 요인을 조작함으로써 보다 좋은 경관을 창조하는 측량을 말한다.

47 경관측량은 교량, 도로, 철도, 하천, 항만, 토지조성과 같은 토목공사시 자연환경에 대한 조화감, 순화감, 미의식의 상승을 위한 환경디자인의 기술 체계로서 경관도의 정량화 및 표현에 대한 평가가 필수적인 항목이다.

48 경관은 구성요소에 따라 대상계, 경관장계, 시점계, 상호성계로 분류되며, 시각적 요소에 따라서는 위치, 크기, 색, 색감, 형태, 선, 질감, 농담 등으로 분류된다.

49 경관의 해석에는 지형경관의 해석과 구조물 경관의 해석이 있으며 지형경관 해석은 DTM 처리에 의한 컴퓨터 처리 기법을, 구조물 경관해석은 초기 단계에서는 스케치나 사진 몽타주로, 최종 단계에서는 주로 컴퓨터 그래픽 애니메이션으로 실시한다.

50 경관 예측에는 경관 평가 요인의 정량화, 시점과 배경의 위치관계에 의한 정량화, 평가함수에 따른 정량화의 방법이 있다.

51 토지조성은 자연지형이나 이용도가 매우 저조한 토지를 기술적으로 가공, 토지의 이용 증진을 도모함으로써 부가가치가 높은 토지로 개량하여 공업단지, 농업지, 택지, 유통단지 및 레저 단지 등을 조성하는 것으로, 이와 관련된 다양한 공종의 측량이 요구되고 국토이용 관리법이나 도시계획법 및 기타 관련 법규에 준하여 실시된다.

52 토지조성을 위한 측량은 단지 조성을 위한 시공측량과 토지의 형질 변경을 위한 택지조성측량으로 구분된다.

53 단지조성을 위한 시공측량에는 기준점 측량, 수준측량, 토량계산, 성토부 다짐계측, 절토부 사면 안전관리계측, 매립지 침하계측 및 단지조성을 위한 도로측량, 상하수도 측량, 지하공동구 측량, 하천측량, 기준점 및 수준점 복원 측량 능이 포함된다.

54 택지조성측량에는 기준점측량, 수준측량, 현황측량, 경계측량, 확정측량 등이 포함되며, 특히 확정측량 성과는 소관청에 영구 보존되므로 정확도에 세심한 주의를 기울여야 한다.

CHAPTER
03 단답형(용어해설)

01 유토곡선(Mass Curve)

1. 개요

유토곡선이란 종·횡단면도에서 산출한 토공량을 횡축으로는 종단거리, 종축으로는 시점으로부터의 토공량의 합을 나타내는 곡선으로, 토량배분을 합리적으로 계획하는 데 이용된다.

2. 토량배분 계획의 목적

(1) 절토한 토사의 합리적 이용방안 수립
(2) 평균 운반거리 산출
(3) 운반을 위한 토공장비의 선정
(4) 사토장 및 토취장 선정

3. 토량배분을 위한 유토곡선 작성

(1) 종·횡단측량 성과를 이용하여 종·횡단면도 작성(매 20m 간격)한다.
(2) 횡단면도로부터 양단면 평균법으로 절·성토량을 산출(구간별)한다.
(3) 종단면도 아래에 절·성토량에 대한 누가토량을 토적곡선으로 표현한다.
    이때, 절토는(+), 성토는(−)로 표현한다.
(4) 유토곡선 작성 시 횡축으로는 종단거리(측점별), 종축으로는 각 측점별 누가토량을 도시한다.
(5) 토적표 작성

[표 9−1] **토적표 작성(예)**

측점	거리	절토		성토		차인토량	누가토량	횡방향토량	비고
		A	V	A	V				
1+000	0.000								
1+020	20.00								

① 양단면 평균법으로 작성   ② **차인토량** : +는 절토, −는 성토
③ **누가토량** : 차인토량의 누계   ④ **횡방향토량** : 성토, 절토 중 적은 것

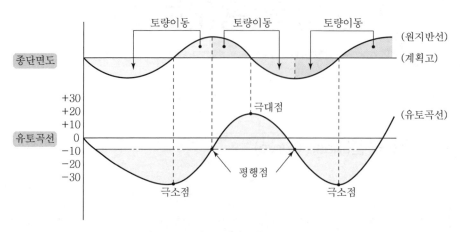

[그림 9-1] 종단면도와 유토곡선

4. 유토곡선의 성질

(1) 유토곡선의 구배

① 상향구배 : 절토구간을 나타낸다.

② 하향구배 : 성토구간을 나타낸다.

(2) 극대점과 극소점

① 극대점 : 절토에서 성토로 변하는 점이다.

② 극소점 : 성토에서 절토로 변하는 점이다.

(3) 사토량 산정

극대점 토량－극소점 토량＝사토량

(4) 평균운반거리

절토량의 1/2점을 통과하는 평행선의 길이

5. 유토곡선의 활용

(1) 토량 배분

① 운반거리는 짧게

② 운반은 높은 곳에서 낮은 곳으로

③ 토량 변화율 고려(토사 : 0.9, 리핑암 : 1.1, 발파암 : 1.3)

(2) 적정장비 선정

① 20m 이내의 토공운반은 무대처리

② 20m~50m : 도저(Dozer)

③ 50m~500m : 스크레이퍼(Scraper)

④ 500m 이상 : 덤프트럭 운반

02 **편경사/확폭**

1. 개요

노선은 곡선부에서 확폭(Slack)과 편경사(Cant)를 적용해야 하며, 확폭은 곡선부에서 도로의 내측부분을 직선부보다 넓게 확폭하는 것이고, 편경사는 차량의 안전주행을 위하여 도로의 횡단면 외측을 내측보다 높게 편경사를 주는 것이다.

2. 편경사(Cant)

곡선부를 통과하는 차량에 원심력이 발생하여 접선방향으로 탈선하려는 것을 방지하기 위해 바깥쪽 노면을 안쪽 노면보다 높이는 정도를 편경사라고 한다. 노선의 결정 시 설계속도와 곡선반경을 먼저 결정한 후 이들 조건으로 편경사의 크기를 결정한다.

$$C = \frac{SV^2}{gR} \fallingdotseq \frac{SV^2}{127R}$$

여기서, C : Cant
S : 궤간
V : 속도(m/sec)
R : 반경
g : 중력가속도

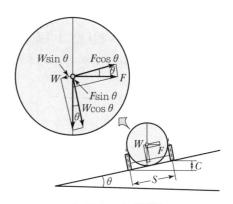

[그림 9-2] 편경사

3. 편경사 고려 시 고려사항

(1) 운전자의 안전을 우선 고려한다.

(2) 적설량, 결빙 등 기상요건을 감안한다.

(3) 저속주행차량의 횡방향 미끄럼 방지(최대 편경사)를 고려한다.

(4) 시공 및 유지관리를 고려한다.

4. 편경사를 설치하지 않는 경우의 영향

(1) 철도의 경우

① 외측 레일이 큰 중량 및 횡압을 받아 일반적으로 외측 레일 및 차량의 마모가 격심하다.

② 이 때문에 열차저항이 증가하고 내측 레일에 가해지는 중량이 감소되어 약간의 지장에 의해서도 탈선을 일으키기 쉽다.

(2) 도로의 경우

① 외측의 차륜에 큰 하중이 걸리기 때문에 스프링이 압축되고 외측으로 전복시키려는 힘이 작용한다.

② 노면이 평행한 원심력의 분력이 타이어의 마찰저항 및 노면에 평행한 자중의 분력의 합보다도 커지면 Slip되어 외측으로 밀려나간다.

5. 편경사 생략(도로의 경우)

(1) 평면곡선반지름을 고려하여 편경사가 필요 없는 경우 생략할 수 있다.

(2) 설계속도가 시속 60킬로미터 이하인 도시지역의 도로에서 도로 주변과의 접근과 다른 도로와의 접속을 위하여 부득이하다고 인정되는 경우에는 평면경사를 생략할 수 있다.

6. 확폭(Slack)

차량이 곡선 위를 주행할 때 그림과 같이 뒷바퀴가 앞바퀴보다 안쪽으로 통과하게 되므로 차선 너비를 넓혀야 하는데, 이를 확폭이라 한다.

$$\varepsilon = \frac{L^2}{2R}$$

여기서, ε : 확폭량
L : 차량 앞바퀴에서 뒷바퀴까지의 거리
R : 반경

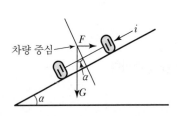

[그림 9-3] 원심력과 편경사

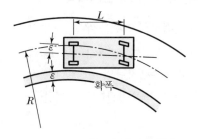

[그림 9-4] 차륜의 궤적과 확폭

7. 확폭의 생략(도로의 경우)

(1) 도시지역의 일반도로에서 도시계획이나 주변의 지장물 등으로 인하여 부득이 하다고 인정되는 경우 생략할 수 있다.
(2) 설계기준 자동차가 승용 자동차인 경우 생략할 수 있다.

8. 용어의 구분

[표 9-2] 캔트, 편경사, 슬랙, 확폭의 용어구분

구분	철도	도로
수직	캔트(Cant)	편경사(Super Elevation)
수평	슬랙(Slack)	확폭

03 완화곡선(Transition Curve)

1. 개요

자동차 운전의 안전을 기하기 위하여 직선부에서 곡선부, 곡선부에서 직선부 또는 다른 곡선부로 원활하게 주행할 수 있도록 그 사이에 완화구간을 설치할 필요가 있다. 완화구간이란 편경사 접속설치 구간, 확폭을 위한 접속설치 구간, 직선과 원곡선 사이 또는 대원과 소원 사이의 곡률이 변하는 구간에 완화곡선을 설치한다. 완화곡선의 종류에는 3차 포물선, 렘니스케이트, 클로소이드 등이 있으며, 본문에서는 「고속도로설계실무지침서」 내용 중 클로소이드 곡선을 중심으로 기술한다.

2. 완화곡선의 설치 목적

(1) 자동차에 대한 원심력을 점차적으로 변화시켜 일정한 속도 및 주행궤적을 유지시킨다.
(2) 최대 편경사까지의 변화를 적절하게 접속시킬 수 있도록 한다.
(3) 확폭이 필요한 경우 평면 곡선부의 확폭된 폭과 표준횡단의 폭을 접속시킨다.
(4) 원곡선의 시작점과 끝점에서 꺾어진 형상을 시각적으로 원활하게 보이도록 한다.

3. 완화곡선의 길이 산출

(1) 설계속도가 시속 60km 이상인 도로의 평면곡선부에는 완화곡선을 설치하여야 한다.

$$L = v \cdot t = \frac{V}{3.6}t$$

여기서, L : 완화곡선 길이(m)
t : 주행시간(2초)
v : 주행속도(m/sec)
V : 주행속도(km/h)

(2) 설계속도가 시속 60km 미만인 도로의 평면곡선부에는 다음 표의 최소길이 이상의 완화구간을 두고 편경사를 설치하거나 확폭을 하여야 한다.

[표 9-3] 완화구간의 최소 길이

설계속도(km/h)	완화구간의 최소길이(m)
50	30
40	25
30	20
20	15

4. 적용

(1) 완화곡선으로 클로소이드를 쓰는 경우

① 완화곡선의 파라미터의 크기(A)는 접속하는 원곡선의 반지름(R)에 대하여 다음과 같은 관계에 있을 때 조화가 이루어진다.

② 시각적으로도 원활한 선형이 된다고 알려져 있다.

$$\frac{R}{3} \le A \le R$$

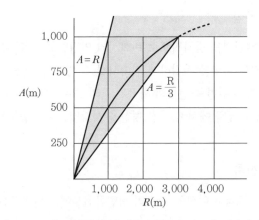

[그림 9-5] 평면곡선 반지름과 클로소이드의 파라미터

5. 완화곡선의 생략

(1) 완화곡선의 한계 이정량을 0.20m로 규정하고 있다.

(2) 이는 주행 역학상 별 문제가 없으므로, 이정량이 0.20m 이상일 경우에만 완화곡선을 설치한다.

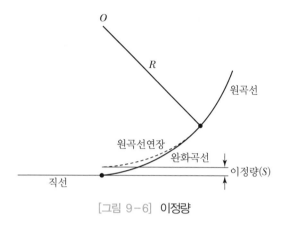

[그림 9-6] 이정량

(3) 한계 원곡선 반지름의 계산

① 직선과 원곡선 사이에 설치되는 완화곡선이 클로소이드라고 가정할 때,

② 한계 이정량 0.20m에 대한 한계 원곡선 반지름을 구하는 계산식과 값은 다음과 같다.

$$S = \frac{1}{24} \times \frac{L^2}{R}$$

여기서, S : 이정량(m)
L : 완화구간의 길이(m)
R : 곡선반지름(m)

(4) 완화곡선을 생략할 수 있는 곡선반지름

$$R = 0.064 V^2$$

주행 중 운전자의 시각적 측면과 쾌적성을 유지하기 위해서는 계산 값의 3배 정도까지는 완화
곡선을 생략하지 않는 편이 바람직하다.

클로소이드(Clothoid)의 기본요소

1. 개요

곡률이 곡선장에 비례하는 곡선을 클로소이드 곡선이라 한다. 차가 일정한 속도로 달리고 그 앞바퀴의 회전속도를 일정하게 유지할 경우 이 차가 그리는 운동궤적은 클로소이드가 된다. 클로소이드 기본요소에는 곡선반경, 매개변수, 곡선길이, 단위 클로소이드 표, A표 및 클로소이드 공식 등이 있다.

2. 매개변수

매개변수는 클로소이드 크기를 결정하는 계수로 클로소이드 설치에 중요한 요소가 된다.

(1) 매개변수 범위

$$\frac{R}{3} \leq A \leq R$$

여기서, R : 곡선반경
A : 매개변수

(2) 허용 최소 매개변수

$$A = \sqrt{0.0215 \frac{V^3}{P}}$$

여기서, V : 주행속도(km/h)
P : 원심가속도 변화율

$$P = \frac{V^2}{L \cdot R}$$

여기서, V : 주행속도(m/sec)
L : 곡선길이(m)
R : 곡선반경

(3) 기본식

$$A^2 = RL = \frac{L^2}{2\tau} = 2\tau R^2$$

여기서, τ : 접선각

3. 곡선반경

곡선반경은 설계속도, 지형과 기타 요소에 의해 정해지며, 최소 곡선반경은 도로규격, 설계속도 및 최대 편경사에 의해 정해진다.

4. 곡선길이

원심력 변화율 P의 허용량을 $0.35\sim0.75$m/sec라 하고 핸들의 조작시간을 3초로 하면, 3초간 주행하는 클로소이드 최소 곡선길이는 다음과 같다.

$$L_t = \frac{V}{3.6}t$$

여기서, V : 설계속도(km/h)
t : 3초

5. 단위 클로소이드 표

매개변수 A를 1로 하여 클로소이드 시점에서 곡선길이에 따른 각종 요소에 대해 계산된 표를 단위 클로소이드 표라 한다.

6. A표

A표는 매개변수 A가 $55\sim500$까지 값에 대해 계산된 42개의 클로소이드 표를 통칭한 것이다. R에 대해 L, τ, δ, ΔR, X_M, X, Y, T_k, TL, S_o가 계산된다.

7. 클로소이드의 공식

[표 9-4] 클로소이드의 공식

사항	공식
곡률반경	$R = \dfrac{A^2}{L} = \dfrac{A}{l} = \dfrac{L}{2\tau} = \dfrac{A}{\sqrt{2\tau}}$
곡선의 길이	$L = \dfrac{A^2}{R} = \dfrac{A}{r} = 2\tau R = A\sqrt{2\tau}$
접선각	$\tau = \dfrac{L}{2R} = \dfrac{L^2}{2A^2} = \dfrac{A^2}{2R^2}$
매개변수	$A^2 = R \cdot L = \dfrac{L^2}{2\tau} = 2\tau R^2$
	$A = \sqrt{R \cdot L} = l \cdot R = L \cdot r = \dfrac{L}{\sqrt{2\tau}} = \sqrt{2}\,\tau R$

사항	공식
X 좌표	$X = L\left(1 - \dfrac{L^2}{40R^2} + \dfrac{L^4}{3,456R^4} - \dfrac{R^6}{599,040R^6} + \cdots\right)$
Y 좌표	$Y = \dfrac{L^2}{6R}\left(1 - \dfrac{L^2}{56R^2} + \dfrac{L^4}{7,040R^4} - \dfrac{L^6}{1,612,800R^6} + \cdots\right)$
shift	$\Delta R = Y + R\cos\tau - R$
M의 X 좌표	$X_M = X - R\sin\tau$
단접선의 길이	$T_K = Y\cosec\tau$
장접선의 길이	$T_L = X - Y\cot\tau$
동경	$S_0 = Y\cosec\sigma$

05 렘니스케이트 곡선(Lemniscate Curve)

1. 개요

렘니스케이트 곡선이란 곡률반경이 B.T.C(완화곡선시점)에서 현장에 비례하는 곡선이며, 곡률반경이 점차로 변화할 때의 비율은 클로소이드보다 완만하지만 3차 포물선보다는 급한 곡선이다. 시가지 철도, 지하철과 같은 급한 각도의 곡선에서 완화곡선으로서 유리하게 활용된다.

2. 렘니스케이트 곡선

직각좌표로 다음과 같은 방정식을 가진 곡선을 일반적으로 렘니스케이트 곡선이라 한다.

$$(x^2 + y^2)^2 = a^2(x^2 - y^2)$$

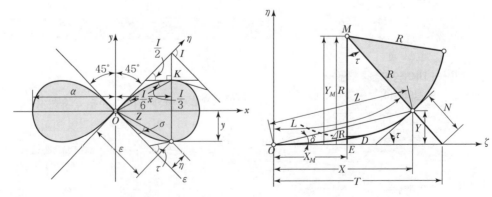

[그림 9-7] 렘니스케이트 곡선

3. 렘니스케이트 곡선의 공식

a를 매개변수로 하고 렘니스케이트 곡선의 요소를 극좌표로 표시하면 다음과 같은 공식이 성립된다.

[표 9-5] 렘니스케이트 곡선 공식

항목	공식	항목	공식
매개변수	$a^2 = Rs_o$ $a = \sqrt{3RZ}$	shift	$\Delta R = R(3\cos\sigma - 2\cos^3\sigma - 1)$
접선각	$\tau = 3\sigma$	M의 X좌표	$X_M = R(3\sin\sigma - 2\sin^3\sigma)$
곡선길이	$L = a\int_0^\sigma \dfrac{d\sigma}{\sqrt{\sin 2\sigma}}$	곡률반경	$R = \dfrac{a}{3\sqrt{\sin 2\sigma}}$
X좌표	$X = 3R\sin 2\sigma \cdot \cos\sigma$	법선길이	$N = 6R \cdot \dfrac{\sin^2\sigma}{4\cos^2\sigma - 3}$
Y좌표	$Y = 3R\sin 2\sigma \cdot \sin\sigma$	동경	$Z = \sqrt{3RZ\sin 2\sigma} = 3R\sin\dfrac{I}{3}$

4. 렘니스케이트 곡선의 특징

① 주로 시가지 철도에 사용된다.

② 곡률반경 R이 동경 Z에 반비례하여 변화하는 곡선이다.

③ 접선각이 135°까지 적용되므로 곡률이 급한 완화곡선에 이용된다.

④ 기본공식이 $A^2/3 = RZ$로서 매개변수 A^2는 곡선의 크기를 결정한다.

---

06 도로의 종단곡선(Vertical Curve)

1. 개요

노선의 종단계획은 오르막 경사, 수평, 내리막 경사가 설계기준에 따라 조합되어 연속되는 바, 그 경사변환점에 종단방향으로 설치하는 곡선이다. 보통 2차 포물선에 적용되며, 종곡선이라고도 한다.

2. 종단곡선의 주요 내용

(1) 노선의 경사가 변하는 곳에서 차량이 원활하게 달릴 수 있고 운전자의 시야를 넓히기 위하여 종단곡선을 설치한다. 종단곡선에는 일반적으로 원곡선 또는 2차 포물선이 이용된다.

(2) 종단곡선을 설치하기 위해서는 노선의 상향기울기 및 하향기울기에 따른 종단곡선의 길이가 먼저 결정되어야 하며, 종단 경사도의 최댓값은 도로 2~9%, 철도 10~35‰로 한다.

3. 종단곡선의 방정식

(1) 원곡선에 의한 종단곡선

종단곡선 시작 부분의 기울기를 m 끝 부분의 기울기를 n이라 하면 종단곡선 시점에서 구하고자 하는 위치(x)의 종거(y)는

$$
\begin{aligned}
y &= R - \sqrt{R^2 - x^2} = R\left\{1 - \left(1 - \frac{x^2}{R^2}\right)^{\frac{1}{2}}\right\} \\
&= \frac{X^2}{2R}\left(1 + \frac{x^2}{4R^2} + \cdots\cdots\right) \\
&\fallingdotseq \frac{x^2}{2R} \fallingdotseq \frac{m-n}{4l}x^2
\end{aligned}
$$

여기서, R : 단곡선에 의한 종단곡선의 반경
m, n의 부호 : 상향기울기 $+$, 하향기울기 $-$

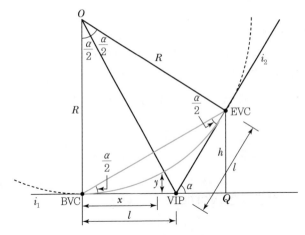

[그림 9-8] 원곡선에 의한 종단곡선 설치

(2) 2차 포물선에 의한 종단곡선 및 곡률반경

① 자동차의 운동량 변화로 인한 충격완화와 주행 쾌적성 확보를 위해 종단곡선길이(L)

$$
L = \frac{V^2(m-n)}{360}
$$

여기서, V : 설계속도
m, n : 종단기울기

② 종단곡선의 접선에 대한 투영길이($2l$)를 L로 하면 종단곡선 시점에서 x위치의 종거(y)는

$$y = \frac{(m\% - n\%)}{2L} x^2 = \frac{(m-n)}{200L} \cdot x^2$$

③ 종단곡선 곡률반경

$$R = \frac{L}{|m-n|} = \frac{2l}{|m-n|}$$

여기서, R : 종곡선의 곡률반경
L : 종곡선의 길이
m, n : 종단기울기

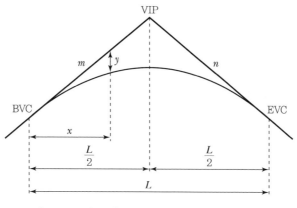

[그림 9-9] 2차 포물선에 의한 종단곡선 설치

(3) 종단곡선의 길이 산정은 도로의 종단 기울기에 따른 경사거리, 종단곡선의 실제 곡선거리를 적용하지 않고 수평면상의 길이로 계산한다. 즉, 평면선형의 길이를 종단곡선 계산에 적용한다.

4. 횡단곡선(횡곡선)

(1) 도로, 광장 등의 횡단면 형상에 배수를 위하여 경사를 설치하고 있으며, 이 경사의 종류에는 직선, 포물선, 쌍곡선 등이 있고, 포물선, 쌍곡선과 같이 직선 형상이 아닌 것을 횡단면에 설치할 때 횡단곡선이라 한다.

(2) 자동차의 주행 안정성 등을 테스트하는 주행시험장의 고속 주회로 곡선 부분에 설치하는 횡단곡선은 McConnel Curve를 이용한다.

5. 종단곡선의 계산(계획고 구하기)

(1) 종단곡선의 제원

[표 9-6] 종단곡선 제원의 예 　　　　　　　　　　　　　　　　　　　　　　　　[단위 : m]

구분	BVC	VIP	EVC	비고
STA	0+450.000	0+600.000	0+750.000	$L=300.000$
EL	72.029	79.529	70.679	
Slope(m, n)	5.000%		-5.900%	

(2) 종단 계획고 계산

① 종단곡선의 설계 제원을 그림으로 표시하면 다음과 같다.

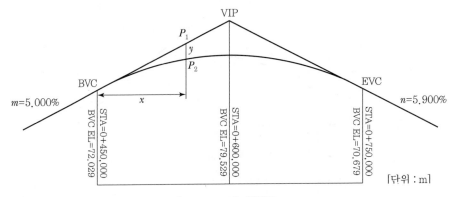

[그림 9-10] 종단도

② STA 0+460의 계획고
- BVC에서 STA 0+460.000까지 거리 $l = 460.000 - 450.000 = 10.000$m
- P_1의 EL $(l \times m) + $ BVC EL $= (10.000 \times 5\%) + 72.029 = 72.529$m
- 종거 $y = \dfrac{(m-n)}{200L} \cdot x^2 = \dfrac{\{5.000 - (-)5.900\}}{200 \times 300} \cdot 10^2 = 0.018$m
- 종단 계획고(P_2)$= P_1$의 EL $-$ 종거(y)$= 72.529 - 0.018 = 72.511$m

③ STA 0+540의 계획고
- BVC에서 STA 0+540.000까지 거리 $l = 540.000 - 450.000 = 90.000$m
- P_1의 EL $(l \times m) + $ BVC EL $= (90.000 \times 5\%) + 72.029 = 76.529$m
- 종거 $y = \dfrac{(m-n)}{200L} \cdot x^2 = \dfrac{\{5.000 - (-)5.900\}}{200 \times 300} \cdot 90^2 = 1.472$m
- 종단 계획고(P_2)$= P_1$의 EL $-$ 종거(y)$= 76.529 - 1.472 = 75.057$m

④ P점의 종단 계획고 산정은 해당 측점까지 먼저 직선 기울기로 계산한 값에 종거(y)를 가감하여 계획고를 구한다.

07

검사측량(Check Survey)

1. 개요

검사측량은 설계도가 현장과 일치 여부를 확인하는 시공 전 측량, 설계도서에 의해 시공하는 구조물의 정위치를 확인하는 시공 중 측량, 그리고 시공된 구조물을 확인하는 준공측량이 있다.

2. 검사측량의 내용

(1) 시공 전 측량

① 설계기준점 확인측량

② 노선측량(중심선, 종 · 횡단)

③ 용지경계측량

④ 토공량 확인

⑤ 주요 구조물의 설계 위치가 현장과 부합하는지 여부 확인

(2) 시공 중 측량 및 준공 측량

① 현장기준점(X, Y, H) 확인측량

② 구조물 시공상태 확인측량

③ 준공측량

3. 검사측량의 순서

(1) 시공 전 측량

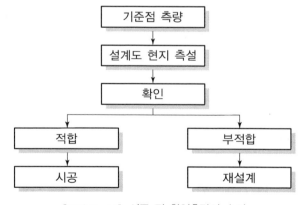

[그림 9-11] 시공 전 확인측량의 순서

(2) 시공 중 측량(콘크리트 구조물)

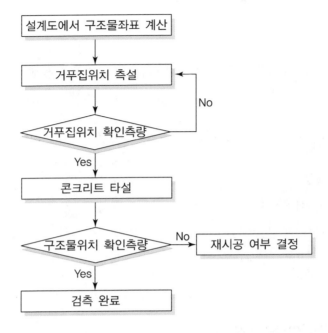

[그림 9-12] 콘크리트 구조물의 확인측량 순서

4. 검사측량의 제도화

(1) 시공 전 측량은 측량 및 지형공간정보 기술사의 검토서 확인 필요

(2) 시공 중 측량은 건설 현장의 품질관리와 밀접한 관계를 갖는다.

(3) 현행법상 건설사업관리기술인(감리원)이 모든 책임시공(측량 포함)의 의무가 있으나, 측량의 기술과 자격을 겸비한 건설사업관리기술인이 현장에 배치되어 있지 않으므로 현장에 배치되는 건설사업관리기술인 중에서 공사의 규모에 따라 최소 1인 이상을 측량전문가로 대체하거나 측량전문업체에서 확인측량을 실시하여야 한다.

---

08 단빔 음향측심기의 바체크(Bar Check)

1. 개요

음향측심기의 초음파는 수중의 온도, 염도 등 매질의 조건에 따라 투과속도가 변하므로 수심측량 전 측심줄에 의한 반사판의 실제 깊이와 음향측심기의 측정 깊이가 일치되도록 음향측심기의 음속 또는 반사강도 등을 조정하는 바체크를 실시하여야 한다.

2. 바체크 기구

해양에서 수심을 측량할 경우 음파반사가 양호한 판 또는 바(Bar)에 눈금이 달린 줄의 끝에 매달아서 음향측심기의 기록지상에 이 반사체의 반향신호를 기록하여 보정하는 방법이다.

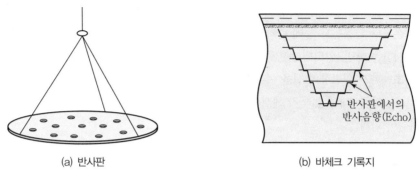

(a) 반사판   (b) 바체크 기록지

[그림 9-13] Bar Check 기구

3. 바체크 순서 및 방법

(1) 음향측심기의 송수파기 직하지점에 반사판을 위치시킨 후, 심도가 표시된 측심줄에 연결된 반사판을 수중으로 서서히 내린다.

(2) 측심줄에 표시된 반사판의 실제 깊이와 음향측심기에 의한 반사판의 측정 깊이를 비교한다.

(3) 두 값이 서로 일치하면 다음 측정 깊이로 반사판을 내려 체크하고, 두 값이 서로 다르면 음향측심기의 음속 및 반사강도 등을 조정하여 측심값이 반사판(측심줄)의 깊이와 일치되도록 한다.

4. 바체크 유의사항

(1) 바체크는 1일 1회 측량 착수 전·후에 실시한다.

(2) 장소는 수심측량 지점 또는 측량 예정지의 최대 수심에 가까운 심도에서 실시한다.

(3) 수심이 10m 이하에서는 1m 간격, 수심이 32m 이하에서는 2m 간격, 수심이 32m 이상에서는 5m 간격으로 바체크를 실시한다.

(4) 바체크가 어려운 경우에는 음속측정기를 사용하여 음속보정으로 대체 실시한다.

09 멀티빔 음향측심기 캘리브레이션

1. 개요

단빔 음향측심기는 송수파기로부터 1개의 초음파 빔만 발진되므로 바체크(Bar check)를 통하여 해수의 온도나 염분농도 등에 따라 달라지는 초음파의 음속만을 보정하는 방식으로 캘리브레이션을 실시하는 반면, 멀티빔 음향측심기의 경우는 송수파기에서 90~150°의 폭으로 60~120개 이상의 초음파가 횡방향의 선을 이루어 해저면을 스캐닝하므로 음속뿐 아니라 선박의 자세변화에 따른 롤, 피치, 헤딩 값과 각 센서의 데이터 입력 시 지연시간까지도 고려하여 캘리브레이션을 실시하여야 한다.

2. 멀티빔 시스템의 구성 및 각 센서의 기능

(1) DGNSS 또는 RTK-GNSS

① 멀티빔 송수파기 센서의 평면위치 결정
② DGNSS 사용 시에는 조위관측을 별도 실시하고, RTK-GNSS 사용 시에는 조위관측 불필요
③ 요구 성능 : 위치오차 ±1m 이내

(2) 멀티빔 음향측심기

1) GNSS 관측위치를 기준으로 송수파기로부터 해저면까지의 거리와 각 빔 간의 각을 관측하여 컴퓨터로 데이터 전송
2) 측량 종료 후 컴퓨터에 저장된 각 빔의 거리 데이터와 각 데이터를 이용하여 GNSS 위치를 기준으로 해저면의 3차원 좌표 계산

3) 요구 성능
① 발진 주파수 : 20~500kHz
② 송수파기 지향각 : 1빔당 3° 이하

(3) 모션 센서(Motion sensor)

① 선박의 자세값 측정 : 롤(Roll), 피치(Pitch), 히브(Heave)
② 가능한 한 송수파기에 가까이 설치하고 컴퓨터와 연결한 다음, 송수파기와 이격된 오프셋 거리(수평, 수직으로 1cm 정확도)를 측정하여 멀티빔 수심측량 프로그램에 입력하고 측량 실시
③ 요구 성능 : 롤(0.05°), 피치(0.05°), 히브(10cm)

(4) 자이로 센서(Gyro sensor)

① 선박은 선체의 방향이 측심선과 평행을 이루며 진행할 수 없는 특성을 가지므로 선체의 방위 측정을 위해 자이로를 설치한다.

② 자이로는 가급적 선체의 정중앙에 설치하고 2~3회 정도 원을 그리듯 선박을 운행하여 초기화를 실시한 후 사용한다.

③ 자이로 또한 컴퓨터에 연결하여 연속적으로 방위데이터를 취득한다.

④ 요구 성능 : 0.2°

(5) 음속측정기(Sound Velocity Profiler)

① 음속측정기는 단빔 음측기에서 바체크를 하듯이 멀티빔의 음속을 보정하기 위하여 사용된다.

② 이는 컴퓨터에는 연결하지 않고 단독으로 운용되며 멀티빔 캘리브레이션 시 1회 실시한다.

③ 요구 성능 : 0.06m/sec

3. 멀티빔 캘리브레이션

(1) 캘리브레이션

① 장소 : 가급적 조류의 흐름이 적은 해상에서 실시

② Roll, Pitch, Heading, Time latency 등 4가지 검보정 실시

③ 사용하는 DGNSS 값의 지연시간 파악

④ 측량 시작 전과 모션센서나 송수파기를 재설치할 경우에는 매번 검보정 실시

(2) 캘리브레이션의 개념도

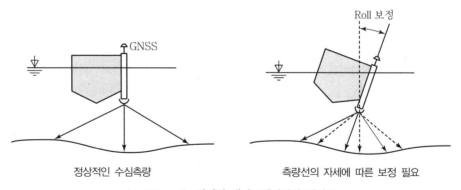

[그림 9-14] 멀티빔 캘리브레이션의 개념도

(3) 캘리브레이션 순서

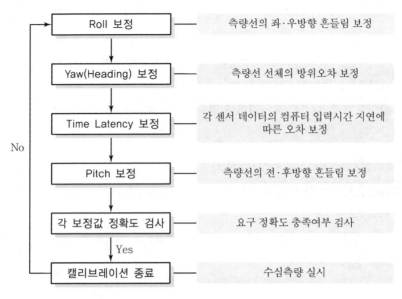

[그림 9-15] 멀티빔 캘리브레이션 흐름도

(4) 각종 보정 정확도의 산출

1) Roll 보정

① 평탄한 해저에서 동일한 측심선을 따라 왕복측량을 실시한다.

② 상호 측량값에서 롤 보정값은 0.1° 이상으로 산출한다.

2) Yaw(Heading) 보정

① 평탄한 해저에서는 동일 방향, 동일 속도의 다른 측심선으로 편도측량을 실시한다.

② 상호 측량값에서 헤딩 보정값은 0.5° 이상으로 산출한다.

3) Time latency 보정

측심자료 입력기록 시간과 DGNSS, 자이로, 모션센서의 계측시간과의 시간 보정값은 0.1초 이내로 산출한다.

4) Pitch 보정

① 해저의 굴곡 지형, 급경사 지형, 인공구조물 등을 이용하여 그 위에 측심선을 선정한다.

② 측심선을 따라 왕복하여 측심작업을 수행한다.

③ 상호 측량값에서 피치 보정값은 0.5° 이상으로 산출한다.

5) 상기의 정확도에 도달할 때까지 1)~4)의 과정을 반복한다.

(5) 음속 보정 및 흘수 값 점검

① 작업시작 전후 실시하며, 작업시간이 길어질 경우에는 자료상태를 점검하면서 필요시 추가 측정 수행
② 입·출항 시 흘수 측정
③ 작업구역의 수심, 해수온도, 염분농도 등을 고려하여 수중음속도계 등에 의해 1회 이상, 1m마다의 음속도를 작업구역 최대수심까지 측정
④ 평탄한 해저를 기준으로 직하와 양단을 연결한 선이 직선적으로 되어 있는지 검정하여 음속도의 정확한 실행 여부를 확인하고, 스마일 현상이 나타나면 음속도 측정을 실시하여 적용

10 유속관측(Current Measurement)

1. 개요

하천이나 수로의 횡단면을 통과하는 물의 속도를 유속이라 하는데, 유속관측방법은 여러 가지가 있으나 유속계(Current Meter)와 부자(Float) 등이 가장 많이 이용된다. 유속을 직접 관측할 수 없을 때는 하천구배를 관측하여 평균유속을 구하는 방법을 이용한다.

2. 유속관측장소 선정

(1) 직선부로서 흐름이 일정하고 하상의 요철이 적으며 하상경사가 일정한 곳이어야 한다.
(2) 수위의 변화에 의해 하천 횡단면 형상이 급변하지 않고 지질이 양호한 곳이어야 한다.
(3) 관측장소의 상하류의 수로는 일정한 단면을 갖고 있으며 관측이 편리한 곳이어야 한다.

3. 유속계에 의한 관측방법

(1) 유속계를 수중에 넣어 수저로부터 순차적으로 20~50cm 간격으로 상향으로 관측한다.
(2) 소정의 깊이에서 지지되면 약 30초가량 경과한 후 회전수를 관측한다.
(3) 유속은 횡단면에 수직방향으로 관측한다.
(4) 유속계에 의한 유속산정

$$V = aN + b$$

여기서, V : 유속
a, b : 유속계 상수
N : 1초 동안 회전수

(5) 평균유속 산정(유속계를 관측점 수에 따라 평균유속 산정방법)

① 1점법 : 수면으로부터 수심 $0.6H$ 되는 곳의 유속을 이용하여 평균유속을 구하는 방법으로 수심이 얕은 경우에 많이 사용된다(약 5% 정도의 오차가 있음).

$$V_m = V_{0.6}$$

② 2점법 : 수심 $0.2H$, $0.8H$ 되는 곳의 유속을 다음 식에 의해 평균유속을 구하는 방법이다 (약 2% 정도의 오차가 있음).

$$V_m = \frac{1}{2}(V_{0.2} + V_{0.8})$$

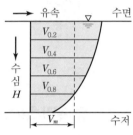

[그림 9-16] 평균유속 산정

③ 3점법 : 수심 $0.2H$, $0.6H$, $0.8H$ 되는 곳의 유속을 다음 식에 의해 평균유속을 구하는 방법이다(약 0.5% 정도의 오차가 있음).

$$V_m = \frac{1}{4}(V_{0.2} + 2V_{0.6} + V_{0.8})$$

④ 4점법 : 수심 $0.2H$, $0.4H$, $0.6H$, $0.8H$ 되는 곳의 유속을 다음 식에 의해 평균유속을 구하는 방법이다.

$$V_m = \frac{1}{5}\left\{(V_{0.2} + V_{0.4} + V_{0.6} + V_{0.8}) + \frac{1}{2}\left(V_{0.2} + \frac{V_{0.8}}{2}\right)\right\}$$

4. 부자(Float)에 의한 방법

부자에 의한 유속관측의 유하거리는 하천폭의 2~3배 정도(큰 하천 100~200m, 작은 하천 20~50m)로 한다.

(1) 부자의 종류

① 표면부자(Surface Float) : 답사나 홍수 시 급한 유속을 관측할 때 편리한 방법이며, 나무, 코르크, 병 등을 이용하여 수면 유속을 관측한다(평균유속은 수면유속의 80~90%).

② 이중부자 : 표면에 수중부자를 연결한 것으로 수중부자는 수면에서 6/10(6할)이 되는 깊이로 한다.

③ 봉부자 : 봉부자는 가벼운 대나무나 목판을 이용하며, 전 수심에 걸쳐 유속의 작용을 받으므로 비교적 평균유속을 받는 편이 된다.

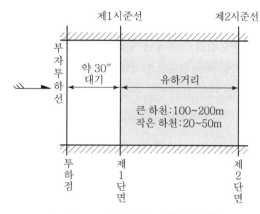

[그림 9-17] 부자에 의한 유속관측

(2) 평균유속 산정

$$V_m = C \cdot V$$

여기서, V_m : 평균유속, C : 보정계수
V : 부자에 의한 유속

5. 하천의 기울기에 의한 유속관측

부자나 유속측정기에 의한 유속관측이 불가능하여 수로의 신설에 따른 설계에 하천의 기울기, 하상상태, 조도계수로부터 평균유속을 구한다.

(1) Chezy식

$$V_m = C\sqrt{RI}$$

여기서, V_m : 평균유속(m/sec), C : Chezy계수
R : 경심(윤변), I : 수면 기울기

(2) Manning의 식

$$V_m = \frac{1}{n}R^{\frac{2}{3}}I^{\frac{1}{2}}$$

여기서, n : 하천의 조도계수

1. 개요

하천정비 설계 측량은 하천의 홍수관리, 용수공급, 하천환경 보전 등 하천의 종합적 정비를 위한 설계도를 작성할 목적으로 하천측량을 실시하고 하천대장을 작성하는 작업이다.

2. 하천정비 설계 측량

(1) 측량의 종류

[표 9-7] 하천설계측량의 종류 및 목적

측량작업명	측량의 종류	목적
계획용 기본도 작성 (지형현황측량)	항공사진측량 지상현황측량(TS, GNSS) 무인비행장치측량	계획 책정
기준점측량	공공삼각점측량	기준점의 좌표 설치
종단측량	종단측량	하도계획, 하천정비 계획의 수립
횡단측량	횡단측량, 수심측량	하도계획, 하천정비 계획의 수립
수준측량	공공수준점측량	종·횡단 및 지형현황측량의 표고 결정기준

(2) 기준점측량

① 지상현황측량 및 그 밖의 각종 측량의 기초가 되는 공공삼각점의 위치를 정밀하게 결정하는 측량

② 국가기준점을 바탕으로 결합 트래버스방식, 폐합 트래버스방식 또는 GNSS 및 토털스테이션(TS)에 의해 실시

③ 기준점은 차후에 실시하는 공사 측량 및 기타 측량 시에 활용할 수 있도록 영구표석 또는 원형 동판으로 매설한다.

(3) 지형현황측량

① 1/1,000 축척의 수치지도 작성

② 현장여건에 따라 항공사진측량, 지상현황측량(TS, GNSS), 무인비행장치 측량방법으로 실시

(4) 수준 및 종단측량

① 종단측량은 하천의 종단형을 구하기 위하여 좌·우 양안에 설치한 측점의 표고 및 지반고 등을 측량하는 작업으로 관련규정의 정확도를 확보하여야 한다.

② 종단측량 시 측점의 표고를 비롯한 측량구간 내에 위치한 수위표 영점표고 및 단별표고(수위표수준점 등 포함), 수문 및 갑문의 문턱, 교량, 보 등 각종 하천시설물의 필요한 표고를 측정

(5) 횡단측량

① 급류하천, 일반하천의 만곡부, 하폭 변화가 많은 경우, 하천 내 교량 등 하천횡단시설물이 설치된 경우에는 추가 측점을 두어 횡단측량을 실시하여, 지형 변화에 의한 현황이 제대로 반영되도록 한다.

② 제내지 측은 제방에서 200m로 하되 하천의 특성에 맞추어 가감하여 결정하고, 무제부에서는 과거 최고 홍수위 지점까지 측량

③ 횡단측량 시 점간 거리는 하폭에 따라 5~20m, 지형의 급변화가 있는 지점이나 저수로 등에서는 최소한 1~5m 간격의 추가 지점을 측량

(6) 홍수흔적 측량

① 홍수 시의 유수가 남긴 하천 종·횡단상의 흔적을 조사하는 측량으로 하천의 양안에 대하여 측량

② 홍수 흔적을 알 수 있도록 주요 하천시설물 등에 홍수 흔적을 표시하고, 수계 전체의 통일을 기하기 위하여 이상치는 보정

(7) 표석매설

① 매설은 매설표준도에 의하여 견고하게 설치
② 하천거리를 파악할 수 있도록 거리표시
③ 홍수위 이상 등 유실 우려가 적은 지점에 설치

2. 하천대장 작성

(1) 하천현황 대장

① 하천 개황 : 수계명, 하천명, 관리청 등
② 측량기준점 대장 조서 : 기준점 번호, 표고, 위치, 매설일자 등
③ 유수상황 : 기준지점별, 연도별 최대유량 평균유량, 최소유량 등

(2) 수리 대장

① 유수사용시설 현황 : 취수시설의 위치 및 설치자 등
② 댐, 하구둑 설치현황 : 위치, 형식, 규모, 여수로, 수문 및 부속시설 등

지중투과레이더(GPR) 탐사

1. 개요

지중투과레이더(GPR : Ground Penetration Radar)는 지하를 단층 촬영하여 시설물 위치를 판독하는 방법으로, 지상의 안테나에서 지하로 전자파를 방사시켜 대상물에서 반사 또는 주사된 전자파를 수신하여 반사강도에 따라 다양한 색상 또는 그래픽으로 표현되는 형상을 분석하여 매설관의 평면 위치와 깊이를 측정하는 방법이다.

2. 지하시설물 탐사방법

(1) 지중투과레이더 탐사법(GPR)

① 지하로 전자파를 방사시켜 대상물에서 반사되는 전자파를 수신하여 측정
② 비금속관, 금속관, 콘크리트 등 측정

(2) 자장 탐사법

① 매설관에 교류 전류를 흐르게 하여 발생하는 교류자장을 지면에서 수신하여 측정
② 금속관 측정

(3) 음파 탐사법

① 물이 가득 차 흐르는 관로에 음파신호를 송신하여 관내에 발생된 음파를 탐사
② 비금속 수도관로 탐사에 유용

(4) 전기탐사법

① 지반 중에 전류를 흘려보내어 전류의 전압강하를 측정하는 방법
② 토질의 공극율, 함수율 등 토질의 지반 상황 변화 추적

3. 지중투과레이더 탐사법(GPR)

(1) GPR 탐사장비의 구성

① 전자기파를 발생시키고 수신하는 송 · 수신기
② 전자기파의 송수신기인 측정안테나
③ 데이터 전송, 저장 분석장치 및 출력장치

(2) GPR 탐사의 종류

1) 반사법 탐사

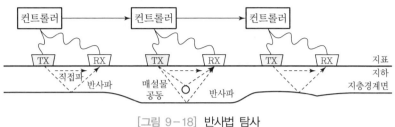

[그림 9-18] 반사법 탐사

① 송수신 안테나의 거리를 일정하게 유지시키면서 측선을 따라 지표에서 탐사를 수행하여 지하 단면을 영상화하는 방법
② 철근, 상하수도, 케이블 등의 매설물이나 지하공동과 같이 주변 매질과 독립된 이상체 또는 지하수면, 기반암 등의 연속된 지층 경계면을 영상화하는데 가장 많이 적용되는 탐사방법

2) 공통중간점/송신점 탐사

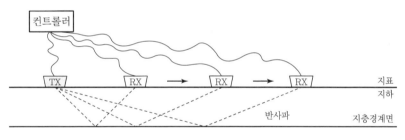

[그림 9-19] 공통중간점 탐사

① 송수신 안테나의 거리를 일정하게 벌려가면서 탐사를 수행한다.
② 공통 중간점/송신점 탐사는 송수신 안테나의 간격이 멀어짐에 따라 지하 매질에서 반사되어 오는 레이더 파의 거리가 멀어지는데 이때 송수신 안테나의 거리와 전파 시간과의 관계를 통해 지하매질의 속도를 추정하는 데 사용된다.

3) 투과법

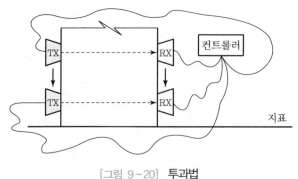

[그림 9-20] 투과법

① 기둥, 보, 교각 같은 구조물의 비파괴 검사
② 송신 안테나는 매질의 한쪽에 수신 안테나는 반대쪽에 위치시켜서 탐사를 수행한다.

(3) GPR 탐사에 영향을 미치는 요소

1) 유전상수
① 전기장이 가해졌을 때 어떤 물질의 전하를 측정할 수 있는 정도
② 공기의 유전율을 1로 하는 상대 유전율 즉 유전상수이다.

2) 전기전도도
① 전기장이 가해졌을 때 전류를 흐르게 할 수 있는 능력
② 금속성이나 이온성 물질에서 높다.

---

13 정보화 건설(i – Construction)

1. 개요

i – Construction이란 건설현장의 생산성 향상을 위해 측량 · 설계부터 시공, 검사 부분에서 ICT (Intelligence & Communication Technology)를 활용하는 것을 말한다. 측량은 건축, 토목을 위해 사전적으로 조사되어야 하는 필수적인 프로세스로 종류와 목적에 따라 다양한 측량방식이 존재한다. 그러나 과거에는 측량 담당자가 작업 진행상황을 실시간으로 확인할 수 없었으며, 누락된 자료를 즉석에서 취득할 수 없었다. 현재 측량기술의 발달로 측량 데이터를 취합하고 관리하는 기술에 대한 이해 및 연구가 이루어지고 있다.

2. i-Construction 개념

i-Construction이란 건설현장의 생산성 향상을 위해 측량·설계부터 시공, 검사부분까지 ICT 기술을 활용하는 것을 말한다. i-Construction과 기존 방법과의 측량, 설계·시공계획, 시공 및 검사기법을 비교하면 다음과 같다.

[표 9-8] i-Construction과 기존 방법과의 비교

구분	측량	설계·시공계획	시공	검사
i-Construction	드론 등에 의한 3차원 측량	3차원 측량 데이터에 의한 설계·시공 계획	ICT 건설기기에 의한 시공(중장비 사용 대비 시공량 1.5배, 작업 필요 인력 1/3)	검사의 간소화
기존 방법	기존 방법에 의한 측량 실시	• 기존 방법에 의한 3차원 데이터 작성 • 설계도에서 토공량을 계산	• 설계도에 맞도록 말뚝 설치 • 말뚝에 맞춰 시공 • 검측을 반복하여 수정	• 기존 방법에 의한 2차원 데이터 작성 • 서류에 의한 검사

3. i-Construction 등장 배경 및 필요성

(1) 오랜 저출산으로 인해 노동인구 감소
(2) 늘어나는 투자 규모 대비 신규 노동력 부족으로 노하우의 전수가 제대로 이루어지지 못함
(3) 우리나라는 고령화 사회 및 저출산 등의 문제점을 보이고 있어 향후 건설산업에서의 생산성 향상을 위해 i-Construction 기술을 준비하고, 이에 대응할 필요가 있음

4. 향후 대응방안

(1) 민·관·연의 협의체 구성으로 문제점 발굴 및 제도 개선 프로세스 마련
(2) 사전연구를 통해 새로운 제도 마련의 기반 설립
(3) 연구 결과물을 시험 적용하고 피드백을 통해 수정·보완

5. 스마트건설(Smart Construction)의 효과

중장비 측정오차 범위	생산성 향상	공사기간 단축	공사비용 감소
1.5cm	30%	25%	25%

CHAPTER 04 주관식 논문형(논술)

01 면적 및 체적 측량

1. 개요

면적 및 체적 측량은 모든 건설 공사의 수량 산출시 가장 기본이 되는 필수적인 요소로서 토공의 절·성토량, 구조물의 터파기 및 되메우기량, 석산 및 야적장의 골재량, 댐이나 저수지의 담수량 등 모든 건설공사의 계획, 설계, 시공에 이르는 전 과정에서 항상 수반되는 기초측량의 한 분야이다.

2. 면적측량

면적측량에는 실측에 의한 직접법과 도상에서 구적기를 이용하는 간접법이 주로 사용된다.

(1) 토털스테이션에 의한 방법

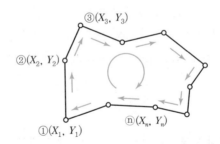

[그림 9-21] 토털스테이션에 의한 면적측량

① 부지의 각 경계점의 좌표(X, Y)를 트래버스측량으로 취득하여 직접 면적을 구한다.

② 가장 정확도가 높다.

③

$$면적(A) = \frac{1}{2}\{X_1(Y_2 - Y_n) + X_2(Y_3 - Y_1) + X_3(Y_4 - Y_2)$$
$$+ \cdots X_{n-1}(Y_n - Y_{n-2}) + X_n(Y_1 - Y_{n-1})\}$$

(2) 구적기에 의한 방법(종이도면에서 면적을 구하는 방법)

① 면적이 자동으로 계산되며 복잡한 곡선형상도 용이하게 관측된다.

② 도면의 축척과 신축 등으로 인하여 직접법에 비해 정확도는 다소 떨어진다.

(3) Software에 의한 방법(CAD)

① 현재 가장 많이 사용되고 있는 방법이다.

② 어떠한 형상의 면적이라도 폐합된 폴리곤 내에서 자동으로 면적이 산출된다.

3. 체적측량

체적 산정방법에는 선형 지역에 이용되는 단면법, 장방형 지역에 이용되는 점고법, 담수량 산정에 이용되는 등고선법, DTM 기법을 이용하는 방법 등으로 구분할 수 있다.

(1) 단면에 의한 방법

단면법에는 각주공식, 양단면 평균법, 중앙 단면법 등이 있으며 구해진 토량은 일반적으로 양단면 평균법이 가장 과다하게 산정되고 비교적 정확한 방법은 각주공식, 중앙 단면법은 과소하게 산정된다.

① 양단면 평균법(End Area Formula)

$$V_0 = \left(\frac{A_1 + A_2}{2} \right) \times l$$

여기서, $A_1,\ A_2$: 양단면의 면적
l : A_1에서 A_2까지 거리

② 각주공식(Prismoidal Formula)

다각형인 양단면이 평행일 때($A_1,\ A_2$), 중앙의 면적(A_m)을 구하여 심프슨 제1법칙을 적용하여 구한다.

$$V_0 = \frac{h}{3}(A_1 + 4A_m + A_2)$$

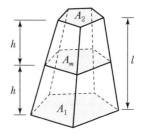

[그림 9-22] 단면법

③ 중앙 단면법(Middle Area Formula)

$$V_0 = A_m \times l$$

(2) 점고법에 의한 방법

장방형 지역의 토공량 계산에 주로 사용되며 삼각형, 사각형 또는 임의 형상의 다각형 요소로 구역화하여 각 요소의 평균면적에 평균높이를 곱하여 체적계산이 되고 컴퓨터 프로그램 작업이 용이하여 작업을 신속히 할 수 있다.

1) 사분법

　① 체적(V_o)

$$V_0 = \frac{A}{4}(\sum h_1 + 2\sum h_2 + 3\sum h_3 + 4\sum h_4)$$

　② 계획고(h)

$$h = \frac{V_o}{nA}$$

여기서, A : 1개의 사각형의 면적($a \times b$)

　　　　n : 사각형의 수

　　　　$h_1, \cdots\cdots, h_n$: 직사각형의 높이

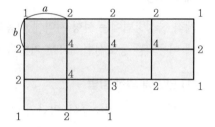

[그림 9-23] **사분법**

2) 삼분법

　① 체적(V_0)

$$V_0 = \frac{A}{3}(\sum h_1 + 2\sum h_2 + \cdots\cdots + 8\sum h_8)$$

　② 계획고(h)

$$h = \frac{V_0}{nA}$$

여기서, A : 1개의 삼각형의 면적$\left(\frac{1}{2}a \times b\right)$

　　　　n : 삼각형의 개수

　　　　$h_1, \cdots\cdots, h_n$: 삼각형의 높이

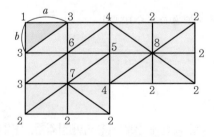

[그림 9-24] **삼분법**

(3) 등고선법에 의한 방법

체적을 근사적으로 구하는 경우 매우 편리한 방법이다.

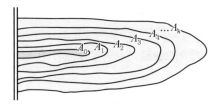

[그림 9-25] 등고선법

$$V_0 = \frac{h}{3}[A_0 + A_n + 4(A_1 + A_3 + \cdots) + 2(A_2 + A_4 + \cdots)]$$

여기서, V_0 : 저수지의 용량
A : 각 단면의 면적
h : 등고선의 간격

(4) 수치지형모형(DTM)에 의한 방법

① 대단위 지역이나 지형의 기복이 심한 지역의 토공량 산정에 유리하다.

② 실측된 좌표값 또는 지형도로부터 디지타이징된 3차원 좌표값을 불규칙 삼각망(TIN : Triangulated Irregular Network)으로 연결하여 지형을 수치적으로 표현함으로써 체적 계산을 자동화할 수 있다.

③ 주로 불규칙삼각망에 적절한 보간법을 적용하여 지형의 위치에 대한 높이를 일정한 간격으로 배열, 수치화함으로써 종횡단도면의 작성이 매우 용이하다.

④ 보링 주상도의 데이터를 입력하여 토사, 풍화암, 연암, 경암 등의 토질별 물량산출 시 컴퓨터 프로그램에 의해 신속·정확성을 기할 수 있다.

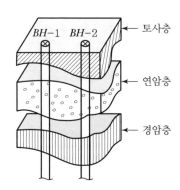

[그림 9-26] DTM을 이용한 지층구성에 따른 토공량 산정

4. 문제점 및 대책

(1) 문제점

현재 우리나라의 토공량 산출은 작업 내용과 규모, 지형에 관계없이 양단면 평균법이 주로 사용되고 있으며 점고법이나 DTM 기법을 적용한 컴퓨터 프로그램에 의한 토공량 산출은 그 계산 과정에 대한 계산부가 없으므로 계산과정에 대한 검측이 가능한 단면법만을 인정하고 있는 실정이다.

(2) 대책

점고법이나 DTM을 이용한 토공량 산출 프로그램 성과의 검증을 위하여 일정 구간의 면적에 대해 단면법을 병용하여 성과를 제출, 검측을 받는 등의 제도적 보완이 필요하다.

5. 결론

토공량 산정은 현장의 공사비 산정에 중요한 요소이나 현장 토공량 산정은 작업 규모와 지형에 관계없이 주로 양단면 평균법이 사용되고 있다. 그러나 양단면 평균법과 같은 토공량 산정방법은 토량의 오차가 많으므로 점고법의 활용과 수치지형모형(DTM)의 현장 활용에 따른 토공량 산정의 극대화를 기해야 할 것으로 판단된다.

---

02 노선측량

1. 개요

노선측량(Route Surveying)은 도로, 철도, 수로, 관로 및 송전선로와 같이 폭이 좁고 길이가 긴 구역의 측량을 총칭하며 도로나 철도의 경우는 현지 지형과 조화를 이루고 경제성과 안정성을 고려하여 선형을 계획하여야 한다. 일반적으로 노선측량은 노선선정, 지형도 작성, 중심선 측량, 종횡단 측량, 용지 측량 및 공사비 산정의 순서로 진행된다.

2. 노선측량의 순서

노선측량의 순서는 크게 노선선정, 기본계획, 기본설계측량, 실시설계측량, 공사측량 등으로 구분된다.

[그림 9-27] 노선측량의 일반적 흐름도

3. 곡선의 형상

(1) 곡선의 분류

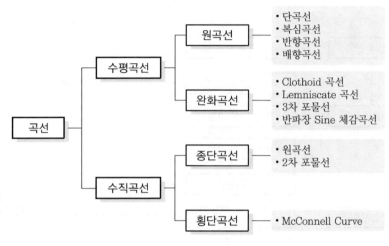

[그림 9-28] 곡선의 세부 분류

(2) 노선의 평면형상

노선의 일반적인 평면선형은 직선 → 완화곡선 → 원곡선 → 완화곡선 → 직선 순서이다.

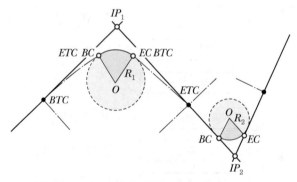

IP(Intersection Point) : 교점
BC(Begining of Curve) : 원곡선시점
EC(End of Curve) : 원곡선종점
BTC(Begining of Transition Curve) : 완화곡선시점
ETC(End of Transition Curve) : 완화곡선종점

[그림 9-29] 노선의 평면형상

(3) 노선의 종단형상

1) 종단경사 : 사면길이의 수평 성분과 연직 성분의 비로 표시

① 분수형 표시 : 2/100 = 1/50(도로경사 표시)

② 백분율 표시 : 2/100 = 2%(도로경사 표시)

③ 천분율 표시 : 2/100 = 20/1,000(철도경사 표시)

2) 종단곡선

① **목적** : 주행 차량의 운동량 변화에 의한 충격의 완화와 운전자의 시야 확보이다.

② **종류** : 원곡선 또는 2차 포물선이 적용된다.

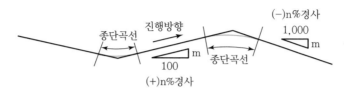

[그림 9-30] 노선의 종단형상

(4) 노선의 횡단형상

① **횡단면 구성요소** : 차도, 보도, 배수로, 비탈면 등

② **확폭(Slack)** : 차량이 곡선부 주행 시 뒷바퀴는 앞바퀴보다 항상 안쪽을 지나므로 곡선부에서는 도로의 내측 부분을 직선부보다 차선너비를 넓혀야 하는데, 이를 확폭이라 한다.

$$\varepsilon = \frac{L^2}{2R}$$

여기서, ε : 확폭량
L : 차량 앞바퀴에서 뒷바퀴까지의 거리
R : 차선 중심선의 반경

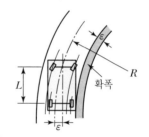

[그림 9-31] 차륜의 궤적과 확폭

③ **편경사(Cant)** : 곡선부를 통과하는 차량에 원심력이 발생하여 접선 방향으로 탈선하려는 것을 방지하기 위해 바깥쪽 노면을 안쪽노면보다 높이는 정도를 말하며 편경사라고 한다.

$$C = \frac{DV^2}{gR} ≒ \frac{DV^2}{127R}$$

여기서, C : 편경사, Cant(m 단위)
D : 레일간격(m 단위)
V : 주행속도(km/h)
R : 곡률반경

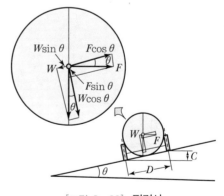

[그림 9-32] 편경사

④ 횡단경사 : 직선부에서는 노면의 배수를 위하여 중심선에
　　대칭이 되도록 횡단경사를 주며 곡선부에서는 편경사를 적
　　용한다.

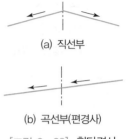

(a) 직선부

(b) 곡선부(편경사)

[그림 9-33] 횡단경사

4. 단곡선 설치방법

(1) 단곡선의 명칭 및 관련 공식

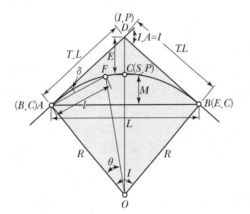

B.C(Begining of Curve) : 곡선시점
E.C(End of Curve) : 곡선종점
I.P(Intersection Point) : 교점
I.A(Intersection Angle) : 교각
T.L(Tangent Length) : 접선장
E(External Secant) : 외할
M(Middle Ordinate) : 중앙종거
S.P(Secant Point) : 곡선중점, C
C.L(Curve Length) : ACB
L : 현장(Long Chord) : AB
l(Chord Length) : 현길이, AF
δ(Deflection Angle) : 편각

[그림 9-34] 단곡선의 명칭

① $T.L = R\tan\dfrac{I}{2}$

② $C.L = RI (I는 라디안) = \dfrac{RI}{\rho^\circ} (I는 도) = 0.0174533 RI^\circ$

③ $E = R\left(\sec\dfrac{I}{2} - 1\right)$

④ $M = R\left(1 - \cos\dfrac{I}{2}\right)$

⑤ $L = 2R\sin\dfrac{I}{2}$

⑥ 각관계

　• $I.A = I = \angle AOB$

　• $S = \dfrac{\theta}{2} = \dfrac{l}{2R}$ (라디안)

　• $l = R \cdot \theta = 2R \cdot \delta$

(2) 단곡선 설치방법

일반적으로 단곡선 설치방법에는 편각법에 의한 방법, 중앙종거법에 의한 방법, 접선에 대한 지거법, 접선편거 및 현편거 방법이 있다.

① **편각법에 의한 방법** : 철도, 도로 등의 곡선 설치에 가장 일반적인 방법이며, 다른 방법에 비해 정확하나 반경이 적을 때 오차가 많이 발생한다. 한 측점 사이를 20m로 하고 시단현 거리(l_1), 종단현 거리(l_n)에서 편각을 구하면 다음과 같다.

$$\delta_1 = 1,718.87' \times \frac{l_1}{R} = \frac{90}{\pi} \times \frac{l_1}{R}$$

$$\delta_{20} = 1,718.87' \times \frac{l_{20}}{R} = \frac{90}{\pi} \times \frac{20}{R}$$

$$\delta_n = 1,718.87' \times \frac{l_n}{R} = \frac{90}{\pi} \times \frac{l_n}{R}$$

여기서, δ_1, δ_n, δ_{20} : 편각
l_1 : 시단현
l_n : 종단현
R : 반경

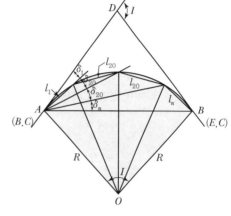

[그림 9-35] 편각법

② **중앙종거법에 의한 방법** : 곡선반경이 작은 도심지 곡선설치에 유리하며 기설곡선의 검사나 검정에 편리하다. 일반적으로 1/4법이라고도 한다. 중앙종거 M을 구한 후 M_1, M_2……로 하여 작은 중앙종거를 구하여 곡선의 중심말뚝을 박는 방법이다.

$$M = R\left(1 - \cos\frac{I}{2}\right)$$

$$M_1 = R\left(1 - \cos\frac{I}{4}\right)$$

$$M_2 = R\left(1 - \cos\frac{I}{8}\right)$$

여기서, R : 반경
I : 교각

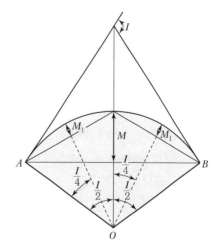

[그림 9-36] 중앙종거법

③ 접선에 대한 지거법에 의한 방법 : 양접선에 지거를 내려 곡선을 설치하는 방법으로 터널 내의 곡선설치와 산림지에서 벌채량을 줄일 경우에 적당한 방법이다.

$$y = l\sin\delta = 2R\sin^2\delta$$
$$= R(1 - \cos 2\delta)$$
$$x = l\cos\delta = 2R\sin\delta\cos\delta$$
$$= R\sin 2\delta$$

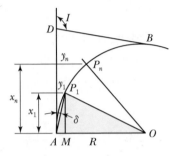

[그림 9-37] 지거법

④ 접선편거 및 현편거법에 의한 방법 : 트랜싯을 사용하지 못할 때 폴과 테이프로 설치하는 방법으로 지방도로에 이용되며 정밀도는 다른 방법에 비해 낮다.

$$\overline{QS} = X = \frac{l^2}{R}$$

$$\overline{PY} = \overline{SM} = \frac{\overline{QS}}{2} = \frac{X}{2} = \frac{l^2}{2R}$$

$$\overline{AY} = \frac{l}{2R}\sqrt{(2R+l)(2R-l)}$$

여기서, $\overline{PY}$: 접선편거
$\overline{PQ}$: 현편거

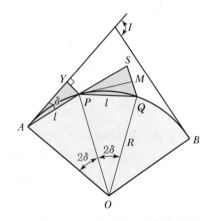

[그림 9-38] 접선편거 및 현편거법

5. 복심곡선 및 반향곡선 설치

(1) 복심곡선(Compound Curve)

반경이 다른 2개의 원곡선이 1개의 공통접선을 갖고 접선의 같은 쪽에서 연결하는 곡선을 말한다. 복심곡선을 사용하면 그 접속점에서 곡률이 급격히 변화하므로 될 수 있는 한 피하는 것이 좋다.

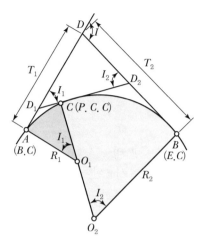

[그림 9-39] 복심곡선

(2) 반향곡선(Reverse Curve, S-curve)

반경이 같지 않은 2개의 원곡선이 1개의 공통접선의 양쪽에 서로 곡선중심을 가지고 연결한 곡선이다. 반향곡선을 사용하면 접속점에서 핸들의 급격한 회전이 생기므로 가급적 피하는 것이 좋다.

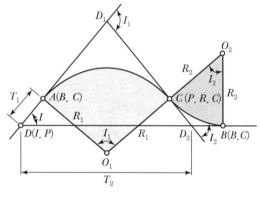

[그림 9-40] 반향곡선

(3) 배향곡선(머리핀 곡선)

반향곡선을 연속시켜 머리핀 같은 형태의 곡선으로 된 것을 말한다. 산지에서 기울기를 낮추기 위해 쓰이므로 철도에서 Switch Back에 적합하여 산허리를 누비듯이 나아가는 노선에 적용한다.

6. 완화곡선

완화곡선(Transition Curve)은 차량의 급격한 회전시 원심력에 의한 횡방향 힘의 작용으로 인해 발생하는 차량 운행의 불안정과 승객의 불쾌감을 줄이는 목적으로 곡률을 0에서 조금씩 증가시켜 일정한 값(R)에 이르게 하기 위해 직선부와 곡선부 혹은 곡선부와 곡선부 사이에 넣는 매끄러운 곡선을 말한다.

(1) 완화곡선의 특징

① 완화곡선의 반지름은 그 시작점에서 ∞이고, 종점에서는 원곡선의 반지름과 같다.

② 완화곡선의 접선은 시점에서는 직선에, 종점에서는 원호에 접한다.

③ 완화곡선에 연한 곡선반경의 감소율은 캔트의 증가율과 같다.

(2) 완화곡선의 종류

1) 클로소이드 곡선(Clothoid Curve)

① 주로 고속도로 및 일반도로에 사용된다.

② 곡률이 곡선길이에 비례하는 곡선으로 차량이 일정한 각속도로 회전될 때 뒷바퀴 차축 중심이 그리는 운동체적과 같다.

③ 기본공식이 $A^2 = RL$로서 매개변수 A는 곡선의 크기를 결정한다.

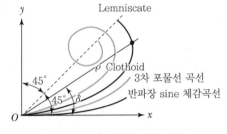

[그림 9-41] 완화곡선의 종류

2) 렘니스케이트 곡선(Lemniscate Curve)

① 주로 시가지 철도에 사용된다.

② 곡률반경 R이 동경 Z에 반비례하여 변화하는 곡선이다.

③ 접선각이 135°까지 적용되므로 곡률이 급한 완화곡선에 이용된다.

④ 기본공식이 $A^2/3 = RZ$로서 매개변수 A는 곡선의 크기를 결정한다.

3) 3차 포물선(Cubic Parabola)

① 주로 철도에 사용된다.

② 곡률반경 R이 횡거 x에 반비례하는 곡선이다.

③ 기본공식이 $y = x^3/RX$로서 X(ETC의 횡거)는 반경 R과 열차속도에 의해 결정한다.

④ 접선각이 약 24°에서 곡률반경이 최대가 되므로 2 이상에서는 사용치 않으며 3개의 완화곡선 중 가장 곡률이 완만하다.

4) 반파장 sine 체감곡선

① 주로 고속철도에 사용된다.

② BTC의 접선을 X축으로 하고 곡률 및 Cant의 체감형상을 $\sin(-\pi/2 \sim \pi/2)$으로 한 곡선이다.

③ 완화곡선의 길이가 길어지고 캔트설정이 복잡하다.

④ 다른 완화곡선보다 승차감이 양호하다.

⑤ 한 단계 발전한 완화곡선으로 좀 더 빠른 속도와 안전성을 확보할 수 있다.

7. Clothoid 설치방법

(1) 기본식

$$A^2 = RL = \frac{L^2}{2\tau} = 2\tau R^2$$

여기서, A : Clothoid 매개변수
R : 곡률반경
L : 완화곡선 길이
τ : 접선각

(2) 매개변수 A와 클로소이드 곡선의 관계

A는 클로소이드 곡선의 확대율로서 A가 커지면 곡선상 L에 대하여 클로소이드 곡선이 완만해지고 클로소이드 전체 크기도 커진다.

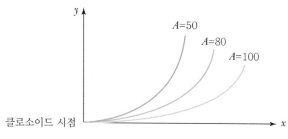

[그림 9-42] 매개변수 A와 클로소이드 곡선의 관계

(3) Clothoid의 형식

클로소이드를 조합하는 공식에는 기본형, S형, 난형(계란형), 凸형, 복합형 등이 있다.

① 기본형 : 직선-클로소이드-원곡선-클로소이드-직선(고속도로 혹은 고속철도의 본선에 적용)

② S형 : 반향곡선 사이에 2개의 클로소이드 삽입(고속도로 진출입로 RAMP에 적용)

③ 난형 : 복심곡선 사이에 클로소이드 삽입(고속도로 진출입로 RAMP에 적용)

④ 凸형 : 같은 방향으로 구부러진 2개의 클로소이드를 직선적으로 삽입(고속도로 진출입로 RAMP 및 인터체인지에 적용)

⑤ 복합형 : 같은 방향으로 구부러진 2개 이상의 클로소이드를 이은 것(고속도로 진출입로 RAMP 및 인터체인지에 적용)

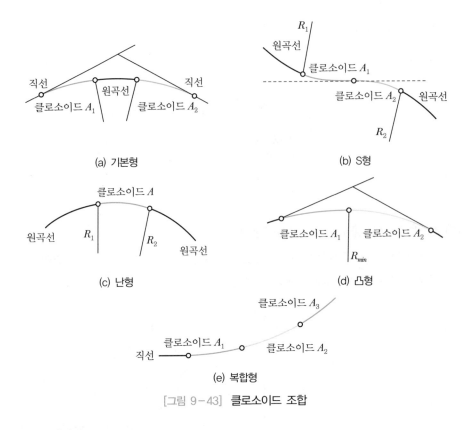

(a) 기본형

(b) S형

(c) 난형

(d) 凸형

(e) 복합형

[그림 9-43] 클로소이드 조합

(4) Clothoid 설치법

클로소이드 설치법은 일반적으로 직각좌표에 의한 방법, 극좌표에 의한 방법과 기타의 방법이 있으며 정확한 설치를 위해 일반적으로 두 가지 이상의 방법을 사용하여 점검하는 것이 좋다.

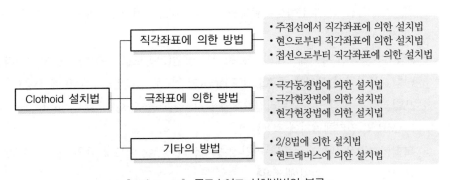

[그림 9-44] 클로소이드 설치방법의 분류

1) 주접선에서 직각 좌표에 의한 설치법

① 원점을 KA로 하고 X축을 주접선으로 한다.

② 횡축상에서 각 X_i의 점에서 직각방향으로 각 Y_i점 측설한다.

③ X_i, Y_i 좌표는 단위 클로소이드 표에서 구한다.

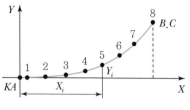

[그림 9-45] 클로소이드 설치(1)

2) 현으로부터 직각좌표에 의한 설치법

① 곡선상의 P_1, P_2를 연결한 현과 현의 수선장을 이용한 측설법이다.

② $\overline{P_1,\ P_2}$ 현의 경사각을 구하고 곡선상의 각점의 좌표를 구한 후 지거법에 의해 측설한다.

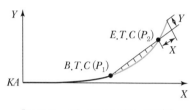

[그림 9-46] 클로소이드 설치(2)

3) 임의의 접선으로부터 직각좌표에 의한 설치법

① 원점 KA로부터 측설가능한 점이 1점(P)인 경우 사용한다.

② 주로 기설곡선의 보정시 사용된다.

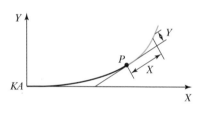

[그림 9-47] 클로소이드 설치(3)

4) 극각 동경법에 의한 설치법

① 원점 KA에서 동경(S)과 주접선에서의 편각(극각, σ)에 의해 곡선상의 점을 측설한다.

② 트랜싯을 클로소이드 원점에 세우고 줄자를 사용하여 각 중간점을 설치한다.

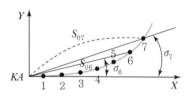

[그림 9-48] 클로소이드 설치(4)

5) 극각 현장법에 의한 설치법

① 원점 KA에서 주접선(X)으로부터의 극각(σ)과 중간점으로부터의 현장(C)을 이용하여 중간점을 측설한다.

② 실용적인 방법으로 가장 많이 사용한다.

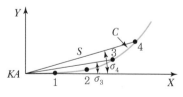

[그림 9-49] 클로소이드 설치(5)

6) 현각 현장법에 의한 설치법

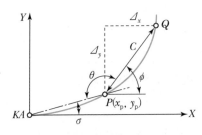

[그림 9-50] 클로소이드 설치(6)

중간점(P)을 기준으로 해서 구하는 점(Q)에 대한 현각(θ)과 현장(C)이용하여 측설한다.

7) 2/8법에 의한 설치법

P_1, P_2, P_3, P_4 중간점들은 등간격으로 설치하고 P_2와 P_3의 중점 P의 종거를 구한다.

$$M = \frac{M_1}{8} + \frac{M_2}{8}$$

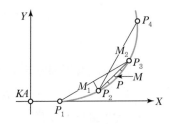

[그림 9-51] 클로소이드 설치(7)

8) 현트래버스에 의한 설치법

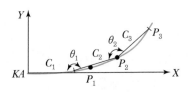

[그림 9-52] 클로소이드 설치(8)

P_1, P_2, P_3 중간점의 각 점에 트랜싯을 세워 현각(θ)과 현장(C)으로 측설한다.

(5) Clothoid의 일반적 성질

① Clothoid는 나선형의 일종이다.

② 모든 Clothoid는 닮은꼴이다.

③ 단위가 있는 것도 있고 없는 것도 있다.

④ 접선각(τ)은 30°가 적당하다.

8. 결론

과거의 도로나 철도 공사는 공사비의 절감이 주된 고려 대상으로서 대부분의 선형이 구조적으로 불안정하여 교통사고의 발생빈도가 높고 차량운행 비용이 증가될 뿐 아니라 주변 경관을 고려치 못했던 관계로 운전자의 피로도나 시각적 안정감이 매우 결여되었다. 그러나 최근의 신설도로는 물론 기존도로의 선형개량공사에 있어서도 매우 안정적이고 경제적이며 주변 경관과 조화를 이루도록 구조적으로 안정된 최적의 선형으로 설계되고 있다.

03 장애물이 있는 경우의 원곡선 설치와 노선의 변경법

1. 개요

노선측량은 폭이 좁고 길이가 긴 구역의 측량을 총칭하는데 노선측량의 순서는 크게 노선 선정, 노선의 결정, 공사비 산정으로 구분할 수 있다. 또한 노선의 형상은 직선, 완화곡선, 원곡선으로 대별되며, 앞서 계획된 노선의 곡선은 장애물 및 여러 가지 지형 상황에 의하여 다양한 원곡선 설치와 노선변경이 요구되며, 이러한 경우 여러 가지 조건에 따른 곡선설치법과 노선 변경법이 있다.

2. 단곡선 설치법

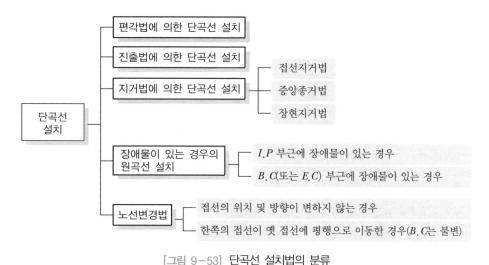

[그림 9-53] 단곡선 설치법의 분류

3. 장애물이 있는 경우의 원곡선 설치

(1) $I.P$ 부근에 장애물이 있는 경우

① 시통선(L)을 설치할 경우

장애물이 있어서 $I.P$에 접근하지 못하는 경우에는 그림과 같이 $\overline{AD}$ 및 $\overline{BD}$ 또는 그 연장선의 점 A', B'를 적당히 잡아 $\angle DA'B' = \alpha$ 및 $\angle DB'A' = \beta$와 $\overline{A'B'} = L$을 측정하면,

$$I = 180° - (180° - (\alpha + \beta)) = \alpha + \beta$$

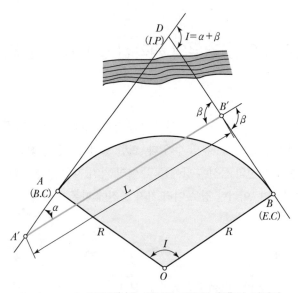

[그림 9-54] 시통선(L)을 설치할 경우의 원측선 설치법

sine법칙에서

$$\frac{\overline{A'D}}{\sin\beta} = \frac{L}{\sin(180° - I)} \Rightarrow \overline{A'D} = \frac{\sin\beta}{\sin(180° - I)}L$$

$$\frac{\overline{B'D}}{\sin\alpha} = \frac{L}{\sin(180° - I)} \Rightarrow \overline{B'D} = \frac{\sin\alpha}{\sin(180° - I)}L$$

곡선반경 R을 알면 $T.L = R\tan\dfrac{I}{2}$ 이므로

$$\overline{A'A} = \overline{A'D} - \overline{AD} = \frac{\sin\beta}{\sin(180° - I)}L - R\tan\frac{I}{2}$$

$$\overline{B'B} = \overline{BD} - \overline{B'D} = R\tan\frac{I}{2} - \frac{\sin\alpha}{\sin(180° - I)}L$$

※ 이와 같은 방법으로 점 $A(E.C)$, 점 $B(B.C)$의 위치를 정할 수 있다.

② 트래버스를 설치할 경우

시통선(L)을 설치할 경우에 대하여 2점 A'와 B'의 사이가 시통되지 않는 경우에는 A'와 B' 2점을 시점과 종점으로 하여 다각형을 만들어 계산에 의하여 $\overline{A'B'} = L$을 구하면 된다. 그림에서 $\overline{A'H}$, $\overline{HB'}$ 및 각 α, β, γ를 실측하면,

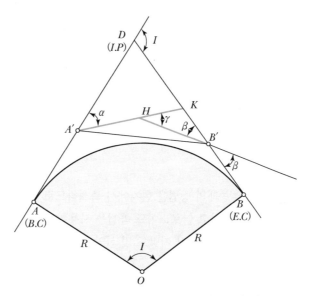

[그림 9-55] 트래버스에 의한 원측선 설치법

$$\angle\,DKA' = 180° - (180° - (\beta + \gamma)) = \beta + \gamma$$
$$\therefore\, I = 180° - (180° - (\alpha + DKA')) = \alpha + DKA' = \alpha + \beta + \gamma$$

$$\frac{\overline{HK}}{\sin\beta} = \frac{\overline{HB'}}{\sin(180° - (\beta + \gamma))}$$
$$\therefore\, \overline{HK} = \frac{\sin\beta}{\sin(180° - (\beta + \gamma))} \cdot \overline{HB'}$$
$$\frac{\overline{KB'}}{\sin\gamma} = \frac{\overline{HB'}}{\sin(180° - (\beta + \gamma))}$$
$$\therefore\, \overline{KB'} = \frac{\sin\gamma}{\sin(180° - (\beta + \gamma))} \cdot \overline{HB'}$$

$$\overline{A'K} = \overline{A'H} + \overline{HK}$$

$$\frac{\overline{A'D}}{\sin(\beta+\gamma)} = \frac{A'K}{\sin(180°-I)}$$

$$\therefore \ \overline{A'D} = \frac{\sin(\beta+\gamma)}{\sin(180°-I)} A'K$$

$$= \frac{\sin(\beta+\gamma)}{\sin(180°-I)} \left\{ \overline{A'H} + \frac{\sin\beta}{\sin(180°-(\beta+\gamma))} \cdot \overline{HB'} \right\}$$

$$\overline{B'D} = \overline{DK} + \overline{KB'}$$

$$= \frac{\sin\alpha}{\sin(180°-I)} \cdot \overline{A'K} + \frac{\sin\gamma}{\sin(\beta+\gamma)} \cdot \overline{HB'}$$

4. 노선의 변경법

계획 노선을 변경하는 경우 종래의 방법은 현지에서 측설하므로 다양한 변경법이 고안되었으나, 최근 지도상에서 노선을 선정하고 클로소이드 곡선을 사용하기 때문에 변경노선의 제원을 구하는 것은 상당히 어려운 일이다. 그러나 지방도 및 산악길은 현지에 측설하는 경우가 있으므로 몇 가지 예를 들어 설명하기로 했다.

(1) 접선의 위치와 방향이 변하지 않게 변경하는 경우

$E_N = E_0 + e$로 변화한 경우에는

$$E_N = E_0 + e$$

$$R_N\left(\sec\frac{I}{2}-1\right) = R_0\left(\sec\frac{I}{2}-1\right) + e$$

$$R_N = R_0 + \frac{e}{\left(\sec\dfrac{I}{2}-1\right)}$$

여기서, E_N : 신곡선 외할
E_0 : 구곡선 외할
R_N : 신곡선 반경
R_0 : 구곡선 반경
I : 교각
e : 변경거리

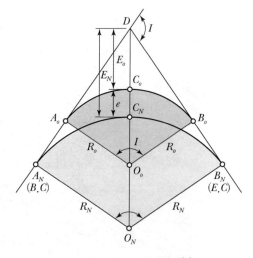

[그림 9-56] 곡선변경법(1)

(2) 한쪽의 접선이 옛 접선에 평행으로 이동한 경우

$$\overline{D_N\,D_0} = \frac{e}{\sin I},$$

$$\overline{A_N\,D_N} = T_N = R_N \tan\frac{I_N}{2}$$

$$\overline{A_N\,D_0} = T_0 = R_0 \tan\frac{I_N}{2}\text{으로 되므로,}$$

$$T_0 + \frac{e}{\sin I} = T_N \text{ 고쳐 쓰면}$$

$$R_N \tan\frac{I_N}{2} = R_0 \tan\frac{I_N}{2} + \frac{e}{\sin I_N}$$

따라서 $R_N = R_0 + \dfrac{e}{\sin I_N \tan\dfrac{I_N}{2}}$

$$= R_0 + \frac{e}{2\sin^2\dfrac{I_N}{2}}$$

$$= R_0 + \frac{e}{2(1 - \cos I_N)}$$

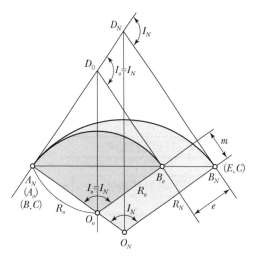

[그림 9-57] 곡선변경법(2)

5. 결론

최근에는 신설도로는 물론 기존도로의 확포장 공사나 선형개량공사에 있어서도 매우 안정적이고 경제적이며 주변 경관과 조화를 이루도록 최적의 선형으로 설계되고 있다. 따라서 앞으로는 고해상도 위성 영상이나 항공사진을 기반으로 한 가상의 준공 투시도 생성 기법(Perspective View) 등으로 최적의 노선을 선정하고 평면도, 종횡단도는 물론 공사비 산정까지도 자동으로 처리할 수 있는 첨단 기법에 대해 많은 연구가 이루어져야 할 것이다.

04 철도노선측량

1. 개요

기존 철도지역은 신규 철도 예정지역과는 달리 상공시계가 양호하고 시준선 확보가 용이하므로 GNSS 및 TS에 대한 노선측량의 적용성이 매우 높은 편이다. 여기서는 철도 복선화 공사를 위한 설계측량 과정에 대해 중점적으로 기술하고자 한다.

2. 철도노선측량의 순서

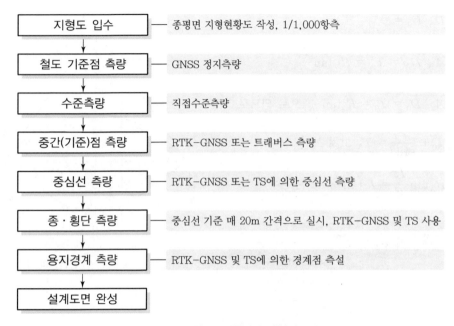

지형도 입수	— 종평면 지형현황도 작성, 1/1,000항측
철도 기준점 측량	— GNSS 정지측량
수준측량	— 직접수준측량
중간(기준)점 측량	— RTK-GNSS 또는 트래버스 측량
중심선 측량	— RTK-GNSS 또는 TS에 의한 중심선 측량
종·횡단 측량	— 중심선 기준 매 20m 간격으로 실시, RTK-GNSS 및 TS 사용
용지경계 측량	— RTK-GNSS 및 TS에 의한 경계점 측설
설계도면 완성	

[그림 9-58] 철도노선측량의 일반적 흐름도

3. 세부내용

(1) 철도 기준점 측량

① 철도 기준점은 약 500m 간격으로 전 노선에 설치하며 인접점 간에는 반드시 시통 가능하도록 하여야 함

② 기준점측량은 국가기준점(위성기준점, 통합기준점, 삼각점 등) 또는 공공삼각점을 기지점으로 하여 정지측량방법으로 실시

③ 기준점 측량 시는 반드시 인접 공구의 시·종점 기준점과도 연결측량 실시

(2) 중간(기준)점 측량

① 중간점은 철도 기준점 사이에 설치하는 보조 기준점으로 종·횡단 측량 시 또는 향후 구조물 시공 시 기준점으로 사용

② 철도기준점을 기지점으로 하여 중간점의 좌표 결정

③ RTK-GNSS 관측 또는 TS에 의한 결합 트래버스 방식으로 실시

(3) 수준측량

① 수준 노선은 수준점 또는 공공수준점을 출발점으로 하여 현장 내의 철도기준점과 중간점 등을 모두 경유하여 다른 수준점 또는 공공수준점에 결합시킴

② 터널 구간에서는 터널 시·종점을 연결하는 수준측량 실시하고 디지털 레벨을 이용하여 정확도를 높임

③ 수준측량은 반드시 인접 공구의 시·종점 기준점과도 연결측량 실시

(4) 중심선 및 종·횡단 측량

① 중심선은 확정노선의 중심선좌표를 설계도서 획득하여 매 20m 간격으로 RTK-GNSS 또는 TS에 의해 그 위치를 현지에 측설

② 종단측량은 설치된 중심선의 표고를 RTK-GNSS 및 TS 또는 레벨에 의해 관측

③ 횡단측량은 중심선의 직각방향에 대한 지형 변곡점의 3차원 좌표를 RTK-GNSS 또는 TS를 이용하여 취득하고 CAD 프로그램상에서 횡단면도를 작성함

④ RTK-GNSS를 이용하여 종·횡단 측량 시에는 두 점의 철도기준점에서 각각 RTK 관측을 실시하여 국소지오이드 모형을 결정한 후, 그 사이 구간에서만 RTK 관측을 실시함으로써 표고오차를 줄일 수 있음

(5) 용지경계 측량

① 종·횡단도 성과에 의해 용지경계선이 구해지며 도면으로부터 그 좌표값을 획득하여 측설하고 측량표 설치

② 설치된 경계점 측량표의 위치를 지적기준점 체계로 관측하여 지적도에 표시하고 이를 다시 종·평면도에 중첩하여 용지도를 작성함

4. 문제점 및 대책

노선길이가 긴 경우의 기준점 측량 시 중심선 주변의 기지점으로만 삼각망을 길게 구성할 경우 오차 발생 우려 있음

→ 대책 : 노선의 횡방향으로는 보다 원거리에 있는 기지점을 사용하여 전체 외곽망이 가능하면 정삼각형을 이루도록 기준점 측량 실시

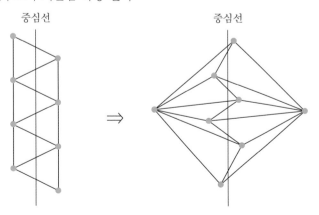

[그림 9-59] 철도노선측량의 기준점 측량 시 삼각망 구성

5. 결론

철도는 주어진 궤도 선형을 따라 열차가 주행해야 하므로 정확한 노선의 설치가 무엇보다도 중요하다. 이를 위하여는 높은 정확도의 기준점 및 수준 측량이 요구되므로 공공측량 규정에 부합하는 엄밀한 측량의 수행이 필수적이다.

---

05 실시설계를 위한 측량 중 노선(도로, 철도)측량 작업과정

1. 개요

도로, 철도 등 건설공사의 설계도서 작성은 타당성조사, 기본설계, 실시설계의 과정으로 이루어지고 있다. 현재 우리나라의 설계과정을 보면 타당성조사, 기본설계, 실시설계의 각 업무가 상당부분 중복되고, 특히 기본설계가 상세 설계수준으로 진행되고, 기본설계 시 결정된 노선이나 구조물의 형식 등이 현장여건의 변호에 따라 도면을 새로이 작성하는 사례가 빈번하여 기본설계 단계에서 실시설계에 필요한 측량까지 실시되어 실시설계측량이 유명무실하게 되고 있다.

2. 건설공사 설계 프로세스

(1) 건설공사 설계 순서

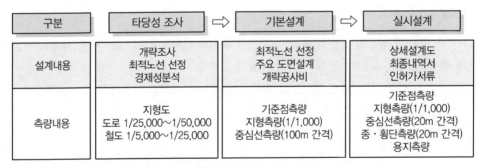

구분	타당성 조사	기본설계	실시설계
설계내용	개략조사 최적노선 선정 경제성분석	최적노선 선정 주요 도면설계 개략공사비	상세설계도 최종내역서 인허가서류
측량내용	지형도 도로 1/25,000~1/50,000 철도 1/5,000~1/25,000	기준점측량 지형측량(1/1,000) 중심선측량(100m 간격)	기준점측량 지형측량(1/1,000) 중심선측량(20m 간격) 종·횡단측량(20m 간격) 용지측량

[그림 9-60] 건설공사의 일반적 흐름도

(2) 타당성 조사

사업의 기술적 가능성을 기본으로 경제적, 재무적인 측면에서의 평가를 하여 그 사업의 타당성, 즉 추진여부를 결정하기 위한 조사이다.

(3) 기본설계

타당성조사 및 기본계획을 감안하여 시설물의 규모, 기간, 개략 공사비 등을 조사하여 최적안을 선정하고 실시설계에 필요한 기술자료를 작성하는 과정이다.

(4) 실시설계

기본설계의 결과를 세부조사 하여 최적안을 선정하여 시공 및 유지관리에 필요한 설계도서 등을 작성하는 과정이다.

3. 공종별 측량의 기준

(1) 기본설계

[표 9-9] 기본설계 측량의 기준

구분	도로	철도	비고
기준점측량	GNSS 3~4급 기준점 측량	GNSS 정지측량	철도측량지침 준수
현황측량	1/1,000 지형 또는 항공측량	1/1,000 지형 또는 항공측량	
중심선측량 종단, 횡단측량	100m 간격	100m 간격	철도측량지침 준수

(2) 실시설계

[표 9-10] 실시설계 측량의 기준

구분	도로	철도	비고
중심선측량	20m 간격	20m 간격	지형이 변하는 곳 추가
종단측량	20m 간격	20m 간격	지형이 변하는 곳 추가
횡단측량	20m 간격	20m 간격	설계폭 이상
용지측량	20m 간격	20m 간격	좌, 우

4. 실시설계 측량

(1) 측량 순서

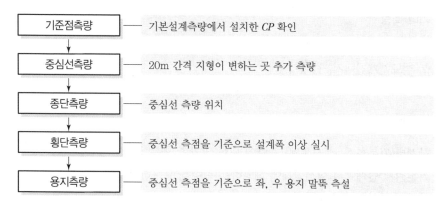

[그림 9-61] 실시설계 측량의 흐름도

(2) 중심선측량

① 설계 중심선을 기준으로 20m마다 그리고 지형이 변하는 곳은 추가 측점을 현지에 직접 측설하고 중심선 말목을 설치한다.

② 기준점은 기본설계 측량에서 설치한 *CP*성과를 확인 후 사용한다.

③ 측량방법은 GNSS-RTK 혹은 TS 측량으로 실시한다.

④ *CP*에서 측설하는 중심선까지 거리가 250m 이상이 될 경우 거리보정을 실시하여야 한다.

(3) 종단측량

① 중심선 말목 측설 위치의 지반고를 측량한다.

② 직접수준측량 간접수준측량으로 실시하며, 간접수준측량은 TS 측량으로 한다.

③ 종단면도 작성 축척 : 도로($H = 1/1,200$, $V = 1/200$), 철도($H = 1/1,000$, $V = 1/400$)

(4) 횡단측량

① 중심선 말목 측설 위치를 기준으로 계획 노선의 좌, 우 직각방향에 대하여 설계폭 이상까지 지형의 변곡점에 대한 측량을 실시한다.

② 직접수준측량 간접수준측량으로 실시하며, 간접수준측량은 TS 측량으로 한다.

③ 횡단면도 작성 축척 : $1/100 \sim 1/200$

(5) 용지측량

① 설계 중심선을 기준으로 20m마다 좌, 우 용지폭을 현지에 직접 측설하고 용지 말목을 설치한다.

② 용지측량은 설계를 기준으로 공사를 수행할 공사용지 확보를 위한 측량으로 항후 용지측량을 기준으로 한국국토정보공사에서 분할 측량을 실시하여야 한다.

③ 용지도는 도로 1/1,200, 철도 1/1,000의 축척으로 작성하며 본 용지도는 측량에 사용할 수 없는 참고 도면이다.

(6) 기타 측량

① 도로 : 이설도로, 부채도로 등

② 철도 : 개천내기, 길내기 등

5. 기본설계 측량, 실시설계 측량의 문제점

(1) 단계별(기본설계, 실시설계) 측량에 대한 명확한 구분 없다.

(2) 기본설계 단계에서 실시설계에 해당하는 측량을 요구하고 있다.

(3) 따라서 실시설계 측량의 유명무실화를 초래하고 있다.

6. 기본설계 측량, 실시설계 측량의 문제점 개선방향

(1) 단계별(기본설계, 실시설계) 측량에 대하여 명문화가 요구된다.

(2) 발주처의 추가적인 도서 및 측량 등에 대한 요구를 금지한다.

(3) 단계별(기본설계, 실시설계) 측량에 대한 공공측량성과심사를 의무화한다.

7. 결론

건설기술진흥법에는 "설계공모, 기본설계 등의 시행 및 설계의 경제성 등 검토에 관한 지침"으로 건설공사의 설계도서 작성은 타당성조사, 기본설계, 실시설계의 과정에 대하여 관리를 하고 있다. 실무에서는 기본설계, 실시설계 단계에 대한 명확한 구분이 없고 관련 공무원 및 설계담당자의 업무에 대한 무리한 요구로 기본설계 단계에서 실시설계 업무를 수행하여 실시설계 측량은 유명무실하게 되고 있다. 따라서 각 단계별 업무에 대한 명확한 기준을 마련하여 각 단계에서 필요한 측량이 이루어지도록 발주처, 설계사, 측량업계의 노력이 필요하다.

06 도시 지역 간 연결교통로 개설에 따른 실시설계측량

1. 개요

도시 발전과 팽창으로 대도시권의 같은 교통생활권에 있는 지역을 연결하는 도로, 철도 등의 시설이 필요하여 정부는 광역교통시행계획을 수립하여 시행하고 있다. 도시 지역을 연결하는 광역교통시설에는 도로, 철도 등이 있으며, 본문에서는 최근 정부에서 추진하고 있는 GTX 광역도시철도의 실시설계측량을 중심으로 기술하고자 한다.

2. GTX의 특성 및 건설공사 설계

(1) GTX 건설의 특성

① 대심도 터널로 구성

② 주요 거점역 연결

(2) 건설공사 설계

[표 9-11] 공종별 설계내용 및 측량항목

구분	타당성 조사	기본설계	실시설계
설계내용	개략조사 최적노선 선정 경제성분석	최적노선 선정 주요 도면설계 개략공사비	상세설계도 최종내역서 인허가서류
측량내용	지형도 도로 1/25,000~1/50,000 철도 1/5,000~1/25,000	기준점측량 지형측량(1/1,000) 중심선측량(100m 간격)	기준점측량 지형측량(1/1,000) 중심선측량(20m 간격) 종·횡단측량(20m 간격) 용지측량

① **타당성 조사** : 사업의 기술적 가능성을 기본으로 경제적·재무적인 측면에서 평가를 하여 그 사업의 타당성, 즉 추진 여부를 결정하기 위한 조사이다.

② **기본설계** : 타당성 조사 및 기본계획을 감안하여 시설물의 규모, 기간, 개략공사비 등을 조사하여 최적안을 선정하고 실시설계에 필요한 기술 자료를 작성하는 것이다.

③ **실시설계** : 기본설계의 결과를 세부 조사하여 최적안을 선정하여 시공 및 유지관리에 필요한 설계도서 등을 작성하는 것이다.

3. 실시설계측량

(1) 지형현황측량

① 현황측량은 항공사진측량을 원칙으로 함

② 주요 거점 역사구간은 TS를 이용한 직접측량 실시

(2) 세부측량

1) 측량 순서

[그림 9-62] 실시설계측량의 순서

2) 기준점측량

① 평면기준점 : GNSS 측량

② 수직기준점 : 직접수준측량

③ CP(Control Points) 설치 간격 : 500m

3) 중심선측량

① 설계 중심선을 기준으로 20m마다, 그리고 지형이 변하는 곳은 추가 측점을 현지에 직접 측설하고 중심선 말목을 설치

② 측량방법은 GNSS-RTK 혹은 TS 측량으로 실시

③ TS 측량 시 CP에서 측설하는 중심선까지 거리가 250m 이상이 될 경우 거리보정을 실시

4) 종단측량

① 중심선 말목 측설 위치의 지반고를 측량

② 직접수준측량, 간접수준측량으로 실시하며, 간접수준측량은 TS 측량

③ 종단면도 작성 축척 : 도로($H = 1/1,200$, $V = 1/200$), 철도($H = 1/1,000$, $V = 1/400$)

5) 횡단측량

① 중심선 말목 측설 위치를 기준으로 계획 노선의 좌우 직각방향에 대하여 설계폭 이상까지 지형의 변곡점에 대한 측량을 실시

② 직접수준측량, 간접수준측량으로 실시하며, 간접수준측량은 TS 측량

③ 횡단면도 작성 축척 : 1/100~1/200

6) 용지측량

① 설계 중심선을 기준으로 20m마다 좌우 용지폭을 현지에 직접 측설하고 용지 말목을 설치

② 용지측량은 설계를 기준으로 공사를 수행할 공사용지 확보를 위한 측량으로 향후 용지측량을 기준으로 한국국토정보공사에서 분할 측량을 실시하여야 함

③ 도로 1/1,200, 철도 1/1,000의 축척으로 작성된 용지도는 측량에 사용할 수 없는 참고 도면임

7) 지장물 조사

① 지하지장물 조사

② 지장물도 작성

8) 기타 측량

① 주요 통과역 조사

② 환승계획(환승통로)에 반영

4. 기본설계측량, 실시설계측량의 문제점

(1) 단계별(기본설계, 실시설계) 측량에 대하여 명문화 필요

① 기본설계 단계에서 실시설계 수준의 측량 요구

② 설계내역에 측량의 대가 미반영 대부분

(2) 발주 방법 변경

① 설계와 측량의 분리 발주 필요

② 대부분 분리 발주 미실시로 설계사에 종속되는 구조

5. 개선방향

(1) 설계와 측량의 분리 발주

(2) 내역서에 정확한 측량의 대가 반영

(3) 공공측량성과심사의 의무화

6. 결론

대도시권을 연결하는 광역교통시설에 필요한 도로, 철도에 대한 설계를 시행하는 과정에 필요한 측량에 대한 문제점을 보면 측량의 대가가 정확하게 반영된 내역서의 부재 그리고 분리 발주의 미실시로 인하여 측량은 설계업무에 종속되어 실시되고 있는바, 이 부분에 대한 개선과 공간정보산업의 활성화를 위하여 정부, 학계, 측량업계 그리고 공간정보 기술자의 적극적인 노력이 필요하다고 판단된다.

07 철도시설 연결에 따른 시공측량

1. 개요

시공측량은 모든 건설공사의 설계, 시공, 감리와 유지관리 등에 있어 시설물의 위치를 결정하고, 시공 중 또는 시공 후 시설물의 유지관리와 각 시설물 간의 공간적인 위치관계를 규명하고 이를 향후 시설계획에 활용하도록 하는 건설 기술로 모든 공사의 전 과정에서 필수적으로 요구되는 핵심 기술이다. 본문에서는 철도시설물 측량을 중심으로 기술하고자 한다.

2. 시공측량의 구분

(1) 착공 전 측량

설계도서와 현지의 부합 여부를 확인하는 측량

(2) 공사 중 측량

설계도서를 현지에 구현하는 시설물 시공측량

(3) 준공측량

시공된 시설물에 대한 As—Built 측량을 실시하여 도면화하는 과정

(4) 유지관리측량

시설물에 대한 변위 등을 조사하는 측량

(5) 수급인 준수사항

1) 측량기술자를 포함한 소정의 인원을 현장에 배치

2) 공사 착공 후 60일 이내에 설계확인측량 실시
   ① 철도기준점, 중심선, 종·횡단, 용지경계, 수량산출 등

② 상이점 확인 후 감독자에 보고

③ 측량성과에 관련된 모든 성과품은 측량기술자가 서명날인 후 감독자에게 제출

3) 감독자 확인사항

① 주요 시설물설치지점을 선정하여 직접 확인측량에 의한 정확도 관리표를 작성

② 중간점, 임시수준점, 중심선 및 종 · 횡단 측량지점, 용지폭말뚝설치지점, 경계지점 등

4) 공사 준공 시 측량기술자가 실측한 준공도서 및 측량결과 감독자에게 보고

5) 공사 준공 후 시설물 등의 이전, 보수, 변위측정 등을 위하여 유지관리기준점을 설치, 감독자에게 성과품 제출

3. 착공 전 측량(설계확인측량)

(1) 착공 전 측량순서

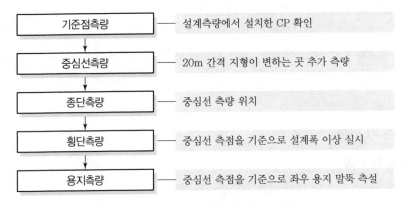

[그림 9-63] 착공 전 측량의 일반적 흐름도

(2) 기준점측량

1) GNSS 측량 실시

2) 직접수준측량 실시

3) 주요 내용

① 기준점 간격은 약 500m

② 주요 구조물 근처에 임시표지점 설치

③ 매 2년마다 기준점 확인 측량 실시

(3) 용지경계측량

설계횡단면도와 비교하여 용지 부족 부분 확인

(4) 주요 구조물 위치 확인

설계도와 현지 부합 여부 확인

(5) 토공 수량 확인

(6) 측량 및 지형공간정보기술사 검토 확인 필수

4. 시공 중 측량(공사관리측량)

(1) 기준점측량

매 2년마다 기준점 확인 측량 실시

(2) 공사관리측량의 준수사항

① 설계도면으로부터 설치좌표 계산 검토 승인

② 승인된 측량장비 사용

③ 관측기록부, 계산부 등 모든 성과표는 감독자에 제출하여 확인

(3) 주요 내용

① 터널, 교량 등의 주요 시설물에 대한 측량을 실시한 후 시공오차, 침하, 변위 등을 확인

② 감독자는 직접 확인측량에 의한 정확도 관리표 작성

③ 준공측량 및 유지관리 기준점 설치

5. 준공측량

(1) 기준점측량

① 향후 시설물의 유지관리를 위한 기준점

② 약 500m 간격으로 설치

(2) 주요 내용

1) 시공된 상태를 직접 측량

2) 노반 시공 상태(폭, 높이) 확인

3) 교각 중심 위치, 상판 시공 현황

4) 터널 내부 기준점 설치

5) 터널 시공 상태(폭, 내공단면 등) 확인

6) 용지경계

① 공사용지 침범 여부 확인

② 용지경계말뚝 설치

7) 준공현황도 작성

    ① 향후 시설물 유지관리 이용

    ② 실측된 지형현황 및 구조물 등이 도시되어야 함

    ③ 지형도는 국가수치지도 갱신에 이용

8) 측량 및 지형공간정보기술사의 검토확인서 필수

6. 유지관리측량

(1) 유지관리측량 및 변위점측량으로 구분하여 실시

(2) 관련 법령에 따른 측량업 등록자 및 측량기술자가 실시

(3) 준공측량 시 설치한 기준점을 사용하여야 함

(4) 측량성과는 측량기술자의 서명 필

7. 시공측량의 문제점

(1) 측량 대가 부재

설계내역에 시공측량에 대한 대가 없음

(2) 측량에 무관심

    ① 발주처, 건설사업관리기술자, 시공사의 측량에 대한 무관심

    ② 무면허 측량기술자의 난립

8. 개선방향

(1) 내역서에 정확한 측량의 대가 반영

(2) 법제도 강화

자격을 갖춘 측량기술자 투입

9. 결론

시공측량은 모든 건설공사의 설계, 시공, 감리와 유지관리 등의 전 과정에서 필수적으로 요구되는 핵심기술이나 발주처의 측량 대가 미반영, 측량기술이 미비한 건설사업관리기술자 배치, 시공사의 측량 무관심 등으로 건설현장의 품질관리가 저해되고 안전사고가 발생하고 있다. 이에 대한 개선을 위하여 관계기관, 학계, 시공사, 측량기술자의 제도개선과 노력이 필요할 때라 판단된다.

08

도로시설물의 유지관리측량

1. 개요

시설물의 안전점검과 유지관리를 통하여 재해와 재난을 예방하고 시설물의 효능을 증진시켜 공중의 안정을 확보하고 국민의 복리증진에 기여하기 위하여 사회기반시설 등 재난이 발생할 위험이 높거나 계속적으로 관리할 필요가 있는 시설물에 대하여 정부는 시설물안전법을 제정하여 관리하고 있다. 그러나 측량기술자가 배제된 구조로 운영되고 있는 시설물 유지관리 정책은 정확한 공간정보 구축에 한계가 있으므로 개선방안으로 기술적 방법이 아닌 제도적 문제점에 대하여 기술하고자 한다.

2. 유지관리가 필요한 도로시설물

(1) 제1종 시설물

① 500m 이상의 도로 및 철도 교량

② 1,000m 이상의 도로 및 철도 터널

(2) 제2종 시설물

① 100m 이상의 도로 및 철도 교량

② 고속국도, 일반국도, 특별시도 및 광역시도 도로터널

3. 시설물 유지관리측량

(1) 구분

① 유지관리측량

② 변위점 측량

(2) 유지관리측량

① 준공 시 설치된 유지관리기준점의 측량성과를 기초로 하여 실시

② 시설물의 보수, 보완, 확장, 이전 등 측량

(3) 변위점측량

① 변위의 우려가 있는 연약지반, 교량, 터널, 기타 주요 시설물 등에 변위점 설치

② 수시 또는 정기적으로 변위점 측량을 실시

③ 침하 및 변위 여부를 확인 · 점검 및 예측

(4) 주요 측량 내용

1) 시설물의 사용에 따른 변위 계측

2) 교량
  ① 기초침하, 주탑 거동, 상판 처짐 등
  ② GNSS, TS 사용

3) 터널
  ① 내공변위 등
  ② TS, 3D Scanner 사용

4. 시설물의 유지관리측량의 필요성

(1) 시설물 유지관리 중요성

① 최소 비용으로 유지관리 효율화 필요
② 국가 주요자산인 SOC 장수명화와 효율적 활용
③ 미래의 경제적 부담 완화

(2) 시설물 안전 중요성

① 복지 · 안전사회 구현을 위한 필수적 수단
② 국민의 안전

(3) 환경변화

제4차 산업혁명 기술 등 첨단 기술의 개발 및 적용요구 증가

(4) 건설현장의 관행

① 건설현장에 측량기술자 미배치
② 반복된 측량 오류
③ 측량자격을 갖추지 않는 감리원 배치

(5) 준공도면의 부재

① 대분분의 건설현장은 준공측량 미실시
② 준공시 제출된 준공도서는 실제 준공측량으로 작성된 도서가 아님

5. 현행 도로시설물 유지관리 체계의 문제점

(1) 지하시설물(상수관로, 하수관로 등)

① 공공측량성과심사로 대체

② 설계와 시공의 괴리 발생

(2) 교량, 터널 등

① 준공측량 미실시로 정확한 준공도면 부재
② 준공 후 지속적인 유지관리측량, 변위점 측량 없음

(3) 유지관리 기술자

① 측량전문가가 배재된 구조
② 공간정보의 중요 부분 결측 발생으로 비효율적 유지관리

6. 개선방향

(1) 준공측량 의무화

① 시설물에 대한 As-Built 작성으로 정확한 정보 확보
② 향후 유지관리의 용이

(2) 분야별 전문가 구성

측량전문가를 포함한 유지관리팀 구성

(3) 공공측량 확대

공공시설물에 대한 공공측량성과심사 확대

(4) 기술사 검토서

측량 및 지형공간정보 기술사 검토서 의무화

7. 기대효과

(1) 정밀한 품질관리

① 준공측량 의무화로 정확한 시공관리
② 준공측량 의무화로 부실공사 방지

(2) 경제적 공사관리

① 준공측량 의무화로 유지관리 비용 절감
② 공사중 재시공 예방

(3) 공공측량 확대로 일자리 창출

① 공공측량 확대로 일자리 확대
② 건설현장의 측량 전문가 채용

(4) 공간정보의 위상 확립

① 준공측량 의무화에 따른 측량의 중요성 전파
② 공간정보 기술자의 중요성 전파

8. 결론

시설물의 안전점검과 유지관리는 국민의 안전에 필수적인 부분이나 국가의 제도적 모순 그리고 학계 및 측량관련 업체 측량기술자의 무관심으로, 측량은 국토지리정보원에서 발주하는 업무가 전체 측량인 것으로 변하여 국민 안전의 필수 부분인 국가주요시설물은 공간정보에서 제외되어 일부 업체 및 기술자만 관심을 가진 결과 건설측량은 제도적으로 측량으로 인정을 받지 못하게 되었다. 이 부분을 개선하여야 국민의 안전에 필요한 시설물 유지관리에 공간정보의 바른 역할을 할 수 있으므로 국가의 제도적 개선, 학계의 의식변화 그리고 측량기술자들의 노력이 필요할 때라 판단된다.

---

09 시공측량에서 비탈면 규준틀 설치기법

1. 개요

규준틀은 시공 시 절·성토면의 높이와 경사를 쉽게 알아볼 수 있도록 형틀의 형태로 현지에 설치하는 토공면의 시공 표식으로 성토면의 높이를 표시하는 수평규준틀과 절·성토면의 경사를 표시하는 수직규준틀이 있다.

2. 규준틀 설치

규준틀은 수평규준틀과 수직규준틀로 나누어지며, 수평규준틀은 성토면의 높이를, 수직규준틀은 절·성토면의 경사를 주로 표시한다.

(1) 설치 시 주의사항

① 모든 흙깎기 및 흙쌓기 비탈면의 정확한 마무리를 위하여 먼저 규준틀을 정확한 위치에 설치하여야 한다.
② 규준틀은 비탈면의 경사, 노체, 노상의 마무리 높이 등을 나타내는 것이며 토공의 기준이 되는 것이므로 정확하고 견고하게 설치하여야 한다.
③ 토공의 횡단도는 20m 간격으로 표시되므로 직선부에서 지형이 복잡하지 않을 경우 공사 초기에는 규준틀의 간격도 20m로 설치하여야 하지만 마무리 단계에서는 필요한 장소에 추가로 더 설치한다.

(2) 규준틀의 표준 설치간격

[표 9-12] 규준틀의 표준 설치간격

설치 장소의 조건	설치간격(M)
직선부	20
곡선반경 300m 이상	20
곡선반경 300m 이하	10
지형이 복잡한 장소	10 이하

(3) 규준틀 설치

1) 비탈끝의 규준틀

① 횡단도로부터 중심말뚝 O에서 성토부 비탈끝까지의 거리를 잰다.

② 비탈끝의 계획선 외측에 규준틀을 박고 수평간 C를 레벨이나 간단한 방법으로 설치한다.

③ 도로계획고 H와 c의 높이 H_1과의 차에 구배 n을 곱하면 비탈어깨에서 C까지의 수평거리는 $n(H-H_1)$으로 구해진다.

④ 중심말뚝으로부터의 l의 거리를 측정하고 수평간 C에 못을 박아 표시한다.

⑤ 못의 위치에서 수배자를 사용하여 기울기가 1:1.5가 되도록 비탈간 구배선을 박는다.

⑥ 규준틀의 위치-구배, 높이 등 필요사항을 기입한다.

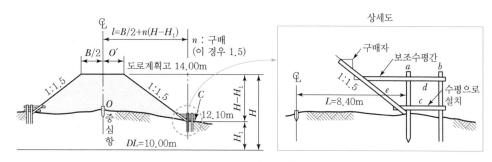

[그림 9-64] 수평규준틀(비탈끝)

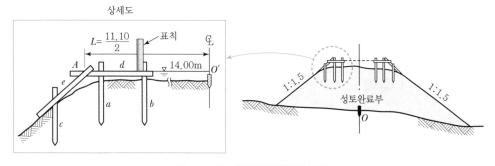

[그림 9-65] 수평규준틀(비탈어깨)

2) 비탈어깨의 규준틀

　① 성토가 시공 완료되어 가면 시준말뚝으로부터 중심말뚝 O'를 복원하고 높이를 구한다.

　② 중심말뚝 O'로부터 L에 의해 내외측에 a, b, c말뚝을 박는다. 수평 간 d를 도로계획고가 되도록 말뚝에 고정한다.

　③ 중심말뚝 O'로부터 $L/2$가 되는 거리를 잡아 수평 간에 표시를 하고 이 점으로부터 구배 $1:1.5$가 되는 비탈 간 e를 설치한다.

3) 수평규준틀

　① 수평규준틀은 성토구간의 단계별(노체, 노상, 보조기층 등) 성토높이를 표시한다.

　② 성토구간의 끝에 설치한다.

　③ 각 측점별 높이를 계산하여 레벨로 직접 측량한다.

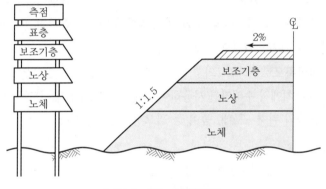

[그림 9-66] 수평규준틀

3. 결론

토공사 개시 전에는 설계도의 평면 및 종·횡단 도면을 면밀히 검토하여 도면이 실제 지형에 부합되도록 설계되었는지를 확인하고 규준틀을 제작하여야 한다. 만약 도면이 실제 지형과 일치하지 않는 경우에는 비탈면의 기울기를 조정하고 그에 따라 규준틀을 다시 제작하여야 한다.

---

10 하천 측량

1. 개요

하천 측량은 하천의 형상, 수위, 단면, 경사 등을 관측하여 하천의 평면도, 종·횡단면도를 작성함과 동시에 유속, 유량, 기타 구조물을 조사하여 각종 수공설계, 시공에 필요한 자료를 얻기 위해 실시하는 측량이다.

2. 하천 측량의 순서

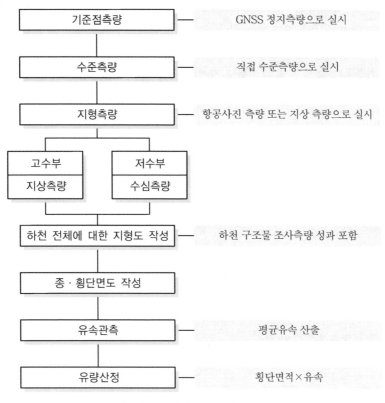

[그림 9-67] 하천 측량 흐름도

3. 평면 측량

(1) 하천 측량의 범위

① 유제부 : 제외지 전부와 제내지 300m 이내
② 무제부 : 홍수가 영향을 주는 구역보다 약간 넓게 측량(홍수 시 물이 흐르는 맨 옆에서 100m까지)

(2) 측량방법

1) 골조측량
   ① GNSS에 의한 기준점 측량 실시(정지측량 방법)
   ② 각 기준점은 상호 시통이 가능하도록 제방 및 고수부지 등에 설치

2) 수준측량
   ① 수준점, 통합기준점의 표고를 기준으로 각 기준점에 대한 표고 결정
   ② 직접 수준측량 방법으로 실시

3) 지형측량

① 지형측량 대상은 하천의 형태, 제방, 교량, 각종 구조물, 측량표, 양수표, 하천의 수애선 등 하천 지역에 있는 모든 것 포함
② 지형측량은 항공사진측량, UAV 측량, GNSS 및 TS 측량의 방법으로 실시
③ 각종 구조물은 개별 구조물도 작성(구조물 치수, Inlet/Outlet 등 명기)

4. 고저 측량

(1) 거리표 설치

① 거리측정의 기준
② 하천의 중심(유수방향)에 직각으로 설치
③ 하천의 합류지점으로부터 200m를 표준으로 설치
④ 1km마다 지표(석주표석)를 설치

(2) 수준기표(고저 기준표) 설치

① 양안 5km마다 설치하고 2급 수준측량에 준함
② 수위 관측소에는 필히 설치
③ 국가 수준점으로부터 출발

(3) 종단 측량

① 왕복 측량이 원칙
② 4km 왕복에서 유조부 10mm, 무조부 15mm, 급류부 20mm의 오차 허용

(4) 횡단 측량

① 좌안을 기준으로 200m마다 거리표를 기준
② 횡단면도 축척 : 종 1/100, 횡 1/1,000
③ 육상부의 횡단 측량은 RTK-GNSS 또는 TS 등으로 3차원 관측을 실시하여 횡단도를 작성하며 수심측량 결과와 합성하여 최종 횡단면도를 작성한다.

(5) 수심 측량

① 수심 측량은 하상면에 대한 지형도를 작성하고 횡단면도를 제작하는 측량이다.
② 선박 운행이 가능한 1m 이상의 수심에 대해서는 수심 측량을 실시한다.
③ 수심 측량은 음향측심기에 의해 수심(H)을, GNSS나 TS에 의해 평면위치(X, Y)를 측정한다.
④ RTK-GNSS를 이용할 경우에는 수위에 관계없이 하상면의 표고를 관측할 수 있는 반면, DGNSS를 이용할 경우에는 매 15분 간격으로 수위를 관측하여 수심측정기에 의한 수심을 보정(갱정수심)하여야 한다.

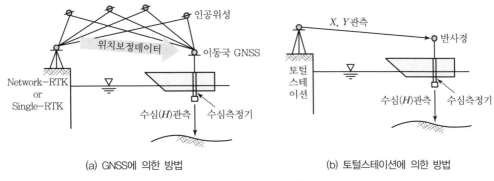

(a) GNSS에 의한 방법   (b) 토털스테이션에 의한 방법

[그림 9-68] 수심 측량

⑤ 수심 측량 흐름도(GNSS 및 수심측정기를 사용하는 경우)

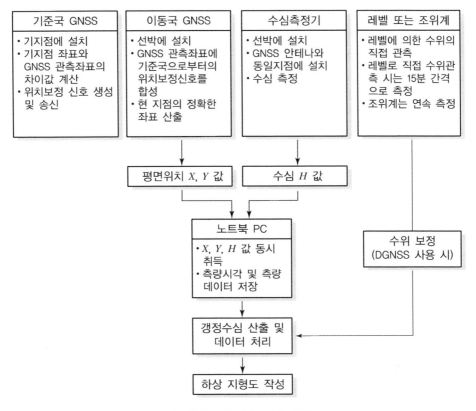

[그림 9-69] 수심 측량 순서

(6) 최근 수심 측량

① 기존 수심측량은 토털스테이션에 의한 평면위치 측정, 측심추에 의한 수심 측정방법 등을 통해 이루어졌다. 그러나 이러한 방법들은 많은 인력과 시간을 필요로 함은 물론, 하상지형에 대한 연속적인 수심 측정이 불가능하고 대규모 지역의 하상지형정보 획득이 어려운 단점이 있다.

② 최근 RTK – GNSS와 Echo Sounder 측량을 통해 평면 위치와 수심을 연속적으로 관측할 수 있으며, 준설 전·후 하상에 대한 3차원 좌표를 획득하고 지형도를 자동으로 생성함으로써 정확한 준설량 등을 산정할 수 있다. 이렇게 구축된 고정밀 하상정보는 향후 하천계획 수립 및 유지관리에 크게 활용된다.

5. 도면 제작

(1) 평면도

현황측량 성과로부터 지형도를 작성한다.

(2) 종단면도

① 종단측량 결과로부터 종단면도를 제작한다.
② 축척은 종으로 1/100, 횡으로 1/1,000을 표준으로 한다.
③ 양안의 거리표고, 하상고, 계획고 수위, 계획제방고, 수위표, 교대고, 수문 및 배수용 갑문 등을 기입한다.
④ 하류를 좌측으로 하여 제도한다.

(3) 횡단면도

① 육상부의 횡단측량과 하상부의 수심측량결과를 연결하여 작성한다.
② 축척은 횡으로 1/1,000, 종으로 1/100으로 한다.
③ 높이는 기준 수준면에서 좌안을 좌, 우안을 우로 쓰고 양안의 거리표 위치, 측량 시의 수위, 고수위, 저수위, 평수위 등을 기입한다.

6. 유속관측

유속관측에는 유속계(Current Meter)와 부자(Float) 등이 가장 많이 이용된다. 유속을 직접 관측할 수 없을 때는 하천구배를 관측하여 평균유속을 구하는 방법을 이용한다.

(1) 유속관측장소 선정

① 직선부로서 흐름이 일정하고 하상의 요철이 적으며 하상경사가 일정한 곳이어야 한다.
② 수위의 변화에 의해 하천 횡단면 형상이 급변하지 않고 지질이 양호한 곳이어야 한다.
③ 관측장소의 상하류 수로는 일정한 단면을 갖고 있으며 관측이 편리한 곳이어야 한다.

(2) 유속계에 의한 관측방법

1) 유속계를 수중에 넣어 수저로부터 순차적으로 20~50cm 간격으로 상향으로 관측한다.
2) 소정의 깊이에서 지지되면 약 30초가량 경과 후 회전수를 관측한다.
3) 유속은 횡단면에 수직 방향으로 관측한다.

4) 유속계에 의한 유속산정

$$V = aN + b$$

여기서, V : 유속
  a, b : 유속계 상수
  N : 1초 동안 회전수

5) 평균유속산정

① 1점법 : 수면으로부터 수심 $0.6H$ 되는 곳의 유속을 이용하여 평균유속을 구하는 방법으로 수심이 얕은 경우에 많이 사용된다(약 5% 정도의 오차가 있음).

$$V_m = V_{0.6}$$

② 2점법 : 수심 $0.2H$, $0.8H$ 되는 곳의 유속을 다음 식에 의해 평균유속을 구하는 방법이다(약 2% 정도의 오차가 있음).

$$V_m = \frac{1}{2}(V_{0.2} + V_{0.8})$$

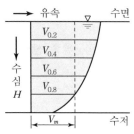

③ 3점법 : 수심 $0.2H$, $0.6H$, $0.8H$ 되는 곳의 유속을 다음 식에 의해 평균유속을 구하는 방법이다(약 0.5% 정도의 오차가 있음).

[그림 9-70] 평균유속 산정

$$V_m = \frac{1}{4}(V_{0.2} + 2V_{0.6} + V_{0.8})$$

④ 4점법 : 수심 $0.2H$, $0.4H$, $0.6H$, $0.8H$ 되는 곳의 유속을 다음 식에 의해 평균유속을 구하는 방법이다.

$$V_m = \frac{1}{5}\left\{(V_{0.2} + V_{0.4} + V_{0.6} + V_{0.8}) + \frac{1}{2}\left(V_{0.2} + \frac{V_{0.8}}{2}\right)\right\}$$

(3) 부자(Float)에 의한 방법

부자에 의한 유속관측의 유하거리는 하천폭의 2~3배 정도(큰 하천 100~200m, 작은 하천 20~50m)로 한다.

1) 부자의 종류

① 표면부자(Surface Float) : 답사나 홍수 시 급한 유속을 관측할 때 편리한 방법이며 나무, 코르크, 병 등을 이용하여 수면 유속을 관측한다(평균유속은 수면유속의 80~90%).

② 이중부자 : 표면에 수중부자를 연결한 것으로 수중부자는 수면에서 6/10(6할)이 되는 깊이로 한다.

③ 봉부자 : 봉부자는 가벼운 대나무나 목판을 이용하며, 전 수심에 걸쳐 유속의 작용을 받으므로 비교적 평균유속을 받는 편이 된다.

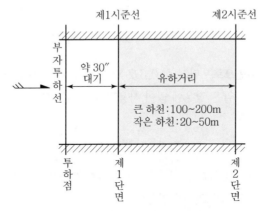

[그림 9-71] 부자에 의한 유속관측

2) 평균유속 산정

$$V_m = C \cdot V$$

여기서, V_m : 평균유속, C : 보정계수
V : 부자에 의한 유속

(4) 하천의 기울기에 의한 유속관측

부자나 유속측정기에 의한 유속관측이 불가능하여 수로의 신설에 따른 설계에 하천의 기울기, 하상상태, 조도계수로부터 평균유속을 구한다.

① Chezy 공식

$$V_m = C\sqrt{RI}$$

여기서, V_m : 평균유속(m/sec), C : Chezy 계수
R : 경심(윤변), I : 수면 기울기

② Manning 공식

$$V_m = \frac{1}{n} R^{\frac{2}{3}} I^{\frac{1}{2}}$$

여기서, n : 하천의 조도계수

7. 유량관측

유량관측은 하천과 기타 수로의 각종 수위에 대하여 유속을 관측하고, 이것에 기인하여 각 수위에 대한 유량을 계산하며, 수위와 유량의 관계를 정리하여 하천계획과 Dam, 기타 계획 등에 기초자료를 작성하는 데 목적이 있다.

(1) 유속 · 유량의 관측장소
① 직류부로서 흐름이 일정하고, 하상의 요철(凹凸)이 적고 하상경사가 일정한 곳이어야 한다.
② 수위의 변화에 의해 하천 횡단면 형상이 급변하지 않고, 지질이 양호하며, 하상이 안정하여 세굴 · 퇴적이 일어나지 않는 곳이어야 한다.
③ 관측장소의 상 · 하류의 유로는 일정한 단면을 갖는 곳이어야 한다.
④ 관측이 편리한 곳이어야 한다.

(2) 유량관측 방법
① 평균유속을 구하면 그것에 그 지배 단면적을 곱하여 유량을 구한다.
② 하천의 기울기를 이용하는 유량관측으로 하천 수면 기울기, 하상상태, 조도계수로부터 평균유속을 구하고 유적을 곱하여 유량을 구한다.
③ 유량곡선에 의한 유량관측으로 어떤 지점의 수위와 이것에 대응하는 유량을 관측하고 수위를 세로축에, 유량을 가로축에 취하여 수위유량곡선으로 유량을 구한다.
④ 위어에 의한 유량관측으로 작은 하천 또는 수로에 위어를 설치하고 위어의 공식에 의해 유량을 구한다.

(3) 유량산정
① Chezy 공식

$$Q = A \cdot V, \ V = C\sqrt{RI}, \ C = \frac{1}{n}R^{\frac{1}{6}}$$

여기서, C : 유속계수(Chezy 계수)
R : 유로의 경심(유적/윤변)
I : 수면의 구배(기울기)

② Kutter 공식

$$Q = A \cdot V$$

③ Manning 공식

$$Q = A \cdot V, \quad V = \frac{1}{n} R^{\frac{2}{3}} I^{\frac{1}{2}}$$

여기서, n : 하천의 조도계수
R : 유로의 경심(유적/윤변)
I : 수면의 구배(기울기)

8. 결론

하천측량은 지상측량과 수심측량이 결합된 복합측량 분야로 하천의 폭과 깊이, 그리고 바다와 떨어진 거리에 따라 측량 방법과 측량기 선정에 신중을 기하여야 한다. 또한 바다와 인접한 하구는 지역에 따라 조수의 차가 다르므로 조위계(Tide Gauge)나 레벨을 사용하여 정확히 수심을 보정하여야 한다. 또한 최신 장비 ADCP(Acoustic Doppler Current Profiler)를 이용하여 층별 유속 및 유량을 측정할 수 있는 방법들이 연구되고 있다.

11 재해지도 작성을 위한 하천조사 측량

1. 개요

홍수 시 하천 범람에 의한 저지대 침수피해를 최소화하기 위해서는 제방의 높이보다 낮은 지역에 대한 재해지도를 작성하여 해당 주민들에게 사전 고지를 할 필요가 있다. 하천 범람으로 인한 재해 예상지역은 제방의 표고와 동일한 높이 내의 주변 지형을 모두 포함하며 재해지도는 재해예상지역 내의 DEM을 작성하여 수치지도와 중첩함으로써 지역별 침수 및 배수속도 예측 등을 하는 데 활용할 수 있다.

2. 하천조사 측량방법

광범위한 지역에 대한 신속한 3차원 좌표관측이 요구되므로 항공 LiDAR에 의한 방법과 RTK – GNSS에 의한 방법이 고려될 수 있다.

(1) 항공 LiDAR에 의한 방법

1) 측량방법
   ① 지상기준점에 RTK – GNSS 기지국 설치

② 항공기에 RTK – GNSS 이동국을 설치하여
　LiDAR 장비의 3차원 좌표 실시간 결정

③ LiDAR로부터 지상관측점까지의 각, 거리관측

④ LiDAR 관측 중 INS에 의해 비행자세에 따른
　오차 보정

⑤ 데이터 취득 후 각 관측점에 대한 3차원 좌표
　결정 후 지형모델링과 DEM 작성

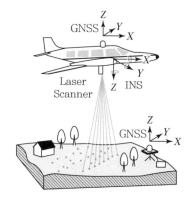

[그림 9-72] 항공 LiDAR 개념도

2) 장점

① 신속한 측량 가능

② 하천 및 주변지형에 대한 정밀한 3차원 모델링 수행

3) 단점

① 정확도는 TS나 GNSS에 비해 다소 떨어짐

② 결측부분 발생 시 3D 레이저 스캐너나 GNSS 등으로 보완 측량 필요

③ 데이터양이 방대하여 모델링과 지형도 작성에 고도의 컴퓨터 시스템과 기술능력이 필요함

(2) 네트워크 RTK에 의한 방법

1) 측량방법

① 작업지역에 균등하게 분포하는 최소 5개($5km^2 \times 5km^2$ 기준)의 수준점에서 네트워크
　RTK 측량을 통한 타원체고를 산출

② 산출된 타원체고에서 수준점의 표고를 감산하여 각 지점에서의 기하학적 지역 지오이드
　고를 산정

③ 이동점에서의 높이는 위에서 산정한 5개 지점에서의 지오이드고에서 내삽한 지오이드
　고를 이용하여 타원체고에서 감산함으로써 결정

④ 제방 및 주변지형에 대한 지형측량 실시

⑤ 데이터 취득 후 DEM 작성 및 재해지도 작성

2) 장점

① 저렴한 측량비용

② 신속하고 높은 정확도의 DEM 구축

3) 단점

항공 LiDAR에 비해 배점밀도 떨어짐

(3) 기타

항공사진측량에 의한 방법, 무인항공사진측량에 의한 방법

3. 하천 홍수량 산정

(1) 하천의 저수부에 대하여 정기적으로 수심측량을 실시하고, 고수부의 지형측량 결과와 조합하여 하천의 통수량을 산정

(2) 해당 지역의 수문학적 데이터를 분석하여 예상 강우량을 산정하고 하천의 통수 용량과 비교하여 홍수량을 예측

(3) 예측된 홍수량을 기준으로 하여 작성된 재해지도 상에서 예상 침수구역, 침수시간 및 배수시간 등을 산정

4. 결론

빈번한 하천 범람에 의한 침수피해를 최소화하기 위해서는 무엇보다도 주기적인 수심측량과 지형측량을 포함하는 하천 조사측량과 수문학적 데이터 분석을 통해 정확한 홍수량을 예측하고, 이를 바탕으로 작성된 재해지도를 활용하여 시의적절한 대피계획을 수립해야 하며, 장기적으로는 홍수방지를 위한 제방보강공사계획 등을 수립하여야 할 것이다.

12 하상 변동 조사 공정과 최신 기술 적용방안

1. 개요

하천 흐름은 주로 강우의 유출로 인해 발생하고 하천지형이 변화하며 이러한 변화는 하천의 지형을 변화시키고 다시 안정화되기까지 또 다른 문제를 야기할 수 있기 때문에 하천의 물리환경 변화에 따른 하천기능에 미치는 영향을 정량적으로 파악할 수 있도록 지속적인 하천 지형 변화에 대한 하상변동 조사가 요구된다. 하상변동 조사는 하상변동이 하천의 홍수소통능력과 호안, 수제, 교각, 취수시설, 댐 등 하천구조물의 안전이나 고유기능에 미치는 영향을 파악하기 위하여 수행하며, 10년마다 하천기본계획의 수립과 연계하여 실시한다.

2. 하상변동 조사 공정

(1) 하상변동 조사 주기

① 연 1회 동일 시기에 실시

② 홍수가 있는 경우 홍수 직후에 실시

③ 10년마다 하천기본계획의 수립과 연계하여 실시

(2) 하상변동 조사 항목

① 하천의 종·횡단 등의 측량

② 수위 조사

③ 골재 채취로 인한 하상변동 조사

④ 홍수 시 하상변동 조사

(3) 종·횡단측량

① 동일 구간, 동일 측점에 대하여 일정기간을 두고 2회 실시하여 변동량 산정

② 하천기본계획과 동일한 횡단면 선정

③ 조사 시기는 연 1회 동일 시기에 실시

④ 홍수가 있는 경우는 홍수 직후에 실시

(4) 수위조사

① 종·횡단측량 자료가 충분하지 않거나 충분한 정도의 측량 조사를 수행하지 못하는 경우 개략적으로 하상변동량을 추정하기 위하여 시행

② 최대한 낮은 수위에서 과거 수위조사 시 유량과 같거나 비슷한 조건에서 시행

(5) 하상변동 조사

① 골재 채취로 인한 하상변동

② 홍수 시 하상변동 조사

3. 하상변동 조사측량

(1) 우리나라 하상의 특징

① 우리나라 하천은 비교적 수량이 적고 건기에는 하상이 노출되어 있음

② 유심부분은 수심이 얕아 보트를 이용한 수심측량에 한계가 있음

(2) 하상 조사측량 방법

[표 9-13] 장비별 측량 한계   (○ : 측정 가능, × : 측정 불가능)

구분	비수심 구간	수심 구간	동시측량
에코사운드	×	○	×
TS	○	×	×
GNSS	○	×	×
UAV	○	×	×
항공사진측량	○	×	×
항공 LiDAR 수심측량	○	○	○

① 비수심 구간 : TS, GNSS, UAV, 항공사진측량, 항공 LiDAR 수심측량

② 수심 구간 : 에코사운드, 항공 LiDAR 수심측량

③ 비수심, 수심 동시 측량 가능 : 항공 LiDAR 수심측량

(3) 비수심 구간의 지형측량

① 대규모는 항공사진측량으로 실시

② 소규모 지역은 TS 또는 GNSS 측량으로 실시

(4) 수심 구간의 지형측량

에코사운드를 이용한 수심측량

4. 하상변동 조사 최적화 측량(항공 LiDAR 수심측량)

(1) 항공 LiDAR 수심측량의 필요성

① 점, 선 중심의 2차원 하천관리에서 하천 전체를 면 단위의 3차원 관리로 변환

② 인력, 시간 등 노동 집약적 방식에서 새로운 기술 필요

③ 하천관리 고도화에 필요한 공간정보의 신속하고 효율적 기술 필요

(2) 항공 LiDAR 수심측량의 특징

① 하천제방 및 하천지형 동시 측정

② 영상정보에 기반한 면 단위 공간정보 구축

③ 파장이 다른 2개의 레이저를 이용하여 수심측량

④ Scanning관측으로 면 단위 공간정보 구축

(3) 항공 LiDAR 수심측량의 기대효과

① 하천지형측량에 소모되는 시간단축

② 신속한 하천정보 분석 및 수재해 대응

③ 기존 측량 대비 비용절감

④ 신규시장 개척

5. 결론

우리나라의 하천관리는 10년을 주기로 수립되는 기본계획을 기초로 관리해왔으나 급격한 기후변화와 대규모 하천정비 이후의 유지관리의 필요성이 점차 중요한 이슈로 부각되고 있다. 하상변동조사는 하천의 현황을 파악하는 데 중요한 공간정보이다. 따라서 하천의 물리환경 변화에 따른 영향을 정량적으로 파악하고 지속적인 하천 지형 변화에 대한 모니터링에 필요한 항공 LiDAR 수심측량시스템의 활용을 위한 기술인 및 학계 그리고 정부의 지원이 필요하다.

13 터널측량

1. 개요

터널측량은 폭이 좁고 길이가 긴 밀폐공간에서의 측량으로서 적어도 터널 관통 전까지는 오직 개방 또는 폐합 트래버스에 의한 중심선 측량과 그 성과에 근거한 내공 단면 측량으로만 작업이 되므로 정교한 트래버스측량을 통해 중심선 측량 시 누적오차를 최소화시키는 것이 전체 터널 공사의 품질과 원가관리에 직결된다. 따라서 터널측량은 터널 외 기준점 측량, 터널 내 기준점 측량 및 터널 내공 단면 측량의 정확도 확보를 위해 주기적인 확인 측량이 특히 강조된다.

2. 터널의 종류 및 특징

(1) **교통용** : 도로, 철도, 지하철, 고속철도 등

① 장대 터널의 증가로 중심선 측량의 중요성 증대

② 횡터널, 경사터널을 여러 군데에서 동시에 굴착하므로 측량의 난이도 증대

(2) **수로용** : 도수로, 하수도, 관개용, 지하하천 등

(3) **기타**

1) 전력구, 통신구, 공동구 등

① 지하 50m 정도의 수직구

② 폭이 매우 협소해 수직구 간의 관통 측량이 매우 중요함

2) 가스 및 원유 저장 시설

① 지하 100m 정도의 수직구

② 용적 측량이 필수적

3) 지하상가, 지하 주차장 등

3. 터널측량의 순서

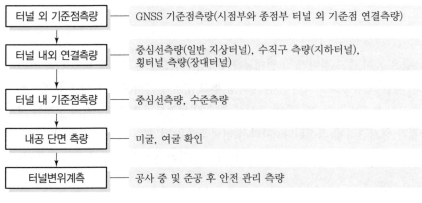

[그림 9-73] 터널측량 흐름도

4. 터널 외 기준점 측량

설계완료 후, 시공 전에 실시하는 측량으로 굴착을 위한 측량의 기준점을 설치하기 위해 실시된다.

(1) 터널 외 기준점 설치 측량

① 터널 외 기준점 측량은 GNSS 정지측량 방법으로 실시한다.

② 터널의 시점부와 종점부에 위치한 터널 외 기준점은 반드시 연결관측되어야 하므로 GNSS 관측 시에는 동일한 세션이 되도록 구성한다.

③ 터널 외 기준점 설치는 터널입구 근처의 안전하고 지반이 견고한 장소를 선택하여 3개소 정도(최소 2점) 설치한다.

(2) 터널 외 기준점 유지관리 측량

설치한 터널 외 기준점은 가능한 한 1년 주기로 정지측량방법에 의해 위치변동 여부를 확인한다.

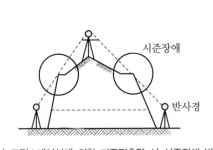
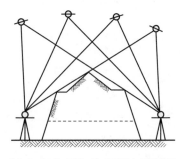

(a) 토털스테이션에 의한 기준점측량 시 시준장애 발생   (b) GNSS에 의한 시·종점부 연결측량

[그림 9-74] 터널 외 기준점측량 방법

5. 터널 내·외 연결 측량

장대터널에 있어 횡터널 또는 경사터널이 있는 경우 트래버스에 의한 지상 터널 내외 연결측량
이 필요하며, 지하철이나 통신구 등의 지하터널은 수직구 측량을 통하여 지상과 지하의 기준점
을 연결한다.

(1) 지상 연결 측량(횡터널, 경사터널 포함)

① 다각측량으로 터널 내·외 연결 측량을 실시한다.
② 가능한 한 후시를 길게 하여 측량함으로써 오차를 적게 한다.

(2) 지하 연결 측량(수직구 측량)

1) TS에 의한 방법

① 지상에서 지하로 직접 시준하여 기준점 좌표를 측설한다(토털스테이션).
② 수직구 깊이가 낮은 경우 적용한다.
③ 수직구 폭이 넓은 경우 적용한다.
④ 오차를 최대한 줄이기 위하여 정밀프리즘을 이용한다.

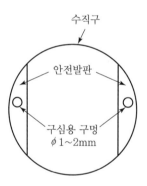

[그림 9-75] 수직구 평면도

2) 연직기에 의한 방법

① 수직구 발판에 기준점을 설치 후 좌표를 측설한다.
② 지하 바닥면에 연직기(Zenith-nadir Plummet)를 설치하고 지상 기준점을 직접 시준
하여 연직기의 구심을 설치함으로써 기준점을 지하로 이설한다.
③ 경우에 따라 수직구 발판에 연직기를 설치하여 지하를 시준할 수도 있다.
④ 장비의 정밀도 영향을 받는다.

3) 강선법

① 수직구 발판에 기준점을 설치 후 좌표를 측설한다.
② 수직구 발판에서 하부까지 피아노 강선을 설치한다.
③ 피아노 강선과 연직추를 이용하여 지상좌표를 직접 지하로 이설한다.

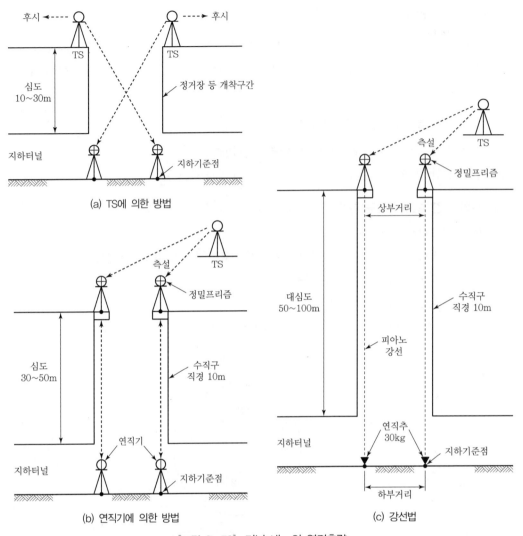

(a) TS에 의한 방법

(b) 연직기에 의한 방법

(c) 강선법

[그림 9-76] 터널 내·외 연결측량

6. 터널 내 측량

시공 중에 실시되는 측량으로 설계 중심선의 터널 내 설정 및 굴착, 지보공, 형틀설치 등의 설치를 위하여 실시된다.

(1) 터널 내 측량의 특성

① 좁고 길며 밀폐된 공간의 측량으로 후시 거리가 짧고 예각이 자주 발생되므로 오차가 발생될 가능성이 많다.

② 터널 내 트래버스 관측 시, 기계의 이동 횟수에 비례하여 각 오차가 누적되고 지반 구조에 따라 자기장의 영향으로 각 오차가 있을 수 있으며, 특정지점에서는 광파가 굴절되어 거리 오차가 발생되기도 한다.

③ 습기, 먼지, 소음, 어둠 등으로 측량조건이 매우 불량하다.

④ 굴착면의 변위발생으로 설치한 기준점의 변형이 수반된다.

(2) 터널 내 중심선 측량

1) 설치 위치

① 터널 내의 중심부는 항상 차량과 장비가 이동하므로 터널 내 기준점 설치가 불가능하다.

② 콘크리트 기초에 황동표지 설치

[그림 9-77] 터널 내 기준점

- 배수로 옆에 콘크리트 기초구조물($30 \times 30 \times 30$cm)을 설치하고, 그 위에 황동표지 설치
- 가장 안전하고 견고한 기준점 설치 방법

2) 측량 방법

① 개방 트래버스 방법이기 때문에 측량 중 오차확인이 불가하므로 최소 3대회 이상의 관측을 하되 정밀 반사경 세트를 사용한다(구심경이 부착된 정준대에 반사경 설치).

② 주기적으로 터널 외 기준점과 터널 내 기준점 간의 폐합 트래버스 측량을 실시하여 오차를 점검하고 성과를 조정한다.

③ 자이로 데오드라이트(Gyro Theodolite)에 의한 중심선 측량이 필요하다.

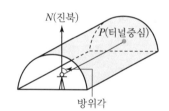

[그림 9-78] 자이로에 의한 터널 내 중심선 측량

- 자이로 데오드라이트는 후시 과정이 없이 Gyro 장치 내의 자력성분 벡터와 지구 자전의 관계로부터 진북을 결정한다.
- 진북으로부터 측선방향의 방위각을 관측한다.
- 허용오차 : 30분~1시간 관측 시 $\pm 2''{\sim}3''$이내의 정확도로 방위각이 관측된다.
- 트래버스에 의한 누적오차를 보정한다.

(3) 터널 내 곡선 설치

1) 종래의 방법

주로 트랜싯에 의하여 현편거법, 내접다각형법, 외접다각형법 등의 방식으로 곡선 설치를 하였으나 오차가 크고 시간이 많이 소요된다.

2) 최근의 방법

① 곡선의 종류별(직선, 완화곡선, 단곡선 등)로 선형을 해석하여 중심점 좌표를 기준으로 터널 단면 치수를 해석하여 터널 내 공간상의 모든 측점에 대한 3차원 좌표를 구하여 토털스테이션으로 측설한다.

② 터널 공간 내의 측점의 종류 : 노선 중심선 측점(STA) 상의 중심점, 중심선으로부터 좌우 거리 및 높이 등이 있다.

(4) 터널 내 수준 측량

① 터널 외 기준점과 터널 내 기준점 간 직접 수준측량을 실시한다.

② 조명에 따라 시준 성과가 틀리므로 양호한 조명이 필요하다.

7. 내공단면측량

과거의 터널 내공단면측량은 단순히 중심선으로부터 굴착면까지의 거리만을 측정하는 개념이었으나 최근에는 단면의 형상뿐 아니라 숏크리트, 라이닝 콘크리트의 수량까지 계산하는 시공관리 그리고 터널 단면의 3차원 좌표를 이용한 내공변위측정까지의 개념으로 바뀌고 있다.

(1) 1세대(트랜싯, 데오드라이트) 측량

1) 트랜싯, 데오드라이트의 특징 : 각관측 장비, 거리측정 불가, 2차원 측량

① 트랜싯으로 터널 중심 측점 측량

② 레벨로 중심점 지반고 측량

2) 이용장비

① 거치대

② 검측봉 : 대나무, 낚싯대를 이용하여 소요길이 만큼 연결 사용

3) 측량방법

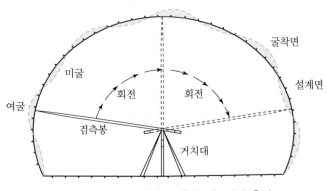

[그림 9-79] 낚싯대를 이용한 내공단면 측정

① 검측대를 터널 중심에 설치

② 검측대에 검측봉을 조립하여 굴착면까지 거리(터널 반지름)로 설치

③ 검측봉을 회전하면서 측정

④ 검측봉에 닿는 부분은 미굴착(미굴) 부분임

⑤ 현장에서 직접 확인 가능

⑥ 소구경 터널에 적합

⑦ 매 단면 측정마다 거치대를 설치하는 번거로움

(2) 2세대(TS) 측량

1) TS 특징

각관측, 거리관측 장비, 프리즘을 이용한 거리측정, 3차원 측량

2) 이용장비

① TS
② 폴 : 5m 이상 연장이 가능한 폴
③ 프리즘

3) 측량방법

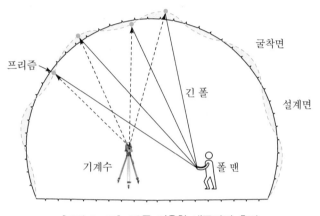

[그림 9-80] TS를 이용한 내공단면 측정

① 기계수, 폴맨으로 구성
② TS를 터널 내 CP(기준점)에 설치
③ 폴맨은 긴 폴대에 설치한 프리즘으로 굴착면에 접촉
④ 기계수가 프리즘을 시준 관측
⑤ 소구경 터널에 적합
⑥ 3차원 측정
⑦ 정확한 단면 위치의 측정 어려움
⑧ 많은 단면 측정에 어려움

(3) 3세대(자동형 무타깃 TS) 측량

1) 자동형 무타깃 TS 특징 : 각, 거리 동시 관측, 프리즘 없이 거리측정, 3차원 측량
2) 이용장비 : 자동형 무타깃 TS

3) 측량방법

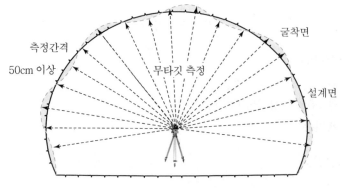

[그림 9-81] 무타깃 TS를 이용한 내공단면 측정

① 노선 재원 : 중심선선형, 종단선형, 터널재원, 측정간격 등을 TS에 입력
② 자동형 무타깃 TS를 터널 내 CP(절대위치 X, Y, H)에 설치하여 측정
③ 측정된 성과와 설계재원을 비교하여 여굴, 미굴 판단
④ 측정간격 50cm로 3차원 측량
⑤ 여러 단면 측정 가능
⑥ 굴착면의 요철 뒷면은 측정 불가(장비의 한계)

(4) 4세대(지상라이다) 측량

1) 지상라이다 특징 : 굴착면 전체를 3차원 측량
2) 이용장비 : 3D Scanner

3) 측량방법

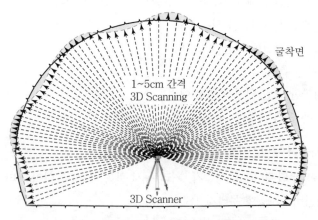

[그림 9-82] 3D Scanner를 이용한 내공단면 측정

① 노선 재원 : 중심선선형, 종단선형, 터널재원, 측정간격 등을 3D Scanner에 입력

② 3D Scanner를 터널 내 CP(절대위치 X, Y, H)에 설치하여 측정

③ 측정된 성과와 설계재원을 비교하여 여굴, 미굴 판단

④ 측정간격 1~5cm로 3차원 측량 굴착면 전체를 메시형으로 측정

⑤ 여러 단면 측정 가능

⑥ 굴착면의 요철 뒷면은 다음 CP에서 측정

⑦ 측량기의 발달로 작업시간 단축

8. 터널변위측량

(1) 1세대(육안관측) 측량

1) 육안 관측

2) 이용장비 : 감독자, 작업자

3) 측량방법

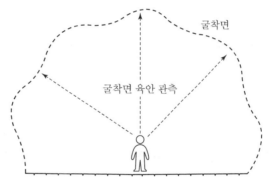

[그림 9-83] 내공변위 육안관측

① 감독자, 작업자가 터널 굴착면을 주기적으로 관찰

② 용수, 크랙 등 발생 확인

③ 많은 경험 필요

④ 미세한 변위 조사 불가

⑤ 최신 측량장비를 이용한 내공변위 측정방법에도 반드시 해야 할 항목

(2) 2세대(상대위치 측정) 측량

1) 고정점 선정 관측

2) 이용장비 : Steel Tape

3) 측량방법

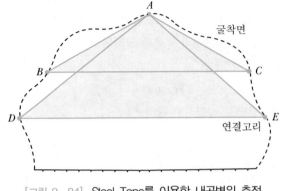

[그림 9-84] Steel Tape를 이용한 내공변위 측정

① 터널 굴착면 A, B, C, D, E에 Steel Tape를 연결할 수 있는 고리 설치

② $\triangle ABC$에서 각 변의 길이 $\overline{AB}$, $\overline{AC}$, $\overline{BC}$의 최초 길이 측정

③ $\triangle ADE$에서 각 변의 길이 $\overline{AD}$, $\overline{AE}$, $\overline{DE}$의 최초 길이 측정

④ 주기적으로 각 변의 길이($\overline{AB}$, $\overline{AC}$, $\overline{BC}$, $\overline{AD}$, $\overline{AE}$, $\overline{DE}$)를 측정

⑤ 최초 측정 길이와의 차이 조사

⑦ A점의 위치가 침하될 경우 $\overline{AB}$, $\overline{AC}$, $\overline{AD}$, $\overline{AE}$의 측정 길이가 짧아짐

⑧ 점 A, B, C, D, E가 같은 값으로 침하할 경우 각변 $\overline{AB}$, $\overline{AC}$, $\overline{BC}$, $\overline{AD}$, $\overline{AE}$, $\overline{DE}$의 값의 변화가 없음

⑧ 3차원(X, Y, H) 변위측정이 아님

(3) 2-1세대(TS를 이용한 상대측정) 측량

1) 고정점 선정 관측

2) 이용장비 : TS, 프리즘

3) 측량방법

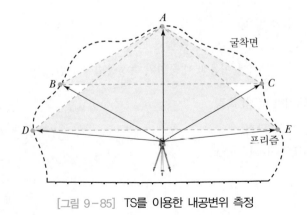

[그림 9-85] TS를 이용한 내공변위 측정

① 터널 굴착면 A, B, C, D, E에 프리즘(Sheet 타깃) 고정 설치

② TS를 이용하여 A, B, C, D, E의 위치 측정(절대위치 아님)

③ 측정된 A, B, C, D, E의 성과를 이용

④ $\triangle ABC$ 각 변($\overline{AB}$, $\overline{AC}$, $\overline{BC}$)의 최초 길이 계산

⑤ $\triangle ADE$ 각 변($\overline{AD}$, $\overline{AE}$, $\overline{DE}$)의 최초 길이 계산

⑥ 주기적으로 A, B, C, D, E의 위치 측정

⑦ 각 변($\overline{AB}$, $\overline{AC}$, $\overline{BC}$, $\overline{AD}$, $\overline{AE}$, $\overline{DE}$) 길이 계산

⑧ 최초 계산 길이와의 차이 조사

⑨ A점의 위치가 침하될 경우 $\overline{AB}$, $\overline{AC}$, $\overline{AD}$, $\overline{AE}$의 측정 길이가 짧아짐

⑩ 점 A, B, C, D, E가 같은 값으로 침하할 경우 각 변 $\overline{AB}$, $\overline{AC}$, $\overline{BC}$, $\overline{AD}$, $\overline{AE}$, $\overline{DE}$의 값의 변화가 없음

⑪ 이 방법은 줄자를 이용한 방법의 개선된 방법으로 이 방법도 3차원(X, Y, H)변위 측정이 아님

(4) 3세대(TS를 이용한 3차원 절대측정) 측량

1) 고정점 선정 관측

2) 이용장비 : TS, 프리즘

3) 측량방법

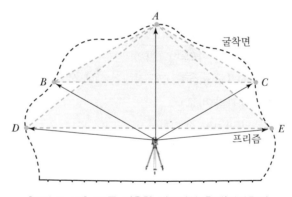

[그림 9-86] TS를 이용한 내공변위 측정(절대측정)

① 터널 내 $CP(X$, Y, $H)$의 측량(절대위치)

② 터널 굴착면 A, B, C, D, E에 프리즘(Sheet 타깃) 고정 설치

③ TS를 CP(절대위치)에 설치하여 A, B, C, D, E의 위치 측정(X, Y, H 절대위치)

④ 측정된 A, B, C, D, E 프리즘의 최초 좌표(X, Y, H) 성과 계산

⑤ 주기적으로 A, B, C, D, E의 절대위치 측정

⑥ 측정된 A, B, C, D, E의 절대위치와 최초 성과와의 차이 계산

⑦ 각 측점의 변위량 계산

⑧ 각각의 변화량 측정 가능

⑨ 3차원 변위 측정

(5) 4세대(지상라이다를 이용한 3차원 절대측정) 측량

1) 굴착면 직접 관측

2) 이용장비 : 3D Scanner

3) 측량방법

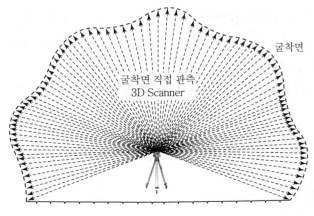

[그림 9-87] 3D Scanner를 이용한 내공변위 측정(절대측정)

① 터널 내 $CP(X,\ Y,\ H)$의 측량(절대위치)

② 3D Scanner를 CP(절대위치)에 설치하여 굴착면을 1~5cm 간격으로 측정하여 초기
성과(포인트 성과가 아닌 면단위 성과) 취득

③ 주기적으로 3D Scanner를 CP(절대위치)에 설치하여 굴착면을 1~5cm 간격으로 측
정하여 초기 성과와 비교

④ 미세한 부분의 변위 측정 가능

⑤ 3차원 변위 측정

9. 결론

터널측량은 매우 열악한 환경조건에서 수행되므로 정확한 측량이 요구되고 확인측량을 수시로
하여야 정확한 중심선 측량에 의해 관통성을 보장받을 수 있다. 공사 중인 터널의 경우 측량, 굴
착, 발파의 공정이 하나의 사이클로 연속되므로 자칫 검사측량을 소홀히 하게 되면 중심선 측량은
물론 내공 단면의 시공 오차가 과대 발생으로 품질 및 원가관리에 큰 타격을 입게 된다. 최근의
터널은 점차 장대화, 대형단면화 되므로 기존의 측량장비로 정확도를 확보하기 어렵기 때문에
3D Scanner 등 최신 측량장비로 품질관리를 하여야 한다.

| 14 | 교량측량 |

1. 개요

교량은 일반적으로 상부구조와 하부구조로 나뉘며 상부구조는 수송로를 직접 지나는 교형 부분을, 하부구조는 그 교형을 지지하는 교대, 교각 등의 기초를 가리킨다. 특히, 하부구조는 그 자체의 위치 정확도도 중요하지만 차후 PC부재, 트러스나 아치와 같은 상부구조물의 조립 및 일괄 가설 시 그 치수가 정확히 일치해야 하므로 매우 정교하고 신중하며 반복적인 확인측량이 필수적으로 요구된다.

2. 교량측량의 순서

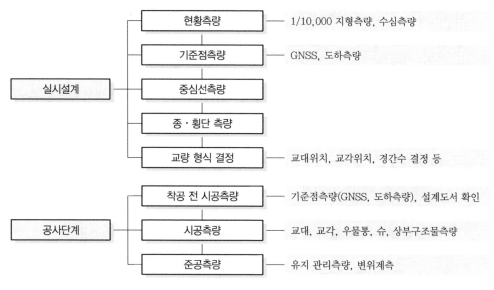

[그림 9-88] 교량 측량의 일반적 흐름도

3. 기준점측량

(1) 기준점측량(CP)

① 기준점(CP)은 교량의 시점부 및 종점부의 안전하고 견고한 지점에 각각 2점씩 4점을 설치한다.

② GNSS 정지측량 방법으로 설치한 후 폐합 트래버스 망조정을 실시하여 오차를 조정한다.

(2) 수준점측량(TBM)

① 수준점(TBM)은 교량의 시점부 및 종점부의 안전하고 견고한 지점에 각각 2점씩 4점을 설치한다.

② 도하측량을 실시하여 교량의 시점부와 종점부의 수준점(TBM)을 폐합하여 오차를 최소화
한다.

4. 하부 구조물 측량

(1) 파일 항타 측량

교대 및 육상부의 교각 하부 기초는 타입해야 할 파일이 매우 많으므로 Steel Tape에 의한 지
거측량의 기준이 되도록 일정한 간격으로 몇 개의 파일을 선정하여 토털스테이션으로 정밀하
게 측설한다.

(2) 우물통 설치 측량

종래에는 트랜싯에 의한 전방 교회법이나 전자파 거리측정기에 의한 후방 교회법으로 하였으
나 최근에는 토털스테이션에 의한 전방 교회법으로 가거치 후 3차원 관측으로 정거치하는 방
법과 RTK-GNSS에 의한 실시간 거치 방법 등으로 실시한다.

1) 토털스테이션에 의한 방법
  ① 가거치 : 두 개의 기지점으로부터 전방 교회법에 의해 각관측에 의한 우물통 유도(우물
    통 양단의 수직면 정시준)
  ② 정거치
    • 가거치 유도에 의해 우물통이 정위치의 약 50cm 이내로 접근하면 토털스테이션에 의
      한 3차원 측설로 정거치 측량 실시
    • 우물통 상단에 반사프리즘을 설치하여 좌표를 직접 관측
    • 토털스테이션의 장비 특성상 1~2km 이내의 근거리 공사 시 적용

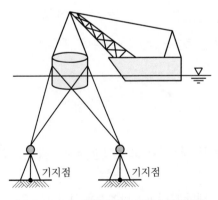

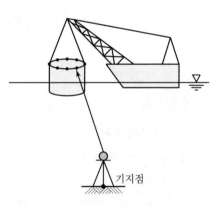

[그림 9-89] 트랜싯이나 토털스테이션에
의한 가거치

[그림 9-90] 토털스테이션에 의한 정거치

2) RTK‒GNSS에 의한 방법

① GNSS 관측 방식 중 가장 정확도가 높은 RTK(Realtime Kinematic) 방식을 취한다.

② RTK 방식은 기준국 GNSS에서 생성된 위치보정신호가 무선모뎀을 통해 이동국 GNSS로 송신되어 이동국 GNSS에서의 위치오차를 1~2cm 이내로 줄이는 실시간 측량방식이다.

③ 이동국에서 취득한 우물통의 위치데이터는 실시간으로 컴퓨터에 전송되어 현재의 시공위치를 화면으로 표시, 제어한다.

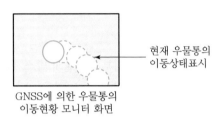

현재 우물통의
이동상태표시

GNSS에 의한 우물통의
이동현황 모니터 화면

[그림 9-91] GNSS에 의한 우물통 거치 (1)

④ RTK‒GNSS를 이용한 방식은 토털스테이션과 같은 광학식 측량방법에 비해 장거리 측량이 가능하고 기상조건에 제약을 받지 않아 공사효율이 대단히 높다.

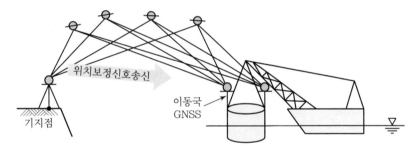

위치보정신호송신

이동국
GNSS

기지점

[그림 9-92] RTK‒GNSS에 의한 우물통 거치 (2)

(3) 교각측량

① 우물통은 교각의 하부기초 부분으로서 우물통 설치가 끝나면 수면 위로 구조물이 돌출되므로 토털스테이션에 의한 근거리 정밀 측량이 가능하다.

② 교각측량은 대부분 토털스테이션을 사용하여 우물통의 정거치 측량과 같은 방법으로 3차원 좌표에 의해 측설한다.

③ 교각 콘크리트 타설 전 거푸집 위치의 정확도 유지를 위하여 여러 점에 대한 3차원 좌표 관측을 실시한다.

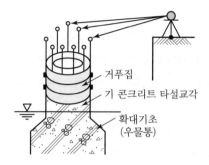

[그림 9-93] 토털스테이션에 의한 교각 측량

(4) Shoe 설치 측량

① Coping 상부의 받침대(Shoe)는 하부 구조물과 박스거더 등의 상부 구조물을 연결하는 부분으로 상부 구조물과 정확히 일치해야 하므로 매우 정밀한 측량을 요한다.

② 상부 구조물의 거동(수축 팽창)과 정확하게 일치해야 하므로 모든 Shoe의 좌표와 EL을 계산하여 TS와 Level로 정밀하게 측설하고 인접 Shoe와의 관계(고정단, 이동단, 평행성 등)를 확인하여야 한다.

③ Shoe 설치 측량의 허용오차는 일반적으로 ±2mm 내이다.

[그림 9-94] Shoe 배치 현황

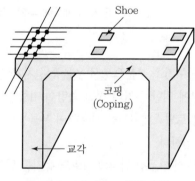

[그림 9-95] Shoe 설치 측량

5. 상부 구조물 측량

교량의 상부 구조물은 공장에서 생산된 부재를 현장조립하거나 조립장에서 가조립 후 일괄 거치하는 방식으로 치수검사, 가조립검사 및 설치 측량 등을 실시한다.

(1) 치수검사 및 가조립 검사

① 상부 구조물의 공장 제작 시에는 정밀한 스틸테이프로 원치수 검사를 실시하여 현장설치 시 오차가 없도록 한다.

② 상부 구조물 제작 시는 당초 설계도면과는 별도로 현장에서 시공된 하부 구조물의 지간 측량 성과를 중복 검토 후 제작하여야 한다.

③ 상부 구조물의 일괄 거치 전 반드시 조립장에서 가조립 검사를 해야 한다.

④ 가조립 검사는 정밀 토털스테이션을 이용, 여러 방향에서 3차원으로 측정하여야 한다.

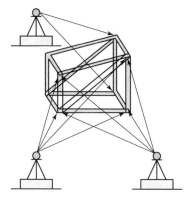

[그림 9-96] 조립장에서의 가조립 검사

(2) 설치 측량

① 아치 트러스와 같은 상부 구조물의 경우는 구조물의 쓰러짐, 비틀림, 휨 등 여러 요소를 관측하면서 최종 조립을 하게 되며 그 측량방법은 가조립 검사 측량과 같은 방법으로 실시한다.

② 가설 후 측량 : 최종 조립 및 용접이 완료되어 가설이 되면 구조물의 휨이나 처짐량 등을 측정하여 다음 부재 가설 시에 참고자료로 사용한다.

6. 교량의 안전유지 관리측량

(1) GNSS에 의한 방법

1) 후처리 방법(정지측량 방법)

① 측정 지점에 GNSS를 설치하고 연속관측하여 데이터를 저장한다.

② 저장된 데이터를 정밀 후처리하여 시간대별로 측점의 변위량을 분석하고 mm 단위의 정밀도 데이터를 취득한다.

③ 데이터는 GNSS에 장착된 PCMCIA 카드, 노트북 PC를 이용하여 현장에서 직접 취득하거나 또는 광섬유 케이블을 통해 전송받아 사무실에서 취득할 수도 있다.

④ 후처리를 해야만 변위량을 알 수 있으므로 위험예지판단이 지연되고, 일일이 데이터를 수집하기 위해 설치장소에 가야 하므로 후처리 방법보다는 실시간 처리 방법이 선호되고 있다.

2) 실시간 처리 방법(RTK측량 방법)

    ① 정밀 DGNSS(RTK)에 의한 방법 : 기준
국에서 생성한 위치보정신호를 이동국
GNSS로 송신하여 이동국에서 변위 데
이터를 취득한다.

    ② Inverse DGNSS에 의한 방법 : 이동국
GNSS에서 수신한 원시데이터를 그대
로 기준국으로 송신하여 기준국에서
데이터를 처리함으로써 변위 데이터를
취득한다.

    ③ 일반적으로 mm 단위의 변위계측이 가
능하며 규정치 이상의 변위 발생 시 자
동위험 예지신호를 발생시켜 방재 예지
시스템으로도 활용할 수 있다.

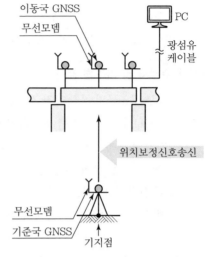

[그림 9-97] GNSS에 의한 교량변위 계측

(2) 토털스테이션에 의한 방법

1) 일반 토털스테이션으로 일일이 반사경
을 측정하는 방법과 반사경 자동 추적
기능을 가진 토털스테이션에 의한 무인
계측 방법이 있다.

2) 정밀 토털스테이션을 사용해야 한다.

    ① 각 정확도 : 2″ 이내

    ② 거리 정확도 : 2mm+2ppm 이내

3) 반사경은 자석을 이용하여 아치 표면에
부착하거나, 소형폴에 부착하여 콘크
리트면을 드릴링한 후 설치한다.

4) 동일지점에서 토털스테이션으로 계측
점을 연속관측하여 3차원 데이터를 취
득, 교량의 거동을 분석한다.

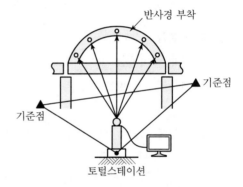

[그림 9-98] 토털스테이션에 의한 교량변위 계측

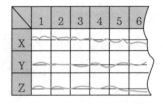

[그림 9-99] 시간대별 관측값 분석

(3) 계측 센서에 의한 방법

① Strain Gauge, Extensometer 또는 Inclinometer 등을 이용하여 교량부재의 변형량을
관측한다.

② 센서에 의한 방법은 단지 변위량만 파악이 되며 변위의 방향이나 절대좌표 관측이 불가하
고 유지관리가 어려운 단점이 있다.

7. 결론

교량공사는 공장에서 제작한 상부 구조물을 현장에서 시공한 하부 구조물에 정확히 거치하는 정밀 구조물 공사로서 자칫 소홀할 경우 상부 구조물을 재시공하는 경우가 생기므로 측량관리에 만전을 기해야 한다. 따라서 매 측량 시마다 기준점을 반드시 확인한 후 작업에 임해야 할 뿐 아니라 Shoe 설치와 같이 작업이 정교하고 작업량이 많은 경우 좌표계산이나 측설 시 혼돈을 일으키지 않도록 체계적인 측량관리시스템의 구축이 특히 요구된다.

15 지하시설물 측량

1. 개요

지하시설물 측량(Underground Facility Surveying)은 탐사된 지하시설물의 위치를 측량하여 수치지도상에 해당 시설물의 위치 정보와 속성정보를 체계적으로 입력하는 측량으로, 위치측량의 정확도 확보여부가 DB구축의 가장 중요한 요소이다. 일반적으로 탐사는 자장 탐사법과 지중레이더 탐사법으로 실시하고 위치측량은 절대측정방법에 의하여 실시한다.

2. 탐사방법

(1) 자장 탐사법

송신기로부터 매설관이나 케이블에 교류 전류를 흐르게 함으로써 발생되는 교류자장을 지면에서 수신하여 매설관의 평면위치와 심도를 측정하는 방법으로 가장 널리 이용되고 있다.

(2) 지중레이더 탐사법(GPR : Ground Penetration Radar)

지하를 단층촬영하여 시설물 위치를 판독하는 방법으로 지상의 안테나에서 지하로 전자파를 방사시켜 대상물에서 반사 또는 주사된 전자파를 수신하여 반사강도(함수율)에 따라 다양한 색상 또는 그래픽으로 표시되는 형상을 분석하여 매설관의 평면 위치와 깊이를 측정하는 방법으로 자장탐사법과 함께 널리 이용되고 있다.

(3) 음파 탐사법

물이 가득 차 흐르는 관로(수도관)에 음파신호(Sound Wave Signal)를 송신하여 관내에 발생된 음파를 탐사하는 방법이다. 비금속(플라스틱, PVC 등) 수도관로 탐사에 유용하나 음파신호를 보낼 수 있는 소화전이나 수도미터기 등이 반드시 필요하다.

(4) 전기 탐사법

전기 탐사는 지반중에 전류를 흘려보내어 그 전류에 의한 전압 강하를 측정함으로써 지반 내의 비저항값의 분포를 구하는 방법이다. 비저항치는 지반의 토질과 흙의 공극률, 함수율 등에 의해 변화하기 때문에 비저항 값의 분포를 측정하면 토질의 지반 상황 변화를 추적할 수 있다.

3. 탐사오차의 허용 범위(공공측량 작업규정 세부기준)

[표 9-14] 탐사오차의 허용범위

대상물	탐사오차의 허용범위		비고
	평면위치	깊이	
금속관로	±20cm	±30cm	매설깊이 3.0m
비금속관로	±20cm	±40cm	매설깊이 3.0m 이내로서 관경 100mm 이상

4. 지하시설물 측량

(1) 정의

지하시설물의 탐사 위치에 대하여 국가 기준점을 기준으로 한 3차원 좌표로 위치 정보를 취득하는 측량방법이다.

(2) 순서

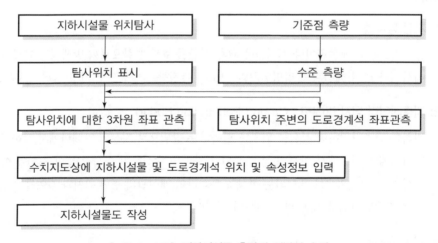

[그림 9-100] 지하시설물 측량의 일반적 순서

(3) 위치측량 세부 내용

1) 기준점측량

① 측량지역 인근의 국가기준점 또는 공공기준점을 기지점으로 한다.

② GNSS 또는 토털스테이션을 이용하여 측량 지역에 기준점을 설치한다.

2) 수준측량

① 측량지역 인근의 수준점 또는 공공수준점을 기지점으로 한다.

② 직접 수준 측량에 의하여 기준점 표석에 대한 표고를 결정한다.

3) 탐사위치에 대한 3차원 좌표 관측

① 평면위치는 기준점의 좌표를 기준으로 하여 탐사위치에 대한 좌표결정(RTK-GNSS 또는 토털스테이션 측량)

② 높이는 기준점의 표고를 기준으로 하여 탐사위치에 대한 표고 결정(직접 수준측량)

4) 탐사위치 주변의 도로경계석 좌표관측

수치지도 제작 시 사용했던 국가기준점 좌표와 지하시설물 측량 시 사용하는 국가기준점좌표가 상이할 경우 지도상의 도로 위치와 실측에 의한 도로 위치가 다를 수 있으므로 차후 수치지도의 좌표변환에 따른 정위치 편집에 대비하기 위해 도로의 위치를 병행 측량한다.

5. 결론

지하시설물 측량성과는 각 시설물 관리 주체의 사용뿐 아니라 NGIS 구축은 물론 각종 건설공사의 설계, 시공 시에도 사용되어야 하므로 위치가 정확해야 하며 측설이 용이해야 한다. 따라서 가능한 한 3차원 좌표에 의한 절대측정방법으로 측량이 실시됨으로써 향후의 데이터 갱신, 시설물 보수, 타 지하시설물의 신설과 관련한 설계, 시공 등에 효율적으로 활용될 것으로 사료된다.

16 지하공간의 3차원 위치결정 측량

1. 개요

지하공간 내의 3차원 위치결정을 위하여는 먼저 지상 기준점의 좌표를 결정하고 이를 지하로 이설해야 하며, 지하에 기준점 위치가 결정되면 이를 기준으로 지하공간 내의 모든 대상물에 대한 3차원 공간좌표를 결정하는데 최근에는 이와 같은 작업에 지상라이다를 적용하는 사례가 늘고 있다.

2. 지하공간의 3차원 위치결정 측량순서

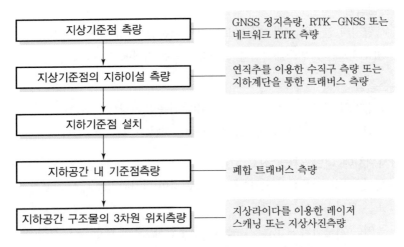

[그림 9-101] 지하공간 3차원 위치결정 측량 일반적 흐름도

3. 세부측량 방법

(1) 지상기준점 측량

① 지하공간 접근 통로(지하철 환기구 또는 출입구) 근처에 트래버스 측량을 위한 기준점 2개 이상을 설치한다.

② 국가기준점(위성기준점 또는 통합기준점)이나 도시기준점 등을 기지점으로 하여 GNSS 정지측량, RTK 측량 또는 네트워크 RTK 측량방법으로 기준점의 평면위치를 결정한다.

③ 수준점 또는 도시기준점 성과를 기지로 하여 직접 수준측량 방법으로 기준점의 수직위치를 결정한다.

(2) 지상기준점의 지하이설 측량

① 지상기준점을 기지점으로 하여 연직추를 이용한 수직구 측량 방법에 의해 지상의 평면좌표를 지하로 이설한다.

② 표고는 스틸테이프를 지하로 직접 연결하여 지하 기준점의 수직위치를 결정한다.

③ 지하공간의 연장이 긴 경우 환기구 등을 통한 수직구 측량 시에는 지하에 설치되는 기준점 간 거리가 짧아 후시 거리가 짧아지므로 트래버스 측량 시 과대 오차 유발 가능성이 있으므로, 이 경우는 자이로 데오드라이트(Gyro Theodolite)를 이용한 기준점측량이 필요할 수 있다.

(3) 지하공간 내 기준점측량

① 지하에 설치된 2점의 기준점을 기준으로 지상라이다의 관측거리 능력에 따라 50~150m 간격으로 트래버스 관측을 실시한다.

② 트래버스 관측 시는 정밀관측을 위해 할로겐램프 등의 강력한 조명을 공급하고 반사경의 중심점을 시준하되 3대회 이상의 반복 관측을 통해 정확도를 유지해야 한다.

(4) 지하 구조물의 3차원 위치측량

① 트래버스 측량에 의해 설치된 지하기준점에 지상라이다 설치
② 지상라이다 관측 실시

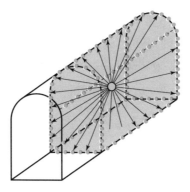

[그림 9-102] 지상라이다에 의한 터널 전단면 자동관측

③ 지상라이다에 의해 기계점으로부터 관측점까지의 수평각, 연직각 및 사거리데이터 취득 및 저장
④ 취득된 지상라이다 데이터를 3차원 좌표로 변환하여 지하공간의 모델링 실시
⑤ 3차원으로 모델링된 지상라이다 데이터를 이용하여 활용목적에 맞도록 다양하게 데이터 처리(종단면도 및 횡단면도 작성, 평면적 계산, 용적계산, 질감처리에 의한 3차원 시각화, 시설물 설계 및 검측 등)

4. 결론

지하공간의 시설물은 그 용도에 따라 다양한 형태를 가진다. 폭과 높낮이가 매우 다양하며 구조가 매우 복잡한 경우도 많으므로 각각의 여건에 맞는 지상라이다의 선정이 중요하다. 일반적으로 장거리 관측이 가능한 장비는 정확도가 떨어지고, 상하 좌우로의 스캐닝이 자유롭지 못하여 좁은 공간에서의 정밀관측이 어려운 반면, 정확도가 높은 장비는 관측거리가 짧아 기계를 여러 번 옮겨야 하므로 효율성이 떨어지는 단점이 있다.

17

GPR(Ground Penetrating Rader)탐사 기술의 활용성 증대를 위한 개선사항

1. 개요

정부는 지반침하로 인한 위해방지 및 공공의 안전 확보를 위해 지하안전법을 제정하여 지하정보를 통합한 지하공간통합지도를 제작하고, 지하정보를 효율적으로 관리 및 활용하기 위하여 지하공간 통합지도를 구축 · 운영하고 있다. 일반적인 지하시설물 탐사방법에는 자장탐사법과 지중레이더 탐사법(GPR)이 있으며, 땅꺼짐의 원인인 지하의 공동 등의 탐사에 활용되는 탐사 기술이 GPR (Ground Penetrating Radar, 지반투과레이더)이다.

2. 지하시설물 탐사방법

(1) 자장탐사법

① 송신기로부터 매설관이나 케이블에 교류 전류를 흘려 교류자장을 탐사
② 매설관의 평면위치와 심도를 측정하는 방법

(2) 지중레이더 탐사법(GPR : Ground Penetrating Radar)

① 지하를 단층 촬영하여 시설물 위치 판독
② 지상의 안테나에서 지하로 전자파를 방사
③ 대상물에서 반사된 전자파를 수신
④ 수신된 전자파를 분석하여 지하의 매질 및 매설관의 평면위치와 깊이를 측정

(3) 음파 탐사법

비금속 수도관로 등 탐사

(4) 전기 탐사법

지반의 토질 상황 등 분포 측정

3. 지중레이더탐사법(GPR : Ground Penetrating Radar)

전자파를 매질에 방사시킨 후 되돌아온 반사파를 이용하여 지반을 탐사하는 방법으로 지하동공, 철근콘크리트 구조물의 비파괴조사, 아스팔트의 밀도, 지하매설물, 기반암선, 지하수위 등에 활용하는 방법이다.

(1) 원리

① 송신안테나와 수신안테나로 구성

② 송신안테나는 정해진 주파수에 의해서 전자파 파장 방사

③ 수신안테나는 반사된 파장 수신

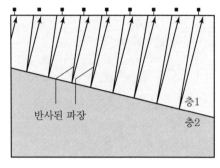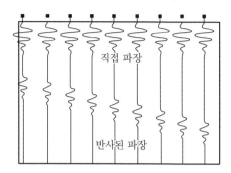

[그림 9 - 103] GPR 원리

(2) GPR 탐사

[그림 9 - 104] GPR 탐사

4. GPR 활용성 증대의 필요성

(1) GPR 데이터 처리 기술의 고도화와 AR(증강현실)을 통한 현장 활용성 강화

(2) GPR 분석시간 단축

(3) 분석 소프트웨어의 국산화

(4) 핸디형 GPR의 위치정확도 향상

(5) AR 기반의 굴착공사 지원 솔루션 개발

5. GPR 활용성 증대를 위한 개선 사항

(1) GPR 탐사 및 노면영상촬영

① 3D GPR에 관한 노면영상 카메라 모듈 프로토 타입 개발

② 노면영상기반의 위치정보 시스템 개발

③ 테스트 베드 적용을 통한 위치정보시스템 성능 검증 및 기능 보완

(2) GPR 데이터 후처리 SW 개발

한국형 3D 기반의 후처리 소프트웨어

(3) GPR 데이터 분석 및 관로 예측 딥러닝 모델 설계

① 3차원 형태의 GPR 데이터 분석으로 지하시설물 관로를 탐색

② 3차원 분할(3D Segmentation)

③ 관로 예측 딥러닝 모델 설계

(4) AR 관로작업 지원 시스템

① 증강현실 기반의 지하시설물 현장관리 솔루션에 대한 수요 증가 예측

② DEM을 적용한 영상정합 기술 구현과 DEM 기반 AR 솔루션 고도화

(5) 지하 관로 정확도 검증 테스트베드 선정

① 공공의 안전과 밀접한 지하시설물에 대한 GPR 및 AR 기술의 정확도를 검증

② 지하시설물의 유형별 관리 현황 및 특성을 고려한 테스트베드 선정

6. GPR 활용성 위한 개선에 따른 기대 효과

(1) 고정밀 위치기반 AR 현장관로작업 시스템의 굴착공사 현장 적용을 통한

(2) 굴착사고 예방 및 관로작업 효율성 확보

(3) GPR 탐사 작업시간 단축

(4) 핸디형 GPR의 위치정확도 향상으로 GPR 탐사 수요 증가

7. 결론

지반침하 선제적 예방을 위한 지속적 탐사확대 지원 및 제도화된 관리체계 마련, 노후화된 지하시설물 및 주변지반에 대한 정비대책을 수립하고 지반침하 취약지역의 체계적인 안전점검 실시, 안전한 지하개발과 철저한 지하시설물 관리를 위해 지하안전관리 지원체계의 활성화 방안 마련, IoT 등의 첨단기술을 활용한 위험예측, 감지, 분석, 평가, 대응기술 개발 등을 통하여 진일보된 안심사회 실현과 지하안전관리 조기정착 구현을 위해 관계분야 종사자들의 많은 관심과 참여가 요구된다.

18

지하시설물 관리를 위한 '품질등급제'의 해외사례와 국내 현황

1. 개요

우리나라는 1995년 제1차 국가지리정보체계 구축사업 시행으로 전국 지방자치단체 및 지하시설물 관리기관에서 7대 지하시설물 정보 구축에 착수하였고, 현재는 제6차 국가공간정보정책 기본계획(2018~2022년)을 수립하여 국가공간정보 기반을 확충하여 디지털 국토실현을 목표로 추진 중에 있다. 그러나 기 구축된 지하시설물도가 측량성과의 품질과 관계없이 획일적으로 적용·관리되면서 지하시설물 DB 성과 간 상호정확도 차이가 발생하여 사용·개선·유지·활용 시 많은 제약을 유발하므로, 측량성과의 품질에 의거한 품질등급제를 실시하여 현행 관리체계의 미비점을 개선할 필요가 있다.

2. 우리나라 지하시설물 구축 및 취득방법

(1) 지하시설물의 정의

지하시설물이란 도로 및 도로부대시설물로 도로와 관련된 지하시설, 지하철 및 ITS 관련 지하시설, 지하에 설치된 케이블 TV 및 유선선로 공동구, 지하도 및 지하상가 시설 등과 같이 공공의 이해관계가 있는 지하시설물로 정의하고 있다.

(2) 지하시설물 범위

① **도로시설물** : 도로폭 4m 이상인 도로 및 도로부대시설물
② **상수도시설물** : 관경 50mm 이상인 상수관로 및 부속시설물
③ **하수도시설물** : 관경 200mm 이상인 하수관로 및 부속시설물
④ **가스시설물** : 관경 50mm 이상인 가스관로 및 부속시설물
⑤ **통신시설물** : 관경 50mm 이상인 통신관로 및 부속시설물
⑥ **전기시설물** : 관경 100mm 이상인 전기관로 및 부속시설물
⑦ **송유관시설물** : 모든 송유관
⑧ **난방열관시설물** : 모든 난방열관

(3) 지하시설물 전산화 사업

1) 추진 배경
  ① 종류가 다양하고 복잡
  ② 급속한 도시화로 지하시설물의 양적 증가
  ③ 사고발생 시 환경오염 및 재산상 손실
  ④ 체계적 관리체계 필요성 대두

2) 추진 현황

① 지자체관리 시설물 구축완료 : 도로 · 상수 · 하수

② 유관기관 관리 지하시설물 미구축 : 가스 · 통신 · 전력 · 송유관 · 열난방

③ 2008년 지하시설물 통합관리 정보화전략계획(ISP) 수립

④ 2009년 지하시설물 통합관리체계 구축 시범사업

⑤ 2010년 지하시설물 통합관리체계 구축(2차) 사업

⑥ 2012년 활용시스템개발 및 시 · 군 지역으로 확산

(4) 지하시설물 데이터 취득방법

① 탐사기기를 이용한 방법 : 전자유도탐사법, 지표투과레이더(GPR) 탐사법, 탄성파 탐사법, 음파탐사법 등

② 굴착에 의한 방법 : 정확도 확보용이, 추가 비용 발생

③ 실시간 측량 방법 : 관로 매설 시 직접 측량

(5) 지하시설물 데이터 취득 및 DB구축의 문제점

① 탐사기기를 활용한 데이터 취득으로 불탐구간 상당수 존재

② 비금속재질에 따른 탐사의 어려움

③ 불탐, 도면이기 등에 따른 정확도 낮은 성과의 DB

④ 품질 및 정확도에 관계없는 획일적 적용

3. 지하시설물 품질등급제의 필요성

(1) 품질 및 정확도와 관계없는 획일적 관리

(2) 공공측량 성과심사 적합 요건에 부합되지 않는 지하시설물 정보

(3) 품질 분류가 되지 않는 DB구축 성과로 상호 정확도 구분 어려움

(4) 시설물 정보에 대한 체계적인 관리 필요

(5) 다양한 측량 방법을 통한 효율적인 지하시설물 정보 취득

4. 해외 선진국 지하시설물 관리체계

(1) 해외 선진국의 지하시설물의 관리체계는 탐사방법에 따른 등급을 결정하여 관리하고 있으며 특히 싱가포르의 경우 등록된 측량사의 준공측량을 통한 성과로 구축하고 있다.

(2) 미국의 품질등급 분류

[표 9-15] 미국의 품질등급 분류

등급	내용
A등급(측량)	실측으로 측량(X, Y, H) 및 속성정보 취득, 15mm 정확도
B등급(물리탐사)	전자유도, GPR 탐사방법, 위치오차는 다양한 품질 등급으로 분류
C등급(지상시설물 측량)	지상 노출 시설물 등을 측량으로 취득, (D등급 정보)에 대한 전문가 판단 포함
D등급(조사자료)	기존자료, 구두자료 등, 대략적인 평면위치를 파악하여 전문가가 서명한 자료

(3) 프랑스의 품질등급 분류

[표 9-16] 프랑스의 품질등급 분류

등급	정확도	내용
클라스 A	40cm 이내	통신, 상수도, 하수도 미포함
클라스 B	40cm~1.5m	시설물 보유기관 위치정보 미제공 경우
클라스 C	1.5m 이상	

(4) 캐나다의 품질등급 분류

[표 9-17] 캐나다의 품질등급 분류

등급	조사방법	내용
0	직접측량	실제위치의 추정 값
1		노출상태 정확도 ±25mm
2		노출상태 정확도 ±100mm
3		노출상태 정확도 ±300mm
4		노출상태 정확도 ±1,000mm
5	탐사	물리탐사방법 정확도 ±1,000mm

(5) 영국의 품질등급 분류

[표 9-18] 영국의 품질등급 분류

등급, 유형		위치 정확도		지원 데이터
		수평	수직	
D	기록	불확실	불확실	–
C	현지조사	불확실	불확실	도로시설물 등
B	탐사	불확실, ±500mm, ±250mm, ±150mm로 분류	불확실, 탐사심도의 ±40%, ±15%로 분류	불탐 및 탐사구간을 4가지 방법으로 분류
A	검증	±50mm	±25mm	지하시설물의 수평, 수직 위치

(6) 싱가포르의 품질등급 분류

[표 9-19] 싱가포르의 품질등급 분류

등급	정확도	내용
1	±100mm	준공측량
2	±300mm	탐사
3	±500mm	–
4	미확인	–
5	Trenchless	파이프, 덕트의 설치 교체 기술

(7) 호주의 품질등급 분류

[표 9-20] 호주의 품질등급 분류

등급	정확도	위험도	내용
A	수직±50mm 수평±50mm	매우 낮음	시공문서
B	수직±500mm 수평±300mm	낮음	설계, 계획, 경로 선택에 사용
C	수평±300mm	높음	정교한 계획 및 설계에 사용
D	매우 낮음	매우 높음	상세 계획 및 설계에 사용

5. 우리나라의 지하시설물 품질 관리체계

(1) 시설물 유지관리 측면의 품질관리

① 상수도의 운영관리비 및 유지관리비의 빠른 증가
② 하수도의 운영관리비 및 유지관리비의 빠른 증가

(2) 법 · 제도에 의한 품질관리

① 공간정보 3법(국가공간정보 기본법, 공간정보산업 진흥법, 공간정보관리법)
② 지하안전관리에 관한 특별법
③ 재난 및 안전관리 기본법
④ 도로법

(3) 정확도 개선 사업을 통한 품질관리

① 건설시추정보 전산화사업
② 지하시실물 통합체계 구축사업
③ 지하공간통합지도 구축사업
④ 지방자치단체 지하시설물 정확도 개선사업

6. 우리나라의 지하시설물 품질등급제 도입 방안

(1) 품질등급제 도입의 필요성

① 우리나라 지하시설물 DB구축은 품질에 대한 정보 부재

② 해외 선진국은 직접측량, 조사, 탐사, 조정자료, 문헌자료 등 4단계 품질 등급제 운영

③ 해외 선진국은 구축된 데이터의 정확도를 기반으로 데이터 신뢰도에 대한 등급제 실시

(2) 한국형 지하시설물 품질등급제 도입 방안

① 비용편익 관점의 공학으로 발전

② 공공의 자산을 관리하는 것으로 전환

③ 지상과 연계하여 관리

④ 검증된 엔지니어(측량 기술인)가 수행하도록 제도화

⑤ 규정 미준수 시 강력한 처벌

7. 결론

우리나라의 구축된 지하시설물도는 측량성과의 품질과 관계없이 획일적으로 적용·관리되고 있어 지하시설물 DB 성과 간 상호정확도 차이가 발생하여 사용·개선·유지·활용 시 많은 제약을 유발하므로 측량성과의 품질에 의거한 품질등급제를 실시하여 현행 관리체계의 미비점 개선이 필요하다. 또한 지하시설물은 건설측량과 밀접한 관계가 있으므로 해외 선진국과 같은 검증된 엔지니어가 준공측량을 실시하여 지하시설물에 대한 성과를 확인하는 방안이 확보되어야 건설현장의 국민안전과 품질관리에 국가 예산절감이 이루어질 것이다.

---

19 도로 위주의 지하시설물 조사·탐사의 필요성과 시설물 통합관리방안

1. 개요

도시의 기반시설물인 도로와 지하시설물은 도시의 생명줄이라고 할 수 있으며, 도시의 안전과 밀접한 관련이 있다. 도시의 안전과 밀접한 지하시설물에 대한 체계적이고 과학적인 관리를 요구하게 되었고, 복잡하고 다양한 지하시설물의 공간정보를 체계적, 과학적으로 관리할 필요가 있다. 현행 상·하수도, 가스, 전기, 통신 등의 지하시설물과 도로시설물 등 도로기반시설의 정보화추진이 시설물 관리기관별로 추진되었기 때문에 관리기관 간 구축정보의 공유 및 활용을 위한 기반조성이 미흡하였다. 이에 국가에서는 도로와 지하시설물 통합관리 시범사업을 추진하게 되었다.

2. 도로 위주의 지하시설물 조사 탐사의 필요성

(1) 도로를 기반으로 하는 각종 시설물과 지하시설물을 통합관리하고 도로와 상·하수도, 전기, 가스, 통신 등 지하시설물의 공동 조사·탐사 및 DB구축
(2) 도로시설과 관련된 지하시설물 통합관리시스템을 개발하고 이를 연계하는 총체적인 관리시스템의 도입과 개발 요구
(3) 도로기반 시설인 지하시설물의 관리주체가 개별적으로 도로를 굴착함으로써 야기되는 시민교통 불편과 예산낭비를 정보화사업을 통해 최소화하도록 유도하고 경제적인 갱신체제 구축
(4) 굴착 등 상호정보제공 및 협의체제 구축으로 이중굴착을 방지하고 도로교통장애를 최소화하는 등 대민서비스 향상과 국민불편 해소
(5) 도로정보와 지하시설물정보를 공동구축함으로써 도시정보시스템의 기반을 구축하고 경제적인 갱신체제로 국고 절약
(6) 사고 발생 시의 신속한 대처
(7) 정보의 공유, 행정비용의 절감, 국민편의 증진 등을 위해 활용체계에서 구축된 데이터베이스 및 시스템의 연계 필요

3. 도로 위주의 지하시설물 조사·탐사의 정확도 향상을 위한 방법

(1) NGIS의 통제하에서 지자체에 의한 각 시설물의 통합관리
(2) 건설공사의 준공도면에 신설되는 지하구조물의 표기 및 시공 중 발견된 노출관로의 위치 및 속성정보도 반드시 표기하도록 법제화
(3) 공공기준점의 유지관리
(4) 수치지도의 지속적 갱신

4. 시설물 통합관리

(1) 시설물 통합관리 추진체계

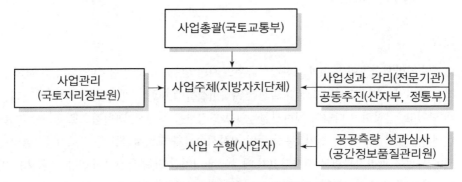

[그림 9-105] 시설물 통합관리 추진체계 흐름도

(2) 시설물 통합관리 사업 내용

① 도로와 지하시설물(상·하수도, 전기, 가스, 통신 등)의 위치 및 그 속성정보 등을 공동으로 조사·탐사하여 그 정보를 효과적으로 활용할 수 있는 시스템 구축

② 도로지하에 매설되어 있는 각종 지하시설물인 상·하수도, 가스, 전기, 통신, 난방, 송유관 등 개별시설물의 정보화사업을 도로 정보화사업과 함께 상호연계 추진

③ 도로시설물 관리시스템 개발

④ 지하시설물 통합관리시스템 개발 확대

5. 기대 효과

(1) 중복투자 방지와 사업기간 단축

(2) 일괄탐사 방법 도입으로 도로 굴착빈도 축소

(3) 교통체증 완화, 사고예방 및 안전성 확보

(4) 상호 점검에 따른 데이터의 정확도 향상 등의 사회·경제적 파급효과 창출

(5) 개별적으로 추진하고 있는 도로와 지하시설물 전산화사업을 통합하여 전국적으로 확대할 경우에는 사업비의 30% 정도인 500억 원 절감 예상

(6) 도로와 지하시설물 전산화사업의 체계적인 추진과 시설물 관리업무의 전산화로 과학적인 시설물 관리기반이 조성되고, 대민 서비스의 질적 수준이 향상됨

6. 결론

국토교통부는 국가 GIS 사업을 통해 국가공간정보기반을 확충하여 디지털 국토를 실현하기 위한 사업을 수행 중에 있다. 이 사업은 국가공간정보기반 확충으로 기본지리정보의 구축, 기준점 정비 등을 추진하여 정보인프라를 확충하고 국토정보화의 기틀을 마련하였다. 지리정보의 전 국민 인터넷 유통 및 활용을 통해 지리정보 집적지를 조성하는 등 개방형, 국민중심의 정보공급 채널을 마련하는데 기초가 되었다. 도로와 그와 관련된 지하시설물의 위치 및 그 속성정보 등이 데이터베이스로 구축되어 활용되는 지하시설물 통합관리시스템은 국부창출의 원천인 핵심기술개발과 산업을 육성하며, 표준화, 인력양성, 자원연구 등 기반환경을 지속적으로 개선시켜 전 국민에게 편리성을 제공하는 디지털 국토를 현실화할 것으로 기대된다.

지하공간안전지도 구축 방법 중 지하공간통합지도 제작기준, 3차원 지하시설물 데이터 및 지하구조물 데이터 제작방법

1. 개요

무분별한 굴착, 지하수 개발로 도로함몰, 지반침하, 싱크홀 등 지하공간에 대한 안전사고가 빈번하게 발생하면서 국민들의 불안이 가중되고 지하공간의 개발에 따른 이용 증가로 노후화가 급속히 진행되고 있다. 이에 따라 지하시설물, 지하구조물, 지반정보 등의 지하공간정보를 기반으로 한 3D 지하공간 통합지도를 구축하고 있다.

2. 지하공간통합지도 구축에 이용되는 지하공간 정보

(1) 지하시설물정보

상수도, 하수도, 전력시설물, 전기통신설비, 가스공급시설 등 관로형 지하시설물

(2) 지하구조물정보

공동구, 지하차도, 지하철 등 구조물형 지하시설물

(3) 지반정보

시추기계나 기구 등을 사용하여 채취한 지반시료를 조사함으로써 생산되는 시추정보, 암석의 종류, 성질, 분포상태 및 지질구도 등을 조사하여 생산된 지질정보, 지하수조사로 획득한 관정정보로 구성된 정보

3. 지하공간통합지도 구축 대상

지하공간정보지도 구축은 지하시설물정보 6종, 지하구조물정보 6종, 지반정보 3종의 15종을 대상으로 구축하고, 지상정보 3종, 관련 주제도 13종은 연계하여 활용된다.

[표 9-21] 지하공간통합지도 구축 대상

구분	종류
지하시설물정보(6종)	상하수, 전기, 통신, 송유, 난방, 가스
지하구조물정보(6종)	지하보도, 지하차도, 지하철, 지하주차장, 공동구, 지하상가
지반정보(3종)	시추, 지질, 관정
지상정보(3종)	지형, 항공사진, 건물
관련주제도(13종)	수맥도, 광산지질도, 토양도, 지진발생위치도, 발굴조사구역도 수문지질도, 진도분포도, 급경사지분포도, 싱크홀발생위치도 국가주조물위치도, 산사태위험지도, 동굴위치도

4. 지하공간통합지도 구축방법

(1) 구축순서

① 작업계획 및 점검

② 기초자료 취득 및 편집

③ 지하공간통합지도 제작

④ 가시화정보 제작

⑤ 품질관리

⑥ 정리점검 및 성과품

5. 지하공간통합지도 제작기준

(1) 지하시설물 정보

① 2차원 공간정보에 관경 및 시설물별 깊이 정보를 입력하여 3차원 선형 정보로 제작

② 구축 방법

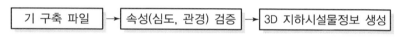

[그림 9-106] 지하시설물 구축순서

(2) 지하구조물 정보

① 2차원 공간정보에 높이정보를 입력하여 3차원 면형(블록)으로 제작

② 기존 지하구조물

[그림 9-107] 기존 지하구조물 구축순서

③ 신규 지하구조물

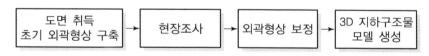

[그림 9-108] 신규 지하구조물 구축순서

(3) 지반정보

① 시추정보 : 2차원 공간정보에 지층별 깊이정보를 입력하여 3차원 면형(블록)으로 제작
② 관정정보 : 2차원 공간정보에 관정별 깊이정보를 입력하여 3차원 점형 정보로 제작
③ 지질정보 : 2차원 공간정보를 활용하여 2차원 면형 정보로 제작
④ 구축방법

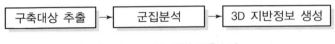

[그림 9-109] 지반 구축순서

(4) 지하공간통합지도

세밀도에 따라 3차원 면형(블록)을 3차원 심벌 또는 3차원 모델로 변환하고, 세밀도에 따라
가시화 정보를 제작

6. 3차원 지하시설물데이터 제작방법

(1) 3차원 지하시설물데이터

지하공간통합지도 표준데이터셋을 기반으로 제작

(2) 세밀도

지하시설물 세밀도 및 가시화정보 제작기준

(3) 관로 및 선로

① 관로 및 선로의 종류 : 상수관로, 하수관거, 통신선로, 전력지중관로, 가스배관, 난방배관,
    광역상수관로
② 세밀도에 따라 형태, 관경, 연결부가 표현되도록 제작
③ 세밀도에 따라 단순화된 3차원 심벌, 또는 3차원 실사모델로 제작

(4) 맨홀

① 맨홀의 종류 : 상수맨홀, 하수맨홀, 통신맨홀, 전기맨홀, 가스맨홀, 난방맨홀, 광역상수맨홀
② 접하는 관로 및 선로의 방향을 고려하여 제작
③ 세밀도에 따라 단순화된 3차원 심벌, 또는 3차원 실사모델로 제작

(5) 변류시설 및 밸브

① 변류시설 및 밸브의 종류 : 상수변류시설, 가스밸브

② 접하는 관로 및 선로의 방향을 고려하여 제작

③ 세밀도에 따라 단순화된 3차원 심벌 또는 3차원 모델로 제작

7. 3차원 지하구조물데이터 제작방법

(1) 3차원 지하구조물 데이터 구축 공정

① 작업계획 수립

② 자료수집 및 작업 준비

③ 기준점 설치 및 측량

④ 지하구조물 측량 및 보완측량

⑤ 대장조서 및 속성 DB 작성

⑥ 정위치 편집

⑦ 구조화 편집

⑧ 3차원 가시화정보 작성

⑨ 성과 점검 및 관리

(2) 작업계획

① 작업방법 및 품질관리계획

② 현장답사 및 기초자료 수집계획

③ 세부공정표

④ 측량장비 점검계획

⑤ 인원과 투입장비 계획

⑥ 보안 및 안전관리 계획

(3) 자료수집

① 지하구조물 관리기관과 협조하여 관련 자료를 수집하는 과정

② 제공받은 자료는 수립된 안전 및 보안대책에 의거하여 관리

③ 타 목적으로 사용 불가

(4) 기준점 측량

① 공공측량작업규정의 공공기준점측량(4급)의 방침을 준용

② 구축된 자료는 공공측량성과심사를 득하여야 함

(5) 지하구조물 측량

① 지하구조물의 위치와 표고 등을 정하는 작업
② 지하노선을 수행하는 지하측량
③ 지상의 부속시설물(환기구 등)을 수행하는 보조측량

(6) 대장조서 및 속성DB 작성

① 원시자료에서 취득한 자료 및 현지조사 이용
② 명칭, 층수, 선로형태 등의 시설물별 속성을 입력

(7) 정위치 편집

① 지하구조물과 보완측량 결과를 표준코드 등을 이용하여 편집
② 1/1,000 수치지형도에 정위치
③ 2차원 및 3차원 성과로 제작

(8) 구조화 편집

① 정위치 편집된 지하구조물을 지리정보 데이터베이스로 구성하는 작업
② 지하차도, 지하보도, 공동구, 지하철선로, 지하철역사, 지하상가, 지하주차장의 레이어로 나누어 작업
③ shp 파일형태로 제작

(9) 3차원 가시화 정보 작성

① 3차원 점 형태의 측량결과를 3차원 면형태의 데이터 구조로 변환하는 작업
② 측량값을 우선하여 작업
③ 측량성과가 반영되지 않은 지하구조물은 수집자료(도면자료)를 이용
④ 세밀도에 따라 단색, 색깔, 상상 영상 또는 실사 영상으로 제작

8. 결론

지하공간통합지도는 공공 및 민간분야의 기존 지반지하시설물 안전관리, 상시계측, 안전점검, 지하개발 인허가, 설계 등 지하개발의 안정성, 지반 및 시설물의 안전관리에 활용하는 지하공간안전지도 제작에 이용된다. 부정확한 지도의 구축은 국민의 안전을 저해하고 예산을 낭비하므로 정확한 지도의 구축을 위하여 관련규정을 준수하여 철저히 구축하여야 한다.

21 | 비행장 측량

1. 개요

비행장은 하늘과 육지의 결합점으로 항공 운송과 지상 운송을 결합한 터미널 기능을 주요 기능으로 한다. 따라서 항공기의 안전한 이착륙, 여객과 화물의 선적과 하역의 원활, 지상교통과의 원활한 접속이 가능해야 하므로 이를 위한 공역, 공항시설, 공항 연결도로의 3박자가 조화를 이루어야 한다. 또한, 비행장 측량은 지상, 지하, 수중, 공중에서의 모든 측량이 결합된 종합적인 측량 분야로서 막대한 양의 인원, 장비, 시간, 경비가 소요되는 만큼 모든 계획 및 시행을 매우 신중하게 실시해야 한다.

2. 비행장의 입지 선정

비행장의 입지선정을 위한 절차는 비행장 후보지역들의 정확한 자료수집과 입지선정에 미칠 요소 선택과 분석을 하고 이것을 기초로 최종 건설지역을 선정한다.

(1) 비행장 부지면적
① 소형 비행장 : 약 5만~12만 평
② 대형 비행장 : 500만 평 이상

(2) 주요요소
① 주변지역의 개발형태 : 공역의 확보(반경 60km 범위)
② 기후 : 풍향, 풍속, 운고, 시정 등의 기상 상황에서 예상 취항률이 높은 곳
③ 접근성 : 도시 중심부와의 거리
④ 장애물 : 안전한 공역 확보성
⑤ 지원시설
⑥ 기타 주변 여건

3. 비행장 측량의 순서

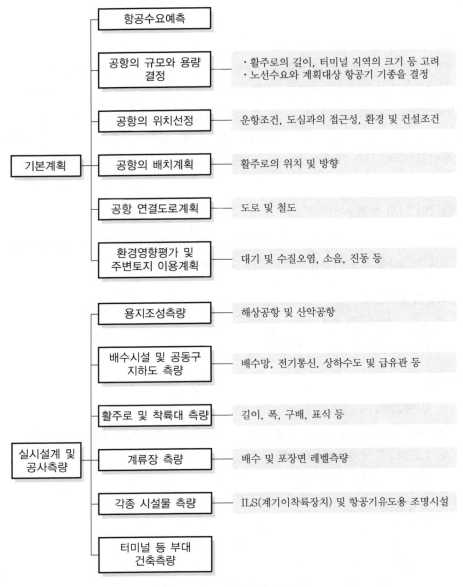

[그림 9-110] 비행장 측량 흐름도

4. 용지 조성 측량

비행장 용지 조성은 대단위의 평면 용지를 조성하는 것으로 최근에는 용지 확보가 어려워 해상매립으로 용지를 조성하는 경우가 많고 따라서 이에 수반되는 준설, 매립측량과 지반개량 및 침하계측 등의 측량이 수반된다.

(1) 기준점 측량

① 기준점은 GNSS에 의한 정지측량 방법으로 설치한다.

② 기준점 표지는 지반이 견고하고 안전한 곳에 콘크리트 표석을 반영구적으로 설치한다.

③ 기준점 밀도는 통상 상호 시통이 가능한 범위에서 약 500m 간격으로 설치한다.

(2) 토공 측량

1) 호안축조 및 매립지

① 해수면 이하의 지역은 주기적인 수심측량에 의해 사석투하량 및 매립 토공량을 측정한다.

② 해수면 이상의 노출지역은 수준측량에 의해 토공량을 측정한다.

③ 토공량 산정을 위한 수준측량에는 레벨이나 토털스테이션을 주로 사용하지만 대단위 용지인 경우는 모바일레이저 또는 무인항공측량 방법 등으로 신속하게 3차원 측량을 할 수 있다.

2) 토취장

① 석산 절토부를 적당한 밀도로 3차원 측정하여 DEM을 생성함으로써 절토량을 산정한다.

② 일반적으로 GNSS 또는 토털스테이션 측량방법이 적합하나, 절벽지 등 접근이 어려운 지점은 무타깃 토털스테이션, 무인항측 등의 장비로 3차원 좌표를 측정할 수 있다.

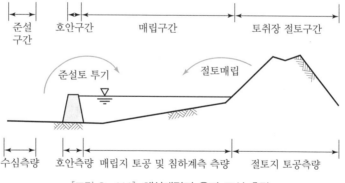

[그림 9-111] 해상매립지 용지 조성 측량

(3) 매립지 침하 계측

① 계측용 기준점 측량 : 계측 지역 이외의 지반이 견고하고 변위가 발생하지 않는 지점에 4~5개 정도의 기준점 설치 후 폐합 트래버스망을 형성하여 기준점 좌표를 확정한다.

② 매립 초기의 침하 계측 : 매립 초기에는 침하량이 매우 크므로 약 1cm 내외의 허용오차를 수반하는 RTK-GNSS 또는 토털스테이션에 의한 침하량 계측이 가능하다.

③ 지반 안정화 이후의 침하 계측

어느 정도 침하가 완료되어 이후 침하 속도가 매우 더디게 진행되는 경우는 정밀 레벨 또는 정밀 GNSS에 의한 침하계측이 필요하다.

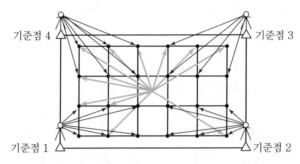

[그림 9-112] 토털스테이션에 대한 침하판의 3차원 측정

5. 배수시설 및 지하 구조물 측량

공항 용지는 매우 넓고 평탄하므로 배수 구조물 또는 공동구, 지하도 등의 지하시설물 측량 시 매우 정교한 수준측량이 요구된다.

(1) 측량 계획에 고려해야 할 구조물

① 배수시설 : 각종 집수정, 우수관, Box Culvert 등
② 지하구조물 : 횡단 지하도, 공동구 등

(2) 시공 계획 및 수준 측량

① 도면 검토를 세밀히 하여 레벨이 낮은 구조물부터 시공 계획을 수립
② 정밀 레벨에 의한 직접 수준 측량 실시

6. 활주로 및 착륙대, 유도로 측량

(1) 활주로의 방위 및 형태

① 바람이 불어오는 쪽으로 활주로를 배치한다.
② 활주로에 직각의 횡풍 성분이 5% 미만이어야 한다.

③ 활주로의 형태

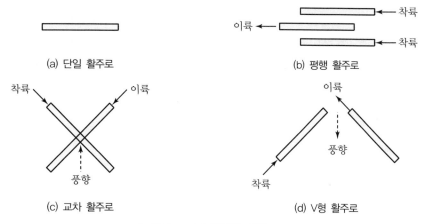

(a) 단일 활주로

(b) 평행 활주로

(c) 교차 활주로

(d) V형 활주로

[그림 9-113] 활주로 종류

(2) 활주로의 길이

① 대형 항공기용 : 2,500m

② 중형 항공기용 : 2,000m

③ 소형 항공기용 : 1,500m

(3) 활주로의 폭

① 활주로 길이가 2,500m 이상 시 : 60m

② 활주로 길이가 1,280m 이상 시 : 45m

③ 활주로 길이가 900m 이상 시 : 30m

(4) 활주로의 경사

① 종단 경사 : 1% 이내

② 횡단 경사 : 1.5% 이내

(5) 착륙대 및 유도로

1) 착륙대(Runway Strip)

① 이착륙 시 활주로에서 벗어나 착륙을 단념하고 다시 한 번 상공을 향하는 경우에 그 안전성을 확보하기 위해 설치되는 사각형의 구역이다.

② 착륙대의 길이는 활주로 길이의 양단에 각각 60m를 더한 것이다.

2) 유도로(Taxiway)

① 항공기의 지상 이동을 위해 설치한 통로이다.

② 유도로의 폭은 비행기 기종에 따라 다르나 통상 23~30m를 취한다.

7. 계류장 측량

(1) 계류장(Apron)은 항공기가 정지하여 여객, 화물취급, 급유, 정비 등 여러 가지 작업을 행하는 장소이다. 따라서 면적이 매우 넓고 평탄하여 정교한 수준측량이 요구된다.

(2) 시공 시에는 레이저 레벨을, 검측 시에는 디지털 레벨을 사용하는 것이 효과적이다.

8. 각종 시설물 측량

(1) 활주로 조명 시설

① 착륙 항공기 진입 유도 조명, 활주로 말단 조명, 활주로 조명 등 각종 조명 시설의 설치 측량(평면위치 및 높이 측량)

② 조명의 높이가 불규칙할 경우 조종사에게 심리적 불안 요인으로 작용

(2) 노면 표시 및 표식

① 비행장의 구역 표시

② 비행기 지상 이동 방향 표시

(3) 항공기 유도용 기준점 설치

① 최근 거의 모든 항공기에 GNSS가 탑재되어 있어 항공기 착륙 유도를 위한 GNSS 기준점 설치 사례가 늘고 있다.

② 현지 좌표계로 변환하여 사용하지 않고 WGS84 좌표계를 그대로 사용한다.

③ 좌표는 직각좌표를 사용하지 않고 경위도 좌표를 사용한다.

9. 터미널 등 부대 건축 측량

건축 측량은 설계도면상에 주로 거리로만 표시되어 있는 각종 구조물의 치수를 좌표화하여 이를 현지에 측설하고 시공 상태를 검측하는 측량을 말한다.

(1) **부지 측량** : 인근에 기 설치되어 있는 기준점으로부터 삼각측량 또는 다각측량 및 수준측량으로 터파기를 위한 부지측량 실시

(2) **건물 기초 측량** : 건물의 기초 콘크리트 타설을 위한 건물 바닥의 모서리 측량 실시

(3) **기둥 위치 측량** : 건물 기초 콘크리트 타설 후 기둥 및 벽체 시공을 위한 위치 측량 실시

(4) **철골 수직도 측량** : 철골 구조물의 수직도를 측정하는 것으로 통상 정밀형 토털스테이션으로 각 측점을 3차원 관측하여 수직도를 측정

(5) **검사 측량** : 골조 공사 완료 후 설계도에 따라 시공되었는가를 검사하여 구조적으로 문제성 여부 판단 자료 취득

10. 결론

비행장 측량은 항공기의 안전한 이착륙을 위한 비행장의 입지 선정이나 활주로의 배치 및 형상 등과 같은 큰 개념의 측량도 중요하겠지만, 비행장 시공 시 최초 용지 조성 단계에서부터 지반 침하량 계측이나 각종 구조물의 치수 검측, 원활한 배수를 위한 정밀 수로 측량 등 섬세한 부분의 정밀측량이 차후 하자 없는 비행장 건설의 초석이 되므로 비행장 건설공사의 모든 공정에 검측제도를 두어 반드시 검사측량 후 모든 시공이 가능하도록 하는 제도적인 장치가 절실히 요구된다.

---

22 댐 측량

1. 개요

댐은 홍수조절 등의 치수, 용수공급이나 발전을 위한 이수 및 최근에는 레저기능을 포함하는 다목적 용도의 구조물로서 그 규모가 방대하고 막대한 예산이 투입되는바, 대규모 토공사의 계획적인 수행을 위한 측량 계획과 토공측량이 원가 절감에 큰 영향을 미치며 구조물의 규모가 큰 만큼 안전 관리의 중요성이 첨예하게 대두되므로 변위 계측 등의 정밀측량에도 주의를 기울여야 한다.

2. 댐의 종류

댐은 지형, 지질 및 공사 재료의 종류에 따라 그 형식이 선정된다. 댐의 종류는 다음과 같다.
① **콘크리트댐** : 중력식, 부벽식, 아치식, 아치중력식
② 록필댐(Rock Fill Dam)
③ 어스댐(Earth Dam)

3. 측량 순서

조사계획측량 → 실시설계측량 → 공사측량 → 유지관리측량

4. 조사계획 측량

(1) 수문 자료 수집

강수량, 적설 및 결빙, 홍수관측기록, 수질, 폭풍우 강도 등의 수문자료를 수집

(2) 지형, 지질 조사

① 항공사진측량에 의한 지형도를 이용

② 단층의 예측, 풍화의 깊이, 누수에 대한 예측

③ 지질조사 : 암질, 지질구조, 풍화, 변질 등을 조사

(3) 보상조사

① 수몰지 재산 조사 및 보상을 실시

② 수몰민의 생활 재건과 수몰지역의 지역개발대책을 강구

(4) 재료원 조사

① 채취 지점의 거리, 양, 천연골재의 유무 등을 조사

② 기존 지형도, 항측도 및 지질도 등을 검토

(5) 가설비 조사

가설 시설물의 종류 및 수량, 수송로 등을 조사하여 가설비 산정

5. 실시설계 측량

실시설계 측량은 항측도나 지상측량 성과를 기초로 하여 세부측량을 한다.

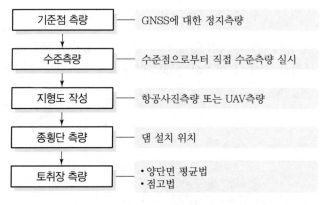

[그림 9-114] 댐 측량 순서

6. 공사 측량

(1) 공사 준비 측량

① 공사용 도로 : 토공계획에 의거 최단거리의 경로 및 안전한 경로를 채택
(공사용 가설도로 및 토취장 진입로 등)

② 가설 건축물 : 공사기간 중 토공계획이 가장 늦게 시행되는 안정한 위치를 선정

(2) 유로 변경 측량

① 가배수 터널 측량

② 가배수 개거 설치 측량

③ Coffer Dam(가물막이 댐) 설치 측량

(3) 댐 축조 측량

1) 기준점 측량

좌·우 양안에 기준점 설치 및 측량

2) 중심선 측량

댐 중심선을 우안에서 좌안까지 측량

3) 세부측량

① 상류사면, 하류사면 위치결정

② 여수로 위치 측량

(4) 도수로 터널 측량

1) 터널입구부 기준점 측량

GNSS에 의한 정지측량으로 종점부 및 시점부의 기준점에 대해 동시 망조정하여 좌표를 결정한다.

2) 터널 내 중심선 측량

① 터널 관통 전까지는 개방 트래버스에 의한 측량뿐이므로 관측 시는 삼각대 설치에 의한 정밀 고정식 반사경을 사용하여 오차발생을 최소화한다.

② 도수로의 길이가 긴 장대터널의 경우는 다각측량시 누적오차가 발생되어 중심선 방향이 빗나갈 수 있으므로 자이로 데오드라이트 등의 진북 측정기를 사용하여 일정 간격으로 중심선에 대한 방위각 검측이 필요하다.

(5) 토취장 절토량 산출 측량

토털스테이션, 지상라이다 또는 무인항측 등의 방법으로 절토면에 대한 3차원 좌표를 측정한 후 DEM법이나 점고법, 단면법에 의해 절토량을 산정한다.

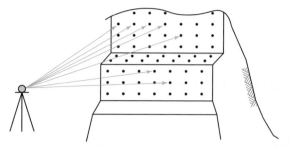

[그림 9-115] 토취장 절토량 측정방법

① DEM에 의한 절토량 산출 : 각 측점 간 불규칙 삼각망(TIN) 구성 → 보간법에 의해 DEM 생성 → 체적계산
② 점고법에 의한 절토량 산출 : 전체 구역을 일정한 격자형으로 세분화 → 각 격자의 높이값 추출 → 체적계산
③ 단면법에 의한 절토량 산출 : 횡방향으로 횡단도 작성 → 면적계산 → 체적계산

7. 유지관리 측량

댐의 유지관리 측량에는 저수지의 유량관리, 저수지의 수질관리, 댐 주변의 지반 거동 계측 및 댐 구조물의 변위계측 등이 있다.

(1) 저수지의 유량관리

유입량, 방류량 등의 수리, 수문 정보를 파악한다.

(2) 수질관리

위성 영상 자료를 분석하여 부영양화 등의 수질 변동을 파악한다.

(3) 댐 주변의 지반거동계측 및 댐 구조물의 변위계측을 실시한다.
(4) 담수의 진행에 따라 댐 제체 거동 변위 계측

(5) 유지관리 측량방법

1) 정밀 토털스테이션에 의한 방법
   ① 계측지점에 반사경을 설치
   ② 모터 부착형 토털스테이션에 의해 각 측점을 자동 시준하고 측정하여 데이터를 기록
   ③ 일정 시간대별로 측정 데이터를 분석하여 변위량을 측정
   ④ 사용 토털스테이션의 정확도
     • 각측정 정확도 : 1″ 이내
     • 거리측정 정확도 : 1~2mm 정도

⑤ 토털스테이션의 특성상 측정거리가 짧고 전원 및 데이터 저장, 전송 등 장비관리에 세심한 주의가 요구

2) GNSS에 의한 방법
① 계측지점에 이동국 GNSS를 설치
② 기지국 GNSS 및 이동국 GNSS에서 측정되는 3차원 좌표값을 무선모뎀 또는 광섬유 케이블을 통해 데이터 처리기로 전송
③ 데이터 처리기에서는 기지국 및 이동국 GNSS에서 전송된 데이터를 처리하여 각 지점의 시간대별 변위량을 측정
④ 넓은 지역을 동시에 관측 가능하고 설치 및 관리가 용이

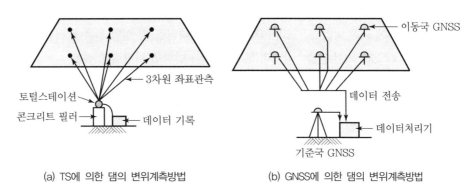

(a) TS에 의한 댐의 변위계측방법   (b) GNSS에 의한 댐의 변위계측방법

[그림 9-116] 댐의 변위계측방법

(6) 댐의 장기적 안정성 조사를 위한 변위측량

① 삼각측량에 의하여 댐의 수평방향의 절대변위를 관측한다.
② 댐 표면과 부근의 고정점을 이용하여 반복 관측한다.
③ 지형 및 정확도 면에서 3개 이상의 고정점을 이용한다.
④ 변위측량의 절대위치결정에 대한 정확도는 0.5~1.0mm 정도이다.

8. 결론

댐 건설은 대단위 토공 작업이 수반되므로 올바른 측량계획 수립과 시행 여부에 따라 원가절감의 향방이 좌우되기 때문에 매우 치밀한 측량 준비가 요구되며, 공사 중 또는 준공 후 안전관리측량에 세심한 주의를 기울여야 하는바, 신설 댐은 물론 기존의 모든 댐에 대해서도 만일의 사태에 대비하여 댐의 붕괴를 사전에 원천봉쇄할 수 있도록 안전관리측량을 의무화하는 것이 바람직하리라 사료된다.

23

댐 현장의 붕괴사고를 사전에 감지하고 예방하기 위한
변위 · 침하 · 붕괴를 모니터링할 수 있는 측량기술

1. 개요

댐 현장은 매우 큰 건축물 시공과 담수로 인하여 넓고 광범위한 지역에 변위가 발생할 수 있다. 댐의
시공으로 댐 주변은 댐 제체의 중량으로 인한 지표면 변위, 댐 준공 후 장기간의 댐 제체 축소 그리고
담수로 인한 댐의 응력변화, 침윤선으로 인한 사면붕괴와 담수지역의 모니터링이 필요하다.

2. 변위 모니터링 방법

(1) TS, Level에 의한 방법 : 근거리(500m 이내) 모니터링 및 정밀 관측에 적합

(2) RTK-GNSS에 의한 방법 : 장거리(500m 이상) 변형 모니터링에 적합

(3) 근접 사진측량 : 구조물 전체 형상에 대한 고정밀 변형 측량에 적합

(4) 3D Scanner : 터널의 3차원 내공변위 측량에 적합

(5) InSAR : 화산활동 등 지각변위 모니터링에 적합

(6) 기타 변위계 : 상대 변위, 응력, 크랙 등 변위 측정

3. 댐(Earth Dam)의 구조 및 예상 변위

(1) 댐(Earth Dam)의 구조

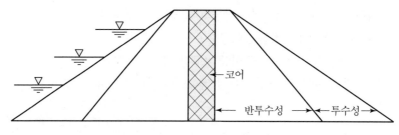

[그림 9-117] 댐의 구조

(2) 댐(Earth Dam)의 변위 종류

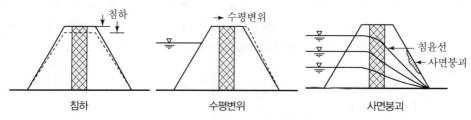

[그림 9-118] 댐의 변위 종류

4. 댐(Earth Dam)의 모니터링

(1) 침하에 대한 모니터링

1) 침하의 종류

① 원지반 침하 : 댐의 시공에 따른 원지반 침하

② 표면 침하 : 원지반 침하 및 댐 제체 축소

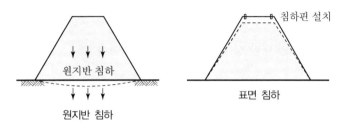

[그림 9-119] 침하에 대한 모니터링

(2) 댐(Earth Dam)의 담수에 대한 모니터링

1) 변위의 종류

① 수평 변위 : 담수에 따른 하류 방향으로 변위

② 사면 변위 : 담수에 따른 침윤선으로 인한 사면 붕괴

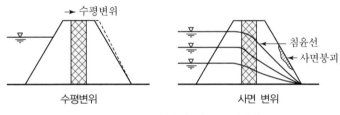

[그림 9-120] 담수에 따른 모니터링

2) 관측 방법

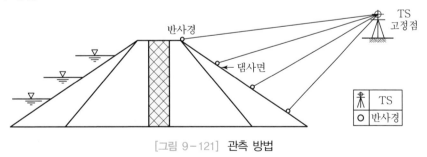

[그림 9-121] 관측 방법

(3) 관측 방법 및 주기

1) 장비의 선정

① 1급 이상의 TS 사용(자동시준형 TS 사용)

② 견고한 삼각대 사용

③ 경제적인 장비 선정(GNSS 배제)

2) 기준점(CP) 및 수준점(TBM)

① 변형이 없는 안전한 지점

② 다수의 기준점, 수준점 설치 : 망실 대비

③ 전체 수준점은 정밀 수준측량 실시

④ 전체 기준점은 폐합 트래버스에 의한 통일된 좌표체계

⑤ 각 기준점에 대한 상대 정밀도는 ±5mm 이내

3) 관측점

① 침하핀(침하변위), 반사경(수평변위)

② 관측점 위치가 변형되지 않도록 견고히 설치

4) 관측 방법 및 주기

① 침하

- 레벨을 이용하여 침하핀 직접 관측
- 지중변위계 이용 : 원지반 침하, 댐 제체 축소 관측
- 자동화 측정 어려움

[표 9-22] 댐 침하의 관측 방법 및 주기

구분	시공 중		준공 후	
	관측방법	관측주기	관측방법	관측주기
원지반 침하	지중변위계	매주	지중변위계	6개월
댐체 축소	지중변위계	매주	지중변위계	6개월
표면 침하	–	–	침하핀 (레벨관측)	초기 : 매월 이후 : 6개월

② 수평변위

- TS를 이용하여 댐체에 설치한 반사경 관측
- 담수 및 홍수로 인한 수위상승으로 인한 댐의 변위 측정
- 자동화 측정 가능(자동 시준형 TS 사용)

[표 9-23] 댐 수평변위의 관측 방법 및 주기

구분	담수 중		담수 후	
	관측방법	관측주기	관측방법	관측주기
사면변위	TS	담수 1m마다	TS	초기 : 매월 이후 : 6개월
수평변위	TS	담수 1m마다	TS	초기 : 매월 이후 : 6개월

(4) 관측값의 처리

1) 관측값의 기록
  ① 일반형 TS 및 전자 Level : 전자 야장에 기록
  ② 자동시준형 TS : 데이터 송신 장치 이용하여 모니터링 서버로 전송

2) 데이터 처리 및 분석
  ① 관측된 데이터는 모니터링 프로그램에 입력하여 자동처리
  ② 금회 관측값은 초기값과 이전 측점값을 비교하여 변위량 분석
  ③ 처리된 데이터는 수치 및 그래프 형식으로 변위량을 분석

5. 준공 후 InSAR에 의한 댐 주변 모니터링

(1) InSAR는 두 개의 SAR 데이터 위상을 간섭시켜 지형의 표고와 변화 운동 등에 관한 정보를 추출해 내는 기법이다.

(2) InSAR의 특징
  ① 기후의 영향 없이 상시관측 가능
  ② 영상의 대응점 필요 없음
  ③ 지각변동 포착

(3) InSAR를 이용한 준공 후 관측
  ① 수몰지역 변위 관측
  ② 댐 주변 지표면 변위 관측
  ③ 댐 붕괴 감시

6. 결론

건설현장의 붕괴사고는 인적·물적으로 많은 손실을 가져오므로 붕괴사고가 발생하지 않도록 철저한 대비가 필요하다. 건설현장의 품질관리는 시험(재료부분)과 측량(정규격, 정위치)으로 대별되는데 시험부분은 법 제도로 관리하고 있으나, 측량부분은 법 제도로 관리하고 있지 않으므로 건설현장에서는 측량을 소홀히 하고 있다. 따라서 철저한 품질관리와 국민안전을 위하여 측량기술자들은 물론 정부 및 학계의 인식 및 제도의 변화가 필요한 시점이라 판단된다.

24

간척지 측량

1. 개요

간척지는 수면 아래의 토지를 매립하여 육지화한 토지를 말하며, 일반적으로 해안 간척인 경우 대단위 면적의 국토가 새로 조성되므로 지도 갱신이나 향후 구조물 공사를 위한 정확한 측량이 필수적이다. 특히 조위에 따라 해안간척지의 경계가 변하므로 다른 측량 분야에 비해 표고의 기준을 명확히 하는 것이 매우 중요하다.

2. 간척지 측량의 순서

대규모 간척지 측량은 주로 항공사진측량에 의하지만 촬영시점에 따라 조위차에 의해 수애선 위치의 변화폭이 커서 정확한 해안선의 위치결정이 어려우므로 본 내용에서는 실측법에 의한 간척지 측량 순서를 기술한다.

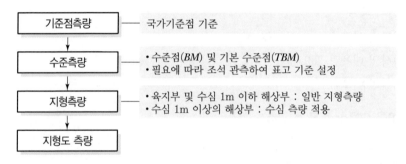

[그림 9-122] 간척지 측량 흐름도

3. 간척지 측량의 세부 내용

(1) 측량범위

① 해면 : 간척 예정지구 및 제방 예정선에서 외측으로 200m 이상까지 포함한다.

② 배후지 : 수륙 경계선에서 100m 이상까지 포함한다.

③ 기타 간척으로 인하여 이해관계가 생기는 구역까지 포함한다.

(2) 기준점측량

국가기준점을 기준으로 일반 측량과 동일하게 실시한다.

(3) 수준측량

1) 수준측량의 표고 기준

① 지형도 작성 기준 : 인천만 평균해수면(BM)

② 배수갑문 및 수로 설계시공 기준 : 현지의 조석관측으로 기본수준면(TBM) 결정 후 수로 및 배수갑문 하부는 약최저저조면, 배수갑문 상부는 약최고고조면 적용

2) BM, TBM 비교

(4) 지형측량

1) 범위

계획지구 및 인접 지역의 지세, 지형, 면적, 표고, 해안선, 간척지 등을 포함하여 해안선의 경우는 약 최고고조면의 높이에 해당하는 지형까지 포함한다.

2) 간척지 해안선의 위치결정

① 지형도 작성용 수륙 경계 : 만조수위면

② 항만공사용 지형도의 경계 : 약최고고조면

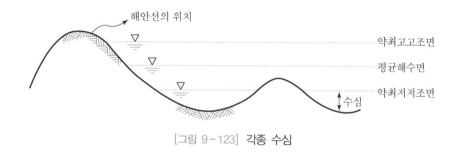

[그림 9-123] 각종 수심

4. 간척지 측량의 중요성

(1) 국토의 확장에 따른 지형도의 정확한 갱신 필요

① 간척지구에 대한 신규 지형도 제작 및 기존 지형도의 갱신

② 향후 지형공간정보와 해양공간정보의 통합 관리를 위한 정확한 국토공간정보 구축이 필요. 즉, 지형도 및 해도에서 사용되는 높이의 차를 병행 기록하는 방안의 재고

(2) 신규 용지 조성 개념으로서의 정확한 측량 필요

① 국토 확장에 의한 형태의 추가 확보는 물론

② 재산권으로서의 경계측량 및 확정측량을 위하여 소정의 정확도가 확보되어야 한다.

(3) 조석관측의 중요성

① 상습 해수 범람 지역에서는 반드시 조석관측 시행

② 최저 시설 표고를 설정하고 효율적 재난 예보체계 구축

5. 결론

간척지는 수면하의 토지 매립을 통해 효율적으로 시공하여 부가가치 있는 용지를 조성함은 물론 지형공간정보 및 해양공간정보체계가 중첩되는 국토 공간으로 표고 기준을 통일함으로써 효율적인 관리가 되도록 해야 한다.

---

25 항만 측량

1. 개요

항만을 이용하는 선박은 타 교통기관에 비해 기상 및 해상조건에 영향을 많이 받으며 항만건설 역시 악조건의 해역에서 공사하는 경우가 많다. 따라서 항만공사를 위해서는 자연조건에 대한 세밀한 조사가 요구되며 항로, 박지 등의 수역시설은 물론 각종 계류시설, 하역시설 등의 구조물 공사 등을 포함하므로 지질 및 물리탐사와 같은 해양조사, 연안측량, 해안선측량, 수심측량 및 시설물 변위계측 등 다양한 공종의 측량이 요구된다.

2. 항만시설의 종류

항만에는 많은 시설이 있는데 이들은 상호 유기적으로 연결되어 항만의 기능을 수행하고 있다. 항만시설에는 수역시설, 외곽시설, 계류시설, 임항교통시설, 화물처리시설, 항로표식시설 및 여객시설 등이 있다.

(1) 수역시설 : 선박이 항행, 조선, 정박, 하역을 위해 이용하는 수역이다.

① **항로** : 소정의 폭과 수심이 있는 수로
② **박지** : 선박의 정박이나 계류 또는 조선용으로 제공되는 수역

(2) 외곽시설

외곽시설은 항외에서의 파도, 해일, 고조, 표사 등을 차폐하고 항내 선박의 안전과 항만시설의 보존을 계획하여 항만의 기능을 원활하게 하기 위한 시설이다.

① **방파제** : 파랑을 차폐하여 항내의 정은도(靜隱度)를 확보하기 위한 구조물
② **방사제** : 항로나 박지 등의 수역을 연안 표사에 의해 매몰되는 것으로부터 방지하는 구조물
③ **도류제** : 항만 수역으로 유입되는 토사의 퇴적을 방지하는 구조물
④ **호안** : 항내 파랑에 의한 토지의 유실 방지를 위한 구조물
⑤ **수문** : 방조제로 둘러싸인 구역 내외의 통수와 선박통행을 위한 구조물
⑥ **갑문** : 조수차가 심한 경우 내수위를 일정하게 유지케 하는 구조물

(3) 계류시설

계류시설은 선박이 이착안하여 화물이나 승객의 하차나 승강을 위한 시설이다.

① 안벽 : 선박을 접안하여 하역하는 비교적 수심이 큰(3m 이상) 수제선의 구조물

② 물양장 : 소형 선박이 접안하여 하역하는 수심 3m 이하의 구조물

③ 돌핀 : 포장되지 않은 시멘트, 곡물, 원유, 가스 등과 같이 선박이 육지 연안에서 어느 정도 떨어져 있어도 하역 가능한 구조물로서 강관 파일을 연속적으로 항타한 후 상판을 설치한 하역 구조물

(4) 임항 교통시설

임항 교통시설이란 도로, 주차장, 교량, 철도, 운하 및 헬리포트 등을 말한다.

(5) 하물처리 및 보관시설

① 하역기계 : 고정식, 궤도주행식

② 보관시설

(6) 항로 표식 시설

① 등대 : 선박의 출입 항구 명시

② 등부표 : 항로의 한계, 박지 등을 나타내고 위험수역을 표시

③ 지향등 : 항로 표지를 위해 항로의 연장선상의 육지에 설치하는 등기구

④ 등표 : 암초 등에 의한 해난 방지 목적으로 수중에 세워지는 등대

(7) 기타 여객시설, 항만관리시설 및 후생시설 등

3. 수역시설의 측량

(1) 항로의 계획

1) 항로의 방향

바람과 파랑 방향에 대해 30~60° 이내의 각도로 계획한다.

2) 항로의 선형

가능한 한 직선 선형이 좋으나 부득이한 경우 중심선의 교각이 30° 이내가 되도록 하며 곡률반경은 대상 선박 길이의 4배 이상으로 계획한다.

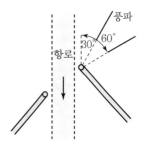

[그림 9-124] 항로의 계획

3) 항로의 폭

① 왕복 항로 : 선박 길이의 1~1.5배

② 편도 항로 : 선박 길이의 0.5배

4) 항로의 수심

① 대상 선박의 버스(Berth) 수심을 이용하는 것이 표준이나 파도, 바람, 조류 등이 강한 항로나 초대형 선박의 항로에는 선박의 흘수, 파도에 의한 선체 침하량, 해저 지질 등을 감안하여 여유수심을 가하여 항로 수심을 결정한다.

② 버스(Berth)의 수심
- 화물선 : 최대 20m
- 콘테이너선 : 최대 15m
- 여객선 : 최대 10m
- 어선 : 최대 7m

여기서, 버스(Berth)란 선박의 정박 또는 계류하는 위치(길이, 깊이) 등을 뜻한다.

(2) 항로의 공사 및 검사 측량

1) 공사측량

항로의 준설 시 주로 그래브(Grab) 준설선을 사용하여 트렌츠(Trench) 터파기를 하므로 그래브 준설선 양단에 GNSS를 설치하여 위치를 파악하고 Lead에 의해 심도를 파악한다. 과거에는 주로 육분의에 의해 준설선의 위치를 파악하였으나, 최근에는 GNSS를 준설선의 양단에 설치하고 준설선의 길이와 폭을 컴퓨터에 입력하여 컴퓨터 모니터상에 현재 준설선의 위치를 파악한다.

(a) 준설선에 GNSS 설치

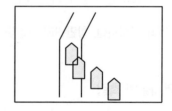

(b) 컴퓨터 처리에 의한 선박유도

[그림 9-125] 항로의 공사측량

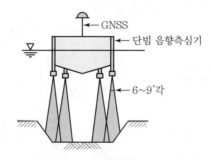

[그림 9-126] 단빔 음향측심기에 의한 방법

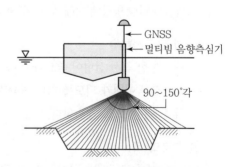

[그림 9-127] 멀티빔 음향측심기에 의한 방법

2) 검사측량

① GNSS로 평면위치(X, Y)를 측정하고 수심측정기로 수심(H)을 측정한다.

② 단빔 음향측심기의 측정범위는 6~9°로 결측부분을 해소하기 위해 다수의 송수파기를 조합하여 모서리 부분의 관측을 위한 측정밀도를 높이고 있다.

③ 멀티빔 음향측심기는 90~150° 범위를 약 60~120개 정도의 초음파가 일시에 발진되어 해저면을 스캐닝하여 측량하므로 결측부분 없이 완벽한 측량이 가능하다.

(3) 박지

박지는 묘박지, 부표박지, 선회장, 슬립(Slip) 등으로 구분된다.

1) 묘박지의 면적

① 단묘박지 : 1척의 선박에 대하여 $L+6D$를 반경으로 하는 원

② 쌍묘박지 : 1척의 선박에 대하여 $L+4.5D$를 반경으로 하는 원

    (단, L＝선박의 길이, D＝수심)

2) 부표박지의 면적

① 단부표박지 : 1척의 선박에 대하여 $L+25$m를 반경으로 하는 원

② 쌍부표박지 : 1척의 선박에 대하여 ($L+50$m) 및 $L/2$을 변으로 하는 직사각형

    (단, L＝선박의 길이)

3) 피난 장소의 정박 면적

① 풍속 20m/sec의 경우 : 반경($L+3D+90$m)

② 풍속 30m/sec의 경우 : 반경($L+4D+145$m)

    (단, L＝선박의 길이, D＝수심이며 바람 및 조류에 평행이 되도록 고려)

4) 선회장의 면적

① 자항에 의해 선회하는 경우 : $3L$을 지름으로 하는 원

② 예항에 의해 선회하는 경우 : $2L$을 지름으로 하는 원

    (단, L＝선박의 길이)

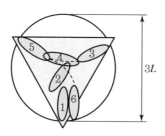

[그림 9-128] 선회장의 면적

5) 슬립의 면적(도로의 면적)
  ① 횡착의 경우 : 1.2L 및 ($B+1$)m를 변으로 하는 직사각형
  ② 종착의 경우 : 2.5L 및 ($B+3$)m를 변으로 하는 직사각형
  ③ 복종착의 경우 : 3.5L 및 ($B+3$)m를 변으로 하는 직사각형
    (단, L=선박의 길이, B=선박의 폭)

6) 박지의 수심
  선박의 만재 흘수보다 10%의 여유 수심을 두어 계획한다.

4. 외곽시설의 측량

방파제, 방사제, 도류제, 호안 등의 외곽시설은 주로 사석 투하 및 케이슨 설치에 의한 측량으로 GNSS를 이용한 바지 작업선 위치측량과 수심측정기를 이용한 수심측량을 실시한다.

(1) GNSS에 의한 방파제 등의 공사 측량

  ① 항로 측량과 동일한 방식으로 바지 작업선 양단에 GNSS를 설치하여 컴퓨터 화면상에서 현위치를 파악하여 시공측량을 실시한다.
  ② 방파제, 도류제, 호안 등 시공 시 사석의 유실 방지를 위한 매트 포설, 사석 투입에 골고루 적용한다.

(2) GNSS 및 수심 측정기에 의한 방파제 시공 검측

  ① 수심측정기 및 GNSS를 선박에 설치
  ② GNSS는 선박의 평면위치(X, Y)를, 수심 측정기는 수심(H)을 측정하여 동시에 X, Y, Z의 3차원 측정
  ③ 3차원 데이터를 이용하여 CAD에 의한 지형도 작성 및 사석 투입량 산출

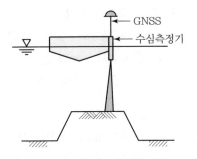

[그림 9-129] 수심측정기에 의한 성토량 측정

5. 계류시설의 측량

안벽, 돌핀 등의 계류시설은 육상에서 비교적 근거리에 위치하여 GNSS 외에 토털스테이션에 의한 측량을 병용할 수 있다.

(1) GNSS를 이용한 계류시설 공사측량

  ① 안벽 공사용 케이슨이나 돌핀 공사용 강관 파일 등은 정밀한 위치측량을 요하므로 RTK 용 GNSS를 사용하여 1~2cm의 정확도로 측량을 실시

② 바지 작업선 위치측량 방법과 동일한 방법으로 GNSS를 크레인선의 조금구에 2대 설치 (케이슨 거치의 경우)하거나, 항타선의 양단에 GNSS를 2대 설치(돌핀 항타의 경우)하여 작업선의 위치를 결정

6. 계류장 변위 계측

계류장은 하중이 매우 큰 각종 하역 시설이 설치되는 곳으로서 통상 해저면 표층의 연약 지반을 개량한 후 매립된 지역이므로 침하 등의 변위 계측을 연속적으로 실시하여 안전 관리를 해야 한다.

(1) 계측 기준점 설치 및 망조정

① 계측 지역 이외의 지반이 견고하고 변위가 발생하지 않는 지점에 4~5개 정도의 기준점 설치 후 폐합 트래버스를 형성하고 망조정하여 기준점 좌표를 확정한다.
② 차후 주기적으로 기준점 확인 측량을 실시하고 기준점 변형량을 파악하여 망조정을 통해 기준점 유지 관리 측량을 실시한다.

(2) 계측 지역 침하판 설치 및 관측

① 일정 간격 혹은 계측 필요 지점에 침하판 혹은 계측 프리즘을 설치
② 계측 기준점에 근거한 기계 위치를 설정하고 3차원 좌표를 관측
③ 계측에 사용되는 토털스테이션은 정확도가 매우 높은 장비 사용
  • 각 정확도 : 최소 2초 이내
  • 거리 정확도 : 최소 2mm+2ppm 이내

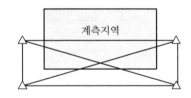

[그림 9-130] 계측 기준점 설치 및 망구성

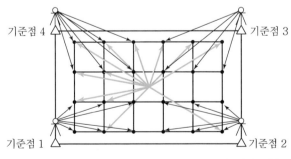

[그림 9-131] 변위 계측도

7. 결론

항만측량은 바람이나 해무 등의 기상 조건에 영향을 많이 받는 측량으로서, 시준 장애 요인이 큰 토털스테이션 등의 광학식 측량 장비보다는 기상조건에 거의 영향을 받지 않는 GNSS에 의한 측량법을 활용하는 것이 유리하며 수중 구조물 측량 시 육안에 의한 관측이 불가하므로 멀티빔 음향 측심기(Multibeam Echo Sounder)나 Side Scan Sonar와 같은 첨단측량 및 계측 장비의 도입과 이에 대한 활용법의 개발이 요구된다.

26 상하수도 측량

1. 개요

상수도는 식수, 가정용수 및 공업용수를 공급하는 것을 목적으로 하고 취수, 도수, 정수, 배수 및 급수의 과정을 포함하며, 하수도는 인간생활이나 산업생활로 발생하는 오수와 우수 및 지하수를 신속히 배제하고 처리하기 위한 배수설비, 관로, 하수처리, 펌프시설 등의 과정을 포함한다.

2. 상하수도의 계통

(1) 상수도 계통

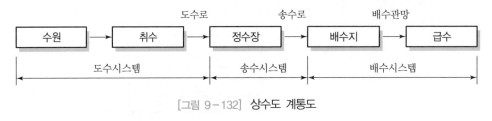

[그림 9-132] 상수도 계통도

(2) 하수도 계통

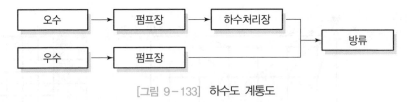

[그림 9-133] 하수도 계통도

3. 상수도 측량

수도의 목적을 달성하기 위한 기술적 요소는 양호한 수질, 필요한 수량 및 적절한 수압으로서 취수원의 선정 및 도수, 정수, 배수 및 급수계의 효율적인 시스템이 뒷받침되어야 한다.

(1) 수원 및 취수 시설

① 수원 : 지표수(하천수, 호수, 우수 등) 및 지하수

② 수질 및 수량의 정확한 파악 : 원격탐측 영상의 활용

③ 취수 시설 : 취수둑, 취수탑, 취수구, 침사지 등으로 구성

(2) 도수 시설

1) 계획도수량

계획 1일 최대급수량에 10%의 정수작업 용수를 더한 수량

2) 도수 방식

① 수위에 따른 방식
- 자연 유하식 : 가장 유리함(안전성, 경제성)
- 펌프 가압식 : 지형제약이 없음

② 수리학적 분류 방식
- 개수로식 : 수질 오염에 유의해야 함
- 관수로식 : 모래입자 등의 침전에 유의

③ 수로 위치에 따른 방식
- 지하식(관로, 암거, 터널)
- 지표식

(3) 정수 시설

① 정수 시설의 측량

침전조, 여과조, 폭기조 등의 모든 구조물은 유량, 유속, 부유물질의 침강속도, 점성계수 등의 물리 화학적 처리 기준에 의해 그 규격이 설계되었으므로 플랜트 공사 수준에 준하는 정밀측량이 요구된다. 부실한 측량에 의해 정수장 시공 시 수처리의 품질이 저하된다.

② 정수의 순서

[그림 9-134] 정수시설 순서

(4) 배수 및 급수 시설

1) 배수 시설의 특징
① 정수를 급수 구역 내의 모든 수요자에게 분배하는 시설이다.
② 연장이 매우 길기 때문에 수도 시설공사 중 60~70%의 건설비용을 차지한다.
③ 평면적인 넓이가 넓고 복잡하여 상태 파악이 쉽지 않다.
④ 각종 터파기 공사의 영향으로 손상을 많이 받는다.
⑤ 공공 도로 내에 매설되는 관계로 유지 관리가 어렵다.

2) 배수 시설의 종류
① 배수지 : 지상 및 지하 배수지, 배수탑, 고가수조 등의 형태가 있다.
② 배수관로 : 배수본관 및 배수지관, 관로구조물을 말한다.
③ 부대설비 : 유량계, 압력계, 배수밸브, 공기밸브, 소화전 등이 있다.

3) 배수 시설의 유지 관리는 아래의 내용을 포함한다.
① 누수 방지
② 관로 세척 및 노후관 갱신
③ 배수관로 공간정보 구축

4) 급수 시설
배수관으로부터 일반 수요자에게 공급하기 위한 시설이다.

4. 하수도 측량

하수는 오수와 우수로 분류되며 관로, 펌프장 및 하수 처리장 시설로 구분된다.

(1) 관로 시설

1) 관로시설 : 관, 하수 박스 등이 있다.

2) 배수시설
① 우수받이 및 오수받이
② 맨홀

(2) 펌프장 시설
① 배수펌프(가압펌프) : 계획 양수량에 적합하게 배치한다.
② 침사지 : 펌프 및 관거의 마모 원인인 토사의 침전을 제거한다.
③ 스크린 : 부유물을 제거하여 펌프 및 기계 설비를 보호한다.

(3) 하수처리 시설

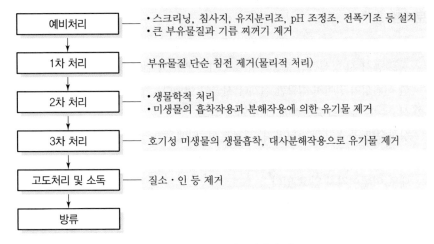

[그림 9-135] 하수처리 순서

5. 상하수도의 설치측량

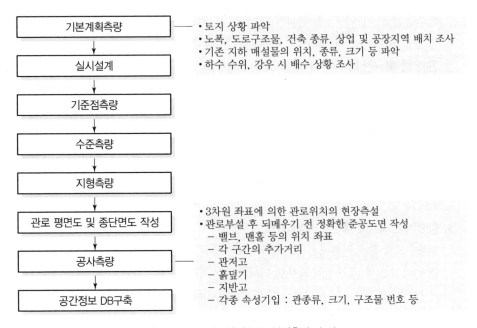

[그림 9-136] 상하수도 설치측량 순서

6. 문제점 및 대책

(1) 문제점

① 기존 상하수도 관로에 대한 정보 시스템의 부재

관로 공사 시 형식적인 준공측량으로 기존 관로의 위치 정보 및 속성 정보 등의 데이터에 대한 신뢰성이 떨어져 정확한 설계나 시공이 어렵다.

② 상하수도 측량의 중요성에 대한 인식 부족

상하수도 공사 자체가 터파기, 관로부설, 되메우기 정도의 단순 공정이라는 인식하에 안전관리 및 원가 절감에만 주력할 뿐 사후 관리나 공간정보 구축 등을 위한 정확한 측량이 제대로 이루어지지 않고 있다.

③ 설계를 무시한 공사 관행

공사 성격상 지하 터파기 시 예기치 못한 지하 장애물이 많이 발견되므로 부득이 관로의 위치나 깊이를 설계 도면대로 시공하지 못하고 위치를 변경하는 사례가 빈번하다.

(2) 대책

① 준공측량의 의무화

관로부설 후 되메우기 전 관로에 대한 3차원 좌표를 측정하여 수치지도에 위치 정보와 속성 정보의 기록을 의무화하고 이에 따르는 측량 비용을 지급해야 한다.

② 공사 중 발견한 타 지하매설물의 측량도 반드시 실시

터파기 중 당해 공사와 관련이 되는 타 종류의 지하매설물에 대한 위치 및 속성 정보를 파악하여 준공 도면에 기재함으로써 향후의 공사계획 및 유지관리에 활용토록 해야 한다.

③ 지하 매설물 및 지질 탐사에 대한 기술 개발

설계 및 공사 시 기존의 지하 매설물 및 지질 탐사에 대한 기술을 개발하고 사전에 공사의 장애 요소를 파악하여 공사 중 관로의 부설 위치를 임의로 변경하는 사례가 없도록 해야 한다.

④ 측량의 중요성에 대한 인식의 고양

상하수도와 같은 지하매설물은 향후 전기, 통신, 가스, 송유관, 열병합 관로와 타 지하매설물 공사시 그 위치가 중복되므로 이에 따르는 공사와 유지관리시의 혼선을 방지하기 위하여 정확한 준공측량이 무엇보다도 중요하며 이에 대한 제도적 장치 마련도 시급하다. 이를 위해서는 측량의 중요성에 대한 인식의 제고가 뒷받침되어야 한다.

7. 결론

상하수도 공사는 시공의 난이도나 비용보다는 유지 관리의 비중이 훨씬 높고 중요하다. 관로의 유지 관리는 관망의 수질관리, 누수관리, 관로갱신 및 정보관리를 포함하며 이는 모두 관리 대상물

의 위치정보와 속성정보에 대한 데이터베이스를 기본으로 한다. 결국 이와 같은 형태는 공간정보 개념으로서의 지하시설물 관리체계로 통합되며 기존의 지하시설물은 정확한 탐사와 측량을 실시하여 공간정보를 구축하고 향후 신설 공사 시는 준공 측량을 제도화하고 이에 대한 감리를 철저히 하여 시공과 공간정보 구축을 연계함으로써 중복 투자를 방지해야 할 것으로 판단된다.

27 문화재 측량

1. 개요

문화재 측량은 전통 문화의 보존과 복원을 위한 기초자료로서 대상물에 대한 정밀관측을 통하여 문화재의 기하학적 수치자료를 획득하고 조형을 분석하는 측량으로서 주로 지상사진측량이나 3차원 레이저 스캐너에 의한 스캔측량에 의해 실시되고 있다.

2. 문화재 측량 방법

(1) 지상사진측량에 의한 방법(간접 측량 방식)
(2) 3차원 레이저 스캐너에 의한 스캔측량 방법(직접 측량 방식)

3. 지상사진측량에 의한 문화재 측량

(1) 지상사진측량 계획도

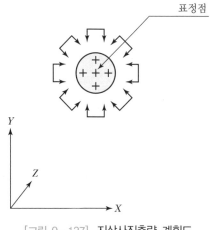

[그림 9-137] 지상사진측량 계획도

(2) 측량순서 및 방법

대상물 선정	—	건물, 탑, 종, 도자기 등
사진촬영 및 영상 획득	—	여러 방면에서 촬영(중복도 60~80%)
정사영상 제작	—	표정점 좌표 입력
도화	—	3차원 도면 제작
분석	—	면·체적, 등고선도, 3차원 모델링, 단면 및 중심축 분석, 문양 분석 등

[그림 9-138] 지상사진에 의한 문화재 측량순서

4. 3차원 레이저 스캐너에 의한 문화재 측량

(1) 문화재 측량 개념도

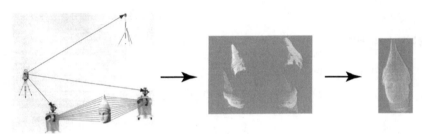

[그림 9-139] 문화재 측량 개념도

(2) 측량순서 및 방법

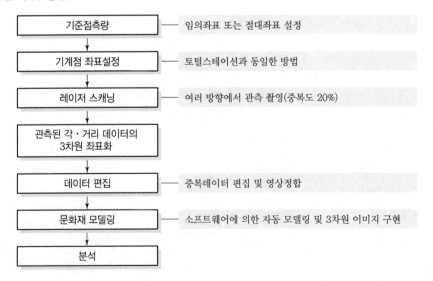

기준점측량	—	임의좌표 또는 절대좌표 설정
기계점 좌표설정	—	토털스테이션과 동일한 방법
레이저 스캐닝	—	여러 방향에서 관측 촬영(중복도 20%)
관측된 각·거리 데이터의 3차원 좌표화		
데이터 편집	—	중복데이터 편집 및 영상정합
문화재 모델링	—	소프트웨어에 의한 자동 모델링 및 3차원 이미지 구현
분석		

[그림 9-140] 3차원 레이저 스캐너에 의한 문화재 측량순서

5. 지상사진 측량 및 레이저 스캔 측량의 비교

[표 9-24] 지상사진 측량과 레이저 스캔 측량의 비교

지상사진 측량	레이저 스캔 측량
• 소수의 기준점을 이용하여 대상물 전체의 3차원 좌표를 계산하는 간접측량 방식 • 문화재의 섬세한 선 등의 표현 가능 • 정밀 영상 확보 가능 • 장비 가격 저가 • 높은 정밀도의 균등한 성과취득	• 무수히 많은 레이저 광선을 대상물에 발사하여 3차원 좌표를 취득하는 직접측량 방식 • 문화재의 섬세한 선이나 요철 등의 표현 가능 • 영상자료 확보 어려움 • 장비 가격 고가

6. 결론

최근 디지털 카메라의 해상도 및 원격촬영기능과 자동 영상정합 기술 등 사진측량 기술이 급속하게 발전함에 따라 3차원 레이저 스캐닝 방식이 주를 이루던 문화재 측량이 지상사진 측량방법으로 서서히 전환되고 있다. 향후 저가의 디지털카메라와 정사영상 자동화 소프트웨어 발전이 더욱 가속화될 것으로 예상되는 바, 이를 이용한 지상 및 공중사진측량은 앞으로 더 많이 확산될 것으로 사료된다.

28 건축 측량

1. 개요

최근 건축물은 그 형상이 수려해지고 초고층화되는 추세에 있어서 상대적으로 높은 시공 기술과 그에 수반되는 고난이도의 측량 기술이 요구되고 있다. 특히 깊은 심도의 지하 구조물 설치와 초고층 구조물의 위치 측설 및 수직도 관리측량 등은 매우 정밀하고도 정확한 관측 성과를 요구한다.

2. 건축 측량의 순서

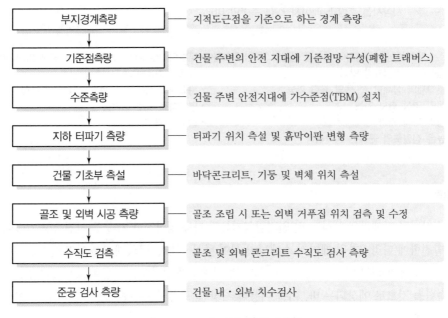

부지경계측량	— 지적도근점을 기준으로 하는 경계 측량
기준점측량	— 건물 주변의 안전 지대에 기준점망 구성(폐합 트래버스)
수준측량	— 건물 주변 안전지대에 가수준점(TBM) 설치
지하 터파기 측량	— 터파기 위치 측설 및 흙막이판 변형 측량
건물 기초부 측설	— 바닥콘크리트, 기둥 및 벽체 위치 측설
골조 및 외벽 시공 측량	— 골조 조립 시 또는 외벽 거푸집 위치 검측 및 수정
수직도 검측	— 골조 및 외벽 콘크리트 수직도 검사 측량
준공 검사 측량	— 건물 내·외부 치수검사

[그림 9-141] 건축 측량 흐름도

3. 부지 경계 측량

(1) 건축물은 건축이 허가된 필지에 시공되므로 해당 필지의 경계를 기준으로 설계·시공
(2) 해당 필지는 지적좌표계로 측지좌표와 상이할 수 있으므로 주의
(3) 준공도면 작성은 세계측지계를 기준으로 실시

4. 기준점측량

(1) 건축물은 허가된 필지에 시공되므로 해당 필지의 경계점을 기준으로 설정
(2) 해당 필지의 경계점 좌표(지적좌표계)를 세계측지계로 측량하여 결정
(3) 건물 시공 시 망실되지 않는 기준점을 3개소 이상 선점
(4) 고층 건축물의 경우 측량 시 측설이 유리한 위치(주변 건물의 옥상)에 설치하는 것도 필요

5. 수준측량

(1) 수준측량은 대부분의 현장에서 임의의 높이를 부여하여 가수준점(TBM)의 값을 결정하는데 3차원 공간정보 및 드론길 구축에 맞게 국가수준점(BM)을 기준으로 가수준점(TBM) 성과를 결정하여야 함
(2) 가수준점(TBM)은 지형의 변화가 없고 지반이 안정된 지점에 표석으로 설치

6. 지하 터파기 측량

(1) 건물 외벽으로부터 1~1.5m의 여유 폭을 두고 터파기 지점 측설
(2) 흙막이 시설의 파일 및 토류판의 변형량을 관측하여 외벽 거푸집의 설치 공간 확보 여부에 대한 검사측량 실시
(3) 토류판의 변형으로 외벽 거푸집 설치 공간 미확보 발생시는 현황측량을 실시하여 건물 위치 변경 등의 재설계 실시

7. 건물 기초부 측설

(1) 바닥 콘크리트 타설 후 기둥 또는 벽체의 위치 측설
(2) 위치 측설은 정밀한 토털스테이션을 사용하여 3차원 좌표 관측으로 실시

8. 골조 및 외벽시공 측량

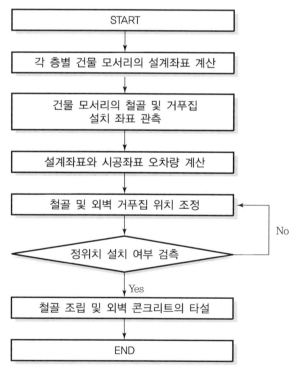

[그림 9-142] 골조 및 외벽시공 측량순서

9. 수직도 검측 및 변형량 관측

(1) 철골조 건축물의 경우

① 기 시공 철골조의 모서리에 자석을 이용 반사경 설치

② 기준점을 기준으로 하여 각 반사경의 3차원 좌표 관측

③ 설계 좌표와 시공 좌표의 오차량 분석

④ 상기 3개 항목의 측량과정을 반복하여 변형량 관측

(2) 콘크리트 라멘조 건축물의 경우

① 기 시공 건물의 모서리 부분을 드릴링하여 반사경 부착

② 이후는 철골조 건축물과 동일한 방법으로 관측 실시

10. 준공 검사 측량

(1) 건물 내·외부의 치수를 검사한다.

(2) 건물 및 부대시설 공사에 의해 변경된 지형을 현황측량하여 공간정보체계 형식에 맞도록 수치 지도화한다.

11. 결론

최근 초고층화 건축물 시공의 증가로 지하 흙막이 시설에 대한 변형량 관측이나 초고층 철골조 또는 콘크리트조의 수직도 측량 등에 관한 요구가 점차 증대되고 있는 추세로서 좁은 지역에서의 고난도 정밀측량기법에 대한 연구가 필요할 것으로 판단된다.

29 초고층건물의 수직도 시공관리 측량

1. 개요

연속적으로 거동하는 공진상태의 초고층건물에 대한 시공측량 시에는 동적 측량이 가능한 RTK-GNSS 수신기를 시공층에 설치하여 코어 또는 외벽의 시계열적 4차원 좌표(X, Y, Z, T)를 관측하고, 일정한 높이 간격으로 설치한 경사계로부터 시계열적 기울기량을 관측하여 이들 두 성분의 데이터를 동기화시킴으로써 어느 시점에서의 건물에 대한 실제좌표를 결정하고 이를 기준으로 코어 및 외벽의 정위치를 측설할 수 있다.

2. 초고층건물 시공측량 순서

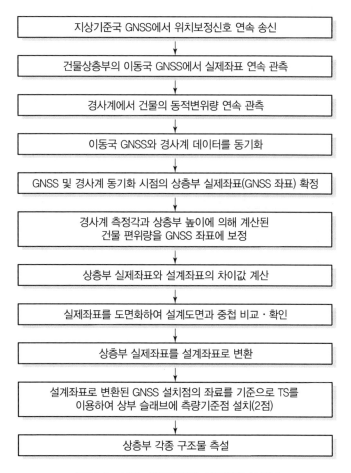

[그림 9-143] 초고층건물 시공측량 흐름도

3. 상층부의 정위치 측설에 의한 수직도 결정

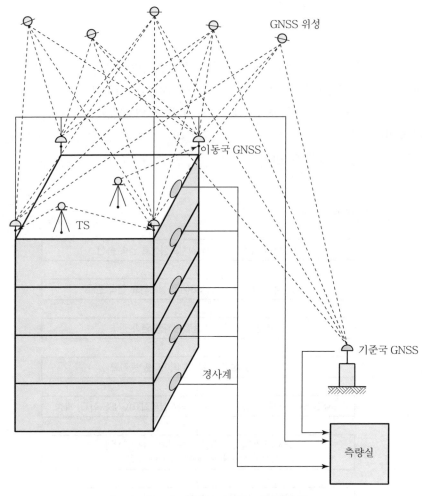

[그림 9-144] 상층부 수직도 결정 개념도

(1) GNSS 관측

① 지상에 기준국 RTK-GNSS를 설치하여 위치보정신호 방송

② 건물 상층부에 4대의 이동국 RTK-GNSS를 설치하여 건물 모서리에 대한 시계열적 4차원 좌표(X, Y, Z, T)의 동적 관측

③ RTK관측기법 중 Quasi Static(준 스태틱 RTK) 방법으로 정밀 관측하여 5~7mm 정확도의 실시간 좌표 취득

(2) 경사계 관측

① 5~10개 층마다 설치된 경사계로부터 건물의 2축(X, Y 방향) 기울기량을 관측하여 각 지점마다의 건물 중심축 이동량($\triangle X$, $\triangle Y$) 획득

② 정밀경사계에 의해 1~2mm 정밀도의 중심축 이동량 관측

(3) GNSS와 경사계의 시간 동기화

① GNSS에 의한 건물의 좌표데이터와 경사계에 의한 건물의 기울기데이터를 시간동기화하여 어느 시점에서의 건물에 대한 실제좌표와 중심축 이격량을 추출하여 설계좌표와의 차이값 산출

② 실제좌표에 의한 도면을 작성하여 설계도면에 중첩, 비교 후 실제좌표를 설계좌표 체계로 변환

③ 설계좌표로 변환된 GNSS 관측점을 기지점으로 하여 TS에 의한 후방교회법으로 건물상층부에 다수의 시공기준점 설치

④ 시공기준점에 TS를 설치하고 각 구조물 측설

(4) 비선형 형태로 거동하는 초고층건물의 GNSS 및 경사계 관측 개념도

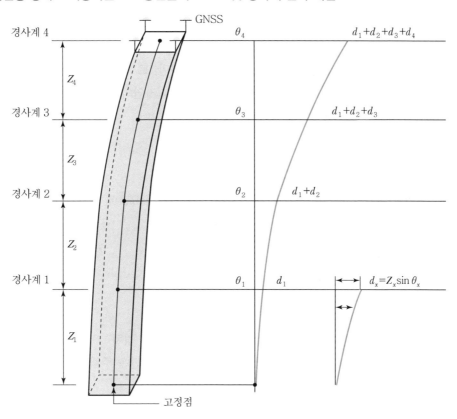

[그림 9-145] 비선형 형태의 GNSS 및 경사계 관측 개념도

① GNSS는 연속 거동하는 건물 위치의 동적 좌표 관측

② 경사계는 각 설치지점마다의 건물 수평 변위량 관측

4. 결론

초고층건물의 수직도 측량은 매 시공층마다 반복적으로 이루어지므로 장비의 해체, 설치 및 캘리브레이션 등의 모든 과정이 신속·정확하게 이루어져야 한다. 또한 수직도 측량 외에도 각 구조물의 설치측량, 검측, 변위관측 등이 수시로 발생되므로 고도의 기술과 숙련도가 요구된다.

30 경관 측량

1. 개요

경관은 인간의 시지각적 인식에 의해서 파악되는 공간구성을 뜻하며 경관 측량이란 이러한 경관 현상을 공학적으로 파악하고 조작 가능한 요소 및 요인을 조작함으로써 보다 좋은 경관을 창조하는 기법을 말한다. 즉, 교량, 가로, 도로, 철도, 하천, 항만, 토지 조성과 같은 토목공사 시 자연환경에 대한 조화감, 순화감, 미의식의 상승을 위한 환경 디자인의 기술체계로서 경관도의 정량화 및 표현에 대한 평가가 필수적인 항목이다.

2. 경관의 분류

경관은 인식 대상의 주체, 구성요소, 개성적 요소 및 시각적 요소에 따라 다음과 같이 분류할 수 있다.

(1) 인식 대상의 주체에 관한 분류

1) **자연경관** : 산, 하천, 바다와 같은 자연경치

2) **인공경관**
   ① **조경** : 공원, 정원, 인공녹지 등의 인공요소를 가한 경치
   ② **장식경** : 실내·외 장식과 같이 대상물의 인공요소만을 주체로 한 경치

3) **생태경관**
   ① **생태경** : 자연상태 그대로의 생태경관
   ② **관상경** : 관상수, 관상경과 같이 인공요소를 더한 경관

(2) 경관 구성요소에 의한 분류(시점과 대상의 관계에 의한 분류)

   ① **대상계** : 인식의 대상이 되는 사물(규모, 상태, 형상 및 배치)
   ② **경관장계** : 대상을 둘러싼 환경(전경, 중경, 원경에 의한 규모와 상태)
   ③ **시점계** : 인간의 개인차(환경, 건강, 연령, 직업)에 의해 느껴지는 시점의 성격

④ **상호성계** : 대상계, 경관장계 및 시점계를 구성하는 요인과 성격에 관한 상호성을 규명하는 것이다.

(3) 시각적 요소에 의한 분류

① **위치** : 고저, 원근, 방향
② **크기** : 대소
③ **색, 색감** : 명암, 흑백, 색상
④ **형태** : 생김새
⑤ **선** : 곡선 및 직선
⑥ **질감** : 거칠음, 섬세함, 아름다움
⑦ **농담** : 투명, 불투명

(4) 개성적 요소에 의한 분류

① **천연 경관** : 산 속의 기암 절벽
② **파노라믹 경관** : 넓은 초원이나 바다의 풍경
③ **포위된 경관** : 수목으로 둘러싸인 호수나 들
④ **초점적 경관** : 계곡, 도로 및 강물
⑤ **터널적 경관** : 하늘을 가린 가로수 도로
⑥ **세부적 경관** : 나뭇잎, 꽃잎의 생김새 등
⑦ **순간적 경관** : 안개, 저녁 노을 등

3. 경관 분석의 기초 인자

경관 현상의 기본적인 구성요소의 하나가 시점이며, 경관 현상 분석에 있어서는 인간의 시지각 특성이 가장 기본적인 지식이 된다.

(1) 인간의 시지각 특성

① **시야** : 인간의 정시야 범위는 좌우 각각 약 60°, 상하 각각 약 70°, 80°를 차지한다.
② **시야 협착** : 운전 시와 같이 시점이 움직이는 경우 차의 속도 증가에 따라 시야가 좁아지는 현상을 말한다.
③ **시력과 색감**

(2) 대상의 외양

1) 대상의 크기와 스케일
① **휴먼스케일에 의한 지표화**
• 사물과 공간의 크기를 인간의 신체적 사이즈와의 관계로 나타낸다.
• 인간 얼굴의 식별이 가능한 20~25m 정도가 휴먼스케일의 거리이다.

- 공간설계에 널리 이용된다.
② 시거리와 수목 관측법에 의한 거리 분할
- 근경영역 : 개개의 요소가 자세하게 눈에 띄는 영역이다.
- 중경영역 : 대상 전체의 형태 파악이 용이하고 대상이 경관의 주체가 되는 영역이다.
- 원경영역 : 대상이 경관의 극히 일부인 영역이다.

2) 앙각과 부각
① 앙각
- 수평보다 위쪽의 수직 시각에 대응하는 예정각을 말한다.
- 인간의 시야와의 관계에서 대상의 보기 쉬움, 공간의 폐쇄감, 압박감과 깊은 관계가 있다.

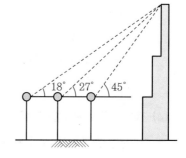

[그림 9-146] 앙각에 따른 경관도

② 앙각의 각도별 경관은 다음과 같다.
- 앙각 45° : 개개의 자세한 것이 관상되며 대상 전체를 볼 수 있다.
  ($D/H=1$)
- 앙각 27° : 전체를 볼 수 있다.
- 앙각 18° : 건축적 – 회화적 인상
- 앙각 12~10° : 순회화적
③ 부각
- 수평보다 아래쪽의 수직 시각을 말한다.
- 자연상태에서 인간의 가장 보기 쉬운 영역이다.
- 부각 0~10°가 가장 보기 쉬운 영역이나 부각 8~10°가 가장 이상적인 경관 평가

3) 시선 입사각과 오행의 지각
① 시선 입사각은 시대상의 면과 축선과 시선이 이루는 각이다.
② 시선 입사각은 면의 보기 쉬움과 오행의 지각(Depth Preception)에 관계한다.
③ 시선 입사각이 적어지면 면의 표면 상태를 보기 어렵고 오행감이 증가한다.

4) 형의 지각
토목 시설이 경관 중에서 눈에 띄는 존재인지, 주재인지, 주변에 융화되는 것인지를 검토한다.

5) 색채 조화론
토목 구조물의 색채 계획 시 컬러 시뮬레이션에 의해 환경 친화적 색채인지를 검토한다.

6) 질감의 외양

시거리와 질감의 외양과의 관계를 파악한다.

(3) 시점과 대상의 관계

① 대상의 외관의 크기는 대상 자체의 규모와 시거리에 따라 결정한다.

② 시각

$$\theta = \frac{s}{d}(rad) = 2\tan^{-1}\frac{s}{2d}(도)$$

여기서, S : 대상 한 변의 크기
d : 시거리

4. 경관의 해석조사 및 예측

경관의 설계, 계획 시는 미리 대상지역의 경관적 특성을 파악해야 하며 현장답사나 컴퓨터 그래픽에 의한 처리 등으로 실시한다.

(1) 지형 경관의 해석

1) 조사항목

① 가시 지역 및 비가시 지역

② 계곡 등의 지성선 파악

③ 식생, 응달의 상황 등

2) DTM 처리에 의한 해석

① 지형도상에 Mesh를 덮고 그 격자점에 대응하는 지점의 높이값의 Matrix로써 지형을 모델화한다.

② 지형 투시도를 생성한다.

③ 등고선, 횡단면도, 지성선, 음영 등의 처리로 다양하게 경관을 해석한다.

(2) 구조물 경관의 해석

① 스케치

② 담채스케치 ⎫
③ 사진몽타주 ⎬ 초기 단계

④ 컴퓨터 그래픽 애니메이션 ⎫
⑤ 모형 ⎬ 최종 단계

5. 경관 예측

(1) 경관 평가요인의 정량화

1) 관점과 대상물의 위치 관계에 의한 정량화

① 시설물 전체의 수평시각(θ_H)에 의한 방법
- $0° \leq \theta_H \leq 10°$: 시설물은 주위환경과 일체가 되고 경관의 주제로서 대상에서 벗어난다.
- $10° \leq \theta_H \leq 30°$: 시설물의 전체 형상 인식, 경관의 주제로서 적당하다.
- $30° \leq \theta_H \leq 60°$: 시설물이 시계 중에 차지하는 비율이 크고 강조된 경관을 얻는다.
- $60° \leq \theta_H$: 시설물 자체가 시야의 대부분을 차지하고, 시설물에 대한 압박감이 있다.

② 시설물 전체의 수직시각(θ_v)에 의한 방법
- $0° \leq \theta_v \leq 5°$: 쾌적한 경관, 시설물이 경관의 주제가 된다.
- $15° \leq \theta_v$: 압박감, 쾌적하지 못한 경관이다.

③ 시설물 1점의 시준축과 시설물 축선이 이루는 각(α)에 의한 방법
- $0° \leq \alpha \leq 10°$: 특이한 시설물 경관을 얻고 시점이 높게 된다.
- $10° \leq \alpha \leq 30°$: 입체감이 있는 좋은 경관이다.
- $30° \leq \alpha \leq 90°$: 입체감이 없는 평면적인 경관이다.

④ 기준점에 대한 시점의 높이에 의한 방법
- 시점의 위치가 낮은 경우 : 활동적인 인상
- 시점의 위치가 높은 경우 : 정적인 인상

⑤ 시점과 시설물의 거리에 의한 방법
- 시점이 가까울 경우 : 상세하게 인식되지만 경관의 주제는 시설물의 국부적인 부재가 된다.
- 시점이 멀어질 경우 : 시설물 전체가 경관의 주제가 된다.

2) 시점과 배경의 위치 관계에 의한 정량화

① 배경의 다양성으로 심리적 영향에 따라 인상이 크게 변화하므로 정량적 분석이 곤란하다.

② 배경과 경관도의 관계 추출
- 시점의 상태
- 배경과 대상물의 위치관계
- 시점과 배경의 위치관계
- 배경의 상태
- 기상조건에 따른 영향을 고려하여 추출

③ 배경의 경관도 규정

입지조건, 시준률, 대상시설물의 시준범위, 시점과 배경과의 거리, 하향각(부각), 상향

각(앙각), 육해공의 비율, 배경의 시준 범위 및 기상조건 고려

(2) 평가함수에 따른 경관도의 정량화

① 시설물 경관의 경관도(E) : E값이 클수록 경관도의 평가가 높다.

$$E = X_1\left(\sum_{i=2}^{M} a_i \cdot X_i + a_0\right)$$

$$X_i = \sum_{j=1}^{N} b_{ji} \cdot Y_j + b_{oi}\ (i = 1 \sim M)$$

단, X_i : 시설물 경관의 평가 지표 7개항(가시 · 불가시, 식별도, 위압감, 스케일감, 입체감, 변화감, 조화감)

Y_j : 평가지표 X_i에 의한 경관도 규정요인(수평시각 θ_H, 수직시각 θ_v, 시준축과 대상물 축선이 이루는 각 α, 기준면에 대한 시점의 높이 Δ_H, 대상물과 시점 간의 거리 D, 배경의 경관도 F_B)

a_i, b_{ji} : 각 인자에 걸쳐 있는 경중률

② 배경의 경관도(F_B)

$$F_B = \sum_{i=1}^{K} f_{Bi} / K$$

단, f_{B1} : 입지조건, f_{B2} : 시준율

f_{B3} : 대상물의 시준범위, f_{B4} : 시점과 배경의 거리

f_{B5} : 하향각 및 상향각, f_{Bi} ($i = 1 \sim K$)

6. 토목 구조물의 경관 계획

(1) 도로의 경관

도로 건설은 지역경관을 개변해야 하므로 국토조형적 의미가 크고 계획 · 설계 시 경관적 배려가 특히 중요하다.

1) 도로 경관 계획의 순서

① 1단계 : 통과 예정지 및 주변의 경관의 주대상, 부대상, 주요 시점을 검색하고 가장 좋은 시점위치를 찾는다.

② 2단계 : 상기의 좋은 시점을 포함한 노선, 선형을 선택하고 조망점이 설정된다.

③ 3단계 : 시점장으로서의 도로공간과 휴게시설의 정돈 및 경계처리에서 질이 떨어지는 연도의 요소를 구성한다.

2) 도로 경관 계획의 고려사항

　① 자연의 손상을 최대한 억제한다.

　② 지역경관과의 조화를 이룬다.

　③ 내부경관(도로내부에서의 조망)과 외부경관(지역에서의 조망)을 동시에 고려한다.

3) 선형설계

　① 투시형태상의 시각적 연속성 및 부드러움을 고려한다.

　② 지역경관을 배려한다.

　③ 선형의 급변을 피한다.

4) 도로구조 및 횡단면 구성

　① 장대 법면 출현 예상 지역에서는 대체안으로서 터널, 교량, 고가도로의 적용을 검토한다.

　② 방음벽 등에 의해 경관적 영향을 축소한다(경관이 불량한 지역에 방음벽 채택).

　③ 자연 풍경지에서는 시각적 투과성이 있는 방음벽을 채택한다.

(2) 교량의 경관

경관상 교량은 경관의 주제로서 조망되는 역할과 교량이 경관을 조망하는 기회를 주는 시점장의 역할을 수행한다.

1) 교량 경관 계획

　① 교량가설위치, 형식, 규모를 결정한다.

　② 교량을 조망하는 시점 및 시점장을 찾는다.

　③ 교량의 형태 및 색채를 결정한다.

　④ 교량과 수면, 지형, 주변 시설물과의 조화, 주변조경을 평가한다.

2) 교량 형태의 평가개념

　① **각 구조의 비례관계** : 조화 구성원리로서 황금분할 적용

　② **대칭성** : 안정감

　③ **리듬감** : 빔높이의 변화 및 곡선을 포함하는 주 Beam이 되도록 한다.

　④ **시각적 안정성** : 캠버, 부재 각도를 조정한다.

　⑤ **슬림화** : 교각 등의 연직 부재가 얇고 가늘게 보이도록 한다.

　⑥ 스케일감 있게 한다.

3) 교량의 경관 보전

　① 색채를 변경한다.

　② 조명에 의한 야경의 연출을 시도한다.

　③ 노후화한 부재를 교체한다.

(3) 하천의 경관

하천 경관은 하천과 그 주변 지역 및 유역 생활과의 관계가 문화를 형성하고 그 문화가 시각적으로 표현된 결과이다.

1) 하천 경관의 설계 방침

① **친수성** : 안전하고 쾌적하게 물과 접한다.
② **자연성** : 동식물의 생태계를 보전한다.
③ **지역성** : 역사 및 문화의 특징을 살린다.
④ **조화성** : 주변환경과의 조화를 이룬다.
⑤ **고유성** : 고유의 특징을 살린다.

2) 하천의 경관 설계

① **용지 확보** : 하천 용지를 충분히 확보한다.
② **진입로** : 하안으로 가는 길, 하천에 따라 운행되는 길, 수제까지 내려가는 길(계단) 등 다양한 시설을 설치한다.
③ **고수부** : 산책공간으로 활용한다.
④ **저수로** : 작은 폭포, 징검다리 등을 설치한다.
⑤ **수환경 보전** : 수질 정화 및 수량 확보를 한다.
⑥ **하안로의 설계** : 건축물의 형태, 색채, 높이 등을 하천 쪽에 배려한 디자인으로 하는 규제가 필요하다.
⑦ **거점의 정비** : 강변 시설과의 연관으로 사람이 모이는 장소로 정비한다.
⑧ **야경 연출**

(4) 토공사의 경관

토공 구조는 자연지역, 전원지역 및 도시 내의 전지역에서 가장 많이 눈에 띄는 것으로서 주변 지형과의 친근감을 위해 공간적인 처리가 매우 중요하다.

1) 공간적 처리 사항

① 장대한 절성토 지역과 옹벽이 생기지 않도록 토목 구조물을 배치한다.
② 절성토 및 옹벽 이외의 고가, 지하 구조물의 선택과 병용한다.
③ 주변 지역으로부터의 마찰을 고려한 법면으로 설계한다.
④ 법면 보호공법과 재질의 선택이 중요하다.
⑤ 식재 계획 및 관리를 한다.

2) 절토

① 대절토면의 발생을 억제한다.
② 법면 경사를 단계적으로 완화한다.
③ 법고 등의 단부분에 곡면을 도입하는 라운딩으로 처리한다.

④ 식생공에 의한 법면 녹화를 실시한다.

⑤ 옹벽 등을 혼합한 경관처리를 한다.

3) 성토

① 절토부에 비해 구조적으로 자유도가 높고 경관처리가 용이하다.

② 완경사 및 라운딩을 조합한다.

③ 급경사 발생 시 옹벽을 조합한다.

④ 식생공에 의한 녹화를 실시한다.

4) 옹벽

① 옹벽의 길이와 모서리 부분의 처리 : 곡선을 도입하여 장대함을 제거한다.

② 벽면을 오목 형태의 곡면으로 처리 : 부드러운 느낌을 준다.

③ 소재의 선택 : 가능한 한 자연적 형태의 소재를 선택한다.

④ 소재 불량 시 인공적 표면처리 : 착색, 무늬, 타일시공 등으로 처리한다.

⑤ 식생 처리 : 덩굴처리한다.

⑥ 벽면에 조각물 등을 설치하여 지역성 표현 및 의미를 부가한다.

7. 결론

경관은 그 자체의 경관과 그것이 제공하는 시점에서의 경관군에 의해 도시와 지역 전체의 이미지를 형성하므로 토목 경관은 당연히 구조물 자체를 넘어 보다 넓게 도시와 자연에 대한 관심을 기울어야 하며 환경디자인의 개념에서 공간구조에 대한 비율과 형태를 정량적으로 규명하고 이를 측정할 수 있는 경관측량법에 대한 연구가 활발히 진행되어야 하겠다.

---

31 산업단지 및 택지조성 측량

1. 개요

산업단지(택지) 조성측량은 보통 1백만 평방미터 이상의 광대한 면적으로 조성되며, 산업단지(택지) 등이 조성된 후에는 과거의 지적은 모두 삭제되고 새로운 지적공부로 작성된다. 따라서 지구계를 기준으로 외부의 도해지적과 내부의 수치지적이 공존하므로 지구계를 결정하는 측량이 매우 중요하다. 또한 산업단지(택지)는 시민의 생활과 밀접하게 대부분 평지로 조성되므로 산업단지(택지) 내부에 형성되는 도로 등은 대부분 완만한 구배로 이루어져 수준측량이 매우 중요하다. 여기서는 산업단지(택지) 조성측량을 설계단계, 착공전단계, 시공중단계, 준공단계로 구분하여 설명하고자 한다.

2. 택지조성측량(설계단계)

(1) 측량 순서

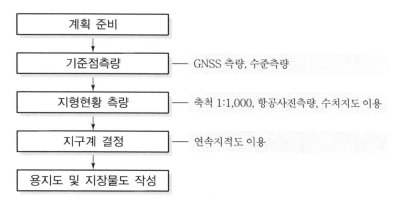

[그림 9-147] 택지조성측량의 설계단계 측량 흐름도

(2) 기준점측량

① 국가기준점 이용
② GNSS 측량, 직접수준 측량

(3) 지형현황 측량

① 항공사진측량, 지상측량에 의한 방법 중 공사의 특성에 맞는 방법 선택
② 축척은 1 : 500을 표준으로 하며, 필요시 1 : 1,000으로 한다.

(4) 용지도 및 지장물도 작성

① 용지도 및 용지조서 작성
② 용지도의 축척은 1 : 1,000으로 작성
③ 지장물도 및 지장물 조서 작성

(5) 예정지구계 결정

① 예정지구계 결정방법

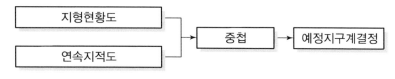

[그림 9-148] 예정지구계 결정방법

② 예정지구계는 연속지적도를 이용하여 작성한 도면
③ 지적측량수행자가 확정측량을 수행한 도면이 아님

3. 택지조성측량(착공 전 단계)

(1) 측량 순서

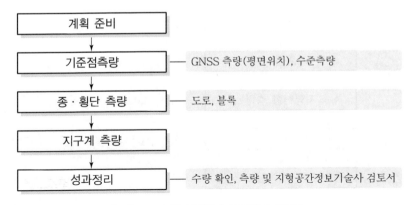

[그림 9-149] 시공단계 단지측량 흐름도

(2) 기준점측량

① 국가기준점, 설계기준점(CP) 확인

② GNSS 측량, 직접수준측량

(3) 지형현황 측량

① 항공사진측량, UAV측량, 지상측량에 의한 방법 중 공사의 특성에 맞는 방법 선택

② 설계 측량 시 누락된 부분이나 변형된 지형 확인

(4) 종 · 횡단 측량

① 설계도서 검토

② 수량 확인

(5) 지구계 측량

① 지구계 측량(지구계 확정측량)

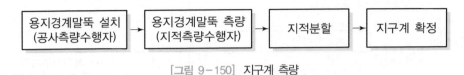

[그림 9-150] 지구계 측량

② 공사측량수행자는 설계도면에 표시된 사업부지 경계지점에 용지경계말뚝 설치

② 지구계분할측량은 지적측량수행자가 설치된 용지경계말뚝을 직접 측량하여 수행

4. 택지조성측량(시공 중 단계)

(1) 수행순서

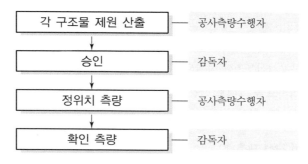

[그림 9-151] 택지조성측량의 시공측량 흐름도

(2) 시공기준점 유지관리

① 시공기준점은 최소한 1년에 1회 이상 시공 전 측량과 동일한 방법으로 확인측량을 실시
② 시공기준점의 위치가 변동되었을 경우에는 좌표를 갱신하여 기준좌표로 사용

(3) 감독자 준수사항

① 감독자는 검측용 측량장비를 이용하여 검측 실시
② 감독자는 측량 및 지형공간정보기사 또는 산업기사 이상의 자격증 보유자
③ 감독자가 해당 자격증을 보유하지 않을 경우 측량업 등록업자에게 검측업무 대행

5. 택지조성측량(준공단계)

(1) 수행순서

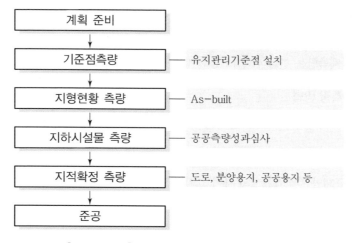

[그림 9-152] 택지조성측량의 준공측량 흐름도

(2) 기준점 측량

① 유지관리 기준점 설치

② 유지관리에 이용

(3) 지하시설물 측량

① 도로 및 공공시설용지에 설치된 관로, 케이블 등 모든 지하시설물은 검측을 완료한 위치자료 및 속성자료를 그대로 사용하여 지하시설물도 작성

② 시공 중 실시한 지하시설물 측량성과에 대해 공공측량성과심사

(4) 준공측량도면 작성 제출

① 수치지도 수정용 건설공사준공도면 작성에 관한 지침에 따라 작성 및 제출

② 국가기본도 갱신자료로 이용

(5) 지적확정측량

① 세계측지계 측량

② 수치지적으로 확정 : 일반 지적측량업자 수행

6. 지구계 측량의 문제점 및 해결방안

(1) 예정 지구계 결정

① 예정지구계 결정은 수치지형도와 연속지적도를 중첩하여 결정

② 이용된 연속지적도는 측량으로 사용할 수 없는 도면(「공간정보의 구축 및 관리 등에 관한 법률」 제2조 19의2)

(2) 지구계 측량 발주

① LH 등 주요 지방자치단체에서 발주

② 지구계측량은 한국국토정보공사에서 수행

(3) 지구계 측량 방법

수치지형도(측지좌표계)로 설계된 지구계 위치를 지적좌표계로 도상 분할 실시

(4) 문제점

측지좌표계와 지적좌표계의 차이 그리고 도상분할로 인하여 지구계가 어느 한 방향으로 이동되어 분할 결정됨

(5) 해결방안

① 공공(일반)측량업자 : 예정지구계 용지말뚝 측량 실시

② 지적측량수행자(한국국토정보공사) : 설치된 말뚝을 직접 측량하여 분할(도상분할 금지)

7. 결론

산업단지(택지) 조성측량은 조성 후 새로운 지적으로 만들어진다. 조성된 산업단지(택지) 외부는 기존의 지적을 유지하고 내부는 새로운 지적으로 바뀌게 되므로 경계부분은 불부합이 발생할 수 있다. 잘못된 지구계의 결정은 조성 면적의 차이를 발생시키므로 지적분야에 대한 관리를 철저히 하여야 한다. 또한 산업단지(택지) 조성공사는 대부분 도로 공공시설용지로 구성되므로 이 부분에 시공된 지하시설물에 대하여 철저한 시공관리와 공공측량 성과심사를 받아 부실공사로 인한 사고가 발생하지 않도록 하여야 한다.

32 시설물 변위 측량

1. 개요

시설물 변위 측량은 각종 구조물이나 기초지반의 변위량을 정밀하게 측정·분석하여 이를 체계적으로 데이터베이스화하는 측량으로서 시공 중의 안전관리나 준공 후의 유지관리는 물론 새로운 설계나 시공기법 개발에도 활용되어 시설물에 대한 방재 대책 수립과 나아가서는 건설 공사비 절감에도 큰 기여를 할 수 있는 측량 분야이다.

2. 시설물 변위 측량 방법

(1) 센서나 줄자에 의한 방법
(2) GNSS나 토털스테이션에 의한 방법
(3) 사진측량에 의한 방법
(4) InSAR에 의한 방법

3. 센서나 줄자에 의한 변위 측정

(1) 변위 계측용 장비의 계측 원리

① 다이얼 게이지에 의한 측정
② Micrometer에 의한 측정
③ 전기적 신호에 의한 측정
④ 자력 운동에 의한 측정

⑤ 유압 및 공기압장치에 의한 측정

⑥ 진동에 의한 측정

⑦ 가속도계에 의한 측정

(2) 계측 분야 및 사용 장비

1) 흙막이 가설 구조물

① 앵커 등의 축력 및 변형 : Load Cell, Strain Gauge

② 벽체의 수평 변위 : Inclinometer

③ 벽체의 응력 : Strain Gauge

④ 벽체에 작용하는 토압 : Load Cell, Press Cell

⑤ 지하수위 및 간극수압 : Water Level Meter, Piezometer

⑥ 진동 및 소음 : 발파진동기

⑦ 구조물의 기울기 : Inclinometer

⑧ Crack의 변형량 : Crack Gauge

⑨ 지반의 수직 변위 : Extensometer

2) 터널 구조물

① 내공 변위 측정 : Tape Extensometer

② 천단 침하 측정 : Level

③ Rock Bolt 인발 측정 : Rock Bolt 인발 측정기

④ Shotcrete 응력 측정 : Pressure Cell, Strain Gauge

⑤ 수평 변위 측정 : Inclinometer

⑥ 갱내 탄성과 속도 측정 : 탄성파 속도 측정기

⑦ 발파 진동 및 소음 측정

⑧ 인접 구조물의 기울기 및 Crack 변형량 측정

3) 댐 구조물

① 간극수압, 토압, 수평 및 수직 변위

② 침하 및 주변 이음부 변위 측정

③ 콘크리트 차수벽 측정 : 수직 이음부, 변형률, 경사 측정

④ 수위 측정기

⑤ 누수량 측정기

⑥ 온도계 및 지진계

4) 연약지반

① 지반의 수직변위 : 침하판

② 경사계 : Inclinometer

③ 콘크리트 구조물(맨홀 등)의 기울기 및 Crack 변형량 측정

(3) 특징

① 주로 구조물이나 기초 지반 내부의 응력이나 변형량 관측에 활용된다.

② 측정 대상물 간의 상대적인 변형량만 측정되며 변위의 방향측정이 어렵다.

③ 절대좌표에 의한 관측이 불가하므로 전체 시설물의 거동 분석이 어려워 주로 국지적인 변위량 계측에 활용된다.

④ 센서의 설치 및 유지관리가 불편하다.

4. GNSS에 의한 방법

(1) 측정원리

1) 후처리 방식

① 각 측점당 최소 1시간 이상의 위성데이터 취득

② 취득된 데이터를 기준점 측량 소프트웨어에 의해 처리

③ 기선해석 및 망조정 과정을 거쳐 각 점의 좌표 산출

④ 정확도 : 일반적으로 5mm+1ppm

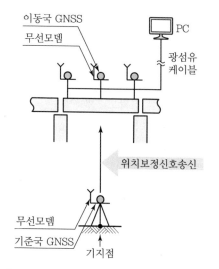

[그림 9-153] GNSS에 의한 교량변위 계측

2) 실시간 처리방식

① RTK 방식 : 기준국 GNSS에서 생성된 위치보정 신호를 이동국 GNSS에서 수신, 처리하여 측정 지점의 좌표를 취득

② Inverse DGNSS 방식 : 이동국 GNSS에서 전송되는 원시데이터를 기준국 GNSS에서 수신, 처리하여 각 이동국 GNSS 지점의 좌표를 취득

(2) 측정방법

1) 후처리 방법

① 측정지점에 GNSS를 설치하고 연속관측하여 데이터를 저장한다.

② 저장된 데이터를 정밀 후처리하고 시간대별로 변위량을 분석하여 mm 단위의 정밀도 데이터 취득이 가능하다.

③ 데이터는 GNSS에 장착된 SD 카드, 노트북 PC를 이용하여 현장에서 취득하거나 또는 광섬유 케이블을 이용하여 사무실에서 전송된 데이터를 취득한다.

④ 후처리를 해야만 변위량을 알 수 있으므로 위험예지판단이 지연되고, 일일이 데이터를 수집하러 설치장소에 가야 하므로 후처리 방법보다 실시간 처리방법을 선호한다.

2) 실시간 처리방법
  ① 정밀 DGNSS(RTK)에 의한 방법
    기준국에서 생성한 위치보정신호를 이동국 GNSS로 송신하여 이동국에서 변위 데이터를 취득한다.
  ② Inverse DGNSS에 의한 방법
    이동국 GNSS에서 수신한 원시 데이터를 그대로 기준국으로 송신한 뒤 기준국에서 데이터를 처리함으로써 변위 데이터를 취득한다.
  ③ 통상 mm 단위의 변위 계측이 가능하며 규정치 이상의 변위 발생 시 자동위험 예지 발생시켜 방재 시스템으로도 활용한다.

(3) 토털스테이션에 의한 방법
  ① 일반 토털스테이션으로 일일이 반사경을 측정하는 방법과 반사경 자동 추적 기능을 가진 토털스테이션에 의한 무인 계측 방법이 있다.
  ② 정밀형의 토털스테이션을 사용해야 한다.
    • 각 정확도 : 2″ 이내
    • 거리 정확도 : 2mm+2ppm 이내
  ③ 반사경은 자석을 이용하여 아치 표면에 부착하거나, 소형폴에 부착하여 콘크리트면을 드릴링한 후 설치한다.
  ④ 동일지점에서 토털스테이션으로 프리즘을 연속관측하여 3차원 데이터를 취득, 교량의 거동을 분석한다.

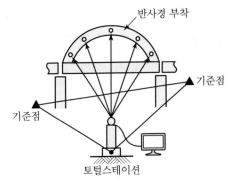

[그림 9-154] 토털스테이션에 의한 교량변위 계측   [그림 9-155] 시간대별 관측값 분석

5. 사진측량에 의한 방법

(1) 지상사진측량법을 적용한다.

(2) 사진 촬영 시 중복도는 통상 60% 이상을 적용한다.

(3) 표정점은 매 모델마다 1점씩 배치하며 표정점의 좌표는 무타깃 토털스테이션으로 관측하여 정사영상을 제작한다.

(4) 주기적인 반복관측에 의해 좌표 해석을 함으로써 변형 해석을 한다.

(5) 사진측량방법은 시설물의 비균질성에 따른 국부 변형, 균열 등을 조사할 수 있고 대상 지역의 정확한 상황도를 제시하며 영상데이터의 보존이 가능하여 조사 후에도 시계열적 자료를 제공할 수 있는 장점이 있다.

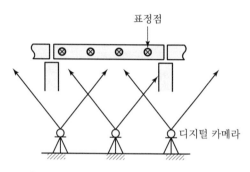

[그림 9-156] 지상사진측량에 의한 계측

6. InSAR에 의한 방법

(1) InSAR는 영상레이더 시스템으로 지진, 화산 등과 같은 지표면 변화 감지 그리고 지반침하변위를 측정하는 데 유용한 기술이다.

(2) 위성의 영상을 통해 그 반사된 파를 수신하여 얻어지는 값으로 위상차를 구한다.

7. 결론

과거의 시설물 변위 계측은 주로 후처리 방식에 의해 실시되어 왔으나 최근에는 컴퓨터 처리 기법의 발달로 측정되는 데이터를 컴퓨터 소프트웨어에 의해 즉시 처리하여 시설물의 변위 추이를 실시간으로 모니터링함으로써 위험 예지 시스템을 구축하기에 이르렀다. 또한 광범위한 지역의 변위계측은 InSAR 기법이 발달하면서 영상레이더 시스템으로 측정하는 기술의 개발로 계측비용의 절감 및 데이터의 정확한 분석과 활용이 가속화되고 있다.

건설현장 구조물의 변동·변형을 주기적·연속적으로 모니터링할 수 있는 측량기술

1. 개요

공사가 준공된 이후에는 장대교량, 대절토 사면 등 구조물 자체에 대한 변형 모니터링이 필요한 반면, 공사가 진행 중인 경우에는 본 구조물의 시공을 위해 설치되는 가시설물의 붕괴 감지를 위한 모니터링이 필요하다. 이에 본 내용에서는 임시 우회도로, 대심도 지하터파기 및 대형건물 굴착공사 등 각종 건설현장에서 흔히 가설되는 토류벽(흙막이벽)의 주기적 모니터링 방법에 대하여 기술하고자 한다.

2. 변형 모니터링 방법

(1) TS에 의한 방법 : 근거리(500m 이내) 변형측량에 적합

(2) RTK-GNSS에 의한 방법 : 장거리(500m 이상) 변형측량에 적합

(3) 근접 사진측량 : 구조물 전체 형상에 대한 고정밀 변형측량에 유리

3. TS에 의한 토류벽 변형 모니터링

(1) 관측 계획

① 구조 및 토질기술자와 협의하여 변위 모니터링 관측점 선정

② 관측 주기 및 요구 정확도 결정

② 기계점(기준점) 선정

③ 관측장비 선정 : 일반형 TS 또는 자동시준형 TS

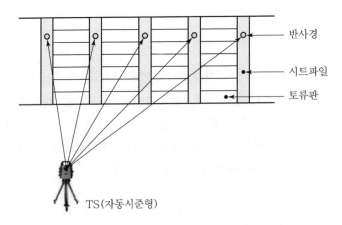

[그림 9-157] 토류벽 변형 모니터링

(2) 기준점 설치 및 측량

1) 기준점은 변형이 없는 안전한 지점에 설치

2) 기준점은 다수의 위치에 설치
   ① 최소 3점 이상 설치
   ② 공사 중 다른 구조물이 설치됨에 따라 발생될 수 있는 시준장애 극복
   ③ 기준점의 손 · 망실 또는 변형 시 복원에 필요

3) 기준점 망은 폐합 트래버스 측량에 의해 좌표체계 통일

4) 각 기준점 간 상대적 위치 정확도 : ±5mm 이내

(3) 반사경 설치

1) 반사경 위치가 변형되지 않도록 견고하게 부착
   ① 강력 자석으로 부착한 후 변형되지 않도록 고정장치를 부착하거나
   ② 반사경 앵커를 시트파일에 용접하여 부착

2) 반사경의 반사축은 반드시 TS 시준축과 일치하도록 방향 조정
   ① 각 반사경의 방향은 TS로 시준축을 확인하면서 조정
   ② 반사경에 식별번호를 부여하고 각 반사경별로 시준할 기준점 결정

3) 시트타입의 간이 반사판 등은 사용 금지

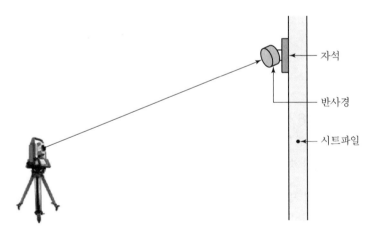

[그림 9-158] TS 시준축과 반사경 반사축의 시준선 일치

(4) TS

1) 1급(각 정확도 : ±2″ 이내) 이상의 TS 사용

2) 관측 전 기온, 기압 및 프리즘 상수 입력 확인

3) 바람, 진동 등에 의해 TS가 흔들리지 않도록 조치
   ① 가벼운 알루미늄 삼각대는 사용 금지
   ② 목재 삼각대 사용
   ③ 현장 여건에 따라 콘크리트 필라 설치

(5) 관측

1) 기준점에 TS를 설치하고 각 관측점의 3차원 좌표를 관측하여 초기값 결정

2) 이후 주기적으로 동일 관측점의 좌표를 관측하고 초기값과 비교하여 변위량 모니터링

3) 관측은 최소 3회 이상 실시하여 표준편차가 2mm 이내인 3개 관측값의 평균값 적용

4) 관측 정확도 : ±5mm 이내

5) 관측 시 유의사항
   ① 관측 전 기준점 확인측량을 실시하여 기준점 변형 여부 확인
   ② 매 관측 시마다 기계점 및 후시점은 초기값 결정 시 사용하였던 것과 동일한 기준점 사용
   ③ 반사경 시준 시에는 TS 시준선과 반사경 중심점을 정확히 일치시켜 각오차 최소화
   ④ 바람 또는 진동 등에 의해 TS 관측값이 연속적으로 변할 때에는 관측 일시 중단
   ⑤ 태양열 등에 의해 아지랑이가 발생될 경우 관측 금지(자동시준형 TS 사용 시에는 관측 가능)

(6) 관측값 처리

1) 관측값 기록
   ① 일반형 TS 사용 시에는 전자야장에 기록(측점번호, 측정일시, 3차원 좌표)
   ② 자동시준형 TS 사용 시에는 기계 내부 메모리, 컴퓨터 등의 외부 기록장치에 기록하거나 데이터 송신장치 등을 이용하여 모니터링 서버로 직접 전송

2) 데이터 처리 및 분석
   ① 관측된 데이터는 모니터링 프로그램에 입력되어 자동 처리
   ② 금회 관측값을 초기값 및 이전 측정값과 비교하여 수치 및 그래픽 등의 형식으로 변형량 분석

4. 결론

건설현장 붕괴사고를 예방하기 위해서는 구조물의 변동·변형을 주기적으로 모니터링해야 하지만 현실적으로는 예산의 부재로 인해 거의 실시되지 못하는 실정이다. 따라서 향후 붕괴사고가 발생되면 측량분야에서도 원인분석 작업에 적극 참여하여 측량의 소홀로 인한 문제가 있는지에 대한 분석과 함께 위험 구조물에 대하여는 앞으로 변형 모니터링을 적용하도록 관계 기관과 협의할 필요가 있다.

34 고속철도 및 고속도로 주변의 지표면 변화를 효과적으로 계측할 수 있는 방법

1. 개요

고속철도 및 고속도로 주변부의 연약지반은 대체로 평야지대를 지나는 농경지 등에 위치하고 지역이 광범위하여 계측에 필요한 기준점 확보에 어려움이 있으므로 TS보다 GNSS 혹은 InSAR에 의한 지표면 변화를 계측하는 방법이 유리하다.

2. 변위계측 방법

(1) 지중침하계 등의 센서에 의한 방법

(2) TS에 의한 방법

(3) RTK-GNSS에 의한 방법

(4) InSAR에 의한 방법

3. 센서 및 TS에 의한 방법

(1) 센서에 의한 방법

① 변형량은 고정밀로 측정할 수 있으나 방향을 측정할 수 없으므로 절대좌표로 관측이 불가능

② 광범위한 지역에 센서의 설치 및 유지관리가 어려움

(2) TS에 의한 방법

① 부동의 기준점 확보 어려움

② 식생으로 인한 시준선 확보 어려움

③ 다수의 측점을 관측하기 위한 시간과 비용 발생

4. RTK - GNSS에 의한 방법

(1) RTK - GNSS 계측시스템의 특징

① 1cm 이내의 순간측정 및 1mm 수준의 장기측정에 적합

② 정적, 준정적 변위계측에는 적합하나 계측 대상물의 고유진동수가 빠르고(1Hz 이하) 변위량이 매우 미세한(수 mm 이내) 순간 동적 계측에는 다소의 한계가 있음

(2) RTK - GNSS 시스템에 의한 계측방법

① 계측지역 주변의 견고한 장소에 기준국 GNSS 설치

② 기준국의 위치는 네트워크 RTK 방법으로 좌표를 취득하고 위치보정신호 생성

③ 계측점에 이동국 GNSS 및 데이터 전송장치를 설치하고 RTK 관측

④ RTK 관측은 칼만필터 기법으로 최확값을 취득하고 매 5초 간격으로 실시간 계측 데이터를 계측 스테이션으로 전송

⑤ 계측 스테이션에서는 이동국에서 전송되는 계측점의 3차원 좌표 데이터를 이용해 변위상태를 수치 및 그래픽으로 모니터링함

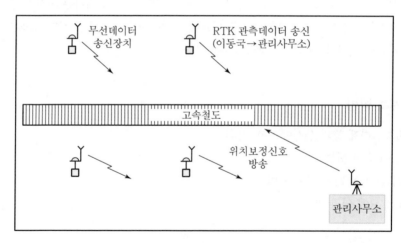

[그림 9 - 159] RTK-GNSS 계측시스템

5. RTK - GNSS/가속도계 통합시스템에 의한 방법

(1) RTK - GNSS/Accelerometer 통합시스템의 특징

① RTK - GNSS 측정의 장점 : 낮은 주파수 대역에서 우수(정적 측정에 유리)

② 가속도계의 장점 : 높은 주파수 대역에서 우수(동적 측정에 유리)

③ 두 시스템의 장점을 결합하여 가장 이상적인 변위계측모델 구축

④ 통합시스템의 경우 약 20mm의 최대오차 범위 내에서 평균 4mm 미만의 편차로 변위측정 가능

(2) RTK-GNSS/가속도계 통합 개념

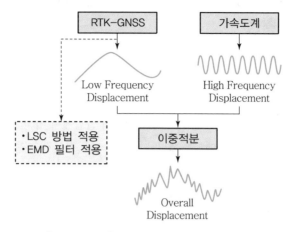

[그림 9-160] RTK-GNSS/가속계 통합도

(3) RTK-GNSS/가속도계 통합시스템에 의한 계측방법

① RTK-GNSS 방법과 거의 동일하나 데이터 필터링 및 융합처리를 위한 컴퓨터시스템이 추가됨

② 매우 정밀한 동적 순간계측이 요구되며, GNSS 측위환경이 열악한 경우에 적합

6. InSAR에 의한 방법

(1) InSAR는 두 개의 SAR 데이터 위상을 간섭시켜 지형의 표고와 변화운동에 관한 정보를 추출해 내는 기법이다.

(2) InSAR의 특징

① 기후의 영향 없이 상시관측 가능

② 영상의 대응점 필요 없음

③ 지각변동 포착

7. 결론

고속철도 및 고속도로 주변의 지표면 변화를 계측하는 방법은 일선 업무를 담당하는 기술자가 수행하는 방법으로는 GNSS에 의한 방법이 무방하나, 최신 관측기법인 InSAR를 이용하기 위해서는 관련분야의 관측성과 개방, 상용기술 개발 그리고 학계 및 기술자의 노력이 필요하다.

35 건설공사 스마트건설기시술의 정의 및 개념과 건설분야 단계별 활용

1. 개요

스마트건설이란 건설에 첨단기술(BIM, 드론, 로봇, IoT, 빅데이터, AI 등)을 융합한 기술이며, 4차 산업혁명으로 인해 건설업계는 기존 경험의존적 산업에서 지식 첨단산업으로 패러다임이 전환되고 있다. 최근 국토교통부에서는 2025년까지 스마트건설기술 활용기반 구축 및 2030년까지 건설자동화 완성을 목표로 스마트건설기술 로드맵을 수립하였으며, 이는 건설현장에서 2차원 설계도면에서 3차원 정보모델을 활용하고, 인력·경험 중심 반복 작업에서 데이터 기반 시뮬레이션으로 변화하기 위해 건설 전 과정에서 ICT를 접목하는 것이다. 이를 위해서는 3D 설계, GNSS 위치정보 활용 및 레이저 스캐너 등을 활용한 건설현장의 3차원 매핑(mapping)에 대한 기술발전이 그 중심에 있어야 한다.

2. 스마트건설기술의 정의

스마트건설기술이란 공사기간 단축, 인력투입 절감, 현장 안전 제고 등을 목적으로 전통적인 건설기술에 ICT 등 첨단 스마트 기술을 적용함으로써 건설공사의 생산성, 안전성, 품질 등을 향상시키고, 건설공사 전 단계의 디지털화, 자동화, 공장제작 등을 통한 건설산업의 발전을 목적으로 개발된 공법, 장비, 시스템 등을 의미한다.

3. 스마트건설기술의 개념

건설공사 단계별 스마트건설기술의 예를 나타낸 것으로 스마트건설기술은 계획조사, 설계, 시공, 유지관리 등 건설산업 전 분야에 걸쳐 적용할 수 있다.

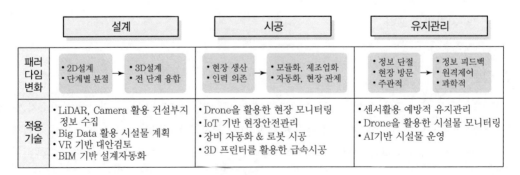

구분	설계	시공	유지관리
패러다임 변화	• 2D설계 → • 3D설계 • 단계별 분절 • 전 단계 융합	• 현장 생산 → • 모듈화, 제조업화 • 인력 의존 • 자동화, 현장 관제	• 정보 단절 → • 정보 피드백 • 현장 방문 • 원격제어 • 주관적 • 과학적
적용 기술	• LiDAR, Camera 활용 건설부지 정보 수집 • Big Data 활용 시설물 계획 • VR 기반 대안검토 • BIM 기반 설계자동화	• Drone을 활용한 현장 모니터링 • IoT 기반 현장안전관리 • 장비 자동화 & 로봇 시공 • 3D 프린터를 활용한 급속시공	• 센서활용 예방적 유지관리 • Drone을 활용한 시설물 모니터링 • AI기반 시설물 운영

[그림 9-161] 스마트건설기술 로드맵

4. 건설공사 단계별 스마트건설기술

[표 9-25] 건설공사 단계별 스마트건설기술 및 주요내용

단계	스마트건설기술	기술내용
계획 조사	(조사) 지반정보 디지털 • 3차원 지형 및 지질 (측량) 드론, 무인항공기 등 측량기술 • 3차원 디지털 지형정보 • 다기능 장비 장착 드론 (접촉+비접촉 정보수집) 등	• 카메라, 레이저스캔, 비파괴 조사장비, 센서 등을 통한 지형정보 • 드론기반 지형ㆍ지반 정보 모델링 기술
설계	(3차원 설계) 디지털 설계 • BIM 설계 • 시설물의 3D 모델(디지털 트윈)	• BIM 설계를 위해 시설물별 특성을 반영한 BIM 작성 표준 • AI 기반 BIM 설계 자동화 • 라이브러리를 활용해 속성정보 포함한 3D 모델을 구축 • 제약조건 및 발주자 요구사항 등을 반영한 최적화된 설계안 자동도출
시공	(자동화시공) 건설자동화 및 제어기술 • 건설장비의 자동화 • 시공 정밀제어 기술 • 공장제작ㆍ현장조립(Modular or Prefabrication) 기술 • 로봇 등을 활용하여 조립시공 기술 (운영관제기술) • 건설현장 내 건설기계의 실시간 통합관리ㆍ운영 • 센서 및 IoT를 통해 현장의 실시간 공사정보 • AI를 활용하여 최적 공사계획 수립 및 건설기계 통합 운영 절차 (건설공정) 스마트 공정 및 품질 관리 • 3차원 및 AI를 활용한 공사 공정	• 토공, 굴착기 등 건설기계에 탑재한 센서ㆍ제어기ㆍGPS 등을 통한 위치ㆍ자세ㆍ작업범위 정보 • 조립 및 시공 시 부재 위치를 정밀 제어하고, 접합부 자동 시공 • 드론ㆍ로봇 등 취득 정보와 연계한 공정절차 확인 • 사업목적ㆍ제약조건 등을 고려한 공사관리 • 시공 간섭 요인 확인 • 드론 및 로봇 등을 활용한 공정관리
유지관리	(유지관리) IoT 센서, AI 기반 시설물 모니터링 관리 기술 • IoT 센서 기반 시설물 모니터링 기술 • 드론ㆍ로보틱스 기반 시설물 상태 진단 기술 • 시설물 정보 빅데이터 통합 및 표준화 기술 • AI 기반 유지관리 최적 의사결정 기술	• 특정상황이 발생하였을 때 수집된 정보를 전송 • 무선 IoT 센서의 전력소모를 줄이는 상황 감지형 정보수집 • 대규모 구조물의 신속ㆍ정밀한 정보수집을 위한 대용량 통신 N/W • 다종ㆍ다수 드론의 군집관제, 카메라와 물리적 실험 장비를 장착한 다기능 드론(접촉+비접촉 정보수집)을 통해 시설물을 진단 • 드론-로봇 결합체가 시설물을 자율적으로 탐색하고 진단 • 디지털 연속 촬영에 의한 터널 안전진단 • 시설관리자 판단에 의한 비정형 및 정형데이터 표준화

단계	스마트건설기술	기술내용
유지관리		• 산재되어 있는 건설관련 데이터를 통합하여 빅데이터로 활용 • 빅데이터를 바탕으로 AI가 유지관리 최적 의사결정 지원 • 시설물의 3D 모델(디지털 트윈)을 구축해 유지관리 활용
안전관리	(안전관리) ICT, 드론·로보틱스 기반기술 • 안전사고 예방 기술	• 취약 공종과 근로자 위험요인에 대한 정보기술 • 스마트 착용장비(Smart Wearable), 센서 등으로 취득한 정보를 통해 장비·작업자·자재 등의 상태·위치 등을 분석

5. 결론

드론이 건설현장을 날아다니며 측량한다. 관제실에서는 드론이 보내온 데이터를 이용해 현장을 3차원 그래픽으로 생성하고 드론이 작업계획을 짜면 무인 굴착기가 공사를 시작한다. 사람이 없는 미래의 건설현장 모습이다. 이러한 변화의 흐름에 적응하고 신성장 역량을 갖추기 위해 기업들은 다양한 디지털 기술들의 통합을 통해 스마트건설을 앞당겨야 할 것으로 판단된다.

36 스마트건설에서 측량의 역할

1. 개요

스마트건설이란 건설에 첨단기술(BIM, 드론, 로봇, IoT, 빅데이터, AI 등)을 융합한 기술이며, 4차 산업혁명으로 인해 건설업계는 기존 경험의존적 산업에서 지식 첨단산업으로 패러다임을 전환하고 있다. 최근 국토교통부에서는 2025년까지 스마트건설기술 활용기반 구축 및 2030년까지 건설자동화 완성을 목표로 스마트건설기술 로드맵을 수립하였으며, 이는 건설현장에서 2차원 설계도면에서 3차원 정보모델을 활용하고, 인력·경험 중심 반복 작업에서 데이터 기반 시뮬레이션으로 변화하기 위해 건설 전 과정에서 ICT를 접목하는 것이다. 이를 위해서는 3D 설계, GNSS 위치정보 활용 및 레이저 스캐너 등을 활용한 건설현장의 3차원 매핑(mapping)에 대한 기술발전이 그 중심에 있어야 한다.

2. 스마트건설의 필요성 및 기대효과

(1) 인구 감소·고령화에 대비해 건설의 생산성·안전성을 근본적으로 개선하고, 글로벌 경쟁력을 확보하기 위해 건설기술 혁신이 필요

(2) 세계 최초로 건설 전 주기에서 생산되는 정보의 디지털화를 통해 선진국 수준의 기술 경쟁력 확보 및 해외 수주 기여

(3) 노동인력의 감소, 근로시간 단축 등 사회 변화에 대응하고 다양한 건설 데이터와 IT기술의 접목을 통해 새로운 비즈니스 모델 창출 기여

3. 스마트건설에서 측량의 역할

(1) 현장에서 이루어지는 건설공사 계획과 의사결정에서는 광범위한 현장공간정보의 변화에 대한 관리에 기반한 관리자와 작업자 간 의사소통이 중요하다. 즉, 공사 현장에서 운용되고 있는 중장비들을 효과적으로 관제하기 위해서는 현장 지형·지반에 대한 정밀한 3차원 관측이 필요하며, 다양한 장비들이 현장에서 상호 작용되는 것을 계획하고 모니터링하기 위해서는 현장의 지형공간을 보다 빠르고 정확하게 3차원으로 매핑(mapping)하여 공사계획에 활용하는 기술이 필요하다.

(2) 최근 중장비들의 자동화와 관련한 MG(Machine Guidance), MC(Machine Control) 기술은 기계 및 작업자의 업무수행을 보조하기 위해 시각정보기반의 실시간 정보전달 기능을 활용하는 추세이다. 따라서, 이러한 기술들은 건설공사 시공관리에 있어 인력과 시공 장비가 실시간으로 변화하는 환경 및 작업 데이터에 따라 최적의 여건 속에서 안전하게 공정이 이루어지도록 지원하는데 중요한 역할을 할 수 있다.

(3) 3차원 지형공간 기술을 활용하여 '월드맵(글로벌맵+로컬맵) 통합 플랫폼 기반 현장 환경정보인식 및 모델링 기술 개발'을 통한 건설공사 생산성 향상과 공사비 절감을 가져올 것이다. 여기서 모니터링 기술이란 3차원 레이저 스캐너(TLS : Terrestrial Laser Scanner), MMS(Mobile Mapping System) 기반으로 생성된 현장 '로컬맵'과 드론 기반의 현장 '글로벌맵'을 포괄한다.

(4) 다양한 관측 장비를 통해 현장에서 취득한 제각각인 수천에서 수억 점의 포인트 클라우드(Point Cloud) 데이터를 세계측지계(GRS80)로 정합하여 통합된 하나의 '월드맵(World Map)'으로 저장하고 서버로 시공관련 정보들을 관리할 수 있게 데이터를 처리·저장하는 역할을 한다.

(5) 레이저 스캐너는 초당 수십만~백만에 가까운 레이저를 투사한 후 대상물에 반사되어 오는 데이터를 포인트 클라우드 데이터로 변환 측정하는 방법이며, MMS는 차량에 레이저 스캐너 및 GPS를 탑재하여 레이저 스캐너의 제한된 이동성을 개선하여 공사현장의 효율적 3차원 정보를 제공한다.

(6) 건설현장에 드론을 이용하면 기존 사진측량을 응용한 형태로 상용 프로그램을 이용한 자동 데이터 변환이 가능한 장점이 있어 신속하게 건설현장의 공간정보를 제공한다.

(7) 건설현장에 드론을 활용하면 레이저 스캐너와 같이 수억점을 짧은 시간에 얻을 수 있고 레이저 스캐너가 측정하지 못하는 음영 지역 측량이 가능한 반면에 데이터 정밀도가 cm 단위로 떨

어지는 한계가 있다. 하지만 최근에는 드론에 레이저 스캐너를 장착하여 이러한 문제점을 보완한 제품이 상용화되어 건설현장에 활용되고 있다.

4. 스마트건설에서 측량의 활용(예)

(1) 첨단 카메라가 탑재된 드론이 지형 촬영 후 이를 바탕으로 3차원 지형데이터 도출하는 측량 신기술은 넓은 현장의 지형정보를 신속하고 정확하게 구축할 수 있으며, 설계의 생산성을 향상시킬 기술이다. 또한 무인화 장비를 활용하기에 사람이 접근하기 어려운 지역(극한지역, 재난지역 등)의 현장조사가 용이하게 이루어지는 장점도 있다.

(2) 드론 라이다는 기존 드론 측량에서 한 단계 발전한 장비다. 기존 드론은 상공에서 땅의 이미지를 찍지만 드론 라이다는 레이저 스캐너 장비를 탑재, 나무가 있는 지대에서도 땅의 높이 측량이 가능하다. 나뭇잎 등을 투과한 레이저가 지표면에 도달하기 때문에 정확한 측량을 지원한다.

(3) 드론을 활용하는 측량기술 분야는 항공사진 매핑(평면의 이미지를 입체적으로 변환하는 컴퓨터 기법)을 통해 5cm 이하 고정밀 해상도로 작성된 정사사진과 연속지적도를 중첩해 측량성과에 근접한 공간정보를 생산하는 분야로 지적재조사 측량, 문화유산 토지정보 현실화 사업, 지형정보 수집과 측량 여건이 열악하거나 직접측량이 곤란한 대규모 지역 측량 등에 활용되고 있다. 또한, 하천지형조사, 하상변동조사 등 하천측량 업무에 드론이 이용될 예정이다.

(4) 토지 · 주택사업지구에서 조사 · 설계 · 공사관리 등에 드론을 활용, 계획단계에서는 사업추진에 필요한 토지를 수용 · 보상하기 위한 현장조사업무 및 신규 사업지구 결정, 사업지구 경계 설정을 위한 후보지 조사 등에 드론 영상이 활용된다.

(5) 드론 사진을 활용하면 현장 방문 없이도 전체 편입토지에 대한 일괄 현황조사가 가능해진다. 업무량이 대폭 줄고, 한국국토정보공사에 지적측량을 의뢰하지 않고도 해당 면적을 측정할 수 있다는 장점이 있다. 또한 건축물 수평투영 면적 자료를 현장조사 검증자료로 활용해 조사 누락 등 현장조사 오류를 줄일 수 있다.

(6) 드론을 활용해 건설현장에서 토공량을 산정하고, 시공계획을 검토하며, 측량의 생산성을 향상시키고 있다. 먼저 드론을 띄워 촬영한 항공사진을 활용해 3차원(3D)으로 모델링하는 절차를 거친다. 여기에 수치 데이터를 입히면 엔지니어가 도면을 입체적으로 활용할 수 있는 중요한 정보가 된다. 2D 평면에서 관리하던 설계와 시공을 3D 지형정보를 활용해 가상설계와 시공으로 발전시킬 수 있게 된 것이다.

(7) 모바일 매핑 시스템(MMS : Mobile Mapping System)은 이동 중 3차원 공간정보를 취득하는 시스템으로 최근 자율주행자동차에 적용될 만큼 보편적인 기술이 되었다. MMS는 기존 항공 라이다(LiDAR)에 비해 정확성 및 장비활용 방법이 용이하여 다양한 산업 분야에 적용하는 추세이다. 국내의 도로 및 철도 분야에도 MMS의 기술적용이 확대되고 있다.

(8) IoT, 즉 사물인터넷을 이용한 센서로 실시간 모니터링이 가능하고 로봇으로 자동 점검 및 진단을 하는 등 정밀하고 신속한 시설물 점검이 이루어지며, 접근이 어려운 시설물 또한 안전하

게 점검·진단이 이루어질 것이다. 시설물 정보를 빅데이터에 축적하고 AI를 통해 관리 상황을 최적화하는 기능도 기대해 볼 수 있으며, 실제 시설물과 동일한 3차원 모델(디지털 트윈)을 구축함으로써 다양한 재난상황을 시뮬레이션하여 시설물의 영향을 사전에 파악하는 유용한 기능도 기대해 볼 수 있을 것이다.

5. 결론

드론이 건설현장을 날아다니며 측량한다. 관제실에서는 드론이 보내온 데이터를 이용해 현장을 3차원 그래픽으로 생성하고 드론이 작업계획을 짜면 무인 굴착기가 공사를 시작한다. 사람이 없는 미래의 건설현장 모습이다. 이러한 변화의 흐름에 적응하고 신성장 역량을 갖추기 위해 기업들은 다양한 디지털 기술들의 통합을 통해 스마트건설을 앞당겨야 할 것으로 판단된다.

37 일반측량(건설) 작업규정 제정 사유 및 주요 내용

1. 개요

일반측량(건설) 작업규정이란 건설공사의 설계, 시공, 준공 및 공사시설물의 유지관리 등에 수반되는 일반측량에 대한 기준, 방법 및 절차 등을 구체적으로 정하여 건설공사의 정확도를 향상시키고 시설물의 안전성을 확보하는 데 그 목적이 있다.

2. 일반측량(건설) 작업규정 제정 사유

(1) 배경과 원인

① 건설공사측량은 설계, 시공, 준공, 유지관리 등의 전 단계에서 수행되는 가장 기초가 되고 중요한 요소임에도 불구하고 명확한 규정 및 지침이 없는 실정임

② 이러한 제도적 미비점으로 인하여 건설공사측량에 대한 체계적 관리 및 측량성과의 정확도 확보가 어려운 실정이며, 이는 부실시공 및 국민의 생명과 안전에 위협이 됨

③ 따라서, 건설공사의 설계, 시공, 준공 및 유지관리에 수반되는 일반측량에 대한 기준, 방법, 절차 등을 구체적으로 정하여 건설공사측량의 정확도를 향상시키고 시설물 안전성을 확보하여 국민의 생명과 안전을 도모하고자 함

(2) 규정의 신설 강화 필요성

① 고품질 건설공사측량을 통한 시설물 안전성 및 국민안전 확보

② 건설공사측량의 정확도 확보를 통한 국민안전 확보 및 건설분야와 측량분야의 동반성장 기반 조성

3. 일반측량(건설) 작업규정의 주요 내용

(1) 건설공사의 설계, 시공, 준공 및 공사시설물의 유지관리 등에 수반되는 일반측량에 대한 기준, 방법 및 절차 등을 구체적으로 정함

(2) 주요 내용

1) 공사측량계획의 수립
   ① 점검사항
   - 소요인원 확보 및 작업조 편성
   - 측량기기의 준비 및 점검
   - 측량에 소요되는 자재 구입
   - 토지, 건물 등의 출입에 따른 문제점 여부 확인
   - 측량장애물의 변경 및 제거 등을 위한 소유자와의 협의
   - 투입인원의 안전교육 실시
   - 기타 측량 관계 법령 숙지

   ② 측량계획서 작성
   - 과업명
   - 측량 기간
   - 측량의 위치 및 수량
   - 공종별 측량방법
   - 참여 측량기술자의 명단 및 기술자격
   - 투입 측량기기의 종류, 수량, 성능 및 성능검사서
   - 측량 세부일정표
   - 기타 감독자가 정한 내용

2) 공사측량의 기준
   ① 수평위치는 세계측지계에 기준한 평면직각좌표로 표시하며, 수직위치는 표고로 표시한다.
   ② 수평위치의 좌표는 위성기준점, 통합기준점, 삼각점 및 공공삼각점의 측량성과를 기준으로 하며, 수직위치의 표고는 수준점, 통합기준점 및 공공수준점의 표고성과를 기준으로 한다.

3) 공사측량의 수행
   ① 공사측량은 법에 따른 측량기술자(지적기술자는 제외한다)가 수행하여야 한다.
   ② 설계측량, 시공 전 측량, 시공 중 측량, 준공측량의 측량성과 및 측량기록에는 측량 및 지형공간정보 분야 고급기술자 이상의 책임기술자(이하 "책임기술자"라 한다)가 서명 또는 날인하여 성과의 품질에 대해 검토하였음을 확인하여야 한다.

4) 측량장비 및 부자재의 사용

① 공사측량 수행자는 법 규정에 따라 성능검사를 필한 측량장비를 사용하여야 한다.

② 공사측량에 사용되는 측량기기 및 부자재

5) 공정관리

① 공사측량 수행자는 측량계획서에 따라 공정관리를 하여야 한다.

② 공사측량 수행자는 공정관리를 실시하여 그 결과를 감독자에게 보고하여야 한다.

6) 공사측량성과의 제출 및 검사

① 측량성과가 취득되면 공사측량 수행자는 측량성과 및 측량기록에 책임기술자의 서명을 첨부하여 감독자에게 제출한다.

② 감독자는 공사측량 수행자가 제출한 성과에 대하여 검사를 실시하고 서명을 하여야 한다.

③ 측량성과품 중 공공측량에 해당되는 경우에는 「공공측량성과심사규정」(국토지리정보원장 고시)에 따른다.

7) 측량성과의 관리

① 공사측량 시행자는 향후 구조물의 유지관리를 위하여 공사측량성과를 보관·관리하여야 한다.

② 공사측량성과 중 공공측량성과심사를 필한 경우에는 법 규정에 따라 보관·관리한다.

8) 공사측량 용역비의 적용

① 공사측량의 용역비는 「건설공사 표준품셈」을 적용하여 산출하는 것을 원칙으로 하며, 시공 중 측량과 같이 공사기간 동안 현장에 상주하여 측량을 실시하는 경우 소요되는 인건비, 장비비, 사무실, 차량 및 숙식비 등의 제 비용을 적용하여 용역비를 산출한다.

② 공사측량 시행자는 당초 산정한 작업량 외에 설계 변경 또는 설계 중 추가자료의 필요에 의해 작업량이 증가되는 경우 이에 대한 비용을 공사측량 수행자에게 지급하여야 한다.

4. 설계측량

(1) 설계측량이란 공사 예정지에 대한 기준점측량, 수준측량, 지형현황측량, 종·횡단측량, 용지경계측량 및 지장물조사 등의 세부측량을 실시하여 건설공사의 설계에 필요한 지형도, 종·횡단면도 및 지장물도 등을 작성하는 측량을 말한다.

(2) 주요 내용

① 설계기준점측량　　　　　　　　② 지형현황측량

③ 노선측량　　　　　　　　　　　④ 지구계측량

⑤ 하천공사 설계측량　　　　　　　⑥ 설계측량 보고서

5. 시공 전 측량

(1) 시공 전 측량이란 공사 착공 후 설계도 및 공사내역서 등 설계도서에 명시된 구조물의 위치와 토공량 등이 실제와 일치하는지의 여부를 확인하기 위하여 실시하는 측량으로, 설계기준점 확인 및 시공기준점 측량, 중심선측량, 종·횡단측량, 토공량 산출, 용지경계 확인측량 및 지장물조사 등을 포함하는 측량을 말한다.

(2) 주요 내용

① 기준점 확인측량

② 용지확인 및 지장물 조사측량

③ 시공 전 측량 보고서

6. 시공 중 측량

(1) 시공 중 측량이란 모든 구조물을 설계도면에 명시된 위치와 규격에 따라 정확하게 시공하기 위하여 시공 과정에서 실시하는 측량으로, 정위치측량, 확인측량 및 검사측량 등을 말한다.

(2) 주요 내용

① 시공기준점 유지관리측량

② 공사별 시공측량

7. 준공측량

(1) 준공측량이란 설계도서에 따라 시공된 구조물 등의 현황을 정확히 조사하여 효율적으로 시설물을 유지관리하기 위하여 실시하는 측량을 말한다.

(2) 주요 내용

① 기준점측량

② 지형현황측량

③ 지하시설물측량

④ 준공도면 작성 제출

8. 결론

(1) 건설공사측량은 설계, 시공, 준공, 유지관리 등의 전 단계에서 수행되는 가장 기초가 되고 중요한 요소임에도 불구하고 명확한 규정 및 지침이 없는 실정임

(2) 이러한 제도적 미비점으로 인하여 건설공사측량에 대한 체계적인 관리 및 측량성과의 정확도 확보가 어려운 실정이며, 이는 부실시공 및 국민의 생명과 안전에 위협이 됨

(3) 따라서, 건설공사의 설계, 시공, 준공 및 유지관리에 수반되는 일반측량에 대한 기준, 방법, 절차 등을 구체적으로 정하여 건설공사측량의 정확도를 향상시키고 시설물 안전성을 확보하여 국민의 생명과 안전을 도모하고자 함

(4) 또한 설계측량, 시공 전 측량, 시공 중 측량, 준공측량 등 각 단계별 측량성과 및 측량기록에는 측량 및 지형공간정보 분야 고급기술자 이상의 책임기술자가 서명 또는 날인하여 성과의 품질에 대해 검토하였음을 확인하여야 함

38 우리나라 건설공사 측량의 현황 및 정확도 향상을 위한 개선방안

1. 개요

공사측량은 설계, 시공, 준공 및 유지관리 등 건설공사의 전 과정에서 수행되는 측량을 말하는데, 이 중 설계측량을 제외한 각종 공사측량에 대해서는 법적 · 제도적 장치의 부재로 인해 부실측량이 급증하고 있다. 따라서 공사측량의 정확도를 향상하기 위해서는 공사측량의 기준, 방법, 절차 및 실시 등에 관한 법 또는 규정 등을 시급히 제정하여 시행할 필요가 있다.

2. 공사측량의 현황

(1) 설계측량 부문

① 설계측량은 건설기술관리법에 실시 조항이 포함되어 있으므로 그에 따른 적정한 예산이 반영되며, 성과에 대해서는 공공측량성과심사를 통하여 정확도가 일정 부분 관리되고 있음

② 설계측량의 기준, 방법 등은 공공측량작업규정에 명시되어 있으나 도로, 철도, 하천 등 세부 공종별로 요구되는 정확도나 검측방법 등이 없으므로 이에 대한 보완이 필요함

(2) 시공측량 부문

① 측량법 또는 건설기술관리법 등에 전혀 명시된 바 없으므로 건설공사 예산에 시공측량 비용이 전무하여 측량관리가 전혀 이루어지지 않음에 따라 부실측량이 심각한 수준임

② 몇 종류의 공사시방서에는 시공측량 내용이 일부 기술되어 있지만 내용이 적고 정확도 등의 기준이 없으며 사용하지 않는 측량방법이 많아 현실성이 부족함

(3) 준공측량 부문

① 측량법에 준공도면 작성에 관한 규정은 있으나 준공도면의 작성요령만 기술되어 있을 뿐, 실시방법 및 절차 등에 관하여는 구체적 내용이 없음

② 준공측량 비용이 건설공사 예산에 반영되고 있지 않음에 따라 시행에 어려움이 가중됨

3. 정확도 향상을 위한 개선방안

(1) 공사측량의 수행 주체 및 용역비 적용 규정

1) 공사측량의 수행 및 감독자의 검측 의무화

① 공사측량은 반드시 측량법상 측량기술자가 수행하도록 규정

② 공사측량 성과에는 측량기술자가 서명을 하고, 감독자도 검측 후 서명하도록 함으로써 부실측량 원천 제거의 기반 마련

③ 성과품 중 공공측량에 해당되는 성과는 공공측량성과심사로 대체 실시

2) 공사측량 용역비의 적용

① 공사측량 용역비는 건설공사 표준품셈 적용을 원칙으로 함

② 시공 중 측량과 같이 현장에 상주하여 측량을 실시하는 경우에는 소요되는 인건비, 장비비, 사무실, 차량 및 숙식비 등의 제 비용을 적용하여 용역비를 산출토록 함

(2) 설계측량의 절차 및 방법 규정

1) 설계측량은 공공측량작업규정에 따라 실시토록 하되, 각 공종별로 요구되는 정확도를 명확하게 규정함

2) 공종별 요구정확도 기준 명시

① 평면기준점측량 : ±3cm

② 수준측량 : 1급($2.5\text{mm} \sqrt{S}$ 이하), 2급($5\text{mm} \sqrt{S}$ 이하), 3급($10\text{mm} \sqrt{S}$ 이하), 4급($20\text{mm} \sqrt{S}$ 이하)

   (S는 편도 관측거리이며, km 단위)

③ 지형현황측량 : 10cm(X, Y, Z)

④ 중심선 측량 : ±3cm

⑤ 종단측량 : 토공사용 종단측량(±5cm), 정밀 종단측량(±1cm)

⑥ 횡단측량 : 종단측량의 정확도와 동일

⑦ 용지경계측량 및 지구계 예정지 측량 : ±3cm

⑧ 수심측량 : ±$10\text{cm} + d/1,000$(d는 수심, cm 단위)

(3) 시공 전 측량의 절차 및 방법

① 각 공종별 절차와 방법을 규정하고, 보고서에는 측량기술자가 서명토록 하여 측량 정확도 보증

② 정확도 규정은 설계측량과 동일하게 적용

(4) 시공 중 측량의 절차 및 방법

1) 측설해야 할 모든 구조물의 좌표를 산출하고 감독자의 확인 및 서명을 받음으로써, 측설좌

표를 중복 확인하여 정확성를 확보하고 향후 구조물의 정위치 시공결과와 관련된 문제점 발생 시 책임한계를 명확히 함

2) 측량기술자는 구조물의 정위치측량 수행 후 감독자의 검측 및 서명을 받아 정확도 인증

3) 검측을 수행하는 감독자는 측량 및 지형공간정보 분야의 기사 또는 산업기사 이상의 자격증을 보유하여야 하며, 검측용 장비나 자격증이 없는 경우에는 측량업 등록업자에게 검측 업무를 대행토록 함

4) **RTK - GNSS 및 TS 등을 이용한 측량방법 규정**
   ① RTK - GNSS 적용 시 현장 캘리브레이션 방법
   ② RTK - GNSS에 의한 간접수준측량 방법
   ③ TS장비의 온도 및 기압 보정 등에 관한 내용

5) **각 공종별 측량방법 및 정확도 규정(측량기준을 명확히 함)**
   ① **토공사**
   - GNSS, TS, 레이저스캐너, 지상사진측량 등 다양한 측량방법 규정
   - 규준틀 설치 규정
   - 정확도 규정 : ± 10cm$(X,\ Y,\ Z)$

   ② **비탈면 변위측량**
   - GNSS 및 TS에 의한 변위측량방법 규정
   - 정확도 규정 : ± 5mm

   ③ **비탈면 시공측량** : 흙깎기 및 흙쌓기 구간 측량방법, 암판정 측량방법과 각 정확도 규정

   ④ **배수공 시공측량**
   - 터파기, 콘크리트 구조물 및 관로부설 측량방법 규정
   - 정확도 규정 : 터파기 및 되메우기$(\pm 3$cm$)$, 상수관$(\pm 2$cm$)$, 하수관$(\pm 1.2$cm$)$

   ⑤ **옹벽 등 가시설물 측량**
   정확도 : 평면$(\pm 3$cm$)$, 수직$(\pm 1$cm$)$

   ⑥ **교량 시공측량**
   - 교량용 임시기준점 설치방법 규정
   - 임시기준점의 평면정확도 규정
     (300m 이내의 교량 : ± 1cm, 300m 이상의 교량 : ± 2cm)
   - 임시기준점의 수직정확도 규정 : ± 1cm
   - 우물통 설치방법 및 평면정확도 규정 : ± 10cm
   - 교각 설치측량 및 평면정확도 규정 : ± 3cm

- 코핑 및 교량받침대 측량 및 정확도 : 코핑($\pm$1cm/X, Y, Z), 교량받침대($\pm$3mm/X, Y, Z)

⑦ 터널 시공측량
- 터널 외 기준점 측량방법 및 정확도 규정 : 시점부 및 종점부 기준점 연결 시 $\pm$2cm 이내
- 터널 내 중심선 측량방법 및 정확도 규정 : $\pm$3cm
- 내공단면 측량방법 및 정확도 규정 : $\pm$3cm
- 터널변위 계측방법 및 정확도 규정 : $\pm$5mm
- 수직구 측량방법 및 지하기준점 이설측량 정확도 규정 : $\pm$1cm

⑧ 포장공 시공측량
포장공사 표고 정확도 규정 : 시공층에 따라 $\pm$1.5~3cm

⑨ 되메우기 전 지하시설물 측량
- 네트워크 RTK에 의한 지하시설물 측량방법 규정
- 되메우기 전 지하시설물 측량정확도 규정 : $\pm$10cm(X, Y, Z)

⑩ 단지조성공사 시공측량 : 가구확정측량 및 택지확정측량 방법 규정

⑪ 하천공사 시공측량 : 하상정리공사, 제방공사, 호안공사, 수제시설공사, 보설치공사, 수문 및 취수 시설공사, 주운시설공사 등 각종 하천측량방법 규정

(5) 준공측량의 절차 및 방법
① 준공측량은 측량업 등록업자가 실시하도록 함
② 준공측량도면에는 지상 및 지하에 시공된 모든 구조물의 위치와 속성이 포함됨
  (단, 지하시설물에 대하여는 시공 중 측량 시 검사측량성과를 사용할 수 있음)
③ 준공도면은 "수치지도 수정용 건설공사준공도면 작성에 관한 지침"에 따라 작성하여 제출

4. 결론

공사측량은 구조물의 최적화 설계를 위한 지형자료를 제공하고 설계된 구조물의 정위치 측설을 통해 시설물의 성능과 수명을 담보하는 중요한 공종임에도 불구하고 그동안 너무 소홀하였다. 따라서 공사측량에 대한 법·제도 장치를 시급히 마련함으로써 공사측량의 정확도를 향상함은 물론 측량기술자의 건설분야 진출에 따라 처우 및 지위 개선에도 많은 발전이 있기를 기대한다.

CHAPTER

05 실전문제

01 단답형(용어)

(1) 유토곡선
(2) 검사측량
(3) 편경사(Cant)/확폭(Slack)
(4) 클로소이드(Clothoid) 매개변수
(5) 렘니스케이트/3차 포물선
(6) 종단곡선
(7) 유속관측
(8) MBES(Multi Beam Echo Sounder)
(9) GPR 탐사

02 주관식 논문형(논술)

(1) 체적 산정에 대하여 설명하시오.
(2) 노선측량(도로)에 대하여 설명하시오.
(3) 노선변경측량에 대하여 설명하시오.
(4) 최신측량기법을 이용한 철도노선측량작업에 대하여 설명하시오.
(5) 각종 도로 건설에 필요한 측량 및 조사에 따른 과업지시서를 작성함에 실례를 들어 설명하시오.
(6) 원곡선 설치에 대하여 설명하시오.
(7) 클로소이드 설치법에 대하여 설명하시오.
(8) 고속도로, 고속철도, 일반철도, 시가지전철 등 노선의 종류에 따라 적용되는 완화곡선에 대하여 설명하시오.
(9) 하천측량에 대하여 설명하시오.
(10) 하천대장 작성을 위한 하천조사측량에 대하여 설명하시오.
(11) 하천측량의 유량관측에 대하여 설명하시오.
(12) 터널측량에 대하여 설명하시오.

(13) 장대터널 측량방법을 실례를 들어 설명하시오.

(14) 교량측량에 대하여 설명하시오.

(15) 해상에서 건설되는 교량공사의 수평위치를 측량하는 여러 가지 방법을 설명하시오.

(16) 교량구조물의 안전관리측량에 대하여 설명하시오.

(17) 장대교량이나 터널을 연결할 경우 과도한 표고차로 인한 문제점을 처리할 방안을 제시하시오.

(18) 댐측량에 대하여 설명하시오.

(19) 비행장측량의 입지선정, 계획, 순서, 방법에 대하여 설명하시오.

(20) 신공항건설측량에 대하여 자세히 설명하시오.

(21) 지하수 측량방법 및 수맥도 작성에 대하여 설명하시오.

(22) 각종 구조물의 시설물변형 측량방법에 대하여 설명하시오.

(23) 상·하수도 측량방법에 대하여 설명하시오.

(24) 경관측량에서 경관도의 정량화에 대하여 설명하시오.

(25) 문화재 측량의 작업과정을 단계별로 실례를 들어 설명하시오.

(26) 최신 문화재 측량기법에 대하여 설명하고 문화재 보존을 위한 3차원 정밀측량방법에 대하여
설명하시오.

(27) 택지조성측량에 대하여 설명하시오.

(28) 토지구획정리측량에 대하여 설명하시오.

(29) 건축물 측량에 대하여 설명하시오.

(30) 첨단장비를 이용한 초고층건물의 수직도결정측량에 대하여 설명하시오.

(31) 항만측량에 대하여 설명하시오.

(32) 간척지 측량에 대하여 설명하시오.

(33) 지하시설물 측량에 대하여 기술하시오.

(34) 지하공간 내의 3차원 위치결정에 대하여 설명하시오.

(35) 공공측량 성과심사의 절차와 업무내용에 대하여 설명하시오.

(36) 스마트건설에서 측량의 역할에 대하여 설명하시오.

수로 및
지적측량

PART 10 CONTENTS

CHAPTER 01 Basic Frame

01 해양 · 수로측량

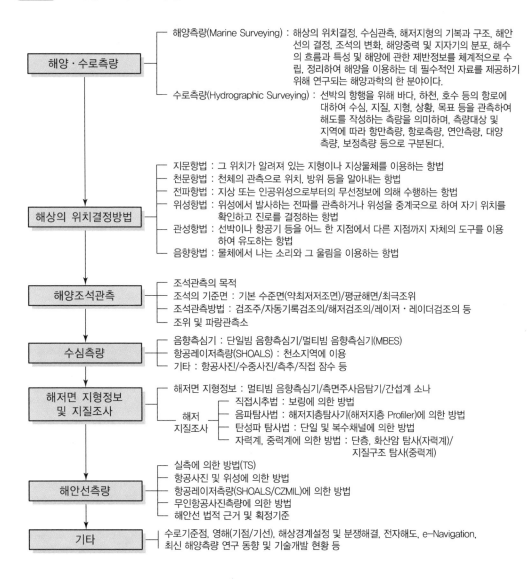

해양 · 수로측량
- 해양측량(Marine Surveying) : 해상의 위치결정, 수심관측, 해저지형의 기복과 구조, 해안선의 결정, 조석의 변화, 해양중력 및 지자기의 분포, 해수의 흐름과 특성 및 해양에 관한 제반정보를 체계적으로 수립, 정리하여 해양을 이용하는 데 필수적인 자료를 제공하기 위해 연구되는 해양과학의 한 분야이다.
- 수로측량(Hydrographic Surveying) : 선박의 항행을 위해 바다, 하천, 호수 등의 항로에 대하여 수심, 지질, 지형, 상황, 목표 등을 관측하여 해도를 작성하는 측량을 의미하며, 측량대상 및 지역에 따라 항만측량, 항로측량, 연안측량, 대양측량, 보정측량 등으로 구분된다.

해상의 위치결정방법
- 지문항법 : 그 위치가 알려져 있는 지형이나 지상물체를 이용하는 항법
- 천문항법 : 천체의 관측으로 위치, 방위 등을 알아내는 항법
- 전파항법 : 지상 또는 인공위성으로부터의 무선정보에 의해 수행하는 항법
- 위성항법 : 위성에서 발사하는 전파를 관측하거나 위성을 중계국으로 하여 자기 위치를 확인하고 진로를 결정하는 항법
- 관성항법 : 선박이나 항공기 등을 어느 한 지점에서 다른 지점까지 자체의 도구를 이용하여 유도하는 항법
- 음향항법 : 물체에서 나는 소리와 그 울림을 이용하는 항법

해양조석관측
- 조석관측의 목적
- 조석의 기준면 : 기본 수준면(약최저저조면)/평균해면/최극조위
- 조석관측방법 : 검조주/자동기록검조의/해저검조의/레이저 · 레이더검조의 등
- 조위 및 파랑관측소

수심측량
- 음향측심기 : 단일빔 음향측심기/멀티빔 음향측심기(MBES)
- 항공레이저측량(SHOALS) : 천소지역에 이용
- 기타 : 항공사진/수중사진/측추/직접 잠수 등

해저면 지형정보 및 지질조사
- 해저면 지형정보 : 멀티빔 음향측심기/측면주사음탐기/간섭계 소나
- 해저 지질조사
  - 직접시추법 : 보링에 의한 방법
  - 음파탐사법 : 해저지층탐사기(해저지층 Profiler)에 의한 방법
  - 탄성파 탐사법 : 단일 및 복수채널에 의한 방법
  - 자력계, 중력계에 의한 방법 : 단층, 화산암 탐사(자력계)/지질구조 탐사(중력계)

해안선측량
- 실측에 의한 방법(TS)
- 항공사진 및 위성에 의한 방법
- 항공레이저측량(SHOALS/CZMIL)에 의한 방법
- 무인항공사진측량에 의한 방법
- 해안선 법적 근거 및 획정기준

기타
- 수로기준점, 영해(기점/기선), 해상경계설정 및 분쟁해결, 전자해도, e-Navigation, 최신 해양측량 연구 동향 및 기술개발 현황 등

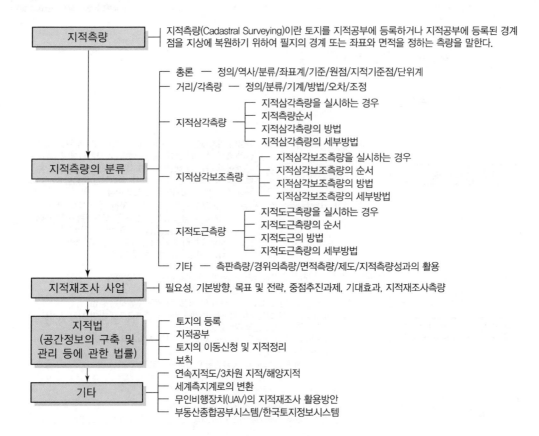

지적측량 ──┤ 지적측량(Cadastral Surveying)이란 토지를 지적공부에 등록하거나 지적공부에 등록된 경계점을 지상에 복원하기 위하여 필지의 경계 또는 좌표와 면적을 정하는 측량을 말한다.

지적측량의 분류

- 총론 ── 정의/역사/분류/좌표계/기준/원점/지적기준점/단위계
- 거리/각측량 ── 정의/분류/기계/방법/오차/조정
- 지적삼각측량
  - 지적삼각측량을 실시하는 경우
  - 지적측량순서
  - 지적삼각측량의 방법
  - 지적삼각측량의 세부방법
- 지적삼각보조측량
  - 지적삼각보조측량을 실시하는 경우
  - 지적삼각보조측량의 순서
  - 지적삼각보조측량의 방법
  - 지적삼각보조측량의 세부방법
- 지적도근측량
  - 지적도근측량을 실시하는 경우
  - 지적도근측량의 순서
  - 지적도근의 방법
  - 지적도근측량의 세부방법
- 기타 ── 측판측량/경위의측량/면적측량/제도/지적측량성과의 활용

지적재조사 사업 ──┤ 필요성, 기본방향, 목표 및 전략, 중점추진과제, 기대효과, 지적재조사측량

지적법
(공간정보의 구축 및 관리 등에 관한 법률)
- 토지의 등록
- 지적공부
- 토지의 이동신청 및 지적정리
- 보칙

기타
- 연속지적도/3차원 지적/해양지적
- 세계측지계로의 변환
- 무인비행장치(UAV)의 지적재조사 활용방안
- 부동산종합공부시스템/한국토지정보시스템

CHAPTER 02 Speed Summary

01 수로측량(Hydrographic Surveying)은 선박의 항행을 위해 바다, 강, 하천, 호소 등의 항로에 대하여 수심, 지질, 지형, 상황, 목표 등의 형태를 측정하여 해도를 작성하는 측량을 말한다. 측량대상과 지역에 따라 항만측량, 연안측량, 대양측량, 보정측량으로 구분한다.

02 해양측량(Sea Surveying)은 해상위치 결정, 수심관측, 해저지형의 기복과 구조, 해안선의 결정, 조석의 변화, 해양중력 및 지자기 분포, 해수의 흐름과 특성 및 해양에 관한 제반 정보를 체계적으로 수집, 정리하여 해양을 이용하는 데 필수적인 자료를 제공하기 위해 연구되는 해양과학의 한 분야이다.

03 「해양조사와 해양정보 활용에 관한 법률」에서 해양조사란 선박의 교통안전, 해양의 보전 · 이용 · 개발 및 해양관할권의 확보 등에 이용할 목적으로 이 법에 따라 실시하는 해양관측, 수로측량 및 해양지명조사를 말한다.

04 해양관측이란 해양의 특성 및 그 변화를 과학적인 방법으로 관찰 · 측정하고 관련 정보를 수집하는 것을 말한다.

05 수로측량이란 해양 등 수역의 수심 · 지구자기 · 중력 · 지형 · 지질의 측량과 해안선 및 이에 딸린 토지의 측량, 그리고 선박의 안전항해를 위하여 실시하는 항해목표물, 장애물, 항만시설, 선박편의시설, 항로 특이사항 및 유빙 등에 관한 자료를 수집하기 위한 항로조사를 말한다.

06 해양지명이란 자연적으로 형성된 해양 · 해협 · 만 · 포 및 수로 등의 이름과 초 · 퇴 · 해저협곡 · 해저분지 · 해저산 · 해저산맥 · 해령 · 해구 등 해저지형의 이름을 말한다.

07 국가해양기준점이란 해양조사의 정확도를 확보하고 효율성을 높이기 위하여 특정 지점을 해양조사를 할 때 기준으로 사용하는 점으로 기본수준점, 수로측량기준점, 영해기준점이 있다.

08 기본수준점이란 해양조사를 할 때 해양에서의 수심과 간조노출지의 높이를 측정하는 기준으로 사용하기 위해 기본수준면을 기초로 정한 기준점이다.

09 수로측량기준점이란 해양조사를 할 때 해양에서의 수평위치를 측정하는 기준으로 사용하기 위해 위성기준점을 기초로 정한 기준점이다.

10 영해기준점이란 우리나라의 영해를 획정하기 위해 정한 기준점이다.

11 국가해양기준점 조사란 국가해양기준점(기준점)의 설치·관리를 위해 기준점의 수평위치, 높이 등을 측정하고 기준점의 상태를 점검하는 것을 말한다.

12 해저지형 조사(수심측량)란 해저의 깊이를 측정하고 그 형상을 파악하는 것을 말하며, 작업 방법에 따라 선박수심측량, 항공수심측량, 지형측량 및 영상조사로 구분한다.

13 해안선 조사란 해안선을 이루는 점들의 위치를 측정하고 도면이나 수치로 표현하는 일련의 작업을 말한다.

14 해저퇴적물 조사란 해저면을 이루고 있는 표층 및 하부 퇴적물의 종류 및 구성 분포를 조사하는 것을 말한다.

15 해저면영상 조사란 사이드스캔소나(Side Scan Sonar)를 사용하여 해저면의 형태, 물체 등을 음영으로 표현한 영상정보를 취득하는 것을 말한다.

16 해저지층 탐사란 해상용 지층탐사기를 사용하여 해저면 하부의 지층 형태, 두께 등의 정보를 취득하는 것을 말한다.

17 해상지자기 탐사란 해상자력계를 사용하여 해상에서 지구자기(지자기)의 세기와 방향을 측정하는 것을 말한다.

18 해상중력 탐사란 해상중력계를 사용하여 해상에서 지구중력의 세기를 측정하는 것을 말한다.

19 수준측량이란 수준의(Level), 토탈스테이션, GNSS 장비 등을 사용하여 특정 지점 간의 높이 차이, 노·간출암 높이, 교량·가공선 가항높이 등을 측정하는 것을 말한다.

20 수로측량을 위한 조석관측이란 수로측량 시 조석의 보정 및 수직기준면변환에 필요한 조위 자료를 취득하는 것을 말한다.

21 항로조사란 선박의 안전항해를 위하여 항해목표물, 장애물, 항만시설, 선박편의시설, 항로 특이사항 및 유빙(流氷) 등에 관한 자료를 수집하는 것을 말한다.

22 해양경계조사(국가 간 해양경계 획정을 위해 필요한 조사 등)란 각 개별법에 의한 해양경계 구역을 국제수로기구 C-51(UN 해양법 협약의 기술적 측면에 대한 매뉴얼)에 따라 해도에 표기하고 그 정확도를 확인하기 위해 수로측량 등을 수행하는 것을 말한다.

23 항만해역조사란 「항만법」에 따라 지정된 항만 및 항로해역을 대상으로 해저지형, 해저지층, 해저면영상 등을 조사하는 것을 말한다.

24 연안해역조사란 영해 내측 해역을 대상으로 해저지형, 해저지층, 해저면영상 등을 조사하는 것을 말한다.

25 국가해양기본조사란 해양의 이용, 개발, 보전 등을 위해 지구물리적 기초자료인 수심, 해저 지층, 중력, 지구자기 등을 조사하는 것을 말한다.

26 극지해양조사란 남극과 북극 해양의 연구, 이용, 개발 등을 위해 극지해역을 대상으로 실시하는 종합적인 해양조사를 말한다.

27 최근 해양자원의 경제적 가치 상승과 더불어 효율적 해양관리의 필요성이 대두되면서 해상경계에 관한 관심이 증대되고 있다. 그러나 우리나라의 해상경계는 하나의 경계선에 의해 규율되는 육상 경계와 달리 각 사안별로 개별 법령에 의하여 존재하고, 지방자치단체별 업무 수행 상 사용하는 기본도의 해상경계가 상이하여 일관된 해상경계의 획정·적용이 어려운 실정이다.

28 영해기준점은 각 국가의 12해리를 결정하는 기준이 되는 점으로서 해상 자원의 관리와 해상 영토의 보호를 위해 그 어느 국가기준점보다 더 중요한 역할을 한다고 할 수 있다. 영해기준점의 위치 결정은 GNSS 위치측정이 가능한 지역은 GNSS 측량 기술을 접목하여 측정하며, 위성 시계 확보가 어려운 지역은 Total station을 이용하여 그 위치를 결정하게 된다. 그러나 과거 위치결정된 기준점들은 위성 데이터의 질뿐만 아니라 시간에 따라 위치가 변화됨에 따라 이를 지속적으로 관리할 필요성이 있다. 국가 영토의 보전은 한 국가가 존재하기 위한 가장 근본적인 요소이며, 국가는 자국 국민의 존엄성을 보존하는 의미에서 이를 체계적으로 관리해야 한다. 측량기준점은 크게 국가기준점, 공공기준점, 지적기준점 등으로 구분되며, 영해기준점은 국가기준점에 해당한다. 국가기준점의 역할은 모든 측량의 위치 자료를 제공하는 역할 및 다른 기준점의 모태가 되는 기능을 수행해야 한다. 특히 중요한 국가기준점들은 과거 측량 기술의 한계, 지각변동, 지구물리적 영향 등으로 인해 변화가 발생할 수 있으며, 이에 대한 정확한 자료를 확보하기 위해 일부 국가에서는 4차원 기준점 체계를 준비하고 있는 상황이다. 그러나, 우리나라에서는 영해기준점이 해양 영토를 보존하기 위해 가장 기본적이면서도 핵심적인 역할을 수행하고 있음에도 불구하고 이에 대한 체계적인 관리가 부족하여 대책 마련과 대안이 절실하다고 할 수 있다.

29 높이기준면은 다양한 공간정보에 포함된 높이정보의 기준이 되는 면으로, 일반적으로 장기간의 조석관측을 통해 산출한 장기간의 평균해면을 통해 결정된다. 이러한 높이기준면에 기준한 높이정보를 보다 편리하게 획득할 수 있도록 하기 위해 전 국토에 균일하게 분포된 높이기준점을 설치하고, 각 기준점의 높이성과를 국가에서 고시 및 관리하고 있는데, 이를 통칭하여 국가수직기준체계라고 한다.

30 현재 우리나라의 국가수직기준체계는 두 가지 형태의 높이기준면을 채용하고 있다. 하나는 육상지역에서 사용되는 높이기준면으로 국토지리정보원에서 관리하고 있는 수준점(BM : Bench Mark) 높이성과의 기준이 되는 인천만의 평균해면($IMSL$: Incheon Mean Sea Level)이며, 다른 하나는 해상지역에서 활용되는 것으로 국립해양조사원에서 관리하고 있는

기본수준점(TBM : Tidal Bench Mark) 높이성과의 기준이 되는 지역별 조석의 기준면(Local Tidal Level)이다.

31 육·해상별로 서로 다른 높이기준면을 채용하는 이유는 두 기관별로 높이정보를 활용하는 목적의 차이에서 기인한다. 육상의 높이기준점인 BM은 공간정보 구축을 위한 측량의 목적으로 활용된다. 반면, 해상의 높이기준점인 TBM은 선박의 항해·항만운영·파고측정 등의 해양 관련 부문에 활용되는데, 특이한 점은 각 부문별 활용을 위해서 각 설치지역의 조석특성에 따라 결정되는 지역별 조석의 기준면(약최고고조면, 평균해수면, 약최저저조면 등)을 혼용하여 활용한다는 것이다.

32 최근 들어 육·해상 수직기준면의 호환성 확보와 해양의 연속수준면 설정을 위한 수로조사에서 타원체고를 기준으로 수심측량을 수행하여 데이터베이스를 구축하기 위한 시도들이 이루어지고 있다. 이 경우 측량성과는 GNSS 추정 타원체고 정확도에 종속하기 때문에 기존의 DGNSS 방식을 대신하여 반송파를 사용하는 고정밀 측위를 수행해야 한다.

33 지적측량(Cadastral Surveying)은 지적조사에 있어서 가장 중요한 토지등록의 조건인 일필지의 위치(토지소재)와 지적(일필지 면적)을 관측하여 토지 등기를 하기 위한 특수측량을 말한다.

34 「공간정보의 구축 및 관리 등에 관한 법률」에서 지적측량이란 토지를 지적공부에 등록하거나 지적공부에 등록된 경계점을 지상에 복원하기 위하여 필지의 경계 또는 좌표와 면적을 정하는 측량을 말하며, 지적확정측량 및 지적재조사측량을 포함한다.

35 지적확정측량이란 도시개발사업 및 농어촌 정비사업이 끝나 토지의 표시를 새로 정하기 위하여 실시하는 측량을 말한다.

36 지적재조사측량이란 「지적재조사에 관한 특별법」에 따른 지적재조사사업에 따라 토지의 표시를 새로 정하기 위하여 실시하는 지적측량을 말한다.

37 도해지적은 지적도 또는 임야도에 토지의 경계를 도면화하여 등록하는 것으로, 평면측량이나 항공사진측량 등으로 실시된다.

38 수치지적은 토지의 경계점을 도해적으로 표시하지 않고, 수학적인 좌표로 표시하는 것으로 경위의, TS, GNSS 등에 의한 측량이나 항공사진측량 등으로 실시된다.

39 지적공부란 토지대장, 임야대상, 공유지연명부, 대지권등록부, 지적도, 임야도 및 경계점좌표등록부 등 지적측량 등을 통하여 조사된 토지의 표시와 해당 토지의 소유자 등을 기록한 대장 및 도면(정보처리시스템을 통하여 기록·저장된 것을 포함)을 말한다.

40 연속지적도란 지적측량을 하지 아니하고 전산화된 지적도 및 임야도 파일을 이용, 도면상 경계점들을 연결하여 작성한 도면으로서 측량에 활용할 수 없는 도면을 말한다.

41 부동산종합공부란 토지의 표시와 소유자에 관한 사항, 건축물의 표시와 소유자에 관한 사항, 토지의 이용 및 규제에 관한 사항, 부동산의 가격에 관한 사항 등 부동산에 관한 종합정보를 정보관리체계를 통하여 기록·저장한 것을 말한다.

42 토지의 표시란 지적공부에 토지의 소재·지번(地番)·지목(地目)·면적·경계 또는 좌표를 등록한 것을 말한다.

43 필지란 대통령령으로 정하는 바에 따라 구획되는 토지의 등록단위를 말한다.

44 지번이란 필지에 부여하여 지적공부에 등록한 번호를 말한다.

45 지목이란 토지의 주된 용도에 따라 토지의 종류를 구분하여 지적공부에 등록한 것을 말한다.

46 경계점이란 필지를 구획하는 선의 굴곡점으로서 지적도나 임야도에 도해(圖解) 형태로 등록하거나 경계점좌표등록부에 좌표 형태로 등록하는 점을 말한다.

47 경계란 필지별로 경계점들을 직선으로 연결하여 지적공부에 등록한 선을 말한다.

48 면적이란 지적공부에 등록한 필지의 수평면상 넓이를 말한다.

49 토지의 이동(異動)이란 토지의 표시를 새로 정하거나 변경 또는 말소하는 것을 말한다.

50 등록전환이란 임야대장 및 임야도에 등록된 토지를 토지대장 및 지적도에 옮겨 등록하는 것을 말한다.

51 분할이란 지적공부에 등록된 1필지를 2필지 이상으로 나누어 등록하는 것을 말한다.

52 합병이란 지적공부에 등록된 2필지 이상을 1필지로 합하여 등록하는 것을 말한다.

53 지목변경이란 지적공부에 등록된 지목을 다른 지목으로 바꾸어 등록하는 것을 말한다.

54 축척변경이란 지적도에 등록된 경계점의 정밀도를 높이기 위하여 작은 축척을 큰 축척으로 변경하여 등록하는 것을 말한다.

55 지적삼각점(地籍三角點)은 지적측량 시 수평위치측량의 기준으로 사용하기 위하여 국가기준점을 기준 삼아 정한 기준점이다.

56 지적삼각보조점은 지적측량 시 수평위치측량의 기준으로 사용하기 위하여 국가기준점과 지적삼각점을 기준으로 하여 정한 기준점이다.

57 지적도근점(地籍圖根點)은 지적측량 시 필지에 대한 수평위치측량의 기준으로 사용하기 위하여 국가기준점, 지적삼각점, 지적삼각보조점 및 다른 지적도근점을 기초로 하여 정한 기준점이다.

58 토지대장(Land Book or Cadastre)은 등기소에서 비치하고 있으며, 토지에 관한 일체의 사항을 등기해둔 대장을 말한다. 토지의 매매, 소유권의 설정, 합필, 분필, 그 밖에 토지에 관한 변경사항은 모두 이 대장에 기록된다.

59 임야대장(parcels – register for forest area copy)은 지적공부의 일종으로서 산지 또는 임야의 소재, 지번, 지목, 면적, 소유자의 주소, 주민등록번호, 성명 또는 명칭 등을 기재한 장부를 말한다.

60 공유지 연명부(joint signature book of public land)는 토지대장 또는 임야대장에 등록된 1필지의 소유자가 2인 이상일 때 소유자 및 지분 등이 등재된 대장을 말한다.

61 지적도(cadastral map)는 지적측량에서 만들어진 각 지번의 소재, 형상, 지목, 구분, 번지 등, 즉 다시 말하자면 각 지번의 면적을 산출하고 경계를 밝히기 위하여 국가가 만든 토지의 평면도를 말한다. 지적도의 축척은 1/500, 1/600, 1/1,000, 1/1,200, 1/2,400, 1/3,000, 1/6,000 등이 있다.

62 임야도(Forestry Map)는 지적공부의 일종으로서 산림 및 임야를 이루고 있는 수림지, 죽림지, 암석지, 사지, 습지, 황무지, 간석지 등을 임야라 하며, 이들 토지의 소재, 지번, 지목, 경계 등을 등록한 도면을 말한다. 임야도의 축척으로는 1/3,000, 1/6,000 등이 있다.

63 경계점좌표 등록부(Registration Record of Boundary Point)는 각 필지 단위로 토지에 관한 정보 중 경계점의 위치를 좌표로 등록·공시하는 지적공부를 말한다.

64 1910년대 토지조사사업의 일환으로 실시된 당시 삼각측량은 대삼각본점측량, 대삼각보점측량, 소삼각측량으로 구분하였고, 소삼각측량에는 다시 보통소삼각측량, 구소삼각측량, 특별소삼각측량으로 구분되어 실시되었다. 이 중 특별소삼각측량은 1912년 임시토지국에서 시가세를 조급하게 징수하여 재정수요에 충당할 목적으로 19개 지역에 대하여 독립적인 소삼각측량을 실시하여 일반삼각점과 연결하는 방식을 취하였다.

65 효율적인 국토관리 및 공간정보 구축과 활용을 위한 기본도 제작을 위해 수치지도(지형도)와 지적도의 연계·활용이 이루어져야 한다. 하지만 우리나라의 지형도와 지적도는 서로 다

른 투영법과 좌표계 및 기준점에서 출발하였기 때문에 수치지도와 지적도를 연계·활용하기에는 많은 어려움이 있다.

66 우리나라 지적공부는 1910년대 조선총독부에 의하여 작성된 것으로 당시의 기술적·경제적 측면에서는 수행하기 어려웠다. 그러나 최근 도서개발 및 해상경계 확정분야에서 필요성이 높아지고 기술적 측면에서도 GPS를 비롯한 GNSS(Global Navigation Satellite System) 등 최신 위성측위기술과 고해상도 위성영상, LiDAR(Light And Detection And Ranging) 및 SHOALS(Scanning Hydrographic Operational Airborne Laser System) 등 다양한 멀티센서를 이용하여 자료를 수집하므로 그간 자료의 부재로 인해 지형정보에서 누락되거나 낮은 정확도로 제작되었던 도서지방에 대한 위치자료들이 점차 정확성과 신뢰성을 갖게 되었다.

67 지적재조사사업은 토지의 실제 현황과 일치하지 아니하는 지적공부의 등록사항을 바로 잡고 종이에 구현된 지적을 디지털 지적으로 전환함으로써 국토를 효율적으로 관리함과 아울러 국민의 재산권 보호에 기여함을 목적으로 한다. 새로운 지적재조사사업을 효율적으로 추진하기 위해서는 최신 측량기술을 활용하여 지적재조사사업비를 대폭 절감하여야 한다. 이를 위해 수치사진측량과 위성측량 및 전자평판 등을 활용하여 현지측량업무를 최소화하고 컴퓨터 자동화 비율을 높여 최대한 비용 절감을 시도해야 한다.

68 지적재조사사업의 핵심은 실제와 도면의 토지현황이 서로 일치하도록 지적도를 새로이 제작하는 작업으로, 결과적으로는 지형도와도 일치하여야 하는 명제가 따른다. 그러므로 새로운 지적도의 제작은 GNSS 및 TS에 의한 고정밀 전자평판측량과 수치사진측량 등 최신기술을 적용함으로써 고도의 정확도를 확보함과 더불어 지형도와도 일치할 수 있도록 실시되어야 한다.

69 지적재조사사업 실시에 대한 국토교통부의 발표 이후, 지적도 자료가 민간인에게 개방되어 웹 또는 모바일 환경에서 활용되는 속도 역시 더욱 빨라질 것으로 예상된다. 지적도를 웹 환경 또는 모바일 환경에서 활용하기 위해서는 다양한 방법으로 가공될 필요가 있다.

70 우리나라의 지적제도는 도해지적으로부터 분류된 과학적·합리적 경계복원의 곤란, 지상(필지) 경계점 부재로 인한 경계분쟁 증가, 다양한 원점체계 등과 같은 문제점 등이 대두되고 있다. 향후 최신 기술 도입을 위한 지적측량의 정확도 제고 및 효율성 확보의 필요성이 제기되고 있다. 따라서 지역구분을 통한 정확도의 제시는 경제적인 측면과 효율성 확보에 좋은 방법이라고 생각된다.

CHAPTER 03

단답형(용어해설)

01 해양지명(Marine Geographical Name)

1. 개요

해양조사란 선박의 교통안전, 해양의 보전 · 이용 · 개발, 해양관할권의 확보 등에 이용할 목적으로 실시하는 해양관측, 수로측량 및 해양지명조사를 말한다.

2. 해양지명

해양지명이란 자연적으로 형성된 해양 · 해협 · 만(灣) · 포(浦) 및 수로 등의 이름과 초(礁) · 퇴(堆) · 해저협곡 · 해저분지 · 해저산 · 해저산맥 · 해령(海嶺) · 해구(海溝) 등 해저지형의 이름을 말한다.

(1) 해양

넓고 큰 바다, 지구 표면의 약 70%를 차지하는 수권으로 태평양, 대서양, 인도양 따위를 통틀어 이르는 말이다.

(2) 해협

두 개의 큰 바다를 연결하는 좁은 수로. 두 육지 사이의 좁은 수로를 이르며, 수로(Channel)보다는 규모가 크다.

(3) 만

해안선이 육지 쪽으로 굽고, 바다가 육지 쪽으로 파고 들어와 있는 지형이 해안의 단순한 굴곡을 넘어 입구의 폭에 비하여 현저하게 육지로 둘러싸인 수역

(4) 수로

물이 흐르는 통로, 항해가 가능한 수심의 수역

(5) 초

해면 또는 해면 가까이에 위치한 바위 또는 경화된 물질로 항행에 장애가 될 수 있는 해저지형

(6) 퇴

비교적 수심이 얕고(흔히 200m 이하) 평탄한 정상부를 갖는 해저 융기부. 흔히 대륙붕이나 섬 부근에 특징적으로 발달하고, 모래톱(shoal)이나 초(reef)에 비해 약간 더 깊은 해저지형이기 때문에 안전 항해가 가능하다.

(7) 해저협곡

대륙붕과 대륙 사면을 따라 발달한 비교적 좁고 깊게 함몰된 경사면으로 V 모양의 대규모 협곡이다.

(8) 해저분지

주변이 높은 지형으로 둘러싸인 움푹하고 낮은 해저지형. 위에서 보면 원형, 타원형, 계란형 등의 모양을 띠고 있고 크기도 다양하며, 일명 해분이라고도 한다.

(9) 해저산

수중에 잠겨 있고 해저로부터 1,000m 이상의 높이로 솟아 있는 해저 화산활동으로 형성된 원추형의 고지. 일명 해산이라고도 한다. 해저산 중에서 꼭대기가 평평한 것은 기요(Guyot), 뾰족한 것은 해봉이라고 부른다.

(10) 해저산맥

여러 개의 해저산이 직선 또는 아치 형태로 연속되어 있는 해저지형. 이동하는 판에 열점으로 기인한 화산활동에 의해 만들어지는 것으로 해석되고 있으며, 해저산열이라고도 한다.

(11) 해령

세계 해양의 해저에 연속해서 뻗어 있고, 넓게 좌우 대칭형으로 솟아 있는 해저 산맥이다.

(12) 해구

심해저에 좁고 길게 발달한 깊은 수심의 함몰이 있는 지역. 흔히 대륙 사면 바다 쪽에 대륙의 방향과 평행하게 발달하며, 주변 해저보다 수심이 매우 깊고 비교적 가파른 경사면을 이룬다. 함몰이 비대칭적인 것이 특징이며 해곡보다 더 깊다.

3. 기타(해양조사 관련 용어)

(1) 해양관측

해양의 특성 및 그 변화를 과학적인 방법으로 관찰·측정하고 관련 정보를 수집하는 것을 말한다.

(2) 수로측량

① 해양 등 수역(水域)의 수심 · 지구자기(地球磁氣) · 중력 · 지형 · 지질의 측량과 해안선 및 이에 딸린 토지의 측량

② 선박의 안전항해를 위하여 실시하는 항해목표물, 장애물, 항만시설, 선박편의시설, 항로 특이사항 및 유빙(流氷) 등에 관한 자료를 수집하기 위한 항로조사

③ 연안의 자연환경 실태와 그 변화에 대한 조사

(3) 기본수로측량

모든 수로측량의 기초가 되는 측량으로서 해양수산부장관이 실시하는 수로측량을 말한다.

(4) 일반수로측량

기본수로측량 외의 수로측량을 말한다.

(5) 국가해양기준점

해양조사의 정확도를 확보하고 효율성을 높이기 위하여 특정 지점을 해양조사의 기준에 따라 측정하고 좌표 등으로 표시하여, 해양조사를 할 때 기준으로 사용하는 점을 말한다.

(6) 국가해양관측망

해양수산부장관이 해양관측을 하고 해양관측에 관한 자료를 수집 · 가공 · 저장 · 검색 · 표출 · 송수신 또는 활용할 수 있도록 구축 · 운영하는 해양관측시설의 조합을 말한다.

(7) 해양정보

해양조사를 통하여 얻은 최종 결과를 말하며, 해양관측한 자료를 기초로 분석하여 얻은 해양예측정보를 포함한다.

수로측량업무규정에 따른 수로측량의 기준 및 기준점

1. 개요

수로측량이란 해양 등 수역의 수심 · 지구자기 · 중력 · 지형 · 지질의 측량과 해안선 및 이에 딸린 토지의 측량, 그리고 선박의 안전항해를 위하여 실시하는 항해목표물, 장애물, 항만시설, 선박편의시설, 항로 특이사항 및 유빙 등에 관한 자료를 수집하기 위한 항로조사를 말하며, 통일된 수로측량을 실시하기 위해서는 수로측량 업무규정에 그 기준을 정하여 정확성을 확보함으로써 효율적으로 수행할 수 있다.

2. 수로측량의 기준

(1) 좌표계는 세계측지계에 의한다.

(2) 위치는 지리학적 경도 및 위도로 표시한다. 다만, 필요한 경우에는 직각좌표 또는 극좌표로 표시할 수 있다.

(3) 노출암, 표고 및 지형은 평균해면으로부터의 높이로 표시한다.

(4) 수심은 기본수준면으로부터의 깊이로 표시한다.

(5) 교량 및 가공선의 높이는 약최고고조면으로부터의 높이로 표시한다.

(6) 간출암 및 간출퇴 등은 기본수준면으로부터의 높이로 표시한다.

(7) 해안선은 해면이 약최고고조면에 달하였을 때의 육지와 해면과의 경계로 표시한다.

3. 국가해양기준점

(1) 국가해양기준점이란 해양조사의 정확도를 확보하고 효율성을 높이기 위하여 특정 지점의 해양조사를 할 때 기준으로 사용하는 점으로 기본수준점, 수로측량기준점, 영해기준점으로 구분된다.

(2) 기본수준점이란 해양조사를 할 때 해양에서의 수심과 간조노출지의 높이를 측정하는 기준으로 사용하기 위해 기본수준면을 기초로 정한 기준점이다.

(3) 수로측량기준점이란 해양조사를 할 때 해양에서의 수평위치를 측정하는 기준으로 사용하기 위해 위성기준점을 기초로 정한 기준점이다.

(4) 영해기준점이란 우리나라의 영해를 획정하기 위해 정한 기준점이다.

03 기본수준면(Datum Level)

1. 개요

수심을 나타내는 기준이 되는 수면으로, 해도작성, 조고 및 항만시설의 계획 · 설계 등을 위한 기준면으로 사용하고 있으며, 수심은 (±)0.00m로 표현하고 있다. 기본수준면은 국제수로회의에서 "수심의 기준은 조위가 그 이하로 거의 떨어지지 않는 낮은 면이어야 한다."라고 규정하고 있으며, 우리나라는 「해양조사와 해양정보활용에 관한 법률」에서 "일정 기간 조석을 관측하여 산출한 결과 가장 낮은 해수면"으로 규정하고 있다.

2. 높이의 기준

(1) 육상의 높이

① 바다의 평균해수면으로부터 측정한다.

② 우리나라는 인천 앞바다의 평균해수면을 기준으로 한다.

(2) 해상의 깊이

① 선박의 안전운항을 위하여 기준을 정한다.

② 조석관측을 하여 바닷물이 가장 많이 빠지는 지점을 기준으로 한다.

③ 이를 기본수준면(Datum Level)이라 한다.

3. 기본수준면(Datum Level)

(1) 기본수준면은 일정 기간 조석을 관측하여 분석한 결과 가장 낮은 해수면을 말한다.

(2) 기본수준면은 수심측량 및 해수면 높이를 측정하는 기준면으로서 수심기준면이라고도 한다.

(3) 해도의 수심 및 간출암 높이, 조석표의 조위는 기본수준면을 기준으로 표기한다.

(4) 기본수준면의 산정 기준은 각국마다 다르며, 국제수로기구는 조석이 그 이하로는 내려가지 않는 가장 낮은 해수면으로 선정해야 한다고 규정하고 있다.

(5) 기본수준면은 육상 지도의 높이기준(인천 평균해면상의 높이)과는 다르다.

(6) 해수면이 기본수준면 이하로 내려가는 경우는 드물지만, 겨울부터 봄에 걸쳐 대조기의 저조 시에 해수면이 기본수준면 이하로 내려가는 경우가 있다.

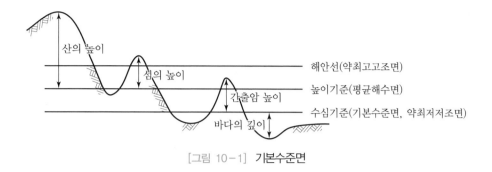

[그림 10-1] 기본수준면

4. 우리나라 기본수준면

우리나라는 관측지점의 산술평균해면(A_0)에서 천문조평균해면(Z_0), 즉 주요 4개 분조의 반조차 합인 "$H_m + H_s + H_k + H_o$"만큼 내려간 약최저저조면을 기본수준면으로 하고 있다.

(1) A_o : 임의 관측기준면으로부터 장기간의 해수면 높이를 평균한 값
(2) H_m : M_2분조(태음반일주조) 반조차
(3) H_s : S_2분조(태양반일주조) 반조차
(4) H_k : K_1분조(일월합성일주조) 반조차
(5) H_o : O_1분조(태음일주조) 반조차

---

04 연속해양기준면(연속기본수준면)

1. 개요

타원체고 기반의 새로운 해양조사(수심측량, 해안선조사 등) 체계로의 전환을 대비하여 해양 공간적으로 결절 없는(Seamless) 해양자료 생성을 위한 조사기준인 연속해양수직기준면 구축이 필요하다.

2. 높이의 기준

(1) 육상의 높이

① 바다의 평균해수면으로부터 측정한다.
② 우리나라는 인천 앞바다의 평균해수면을 기준으로 한다.

(2) 해상의 깊이

① 선박의 안전운항을 위하여 기준을 설정한다.

② 밀물과 썰물을 관측하여 바닷물이 가장 많이 빠지는 지점을 기준으로 한다.

③ 이를 '기본수준면(Datum Level)'이라고 한다.

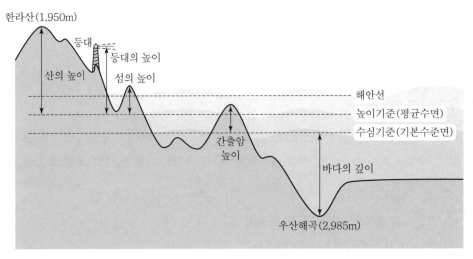

[그림 10-2] 산의 높이와 바다의 깊이의 측정기준

2. 조석관측을 통한 기본수준점 서비스

(1) 조석에 의한 해수면의 상승과 하강

① 우리나라는 해안선과 해저지형이 복잡하고 많은 섬이 존재하기 때문에, 조석에 의한 해수면의 상승과 하강의 폭이 해역별로 매우 다르다.

② 전반적으로는 동해안에서 작고, 서해안에서 큰 경향을 보인다.

③ 동해안을 기준으로 남해안은 평균 1.5m, 서해안은 평균 3.0m 아래에 위치한다

(2) 기본수준점 서비스

① 국립해양조사원은 3년(2013~2015년) 동안 인천, 목포, 부산, 속초 등 389개 연안지역에서 조석관측을 통한 해수면의 변동을 조사

② 조사한 자료를 기준으로 각 지역별 평균해수면 및 수심(水深)의 기준 높이를 발표

③ 각 지역별 기본수준면은 국립해양조사원 홈페이지에서 확인 가능

3. 연속해양기준면

(1) 현재 점 기반으로 되어 있는 각 해역별의 서로 다른 기준면을 통합하여, 하나의 면(面)으로 연속하여 표현한 해양의 기준면

(2) 면(Area) 기반의 수직기준정보 제공체계로 전환을 위한 연속해양기준면 서비스 체계 구축

(3) 2016년부터 연속해양기준면 시범구축사업을 진행하고 있음

4. 연속해양기준면 시범구축

(1) 시범구축기간 및 구역

① 기간 : 2016년 6~10월

② 구역 : 연평도~아산만 해역

(2) 구축 기준

① 높이 기준 : 타원체(WGS84), cm(정확도 1cm)

② 위치 : 위경도(WGS84)

③ 격자 크기 : 위경도 10초 이하

④ 주요 정보 : 기본수준면(약최저저조면), 평균해면, 약최고고조면

(3) 구축방법

조위관측, GNSS 관측, 수치모델(수치조류도, TideBed 등) 자료 등을 종합하여 타원체(WGS84) 기준의 연속해양기준면을 구축한다.

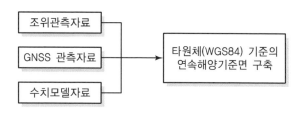

[그림 10-3] 연속해양기준면의 구축방법

(4) 과업의 세부 내용

① 연속해양기준면은 구축 기준에 따라 구축

② 연속해양기준면 구축을 위한 최적의 보간법을 적용(실제 조석관측이 수행된 지역에서의 편차가 최소가 되어야 함)

③ 연속해양기준면 검증을 5개소 이상에서 실시

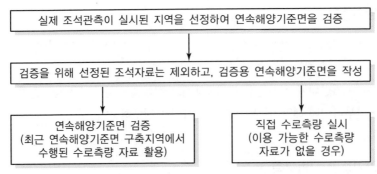

[그림 10-4] 연속해양기준면 검증방법

④ 연속해양기준면은 누구나 사용할 수 있도록 표준화되어 제작

5. 기대효과

2016년부터 단계적으로 구축되고 있는 연속해양기준면과 최신 위성항법시스템(GNSS)이 연결되면, 선박에서 실시간으로 해수면의 높이를 알 수 있으므로 선박장비, 해양조사, 해양공사 등 관련 산업에 널리 이용될 것으로 기대된다.

05 영해기점/영해기선

1. 개요

영해기준점은 해양영토관할권 획정에 기본이 되는 영해기선을 결정하기 위한 기준점으로 우리나라는 영해법에 의거 동·남·서해의 최외곽에 위피하는 육지 또는 섬의 끝점 등에 총 23점이 선정되었으며 유엔해양협약에 따라 WGS84 좌표계에 준거한 성과가 요구된다.

2. 영해기점/영해기선

(1) 영해

한 나라의 주권이 미치는 바다로서 영해기선을 기준으로 12해리까지의 거리를 말한다.

(2) 영해기점

① 영해를 획정하기 위하여 정한 기준점을 말한다.
② 우리나라는 1978년 제정된 영해법에 따라 동·남·서해의 최 외곽에 위치하는 육지 또는 섬의 끝점으로 동해안에 4점, 남해안에 9점, 서해안에 10점이 있다.

(3) 영해기선

① 영해관할권 획정에 기본이 되는 선으로 간조 시 바다와 육지의 경계선인 저조선을 기준으로 설정한다.

② **통상기선** : 우리나라 동해안과 같은 해안선이 단조롭고 육지 부근에 섬이 존재하지 않는 경우에 썰물 때의 저조선을 말한다.

③ **직선기선** : 우리나라 남해안, 서해안과 같이 해안선이 굴곡이 심하고 주변에 많은 섬이 산재해 있을 때 육지의 돌출부 또는 맨 바깥의 섬들을 직선으로 연결한 것

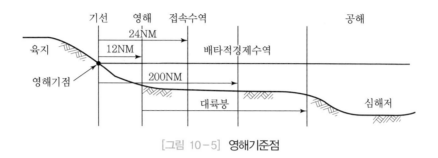

[그림 10-5] 영해기준점

3. 우리나라의 영해기점/영해기선

(1) 우리나라는 1978년 제정된 영해법에 따라 동·남·서해의 최 외곽에 위치하는 육지 또는 섬의 끝점으로 통상기선과 직선기선을 선포하였다.

(2) 통상기점/통상기선

① 우리나라 동해안에 적용

② 4점 적용

(3) 직선기점/직선기선

① 우리나라 남해안, 서해안에 적용

② 남해안 9점, 서해안 10점

4. 영해기점의 위치 결정방법

(1) 기존 영해기점과 GNSS 상시관측망을 연결하여 위치 결정

(2) 망구성 및 기선거리

1) 단일망 구성

① 해안선에 분포한 상시관측소보다는 전 국토에 넓게 분포된 상시관측소와 영해기점을 연결하는 단일망 구성

② 가능한 한 기선거리를 짧게 하고 정삼각 형태로 망구성하는 것이 효율적

2) 구성된 단일망에 대해 GNSS 오차보정모델을 적용하여 기선처리하고 정밀도 및 폐합 검정을 수행하여 기선해석 결과값 산출

3) 기선해석 결과값을 망조정 프로그램에 입력, 조정을 실시하여 산출값의 정밀도 검증

(3) 일반적으로는 정밀 1, 2차 기준점 측량 작업규정에 따라 GNSS 관측을 수행함

06 수로측량업무규정에 따른 수로측량등급

1. 개요

수로측량의 등급은 국제수로기구(IHO) 수로측량기준(S-44)에서 정하는 등급으로 나누며, 등급의 분류기준은 국제수로기구(IHO)에서 안전항해를 향상시키기 위하여 제작된 기준 중의 하나로서 주로 해도 제작에 사용되는 자료를 수집하기 위한 수로측량의 수행에 필요한 기준으로 적용하여야 한다.

2. 수로측량등급 분류 기준

(1) 최상 등급

① 최소 선저통과수심 및 선박조종성능이 엄격히 요구되는 해역

② 수심 수평위치(THU) : 1m

③ 수심 수직위치(TVU) : a=0.15m, b=0.0075

④ 물체 탐지(Feature Detection) : >0.5m^3

⑤ 물체 탐색(Feature Search) : 200%

⑥ 측량 범위(Bathymetric Coverage) : 200%

(2) 특 등급

① 선저통과수심이 중요한 해역

② 수심 수평위치(THU) : 2m

③ 수심 수직위치(TVU) : a=0.25m, b=0.0075

④ 물체 탐지(Feature Detection) : >1m^3

⑤ 물체 탐색(Feature Search) : 100%

⑥ 측량 범위(Bathymetric Coverage) : 100%

(3) 1a 등급

① 선저통과수심이 덜 중요한 해역으로 선박운항에 관련된 물체가 존재할 수 있는 해역

② 수심 수평위치(THU) : 5m＋수심의 5%

③ 수심 수직위치(TVU) : a=0.5m, b=0.013

④ 물체 탐지(Feature Detection) : >2m³(수심 40m 이하) 수심의 10% 크기(수심 40m 초과)

⑤ 물체 탐색(Feature Search) : 100%

⑥ 측량 범위(Bathymetric Coverage) : ≤100%

(4) 1b 등급

① 선박통항이 예상되나 선저통과수심이 중요하지 않는 해역

② 수심 수평위치(THU) : 5m＋수심의 5%

③ 수심 수직위치(TVU) : a=0.5m, b=0.013

④ 물체 탐지(Feature Detection) : 정의되지 않음

⑤ 물체 탐색(Feature Search) : 정의되지 않음

⑥ 측량 범위(Bathymetric Coverage) : 5%

(5) 2 등급

① 해저면의 일반적인 묘사로 충분한 해역(수심 200m를 초과하는 해역에서 권장하는 등급)

② 수심 수평위치(THU) : 20m＋수심의 10%

③ 수심 수직위치(TVU) : a=1m, b=0.023

④ 물체 탐지(Feature Detection) : 정의되지 않음

⑤ 물체 탐색(Feature Search) : 정의되지 않음

⑥ 측량 범위(Bathymetric Coverage) : 5%

---

07 수심의 수직불확실도

1. 개요

수심의 수직불확실도는 갱정수심의 불확실도로, 음향측심기로 측심한 수심에는 기기오차, 수중음향속도 변화에 의한 오차, 송수파기의 깊이(흘수) 및 조고(수위변화)에 의한 오차 등이 포함되어 있기 때문에 이를 보정하여야 한다.

2. 수심의 수직불확실도에 영향을 주는 변수

(1) 수심에 따라 변하지 않는 변수

① 흘수 보정

② 조고

③ 조석

(2) 수심에 따라 변하는 변수

① 수온

② 수압

③ 염분

3. 총수직불확실(TVU : Total Vertical Uncertainty)

(1) 95% 신뢰수준에서 최대로 허용되는 수직불확실도의 총합이다.

(2) 전파된 총불확실도(TPU : Total Propagated Uncertainty)의 구성요소로 수직적인 면에서 계산된 것이다.

4. 수직불확실도의 계산

최대 허용 총수직불확실도의 95% 신뢰수준(Confidence Level)에서 계산

$$TVU = \pm \sqrt{a^2 + (b \times d)^2}$$

여기서, a : 수심에 따라 변하지 않는 불확실도(Uncertainty)의 부분을 표현

b : 수심의 변화에 따라 나타는 불확실도(Uncertainty)의 부분을 표현한 계수

d : 수심

$b \times d$: 수심의 변화에 따른 불확실도(Uncertainty)의 부분을 표현

5. 수로측량 시 총수직불확실도의 최소 기준

[표 10-1] 수심측량의 총수직불확실도의 최소기준

등급	최상 등급	특등급	1a등급	1b등급	2등급
수심 수직위치(TVU)	a=0.15m b=0.0075	a=0.25m b=0.0075	a=0.5m b=0.013	a=0.5m b=0.013	a=1m b=0.023

08

대조/소조/조화분석/조화상수/비조화상수

1. 개요

조석(潮汐)은 지구의 바다가 태양과 달이 지구에 미치는 기조력에 의해 오르내리는 현상을 말한다. 조석 현상에 의해 바다의 깊이가 바뀌며, 조류라 불리는 바닷물의 흐름을 만들어낸다. 조석에 대한 예측은 연안 항해에 중요한 역할을 한다. 만조와 간조 사이에만 바다에 잠기는 조간대는 바다 생태계에 중요한 역할을 한다.

2. 대조/소조/만조/간조

(1) 대조

만조(고조)와 간조(저조)의 차가 가장 클 때를 말한다.

(2) 소조

태양, 지구, 달이 지구를 중심으로 직각으로 위치하여 조차가 작아지는 현상으로 일반적으로 상현(월령 7일) 및 하현(월령 22일) 후 1~3일에 발생. 대조와 소조는 15일을 주기로 일어난다.

(3) 만조

간조(low water)에 대비되는 용어로서, 조석현상에 의해 해수면이 하루 중에서 가장 높아진 상태를 말하며, 고조(高潮)라고도 한다. 과학적으로 말하면, 창조(flood tide)에서 해면이 가장 높아진 상태이다. 만조는 주기적인 조석력(tidal force)에 의해 생기지만, 기상 및 해양 상태도 영향을 미친다. 우리나라의 경우 만조는 보통 하루에 2회 있으나 해수면의 높이는 다르며, 만조에서 다음 만조까지의 시간 간격은 평균 12시간 25분으로서, 매일 약 50분씩 늦어진다.

(4) 간조

만조(high water)에 대비되는 용어로서, 조석현상에 의해 해수면이 하루 중 가장 낮아진 상태를 말하며, 저조(低潮)라고도 한다. 과학적으로 말하면, 낙조(ebb tide)에서 해수면이 가장 낮아진 상태이다. 간조는 주기적인 조석력(tidal force)에 의해 생기며, 기상 및 해양의 상태에 따라서도 영향을 받는다. 우리나라에서 간조는 보통 하루에 2회 있으나 해수면의 높이는 다르며, 간조에서 다음 간조까지의 시간 간격은 평균 12시간 25분으로서 매일 약 50분씩 늦어진다.

3. 조화분석

실제 조석은 불균등하게 움직이는 해와 달의 움직임에 영향을 받아 생성되지만 이를 이와 같이 분석을 하지 않고, 해와 달이 적도상에서 지구와 일정한 거리를 두고 각각의 고유의 속도로 운행을 한다고 가정하여 규칙적으로 일어나는 각각의 조석을 분조라 한다. 각 분조는 실측치로부터 계산되며 각 분조의 1/2를 반조차라고 한다. 가상의 천체가 남중하여 그 분조가 만조가 될 때까지의 시간을 각도로 표시한 것을 지각이라 하며, 이 지각과 각 분조의 반조차를 조화상수라 한다. 조화분석은 각 지점에서의 조석의 실측치에서 조화상수를 구하는 것을 의미한다.

(1) 조화분석

조석현상에 의해 발생하는 규칙적인 해수면 변화를 일정한 주기로 운행하는 각각의 가상천체(대응하는 分潮)에 의한 기여의 합으로 생각하여 규칙적인 조석으로 분해하는 것을 조화분석의 개념이며, 구체적으로 표현하면 관측된 조위자료로부터 조화상수를 구하는 것을 조화분석(Harmonic Analysis of Tides, 조화분해)이라고 한다. 관측치 $h(t)$를 관측기간의 평균치 (h_0)와 조석분조 n 성분의 합으로 표기하면 다음과 같다.

$$h(t) = h_0 + \sum_{n=1}^{M} f_n H_n \cos\left(\omega_n t + V_n + u_n - g_n\right)$$

앞의 식에서 H_n, g_n은 조화상수(Harmonic Constants), f_n, $(V_n + u_n)$은 천문분석을 통해 얻어지는 천문상수를 나타내며, M은 분조 수를 나타낸다. 조화분석이란 관측치와 각 조석성분 합의 차이가 최소를 만족하도록 조건을 부여하여 조석조화상수(Tidal Harmonic Constants)를 얻는 과정을 말한다. 이러한 분석 결과로서 각 분조 n에 대응하는 진폭(Amplitude) H_n과 지각(Phase Lag) g_n을 얻게 된다. 통상 1개월과 1년 자료에 대하여 분석을 실시하며, 1개월 자료 분석 시에는 35개 분조를, 1년 자료 분석에는 61개 혹은 100여 개 분조에 대한 조화상수를 산출한다.

(2) 분조의 종류

① M_2 분조(태음반일주조) : 달의 일주운동에 의해 일어나는 조석(약 12시간)

② S_2 분조(태양반일주조) : 태양이 일주운동에 의해 일어나는 조석(12시간)

③ K_1 분조(일월합성일주조) : 해와 달의 위치에 따라 발생하는 조석(약 24시간)

④ O_1 분조(태음일주조) : 달의 일주운동에 의해 일어나는 조석(약 26시간)

4. 조화상수/비조화상수

한 장소에서 그 지역의 조석현상을 설명할 수 있는 상수를 조석상수(Tidal Constant)라 한다. 조석상수는 조화상수(Harmonic Constant)와 비조화상수(Nonharmonic Constant)로 구분된다. 조화상수는 각 분조(Tidal Constituent)들의 진폭(Amplitude)과 지각(Phase Lag)으로 구성되어 있다. 비조화상수는 조석관측으로부터 통계에 의하여 구할 수 있는 상수를 말한다.

09

일조부등(日朝不等)

1. 개요

해수면이 천체력(天體力, 달과 태양 등 천체의 인력)에 의해 비교적 규칙적으로 승강하는 현상을 조석이라 하며, 조석현상에서 1일 2회 있는 고조 및 저조가 같은 날이라도 조석의 높이가 서로 다른 것을 일조부등이라고 한다. 일조부등은 조류에도 적용되며, 매일 높이 차이가 다르고 장소에 따라서도 다르다.

2. 조석

(1) 조석의 원인

달과 태양의 인력인 기조력이 지구상의 각 지점에서 서로 다르기 때문이다. 기조력은 달 및 태양의 질량에 비례하고 달 및 태양까지의 거리의 3승에 반비례한다.

(2) 조석의 일반적 성질

① 일주조 : 하루에 1번 고조(High Water)와 저조(Low Water)가 있는 조석
② 반일주조 : 하루에 2번 고조(High Water)와 저조(Low Water)가 있는 조석
③ 조석의 주기 : 1일 2회조의 경우 평균 12시간 25분으로 조시는 1일에 약 50분씩 늦어지며, 이는 달이 그 지점의 자오선을 통과하는 시각이 매일 평균 50분만큼 늦어지기 때문임
④ 일조부등 : 조석이 1일 2회조에 두 번의 고조와 두 번의 저조가 있으나 이들의 조위와 주기가 각각 약간씩 다른 현상

3. 일조부등

(1) 일조부등

반일주조에서 연달은 2개의 고조(High Water) 및 2개의 저조(Low Water)가 같은 날일지라도 조위가 다른 것을 말한다. 이것은 조류(Tidal Current)에도 적용된다.

(2) 일조부등의 원인 및 크기

① 일조부등의 원인은 분조(Tidal Constituent) 중에서 반일주조 외에 일주조(Diurnal Tide)도 있기 때문이다.
② 일조부등의 크기는 달의 적위에 따라 변한다.
③ 영향은 적지만 태양의 적위에 따라서도 변한다.
④ 일조부등은 달의 적위가 작을 때, 즉 달이 적도 부근에 있을 때인 적도조에서 작고, 달의 적위가 클 때, 즉 달이 북 또는 남에 있을 때인 회귀조에서 크다.

⑤ 일조부등이 매우 클 경우에는 저고조 및 고저조가 거의 소멸되어 1일 1회의 고조와 저조가 있을 뿐이다.

4. 우리나라의 일조부등과 특징

(1) 동해안

① 조석이 매우 작아서 조차가 0.3m 내외에 불과

② 일조부등은 매우 현저하여 1일 1회의 만조와 간조밖에 일어나지 않을 때도 있음

(2) 남해안

① 대조차는 부산의 1.2m에서 서쪽으로 감에 따라 증가

② 일조부등이 매우 작고 하루 2번 규칙적으로 간만차를 일으킴

(3) 서해안

① 일조부등은 작으나 조차가 크므로 다소 큰 조고의 부등현상이 있음

② 서해 남부에서 약 3.0m로 나타나지만 북쪽으로 감에 따라 증가하며 인천 부근은 9.3m에 달함

---

10 조석관측 및 조위관측소

1. 개요

달, 태양 등의 기조력과 기압, 바람 등에 의해서 일어나는 해수면의 주기적 승강현상을 연속적으로 관측하는 것을 조석관측이라 한다. 조석관측은 여러 가지 조석현상은 물론, 정확한 평균해수면을 구함으로써 지각변동의 검측, 지진 예지, 지구 내부구조 파악 등에도 중요한 자료를 제공한다. 어느 지점의 조석 양상을 제대로 파악하기 위해서는 적어도 1년 이상 연속적으로 관측하여야 한다.

2. 조석관측의 목적

(1) 기준면 결정 : 기본수준면(DL), 평균해면(MSL), 약최고고조면(AHHW)

(2) 수심의 조위결정 : 측심한 해저깊이를 기본수준면 하의 깊이로 변경

(3) 조석예보 : 원하는 지역에서 원하는 시각의 조위를 예측

(4) 해수면의 변화 등 해양의 물리적 이해

(5) 연안방재, 항만공사, 항해 등 연안 및 해양분야에 활용

(6) 지각변동, 지구 내부구조 파악, 지진 예지 등에 활용

3. 조석관측 순서

(1) 조위관측소 및 기본수준면

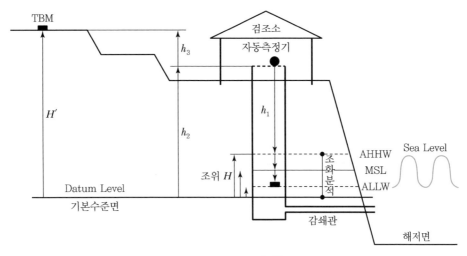

[그림 10-6] 조위관측소

(2) 조위관측 순서

① 기본수준면(Datum Level) 및 기본수준점(TBM) 결정

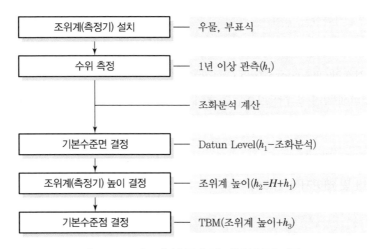

[그림 10-7] 기본수준면 및 기본수준점 결정

② 조위관측

[그림 10-8] 실시간 조위관측

4. 조석관측방법

(1) 검조주(Tide Pole)

① 눈금판을 붙인 기둥을 해수 중에 설치하고 약 10분마다 그 수위를 읽는 방식
② 검조주를 설치할 때는 반드시 부근의 암석 등에 목표를 설정하고 관측 도중 수시로 그 상대
위치의 변화를 검토

(2) 수압식 자동기록 검조의(Pressure Type Tide Guage)

수압감지기를 해저에 설치하여 해수의 승강에 따라 생기는 수압 변화를 해수면 승강으로 환산
하여 기록지에 자동기록하는 방식

(3) 부표식 자동기록 검조의(Bouy Type Tide Guage)

① 해안에 우물을 파고 해수를 도수관으로 우물에 끌여들여, 우물에 띄운 부표의 승강을 기록
지에 기록하는 방식
② 주요 지점의 장기간에 걸친 조석관측을 위한 고정점조소는 주로 이 방식을 사용

(4) 해저검조의(Off-shore Tide Guage)

① 수면에 직접 부표를 띄우고 부표의 승강을 해저에 설치한 기록기에서 자동기록하는 방식
② 해안에서 상당히 멀리 떨어진 곳의 조석관측에 사용

(5) 원격자동기록 검조의

(6) 레이더 및 레이저식 검조의

5. 조석관측 시 유의사항

(1) 자동기록지의 사용일수에 관계없이 매일 1회 검조기계의 작동상황을 점검한다.
(2) 자동기록시계는 반드시 표준시로서 보정된 휴대시계와 일치시킨다.
(3) 조석관측에는 표준시 9hE(135°E)를 적용한다.

(4) 독취기준면(자동기록지의 펜의 높이)을 이유 없이 변경해서는 안 된다.

(5) 자동기록지의 0점과 조고기준면(潮高基準面)의 관계를 알기 위해 기준관측을 반드시 실시해 둔다.

6. 조석 관련 용어

(1) 조석주기 : 연속되는 간(만)조 사이의 시간의 조석주기

(2) 일주조 : 조석주기가 평균 24시간 50분인 조석

(3) 반일주조 : 조석주기가 평균 12시간 25분인 조석

(4) 일조부등 : 반일주조에서 연달은 2개의 고조 및 2개의 저조가 같은 날일지라도 다른 것

(5) 월간격 : 임의의 월간격 사이에 발생하는 고조간격과 저조간격의 총칭

(6) 평균고조간격/평균저조간격 : 장기간에 걸쳐 고조간격 및 저조간격을 평균한 값

7. 우리나라 기본수준면

우리나라는 관측지점의 산술평균해면(A_0)에서 천문조평균해면(Z_0), 즉 주요 4개 분조의 반조차 합인 "$H_m + H_s + H_k + H_o$"만큼 내려간 약최저저조면을 기본수준면으로 하고 있다.

(1) A_o : 임의 관측기준면으로부터 장기간의 해수면 높이를 평균한 값

(2) H_m : M_2분조(태음반일주조) 반조차

(3) H_s : S_2분조(태양반일주조) 반조차

(4) H_k : K_1분조(일월합성일주조) 반조차

(5) H_o : O_1분조(태음일주조) 반조차

8. 조위관측소

해면의 변화, 즉 조석을 관측하는 곳을 조위관측소(Tidal Station) 또는 검조소라 하며 조위관측소에서는 연속관측을 통한 평균해면을 구할 수 있어 지구온난화에 따른 해수면 상승, 지각변동, 폭풍, 해일 등의 연속적인 감시 기능을 수행할 수 있다. 최근에는 자연재해를 예방하고 대비하기 위한 기초자료를 제공하고 있다.

9. 조위관측소 현황

해양조사원에서는 파랑관측소 2개소, 조위관측소 29개소를 현재 운영 중에 있다.

11 **해양조석부하(Ocean Tide Loading)**

1. 개요

해양조석부하란 조석에 의해 발생되는 해수의 하중이 해저면에 작용하여 인근의 지각이 변동되는 현상으로서, 일반적으로는 조석관측 데이터를 이용하여 개발되는 해양조석모델에 의해 각 부하성분이 결정되나, 최근에는 정밀 GNSS 관측 데이터를 이용하여 역으로 해양조석모델을 개발할 수 있다.

2. 상시관측소를 이용한 지각변동량 분석

(1) 해양조석부하의 영향이 거의 없는 내륙의 상시관측소(예 : 대전)를 고정점으로 선정
(2) 전국 해안에 위치한 상시관측소를 대전관측소와 연결하는 다각망을 구성하고 GNSS 관측
(3) 정밀 후처리 소프트웨어를 사용하여 각 상시관측소의 기선길이 및 수직위치를 1시간 단위로 결정하여 시간경과에 따른 시계열적 데이터 작성
(4) 시계열 자료를 토대로 스펙트럼 분석을 실시하여 해양조석의 부하 영향으로 인한 부하성분의 진폭 및 위상차를 구하여 지각의 연직 변동량 모델링

3. 우리나라 상시관측소의 수직방향 지각변동량

(1) 서해안의 상시관측소 : 약 1~3cm
(2) 동해안의 상시관측소 : 약 0.4~0.8cm

4. 측지측량에 대한 해양조석부하의 영향

(1) 해양조석부하는 수평 성분의 지각변동에 영향이 매우 적으므로 일반기준점 측량 시 상시관측소 성과를 사용하는 데에는 큰 문제가 없을 것으로 판단된다.
(2) 해안으로부터 멀리 떨어진 내륙의 상시관측소일수록 해양조석부하의 영향이 거의 없으므로 안정적이다.
(3) 해안에 위치한 상시관측소의 경우, 수직 성분의 지각변동에 다소 영향을 받으므로 이들 관측소에 대하여는 향후 3차원 위성측지기준점으로의 사용에 다소 신중한 결정이 필요하다.

음향측심기(Echo Sounder)

1. 개요

수심측량은 바다를 항해하는 선박의 안전을 위하여 시작되었다. 초기에는 납으로 만든 추에 눈금을 새긴 줄을 매어 해저까지 내린 다음 줄에 표시한 눈금으로 바다의 깊이를 알아내는 방법으로 수심을 측량하였으며, 현재 수심측량은 음파의 송·수신 범위 안에서는 바다 밑 횡단면 전체를 동시에 측정할 수 있는 다중빔 음향측심기를 이용하고 있다.

2. 수심측량의 변화과정

점의 측량(연추) → 선의 측량(단빔 측량) → 면의 측량(멀티빔 측량)

(1) 점의 측량

연추(Lead)를 사용하여 임의 지점에 대한 수심을 취득하는 방법이다.

(2) 선의 측량(단빔 측량)

일정한 간격을 정하여 정해진 선을 따라 선박이 항주하면서 음향측심의에 의하여 연속적으로 수심을 기록지에 기록하는 방법이다.

(3) 면의 측량(멀티빔 측량)

수심의 3~5배를 커버할 수 있는 Multibeam을 사용하여 전 해저면을 미측심 폭 없이 측량하며, 해저의 형상 및 해저장애물(침선, 암초 등)을 정확히 탐사할 수 있는 최신의 측량 방법이다.

3. 수심측량기

(1) 연추(Lead)

① 추에 눈금을 새긴 줄을 묶어 해저까지 내린 다음, 줄에 표시한 눈금으로 바다의 깊이를 알아내는 방법이다.

② 추의 무게는 3.2~12.7kg 정도를 사용한다.

③ 항만에서 안벽의 직하 수심을 측정할 때 사용한다.

(2) 단빔 음향측심기(Single Beam Echo Sounder)

① 음향측심기는 바다 밑에 초음파를 발사하면 약 1,500m/sec의 속도로 바다 밑에 이른 뒤 다시 반사되어 같은 경로로 되돌아오는 성질을 이용한다.

② 초음파의 전달속도는 바닷물의 온도와 염분, 수압 등에 따라 달라지므로 관측값을 수정해야 한다.

③ 일반적으로 10~200kHz 정도의 주파수를 사용한다.

(3) 다중빔 음향측심기(Multi Beam Echo Sounder)

① 바다 밑 횡단면 전체를 동시에 측정할 수 있는 다중빔 음향측심기를 이용한다.

② 수심과 해저지형을 동시에 관측·기록하는 방법이다.

(4) 음향측심기의 구성

① 음향측심기는 기본적으로 기록기, 송신기 및 수신기, 송파기 및 수파기로 구성되며 천해용, 중심해용, 심해용 및 정밀심해용 등이 있다.

② 기록기는 송신기에 송신지령을 공급하고, 송신펄스와 수신펄스를 기록하여 시간간격을 관측 및 환산하여 측심선 해저의 수심을 기록한다.

③ 송신기는 기록기의 송신지령을 받아서 전기펄스를 발생시켜 송파기에 공급한다.

④ 송파기는 전기펄스를 음향펄스로 변환하여 수중으로 방사한다.

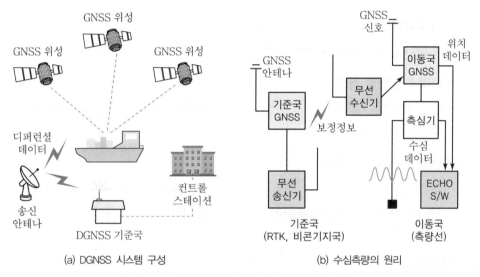

[그림 10-9] DGNSS의 구성 및 수심측량의 원리

(5) 음향측심기

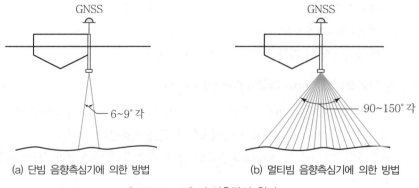

[그림 10-10] 수심측량의 원리

13 간섭계 소나(Interferometric Sonar)

1. 개요

수중 공간정보는 수심과 바닥면에 대한 지형정보로 구성할 수 있으며, 수심측량과 바닥면에 대한 해저면 영상탐사를 별도의 탐사 방법으로 실시하고 있다. 수심측량은 싱글빔 에코사운더(Single Beam Echo Sounder)와 멀티빔 에코사운더(Multi Beam Echo Sounder)를 이용하고 해저면 영상탐사는 사이드스캔소나(Side Scan Sonar)를 이용하여 공간정보를 취득하고 있다. 간섭계 소나(Interferometer Sonar)는 수심과 바닥면에 대한 지형정보를 동시에 취득 가능한 장비로 탐사 범위가 향상되었다.

2. 수중 탐사방법

(1) 해저면 수심측량

① SBES : Single Beam Echo Sounder
② MBES : Multi Beam Echo Sounder

(2) 해저면 지형정보

① SSS : Side Scan Sonar

(3) 해저면 수심측량 및 지형정보 동시 관측

① MBES : Multi Beam Echo Sounder
② 간섭계 소나 : Interferometric Sonar

3. 간섭계 소나(Interferometric Sonar)

하나의 장비로 수행 가능한 수심측량의 범위는 센서(빔)의 개수에 비례한다. Interferometric Sonar는 소량(2개)의 센서를 이용하여 음파간의 위상차를 계산하는 간섭기법을 적용하여 광범 위한 지역 해저 지형의 수심과 지형정보를 동시 획득이 가능한 장비이다.

4. 측면주사음탐기(Side Scan Sonar)와 간섭계 소나(Interferometric Sonar)의 기본 개념

(1) Side Scan Sonar

하나의 트랜듀서(센서)를 이용하여 초음파를 송, 수신하고 입력되는 신호 강도를 이용하여 해 저면 지형정보를 획득한다.

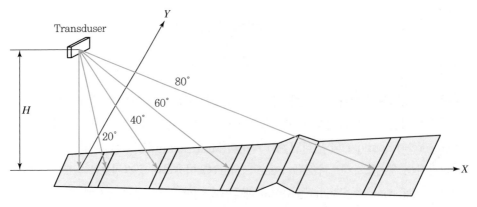

[그림 10-11] 측면주사음탐기 개념도

(2) Interferometric Sonar

두 개의 트랜듀서(센서)를 이용하여 음파 간의 위상차를 계산하는 간섭기법을 적용하여 해저 지형의 수심과 지형정보를 동시에 획득한다.

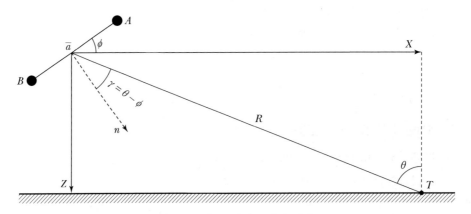

[그림 10-12] 간섭계 소나의 개념도

$$\Delta\phi AB = k\delta R = ka\sin\gamma = 2\pi\frac{\overline{a}}{\gamma}\sin\gamma$$

$$\theta = \sin^{-1}\left(\frac{\Delta\phi AB + 2\pi\cdot n}{ka}\right) + \phi$$

$$z = R\cdot\cos\theta$$

여기서, A, B : 트랜듀서, $\overline{a} = \overline{AB}$: 수신기 간 거리
ϕ : 수신기 기울기(30~60°)
T : 측정점, R : 측정점까지 거리
n : 수신기의 직각방향, z : 수심, $\theta = \gamma + \phi$

5. MBES와 Interferometric Sonar 비교

[표 10-2] MBES와 Interferometric Sonar 비교

구분	MBES	Interferometric Sonar
빔 개수	256	2
Transducers	1	2
주요 사용	수심측정, 매핑	수심, 매핑, 이미징

14 음파 후방산란(Acoustic Backscatter)

1. 개요

음파 후방산란이란 입사되는 음파의 반대방향으로 산란되는 음파로 대다수의 해양조사 장비는 이를 수신하여 증폭함으로써 해저면 또는 해저 하의 정보를 취득한다.

2. 후방산란의 특징

(1) 매질의 종류, 매질 내의 부유입자들의 크기에 따라 다르다.
(2) 대부분의 능동 소나는 단상태 소나(Monostatic Sonar)이므로, 이 경우 잔향을 일으키는 후방산란은 실용적으로 중요하다.
(3) 발생원에 따라 체적 후방산란, 해표면 후방산란, 해저 후방산란 등으로 구별된다.

3. 후방산란 데이터 처리과정

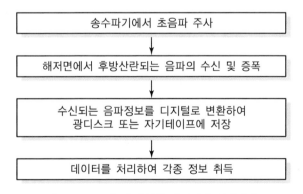

[그림 10-13] 후방산란 데이터의 처리과정

4. 후방산란 음파의 활용

(1) 멀티빔 음향측심기(Multibeam Echo Sounder)
① 복잡한 해저지형의 3차원 데이터 취득
② 수로, 암초, 활단층 및 해저협곡 등 다양한 해저지형 조사

(2) 측면주사 음향탐지기(Side Scan Sonar)
① 후방산란파를 수신하여 해저면의 음향영상 취득
② 뻘, 모래, 용암, 자갈 등 해저면의 지질정보 취득

(3) 후방산란 음압을 이용하여 해저면의 특성 분석
① 후방산란 음압은 초음파의 주파수 및 입사각과 음파가 전달되는 해수의 수온 및 염분농도에 따라 달라진다.
② 후방산란 음압이 해저면에서 반사될 때, 해저면 거칠기, 입도 및 체적산란에 영향을 받아 후방산란 음압이 변화된다.
③ 해저면에 자갈, 모래, 뻘 등 입도가 다른 퇴적물이 분포하고 있는 경우에는 이들 경계부에서 후방산란 음압강도가 매우 뚜렷한 변화를 나타낸다.
④ 후방산란 음압자료를 이용하여 해저 표층 퇴적물의 특성 분류가 가능하다.

---

15 음파 지층탐사(Sonic Sub – bottom Profiling)

1. 개요

음파 지층탐사는 인공적으로 발생시킨 음파가 해저면 지층 내부에서 반사되어 돌아온 신호를 수신/분석하여 해저면 하부의 지층구조를 영상화하여 조사하는 탐사방법이다.
광파 혹은 전자파는 물에서 전달에너지의 감쇠가 너무 심하여 수중층을 투과하는 데 한계가 있지만 음파의 경우는 매우 좋은 전달매체로 작용한다. 따라서 수중 또는 해저탐사에 사용되는 대부분의 탐사장비들과 기술들은 음파를 이용하는 방법을 채택하고 있다.

2. 조사방법과 장비

해저조사에 적용되는 음파탐사방법은 해저지형을 조사하는 음향측심(Echo Sounding), 해저면을 평면적 영상으로 표현하는 측면주사 음향탐사(Side Scan Sonar) 그리고 지층구조와 퇴적층의 형태를 조사하는 지층탐사((Sub – bottom Profiling)의 세 가지가 있다.

(1) 음향측심(Echo Sounding)

음파(약 200kHz)를 바다 밑으로 쏘아 보낸 뒤, 해저면에서 반사되어 되돌아올 때까지의 왕복시간으로 바다의 깊이를 측정한다. 수중에서 음파전달속도는 약 1,500m/sec이다. 음파는 해저까지 왕복한 시간이므로 음속을 곱하고 2로 나누면 수심을 계산할 수 있다. 음파를 송신하고 수신하는 송수파기(Transducer)가 한 개인지 또는 다수 개인지에 따라서 단빔(Single Beam)과 다중빔(Multi Beam)으로 구분한다.

(2) 측면주사 음향탐사(Side Scan Sonar)

해저를 평면적 개념에서 음향학적으로 영상화하는 탐사장비가 Side Scan Sonar이다. 조사선의 항로를 중심으로 좌우측(Side)의 해저면을 음파(Sonar)로 탐지(Scan)해나가면서 해저의 형태를 영상으로 표현하게 된다. 측면주사 음향탐사는 해저면을 평면영상으로 나타낸다.

(3) 지층탐사(Sub-bottom Profiling)

음향측심 및 측면주사 음향탐사는 음파가 지층을 투과할 필요는 없다. 단지 해저에 도달했을 때 반사되어 나오면 된다. 그러나 지층탐사에서는 해저퇴적층을 투과해야 한다. 따라서 음향측심에 비해 낮은 음향주파수를 사용한다. 지층탐사는 투과심도에 따라서 천부지층탐사와 심부지층탐사로 구분한다. 지층탐사에 이용되는 음파는 지층별로 다른 주파수를 이용하여 원하는 지층에서 반사는 음파를 수신하여 각 지층을 분석한다. 음향측심과 측면주사 음향탐사는 해저면을 평면영상으로 표현하는 반면 지층탐사는 해저의 하부를 수직단면(Vertical Section Profile)으로 나타낸다.

3. 음파 특성의 적용

음파의 주파수 영역은 음향측심기의 경우 천해용은 200kHz이고 심해용은 12~34kHz 대역이다. Side Scan Sonar의 주파수 대역은 100~500kHz 정도이다. 주파수 대역이 10kHz 이하로 낮아지면 점차적으로 해상력보다는 투과력이 우세해지면서 해저면 하부의 지층을 투과하게 되며, 탐사대상 목표가 수중 또는 해저면에서 그 하부로 옮겨지게 된다. 주파수 대역이 수십~수백 Hz 정도로 낮아지면 지하 수 km까지의 지층 단면을 조사하는 석유탐사 분야에 해당된다. 여기서 수 Hz 이하로 더 낮아지면 지진파의 범주에 속하며 지구의 내부구조를 밝히는 데 이용된다.

[표 10-3] 해양 조사방법과 장비

구분	SBES	MBES	사이드 스캔소나	지층탐사
탐사대상	해저면	해저면	해저면	해저 지층
탐사목적	해저면 수심	해저면 수심, 형상	해저면 영상	퇴적물 두께, 지질 구조
주파수	고주파	고주파	고주파	저주파
주파수대역	100~300kHz	200~400kHz	100~500kHz	1~10kHz

4. 지층탐사의 응용분야

(1) 천부의 지질구조를 정확히 영상화

(2) 골재자원 탐사

(3) 해상 구조물 부지조사

5. 지층탐사 방법

지층별로 낮은 음향주파수를 이용하여 원하는 지층에서 반사되는 음파를 수신하여 각 지층을 분석한다. 지층탐사의 조사방법과 장비는 다음과 같다.

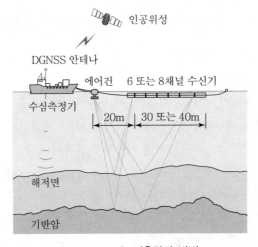

[그림 10-14] 지층탐사 방법

해저면 영상조사

1. 개요

해저면 영상조사는 수중에서 전달거리가 먼 음파를 방사하면 문체에서 후방산란을 일으키는데, 이 산란파를 수신하여 기록함으로써 해저면의 3차원 영상을 얻을 수 있다. 취득되는 기록의 강도나 음영은 해저면 물질의 후방산란 강도 또는 거칠도와 직접적으로 관련이 된다.

2. 해저면 영상조사의 구분

(1) 해저면 영상조사

측면주사 음향탐사기(Side Scan Sonar)를 이용하여 해저면의 영상정보를 획득하는 조사 작업

(2) 해저면 영상도

해저면영상조사 결과로 확인된 해저면의 영상정보를 자료 처리하여 도면으로 표현한 결과물

3. 측면주사 음향탐사기(Side Scan Sonar)

측면주사 음향탐사기(Side Scan Sonar) 센서는 해저면의 영상을 실시간으로 탐색하는 장비로서 해양탐사 및 지질조사, 해저통신 및 어초조사, 기뢰 및 잠수정 탐색 등 해양탐사와 관련한 대표적 장비라고 할 수 있다.

(1) 센서는 해저와 목표물을 표시하기 위해 소나 플랫폼의 움직임을 사용

(2) 동작주파수 범위는 100~500kHz이며, 주파수는 요구되는 깊이와 목표물의 크기에 의해서 결정

(3) 센서는 수직으로 45°, 수평으로 2° 정도의 신호전파 방사각도 폭을 가진다.

4. 해저면 영상조사 방법

(1) 시험조사 및 매개변수 산정

① 1m² 이상의 물체의 형상을 판별할 수 있는 적정 주사 폭

② 해저면 영상조사 장비의 적정 증폭비(Gain) 및 시간가변증폭비(TVG)

(2) 조사방법

① 예인식 또는 고정식

② 시험조사 자료를 기초로 하여 암초, 어초, 침선 등의 해저장애물이 충분히 나타날 수 있도록 조사선의 속도, 예인체(Towfish)의 수중고도, 장비 운용 및 탐색범위를 설정

(3) 자료 처리

① 이득회수

② 경사거리 보정

③ GNSS 보정

④ 속도 보정

⑤ 영상처리 보정

⑥ 모자이크 매핑

(4) 해저면 영상도

① 해저 표면과 장애물 및 저질의 특성이 잘 표현될 수 있도록 한다.

② 해저지형의 음향측심성과물과 비교·검토하여 해저면 영상도를 작성한다.

③ 원시자료, 처리자료, 가공자료는 항목별로 분류하여 저장매체에 정리한다.

④ 도법은 람베르트도법 또는 UTM 도법으로 한다.

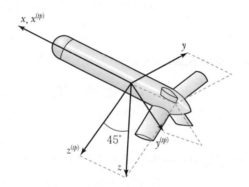

[그림 10-15] Side Scan Sonar

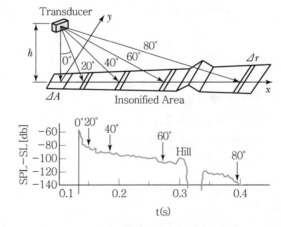

[그림 10-16] 해저면 영상화 기법 및 원리

| 17 | **수로측량의 원도(Cell) 번호체계** |

1. 개요

수로측량(Hydrographic Surveying)은 선박의 항행을 위해 바다, 강, 하천, 호소 등의 항로에 대하여 수심, 지질, 지형, 상황, 목표 등의 형태를 측정하여 해도를 작성하는 측량을 말한다. 수로측량의 축척별 원도(Cell) 번호체계는 다음과 같다.

2. 수로 측량의 축척별 원도(Cell) 번호체계

[표 10-4] 수로측량의 축척별 원도 번호체계

축척	색인도	셀 번호 및 셀 크기
1/50천	37° / 01 02 03 04 / 05 06 07 08 / 09 10 11 12 / 36° 13 14 15 16 / 127° 셀 번호 H362715 128°	〈셀 번호〉 경위도를 1° 간격으로 분할한 지역에 대하여 다시 15′씩 16등분하여 하단위도 2자리 숫자와 좌측경도 끝 2자리 숫자를 합성한 뒤 해당코드 추가하여 구성 〈셀 크기〉 15′×15′
1/25천	1 2 / H362715 / 3 4 / 셀 번호 H3627154	〈셀 번호〉 1/5만 도엽을 4등분하여 1/5만 셀 번호 끝에 해당 코드(1자리) 추가하여 구성 〈셀 크기〉 7′30″×7′30″
1/5천	001 ··· 010 / H362715 / 091 ··· 098 100 / 셀 번호 H362715098	〈셀 번호〉 1/5만 도엽을 100등분하여 1/5만 셀 번호 끝에 해당 코드(3자리) 추가하여 구성 〈셀 크기〉 1′30″×1′30″

축척	색인도	셀 번호 및 셀 크기
일반 수로조사	셀 번호 HS36270050-2(A)-2011 • 3627 : 좌하단 위경도 • 0050 : 축척(1/5천), 0075 축척(7.5천) • 2(A) : 구분식별자 • 2011 : 조사연도	
기타	원도 번호 영문구성 • 측량원도 : H • 해저지형(등심선) : B • 중력이상 : G • 지자기전자력 : M • 천부지층 : S	예) 측량원도 H362715098

18 국가해양기본도(Basic Maps of the Sea)

1. 개요

국가해양기본도는 해저지형도, 중력이상도, 지자기전력도, 천부지층분포도의 4개 도면을 1종으로 하는 도면으로 주변국과의 배타적 경계수역(EEZ) 해양경계 설정, 해상교통안전, 해양개발 및 해양정책 수립 등에 기초자료로 활용되며, 1/25만(16종 64도엽), 1/50만(4종 16도엽) 두 가지 축척으로 이루어져 있다.

2. 국가해양기본도

(1) 해저지형도(Bathymetric Chart)

① 다중 음향측심기(Multi-Beam Echo Sounder)로 해저의 수심을 측량하여 해저의 기복과 형상을 등심선으로 표시한 도면이다.

② 해저지형도는 실제와 같은 정밀한 해저 모습을 묘사하여 해상교통안전 지원은 물론 해저지형 연구와 교육에 활용된다.

(2) 중력이상도(Free-air Gravity Anomaly Chart)

① 해상중력계로 측정한 해저의 중력을 중력이상값으로 보정하여 등중력이상을 선으로 표시한 도면이다.

② 중력이상은 자료보정 단계에 따라 프리에어 이상과 부게 이상의 결과가 생산되며, 국가해양기본도에서는 프리에어 이상을 도면으로 제작한다.

③ 중력값은 해저 내부의 밀도분포에 따라 좌우되므로 이를 분석하여 지질구조 연구, 해저자원탐사 등에 활용된다.

(3) 지자기전자력도(Total Magnetic Intensity Chart)

① 해상자력계로 측정한 해저의 자기성분을 분석하여 해저의 지자기전자력 분포를 등자력선으로 표시한 도면이다.

② 지자기전자력은 지구 자기장에 의해 자화된 암석이 형성하는 2차 자기장을 말하며, 이는 암석의 종류(성분)에 따라 다르므로 지자기전자력의 상대적인 세기를 비교함으로써 해저 지하 구성물질의 특징, 지질구조 연구, 해저자원탐사 등에 활용된다.

(4) 천부지층분포도(Sub – bottom Echo Character Chart)

① 탄성파 탐사기로 조사한 해저지층단면도와 퇴적물 채집장비로 취득한 해저퇴적물 시료를 분석하여 해저 표층퇴적물의 형상 및 구조 등을 그 분포범위에 따라 표시한 도면이다.

② 천부지층분포도는 100m 이하 최상층 퇴적물의 퇴적과정을 간접적으로 해석할 수 있는 유용한 자료로서 지질구조 연구나 해저자원탐사에 활용된다.

3. 국가해양기본도 활용

국가해양기본도는 EEZ 경계 내의 광역 해양자료를 취득하여 이를 바탕으로 국가영해 관리, 정밀 지오이드 생산 및 국가의 기초적 정보생산에 이바지하고 있다.

---

19 전자해도시스템(ECDIS : Electronic Chart Display and Information System)

1. 개요

전자해도(ENC : Electronic Navigational Chart)란 전자해도표시시스템(ECDIS)에서 사용하기 위해 종이해도상에 나타나는 해안선, 등심선, 수심, 항로표지(등대, 등부표), 위험물, 항로 등 선박의 항해와 관련된 모든 해도정보를 국제수로기구(IHO)의 표준규격(S－57)에 따라 제작된 디지털해도를 말한다. ECDIS(Electronic Chart Display & Information System)는 전자해도를 보여주는 장비로서 국제해사기구(IMO)와 IHO에 의해 정해준 표준사양서(S－52)에 따라 제작된 것만을 ECDIS라 한다.

2. 개발 배경

20세기 후반 국제 물동량 증가와 항해기술의 발달로 선박은 대형화, 고속화 되었으며, 이로 인한 대형 해난사고가 빈번하게 발생하게 됨에 따라 북부 유럽의 해운국가를 중심으로 1980년대 중반부터 항해안전을 향상시킬 수 있는 전자해도에 대한 연구를 시작하였다. 우리나라는 1995년 남해안 소리도 부근에서 발생한 유조선 씨-프린스 호의 해난사고를 계기로 새로운 항해안전 시스템의 필요성이 대두되면서 본격적으로 전자해도 개발에 착수하게 되었다.

3. 전자해도표시시스템

[그림 10-17] 전자해도표시시스템

4. 주요 제공 정보

(1) 선박의 좌초·충돌에 관한 위험상황을 항해자에게 미리 경고
(2) 항로설계 및 계획을 통하여 최적항로 선정
(3) 자동항적기록을 통해 사고발생시 원인 규명 가능
(4) 항해관련 정보들을 수록하여 항해자에게 제공

20 가우스상사이중투영법

1. 개요

가우스상사이중투영법(Gauss Conformal Double Projection)은 램버트의 횡원통투영법에서 지구를 구체로 취급하는 것을 가우스가 동일한 방법으로 회전타원체면상의 점을 구면에 등각 횡원통투영을 실시하고 다시 구체에서 평면으로 실시한 투영방법이다. 곡면인 지구의 표면을 지도로 표현하는 경우 거리와 면적을 모두 원형과 동일하게 투영하는 것은 불가능하므로 목적에 적합한 1개의 조건이 만족되도록 한다. 측량에서는 각이 중요하므로 모든 점에 대하여 거리와 면적에 다소의 차이가 있어도 각이 동일하게 되도록 투영하는 방법을 상사투영이라 한다.

2. 투영방법 및 도법

(1) 투영면 형태에 따른 분류

① 상사(등각)투영 : 지상에서 측정한 각과 도상의 각을 일치시켜 형태가 같도록 유지한 투영방법

② 등적투영 : 지상의 면적과 도상의 면적이 같도록 한 투영방법

③ 등거리투영 : 지상의 거리와 도상거리가 같도록 유지한 투영방법

④ 평면(방위)도법 : 지구를 평면에 투영하는 방법

⑤ 원통도법 : 지구를 감싸는 원통에 투영하여 원통을 펴는 방법

⑥ 원추도법 : 지구에 원뿔을 씌운 다음 투영하여 펴는 방법

(2) 투영법의 선택

① 극지방이나 정방형에 가깝게 생긴 나라에서는 평면도법을 사용

② 위선이나 경선을 따라 길게 생긴 나라는 보통 원통도법을 사용

③ 원추도법은 일반적으로 중위도 지역 국가에서 사용

3. 가우스 상사 이중투영법의 특징

(1) 회전타원체에서 구체에 투영하고, 다시 특정 평면(투영평면)에 투영

(2) 투영평면은 원점(서부, 중부, 동부)을 지나는 구체의 중앙자오선에 접하는 원통면

(3) 원통의 표면을 원점의 자오선에 직각방향으로 절단하고 이 절단부의 호상이 접선에 일치하도록 신장하면 곡면이 평면으로 된다.

(4) 지구타원체와 구체는 한 점에서 일치한다.

(5) 구체와 그의 평면은 공통의 원점을 가진다.

(6) 원점에서 축척계수는 1.0000이다.

$$축척계수(K) = \frac{투영면상의\ 거리}{기준면상의\ 거리}$$

4. 우리나라의 적용

(1) 1910년대 토지조사사업의 삼각점의 경 · 위도를 평면직각좌표로 변환에 사용

(2) 현재까지 지적측량에 사용

(3) 1960년대 후반 국가기본도좌표는 가우스-크뤼거 도법 사용

(4) 북위 38°와 동경 125°, 127°, 129°의 교차점을 가상원점으로 하여 각 원점에서 2°40′의 영역으로 원점의 동, 서쪽으로 각각 20′씩 중복되게 투영

5. 우리나라 투영법의 문제점

(1) 1910년 토지조사사업 당시 지구타원체는 Bessel치를 이용하고 투영법은 가우스상사이중투영법을 사용

(2) 해방 이후 가우스–크뤼거투영법을 사용하여 두 가지 투영법을 혼용

(3) 토지조사사업 당시 경·위도를 평면직각좌표로 변환한 근거는 알 수 없음

(4) 3개(서부, 중부, 동부)의 투영좌표계로 관리 복잡

(5) 기준점측량의 좌표와 지도좌표가 서로 상이

(6) 지적측량에는 통일원점좌표계와 구소삼각원점좌표계가 공존하며, 좌표계 상이

(7) 측지측량에는 세계좌표계 사용

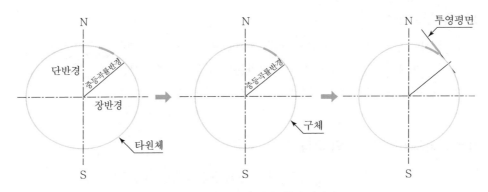

[그림 10-18] 가우스상사이중투영방법

---

21 도해지적/수치지적/계산지적

1. 개요

지적도는 토지의 경계를 도면으로 결정하는 도해지적과 수학적 좌표로 표시하는 수치지적으로 나누고 별도의 성과로 관리되고 있다. 그러나 토지의 경계를 지적공부에 등록할 당시에는 사정선에 의한 지적측량으로 현실경계와 도상경계가 일치하였으나 전체 지적의 약 94%에 달하는 도해지역이 100여 년이란 세월이 지나면서 여러 가지 이유로 발생된 오차가 존재하고 있다.

2. 측량방법에 따른 분류

(1) 도해지적

토지의 경계점을 도해적으로 도면에 표시하는 지적제도로서 우리나라에서는 지적제도 창설 당시 채택된 제도로서 전국의 토지가 거의 도해지적이다.

(2) 수치지적

수치지적은 토지에 대한 경계점의 위치를 좌표로 표시하는 지적제도로서 수치지적부로 별도 관리하고 있다.

(3) 계산지적

경계점의 정확한 위치결정이 용이하도록 측량기준점과 연결하여 관측하는 측량방법의 지적 제도이다.

3. 도해지적

(1) 각 필지의 경계점을 도면 위에 기하학적으로 폐합된 다각형의 형태로 표시하여 등록한다.
(2) 토지의 형상을 시각적으로 용이하게 파악한다.
(3) 측량에 소요되는 비용이 저렴하다.
(4) 농촌지역과 산악지역에 주로 이용된다.
(5) 도면의 신축으로 면적측량 시 오차가 발생한다.
(6) 고도의 정밀을 요하는 경우에는 부적합하다.

4. 수치지적

(1) 토지에 대한 경계점을 좌표로 표시하여 위치를 나타내는 제도이다.
(2) 측량성과의 차이에 따른 경계분쟁 발생이 없다.
(3) 각 필지의 경계점이 좌표(수치)로 등록되어 시각적으로 판단이 불가능하다.
(4) 경계를 복원할 때 측량 당시의 정확도로 재현할 수 있다.
(5) 다목적 지적에 적합한 제도이다.
(6) 측량기술, 측량장비의 발달(디지털화)로 신속한 측량이 가능하다.
(7) 국소단위의 토지구획정리 등에 적용한다.
(8) 전국단위의 통일된 기준좌표계가 아닌 국소단위의 좌표계에 적용한다.

5. 계산지적

(1) 경계점의 정확한 위치결정이 용이하도록 측량기준점과 연결하여 관측하는 측량방법
(2) 측량방법은 수치지적과 동일
(3) 전국단위 통일된 기준좌표계에 의해 토지의 경계점을 좌표로 표시하는 제도
(4) 전국단위로 수치데이터에 의거하여 체계적인 측량 가능
(5) 지적도의 전산화 용이
(6) 컴퓨터와 전문 소프트웨어 필요

(7) 현재 우리나라에서 시행하는 지적재조사의 수치화에 이용

(8) 전국단위의 통일된 기준점 체계 필요

22 연속지적도(連續地籍圖)

1. 개요

지적도면 전산화가 완료되고 이를 바탕으로 연속지적도를 작성하여 사용하고 있으나 기본적으로
지적도면이 갖고 있는 문제점이 해소 없이 지속적으로 반복되어 나타나므로 현실의 자료를 활용
하여 지속적인 품질 향상을 해야 양질의 연속지적도 정보 제공이 가능할 것이다.

2. 연속지적도의 구축

(1) 1단계(2005년 이전)

① 지적도면의 복사 등을 통하여 지형도와 결합한 편집지적도 등을 작성 · 사용

② 기존 지적도 입력 및 지적도 재조사의 단계적 추진을 위한 시범사업 추진

(2) 2단계(2005년 이후)

① 전산화를 위한 시범사업 실시

② 1998년에는 도시지역 · 농촌지역을, 1999~2000년까지 농촌지역 · 산간지역의 기존 지
적도면을 전산화하였다.

③ 지적도면 전산화 사업대상 총 748,000매 중 204,000매(27%)를 전산화

④ 지적전산화에 따라 단순접합방식의 연속지적도 작성

⑤ 현재 다양한 행정분야에 사용

3. 연속지적도의 개념 및 제작방법

(1) 개별 지적도면을 리 · 동 단위로 접합하여 제작된 도면

(2) 비측량의 목적으로 축척별, 축척 간, 원점 간, 행정구역 간 접합을 하여 하나의 파일로 작성

(3) 토지정책의 기반자료 및 용도지역 고시 등에 사용

4. 연속지적도의 문제점

(1) 동일한 축척에 의한 접합으로 제작

(2) 현지 측량을 실시하지 않음

(3) 특별소삼각지역 등 다양한 원점체계 미적용

(4) 도면별 신축량 미보정

(5) 토지조사사업 당시의 등록선 접합

(6) 관련 분야 비전공 인원으로 구축 작업자의 주관 개입

5. 연속지적도의 오류 검증 방법

(1) 지적도면을 이용한 방법

작업자가 지적도면을 확인하여 오류 필지를 선정하는 방법

(2) 측량을 통한 방법

실제 측량을 수행하여 오류 검증으로 가장 정확한 방법

(3) 다양한 전산자료 이용 방법

수치지도, 수치정사사진 등의 정보를 활용하는 방법으로 실측에 의한 조사 방법보다 효율적

6. 연속지적도 고도화 방안

(1) 연속지적도 정보 활용 목적의 정립 : 측량 목적으로의 활용이 아닌 각종 고시 업무 또는 지리정보산업을 포함한 공간정보산업에 활용하기 위한 목적

(2) 항공정사영상을 이용하여 연속지적도를 제작

(3) 지적측량 업무의 일환으로서 생산 · 축적되어 있는 지적측량 현황 데이터, 지적측량 결과도 등을 이용

(4) 주관적 판단에 의한 도면 제작 방지 등을 고려한다면 자동화된 방법의 도입 필요

---

23 3차원 지적/해양지적

1. 3차원 지적

3차원 지적이란 지표의 물리적 현황은 물론 지상 및 지하 · 공중에 형성되는 선과 면 그리고 높이 등 건축물의 건설로 인한 공간적 시설물까지 입체적으로 등록 · 공시하는 지적제도로서, 지상을 대상으로 하는 2차원 지적에 지하의 각종 시설물과 지상의 다양한 건축물의 높이를 조사 · 측량하여 지적공부에 등록하는 지적형태이며 입체지적이라고도 한다.

(1) 3차원 지적의 필요성

① 종래의 토지 이용은 일반적으로 지표에 대한 평면적 이용이 주가 되었으나 경제발전과 인구의 도시집중으로 토지 표면의 가용면적 자체가 한계에 달했다.

② 도시지역의 경우 평면적 토지공간의 절대부족으로 도시시설 확충을 위한 지하공간 활용의 필요성이 대두되었다.

③ 지가 상승으로 도시기반시설 설치에 따른 토지보상 비용이 과다하게 소요됨에 따라 개발용지는 취득이 곤란해졌고 재정부담의 한계에 달했다.

④ 지상 자연환경의 훼손 방지와 녹지보전을 위하여 지하공간 활용이 필요하다.

⑤ 지상/지하공간의 입체적 활용에 대한 토지 소유권 보호 및 효율적인 권리의 등록 및 관리 필요하다.

(2) 3차원 지적의 특성

① 수평적 등록은 물론 지하 및 공중까지 등록하는 형태

② 입체지적

③ 완벽한 좌표계 확립이 필요함

(3) 3차원 지적의 이용분야

① 건축 등 민간 수용에 대응

② 토지이용자의 다양한 요구 충족을 통한 공사 위상 강화

③ 3차원 지적 구현으로 국토공간의 효율적 활용 및 국가가 추구하는 디지털 국토 구현 기반 마련

(4) 4차원 지적

4차원 지적이란 3차원 지적에서 발전한 형태로 등록사항의 변경내용을 정확하게 유지 관리할 수 있는 다목적 지적제도이다. 4차원 지적은 지표·지상·건축물·지하시설물 등을 효율적으로 등록·공시하거나 관리·지원할 수 있다.

2. 해양지적

지적은 국가가 자기 영토의 토지현상을 공적으로 조사·측량하여 일정한 장부에 등록한 토지정보원이라 할 수 있으며, 추구하는 목표는 국토의 효율적 관리와 소유권 보호이다. 반면, 해양지적은 해양을 공적 기관에 의하여 체계적으로 관리하고 해양활동에서 파생되는 권리의 보호에 두고 있으며 국가의 주권이 미치는 영토의 일부이다. 따라서 이를 효율적으로 이용·관리할 자료를 확보할 필요가 있다는 점에서 지적과 같은 맥락에서 출발한다. 따라서 해양지적이란 "해양의 가치·이용·권리·권익 등을 국가 또는 국가의 위임을 받은 기관이 체계적으로 관리하는 시스템"이라고 정의할 수 있다.

(1) 해양지적제도 도입의 필요성

1) 정책적 필요성
① 공유수면 관리
② 해양관할권 강화
③ 패러다임 변화 및 해양영토 확보경쟁

2) 경제적 필요성
① 해양측량
② 바닷가의 국유지 전환
③ 해양수산자원 및 광물
④ 해양활동 파생수익

3) 법률적 필요성
① 유엔해양법협약
② 지자체 간 갈등
③ 국민의 권리보호 및 효율성 관리

4) 사회 · 문화적 필요성
① 해양스포츠
② 해양관광
③ 해양교육

5) 환경적 필요성
① 지속 가능한 해양의 발전
② 지리적 환경
③ 지구온난화

(2) 우리나라 해양등록공부의 한계
① 공적 장부로서 체계 미흡
② 불부합의 문제
③ 권리보호를 위한 공적 장부 미흡
④ 종이서류, 종이도면으로 관리하여 업무처리 지연
⑤ 도면의 정확도 낮음
⑥ 해도와의 연계성 낮음
⑦ 토지와 해양의 서로 다른 좌표계

(3) 해양공부, 해양등록부 등록 방법

① 해양필지구획

② 해양등록번호 부여

③ 해목 분류

④ 면적의 단위 통일

⑤ 등록절차 개선

(4) 우리나라 해양공간 관리 및 공간계획의 정비 방향

① 범정부 차원의 협의체 구성 필요

② 해양공간 관리의 제도화 필요

③ 관련 기관의 업무 영역 구분

④ 중앙정부 차원에서 관리하는 제도적 장치 마련

⑤ 해양공간 관리 시스템 구축

24 지적확정측량(Confirmation Surveying for Cadastral)

1. 개요

지적확정측량이란 도시개발사업 등이 완료되어 지적공부에 토지의 지번, 지목, 경계, 면적, 좌표 등의 표시를 새로 정하기 위하여 실시하는 지적측량으로 시행자 등이 시공한 일정한 범위의 토지를 지적측량에 의하여 경계와 면적을 결정하는 측량이다. 이는 도시개발사업에 의한 시가지확정측량과 농경지확정측량으로 구분하여 실시하며, 측량 지역의 지적공부를 폐쇄하고 지적확정측량을 실시하여 토지의 소재, 지번, 지목, 면적 및 좌표 등을 다시 정하여 지적공부에 등록하는 준사법적인 행정행위이다.

2. 지적확정측량의 대상

토지면적 $10,000m^2$ 이상인 다음 각 호에 해당하는 토지개발 사업

(1) 「도시공원 및 녹지 등에 관한 법률」에 따른 공원시설사업

(2) 「국토의 계획 및 이용에 관한 법률」에 따른 도시·군계획사업

(3) 「공공기관 지방이전에 따른 혁신도시건설 및 지원에 관한 특별법」에 따른 혁신도시개발사업

(4) 「전원개발촉진법」에 따른 변전소 신축사업

(5) 「산업집적활성화 및 공장설립에 관한 법률」에 따른 공장설립 사업

(6) 「도시가스사업법」에 따른 가스공급시설 사업

(7) 「국가균형발전 특별법」에 따른 개발사업
(8) 「수도법」에 따른 정수시설부지 조성사업
(9) 「학교시설사업 촉진법」에 따른 학교시설사업

3. 지적확정측량의 순서

지적기준점측량 → 지구계분할측량 → 필지확정측량 → 지번 부여 → 좌표면적 및 경계점계산부
작성 → 경계점좌표등록부 및 지적도 작성의 순서로 시행되고 있다.

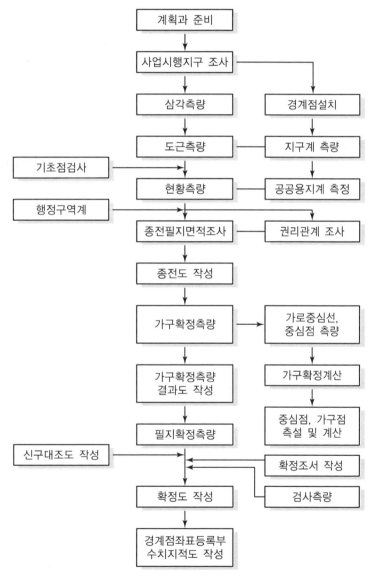

[그림 10-19] 지적확정측량의 흐름도

4. 기초측량

(1) 지적기준점 측량

(2) 지적도근점 측량

5. 세부측량

(1) 가로중심점측량

가로중심점측량이란 현장에서 시공된 현황을 측정하여 중심선의 제원을 구하고 이 중심선을 교차하여 중심점을 구하는 것으로서 과거 도해지적이나 수치지적이 도입된 초기에는 중심점 측량은 실시하지 않고 시공된 현황을 그대로 측정하여 등록하는 방법으로 실시하기도 하였으나 지금은 공공용지의 확보 등 도시계획에 맞는 좌표를 확보하기 위해서는 반드시 필요한 과정이다.

(2) 세부측량

세부측량은 일필지마다 그 형상을 측정하여 지번, 지목, 경계 또는 좌표의 면적 등을 등록하기 위하여 실시하는 측량으로 지적확정측량에 있어서는 기준점에 의하여 현황을 측정하도록 되어 있다.

① 지구계측량

② 가구측량

③ 필계점측량

④ 지번부여 및 지목설정

⑤ 면적산출 및 결정

6. 측량성과 작성 및 검사

지적측량 수행자는 지적기준점측량을 완료하면 지적기준점성과, 기지경계선의 부합 여부 등을 확인한 측량결과도, 지적삼각점측량부 등 관련 서류를 첨부하여 관리 기관에 측량성과검사를 요청한다. 확정측량성과도는 세계측지계를 기준으로 작성한다.

[표 10-5] 지적확정측량 성과검사기관의 구분

지역 구분	검사기관 구분	
	지적소관청	시·도지사, 대도시 시장
시·구 지역	10,000m² 이하	10,000m² 초과
군 지역	30,000m² 이하	30,000m² 초과

CHAPTER

04 주관식 논문형(논술)

01 하천과 바다의 수심결정 방법

1. 개요

하천과 바다의 수심 결정은 하상 또는 해저의 지형 상태를 파악하기 위한 과정으로서 수심에 따라 음향측심기나 연추(Lead)를 사용하여 관측하며 하천의 경우는 수위에 따라, 바다의 경우는 조위에 따라 그 수위 및 조위의 변화량을 보정함으로써 정확한 수심을 결정할 수 있다. 일반적으로 수심과 평면위치를 동시에 관측하여 3차원 좌표를 취득함으로써 지형도를 작성할 수 있다.

2. 수심측량의 원리

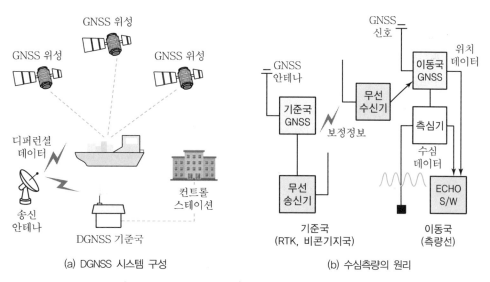

(a) DGNSS 시스템 구성   (b) 수심측량의 원리

[그림 10-20] DGNSS의 구성 및 수심측량의 원리

3. 수심측량 보정 및 순서

(1) 음향측심기로 측심한 수심

기기오차, 수중음향속도의 변화에 의한 오차, 송수파기의 깊이(흘수) 및 조고(수위변화)에 의한 오차 등이 포함되어 있어 이를 보정하여야 한다. 따라서 실수심은 다음과 같다.

① 실수심＝관측수심±기기보정량±음속도보정량±흘수보정량±조석보정량

② 일반적으로 천해에서는 수중음향속도 변화에 의한 오차보정을 해줌으로써 기기오차가 보정된다.

③ 실제 측정 수심의 보정은 수심을 측정하기 전 음향측심기에 수중음향속도 값과 흘수 보정 값을 입력함으로써 이루어지게 되고 수심측량 후 저장된 수심 데이터의 자료 처리 시 조석 보정을 하게 된다.

(2) 음속도 보정

일반적으로 가정음속도 1,500m/sec를 채용하고 있는 음향측심기에서 측정한 음향 자료는 측정 장소의 실효음속도에 의해 생기는 오차가 포함되어 있으므로 오차를 보정해야 한다.

(3) 흘수 보정

송수파기(Transducer)가 해수면보다 아래에 위치하기 때문에 송수파기의 흘수만큼 보정하여야 한다. 송수파기는 항상 해수면 아래에 위치하므로 보정량은 항상 (+) 값을 가진다.

(4) 조석 보정

조석에 따른 해수면의 변화오차가 포함되어 있으므로 수심측량 수행시간 동안 국립해양조사원 검조소의 데이터를 이용하여 보정한다.

(5) 수심측량의 순서

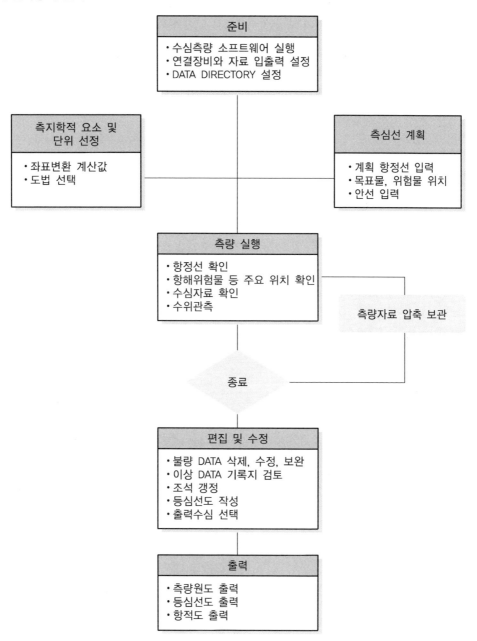

[그림 10-21] 수심측량의 흐름도

4. 문제점 및 대책

(1) 수심 관측 전 음향측심기의 보정 불이행으로 인한 신뢰성 없는 데이터 취득 사례가 많음
   → Bar Check를 반드시 실시하여 정확한 수심 결정 이행
(2) 수심측량 및 조위관측 부실의 경우가 많음
   → 국가기준점(수준점)에 준거하는 현장 기준점의 설치와 조위 또는 조위관측을 정확히 함으로써 신뢰도 높은 수심 결정 이행

5. 결론

수심 결정은 육안으로의 확인이 용이하지 못하므로 자칫 소홀히 다루어질 우려가 높은 만큼 매 공정마다 철저한 지도·감독 및 확인이 요구되며, 각각의 관측장비에 대한 점검 등을 충실히 함으로써 데이터의 품질을 높일 수 있으므로 각별한 주의가 요망된다.

---

02 항공라이다 수심측량(Airborne LiDAR Bathmetry)

1. 개요

항공라이다 수심측량은 파장이 다른 2개의 레이저 펄스를 주사하여 해면과 해저면에 각각 반사된 레이저 펄스의 왕복에 필요한 시간을 기록하여 거리를 산출한다. 또한 저고도 항공기에 레이저를 탑재하여 비교적 맑은 연안지역의 해수나 호수의 수심을 측정하는 효율성이 높은 첨단 신기술로 중요성이 인식되어 많은 관심이 집중되고 있으며, 해양선진국에서는 이미 연구·도입하여 활용하고 있다.

2. 역사

(1) 항공라이다 수심측량 시스템의 역사는 매우 오래되었으며, 초기에는 군사 분야에서 바닷속으로 침투하는 적들을 감지할 목적으로 연구가 진행되었다. 이후 수로측량에 적용하기 위한 연구가 이루어져 1969년 미해군수로부에서 시험제작시스템 CAPLS(Coastal Airborne Photo Laser Sounder) 개발에 성공하고 1970년대에는 스캐닝 기구나 관성측정장치 등의 신기술을 적용한 실용적 모델이 등장하게 되었다.
(2) 캐나다에서는 북극해안연안의 석유 및 가스사원 개발과 관련하여 여름 동안 다도해 해군항로를 효율적으로 수로측량할 목적으로 개발을 진행하였고, 1980년에 시험제작시스템인 CCRS Mk – Ⅱ(Canada Center for Remote Sensing type Lidar Bathymeter)를 완성시키고

1985년에는 이를 발전시킨 Larsen-500을 이용하여 본격적인 수로측량을 실시하였다.

(3) 이 CCRS Mk-Ⅱ를 기초로 1991년 스웨덴 국방연구소(Swedish defense research institute)와 Saab 그룹은 헬리콥터 탑재형 시스템인 Hawk Eye를 개발하였다.

(4) 선박을 통한 측량이 곤란한 산호초 해역이 넓게 분포된 호주에서는 산호초 해역에 적용할 수 있는 새로운 해도제작기술이 요구되어, 호주방위과학기술관 주체로 시험제작기 WRELADA-1(Weapon Research Establishment type Laser Airbone Depth Sounder)을 제작해 1976년부터 측심작업을 실시하였으며, 1981년에는 실용형 WRELADS-2를 완성시켰다.

(5) 현재 상업적으로 가동하고 있는 항공라이다 수심측량 시스템은 캐나다 Optech 社의 SHOALS(Scanning Hydrographic Operational Airborne Laser System) 1000/3000 및 호주 Tenix LADS 社(2008년 Fugro사로 합병)의 LADS Mk-Ⅱ 두 기종이 대표적이며 Optech 社에서는 최신 장비인 CZMIL을 개발하여 2011년 12월까지 적응시험을 완료하였다.

(6) 또한, Fugro 社에서는 최신 수심측량장비인 LADS Mk-Ⅲ를 개발하여 2011년 6월 호주의 뉴 사우스 웨일즈(New South Wales) 정부의 프로젝트에 운용하기도 하였다. 앞서 언급된 항공라이다 수심측량 시스템들은 모두 국제수로기구(IHO)의 수로조사측정 수심측량기준 1급(Order-1)을 충족하는 성능을 갖고 있다.

3. 도입 배경

(1) 연안해안지역에 대한 상세하고 정확한 지형 데이터를 구축하는 일은 연안해안지역의 변화를 이해하고 연구 · 개발하기 위해 필수적이다. 이러한 연안해역의 지형 데이터를 충분히 확보하기 위해서 음향측심기(단빔 및 멀티빔 측량)를 도입하였고 이로 인해 수심측량 기술은 비약적으로 변화 · 발전하였다. 최근 국내에서는 대부분 멀티빔(Multi Beam Echo Sounder) 방식을 통해 해저면의 수심을 측량하고 있는 실정이다.

(2) 그러나 음향측심기는 선박을 이용하기 때문에 하천, 습지, 산호초와 암초가 있는 연안육역과 수역이 혼재하고 있는 지역 등에서는 측량선박의 운행이 불가능하기 때문에 수심측량이 불가능하며 어구시설이 설치된 지역은 수산 활동의 제약을 받아 수심측량이 곤란한 경우가 많다.

(3) 현재 해안사고의 80% 정도가 해안으로부터 3해리 이내의 연안해역에서 발생하고 있지만 천해에서의 측량 데이터 부족으로 연안지역에서의 세부적인 해저지형 데이터의 정비는 진행되지 않고 있다.

(4) 특히, 라이다 시스템을 항공기에 탑재하여 데이터를 획득하므로 접근성과 신속성이 우수하며, 레이저 파를 이용하므로 주야로 기상조건의 영향을 적게 받고 전천후 데이터 수집이 가능하며, GNSS와 관성항법 시스템을 이용하여 신속하게 다량의 데이터를 효율적이고 경제적으로 확보할 수 있는 장점이 있다. 또한 최근 선진 외국의 기술동향은 기존의 방법과 더불어 첨단 신기술인 항공레이저 측량기법을 이용하여 지상과 해저의 공간정보를 수집 · 분석하고 있다.

4. 기본원리

(1) 측정 원리

① 항공라이다 수심측량 시스템은 육상측량용과 거의 동일한 하드웨어 장비로 구성되어 항공기에서 운영되지만 수심을 투과하여 해저면을 측정한다는 특징을 가진다.

② 그 때문에 파장이 다른 2개의 레이저를 발사하여 해면과 해저면의 직각방향에 각각 반사된 레이저의 왕복시간을 기록하여 거리를 산출한다. 측량 원리상 대기 중과 수중이라는 다른 2개의 층을 레이저광이 통과하기 위해서는 각각의 층에 다른 광속(위상속도)을 발사하여야 한다.

③ 여기서 그 경계면에 있어 광속이 크게 변화하기 때문에 레이저광의 굴절현상이 발생하게 되며, 이와 같은 물리현상을 고려하여야 한다. 따라서 해양 라이다 장비는 육상라이다 측량에 사용하고 있는 것과 동일한 레이저인 근적외 레이저 파장뿐만 아니라 고주파수인 녹색 레이저 파를 추가로 사용하여 해저면을 결정하는 것이다.

④ 항공기에서 레이저광 중 근적외 레이저빔(파장대 1,064nm)은 대부분이 해면에서 산란하여 측심기의 수신기로 반사되어 돌아오며, 왕복시간으로부터 해면의 위치를 측정한다. 녹색 레이저 펄스 빔(파장대 532nm)은 각각 수중을 투과하여 해저면에서 반사, 산란하여 수신기에 도달한다.

⑤ 이 2개의 왕복시간과 대기 중 수중에서의 광속의 차이를 고려한 시간차로부터 수심을 구한다. 해양 라이다용 장비로부터 발사된 레이저파 중에서 근적외파는 해면에서 반사되어 되돌아오고, 해면에 도달한 근적외 레이저파는 해수 중에서 수 cm 정도는 투과하지만 대부분은 해면에서 산란된다.

⑥ 해면에 도달한 녹색 레이저 파는 수면에서 굴절되는 것으로 각각 수중을 투과하여 수분자 등과 상호작용을 일으켜 산란과 흡수 등을 일으키면서 해저면에 도달한다.

⑦ 해저면에 도달한 녹색 레이저 파는 해저면에서 반사·산란되어 그중 일부가 입사경로와 동일한 경로를 따라 수신기 센서에 도달하며, 그 왕복시간을 이용하여 해저면의 지형을 결정한다.

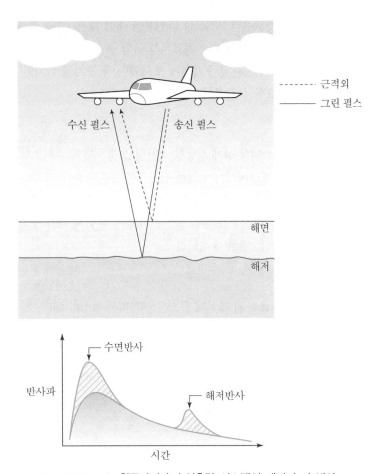

[그림 10-22] 항공라이다 수심측량 시스템의 레이저 파 반사

(2) 위치결정 원리

① 항공라이다 수심측량기의 위치와 자세를 정확히 재현하는 것은 측량성과의 품질을 높이기 위하여 매우 중요한 요소로 GNSS에 의한 위치정보와 항공기의 자세정보를 조합하여 수심측량기의 위치와 자세를 구하는 방법이 채용되고 있다.

② 항공라이다 수심측량에서 GNSS에 의한 이동체의 위치 결정은 단독측위도 가능하지만 그 위치의 정도가 약 10m로 측량 데이터 획득으로는 충분하지 않다. 그래서 일반적으로 기지 고정점에 설치한 GNSS 기준국으로부터 보정 데이터를 사용해 위치를 결정하는 DGNSS 법과 기지 고정점에 설치한 GNSS 기준국의 데이터를 참조하여 기선 해석을 하여 위치를 결정하는 DGNSS법이 사용된다.

③ 항공라이다 수심측량에서는 DGNSS를 사용하여 WGS84 타원체를 기준으로 하므로 다음 절차를 통해 해저면의 절대적인 위치를 결정할 수 있다.
   • WGS84 타원체에 대한 광원(레이저 스캐너)(A)의 xyz좌표 결정
   • 펄스 등의 해면반사 및 굴절점(S)의 좌표 결정

• S점에 있어 심도 D로부터 WGS84 타원체에 대한 해저(C)의 좌표 결정

④ 이를 통해 해저(C)의 WGS84 xyz 좌표치를 구할 수 있다. 따라서 측량 해역 부근의 기준점과 WGS84 타원체와의 관계가 사전에 조사되면, 항공기의 위치와 조위의 연동에 무관하게 해도작업에 필요한 수심데이터를 얻을 수 있다.

(3) 스캐닝(Scanning)

항공라이다 수심측량 시스템은 크게 횡방향 직선형 스캔 패턴과 준원호형 스캔 패턴으로 나눌수 있다. 준원호형 스캔 패턴에서는 일정한 입사각을 보존할 수 있기 때문에 굴절효과의 해석이 용이하지만, 측정축을 변화시키는 것은 곤란하다. 한편 횡방향 직선형 스캔 패턴으로는 주사각도에 따라 입사각이 변하기 때문에, 굴절각이 항상 변함에 따라 굴절효과의 해석이 어렵지만, 측정축을 변화시키는 것은 용이하다.

(4) 신호데이터

① 수심측량 시스템에서 조사된 레이저 펄스는 근적외선 펄스가 해면, 녹색 펄스가 해저에 각각 반사되어 수신기로 되돌아온다. 이 경우, 레이저의 Spot 사이즈와 산란 등의 효과에 따라 펄스 내부 광자의 왕복시간에는 각각 차이가 발생한다. 이 때문에 수신파의 에너지(광자의 count)는 일반적으로 시간축에 대하여 가우스 분포의 형태가 조합된 모습이 된다.

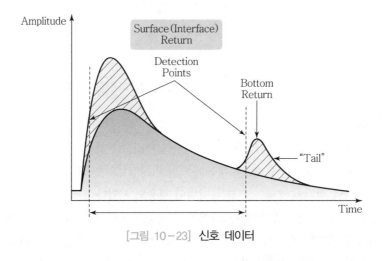

[그림 10-23] 신호 데이터

② 항공라이다 수심측량 시스템에서는 레이저 펄스가 발사된 시각(t_0)과 해면 및 해저로부터 반사신호를 수신한 시각 t_s, t_b를 계측하여 심도(深度)를 구한다. 즉, t_s와 t_b의 시간차 Δt의 함수로 심도가 계산된다.

5. 신호별 데이터 처리

신호별 데이터의 파형 처리는 각각 전용 소프트웨어로 자동으로 수행되고 그 후, 사용자가 일대일의 체크를 받는다. 그 경우에 파형처리가 이루어진 장소와 그 주위값과 비교하여 이상한 심도값을 나타내는 데이터를 대화식 소프트웨어로 처리한다.

6. 응용분야

항공라이다 수심측량(ALB : Airborne Laser Bathymetry) 또는 ALH(Airborne Lidar Hydrography)은 저고도 항공기에 탑재하여 비교적 맑은 연안지역의 해수나 호수의 수심을 측정하는 기술로서 선박의 항해를 위한 해도 작성에 주로 사용되고 있다. 현재 라이다에 의한 수심측량방법은 효율성이 높은 첨단 신기술로 인식되어 많은 관심이 집중되고 있는데, 그 이유는 전 세계적으로 대부분의 해도는 오래전에 제작되었거나, 심지어 해도 자체가 전혀 작성되지 않은 지역도 있기 때문이다. ALB의 활용분야는 다음과 같다.

① 광범위한 지역에 대한 선박항해용 해도 제작
② 항해 수로의 위험물 모니터링
③ 석유 및 가스탐사 또는 생산 지원
④ 퇴적물 이동에 관한 항만공학 연구
⑤ 기선(baseline) 반환점 및 배타적 경제수역 경계 결정
⑥ 해안선 안정을 위해 시공된 항만 구조물의 설계 및 평가
⑦ 계절적 변화 감시
⑧ 해양자원 및 산호, 암초 관리
⑨ 허리케인 발생 후 폭풍피해 산정에 대한 신속 대응
⑩ 어장관리
⑪ 폭풍에 의한 파고 모델링
⑫ 침몰선박 확인 및 인양 작업
⑬ 해도와 지형도의 해안선 불일치 문제 해결
⑭ 해저 송유관 계획 및 건설
⑮ 생태계적으로 예민한 지역에 대한 측량
⑯ 전술적 군사작전 수행을 위한 신속 해안선 평가
⑰ 전략적인 국방의 활용
⑱ 비용절감을 위한 정밀 신속 측량
⑲ 선박에 의한 기술이 불가능하거나 위험한 경우의 측량
⑳ 해저, 연안 및 항만 시설물을 동시에 측량할 경우
㉑ 동적인 지역의 주기적인 변화 감시

7. 결론

우리나라는 3면이 바다로 둘러싸여 있어 연안 및 해안에 대한 과학적이고 객관적인 정보 확보가 매우 중요하다. 따라서 저수심 연안정보 획득 및 한국의 연안 환경특징으로 인근 연안에 대한 수심정보를 확보하기 위해 항공수심측량이 요구된다. 항공수심측량은 선박측량과 달리 항공기에 수심측량장비를 탑재하므로 대규모 측량이 가능하며, 이로 인하여 소요시간 절약 및 측량에 투입되는 인원 및 예산을 절약할 수 있는 장점이 있다. 또한 선박의 안전이 위협되는 저수심의 노출암이 있는 인근해에서 안정성 및 신속성이 확보된다. 그러므로 이에 대한 심도 있는 연구와 한국형 수심측량 시스템 개발이 요구된다.

03 해안선 측량(Coast Line Survey)

1. 개요

해안선(Shoreline)이란 육지면과 해면의 경계를 의미한다. 그러나 실제 해안 부분은 조석과 파랑 등의 요인에 의해 역동적으로 변화하고 있어 바다와 육지의 경계를 명확하게 구분하기란 매우 어렵다. 해안선은 해수면이 약최고고조면에 이르렀을 때 육지와 해수면의 경계선으로 지상현황측량 또는 항공레이저 측량(항공사진측량 병행) 등의 방법을 이용하여 획정할 수 있다.

2. 해안선의 분류

(1) 고조 해안선

국가 소유의 공유수면과 사유 토지의 경계를 나타내는 데 적용된다.

(2) 저조 해안선

인근 해안 국가와의 해상경계 및 대륙붕 한계선을 설정하는 데 적용된다.

3. 해안선의 법적 근거

(1) 통상 해안선을 측량할 때 우리나라에서 현재 해안선으로 정의되는 지점은 "약최고고조면"으로 조석 간만의 영향을 받지 않고 언제나 바다에 잠기지 않는 육지부분의 끝자락으로 결정한다.

(2) 「공간정보의 구축 및 관리 등에 관한 법률」에 따라 수로조사 성과에 의해 해안선을 획정하고 갱신한다.

(3) 「지방자치법」, 「공유수면 매립법」, 「연안관리법」, 「항만법」, 「골재채취법」, 「수산업법」 등에서 해안선의 위치를 기준으로 하는 해상경계 설정 및 관할구역 내에서의 각종 권리에 관한 사항을 정하고 있다.

(4) 「국제법」상으로도 해상경계 설정 시 서로 마주 보는 해안선의 일반적 방향에 대한 수직선 상에서 동일한 거리에 있는 모든 점을 연결하는 등거리선(중앙선) 원칙이 적용되고 있다.

4. 해안선의 조사 목적 및 현황

(1) 목적

해안선 조사는 정확한 해안선의 위치 및 길이를 정립함으로써 영해, 대륙붕 한계, EEZ(배타적 경제수역) 등의 연안해역 경계 설정의 근거 자료를 구축하고 연안의 보전 및 합리적인 연안개발 계획의 기반 자료로 사용이 가능하기 때문에 대내외적으로 필수적 요소라 할 수 있다.

(2) 현황

해양수산부 국립해양조사원에서는 2001년 태안 부근(308km)의 해안선 조사측량을 시작으로 서해안을 따라서 2008년 고흥반도(300km)까지 측량을 완료하였으며, 2009년에도 보성 – 여수 부근의 측량을 수행하고 현재 순차적으로 해안선 조사측량을 실시하고 있다.

5. 해안선 측량방법

(1) 지상측량에 의한 방법

① 주로 TS 및 GNSS를 이용한다.

② 정확도는 높으나 일일이 해안선을 측량하기 때문에 많은 인력과 시간이 소요된다.

③ 해안 절벽 및 바위지역은 위험하여 미측량 구간이 발생한다.

④ 해안선의 위치만을 획득한 1차적인 데이터이므로 다방면에 활용이 어렵다.

(2) 항공라이다(LiDAR)에 의한 방법

① 항공기에 장착된 레이저 스캐너 및 영상장비를 이용하여 지상의 각 지점(Point)에 대한 3차원 좌표(X, Y, Z)와 디지털 영상을 동시에 취득함으로써 정확한 해안선의 위치를 결정할 수 있다.

② 항공라이다를 이용함으로써 해안선을 중심으로 육지부분과 바다부분의 일정 지역(약 500m)에 대한 수치고도모형(DEM) 및 영상자료를 구축할 수 있어 연안부분의 공간정보를 추가로 구축할 수 있으며, 항공기를 이용하므로 인력으로 접근하기 어려운 지역의 측량도 가능하다.

③ 2001년도부터 추진한 해안선 조사측량 및 DB 구축사업은 지상측량 방법으로 수행하다가 2005년에 최신 해양기법인 항공라이다 측량기법(LiDAR)을 도입하여 해안선 추출을 시범

적으로 적용하였다.

④ 2006년에는 SHOALS 기법으로 조사를 시행한 이후 현재까지 지상측량 방법과 병행하여 우리나라 해안선을 조사하고 있다.

6. 항공라이다 측량(항공사진측량 병행)에 의한 해안선측량 순서

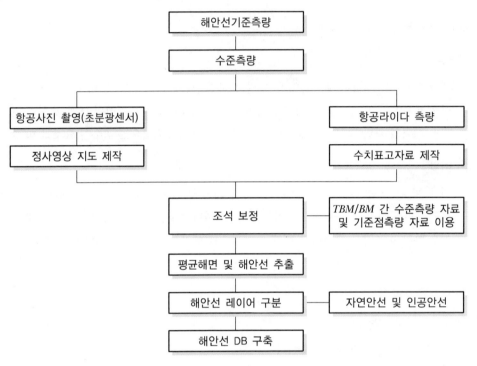

[그림 10-24] 항공라이다 측량에 의한 해안선측량 흐름도

7. 세부내용

(1) 해안선 기준점측량

① 위성기준점 및 통합기준점을 기지점으로 2시간 이상 GNSS 관측하여 매설점의 평면좌표를 취득한다.

② TBM 및 BM을 기지점으로 직접수준측량에 의해 매설점의 표고를 취득한다.

③ 매설점의 표고는 지역평균해면상 및 인천평균해면상의 높이를 구하고 그 차이값을 표기한다.

(2) 항공사진측량

1) 초분광 카메라를 사용한다.
  ① GSD : 1m 이상
  ② 분광해상도 : 2.4mm 이상의 영상취득

2) 1/5,000 축척의 정사영상 제작 및 초분광 영상에 의한 해안선의 재질을 조사(해안선 레이어 구분에 사용)한다.

(3) 항공레이저 측량

① 격자간격 1m × 1m의 DEM을 제작한다.
② 수평 정확도는 ±0.5m, 수직 정확도는 ±0.15m로 한다.

(4) 조석 보정 및 해안선 추출

① *TBM*과 *BM* 간의 수준측량 자료 및 기준측량 자료를 이용하여 조석 보정을 한다.
② 해안선 조사에서 산출한 약최고고조면을 기준으로 해안선을 추출한다.
③ 원도 제작을 위한 평균해면 및 1m와 2m의 등고선을 추출한다.

(5) 유형별 해안선 레이어 구분

1) 초분광 영상을 판독하여 해안선의 유형을 분류(자연안선 및 인공안선)한다.

2) 자연안선
  ① 뻘, 모래, 자갈, 암석, 뻘암석, 뻘모래, 뻘자갈, 모래암석, 모래자갈, 잡석안선, 뻘잡석, 모래잡석, 암석잡석, 습지안선 등으로 구분
  ② 각각의 길이 및 면적조사

3) 인공안선
  사석, 콘크리트안선 등 인공안선

(6) 해안선 DB 구축

1) 라이다(LiDAR) 측량자료 등의 결과를 이용하여 도형자료를 입력한다.

2) 도형자료
  ① 각 항목별 현상 및 위치를 좌표계로 표시
  ② 표시정보는 점, 선, 면으로 구분 입력

3) 광역시도, 시·군·구 행정구역별로 자연안선 및 인공안선의 길이를 산출한다.
4) 속성정보는 영상 및 라이다에서 추출한 해안선의 속성을 입력한다.

8. 해안선 측량의 문제점 및 대책

(1) 문제점

현행 방식은 저조면 상태일 때 사진을 촬영하는 방식으로, 평균해면 및 1m와 2m 등고선의 표시에는 장점이 있으나 정사영상지도와 지형도상의 해안선 위치가 서로 상이해짐에 따라 향후 사용자의 혼돈이 우려된다.

(2) 대책

저조면과 고조면 상태일 때 각각 사진촬영이 필요하며, 저조면일 때의 영상을 이용하여 평균해면 및 등고선을 표시하고 고조면일 때의 영상을 이용하여 정사영상지도 및 지형도를 작성함으로써 두 자료의 해안선 위치를 일치시킬 필요가 있다.

9. 결론

해안선은 해상경계 획정의 기준이 되는 동시에 일반인의 관심이 매우 높은 지역으로, 높은 정확도와 세밀한 지형 표현이 요구되므로 향후 전국 단위의 항공사진 및 레이저 측량에 의한 정밀 해안선 획정측량이 필요할 것으로 판단된다.

---

04 해도의 의미와 종류

1. 해도

해도란 항해 중인 선박의 안전한 항해를 위해 수심, 암초와 다양한 수중 장애물, 섬의 모양, 항만 시설, 각종 등부표, 해안의 여러 가지 목표물, 바다에서 일어나는 조석·조류·해류 등이 표시되어 있는 바다의 안내도이다. 따라서 아주 정밀한 실제 측량을 통해 과학적으로 제작되며 최근엔 첨단 기술이 적용된 전자해도를 간행하고 있다.

2. 해도의 기준면

(1) 해도에서 나오는 수심기준면과 높이기준면을 말한다.
(2) **높이기준면** : 특정기간 동안의 해면의 평균 높이
(3) **수심기준면** : 평균해면으로부터 4대 분조의 반조차 합만큼 아래로 내린 높이의 해수면으로 수심을 나타내는 기준으로 이 면의 수심은 0.0m이고, 약최저저조면이라고도 한다.

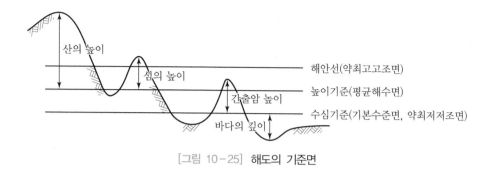

[그림 10-25] 해도의 기준면

3. 해도의 분류

(1) 항해용 해도(Nautical Chart)

① 총도(General Chart) : 지구상 넓은 구역을 한 도면에 수록한 해도로서 원거리 항해와 항해 계획을 세울 때 사용한다. 축척은 1/400만보다 소축척으로 제작된다.

② 항양도(Sailing Chart) : 원거리 항해 시 주로 사용되며 먼바다의 수심, 주요 등대·등부표, 및 먼 바다에서도 볼 수 있는 육상의 목표물들이 도시되어 있다. 축척은 1/100만 보다 소축척으로 제작된다.

③ 항해도(General Chart of Coast) : 육지를 멀리서 바라보며 안전하게 항해할 수 있게끔 사용되는 해도로서 1/30만보다 소축척으로 제작된다.

④ 해안도(Coastal Chart) : 연안 항해용으로서 연안을 상세하게 표현한 해도로서, 우리나라 연안에서 가장 많이 사용되고 있다. 축척은 1/3만보다 작은 소축척이다.

⑤ 항박도(Harbor Chart) : 항만, 투묘지, 어항, 해협과 같은 좁은 구역을 대상으로 선박이 접안할 수 있는 시설 등을 상세히 표시한 해도로서 1/3만 이상 대축척으로 제작된다.

(2) 특수도

① 어업용 해도(Fishery Chart) : 일반 항해용 해도에 각종 어업에 필요한 제반자료를 도시하여 제작한 해도로서 해도번호 앞에 "F"를 기재한다.

② 기타 특수도(Special Charts) : 위치기입도, 영해도, 세계항로도 등이 있다.

(3) 전자해도(Electronic Navigational Chart)

선박의 항해와 관련된 모든 해도 정보를 국제수로기구(IHO)의 표준규격(S-57)에 따라 제작된 디지털 해도

4. 전자해도(ENC : Electronic Navigational Chart)

(1) 전자해도(Electronic Navigational Chart)

전자해도표시시스템(ECDIS)에서 사용하기 위해 종이해도 상에 나타나는 해안선, 등심선, 수심, 항로표지(등대, 등부표), 위험물, 항로 등 선박의 항해와 관련된 모든 해도 정보를 국제수로기구(IHO)의 표준규격(S-57)에 따라 제작된 디지털 해도를 말한다.

(2) 전자해도표시시스템(ECDIS : Electronic Chart Display & Information System)

1) 전자해도를 보여주는 장비로서 국제해사기구(IMO)와 국제수로기구(IHO)에 의해 정해진 표준사양서(S-52)에 따라 제작된 것만을 전자해도표시시스템(ECDIS)라 한다.

[그림 10-26] 전자해도 표시 시스템

2) 주요 제공정보
   ① 선박의 좌초, 충돌에 관한 위험상황을 항해자에게 미리 경고
   ② 항로설계 및 계획을 통하여 최적항로 선정
   ③ 자동항적기록을 통해 사고 발생 시 원인규명 가능
   ④ 항해관련 정보들을 수록하여 항해자에게 제공

3) 개발배경
   ① 선박의 대형화, 고속화
   ② 대형 해난사고의 빈번한 발생
   ③ 해양안전 시스템의 필요성 대두

5. 전자해도와 e-Navigation

(1) e-Navigation의 정의

e-Navigation은 선박의 출항부터 입항까지 전 과정의 안전과 보안을 위한 관련서비스 및 해양환경 보호 증진을 위해 선박의 육상 관련 정보의 수집, 통합, 교환, 표현 및 분석을 융합하고 통일하여 수행하는 체계

(2) 적용분야

1) 컨테이너선
① 일정의 신뢰성 증가
② 선박의 효율적 관리
③ 비용절감

2) 어선
① 연료소비 최소화
② 수확 수산물의 안전 저장
③ 연료 및 유지보수 비용절감

3) Off - shore
산업 장애 발생 사전 통보

(3) 활용방안
① 선내 · 외 유무선 통신 인프라 기반의 스마트 선박 건조
② 자연재해 · 재난 예방 및 사후처리에 활용
③ 수집된 데이터를 안전 · 경제 운항을 위한 해양 빅데이터 기술과 연계

(4) 기대효과
① 해양사고 예방과 환경보호 증진에 기여
② 조선기자재산업의 IT화에 선구적 역할
③ 바다, 국민 삶의 질 향상 및 행복 실현
④ 해양, 선박, 물류, 효율화 도모로 국가경쟁력 제고

6. 결론

인명 및 해양안전을 위해 제기된 전자해도와 e-Navigation은 해양에서의 종이지도를 마감하고 디지털시대로의 전환을 알리는 중요한 전환점이라 할 수 있다. 해양사고 예방과 환경보호, 국민 삶의 질 향상 그리고 세계 초일류의 조선 강국에서 세계 초일류의 해양 강국으로 거듭나기 위해서 기술인, 학계 및 관련기관의 준비와 노력이 필요하다고 판단된다.

1. 개요

우리나라의 육지부는 국토지리정보원에서 간행한 국가기본도에 근거하여 관할 행정구역이 획정되어 있으나, 해상부에 관하여는 행정구역으로서의 경계가 획정되어 있지 않아 어업권이나 매립지의 소유권 획정 시 또는 환경문제나 안전문제 발생 시 해당 지방자치단체 간 관할권 소유에 대한 분쟁이 자주 일어나고 있다. 따라서 향후 명확한 해상경계 설정으로 해상경계와 관련한 분쟁을 방지해야 할 필요가 있다.

2. 해상경계와 관련된 분쟁 사례

(1) 어업권 분쟁

① 충남 장항과 전북 군산 앞바다의 해상경계 불분명으로 인한 분쟁
② 울산시와 경주시 앞바다의 미역 채취 위치에 대한 관할구역 분쟁

(2) 매립지 소유권 분쟁

① 경기 평택시와 충남 당진군 간의 평택항 매립지의 소유권 분쟁
② 부산 신항만 매립지에 대한 부산시와 진해시의 토지 소유권 분쟁

3. 해상경계 획정의 필요성

(1) 명확한 해상경계 설정으로 해상경계 관련 분쟁 방지
(2) 국가와 지방자치단체 등 관할 주체의 책임 소재 및 권한의 명확한 구분
(3) 관할 법제의 실효성 제고
    해양 관련 법규에서 어업권, 광물권, 해양오염 방지 등 관할 수역의 범위가 불분명하여 분쟁의 소지 상존
(4) 관계기관 및 전문가, 지역주민 등의 해상경계 획정의 필요성 인정 및 요구

4. 해상경계 설정방안(경계 획정의 원칙 제정)

(1) 관행적으로 인정할 만한 사실이 있는 경우 기존의 해상경계 인정
(2) 경계가 없는 해역은 공평성의 원칙에 따라 중간선을 획정
(3) 현재 재판이나 분쟁 조정 중에 있는 경우 그 결과 존중
(4) 특별법을 제정, 해양에 대한 국가 관할과 지방자치단체의 관할을 구분
(5) 해상경계 획정에 기준이 되는 국가기본도 또는 대축척 해도의 선정

5. 해상경계 획정의 기대 효과

(1) 지방자치단체 등 관리 주체 간 해상분쟁 방지 및 행정의 효율성 제고
(2) 지역 주민 간 갈등 해소 및 예방

6. 문제점 및 대책

(1) 우리나라의 육지는 국토지리정보원에서 간행한 국가기본도에 근거하여 관할 행정구역을 획정하였으나 해상에 관하여는 행정구역상의 경계가 없고 해상경계를 획정한 선례가 없다.

(2) 대책

① 해상경계 획정에 관한 원칙을 수립, 특별법을 제정하는 방안
② 관련 기관 및 국가적 차원에서 제도적인 방안을 마련하고 해양의 관리 주체를 설정, 관리토록 하는 방안

7. 결론

해상경계 분쟁의 발생은 근본적으로 지역 이기주의에 기인한다고 볼 수 있다. 해상경계가 설정되어 있지 않은 상태에서는 시·도 간 행정구역 조정에 따른 시·도 경계의 변경과 항만의 개발, 매립 등에 따라 발생하는 매립 토지의 경계와 어업권의 행사 등에 있어 항상 분쟁의 소지가 상존한다. 따라서 국가 차원에서 관계부처는 해상경계 분쟁의 심각성을 충분히 인식하여 이를 제도적으로 해결하기 위한 적극적인 의지와 노력이 필요하다고 판단된다.

---

06 우리나라 해양관할권 설정(내수, 영해, 접속구역, 배타적 경제수역, 대륙붕) 및 인접국가 관할해역 획정방법

1. 개요

21세기는 해양의 시대라고 할 만큼 바다에 대한 중요성은 시대가 가면 갈수록 더욱 증대되고 있으며, 해양관할권의 확보를 위해 세계 각국의 경쟁은 더욱 치열해지고 있다. 이에 따라서 20세기 후반에 들어 육지 영토에 관한 분쟁은 사라져가고 있는 반면, 무인도인 바위섬에 관한 영유권 분쟁을 포함한 바다에 관한 국제적 분쟁은 더욱 확대되고 있다. 더욱이 한반도를 중심으로 그 주변 국가들은 서로 인접해 있어서 바다를 둘러싸고 분쟁이 일어나기 쉽다.

본문에서는 우리나라 해양관할권 설정에 관계되는 내수, 영해, 접속수역, 배타적 경제수역, 대륙붕 한계를 설명하고, 인접국 간의 관할해역 획정방법에 대하여 기술하기로 한다.

2. 내수

(1) 개념

영해의 기선으로부터 육지 쪽에 있는 수역으로, 해양법과 관련하여서는 내수면을 포함하여 영해기선 안쪽에 위치한 모든 수역을 말한다. 즉, 육지 내의 수류 또는 수면을 뜻하는 내수면을 포괄하는 개념이며, 만·내해 등도 일정한 요건을 충족할 경우 내수로 인정된다. 국내 수역이라고도 한다.

(2) 내수의 범위

① 일반적으로 해안에서 영해는 해안의 저조선에서 측정된다. 이 경우 해안의 저조선과 고조선의 사이에 있는 수역은 내수로 취급된다.
② 해안선이 만입하고 근거리에 일련의 섬들이 있는 곳에서는 그 섬들과 적당한 점을 잇는 직선기선을 취할 수가 있다. 이때 실제 해안선과 직선기선 사이에 있는 수역은 내수로 취급된다.
③ 만 입구의 폭이 24해리를 넘지 않고, 만입이 깊고 만 내의 수역이 넓을 경우에 그 수역은 내수로 취급된다. 후미·항구 등도 내수로 취급된다.
④ 영해를 측정하는 기선에서 육지 쪽의 바다를 내수, 그 반대쪽의 바다를 영해라 한다.

(3) 주권적 권리

① 영해에 대해서 연안국은 주권을 행사할 수 있고 연안국의 주권은 외국선의 무해통항권을 인정한다는 조건이 붙어 있으나, 다만 내수에서는 연안국의 주권이 원칙적으로 조건 없이 행사된다. 즉, 연안국은 내수에서는 외국선의 무해통항권을 인정할 의무가 없다.
② 1958년의 "영해 및 접속수역에 관한 협약"에서는 새로이 직선기선이 설정되어 종래의 영해 또는 공해의 일부로 간주되어 온 해역을 내수로 할 때는 이들 수역에서의 외국선의 무해통항권은 존속되는 것으로 하고 있다.

3. 영토/영해/영해기선/영공

한 나라가 지배권(주권)을 행사할 수 있는 공간적 범위나 한계를 의미하며 영토, 영공, 영해로 이루어진다.

(1) 영토

국가의 통치권이 미치는 토지로 이루어진 국가의 영역을 말한다.

(2) 영해

영토에 인접한 해역으로서 그 나라의 통치권이 미치는 범위로 연인해, 내해, 만, 해협 따위로 이루어진다.

(3) 영해기선

영해가 시작되는 선으로 간조 시 바다와 육지의 경계선인 저조선을 기준으로 설정하는 경우가 많으며 이를 통상기선이라고 한다. 통상기선은 우리나라의 동해와 같이 해안선이 단조롭고 주변에 섬이 없는 경우에 사용한다. 반면 서해와 남해와 같이 해안선의 굴곡이 심하거나 해안선 주변에 섬들이 많은 지역에서는 적절한 지점 또는 섬을 연결하는 직선을 영해의 기선으로 사용하는데 이를 직선기선이라 한다.

(4) 영공

개별 국가의 영토와 영해의 상공으로 구성되는 영역, 즉 영토와 영해의 한계선에서 수직으로 그은 선의 내부 공간을 말한다.

(5) 영해의 범위 및 주권적 권리

① 영해기선이란 자국의 영해를 확정하기 위한 기준선을 말한다. 이 지점으로부터 12해리 (22.22km) 안이 영해, 200해리(370.4km) 안이 배타적 경제수역이다.

② 1982년 유엔 해양법 회의에서 이런 방침이 확정되었고, 영해 안에서는 연안국가가 사법권을 포함해 영토 관할권에 준하는 권한을 행사하게 된다.

③ 외국 선박의 경우 영해 내에서 무해통항(연안국의 평화, 질서, 안전을 해치지 않고 통과하는 것)을 할 수 있을 뿐 정선이나 어업 등의 활동을 할 수는 없다.

④ 보통 영해기선은 연안국에서 선포하게 되며, 별다른 문제가 없는 한 국제법적으로 인정을 받게 된다.

4. 접속수역

(1) 개념

국가가 영해 범위 밖의 일정 수역에서 관세, 제정, 위생, 출입국관리에 관한 국내법을 적용할 수 있는 한정적 관할권을 행사하는 구역을 말한다.

(2) 범위 및 주권적 권리

① 접속수역이란 영해에 접속해 있는 수역으로서 UN 해양법에 규정되어 있다.

② 접속수역의 범위는 영해 측선기선으로부터 24해리이다.

③ 12해리 영해 외측 수역으로 특정 위반사항(관세, 재정, 위생, 출입국관리)을 연안국이 효과적으로 대응하기 어려운 점을 고려하여 인정된 기능적 수역이다.

④ 또한, 접속수역은 연안국의 선포 행위가 필요하다.

⑤ 연안국이 영토 및 내수, 영해에서 발생한 관세, 재정, 위생, 출입국 관리에 대한 법령 위반에 대한 처벌권을 가지고 있다(연안국은 해당 선박에 대하여 정선, 승선, 검색, 나포를 할 수 있다).

⑥ 연안국이 영토 및 내수, 영해에서 관세, 제정, 위생, 출입국 관리에 대한 법령 위반 우려가 있으면 방지가 가능하다(단, 승선, 검색하여 위반 방지 경고가 가능하지만 체포 또는 나포는 불가능하다).

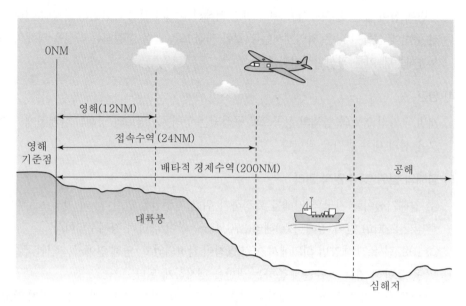

[그림 10-27] 해양수역(수평적 측면)

5. 배타적 경제수역(EEZ : Exclusive Economic Zone)

(1) 개념

영해에 접속되고 기선으로부터 200해리 이내인 수역으로 해저, 하층토, 상부 수역의 자원 개발, 탐사 및 보존에 관한 주권적 권리 및 해양환경, 과학조사, 시설 설치 등에 대한 배타적 권리를 행사할 수 있는 구역을 말한다.

(2) 주권적 권리 및 관할권

① 해저, 상부 수역 및 하층 토상의 생물자원 및 무생물 자원의 개발 · 이용, 보존관리권을 행사하게 된다.
② 제3국은 연안국의 허가 없이 자원의 탐사, 개발, 이용 등이 불가하다.
③ 연안국은 인공 시설물, 구조물의 설치와 사용을 할 수 있으며 해양과학조사, 해양환경보호를 할 수 있는 관할권을 지닌다.
④ 위반하는 제3국의 선박은 연안국의 법률에 따라 처벌이 가능하다.

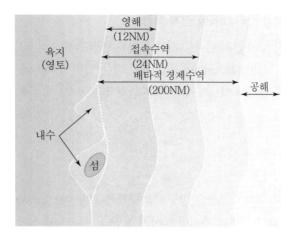

[그림 10-28] 배타적 경제수역

6. 대륙붕 한계

(1) 개념

대륙붕은 전형적으로 해안에서부터 수심 100~200m 지점까지 펼쳐져 있으며, 대부분 갑자기 수심이 증가하는 대륙붕단에서 끝난다. 대륙붕의 폭은 매우 다양한 범위를 나타내지만 평균 약 65km 정도이다.

(2) 한계

① 유엔 해양법 협약은 배타적 경제수역인 200해리를 초과해 대륙붕 경계선을 설정하려는 국가는 대륙붕 경계 정보를 유엔에 제출하도록 규정하고 있다.

② 정부는 정식 문서 제출을 통해 우리나라 대륙붕의 외측 한계가 일본 오키나와 해구상에 있는 위도(북위) 27.27~30.37도, 경도(동경) 127.35~129.11도 사이에 위치해 있다고 하였다.

7. 인접국 간의 관할 해역 획정방법

(1) 인접 또는 대향국 간의 배타적 경제수역의 경계 획정

① 인접 또는 대향국 간의 배타적 경제수역의 경계 획정은 형평한 해결에 도달하기 위하여 국제사법재판소 규정에 규정된 대로 국제법을 기초로 하는 합의에 의하여 성립되어야 한다.

② 상당한 기간 내에 합의에 이르지 못할 경우 관련국은 국제사법재판소 규정에 의해 규정된 절차에 회부한다.

(2) 인접 또는 대향국 간의 대륙붕 경계 획정

① 인접 또는 대향국 간의 대륙붕 경계 획정은 형평한 해결에 도달하기 위하여 국제사법재판소 규정에 규정된 대로 국제법을 기초로 하는 합의에 의하여 성립되어야 한다.

② 상당기간 내 합의에 이르지 못할 경우 관련국은 국제사법재판소 규정에 의해 규정된 절차에 회부한다.

8. 결론

최근 중국이 이어도 수역이 포함된 방공식별 구역을 일방적으로 확대하여 설정한 이후 해양관할권 설정과 관리에 대한 국민적 관심이 높아지고 있다. 그러므로 해양영토 분쟁에 효율적 대처를 하기 위한 정부의 외교적 노력이 필요하며, 이런 분쟁에 대비할 수 있는 전문적 기구의 설립, 대국민적 홍보 및 교육에 정부가 적극적으로 나서야 할 시점이라고 판단된다.

---

07 측지측량과 지적측량

1. 개요

측지측량(Geodetic Surveying)은 지구의 형상과 크기, 지구 곡률을 고려하여 지표면을 곡면으로 보고 구면삼각법의 이론을 이용한 한 국가의 기준점 좌표를 결정하는 측량을 말한다. 지적측량(Cadastral Surveying)은 토지를 지적공부에 등록하거나 지적공부에 등록된 경계점을 지상에 복원하기 위하여 필지의 경계 또는 좌표와 면적을 정하는 측량을 말한다. 두 측량의 체계와 특징, 기준점 체계 및 측량방법 등을 비교하면 다음과 같다.

2. 측지측량

(1) 측지측량의 개요

1) 1961년 12월 31일 제정된 측량법에 의하여 건설공사의 시공을 위하여 지형, 지물의 형태와 위치 등을 지형도에 표시하기 위한 측량
   • 수치지형도(축척 : 1/1000 1/5,000, 1/25,000, 1/50,000 등) 제작
2) 토지 및 연안해역, 지도 및 기본도 제작을 위한 측량
3) 공사계획 및 시공을 위한 공사자료로 활용하기 위해 지표상의 형태를 그대로 파악하는 일시적인 공사측량

4) 측지측량의 분류

　① **기본측량** : 모든 측량의 기초가 되는 공간정보를 제공하기 위하여 국토교통부 장관이 실시하는 측량

　② **공공측량** : 국가기관이나 지방자치단체, 공공단체 등이 기본측량을 기초로 실시하는 측량

　③ **일반측량** : 기본측량, 공공측량, 지적측량 및 수로측량 외의 측량

(2) 체제

「공간정보의 구축 및 관리 등에 관한 법률」 제44조에 의해 측량업을 등록한 후 개인영리 목적의 영업

3. 지적측량

(1) 지적측량의 개요

1) 1910년대에 도입되어 국민의 재산권을 보호하기 위하여 토지의 필지별로 경계와 면적에 대한 권리객체를 공권력에 의해 등록·공시하는 측량

　• 지적도(축척 : 1/500, 1/600, 1/1,000, 1/1,200 등) 작성

2) 소유권과 직결되는 권리 측면의 준사법적인 측량

3) 측량성과가 영구적이고 전문성·책임성을 갖는 측량

4) 토지에 대한 물권범위 등을 확정하는 기속력을 갖는 측량

5) **측량업무** : 신규등록, 등록전환, 분할, 경계복원, 현황측량, 지적삼각측량, 도근측량, 지적확정측량

(2) 체제

1) **한국국토정보공사**

「공간정보의 구축 및 관리 등에 관한 법률」 제44조에 의해 측량업을 등록하지 않고 지적측량업 수행

2) **지적측량업자**

「공간정보의 구축 및 관리 등에 관한 법률」 제44조에 의해 지적측량업을 등록한 후 개인영리 목적의 영업

　① 경계점좌표등록부가 있는 지역에서의 지적측량

　② 「지적재조사에 관한 특별법」에 따른 사업지구에서 실시하는 지적재조사측량

　③ 도시개발사업 등이 끝남에 따라 하는 지적확정측량

3) **지적측량과 측량성과 검증의 2원제 운영**

지적측량수행자＋국가(시·군·구) 성과심사＝지적공부등록

4. 측지(일반)측량과 지적측량 비교

[표 10-6] 측지(일반)측량과 지적측량 비교

종류	측지(일반)측량	지적측량
근거법	공간정보의 구축 및 관리 등에 관한 법률	공간정보의 구축 및 관리 등에 관한 법률
목적	지표면, 지하, 수중 및 공간의 일정한 점의 위치를 측정	토지의 물권이 미치는 범위와 면적 등을 지적공부에 등록·공시
대상	지표면을 구면으로 보는 측지측량	지표면을 평면으로 보는 평면측량
담당기관	국토교통부(국토지정보리원)	국토교통부(지적기획과, 소관청)
측량기관	측량업자	한국국토정보공사 및 지적측량업자
측량종목	기본측량, 공공측량, 일반측량	기초측량, 세부측량
측량방법	규정 없음	측판측량, 경위의 측량, 전파기 또는 광파기측량, 사진측량, 위성측량(GNSS)
측량성과검사	공간정보산업협회(공공측량)	시·도지사 및 소관청
측량성과보존	기준 없음	영구보존
측량자격	측량 및 지형공간정보 기술사, 기사, 산업기사	지적기술사, 지적기사, 지적산업기사
측량책임	측량업자	• 1차 : 지적측량수행자(한국국토정보공사, 지적측량업자) • 2차 : 국가(소관청)

5. 측지망과 지적망

(1) 측지(측량)기준점 체계

1) 국가기준점

측량의 정확도를 확보하고 효율성을 높이기 위해 국토교통부장관이 전 국토를 대상으로 주요 지점마다 정한 측량의 기본이 되는 측량기준점

• 우주측지기준점, 위성기준점, 수준점, 중력점, 통합기준점, 삼각점, 지자기점, 수로기준점, 영해기준점(총 9종)

2) 공공기준점

공공측량 시행자가 공공측량을 정확하고 효율적으로 시행하기 위해 국가기준점을 기준으로 하여 따로 정하는 측량기준점(공공삼각점, 공공수준점)

(2) 측량기준점망 변천과정

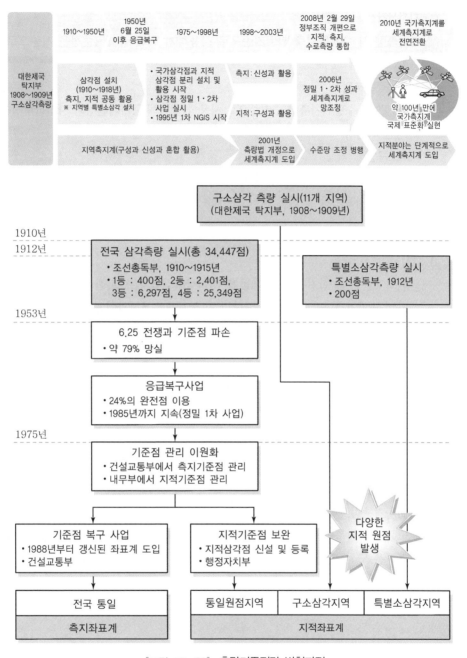

[그림 10-29] 측량기준점망 변천과정

(3) 지적기준점 체계

① 지적삼각점

지적측량 시 수평위치측량의 기준으로 사용하기 위해 국가기준점을 기준으로 정한 기준점

② 지적삼각보조점

지적측량 시 수평위치측량의 기준으로 사용하기 위해 국가기준점과 지적삼각점을 기준으로 정한 기준점

③ 지적도근점

지적측량 시 필지에 대한 수평위치측량의 기준으로 사용하기 위해 국가기준점, 지적삼각점, 지적삼각보조점 및 다른 지적도근점을 기초로 정한 기준점

(4) 측량방법

1) 지적삼각점 측량

① 위성기준점, 통합기준점, 삼각점 및 지적삼각점을 기초로 한 경위의 측량방법, 전파기 또는 광파기측량방법, 위성측량방법 및 국토교통부장관이 승인한 측량방법에 따름

② 계산은 평균계산법이나 망평균계산법에 따르도록 규정

2) 지적삼각보조점 측량

① 위성기준점, 통합기준점, 삼각점 및 지적삼각점 및 지적삼각보조점을 기초로 한 경위의 측량방법, 전파기 또는 광파기측량방법, 위성측량방법 및 국토교통부장관이 승인한 측량방법에 따름

② 계산은 교회법이나 다각망도선법 계산에 따르도록 규정

3) 지적삼각보조점 측량

① 위성기준점, 통합기준점, 삼각점 및 지적삼각점을 기초로 한 경위의 측량방법, 전파기 또는 광파기측량방법, 위성측량방법 및 국토교통부장관이 승인한 측량방법에 따름

② 계산은 도선법(1등, 2등도선), 교회법 및 다각망도선법 계산에 따르도록 규정

(5) 측지(측량)망과 지적망과의 관계

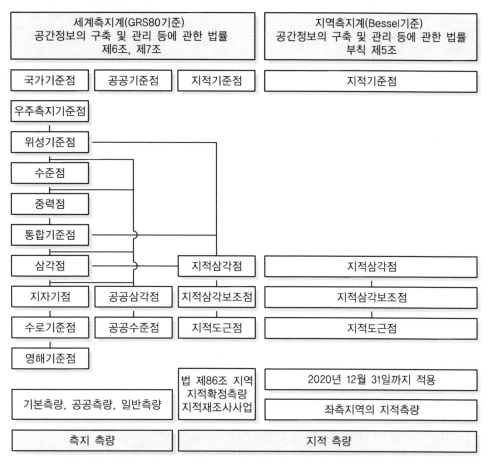

[그림 10-30] 우리나라 측량기준점체계 현황

6. 결론

효율적인 국토관리 및 공간정보 구축과 활용을 위한 기본도 제작을 위해 측지측량과 지적측량은 연계 및 통합 활용이 이루어져야 한다. 우리나라는 두 측량이 서로 다른 투영법과 좌표계 및 기준점에서 출발하였기 때문에 두 측량을 연계 및 통합 활용하기에는 많은 어려움이 있다. 그러므로 단계적으로 통합 활용을 위한 제도적인 연구가 시급히 이루어져야 할 것으로 판단된다.

우리나라 특별 소삼각망의 역사와 구성, 문제점 및 개선방안

1. 개요

1910년대 토지조사사업의 일환으로 실시된 당시 삼각측량은 대삼각본점측량, 대삼각보점측량, 소삼각측량으로 구분하였고, 소삼각측량은 다시 보통소삼각측량, 구소삼각측량, 특별소삼각측량으로 구분되어 실시되었다. 이 중 특별소삼각측량은 1912년 임시토지국에서 시가세를 조급하게 징수하여 재정수요에 충당할 목적으로 19개 지역에 대하여 독립적인 소삼각측량을 실시하여 일반삼각점과 연결하는 방식을 취하였다.

2. 우리나라 삼각측량의 역사

우리나라에서 실시된 삼각측량의 종류에는 대삼각본점측량, 대삼각보점측량, 소삼각측량이 있으며, 소삼각측량은 보통소삼각측량, 구소삼각측량, 특별소삼각측량으로 구분된다.

(1) 대삼각본점측량

1910년 경상남도를 시작으로 총수 400점을 측정하였으며, 본점 망의 배치는 최종확대변을 기초로 하여 경도 20분, 위도 15분의 방안 내 1개점이 배치되도록 전국을 23개 삼각망으로 나누어 작업을 실시하였다.

[대삼각본점측량의 관측방법]
① 측량에 사용된 측량기는 칼 반베르히제 데오드라이트(0.5초독)
② 관측은 기선망에서 12대회, 대삼각본점망에서는 6대회 방향관측하여 평균
③ 폐합오차는 기선망은 2초 이내, 본망에서는 5초 이내로 함
④ 본점 망 변장의 길이는 약 30km 정도
⑤ 총 점수는 400점

(2) 대삼각보점측량

대삼각본점 상호간의 거리가 멀어 바로 소삼각측량의 기지점으로 적합하지 않아 경도 20분 위도 15분의 방안 내에 기지본점을 포함 9점의 비율로 삼각점을 설치하여 각 삼각점 간의 거리를 약 10km가 되도록 하였으며 총 점수는 2,401점을 관측하였다.

[대삼각보점측량의 관측 및 계산방식]
① 관측은 6대회
② 삼각점의 각과 변의 계산에는 대수 7째 자리까지 사용
③ 평균직각종횡선의 평균 계산을 함
④ 관측방향 수는 5방향 이내

(3) 보통소삼각측량

측량은 1등점과 2등점의 2종류로 나누어서 시행하였으며, 대삼각보점에 의하여 측량한 것을 보통소삼각측량이라 한다.

[보통소삼각측량의 관측]
① **수평각관측** : 1등점은 삼각형의 각을 모두 관측했으며, 수평각관측은 방향관측법으로 1등점을 4측회, 2등점은 3측회로 정·반 관측하였고, 공차는 40초로 한다.
② **수직각관측** : 망원경의 좌우 양 위치에서 2회씩하고 시준점은 복판 최하변으로 하였으며, 1등점에서는 정·반 관측의 중수를 채용하도록 하고 공차는 40초로 한다.

3. 특별소삼각측량

1912년 임시토지국에서 시가지세를 조급하게 징수하여 재정수요에 충당할 목적으로 대삼각측량을 끝마치지 못한 평양, 울릉도 등 19개 지역에 대해서 독립된 소삼각측량을 실시하여 후에 이를 통일원점 지역의 삼각점과 연결하는 방식을 취하였다.

(1) 특별소삼각측량의 역사

정상적인 대삼각측량의 순서에 의하면 많은 시간이 소요됨에 따라 그때까지 대삼각측량을 끝마치지 못한 평양 외 17개소와 지형관계로 대삼각측량 및 연락을 할 수 없는 울릉도에서 특별소삼각측량이 실시되었다.

1) 시행지역

평양, 의주, 신의주, 진남포, 전주, 강경, 원산, 함흥, 청진, 경성, 나남, 회령, 마산, 진주, 광주, 나주, 목포, 군산, 울릉도 등 19개 지역

2) 원점

① 원점은 그 측량지역의 서남단의 삼각점으로 하였다.
② 종횡선 수치의 종선에 1만 m, 횡선에 3만 m로 사용하였다.
③ 기선의 한쪽 점에서 북극성 또는 태양의 고도를 관측하여 방위각을 결정하였다.

(2) 특별소삼각측량의 구성 및 방법

특별소삼각측량 방법은 다른 측량 방법과 같이 선점, 조표, 기선측량, 관측, 계산에 의해 실시하였다.

1) 선점, 조표 및 기선측량

    ① 특별소삼각은 그 지역을 포용하도록 1~2km로 배치

    ② 1등점을 기준으로 2등점을 1~2km로 배치

    ③ 기선은 삼각망 내 적당한 지역에 선정

    ④ 기선길이는 400m~1km

2) 관측

    ① 관측장비는 독일제 경위의 사용

    ② 기선의 한쪽 점에서 태양의 등고도 또는 북극성의 자오선 관측으로 방위 결정

    ③ 1등점은 삼각형 3개의 모든 각도 관측, 2등점은 전방교회법 적용

    ④ 수평각 관측은 3대회 방향관측법으로 10초 단위까지 독정

    ⑤ 수직각 관측은 2회 측정하고 공차는 40초

3) 계산

    ① 기선전장 계산

    ② 귀심 계산

    ③ 북극성 또는 태양에 의한 방위 계산

    ④ 변장 계산

    ⑤ 평면직각 종횡선의 계산

(3) 구소삼각측량

구한국 정부에서 국토의 파악과 토지제도 확립을 위해 토지조사사업 계획을 수립하여 착수하였다. 이때 경인 및 대구, 경북지역에서 대삼각측량을 실시하지 않고 독립적인 소삼각측량만을 실시하였다.

1) 구소삼각원점

    ① 총 27개 지역에 11개 원점

    ② 원점은 면적 약 5,000방리를 1구역으로 하는 중앙부에 설치

    ③ 원점에서 북극성의 최대이각을 측정하여 진자오선과 방위각을 결정

    ④ 원점의 수치는 $X=0$, $Y=0$으로 하였기 때문에 정(+), 부(-)의 부호가 존재

    ⑤ 단위는 간(間)을 사용

2) 구소삼각원점과 특별소삼각측량의 비교

[표 10-7] 구소삼각원점과 특별소삼각측량의 비교

분류	구소삼각원점	특별소삼각측량
관측법	방향관측	방향관측
각회차	30초	30초
폐색차	20초	20초
방위각 관측	중앙자오선에서 북극성 관측	서남단기선점에서 태양, 북극성 관측
연직각 관측	양쪽 2회 공차 40초	양쪽 2회 공차 40초
원점위치	중앙부	서남단
가산수치	없음	종선 : 1만, 횡선 : 3만
(+), (−) 부호	존재	없음
거리측량	4회	4회
각관측	4대회	4대회
장비	강류척	강류척

4. 특별소삼각측량의 문제점

① 대삼각측량을 끝내지 못한 지역에 대하여 독립된 특별소삼각측량을 실시하여 오차 가중
② 대삼각망에 편법으로 연결하여 오차 편중
③ 특별소삼각측량 지역과 보통소삼각측량 지역의 행정구역 간 및 경계선 불일치
④ 현시점에서 당시의 원점 소재 망실 및 불확인으로 인해 검측 불가
⑤ 토지조사 당시 삼각점과 다른 곳에 선점 및 재설로 중부성과로 바뀐 경우가 있어 오차 가중

5. 특별소삼각측량의 해결방안

① 중부성과와 특별소삼각원점 및 구소삼각원점 간을 비교·검토하여 양호한 결과를 갖는 삼각점 선별작업 필요
② 삼각점 중 등급이 높은 점들을 이용하여 변환계수 산출
③ 삼각점에 적용하여 나온 결과인 변환된 좌표를 기존 좌표와 비교하여 편차량이 측량에서 허용할 수 있는 범위 안으로 들어오도록 반복하여 작업
④ 특별소삼각측량 지역의 기준점측량 시 스태틱에 의해 기준점을 설치하고, 측량에 가장 적합한 RTK-GNSS 측량 활용
⑤ 지구중심좌표계의 전환 시 이에 대비한 국가적 기본계획 수립
⑥ 좌표변환 파라미터의 계산에 채용한 양호한 기지점망을 선택하여 특별소삼각지역의 현행 성과와 합치하여 최대한 사용

6. 결론

특별소삼각측량은 대삼각측량을 거치지 않고 독립적인 원점을 설치하여 운영할 뿐 아니라 대삼각측량도 일본의 동경원점에 의해 완료되어서 삼각측량의 성과에 대한 평가가 어려운 실정이다. 따라서 기존 측량의 제약을 극복하기 위해서는 계통적 차이를 분석하여 사용할 수 있도록 측량인이 더욱더 심도 있는 연구를 해야 할 것이다.

09 지형도와 지적도의 중첩에 대한 문제점 및 개선방안

1. 개요

효율적인 국토관리 및 공간정보 구축과 활용을 위한 기본도 제작을 위해 수치지도(지형도)와 지적도의 연계·활용이 이루어져야 한다. 하지만 우리나라의 지형도와 지적도는 서로 다른 투영법과 좌표계 및 기준점에서 출발하였기 때문에 수치지도와 지적도를 연계·활용하기에는 많은 어려움이 있다.

2. 지형도와 지적도 중첩에 따른 문제점

공간정보를 구축할 때 가장 중요한 기본도는 다양한 공간정보 분석과 계획입안의 기초가 되는 것으로서 원칙적으로 단일성을 지녀야 한다. 일반적으로 지형도를 기본도로 하여 시설물도 및 관련 주제도를 제작하나 지적업무에서의 기본도는 지적도이다. 따라서 기본도가 다른 2개 이상의 형태로 존재한다면 응용업무에의 적용이 어렵게 된다.

(1) 투영법의 문제

① 지적도와 지형도를 연계하는 일이 최초에는 동일한 투영법에서 출발하였으나 이후 관리제도가 분리

② 지형도는 가우스-크뤼거투영

③ 지적도는 가우스상사이중투영

(2) 원점 문제

① 우리나라 지적측량원점의 위치와 해당 지역은 분산된 다원화 체계를 형성

② 일반 삼각측량 원점과는 계산상으로 연결되도록 구성

③ 삼각측량은 일반 원점계열과 구소삼각 및 특별소삼각 등 삼원화 체제로서 시행

④ 구소삼각 지역 내의 측량성과는 타 지역뿐만 아니라 자체 지역 내에 있어서도 원점의 상이에 따른 불부합 현상이 자연 발생

⑤ 이런 지역에서 측량을 실시할 경우, 구소삼각 원점계열의 측량성과와 일반 원점계열의 성과와는 측량체계, 성과단위, 산출방법이 달리 됨에 따라 많은 차이점 발생

⑥ 일반 원점계열화나 구소삼각 원점계열화로 성과의 통일 또는 일원화함에 있어 많은 애로사항 발생

(3) 자료교환 문제

데이터 관리, 데이터 통합, 데이터 표현 등의 표준화 결여

(4) 법률적 · 제도적 문제

① 생산과 관리, 이용의 주체가 상이하고, 상세하고 합리적인 정보관리체계가 결여

② 국가나 지방자치단체에서 부분적 정보화를 추진한 상태의 문제점

③ 토지정보화 사업에 대한 표준화의 미비, 법 · 제도적 장치의 미비, 기술축적의 미비

④ 통합과정에서 상당한 예산낭비 초래

⑤ 정보제공기관과 이용기관 간의 상이한 입장체계

3. 지형도와 지적도 중첩에 대한 대책

국가지리정보체계 구축을 위한 지형도 및 주제도의 수치화 사업에 있어 지적정보의 수용이 무엇보다도 시급한 선결 과제라 할 수 있으며, 또한 필요한 양질의 정보를 제공하고 다목적 기능을 수행하기 위해서도 토지 관련 지적정보와 국토정보를 데이터베이스화함으로써 상호 보완적인 연계체계를 구축하여야 할 것이다.

(1) 측량기준점망의 재정비 및 투영법의 재검토

필지경계선의 위치를 정확하게 나타내는 데 있어서 가장 중요한 요건은 측량원점의 기준점망체계로서 이 좌표망의 유지관리는 도면 작성에 커다란 역할을 한다. 특히 고도의 정밀도가 요구되는 도시지역에서는 위치학적인 측면에서의 기술가치 정도가 뒤진 지적도의 기능을 회복하기 위해서는 근본적으로 정비가 필요하다.

① 기준점망 점검은 지적(임야)도 · 지형도 정비조사를 착수하기 위해서는 반드시 선행되어야 할 중요한 과정으로 중첩도면 제작을 위한 좌표계와 원점에 관한 문제에서부터 각 기준점의 등급별 성과 및 보존관리 상태를 확인하여 실제 적용

② 기준점망 점검은 조사측량을 위한 단계로서 측량 좌표망을 재점검하고 측량기준점의 성과와 보존관리의 상태를 모두 확인한 후 중부원점 계열이 아닌 타 계열의 좌표망을 전부 중부원점으로 통합 · 정비하여 지적측량 좌표망을 통일

③ 지적재조사를 수행하기 위해 통일원점에 의한 기준점측량 방식으로 기존 국가기준점망의 일제 점검이나 재조정 정비를 하게 되면 막대한 시간과 경비가 소요될 뿐만 아니라 그 정확도 측면에서도 소기의 성과를 기대하기 어려우므로 최근 급속히 발전하고 있는 GNSS에

의한 3차원 위치를 단시간 내에 결정하는 새로운 방법을 적용하는 것이 바람직

④ 지적에서 사용하고 있는 가우스 상사 이중투영공식을 재검토하여 가우스 크뤼거 공식을 배제시키도록 수정하여야 하며, 토지조사사업 당시의 좌표변환 계산프로그램인 $X, Y \leftrightarrow B, L$ 공식의 수학적 재검토가 필요

⑤ 기존의 구소삼각점과 중부원점을 중부원점으로 통일하는 방향으로 하여 면적분포가 많은 원점으로 통일시키는 방법

⑥ 향후 지형도와의 병행활용을 위해 분리된 수준점을 삼각점으로 통일해야 할 필요가 있으며 기준점관리 주체가 이원화된 국토지리정보원과 행정자치부 지적과의 행정체계를 통합하여 국가기준점의 관리체계를 단일화해야 할 필요가 있음

(2) 법률적 · 제도적 문제

효율적인 토지정보 전산화 구축을 위해서는 종합적이고 일관성이 있는 정책이 수립되어야 한다. 정보를 관리하고 운용하는 전문성을 가진 전문인이 계획의 수립에 참여하고 기획을 하여야 함에도 불구하고 정보의 중요성을 인식하지 못한 채 전문성이 없는 부처에 의해 계획이 수립되어 추진되어 오고 있다. 따라서 정보의 중요성을 인식하고 업무의 사전분석을 통하여 기본계획을 수립한 뒤 추진되어야 할 것이다.

4. 결론

지형도와 지적도의 중첩시 오차의 수정을 위하여 현장조사를 할 수 있으나 전 국토를 대상으로 할 경우 비용, 시간, 인력이 막대하기 때문에 정사사진으로 대체할 수 있다. 그러나 현재까지 정사사진을 이용한 합리적이고 구체적인 수정방안의 연구가 매우 미흡한 실정이므로 정사사진을 이용한 국내의 수치지도 제작, 지적측량 업무의 여건에 맞는 구체적 수정방안에 대한 연구개발이 필요하다고 판단된다.

---

10 도해지적의 문제점 및 대책

1. 개요

도해지적은 100여 년 전 만들어진 종이도면에 경계점의 위치를 도형으로 그려 제작하였기에, 토지소유 범위를 결정짓는 경계의 위치정확도가 현저히 낮다. 이러한 지적도는 신축, 마모 등으로 인해 도면에 등록된 토지경계와 실제 이용현황이 불일치한 경우가 많아 지적불부합지 발생과 토지소유자 간 경계분쟁의 원인이 되어왔다. 2012년부터 토지경계가 실제와 달라 재산권 행사에 불편을 초래하고 있는 지적불부합지를 대상으로 지적재조사사업을 추진하고 있으며, 원활

한 사업추진을 위하여 경계점좌표등록지역은 좌표변환방법으로 세계측지계 변환사업을 실시하고 있다.

2. 도해지적과 수치지적

(1) 도해지적이란 토지의 각 필지 경계점을 측량하여 지적도 및 임야도에 일정한 축척의 그림으로 묘화하는 것으로서 토지 경계의 효력을 도면에 등록된 경계에 의존하는 제도이다.

(2) 수치지적이란 토지의 각 필지 경계점을 그림으로 묘화하지 않고 수학적인 평면직각 종횡선 수치($X \cdot Y$좌표)의 형태로 표시하는 것으로서 도해지적보다 훨씬 정밀하게 경계를 등록할 수 있다.

(3) 우리나라의 지적

[표 10-8] 우리나라 도해지적과 수치지적 비교

구분	도해지적	수치지적
공부비율	3,570만 필지(93.9%)	233만 필지(6.1%)
측량기준	지적도, 임야도	경계점좌표등록부
도면축척	1/1,200, 1/2,400, 1/3,000, 1/6,000	없음
오차한계	36~180cm(도면축척별 상이)	10cm
측량수행	한국국토정보공사 전담	민간에 개방(2004년~)
성과	지적도면	경계점좌표등록부

3. 도해지적의 문제점

(1) 지적도면은 구축 당시(1910년대) 경계를 좌표값 없이 종이에 도형형태로 작성되어 도면의 신축, 마모 등에 따른 문제 발생으로 정확한 지적측량이 어려움

(2) 이러한 지적도는 신축, 마모 등으로 인해 도면에 등록된 토지경계와 실제 이용현황이 불일치하는 경우가 많음

(3) 종이도면의 한계를 극복하기 위해 도면전산화사업을 완료(2005년)하여 지적측량에 사용하고 있으나 탑재된 좌표는 실제의 기하학적 좌표가 아닌 임의 좌표에 불과하여 그 자체만으로 현장경계의 수치화 불가

(4) 지적불부합지 발생과 토지소유자 간 경계분쟁의 원인이 되어 왔음

(5) 획일적인 측량성과 제공의 필요

4. 도해지적의 수치화 필요성

(1) 공간정보의 구축 및 관리 등에 관한 법률의 측량기준의 경과조치
① 지역측지계는 2020년 12월 31일까지 사용하고

② 이후에는 세계측지계를 기준으로 수행하도록 규정

(2) 지적도의 신축, 마모 등으로 인해 도면에 등록된 토지경계와 실제 현황이 불일치

(3) 지적불부합지 발생과 토지소유자 간 경계분쟁

(4) 측량성과의 일관성 확보

(5) 국민 재산권 보호와 민간시장 확대

5. 도해지적의 수치화(세계측지계변환) 사업 종류

(1) 지적확정측량

① 공간정보의 구축 및 관리 등에 관한 법률 제86조 도시개발사업 등 시행지역
② 실제 세계측지계로 측량을 통하여 수치지적으로 등록

(2) 지적재조사사업

① 지적재조사에 관한 특별법의 시행지역
② 실제 세계측지계로 측량을 통하여 수치지적으로 등록

(3) 도해지역 수치화사업

① 경계점좌표등록지역
② 좌표변환 등의 방법으로 실시

6. 도해지적의 수치화 방법(경계점좌표등록지역의 세계측지계 변환)

(1) 세계측지계 변환절차

[그림 10-31] 세계측지계 변환순서

(2) 공통점 선정

[표 10-9] 공통점 선정

구분	변환계수	평균편차	경계점
공통점 선정	15점 이상	10점 이상	동서남북중앙 5점
공통점 결정	0.1m 이내 양호한 점	지적측량 시행규칙	지적측량 시행규칙
검증 방법	–	공통점 이외 5점	10점 이상 실측

(3) 공통점 측량

[표 10-10] 공통점 측량

측량방법	기지점과의 거리	측정시간	데이터 수신간격
GNSS 측량	10km 이상	120분 이상	30초
	10km 미만	60분 이상	30초
	5km 미만	30분 이상	30초
	2km 미만	10분 이상	15초

(4) 지적도 좌표변환

① 2D Helmert

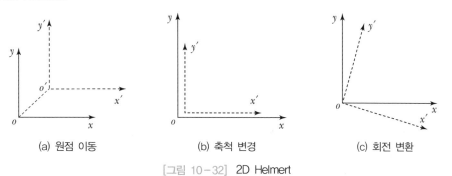

(a) 원점 이동 (b) 축척 변경 (c) 회전 변환

[그림 10-32] 2D Helmert

$$\begin{bmatrix} x' \\ y' \end{bmatrix} = s \begin{bmatrix} \cos\theta & \sin\theta \\ -\sin\theta & \cos\theta \end{bmatrix} + \begin{bmatrix} x \\ y \end{bmatrix} + \begin{bmatrix} x_0 \\ y_0 \end{bmatrix}$$

② 평균편차변환

$$\Delta_X = \frac{\sum(X_{CO} - X_{CT})}{C_{CO}}, \ \Delta_Y = \frac{\sum(Y_{CO} - Y_{CT})}{C_{CO}}$$

여기서, X_{CO}, Y_{CO} : 공통점 관측치
X_{CT}, Y_{CT} : 공통점 기본변환 성과
C_{CO} : 공통점 점수

7. 지적재조사 사업과 도해지적 수치화 사업의 비교

(1) 사업의 성격

① **재조사사업과의 공통점** : 지적측량을 수반하며, 지적도면에 등록된 경계를 수치좌표로 지적공부에 새로이 등록

② **재조사사업과의 차별성** : 지적재조사는 지적공부의 등록사항이 실제토지와 다른 지적불부합지(전 국토의 14.8%)를 대상으로 하나, 수치지적 전환은 지적불부합지를 제외한 도해지역 토지(전 국토의 79.1%)를 대상으로 측량성과의 일관성 확보를 위해 추진

③ 지적재조사는 현실경계 위주로 도상경계를 새로이 설정하나 수치지적 전환은 도상경계 변동 없이 수치좌표만 지적공부에 등록

(2) 사업별 특성 비교

[표 10-11] 사업별 특성 비교

구분	지적재조사	수치지적 전환
사업대상	지적불부합지	불부합지 외 도해지역
사업비	예산사업(총 1조 3천억 원)	비예산 사업
성과결정	지적측량 수반	지적측량 수반
지적공부	수치좌표	수치좌표
경계조정	가능	불가능
면적등록	새로이 면적 산출	기존 토지대장 면적 유지
면적정산	조정금	없음

8. 도해지적 수치화에 따른 기대 효과

(1) 토지경계 분쟁 해소

(2) 국민재산권 보호에 기여

(3) 공적장부의 공신력과 활용가치가 높아짐

(4) 공간정보 등 관련 산업이 활성화

9. 결론

현재의 지적제도는 경계점의 위치를 100여 년 전 만들어진 종이도면에 도형으로 그려 제작한 도해지적을 기반으로 운영되고 있다. 따라서, 토지소유권의 한계를 결정하는 지적측량의 정확도가 낮고 타 공간정보와 융ㆍ복합 활용도 곤란하며, 일반 국민이 지적측량 없이 토지의 경계를 확인하기 어려운 실정이다. 이에 국토교통부는 온 국민이 신뢰하는 반듯한 지적을 비전으로 삼고 도해지적의 수치화 촉진, 토지경계 관리의 효율성 제고, 지적산업의 발전환경 조성, 국민 중심의 지적행정 서비스 실현을 4대 지적제도 개선계획(2016~2020년)으로 마련하여 시행하고 있다.

1. 개요

지적재조사사업이란 「공간정보의 구축 및 관리 등에 관한 법률」의 규정에 따른 지적공부의 등록
사항을 조사·측량하여 기존의 지적공부를 디지털에 의한 새로운 지적공부로 대체함과 동시에
지적공부의 등록사항이 토지의 실제 현황과 일치하지 아니하는 경우 이를 바로 잡기 위하여 실시
하는 국가사업을 말한다.

2. 지적재조사의 필요성

(1) 지적 주권의 회복과 함께 미래지향적 개념 정립

① 일제 잔재 청산과 지적 주권회복을 위해 전 국토의 정확한 재측량을 통해 우리 국토의 새
역사를 써야 하는 상황 도래

② 토지관리 행정에서 토지 소유권보호와 국토개발을 위한 국가 기초정보 및 국민과 기업이
활용에 필요한 정보로의 가치 변화

(2) 지적 관련 기술의 발전과 사회·경제적 지적정보 수요 변화

① 발전된 지적기술을 활용한 디지털 지적정보 구축 및 다양한 분야의 공유를 통한 비용절감
과 새 가치창출 기반 마련 요구

② 선진화된 지적시스템을 구축하여 사회적 갈등 해소와 함께 경제적 효율성을 제고해야 하
는 사회·경제적 수요 변화

(3) 지적정보의 고도화를 통한 지적행정 선진화 요구

① 국토의 정밀한 측량과 토지조사를 통해 지적정보의 정확도를 높이고, 디지털지적 구축으
로 신뢰도 높은 지적정보를 제공함으로써 대국민 서비스의 질을 향상

② 지적불부합으로 인한 경계분쟁 및 재산권 행사 제약 유발

(4) 융·복합을 통한 미래 성장동력으로서의 활용 극대화

① 국가공간정보 인프라의 핵심 정보로서 지적의 위상을 높이고 국가공간정보와 융합을 통해
미래 국가성장동력 기반 마련

② 지형도는 수치정보로 세계측지계를 기반으로 획일적으로 작성되어 있으나, 지적도는 도해
정보로 동경원점 등 다양한 좌표를 혼용하여 사용하고 있어 융·복합이 어려워 국가공간
정보산업 육성에 저해요인으로 작용

3. 기본방향

(1) 사업기간(2012~2030년)을 감안해 단계별로 사업기간을 구분하여 사업을 계획하고, 각 단계별 기본계획 수정·보완을 통해 안정적 추진 도모

(2) 사업 활성화를 위한 개선방안을 추진전략 및 중점과제로 제시함으로써 국민의 재산권 보호 및 국토의 효율적 관리 기반 구축

(3) 시·도가 수립하는 종합계획 및 지적소관청이 수립하는 실시계획의 기초가 될 수 있도록 현실적이고 구체적이며 실천 가능한 방향 제시

[그림 10-33] 지적재조사 사업의 기본방향

4. 목표 및 전략

한국형 스마트 지적의 완성을 통해 국민 모두가 행복한 바른 지적을 실현하기 위한 3대 추진전략을 제시하고, 10개 중점과제를 도출하였다.

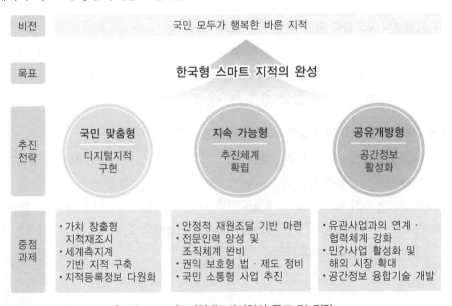

[그림 10-34] 지적재조사사업의 목표 및 전략

5. 중점 추진 과제

(1) 국민 맞춤형 디지털지적 구현

1) 가치 창출형 지적재조사

① 지적불부합지 542만 필지를 해소하고, 도해지적의 디지털화를 위해 2012~2030년까지 지적재조사사업 추진

② 사업시행 규모, 지방비 확보, 토지소유자 요구 등을 고려하여 사업 우선순위 결정

③ 「지적재조사에 관한 특별법」에 따라 사업지구 지정, 일필지조사, 경계확정, 조정금 산정 등 사업추진절차 이행

④ 일필지조사 시 토지이용현황과 불일치하는 지목은 관련 부서와의 협의를 통해 지목을 현실화하여 국민 만족도 향상

⑤ 사업이 완료된 토지는 지적측량을 하지 않더라도 경계 확인이 가능하도록 경계점표지등록부를 QR 코드 등과 함께 토지소유자에게 작성·교부하여 국민의 재산권 보호를 도모

2) 세계측지계 기반 지적 구축

① 세계측지계 변환

② 세계측지계 변환에 따른 개별 불부합지 추출

3) 지적 등록정보 다원화

① 지적 등록정보 다원화를 위한 건축물 위치 등록

② 지적재조사 등록정보의 관리 및 활용성 강화

(2) 지속 가능형 추진체계 확립

1) 안정적 재원조달 기반 마련

2) 전문인력 양성 및 조직체계 완비

사업 수행의 전문성 제고를 위한 체계적인 인력양성 프로그램 운영

3) 권익 보호형 법·제도 정비

① 현장 중심, 국민체감형 법·제도 개선

② 신기술 및 장비 도입·활용을 통한 업무효율성 향상

4) 국민 소통형 사업추진

(3) 공유·개방형 공간정보 활성화

1) 유관사업과의 연계·협력체계 강화

2) 민간산업 활성화 및 해외시장 확대

3) 공간정보 융합기술 개발

① 지적재조사 측량 기반 신기술 연구

② 지적재조사사업 품질관리 강화 및 연계 활용

6. 기대 효과

(1) 토지 활용성 제고로 이용가치 증대 및 국민의 재산권 보호

① 재산권 행사의 제약요인을 해소하고, 토지활용도를 높여 사업성과에 대한 국민 만족도 향상

② 모양이 불규칙한 토지경계를 직선으로 정리하여 토지 이용성 제고

③ 도로와 접하지 않은 맹지를 현실경계로 조정하여 토지 가치 증대

④ 장기간 방치, 미활용되는 국·공유지의 파악 및 활용도 개선

(2) 정확한 토지정보로 지적행정 신뢰 구축 및 편익 개선

① 토지경계를 수치(좌표)로 등록함에 따라 동일한 성과 제시가 가능해 지적행정의 대국민 신뢰도 향상

② 첨단 디지털 정보 제공으로 언제, 어디서나 손쉽게 토지정보 확인

③ 누구든지 경계점표지등록부를 활용하여 편리하게 경계위치 확인

(3) 개방과 공유를 통한 공간정보산업 활성화

국가공간정보 인프라의 핵심인 지적정보의 품질을 높여 타 공간정보와의 융·복합을 통해 미래 국가 성장동력 기반 마련

(4) 스마트 국토관리 기반 확충 및 청년일자리 창출을 통한 창조경제 실현

① 인프라 구축 : Cyber 국토의 구축을 통해 스마트 국토관리 기반 마련

② 일자리 창출 : 공간정보산업 시장 확대로 신규 일자리 창출

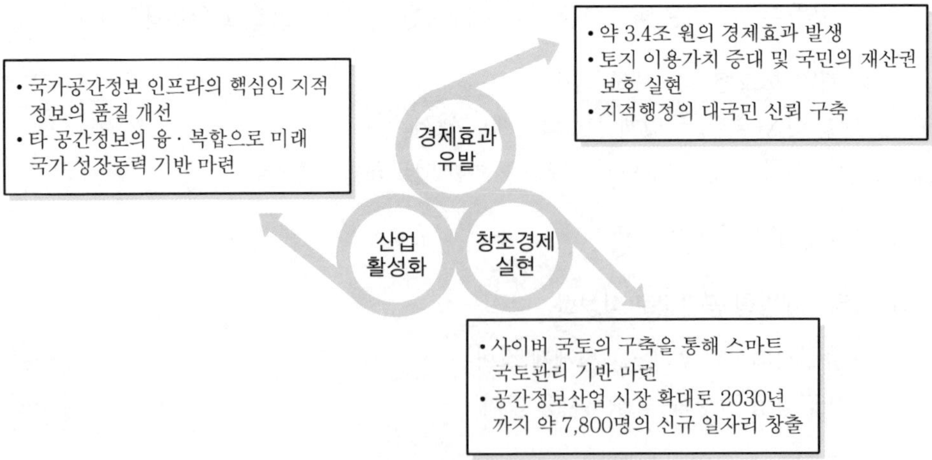

• 국가공간정보 인프라의 핵심인 지적 정보의 품질 개선
• 타 공간정보의 융·복합으로 미래 국가 성장동력 기반 마련

경제효과 유발

• 약 3.4조 원의 경제효과 발생
• 토지 이용가치 증대 및 국민의 재산권 보호 실현
• 지적행정의 대국민 신뢰 구축

산업 활성화　창조경제 실현

• 사이버 국토의 구축을 통해 스마트 국토관리 기반 마련
• 공간정보산업 시장 확대로 2030년까지 약 7,800명의 신규 일자리 창출

[그림 10-35] 지적재조사사업의 기대효과

7. 지적재조사측량

(1) 지적재조사측량 방법

① 지적재조사측량은 지적기준점을 정하기 위한 기초측량과 일필지의 경계와 면적을 정하는 세부측량으로 구분한다.

② 기초측량과 세부측량은 「공간정보의 구축 및 관리 등에 관한 법률 시행령」 제8조 제1항에 따른 국가기준점 및 지적기준점을 기준으로 측정한다.

③ 기초측량은 위성측량 및 토털스테이션 측량의 방법으로 한다.

④ 세부측량은 위성측량, 토털스테이션 측량 및 항공사진측량 등의 방법으로 한다.

(2) 측량기준

① 지적재조사측량은 세계측지계에 따라 측정된 지리학적 경위도와 평균해수면으로부터의 높이를 기준으로 실시

② 토지를 지적공부에 등록하기 위해서는 평면직각좌표로 필지의 경계 또는 좌표와 면적을 결정

(3) 측량방법

[표 10-12] 지적재조사측량 방법

구분	측량기준	측량방법	연결오차
기초측량	국가기준점	위성측량(GNSS 측량기법 중 Static 측량)	±0.03m
		토털스테이션 측량	
세부측량	지적기준점	위성측량(Network RTK 측량)	±0.07m
		토털스테이션 측량	

※ 지적재조사측량의 방법 및 절차는 「지적재조사측량 규정」에 의함

8. 결론

지적재조사사업은 토지의 실제 현황과 일치하지 아니하는 지적공부의 등록사항을 바로잡고 1910년에 종이에 구현된 지적을 디지털 지적으로 바꾸어 국토를 효율적으로 관리하며 더 나아가 국민의 재산권 보호에 기여함을 목적으로 실시하는 국가사업이다. 지적재조사사업은 국민의 재산권보호 차원에서 시급히 추진되어야 하므로 소수의 지적기술자만으로 시행할 경우 시간이 너무 오래 걸리는 문제가 있다. 신규 지적도는 지형도와 제작방법이 동일하므로 지적기술자만 참여하여야 할 명분이 없고, 시급한 국가사업에는 전체 측량기술자가 합심하여 최단기간 내에 사업을 마칠 수 있도록 하여야 한다.

12 무인비행장치(UAV : Unmanned Aerial Vehicle)의 지적재조사 활용방안

1. 개요

지적재조사는 토지의 실제 현황과 일치하지 않는 지적공부의 등록사항을 바로잡고, 종이로 구현된 지적을 디지털 지적으로 전환하여 국토를 효율적으로 관리하고 국민의 재산권을 보호하고자 추진하는 국가사업으로, 인력, 비용, 효과, 시간 등을 고려하여 효율적인 방법으로 사업을 할 필요가 있으므로 무인비행장치(UAV)를 이용한 지적재조사 활용방안을 기술코자 한다.

2. 지적재조사 사업

(1) 사업계획

① 1단계(2012~2015년) : 도입 및 추진기반 마련
② 2단계(2016~2020년) : 안정적 디지털 지적 이행
③ 3단계(2021~2025년) : 사업의 파급 확선
④ 4단계(2026~2030년) : 디지털지적 정착

(2) 목표

① 국민재산권 보호 지적제도 정착
② 국토 자원의 효율적 관리
③ 선진형 공간정보 산업 활성화

(3) 추진방안

① 국가재정부담 최소화를 위한 추진방안 필요
① SOC사업 등 타 사업과 연계를 통한 사업예산 절감
① 국민복지 향상을 위한 사업비 배분

3. 무인항공측량(UAV : Umanned Aerial Vehicle)

(1) 사람이 타지 않고 비행하는 항공기
(2) 사진 입력된 프로그램에 따라 비행하는 무인 비행체
(3) 자체 중량이 150kg 이하
(4) 고정익, 회전익 등으로 구분

4. 지적재조사에 무인항공측량 활용의 필요성

(1) 지적재조사사업 현장 여건 열악

(2) 인력과 비용측면에서 많은 비용 발생

(3) 기존의 측량방법에 대한 문제점 극복

5. UAV의 지적재조사 활용방안

(1) 지적재조사 업무 수행 절차

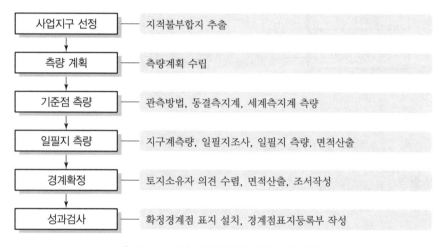

[그림 10-36] 지적재조사 업무 수행 절차

1) 일필지조사

　① 사전조사 : 지적공부, 토지등기부 조사

　② 현지조사 : 토지이용현황조사

2) 경계확정

　① 토지소유자 및 이해관계인 통보

　② 행정소송판결 확정된 경우

3) 성과검서

　① 지적소관청

　② 지적기준점 ±0.03m, 경계점 ±0.07m 이내 결정

(2) UAV 측량

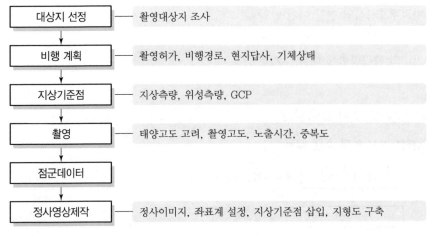

[그림 10-37] UAV 측량 순서

1) 지상기준점

RTK-GNSS 지적기준점 측량

2) 촬영

중복도 : 종중복 70%, 횡중복 80%

3) 정사영상

① GSD 3cm 고정밀 정사영상 제작

② 사진정보 및 좌표계설정

③ 기준점 위치 표시

④ 지형도 구축

(3) UAV의 지적재조사 활용방안

1) 고해상 정사영상과 지적도 중첩

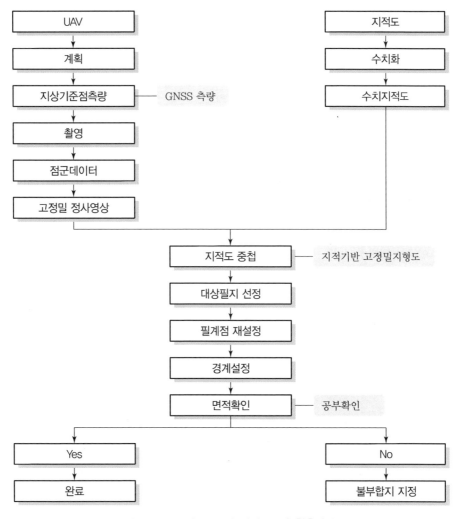

[그림 10-38] UAV의 지적재조사 활용방안

2) 지적도 중첩 고해상정사영상의 활용

① 지적재조사 계획수립

② 불부합지 추출

③ 주민설명회

④ 측량계획

⑤ 일필지 측량

⑥ 경계확정

6. 지적재조사에 무인항공측량 활용의 기대효과

    (1) 지적재조사 사업의 효율적 운영

    (2) 인력과 비용 절감

    (3) 신기술 적용

    (4) 관련 산업 발전

7. 결론

지적재조사는 토지의 실제 현황과 일치하지 않는 지적공부의 등록사항을 바로잡고, 종이로 구현된 지적을 디지털 지적으로 전환하여 국토를 효율적으로 관리하고 국민의 재산권을 보호하고자 추진하는 국가사업이다. 2030년 목표로 추진하고 있으나 예산확보 등 문제로 느리게 진행되고 있고, 새로운 신기술을 재조사사업에 적용할 필요성이 있다. 효율적, 경제적으로 지적재조사를 실시하기 위하여 최신측량기술인 UAV를 이용한 방법을 적용하기 위하여 관계기관 및 학계 기술자의 연구가 필요하겠다.

05 실전문제

01 단답형(용어)

(1) 조석관측

(2) 해상의 조석부하

(3) 부진동/지형류

(4) 수심측량등급

(5) MBES(MultiBeam Echo Sounder)

(6) 항공라이다 수심측량(Bathymetric LiDAR)

(7) 수심의 수직불확실도

(8) 음파후방산란

(9) 음파지층탐사

(10) 해저면 영상조사

(11) 연속해양기준면(연속기본수준면)

(12) 영해기점(영해기준점)/영해기선

(13) 수로기준점

(14) 해양지명/수로도지

(15) 해도/전자해도(ENC)

(16) e-Navigation(한국형)

(17) 수로측량의 원도(Cell) 번호체계

(18) 지적재조사사업

(19) 지적확정측량

(20) 3차원 지적/해양지적

(1) 수로측량에 대하여 설명하시오.

(2) 우리나라 해안선의 법적 근거와 유형별(자연 및 인공) 획정 기준에 대하여 설명하시오.

(3) 우리나라 해상경계 관련 현황 및 해상경계 설정방안에 대하여 설명하시오.

(4) 우리나라 해양관할권 설정(내수, 영해, 접속구역, 배타적 경제수역, 대륙붕) 및 인접국가 관할 해역 획정방법에 대하여 설명하시오.

(5) 해안선 측량방법에 대하여 설명하시오.

(6) 연안지역에서 지형과 수심데이터를 동시에 취득할 수 있는 항공라이다(LiDAR) 측량기술의 활용방안에 대하여 설명하시오.

(7) 해양의 e-Navigation 구축방안에 대하여 설명하시오.

(8) 지적측량에 대하여 설명하시오.

(9) 측지측량과 지적측량의 차이점에 대하여 설명하시오.

(10) 지형도와 지적도의 불부합으로 인한 문제점 및 개선방안에 대하여 설명하시오.

(11) 지적재조사측량 및 지적재조사사업을 효율적으로 수행하기 위한 측량방법에 대하여 설명하시오.

(12) 무인비행장치를 이용한 지적재조사 활용방안에 대하여 설명하시오.

(13) 3차원 지적의 필요성 및 구축방법에 대하여 설명하시오.

(14) 해양지적의 도입 필요성에 대하여 설명하시오.

(15) 모바일 지적측량시스템 기술개발과 적용방법에 대하여 설명하시오.

(16) 지적공부 세계측지계 변환 종합계획에 대하여 설명하시오.

(17) 지적제도 개선계획에 대하여 설명하시오.

01

측량 및 지형공간정보
기술사
단원별 출제경향분석
및 과년도 기출문제

CHAPTER 01 출제빈도표

01 출제경향

2000년에서 2009년까지 시행된 측량 및 지형공간정보 기술사는 사진측량을 중심으로 전 Part별로 고루 출제되었다. 또한, 2010년부터 최근까지 시행된 문제도 이전과 유사하게 출제되었으나, 관측값 해석 및 지상측량의 경우 예전과 비교하여 출제빈도가 현저하게 낮아지고 있다.

최근 2010년 이후 출제 경향을 세부적으로 살펴보면 사진측량 및 R.S, 응용측량, GSIS(공간정보 구축 및 활용), GNSS 측량을 중심으로 집중 출제되고 있으며, 예전보다 응용측량 Part의 빈도가 높아지고 있는 경향을 보이고 있다.

02 Part별 기출문제 빈도표(2000~2022년)

	Part	총론 및 시사성	측지학	관측값 해석	지상 측량	GNSS 측량	사진 측량 및 R.S	GSIS (공간정보 구축 및 활용)	응용 측량	기타	계
점유율 (%)	2000~2009년	9.9	10.9	4.7	7.0	13.4	24.8	15.7	13.1	0.5	100
	2010년 이후	10.6	10.6	2.1	3.7	10.4	24.3	13.1	25.2	0	100

03 그림으로 보는 Part별 점유율

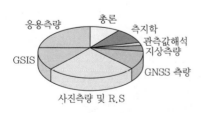

[90~128회 단원별 점유율]

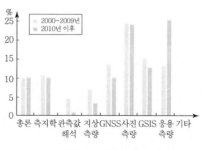

[출제경향분석표]

04 출제빈도표(2006~2022년)

구분			2006(78)	(80)	2007(81)	(83)	2008(84)	(86)	2009(87)	(89)	2010(90)	(92)	2011(93)	(95)	2012(96)	(98)	2013(99)	(101)	2014(102)	(104)	2015(105)	(107)	2016(108)	(110)	2017(111)	(113)	2018(114)	(116)	2019(117)	(119)	2020(120)	(122)	2021(123)	(125)	2022(126)	(128)	빈도(계)	빈도(%)
총론 및 시사성	총론	용어	3						2	2	1				2			2			1		2			1			2			1	1		1		21	2.0
		논술	4	2	3		1	2			1	2	1	1	1	2	3	3	2	1			1		3	3	1	1			1	2			1	1	45	4.2
	시사성 및 관련법	용어													1	1		1			1																4	0.4
		논술				3					3	3			1	3			3	2	1	3	2	1	1	2	1	1	4	1	1			1	2			39	3.7
	소 계		7	2	3		4	4	2	2	2	4	4	1	6	7	3	8	3	2	5	4	4	5	3	4	1	4	2	4	1	1	3	2	1	1	109	10.3
측지학	지구와 천구	용어	1	2	1	1	1	2			1	1	2	4	3	2		3		2		3		2		2		1			2	1	1	1		1	41	3.9
		논술		1						1																	1										3	0.3
	좌표 해석	용어	1				1				3						1		1				1		1						1			1	1	1	12	1.1
		논술									3			1	2											1										1	8	0.8
	중력/ 지자기측량	용어	1		1			1		1	1				1		1				1				1		1		1		1		1				12	1.1
		논술								1	1			1		1		2	1	1		1												1			10	0.9
	공간 측량	용어			1	1				1			1		1					1	2				1				1					1		1	12	1.1
		논술	1							1				1	2			1														1					7	0.7
	해양 측량	용어													2		2				1					1											6	0.6
		논술			2		1						1			1			2																		7	0.7
	소 계		4	3	5	2	3	5	3	8	3	4	8	4	4	2	10	2	8	4	3	2	4		4	2	2	2	4	2	1	2		3	2	3	118	11.2
관측값 해석	오차와 최소제곱법	용어		1		2		1				1					1	1	1		1	1		1		1	1		1	1					1	1	17	1.6
		논술			1				1												1				1										1		5	0.5
	소 계			1	1	2		1	1			1					1	1	1		1	2		1		1	1	1	1	1					1	2	22	2.1
지상측량	거리 측량	용어				1					1																										2	0.2
		논술			1																				1	1											3	0.3
	각측량	용어				1	1																	1													3	0.3
		논술	1																																		1	0.1
	삼각측량 삼변측량	용어																	1						1				1		1						4	0.4
		논술	1																															1			2	0.2
	다각 측량	용어											2	1		1				1								1		2						8	0.8
		논술					1																														1	0.1
	수준 측량	용어				1	1												1											2	1	1			7	0.6
		논술				1	1				1	1	1							1	1		1			1	1						10	0.9
	세부 측량	용어																																			0	
		논술																																			0	
	소 계		2		1	1	4	1	2			1	2	1	1	2	1	1	1		1	1	2	2		1	1	2	3	4	2	41	3.9
G N S S 측량	GNSS	용어	1	2	2	2	2	1	1	2	2	2		1	1	1	1	3		1	1	1	2		1	2	2	3	1		2	1	1			1	44	4.2
		논술		3		1		2		3		3	1			1	1	1	1	1	1		1			1	1	1				1	1	26	2.5
	GNSS 응용	용어				1						3		1			2		1	1		1	2					1		1	14	1.3
		논술	1	1	2	2	3		1		1		2	1	2		1	2	1		2		4			1	1			1	1	31	2.9
	소 계		2	6	4	5	5	2	3	4	3	5	1	4	4	5	3	3	2	3	4	5	2	6	1	6	3	4	5	3	1	2	3	2	2	2	115	10.9

구분			2006년		2007년		2008년		2009년		2010년		2011년		2012년		2013년		2014년		2015년		2016년		2017년		2018년		2019년		2020년		2021년		2022년		빈도(계)	빈도(%)
---	---	---	78	80	81	83	84	86	87	89	90	92	93	95	96	98	99	101	102	104	105	107	108	110	111	113	114	116	117	119	120	122	123	125	126	128	---	---
사진측량 & R.S	사진측량	용어	3	3	1	3		4	2	1	4	2	2	2	1	1		1	1	1	2	1	2	1	2	1			2	2		1	3		1	2	2	2	56	5.3
		논술	3	2			1	6	2	1	3	2	1	3	1			1	1	1	2	1	2	2		1	2		1	2		1	2	2	2	1	3	50	4.7
	사진판독	용어				1																															1	0.1
		논술															1									1									1		3	0.3
	R.S (원격탐측)	용어		1	1		1		1				2		2	2		2	1	2	1	1	1			1	1		1	1			1	2	1		26	2.5
		논술		2	3			2	1			6		2		1	2	1	1	1	1		2		2		2		1	2		2	2	2	1	39	3.7
	사진측량 & R.S 응용	용어	1		2		1			1					1	1			1	1	1	2	1	2	1	1		1	1	1			2	23	2.2
		논술		3	2	2	1	3	3	4	2			3	4		2		3	2	2	2	1	3	4	2	1	2	2	2	3	3	2	65	6.2
소 계			7	9	8	9	4	13	10	7	10	4	11	5	9	7	4	9	4	9	5	8	7	9	5	7	9	10	5	7	7	4	9	13	9	10	263	25
공간정보 (GSIS)	공간정보 (구축)	용어		1	2		1		2		4		1	2	1			1	1			1	1	1			1	1	1		2	2	26	2.4
		논술	3			1	2	1	1	3		2			1		1	2		2		1		2	1		2		1	2		1	29	2.8
	공간정보 (활용)	용어		1	1	3		1	1		3				1		1			1	2	1	1	2		1	2	1	3		1	1	28	2.7
		논술		2	3	1	2	2	1	1	3		3	2		1	1	2		2	1	3	2	2	3	1	3	3	3		2	2	55	5.2
소 계			3	3	5	6	2	4	4	5	4	7	3	6	4	1	2	1	3	3	4		5	3	6	4	7	4	4	5	5	8	6		6	5	138	13.1
응용측량	지도제작	용어		2	1			3		1	1		2		1	3	1	1	1	3	1	1	1		3		1	2			1	31	2.9
		논술	3	1	6			2	3	1	3	1		1	2			2	1		3	2		1	2		2		2	1		3	1	43	4.1
	면·체적측량	용어		1				1					1											1	1				1	6	0.6
		논술				1					1													1	1					4	0.4
	도로 및 철도측량	용어	2			2	1		1		1	2		1		1				1	1				1		1		1	16	1.5
		논술		1		2	1		2			1		2		1	1	1	1			1	2	1	4			1	1	24	2.3
	터널측량	용어																												
		논술						1				1		1	1		1		1	1		1				1	1	11	1.0
	하천 및 수로측량	용어								2		1		4	1		2	2	1	2		1	1	1		2	2	2	2	26	2.5
		논술	1				1	1		1	1	2	1	2	2	2	1	2	1	1	3	1	1		2	2	3	1	2	1	2	1	38	3.6
	상하수도측량	용어																								
		논술												1												1	0.1
	댐측량	용어																								
		논술																								
	항만측량	용어																								
		논술																								
	교량측량	용어																								
		논술									1	1				1										3	0.3
	시설물측량	용어																						1		1	2	0.2
		논술				1								1		1			2		1	1	1	1		1	10	0.9
	문화재/ 비행장측량	용어											1					1								2	0.2
		논술																								
	지적측량 및 기타	용어		1				1																		2	0.2
		논술	3		2	1	1			1	1	2	1			2	1		2	1		1	1	3		1	1		2			1	1	29	2.7
소 계			6	8	4	7	7	2	6	5	8	5	4	9	3	8	7	6	9	8	10	11	7	5	10	5	9	6	9	8	13	10	6	9	10	8	248	23.5
총 계			31	31	31	31	31	31	31	31	31	31	31	31	31	31	31	31	31	31	31	31	31	31	31	31	31	31	31	31	31	31	31	31	31	31	1,054	100

CHAPTER

02 단원별 출제경향분석(48~128회)

1. 총론(A General Summary) 및 시사성

구분	출제문제	출제유형	회차
총론	Geomatics (10점)	용어	69회
	측량의 상대오차 1/10⁶로 허용 시 구면과 평면의 한계와 관련 공식 유도 설명 (25점) 상대정밀도 1/10,000일 때 평면측량의 범위는 몇 km인가? (25점) (25점) / 대지/소지측량 (10점) (25점) (10점)	논술/용어	65, 66, 107, 111, 113회
	측량법상 측량의 분류, 정의 (25점) (10점) (10점) (25점) (10점) (25점) / 측량법에 도입된 세계측지계 (10점) 우리나라 측량법상의 측량성과 심사 (25점) (10점) (25점) (25점) 측량법 시행령에서의 측량업의 종류 기술 (25점) (25점) (25점) / 위반행위에 대한 과태료 부과내용 (25점) 측량법에 의한 측량의 분류 (10점) / 공공측량에서 제외되는 측량 (10점) (25점) 일반측량에서 제외되는 측량 (10점) / 측량법 주요 개정내용 (25점) / 측량기기 성능검사 (10점) 측량기술자 중에서 고급기술자의 기준 (10점) (10점) / 우리나라 측량기술자를 분류하고 육성방안 논술 (25점) 공공측량업의 업무내용 중 "설계에 수반되는 조사측량과 측량 관련 도면작성"에 대해 설명 (25점) 공공측량 성과심사의 절차와 업무내용에 대하여 설명 (25점) (25점) (25점) (25점) (25점) (25점) / 공공측량 목적, 종류, 업무처리 절차 (25점) (25점) (25점) (25점) (25점) 공공측량작업규정에서 용지측량의 업무영역(지적현황측량) (25점) / 공공측량 성과의 메타데이터 작성 (25점)	논술/용어	51, 52, 53, 67, 68, 78, 80회 52, 61, 64, 68회 61, 65, 71, 74, 76, 81, 87, 116, 122회 71, 78회 71회 71, 76, 77, 78, 81, 98, 102, 108, 114, 117, 123회 104, 125회
	측지원자 (10점) (10점) (10점) / 세계측지계의 요건 (10점) / 국가위치의 기준 (25점)	용어/논술	52, 53, 57, 119, 126회
	우리나라 측량기준과 좌표계에 대한 현황, 문제점, 개선방안 (25점) (25점) 우리나라 측지기준 (25점) (25점) (25점) (25점) (10점) (10점) (25점) / 우리나라 지구 중심 좌표계의 기준 (10점)	논술/용어	60, 68, 70, 72, 73, 76, 86, 90, 104, 107회
	우리나라의 측량원점 (30점) (50점) (50점) (10점) (25점) (25점) / 수준원점 (10점) (10점) / 평면직각좌표원점 (10점) (10점) (10점) / 10.405″ (10점) 우리나라의 표준경선 (10점) / 우리나라의 수평측지기준 현황 (25점) / 우리나라 원점의 역사적 배경 및 문제점, 개선방안 (25점) (25점) 우리나라 측지계 원점 현황, 재확립을 위한 개선방안 (25점) / 남·북한 측지계 문제 해결 (25점)	논술/용어	48, 50, 51, 52, 55, 65, 74, 77, 96, 101, 119회 93, 95, 98회 110, 117회
	우리나라 표고 종류와 기준 (25점) (25점) (25점) (10점) (10점) (25점) (10점) (25점) / 평균해수면으로 정한 이유 (25점) / 평균동적해면 (10점) / 타원체고와 표고 (10점) (10점) / 평균해수면과 수준원점의 문제점 및 개선방안 (25점) (25점) 우리나라 육상과 해상에서 각 높이 기준에 대한 정의, 기준면 종류, 기준면의 통합 필요성 및 활용방안 (25점) (25점) (25점) / 표고기준면과 수심기준면의 상관관계 (25점) KNGEOID13을 연안·도서지역에 적용할 때 문제점, 정확도 향상 방안 (25점) / 통일 대비 북한지역의 긴급 인프라 구축을 위한 수직위치 결정방안 (25점)	논술/용어	67, 70, 74, 75, 76, 78, 81, 87, 89, 92, 93, 96, 101, 128회 90, 99, 113, 119회 102, 108회
	측량기준점 (10점) (10점) (10점) (10점) / 기준점 관리 방안 (25점) (25점) / GNSS 상시관측소, 중력점, 자기점의 현황 (25점) / 기준점 종류별 현황 (25점) (25점) / 영해기준점 (10점) 공공기준점 측량의 정의, 기준점 간격, 정확도, 활용방안에 대하여 설명 (25점) / 효과적인 통합측지망 구축방안 (25점) / 통합기준점 작업방법 (25점) 측량기준점 일원화에 따른 문제점/개선방안 (25점)	용어/논술	71, 73, 86, 98, 101, 110, 120, 123, 125회 72, 99, 105회 110회
	최근 측량법 제5조(측량의 기준)가 개정되어 세계측지계가 도입되었다. 주요 내용과 대처방안에 관한 기술 (25점) (25점) (25점) (10점) (25점) (25점) (10점) (25점) 세계측지계 도입에 관한 측량 및 GIS분야의 현황, 문제점, 기존자료 활용방안에 대한 기술 (25점) (25점) (25점) 세계측지계의 도입배경과 내용을 설명하고 대축척 수치지형도의 전환방법 (25점) / 국가격자좌표계의 도입방안 (25점)	논술/용어	63, 66, 69, 74, 76회 72, 78, 80회 78, 99회
	국토기본법에 의한 국토조사에 대하여 설명 (25점)	논술	71회
	국제단위계 중(SI) 기본단위 (10점) (10점) / 라디안 (10점) (10점) 1초는 몇 라디안 (10점) (10점) / 스테라디안 (10점) / m²와 평의 관계 (10점) / 측량장비 검정 (25점) (25점)	용어/논술	50, 50, 57, 69, 76, 108, 111, 113회
	기본측량과 건설교통부 산하 국립지리정보원 임무 (10점) 측량 및 GIS 관련 단체와 역할 (10점)	용어	58회 74회

구분 \ 내용	출제문제	출제유형	회차
시사성	측량용역대가를 설명하고, 저가심의제 도입과 최저가 낙찰제도가 측량분야에 미치는 영향에 대하여 논하시오. (25점) 우리나라 지리정보 가격체계의 문제점과 개선방안 (25점)	논술	72회 84회
	측량정보산업의 현황과 전망을 설명하고 측량기술자의 역할 (25점) 측량산업 활성화 차원에서 건설관리법과 제도 개선방안 (25점) / 공간정보산업의 현황, 문제점, 개선방안 (25점) 공간정보기술이 활용되는 분야 (25점) / 공간정보추진체계 (10점)	논술/용어	78회 84, 86회 96, 101회
	21세기 측량의 발전방향에 대하여 설명 (25점) / 책임측량사 제도 (25점)	논술	62, 68회
	남북통일을 대비한 측량 및 GIS분야의 대응 방안을 제시 (25점) / 남북한 국가기준점 통합구축 방안 (25점)	논술	72, 116회
	정보기술(IT) 분야에서 GIS와 GPS 역할 (25점)	논술	73회
	지리정보산업의 해외진출 활성화를 위한 공간정보의 품질인증 방안 (25점) 측량업체의 해외시장 진출방법에 대한 기술 (25점) (25점) / 해외 진출을 지원하기 위한 영문지도 사용기준 (25점)	논술	95회 84, 93, 105회
	일반측량에 지적기능이 통합될 경우 장단점 기술 (25점)	논술	84회
	특수카메라/인터넷/휴대폰을 통한 불특정다수에게 공개되는 국가지리정보보안의 문제점 및 개선방안 (25점) (25점) / 공간정보 보안규정 (25점)	논술	87, 92, 101회
	국토 통합정보시스템 구축의 주요 내용 (25점) (25점) (10점) / 공간정보 관련 법률 정비방안 (25점) 국가공간정보정책 기본계획 (25점) (25점) (25점) (25점) / 제1차, 제2차 국가측량기본계획 (25점) (25점) (25점) 3차원 공간정보 구축사업의 현황, 활용방안 및 문제점 (25점) / 스마트 국토정보 3.0 (10점)	논술/용어	89, 93, 101, 102, 110, 111, 114, 116, 123, 125회 96, 105회
	국토에 대한 체계적인 인문지리정보의 인프라 구축방안 (25점) (25점) / 국가수문기상 재난안전 공동활용 시스템 (25점)	논술	92, 93, 101회
	UN-GGIM (10점) (25점) / GGIM-Korea 포럼 발전방향 (25점) / 국토지리정보원 공간정보 기관표준 (25점)	용어/논술	96, 98, 105, 107회
	항공사진측량의 지적재조사사업의 적용방안 (25점) / 해양지적 (25점)	논술	96, 102회
	북극지역 공간정보 구축 (25점)	논술	102회
	국가지점번호 부여체계 도입 (25점) / 차세대 국가위치기준체계 구축계획 (25점)	논술	104, 113회
	공간정보의 국외 개방에 대한 문제점 및 해결방안 (25점)	논술	119회

2. 측지학(Geodesy)

구분 / 내용	출제문제	출제유형	회차
측지학	Geoid (25점) (10점) (10점) / 지오이드모델의 결정방법, 필요성 (50점) (25점) (25점) / 지오이드고 (10점) (25점) / 합성지오이드모델 (10점) (10점) / KNGeoid13 (25점) / KNGeoid18 (10점) / KNGeoid (10점) 지구의 모양과 크기 (25점) / 지구타원체 (10점) / 준거타원체 (10점) / 기준타원체 (10점) (10점) / 텔룰로이드면 (10점) 대지측량 기준계(1980)의 기타 상수 중 제1이심률과 제2이심률의 정의 (5점) (10점) (10점) 기준타원체(준거타원체) (10점) / 지구의 평균곡률반경 (10점) / 자오선 곡률반경 (10점) Bessel 타원체와 GRS 80 타원체의 근본적인 차이점과 타원체 요소는? (10점) (25점) 지구의 형상, 지오이드, 지구타원체, 연직선 편차에 대해 기술 (25점) (25점) (10점) / 측지기준 파라미터(8가지) (10점)	논술/용어	50, 53, 55, 63, 69, 74, 92, 99, 102, 105, 114, 117, 122회 51, 52, 56, 66, 75, 80회 49, 54, 77회 58, 96, 108회 65, 68회 65, 69, 99, 108회
	자오선 수차 (10점) (10점) / 진북방향각 기본식 (10점) 연직선 편차 (10점) (10점) (10점) (10점) (10점) (10점) (10점) / 연직선 편차/수직선 편차 (10점) (10점)	용어	51, 55, 119회 54, 55, 58, 67, 76, 86, 93, 111, 119회
	평행권 (10점) / 측지선과 항정선 (10점) / 자오선과 묘유선 (10점)	용어	66, 96, 125회
	구과량과 구면삼각형 (10점) (10점) (10점) (10점) (10점) (10점) (10점) (10점) / 구과량 (10점) (10점) (10점) (10점) / 르장드르 정리 (10점) (10점)	용어	50, 51, 58, 61, 67, 73, 75, 80, 84, 86, 92, 93, 99, 111, 117, 120회
	장동 (10점) / 코리올리효과의 힘 (10점)	용어	51, 83회
	천문측량에 의한 위치 해석기법을 기술 (25점) (25점) (25점) (10점) 천문측량이 측지측량에 이용되는 이유? (25점) (25점)	논술/용어	59, 69, 87, 102회 62, 64회
	세계시 (10점) (10점) / 표준시 (10점) (10점) 균시차 (10점) (10점) / 역학시 (10점) / 협정세계시 (10점)	용어	56, 62, 65, 89회 58, 69, 105회
	적경과 적위 (10점) / 천문좌표계 (10점) / 지구좌표계 · 천문좌표계 (10점) / 위도의 종류 (15점) (10점) (10점) (25점)	용어/논술	48, 52, 54, 60, 77, 78, 93회
	지심좌표계 (10점) (10점) (10점) / ITRF (10점) (30점) / 국제천구좌표계(ICRF) (10점) 세계 측지 측량 기준계(WGS 60, 66, 72, 84)에 대하여 기술 (25점) / 세계측지계 좌표 변환 (25점) (25점) (25점) 측량에서 사용하는 지구 좌표계의 종류에 대하여 기술 (50점) (10점) / UTM, UPS 좌표계 (10점) / UTM-K 좌표계 (25점) UTM 좌표 (10점) / UTM과 UPS (10점) (10점) (10점) / UTM, UPS 축척계수 (10점) UTM과 평면직각좌표에서 음수(−)를 피하기 위하여 원점에 얼마를 더해주는가? (10점) ITRF 좌표계 (10점) (10점) / IERS (10점) / ITRF 2000, 2008, 2020 (10점) (25점) (10점) (10점) / 한국측지계2002 (10점) / 3차원 측지좌표계 (10점)	용어/논술	49, 50, 51, 111, 119, 126회 54, 92, 113, 128회 54, 56, 84, 93회 57, 61, 64, 67, 125회 63, 67, 70, 86, 98, 101, 108, 128회
	수평위치와 수직위치 결정을 위한 측량방법 (25점) (25점) (25점) 삼차원 위치결정을 사진측량, 관성측량, GPS 측량 및 관성측량방법으로 분류 설명 (25점) (25점)	논술	55, 56, 70회 57, 65회
	정표고, 역표고, 타원체고, 지오이드고 (10점) (10점) (10점) (10점) 등포텐셜면 (10점) / 타원보정 (10점)	용어	52, 81, 90, 113회 55회
	중력측량의 관측방법 및 보정에 대해서 설명 (30점) (25점) (25점) (25점) (25점) (25점) / 중력이상 및 보정에 대하여 기술 (25점) (25점) (25점) (25점) (10점) (10점) (10점) (10점) (10점) (10점) / 지구물리측량 (25점) (25점) / 지구중력장모델 (25점) 상대중력계로 중력을 관측하는 경우 중력이상값을 계산하기 위하여 실시하는 보정 (25점) / 상대중력값을 이용한 지하자원 및 지각구조 탐사방법 (25점) 고도계위성과 중력측정위성의 원리 및 대표적 위성 (25점) / 국가기준점에서 중력값 측정 조건 · 방법 · 처리과정 (25점)	논술/용어	49, 54, 57, 60, 64, 66, 69, 77, 80, 81, 86, 87, 92, 90, 96, 102, 107, 108, 117회 95, 99회 99, 101회
	지자기 3요소 (10점) (10점) / 우리나라 지자기측량의 방법 (25점) 라플라스점 (5점) (10점) (10점)	용어/논술	52, 99, 126회 49, 50, 55, 102회
	반사파와 굴절파 측량에 대하여 기술 (25점) / 탄성파 측량 (10점) (10점) (10점)	논술/용어	57, 78, 104, 116회
	도플러 효과 (10점) / 도플러 변위 (10점) 케플러 위성궤도의 요소 (10점) (10점) (10점) (10점) (10점) (10점) (10점) (10점)	용어	52, 55회 59, 74, 83, 90, 95, 102, 104, 125회

구분	내용 출제문제	출제유형	회차
측지학	VLBI (10점) (10점) (10점) (10점) (10점) (10점) (10점) / SLR(Satellite Laser Ranging)와 VLBI(Very Long Baseline Interferometry)의 특성을 비교 설명 (25점) (10점) (25점) (25점) (25점) (10점) (10점) (25점) (10점) (25점) VLBI의 안테나 캘리브레이션 (25점) / VLBI 관측국, GNSS 상시관측소의 국가기준점 간 연계방안 (25점)	용어/논술	53, 67, 69, 71, 73, 75, 78, 81, 83, 86, 93, 96, 104, 111, 117, 125, 128회 99, 104회
	해상에서 수평위치(x, y) 결정 시 이용되는 방법 (10점) (50점) (25점) (25점) / e-로란(Loran) (10점) / e-Navigation (25점) 해양 조석 관측에 대하여 설명 (25점) (25점) (10점) (10점) (25점) (10점) / 해안선 측량 (25점) (10점) / 해양조석부하 (10점) / 부진동 (10점) / 지형류 (10점) 해양에서 수심측량의 의의, 방법, 활용에 대해 기술 (25점) (25점) (25점)	용어/논술	49, 52, 53, 56, 99, 102회 54, 74, 83, 89, 102, 107, 116, 117, 120, 128회 55, 58, 68회
	최신 해양측량 기술 (25점) (25점) / 수심라이다 측량 (25점) 해상 경계설정 방안과 분쟁해결 방안을 제시 (25점) (25점) (25점) / 영해기점 (10점) (10점) (10점) (10점) (25점) / NLL (10점) / 해양지명 (10점) 우리나라 해안선의 법적 근거와 유형별(자연 및 인공) 확정기준 (25점) (25점) / 해안선조사 DB구축 (25점) / 해안선 결정방법 (10점) (25점)	논술/용어	72, 81, 102회 72, 80, 81, 84, 86, 90, 98, 102, 111회 93, 98, 99, 102, 111회
	동적측지계, 기준시점(Epoch) 기반의 측지계 도입의 필요성/도입방안 (25점) 한 국가의 좌표체계 결정방법에 관한 기술 (25점) 세계 측지 측량망에 대해 기술 (25점) / 최적 측지망 설계 시 고려해야 할 요소 (10점) (25점) / Robustness 분석인자 (10점) 화산활동과 관련된 많은 자연현상을 관측하는 측지학적 관측기술 (25점)	논술/용어	96회 84회 57, 74, 87, 89회 99회

3. 관측값 해석(Error) 및 지상측량(Terrestrial Surveying)

구분 \ 내용	출제문제	출제유형	회차
관측값 해석	오차의 원인, 처리방법, 성질에 따른 분류 (25점) (10점) (25점) / 착오와 참값 (10점) 관측오차의 종류를 설명하고 오차를 최소화하기 위한 방법에 대하여 설명 (25점) (10점)	논술/용어	51, 53, 116, 128회 71, 117회
	정규분포 (10점) (10점) / 오차곡선 (10점) (10점) (10점) / 측량에서 확률오차 범위 (10점) / 정규분포와 표준편차에 대해 설명 (25점) 정규분포를 설명하고 우연오차, 과대오차의 영역분포를 설명 (25점)	용어/논술	60, 61, 65, 101, 108, 126회 67회
	평균제곱근오차 (10점) / 표준편차와 표준오차를 설명 (25점) / 확률오차 (10점) / 평균제곱오차 (10점) 최확치를 구하는 방법 (25점) (10점) (10점) (10점) 자료 관측에서의 무게(Weight) 경중률 (10점) (10점) (10점)	용어/논술	61, 67, 73, 102회 51, 53, 58, 92회 63, 102, 113회
	분산, 공분산, 상관계수 (25점) (25점) (10점) (10점) / 오차 타원 (10점)	논술/용어	60, 61, 66, 75, 81, 87회
	정확도와 정밀도 (25점) (25점) (10점) (10점) (10점) (10점) 1차원, 2차원 정밀도 영역 표현 (5점) / 신뢰타원 (10점) / 오차타원 (10점)	논술/용어	53, 62, 72, 84, 110, 120회 49, 61, 66회
	오차전파의 법칙 (10점) (25점) (10점) (25점) (10점) (25점) (25점) (10점)	용어/논술	54, 61, 63, 68, 84, 90, 110, 122회
	최소제곱법의 원리와 실례에 대하여 설명 (25점) (10점) / Total Least Squares Method (50점) (10점) (10점) (25점) (25점) (10점) (10점) (25점) (25점) (25점) (10점) (25점) 측량에서의 관측자료는 $AX = L + v$라는 매트릭스관측방정식으로 표현할 수 있다. 각 매트릭스의 내용과 차원을 설명하고, 최소제곱법에 의한 조정을 위한 정규방정식 조정과정을 설명 (25점) 최소제곱법을 예를 들어 설명 (50점)	논술/용어	50, 53, 61, 62, 63, 66, 67, 73, 75, 76, 83, 104, 119, 128회 63회 50회
지상 측량	경사거리 측정 보정(지도상에 표시할 때 거쳐야 하는 과정) (10점) (10점) 거리측량에서 정오차 보정방법 (25점) (25점) 거리측량의 종별 특성에 대하여 기술 (25점) 거리 1m 정의 (10점) / 횡거(Meridian Line) (10점) 지도에 표현하기 위한 거리의 환산 (10점) (10점)	용어/논술	56, 92회 53, 55회 56회 60, 95회 61, 65회
	EDM 측량 시 오차발생 원인 (10점) / EDM 오차의 종류와 보정법에 대해 기술 (25점) (25점) 전자파 거리측정에서 굴절계수를 설명하고 거리측정에 미치는 영향을 설명 (25점) EDM 반송파 종류 및 구분에 대하여 설명 (25점) (25점) EDM에서 사용하는 전자파의 주파수는 대부분 고주파를 사용하는데 그 이유는? (10점) 토털스테이션(TS)에 의한 3차원 좌표측정의 원리 및 도면화 (25점) (25점) (25점) (10점) / 오차 종류 및 보정방법 (25점) 전자평판 측량과 기존의 평판측량을 비교 설명 (25점)	용어/논술	56, 65, 111회 58회 62, 67회 65회 71, 77, 81, 113회 71회
	각 관측기계의 3조건 (5점) / 각의 종류 (10점) (10점) (10점) 배각법의 종류 및 배각법 오차 소거방법 (50점) / 각 관측법에 대하여 기술 (25점) (25점) 수평각을 관측한 측점 주위의 각 관측기법에 대해 기술 (25점) 각의 측설방법에 대해서 설명 (10점) / 수직각의 종류 (10점)	용어/논술	48, 83, 89, 107회 52, 55, 65, 78회 67, 68회
	측량에 사용하는 렌즈는 보통 합성렌즈를 사용한다. 그 이유는? (10점) 데오드라이트에 대한 검사 항목 (10점) / 1급 데오드라이트의 성능 (10점) 측량법 등록기준 레벨(1급) 감도 (10점) / 현장에서 레벨의 기포관 감도 측정 (25점)	논술/용어	62회 63, 71회 66, 77회
	대도시 지역에서 기준점 측량 방법 (25점) (25점) 우리나라 특별 소삼각망의 역사/구성/문제점/해결방안 (50점) 국가의 기본삼각점에 대한 문제점 및 개선방향 (25점) 우리나라 삼각망의 설치과정을 역사적 관점에서 설명 (25점) 평면위치 결정(X, Y) 방법에 대해 설명 (25점) (25점) / 3차원 위치결정방법 (25점) / 수평위치와 수직위치 결정방법 (25점)	논술	50, 77회 75회 51회 63회 66, 73, 79, 108회
	삼각측량과 삼변측량의 원리 및 특성을 비교 설명 (25점) / 삼각측량의 특징 및 삼각망의 종류 (25점) 측지 삼각측량 (10점) / 수평선과 지평선 (10점) 양차 (10점) (10점) (10점) (10점) 삼각망의 종류 (10점) (10점) 편심(귀심)측량의 의의와 편심 요소 (10점) / 편심관측 (10점) (10점) 측지삼각측량을 삼각측량, 삼변측량, GPS 측량방식에 의하여 실시하고자 한다. 각각의 작업방법을 기술하고 귀하가 체험한 삼각측량에 대하여 예를 들어 기술 (50점) 삼각측량과 삼변측량을 설명하고 조건식 수와 망의 정밀도를 중심으로 비교 설명 (25점) (10점) / 자유망조정 (10점) 사변망의 조건식을 도시하여 설명 (25점) / 삼변측량에서 가장 이상적인 삼변망은? (10점)	논술/용어	50, 125회 52, 54회 54, 67, 84, 113, 125회 54, 123회 54, 66, 120회 55회 58, 89, 102회 50, 65회

구분	내용 / 출제문제	출제유형	회차
지상 측량	결합트래버스와 폐합트래버스에서 측각오차 점검과 배분 (25점) (25점)	논술 계산/용어	52, 69회
	평면직각좌표의 원점에서 P_1, P_2 지점의 편차(3˚W), 진북방향각(22˚16'30"), 자오선 수차(12'10")가 주어졌을 때 진북방위각과 방향각을 구하시오. (10점) (10점) (10점) / 자오선수차 (10점)		54, 58, 68, 119회
	다각측량 (10점) (10점)		58, 123회
	결합트래버스 측량에서의 기하학적 조건식을 유도 (25점)		65회
	방위각, 방향각, 방위, 역방위각 (10점) (25점) (25점) (10점) (10점) (10점) / 편각·교각 (10점)		60, 61, 65, 75, 76, 84, 123회
	트래버스 측량에서 교각으로부터 방위각 계산법에 대해 기술 (25점)		65회
	트래버스의 간이조정법 3가지의 기본가설과 조정법에 대해 기술 (25점) (25점) / 컴퍼스법칙(Bauchitch)·트랜싯법칙 (10점) (10점) (10점) / 배횡거법 (10점)		65, 84, 95, 96, 99, 108회
	항정법 (25점) / 기준면 (10점) / 수준면 (10점) / 인바표척 (10점)	논술/용어	50, 70, 122, 123회
	수준측량 오차와 조정 (25점) (20점) (10점) (50점) (50점) (25점) (25점) (25점) / 수준점의 이전 (25점)		48, 50, 52, 55, 57, 67, 87, 117, 120회
	교호수준(교고고저) 측량 (10점) (10점) (10점) (10점) / 도해구간의 수준측량과정 및 방법 (25점) / 틸팅나사법과 데오드라이트법 (25점)		54, 84, 101, 104, 110, 122회
	간접수준측량에 대하여 설명 (25점) / 절대적 기준에 기준한 표고 측정 방법 (25점)		54, 75회
	삼각수준측량의 원리, 방법, 수반되는 오차와 소거방법에 대해 기술 (25점) (25점) / 직접수준측량에 의한 종단측량 (25점)		60, 67, 111회
	정밀수준망의 구축현황, 문제점, 해결방안(25점) / 산악지를 통과한 장거리노선의 정밀수준측량의 오차와 정확도 향상방안(25점)		98, 99회
	통합기준점 높이 결정 (25점)		122회

4. GNSS측량

내용 구분	출제문제	출제유형	회차
GNSS 측량	GPS, SPOT 좌표계 (5점) / GPS와 IMU (10점) GPS 위성 궤도 수 (5점) / GPS Time (10점) (10점) / 국제원자시(TAI)/윤초 (25점) GPS 3개 구성요소 (10점) / GPS 현대화 (10점) / GPS 궤도정보 (10점) (10점) GPS에서 SA, AS (10점) (10점) GPS 신호 5가지 주파수 (10점) / GPS 측량에서 운송파 (10점) / PCV(Phase Center Variable) (10점) / 반송파 위상차 (10점) (10점) C/A (10점) GPS에서 고주파 L_1, L_2 사용하는 이유에 대하여 간단히 설명 (10점)	용어/논술	48, 80회 49, 69, 101, 107회 60, 70, 116, 117회 60, 65회 62, 64, 96, 114, 119회 66회 67회
	GPS를 아는 대로 설명 (25점) / GPS 위치 결정방법과 활용 (25점) (25점) (10점) (25점) (10점) (25점) (25점) (25점) (25점) / DGPS/IDGPS/RTK (10점) (25점) (10점) (10점) (25점) GPS 이용한 우리나라 정밀 기준점 측량(1, 2등 삼각점) (30점) (25점) GPS 현장관측에 관한 기술 (25점) 정밀 GPS(DGPS)의 의의, 오차, 활용에 대해 기술 (25점) (25점) (25점) (25점) 1점당 GPS에 의한 기준점 측량의 작업구분 인원수 성과작성품 (25점) GPS에서 block I 위성과 II 위성의 근본적인 차이점(기술적 측면보다 정치적 측면에서) (10점) GPS에서 단독측위와 상대측위의 원리 및 특성에 대하여 기술 (25점) (25점) (25점) / 이중위상차 (10점) / 불명확상수 결정방법 (25점) (10점) GPS 측량 작업공정에 대해 공정별로 자세히 설명하시오. (25점) (25점) / 정밀데이터처리 (25점) GPS 위성신호에서 의사거리에 의한 거리 계산 (25점) (25점) GPS 측량에서 세션 (10점) / Zero-Baseline GPS 안테나 검정방법 (10점) / GPS 시각동기 (10점)	논술/용어	50, 56, 62, 67, 72, 74, 75, 76, 78, 89, 90, 95, 104, 117회 51, 86회 56회 58, 61, 64, 102회 83회 65회 66, 92, 108, 117, 120, 123회 66, 68, 89회 63, 69회 83, 99, 110회
	ITS (10점) / GPS 상시관측소 (25점) / ITS와 LBS (25점) / VRS (25점) (10점) / VRS의 DGNSS 보정정보 생성방법 (25점) / Network RTK (10점) (25점) (10점) (25점) (25점) (25점) / PPP-RTK (25점) (10점) / FKP (10점) (10점) VRS(Network-RTK) 관측 중 점검사항과 주의사항 (25점) / SSR 개념 및 활용 (25점) / Broadcast-RTK (10점) GPS 측량에 있어 VRS에 대해서 기술 (25점) (25회) 무선이동통신기술을 이용한 전자인식표지국가기준점 실용화 방안 (25점) GPS 상시관측소를 이용한 정밀측위 방법에 대한 기술 (25점) (25점) LADGPS (25점) (10점) / VRS (25점) (10점) / WADGPS (25점) / SBAS (10점) (10점) (25점) (10점) / QZSS (10점) (25점) / GPS-재밍(Jamming) 및 기만 (10점) (10점) / 항재밍(Anti-Jamming) (25점) / 스푸핑(Spoofing) (10점)	용어/논술	51, 59, 70, 78, 93, 95, 96, 98, 104, 107, 110, 113, 114, 116, 119, 126회 96, 125, 126회 63, 68회 83회 84, 92회 77, 78, 86, 87, 92, 95, 98, 102, 110, 113, 114, 117회
	NMEA 포맷 (10점) / RINEX 포맷 (10점) (10점) (10점) / RTCM (10점)	용어	73, 89, 105, 107, 128회
	GPS에서의 PDOP (10점) / DOP (10점) (10점) (10점) (10점) (10점) (25점) / DOP 관련 오차 (25점) GPS에서 Cycle Slip (10점) (10점) (10점) (10점) (25점) 칼만 필터(kalman filter) (10점) (10점) 방송력, 정밀력 (10점) (10점) (10점) (10점) (10점) (10점) (10점) (10점) 불명확 정수 (10점) / GPS 측량에서 불확실정수(Ambiguity) 결정법 (10점) (25점) OTF(On The Fly) (10점) (10점) (10점) (10점) GPS 위치오차 (10점) / GPS 편의(bias) (10점) / GPS 측위오차 (25점) (10점) (10점) (10점) (25점) (25점) (10점) GPS 오차 위성, 신호전달, 수신기 관련 오차에 대해 기술 (25점) (25점) (10점) (10점) / GNSS 측량의 전리층의 영향 (25점) (25점)	용어/논술	56, 62, 68, 70, 75, 110, 113, 128회 60, 69, 76, 89, 92회 62, 71회 62, 66, 69, 77, 81, 84, 98, 125회 62, 71, 95회 73, 75, 90, 122회 63, 64, 69, 73, 81, 87, 101, 113, 122회 65, 83, 84, 105, 117, 123회
	WGS 84/ WGS84 타원체를 우리나라에 적용할 경우 문제점 (10점) (50점) 3차원 지심 직각 좌표와 지리 좌표를 설명하고 좌표 간의 변환공식을 기술 (25점) GPS Leveling (10점) (25점) (25점) (25점) / 지오이드 모델 13 구축에 따른 GNSS 수준측량방법 (25점) 지구중심좌표계를 이용한 GPS 측량에서 Geoid를 고려해야 하는 이유에 대해 설명 (25점) GPS 측량과 TS측량기술에 대하여 좌표계, 높이기준, 측량방식에 따른 차이를 설명 (25점) GPS와 지오이드 모델을 이용한 표고산출방법 (25점) / GPS를 이용한 표고 측정방법과 한계 (25점)	용어/논술	53회 58회 70, 80, 86, 105, 107회 60회 71회 90, 96회
	GPS 현장 관측 시 책임자 역할 (25점) (25점) GPS 측량 자료의 품질관리(Q·C)를 위한 항목 (25점) (25점) (25점)	논술	69, 83회 74, 75, 81회

구분 \ 내용	출제문제	출제유형	회차
GNSS 측량	GPS와 GLONASS의 특징을 비교하고 통합 활용방안에 대하여 설명 (25점) (25점) GNSS(Global Navigation Satellite System) (10점) (25점) (25점) / GNSS와 RNSS 비교 (25점) (25점) / A-GNSS (10점) Galileo 프로젝트 (10점) (10점) 국내외 GNSS 추진 현황에 대한 기술 (25점) (25점) / GNSS 인프라 고도화 방안 (25점)	논술/용어	64, 105회 71, 80, 81, 104, 113, 116회 72, 77회 84, 92, 110회
	CNS (10점) (10점) (25점) / GPS (VAN) 이용 (10점) (25점) (25점) / LBS(Location Based Services) (25점) (10점) / LBS와 실내측위 관련 기술 (25점) 에어본 GPS (10점) (25점) (25점) / GPS/INS (25점) / IMU(INS) (10점) (10점) (10점) 차세대 도로교통용 정밀위성항법 기술 (25점) 성장동력산업으로 선정된 텔레매틱스, LBS와 GPS, GIS관계에 대하여 설명 (25점) (25점) (10점)	용어/논술	53, 56, 58, 59, 68, 71, 80, 104, 111회 59, 70, 84, 87, 107, 108, 123회 110회 71, 72, 116회
	GPS 측량과 원격탐측(Remote Sensing)의 특성을 비교 설명 (40점) (25점) GPS에 대해 특성과 측지분야 응용 전망에 대하여 기술 (25점) GPS 측량과 종래측량의 근본적인 차이와 GPS 측량의 한계를 논하시오. (25점) GPS 측량과 R·S를 이용한 실생활에 활용되는 사례 (25점) GPS를 이용한 기상관측원리 (25점)	논술	49, 68회 51회 63회 76회 99회
	위성항법 보정정보의 표준화 필요성 및 국제표준 (25점)	논술	119회

5. 사진측량(Photogrammetry) 및 원격탐측(Remote Sensing)

구분	출제문제	출제유형	회차
	사진측량의 최소 중복도 (5점)	용어/논술	48회
	기복변위 (10점) (10점) (10점) (25점) (10점) (25점) (10점) (10점) (10점) / 항공사진의 경사변위 (10점)		50, 55, 57, 70, 71, 81, 87, 93, 104, 126회
	사진의 특수 3점 (10점) (10점) (10점) (10점) (10점) (10점)		53, 61, 69, 92, 101, 116회
	촬영고도 (10점) (10점)		51, 78회
	중심투영 (10점)		54회
	사진측량에서의 기선의 종류 (10점)		63회
	사진측량의 발전과정을 4세대로 나누어 기술 (25점)		65회
	항공 사진기 특성 (10점) / 항공카메라에서 초점거리와 화면거리를 비교 설명 (10점) / 항공카메라의 종류 (10점)	용어/논술	52, 67, 71회
	디지털 항공카메라의 특성 및 활용 (25점) (25점) (25점) / 원리·종류·특징 (25점) (25점) / 센서 종류 (25점) (10점) (25점)		78, 81, 86, 96, 102, 123, 128회
	항공사진 보조자료 (10점) / F.M.C (10점) (10점) (10점) / 항공사진의 주기내용 (10점)		62, 69, 80, 81, 83회
	항공사진촬영을 위한 검조장의 조건 및 검정방법 (25점) (25점) (25점) (25점) (25점) / 비측량용 디지털 사진기 자체검정 (25점)		110, 114, 117, 123, 125, 126회
	사진측량 시의 입체시 (10점) (10점) / 색수차 입체시(Chromo Stereoscopy) (10점) / 스테레오 매칭기법 (25점)	용어/논술	56, 64, 87, 104회
	시차와 시차공식에 대하여 기술 (25점) / 시차차 (10점)		55, 96회
	사진측량에서의 카메론 효과 (25점)		64회
	사진측량의 과고감에 대하여 간단히 설명 (10점) (10점) (10점) (10점) / 부점 (10점) / 카메론 효과 (10점)		67, 74, 87, 93, 99, 111회
사진측량 및 응용	사진측량에 이용되는 공선조건(Colinearity Condition) (30점) (10점) (10점) (10점) (25점) (10점) (10점) (25점) / 공면조건 (10점) (25점)	논술/용어	49, 50, 56, 64, 66, 71, 76, 86, 119, 123회
	사진측량의 외부표정요소 취득방법 (25점) / 내부표정 (10점) / 사진측량의 표정요소 (10점) (10점)		65, 80, 108, 114회
	등각 사상변환, 부등각 사상변환 (10점) (10점) (25점) (25점) / 좌표변환 (25점) (10점) / 사진측량의 촬영계획 (25점)		49, 71, 73, 83, 105, 110, 113회
	사진측량의 지상기준점측량 (25점) (25점)		51, 62회
	사진측량에서의 표정에 대해 기술 (25점) (10점) (30점) (25점) (10점) (25점) (25점) (25점) (25점) (25점) (25점) (25점) / 방사렌즈왜곡 (10점) / 편류 (10점)		48, 50, 53, 54, 55, 57, 62, 89, 101, 105, 114, 120, 125회
	기계적 상호표정 중 그루버법에 의한 평탄지 상호표정방법을 각 단계별로 그림을 그리고 설명 (25점) (10점) (25점)		60, 68, 93회
	항공 삼각측량 작업 공정 (25점) (25점) / GPS보조에 의한 항공삼각측량의 원리와 방법에 대하여 설명 (25점) / 광속법 (10점)		53, 60, 101, 125회
	사진 좌표 왜곡의 다섯 요소를 나열하고 설명 (25점) / 사진측량 정오차 요인 (10점) / 사진좌표계 (10점)		63, 77, 125회
	항공삼각측량 기법에 따른 Pass Point와 Tie Point의 의의, 배치방법을 설명 (25점)		63회
	입체모델 상에서 종시차(y-panallax)를 소거할 경우 완전모델과 불완전모델의 과잉수정계수는? (10점)		65회
	사진측량에서 내부표정을 설명하고 내부표정의 정오차가 보정되는 과정과 내용을 설명 (25점)		66회
	지도나 사진 및 영상의 좌표변환을 위해 이용되는 좌표변환식 (25점) (25점) (25점)		67, 68, 95회
	항공사진측량에 의한 지형도 제작과정을 실례를 들어 설명 (25점) (25점)	논술	51, 80회
	항공사진 촬영 시 양호한 사진을 얻고자 할 때 갖추어야 할 조건에 대해 기술 (25점)		57회
	항공사진측량 촬영계획 (25점) / 사진측량 공정에서 모델 수, 사진매수, 기준점(X, Y) 수, 수준측량 거리를 구하라. (25점) (25점) / 표정도 (10점)	논술/용어	56, 76, 120, 122회
	사진지도제작 방법 (25점) / 지도와 항공사진 차이점 (10점) / 사진지도의 종류 (10점) (10점)		53, 68, 77, 80회
	정사투영 사진지도 (10점) / 조정집성 사진지도 (10점) / 사진지도용 도화기 (10점)		56, 83, 119회
	정밀수치 편위수정에 있어서 직접법과 간접법에 대하여 기술 (25점) (10점) / 편위수정 (10점) (10점)		65, 75, 89, 128회
	정사투영영상, 실감 정사영상, 수치정사투영지도에 대해 기술 (25점) (25점) (25점) (25점) (25점) (10점) (25점) (25점) (25점) (25점)		65, 70, 73, 75, 76, 81, 87, 89, 104, 108, 114, 125회
	사진측량에서 단사진의 디지털영상으로부터 정사사진도를 작성하기 위한 과정을 기술하시오. 다만, 수치표고모델(DEM)은 주어져 있다고 한다. (25점) (25점) (25점)		71, 78, 92회
	Digital Photogrammetry의 특성과 응용 (25점) (25점) / DPW (10점)	용어/논술	51, 69, 123회
	Epipolar Line과 평면 (10점) (10점) (25점) (10점) (10점) (10점)		58, 59, 64, 95, 102, 116회
	수치영상의 개선과 복원에 대하여 기술 (25점) / 수치영상처리에 대해 기술 (25점) / 히스토그램 변환 (10점) (10점) / 영상재배열 (10점) (10점)		59, 62, 107, 125, 126회
	수치사진측량의 작업과정에 대하여 설명 (25점) (25점) (25점)		72, 83, 84회

구분\내용	출제문제	출제유형	회차
사진측량 및 응용	영상정합에 대하여 기술 (10점) (30점) (10점) (10점) (25점) (25점) (25점) (25점) (25점) (25점) (25점) (25점) (25점) (25점) (25점)	용어/논술	49, 54, 58, 61, 64, 69, 73, 75, 86, 90, 92, 98, 108, 128회
	수치사진측량에 대한 실시간 지형정보 획득에 관하여 기술 (50점) (25점) / Mobile Mapping System (25점) (25점) (10점) / I-MMS (10점)	논술/용어	56, 74, 89, 90, 107, 113회
	차량기반멀티센서를 이용한 3차원 측량기술과 도심지 정확도 향상방안 (25점) / MMS 카메라 왜곡보정방법 (25점) / MMS 자료 융합 시 문제점 · 개선방안 (25점)		93, 101회
	3차원 공간정보 구축작업 중 교통시설물에 대한 효과적인 가시화 작업방법 (25점)		96회
	ADAS 구축을 위한 공간정보의 종류와 효과적인 구축방안 (25점) (25점) / 무인항공사진측량 (25점) (25점) (25점) (25점) (25점) (25점) (25점) (25점) (25점) / 드론길 (10점) / SfM (10점) / SIFT · SfM (25점) / 항공사진측량과 드론사진측량의 비교 (25점) / 드론 영상 DSM 자동제작 (25점)		99, 104, 107, 110, 113, 114, 116, 122, 123, 125, 126, 128회
	LiDAR에 의한 대상물 측량 (25점) (10점) (25점) (10점) (25점) (10점) (25점) (25점) (25점) (25점) (10점) / LiDAR 거리측량 원리 (25점) / LiDAR 측량 시 GNSS, IMU, 레이저의 상호역할 (25점)	논술/용어	61, 64, 68, 73, 74, 78, 80, 84, 87, 98, 107, 111, 119, 125회
	LiDAR 측량을 이용한 지적공부등록 방안 (25점) / LiDAR 점군자료처리에 대한 설명 (25점) / LiDAR 측량의 Calibration (25점) (25점) (25점)		89, 93, 96, 104, 114회
	LiDAR에 의한 DEM 제작 방법 (25점) (25점) (25점)		93, 117, 123회
	항공 LiDAR 측량자료의 자동 필터링 기법 (25점)		96회
	항공디지털 카메라와 LiDAR를 이용한 해안선 추출제반 공정 (25점)		90회
	RADAR영상에 의한 3차원 위치결정 (25점) / 레이저 사진측량 (10점) / 드론 (25점)		61, 77, 111회
	Airbone Laser Scanner System(ALS)에 대하여 설명 (25점) / LiDAR (10점) (25점) (25점) / LiDAR/3D Scanner (10점)		63, 64, 75, 80, 90, 116, 117회
	DTM (25점) (10점) / DTM(수치지형모형 모델)의 자료취득 및 활용/자료입력 및 보간방법 (30점) (25점) / 크리깅(Kriging) 보간법 (25점) (10점) / 공간보간법 (10점)	논술/용어	49, 52, 53, 73, 96, 114, 117회
	수치표고모형(DEM)의 생성방법 및 활용에 대하여 기술 (50점) (25점) (25점) (25점) (25점) / DEM(TIN) (10점) / DEM에 대해 기술, DEM과 DTM을 비교 설명 (25점) (10점) / 수치표고모델 (10점) (10점) (10점) / DEM · DSM (25점) (10점) (10점) / 수치표고모델을 구축하기 위한 보간방법 및 필터링 (25점)		54, 56, 58, 59, 66, 68, 72, 74, 77, 78, 81, 84, 89, 93, 101, 116, 119, 128회
	DEM의 자료추출방법을 나열하고 방법별 차이점을 설명 (25점) (25점) / 항공레이저 측량에 의한 DEM 작성 (25점)		60, 64, 90회
	들로네 삼각(Delaunay)의 의의와 특징 (10점) (25점)		57, 95회
	수치표고모델에서 격자구조와 TIN 구조를 비교 설명 (25점) (25점) / TIN(불규칙 삼각망) (10점) (10점)		67, 72, 90, 105, 128회
	DEM활용도를 인공위성영상과 연계하여 기술 (25점) / 우리나라 수치표고자료의 구축현황과 활용방안 (25점)		61, 110회
	항공사진에 의한 수계 판독 (30점) (25점)	논술/용어	48, 72회
	사진판독의 요소와 순서 (25점) (10점) (25점) (10점) (25점) (25점) (25점)		52, 53, 61, 72, 99, 111, 125회
	사진판독의 기본 요소인 모양, 색조 또는 농담, 질감, 위치, 주변과의 관계에 대한 개념을 설명하고 구체적인 예를 들어보시오. (25점) (10점)		67, 83회
원격탐측	Spot 탑재기 (10점) / 원탐에 이용되는 파장 (10점) / 파장별 특성 (25점)	용어/논술	52, 107, 125회
	LANDSAT의 TM 센서 (10점) / R.S 영상자료의 특성 (10점)		52, 80회
	아리랑 1호 (10점) / 아리랑 2호 (10점) / ECO 영상(아리랑 1호) (10점) / 아리랑 3호 (10점) / 아리랑 5호 · 3A (25점) (10점) (10점) (25점) (25점)		60, 63, 84, 98, 105, 108, 116, 125, 128회
	현재 사용 중이거나 계획 중인 지구관측 인공위성에 대한 설명 (25점) (25점) (10점) (25점) (25점) (25점) (25점) (25점) (10점) (25점)		60, 64, 68, 70, 73, 75, 77, 81, 84, 89회
	이코노스 (10점) / 아리랑 2호 (25점)		62, 80회
	LANDSAT의 MSS와 TM을 비교 설명 (25점) / 휘스크브룸 방식과 푸시브룸 방식 (25점) (25점) (10점)		66, 102, 123, 125회
	LOD (10점) (10점)	용어/논술	83, 108회
	Albedo (10점) / NDVI (10점) (10점) (10점) / 태슬드 캡 변환 (10점) / 방사(복사)강도 (10점) (25점) / 식생지수 (10점) (10점) / 분광 반사율 (10점) (25점) / 절대방사보정 (10점) / 흑체복사 (10점) (10점) / 대기의 창 (10점)		70, 75, 81, 86, 87, 98, 101, 104, 105, 113, 116, 125, 126회
	공간해상력(Spatial Resolution) (10점) / Digital Number (10점) / IFOV(순간시야각) (10점) / GSD (10점)		62, 75, 86, 123회
	위성영상을 설명하는 4가지 해상도에 대한 기술 (25점)(10점)(25점)(10점)(25점) / 디지털 영상자료의 포맷의 종류 (10점)		83, 93, 104, 110, 117, 120회
	스페클 잡음(Speckle Noise) (10점)	용어	93회
	DIP(Digital Image Processing) (10점) / 히스토그램 평활화 (10점) / 공간 필터링 (10점) / Kappa 분석(계수) (10점)		72, 90, 92, 98회

구분	내용 출제문제	출제유형	회차
원격 탐측	원격탐사를 위한 수치화상 처리절차/응용 (50점) (25점) (25점) (25점) (25점) / 영상강조 (25점) 원격탐사(Remote Sensing)의 영상처리기법에 대해 설명 (25점) (25점) (25점) (25점) (25점) (25점) (25점) (25점) (25점) (25점) 위성영상의 특성과 측량분야에의 응용방안을 항공사진측량과의 차이점을 들어 설명 (25점) / 위성영상자료의 특징, 처리과정, 활용분야 (25점) 고해상도 흑백영상과 저해상도 칼라 영상의 합성과정에 관한 기술 (25점) (25점) / 주성분 분석 (10점) 고해상도 근적외선 정사영상의 특성과 제작 절차, 활용방안 (25점) 초분광영상의 개념과 활용분야 (25점) (10점) (10점) (10점) / 초분광영상을 이용한 정보추출의 일반적 단계 (25점) (25점) (25점) / 농작물 현황 측량 (25점) Direct Georeferencing (10점) (25점) (25점) (10점) / 감독분류 및 무감독분류 (25점) / 영상분류기법 중 Sub-pixel 분류기법 (25점) / 변화탐지를 수행하기 위한 원격탐사 시스템의 고려사항 (25점)	논술/용어	52, 53, 61, 64, 71, 73, 75, 78, 87, 92, 99, 101, 104, 123, 126회 60, 96회 83, 119회 114회 95, 101, 110, 113, 114, 122, 128회 72, 86, 89, 93, 96, 110, 120회
	LANDSAT 위성영상을 이용한 토지이용현황분석을 위해 수행되는 자료처리과정 (50점) (25점) 토지피복 분류도 제작 (25점) (25점) 항공사진과 연속 DB를 이용한 신속변화 및 세부변화탐지방법 (25점) / 화산활동을 감지하기 위한 측지학적 방법 (25점) Ikonos영상 등 고해상도 위성영상을 사용한 대축척지형도제작에 대해 논하시오. (25점) (25점) 텍스처 매핑(Texture Mapping) (10점)	논술/용어	56, 86회 80, 107회 98, 108회 63, 87회 96회
	레이더 매핑시스템, SLAR, SAR 등을 설명하고 연직하방주사가 아닌 경사주사를 하는 이유를 설명 (25점) / SAR 영상의 특성 (10점) (25점) (10점) (10점) / In SAR (10점) / SAR 영상의 Coherence (10점) / SAR의 원리 및 조사빔의 스캔방법 (25점) (25점) / 항공 LiDAR측량과 레이더 영상탐측학 비교 (25점) / 레이더 원격탐측 과 하이퍼스펙트럴 원격탐측의 비교 (25점) / SAR 영상의 왜곡 (25점) / SAR에 의한 변화탐지 (25점) / SAR를 이용한 지반 모니터링 방안 (25점) / SAR 영상을 활용한 철도인프라의 효율적인 관리방안 (25점)	논술/용어	63, 64, 68, 69, 78, 90, 96, 101, 104, 116, 119, 120, 122, 126회
	R.S를 이용한 GSIS 구축과 환경자원보존 관리방안 및 대책에 대하여 쓰시오. (25점) GIS와 원격탐사에 의한 유역조사 항목 (25점) 산업용 사진측량의 공학적 적용과 활용효과에 대하여 기술 (25점) (25점) 지상사진측량의 이용방법에 대한 기술 (25점) (10점)	논술/용어	62회 73회 56, 77회 61, 111회
	다차원 공간정보 (10점) (25점) (25점) 다차원 정보사업구축 3차원 공간정보 구축사업에 필요성 (25점) (25점) 공간영상정보체계(Spatial Imagery Information System)에 대해서 기술 (25점) (25점) / 국토변화 포털서 비스 (25점) 입체영상자료의 3차원 모델 방법(RFM)에 관한 기술 (25점) / RPC (10점) (25점) / 3차원 공간정보구축을 위한 수치도화 방법 (25점)	용어/논술	80, 83회 83, 86회 63, 77, 108회 74, 87, 113, 120회

6. 지도제작(Mapping)

구분 \ 내용	출제문제	출제유형	회차
지도제작	지성선(지세선) (15점) (10점) (10점) (10점) (10점) / 지형표현방법 (25점) / 지형음영(Hill Shading) (10점)	용어/논술	48, 50, 57, 68, 89, 95, 102회
	난외주기 (10점) / 도엽번호 (10점) / 지도도식 (10점) / 지명 (10명)		51, 80, 87, 110회
	1/5,000 기본도 등고선 종류 및 간격 (10점) / 등고선의 종류 (10점) / 등고선 활용 (25점)		52, 71, 80회
	지형도 작성방법 및 활용 (50점) (25점) / 표현방법 (10점) (25점) (25점)		48, 52, 53, 54, 69회
	주제도 (10점) / 해면지형(Sea Surface Topography) (10점) / 지형류 (10점) / 해도 (10점)		58, 75, 87, 90회
	지도의 일반적 정의와 필요성을 나열하고 도식규정의 기준요소에 대해 설명 (25점)		67회
	가우스이중투영법과 가우스−크뤼거투영법에 대해 비교 설명 (30점) (10점) (50점) (10점) (25점) (10점) (25점) (25점) (10점) (10점) (10점) / 가우스−슈라이버투영법 (10점)	논술/용어	50, 53, 57, 58, 62, 73, 81, 89, 92, 95, 116, 119회
	TM투영법과 UTM좌표계에 대해 설명 (25점) / TM의 투영원리 및 특성 (25점) (25점) / TM투영 (10점) / 횡원통도법 (10점) (25점) (25점)		62, 67, 71, 98, 108, 120, 125회
	등각도법과 등적도법에 대하여 설명 (25점) (10점) / 지구의 도법 (25점) / 지구의의 특성 (10점) / 다원추도법·다면체도법 (10점)		67, 80, 93, 105, 111회
	지도의 일반적 특성 (10점) / 지도의 종류를 분류하고 설명 (25점) (25점) / 지도 등의 성과심사 (10점)	용어/논술	59, 66, 70, 78회
	지형도와 국토기본도 (10점) / 국토기본도의 요건 (10점)		61, 95회
	국토 기본의 의의 및 종별(육지, 바다)에 대하여 기술 (50점) (10점) (25점) (25점) (10점) (10점) (25점)		48, 52, 53, 57, 68, 73, 87회
	국토 기본도의 수정 작업 시 품질검사의 정의/내용에 관한 기술 (25점)		83회
	수치지형도제작 및 유통체계 선진화 (25점) / 국가기본도 고도화 추진계획 (25점) / 지형도와 지적도 불부합 (25점)		98, 104, 107회
	수치지도 입력 방식/정의 (5점) (5점) (10점)	논술/용어	48, 49, 53회
	지형공간 정보체계에서 이용되는 수치지도(Digital map)의 작업공정 및 활용 (40점)		49회
	표준코드 (10점) (10점) (25점) / Map API (10점)		51, 60, 117, 123회
	정위치 편집 (10점) (25점) / Rubber Sheeting (10점) / 구조화 편집 (10점)		51, 75, 83, 92회
	수치지도 제작과정을 실례를 들어 설명 (50점) (25점)		51, 61회
	우리나라 국토기본도의 수치지도 제작과정 설명 (50점) (10점) (25점) / 수정·갱신방안 (25점) (25점) (25점) (25점) (25점) (25점) (25점) / 검수항목 (10점) / 3차원 공간정보 수정 및 갱신방안 (25점)		52, 54, 57, 74, 76, 77, 86, 90, 92, 93, 107, 108회
	수치지도의 Layer (10점) / 수치지도의 도엽체계 (10점) (25점) / 전국통합연속수치지도 DB구축 (25점) (10점)		59, 76, 87, 92, 108회
	NGIS에서 구축 중인 수치지형도에 포함되는 레이어(대분류)의 종류와 수치지형도의 축척에 대하여 기술 (25점)		59회
	수치지도 축척 1/500, 1/1,000, 1/5,000의 수평 및 수직오차의 정밀도 (10점)		58회
	Digtizing과 Scanning 에러 (25점)		59회
	우리나라 수치지도(지형도, 주제도)의 작성 현황과 문제점에 대해서 설명 (25점) (25점)		63, 70회
	수치지도 데이터베이스(D/B)의 실시간 갱신을 위한 제도적·기술적 방안을 논하시오. (25점)		71회
	수치지도 ver 1.0과 ver 2.0과의 비교에 관한 기술 (25점)		74회
	수치지형도 제작과정에서 지리조사의 정의/원칙/조사요령 (25점)		83회
	1/2,500 수치지형도 필요성 및 제작방안 (25점) (25점) / 수치지형도 데이터 모델의 문제점 및 개선방안 (25점)		90, 98, 102회
	항공사진측량법에 의하여 지형도(1/1,000) 작성방법에 대해서 실례를 들어 설명 (50점)	논술	53회
	지상측량에 의해 지형도(1/1,000) 작성방법에 대해서 실례를 들어 설명 (50점) (25점)		53, 73회
	Total Station을 이용한 수치 지형측량방법 (50점) (25점)		53, 73회
	Total Station에 의한 3차원 자료들과 분석 적용에 대하여 예를 들어 기술 (50점) (25점)		59, 78회
	실시설계용 현황도제작 방법에 대해서 설명 (25점)		60회
	정사영상을 이용한 연속지적도 편집의 신뢰도 향상 방안 (25점)		86회
	지형도 작성을 위한 지상측량, 사진측량, 수치 및 고해상도 위성측량에 대해 측량방법을 기술 (25점)		65회
	지난 3년간 심각한 수해가 발생한 임진강 수계의 수해 복구용 1/1,000 지도제작 방안에 대해 설명 (25점) (25점)	논술/용어	63, 68회
	연천, 파주 등 적접지역에서의 1:5,000 지형도 제작방법을 제시 (25점)		72회
	접근 불능지역 지리정보 구축의 목적, 구축방안, 활용에 관한 기술 (25점) (25점) / 연안해역 기본조사 및 연안해역 기본도 제작 (25점) / 독도의 지도제작현황 (25점)		81, 86, 104, 126회
	홍수위험지도 제작과정 (25점) / 점자지도 (10점) / 햇빛지도 (25점)		89, 107, 113회
	재해지도의 활용과 특징 (25점) (25점) (25점) / 화산재해 위험지도 제작방법 (25점) / 지하공간통합지도 (25점) (25점) (25점) (25점) (25점) / 디지털 활성단층지도 제작 (25점)		90, 93, 102, 107, 113, 114, 116, 120, 122, 126회
	무인항공기(UAV)를 이용한 지도제작 분야의 적용 분야 (25점)		98회
	자율주행차 지원 등을 위한 정밀도로지도 제작 (25점) (25점) (25점) (25점) (10점) (25점)		110, 114, 116, 117, 120, 125회
	미래지도에 대한 발전방향에 대한 기술 (25점) / 연속수치지도 (10점)	논술/용어	92, 99회
	저개발 국가에 대한 1/25,000 지도제작 시 공정별로 고려할 내용 (25점) / 커뮤니티 매핑 (10점) / 온맵(On Map) (10점) (10점) (10점) / 국가관심지점정보 (10점) (25점)		96, 99, 101, 113, 116, 120회
	신국가기본도 체계의 추진배경과 필요성 (25점)		114회

7. 공간정보(GSIS)

구분	출제문제	출제유형	회차
공간 정보 (GSIS) 구축 및 활용	UIS (10점) / UPIS (10점) (10점) (10점) / FM시설물관리 (25점) / KLIS (10점) GSIS의 필요성과 이용분야 (25점) 지형공간정보체계(GSIS, GIS, UIS, LIS…) 정의, 필요성, 활용, 특징 (50점) (25점) (25점) (25점) 지리정보시스템(GIS)의 구성체계 자료입력처리 출력 활용방안 (50점) / 구성요소 (25점) (25점) GSIS 소체계 중 지능형 교통체계 ITS 구성에 대해 기술 (25점)	용어/논술	52, 74, 75, 83, 92, 104회 52회 54, 69, 72, 76회 53, 105, 116회 65회
	지형공간 정보체계(GSIS) 자료 취득 (10점) (10점) (25점) (25점) / 공간 데이터 최신 획득방법 (25점) GIS 구축함에 데이터 취득 방법 및 장단점 (50점) (25점) (25점) GIS Data Base 구축과 입력방법을 설명 (50점) (25점) GSIS 자료기반(Database) 생성에서 발생하는 오차에 대하여 기술 (50점) (25점) (25점) (25점) (25점) GSIS에서 자료생성방법을 편리성, 정확도, 유용성을 중심으로 비교 설명 (25점)	용어/논술	48, 55, 74, 92, 126회 51, 62, 77회 55, 64회 57, 64, 77, 99, 105회 67회
	GSIS 자료 입력 시 부호화 방법 (5점) (50점) GIS 위치 자료와 특성 자료 (10점) / 시공간(Space-time) 자료모델 (25점) 벡터 데이터 특성 (25점) / 벡터자료와 래스터자료 (25점) (10점) (25점) (10점) (25점) (25점) / 벡터자료 파일형식 (25점) 벡터 구조 제작 방식 (10점) (10점) / 공간데이터 압축방법 (25점)	용어/논술	49, 57회 56, 75회 51, 59, 72, 78, 111, 119, 122, 123회 59, 108, 114회
	GSIS의 기본 구성요소 (10점) (25점) 중첩 (10점) / 중첩분석 (10점) / 버퍼링기능 (10점) / 래스터 데이터 중첩방법 (25점) 커버리지 (10점) / GML (10점) (10점) (10점) (10점) / City GML과 Indoor GML 장단점 비교 (25점) KML(Keyhole Markup Language) 자료 형식 (10점)	용어/논술	59, 64회 59, 66, 95회 62, 92, 98, 105, 110, 120회 96회
	신경망(Neural Network) (10점) / 지오코딩 (10점) 인공지능 (10점) (25점) 가상현실(Virtual Reality)과 증강현실(Augmented Reality) (10점) (25점) 논리연산자(Logical Operator) (10점) Manhattan Distance (10점) / 마할라노비스의 거리 (10점) (10점) / 공간데이터 간의 거리 (10점)	용어/논술	93, 114회 93, 111회 96, 111회 72회 72, 75, 90, 95회
	공간 데이터베이스 (10점) / Database의 최근 발전현황 (25점) (25점) (25점) / 데이터베이스관리시스템 (25점) 메타 데이터에 대하여 설명 (10점) (10점) (10점) (10점) (10점) (25점) (10점) (25점) (25점) (10점) (10점) GIS 최신 기술발전 동향을 개괄하고 Web-based GIS에 대하여 설명 (25점) (25점) (25점) GSIS 소체계 중 GIS 자료 운용기술의 발전 동향 5가지만 들어 설명 (25점) 지형공간 정보체계에서 위치 자료 취득 시 Vector 방식과 Raster 방식 (10점) / 벡터데이터 위상구조 (10점) GIS의 데이터 구조(래스터, 벡터)에 대하여 기술 (25점) / 3차원 GIS Data 획득방법 (25점) 지형공간정보체계의 자료기반관리체계의 R-DBMS, OO-DBMS, OR-DBMS, H-DBMS에 대해 기술 (25점) / GIS의 자료처리 방식에서 파일처리 방식과 DBMS방식을 설명하고 장단점을 설명 (25점)	용어/논술	59, 64, 70, 77, 87회 51, 59, 64, 68, 72, 73, 77, 78, 104, 105, 122회 64, 65, 70, 77회 65, 66, 83, 89회 65, 67회
	공간 분석기능 중 네트워크의 기능 (10점) (10점) (25점) (25점) / 벡터 데이터의 공간 분석기능 (25점) / 공간 자료와 속성자료의 통합분석기능 (25점) (25점) 3차원 지형모델링 기법 (25점) / 시공간 자료모델 (25점) (25점) / 3차원 모델링의 LOD (10점) (10점) / 3차 원 공간정보 구축 (25점) 공간정보 표현기법에 대하여 설명 (25점) / 도형정보, 속성정보, 레이어 구조와 상호연계성 (25점) (25점) (25점) GIS 또는 영상처리 관련 소프트웨어 중 두 가지만 제시하고 그 이름과 간단한 기능을 쓰시오. (10점)	용어/논술	59, 70, 73, 77, 81, 95, 123회 81, 92, 108, 119, 122, 128회 62, 76, 87, 89회 65회
	지형공간정보체계(GSIS)에 관련된 자료교환의 표준형식 중 다음을 약술 (SDTS, DXF) (10점) (10점) (10점) 개방형 GIS(OGIS)에 대하여 기술 (25점) (10점) (10점) (10점) (25점) / mobile GIS (10점) (25점) / 클라우드 컴퓨팅 (10점) / Dynamic GIS (25점) / 기본공간정보 (10점) ISO TC211 (10점) (25점) / 오픈 소스 GIS (25점) (25점) / KS X ISO 19157 지리정보 데이터 품질요소 (10점) 지리정보표준화 (10점) / 지형지물 전자식별자(UFID) (10점) (10점) (10점) / 품질관리요소 (10점)	논술/용어	57, 59, 83회 59, 64, 69, 70, 77, 81, 89, 114, 119, 126회 68, 78, 116, 117, 126회 72, 93, 102, 108, 113회

구분\내용	출제문제	출제유형	회차
공간정보(GSIS) 구축 및 활용	NGIS (10점) / 우리나라의 국가지리정보체계(NGIS)의 구축사업 (30점) (25점)	용어/논술	52, 54, 77회
	NGIS 구축계획에 의하여 제작된 축적별 수치지도의 제작방법, 문제점 개선방안에 대해 설명 (25점)		60회
	NGIS의 기본 지리 정보 (10점) (10점) (10점) / 3차원 공간정보 구축 (25점)		64, 74, 76, 108회
	디지털 국토 실현을 위한 제 2차 NGIS 기본계획에 대하여 설명 (25점)		64회
	NGIS상의 국토 공간 모니터링 시스템에 대하여 설명 (25점) (25점)		64, 72, 74회
	GIS 국가 표준화에 대한 필요성, 추진방향과 기대효과에 대하여 기술 (25점) (25점) (25점)		66, 68, 73회
	KSDI 표준 개념, 목적 (25점) / 국가공간정보 인프라(NSDI) 구축 (25점)		114, 126회
	우리나라 NGIS 사업에 대한 귀하의 의견은? (25점) (25점)		66, 69회
	최근에 통합시행하고 있는 "도로 및 지하시설물도 제작"의 국가지리정보체계(NGIS) 구축사업에 대하여 설명 (25점) (25점)		71, 80회
	2차 국가지리정보 구축 사업의 특징과 문제점을 제시하고 3차 사업의 방향을 제시 (25점)		72회
	GSIS와 수치 정사투영 사진과의 결합에 있어 축척과 상관성의 갱신에 관해 기술 (50점)	논술/용어	58회
	GIS를 이용한 산사태 예측 방안 (25점) / GIS를 이용한 최적노선 선정 (25점) (25점)		73, 75, 123회
	토지적성평가 (10점) / GIS−BIM (25점)		80, 101회
	지형도와 지적도의 중첩에 대한 문제점과 대책에 대하여 기술 (25점) (25점)		59, 77회
	R,S와 GIS 연계에 있어서 이에 대한 방안에 대해서 기술 (25점)		59회
	유비쿼터스 (10점) (10점) / 유비쿼터스 생태도시 (10점) / 유비쿼터스 시대 3D 도시모델 제작 방법 (25점) (25점) / USN (10점) / 매시업 (10점)	용어/논술	72, 83, 84, 86, 87, 89, 102회
	스마트 시티에서 디지털 트윈의 활용방안 (25점) (25점) (25점) (25점) (10점) (25점) (10점) / Geo−IoT (25점) (10점) / 사이버 물리시스템 (25점) / SLAM (25점) (10점) (10점)		114, 116, 117, 120, 122, 123, 128회
	기본지리정보의 정의, 해외현황, 구축 및 활용에 대하여 논하시오. (25점) (10점) (10점) / NSDI 개념과 구성 요소 (10점)	논술/용어	72, 81, 119, 126회
	국가지리정보의 보안관리를 위한 등급별 분류기분과 사례에 관한 기술 (25점)		74회
	공간정보 관점에서 측량성과의 품질요소 (25점) / 공간정보 유통체계 구축 (25점)		90, 111회
	지리적 객체의 정의와 파라미터 및 표현방법 (25점)		92회
	인터넷을 통하여 지리정보를 서비스하기 위한 OGC 표준프로토콜 4가지 (25점) / 사물인터넷 (25점) / 국가공간정보포털 (10점) / 국토정보 플랫폼 (25점) / 브이월드 (10점)		95, 105, 110, 116, 126회
	GIS 기술을 이용한 해안지대의 대피소 결정방법 (25점) / 탄소권 확보를 위한 공간정보 활용방안 (25점) / 햇빛지도 제작 (25점)		99, 101, 113회
	공간 빅데이터 (10점) (25점) (25점) / 빅데이터를 활용한 마이닝기법과 공간정보 연계 활용방안 (25점) / 실내공간정보구축 (25점) (10점) (25점) / POI 통합관리체계 (25점) / 취약계층의 공간정보를 사용할 때 애로사항 (25점) / 화재진압 및 예방 (25점) / 3차원 공간정보 구축 (25점) / 재난 대비 지능형 시설물 모니터링 체계 구축 (25점)		110, 102, 105, 107, 113, 117, 119, 120, 122, 123, 126, 128회

8. 응용측량(Application Surveying)

구분 \ 내용	출제문제	출제유형	회차
응용측량	노선측량의 순서, 방법, 클로소이드 설치법 (40점) (30점) (10점) (10점) (10점) (10점) (25점) (25점) (25점) (25점) (10점) (10점) (25점) (10점) (10점) (25점) (25점) (25점) (25점) (25점) (10점) / Clothoid 매개변수 (10점) (10점) (10점) / 확인측량 (10점) / 종단측량 (10점) / 도로 건설 시 실시설계측량 (25점) (25점) / 시공측량 (25점) / 유지관리측량 (25점)	논술/용어	48, 49, 51, 52, 53, 54, 55, 56, 57, 60, 68, 69, 70, 78, 80, 84, 86, 93, 107, 113, 117, 119, 120, 122, 126, 128회
	편각법에 의한 원곡선 설치 (25점)		119회
	편경사(cant) (10점) / 확폭, 편경사 (10점) (10점) (10점) (10점) (10점)		50, 51, 55, 77, 84, 90, 125회
	고속도로 설계를 위한 측량 방법 및 순서 (25점) / 도로설계의 시거 (10점)		51, 78회
	고속도로 건설에 필요한 측량 및 조사에 따른 과업지시서를 작성(연장 : 40km, 폭 : 왕복 4차선, 항공사진측량, 현황도는 "갑"이 제공함) (50점) (50점)		55, 57회
	도로, 철도, 상하수도, 노선측량의 작업계획을 수립 (50점) (25점) / 도로건설을 위한 시공측량의 중요성과 측량계획 수립 (25점) / 공사측량현황 및 정확도 (25점) / 준공측량 (25점) (25점) / 공사측량에서 수급인 준수사항 (25점)		57, 95, 101, 105, 110, 114회
	사업별(고속도로, 고속철도, 일반철도, 시가지전철)로 일반적으로 쓰이는 완화곡선에 대해 설명 (25점)		57회
	GPS-RTK 및 T.S를 이용한 철도 복선화 공사의 노선측량 작업과정 (25점)		90회
	도로측량에서 Cant, Slack, 측량에 관해 기술 (10점) (25점) (10점)		58, 74, 95회
	원곡선 설치방법에 대하여 설명 (25점) (25점) / 노선변경법 (25점) / 복곡선 · 반향곡선 (10점)		62, 76, 120, 128회
	완화곡선 (10점) (25점) (10점) (10점) (25점) / 건설공사 준공측량의 절차 및 방법 (25점) / 렘니스케이트 곡선 (10점) / 종단곡선 (10점)		63, 76, 86, 98, 99, 104, 111회
	도로설계에 필요한 측량에 대해 설명 (25점) / 인조점 설치 방법과 비탈면 규준틀 설치기법 (25점) / 철도 건설에서 측량시방서 및 지침내용 (25점)		63, 74, 98회
	토량계산 중 단면법, 점고법, 등고선법, DTM 중 2가지 방법을 선택하여 설명 (25점) (25점) (25점) (10점) (25점) (25점)	논술/용어	50, 55, 84, 119, 120, 123회
	유토곡선 (10점) (10점) (25점) (10점) (10점) (10점) (25점) (25점) (10점) (10점)		52, 69, 72, 75, 80, 89, 95, 99, 117, 126회
	위아래 면이 각각 반경 100m, 200m인 원이고 높이가 200m인 잘린 원뿔형의 체적을 구하라. 양단면 평균법, 중앙단면법, Simpson 제1법칙을 적용하여 체적을 구하고 대비하라. (25점)		63회
	DGPS와 Echo Sounder를 이용한 준설 토량 산출을 위한 해상측량 방법 (25점) / Bar Check (10점)		73, 98회
	토지, 하천, 바다의 높이 표시방법 (25점)	논술/용어	51회
	하천측량의 순서, 범위 및 방법에 대하여 기술 (25점) (25점) (10점) (25점) (25점) / 유속관측 (15점) (25점) (25점) (25점) (25점) / 유량측량 (25점) (25점)		48, 50, 54, 58, 62, 89, 95, 96, 117, 119, 120, 123회
	해도 제작을 위한 수로측량에 대하여 설명 (25점) (10점) / 해도 (25점) / 전자해도(ENC) (25점) (10점) / e-Navigation (10점) (25점) / 국가해양기본도 (10점) (25점) / 일조부등 (10점) / 해안선 (10점) / 기본수준면 (10점)		64, 107, 111, 113, 114, 117, 119, 120, 125, 126회
	수심측량의 작업과정에 대하여 기술 (25점) (25점) (25점) (25점) (25점) (25점) (25점) / 항공 LiDAR 수심측량 원리 및 도입의 필요성 (25점) (25점) (25점) (10점) / 멀티빔장비의 캘리브레이션 (25점) (25점) / 음파 후방산란 (10점) / 수심의 수직불확실도 (10점) / 음향측심기 (10점) / 간섭계 소나 (25점)		67, 76, 80, 93, 98, 101, 104, 105, 113, 114, 119, 120, 123, 126, 128회
	저수지의 준설을 위한 하상측량방법 (25점) / 해안 침식 모니터링 기술 (25점) / 하상 변동조사 공정 (25점)		99, 108, 120회
	하천대장 작성을 위한 하천조사 측량에 대하여 설명 (25점) (25점) (25점) / 해저면 영상조사 (10점) (10점) / 음파지층탐사 (10점) (25점) / 하천정비 설계측량 (10점) (25점)		71, 78, 104, 105, 107, 110, 111, 114, 123회
	수로측량의 정의, 기준, 분류, 조사분야에 대한 기술 (25점) (25점) (25점) / 수로기준점 (10점) / 수로측량의 원도(Cell) 번호체계 (10점) / 범용수로국제표준(S-100) (25점) / 연안해역기본도 (25점) / IHO S-44 표준에 따른 4가지 등급 (25점)		90, 98, 102, 105, 114, 123, 126, 128회
	터널측량 순서와 터널 변형 측량 기술 (50점) (25점)	논술	48, 120회
	터널 곡선 설치방법 (25점) / 장대터널 측량방법의 실례 (25점) / 갱내외 연결측량 (25점) (25점) / 초장대터널의 정밀측량방법 (25점) / 대심도 터널내의 위치결정방법 (25점) (25점) / 터널시공을 위한 선형관리 측량 (25점) / 수직구를 통한 기준선 · 중심선 설치 (25점) / 도심지 터널측량 (25점) / 시공관리를 중심선 측량 및 내공변위측량방법 (25점) / 지상레이저측량을 이용한 단면확인측량 (25점)		52, 73, 87, 95, 99, 102, 105, 111, 114, 116, 126, 128회
	터널 내에서 측점을 시준할 때 주의사항 (25점)		55회
	내륙과 도서지역을 3km 이상으로 장대교량이나 터널로 연결할 경우 표고차(30cm 이상)가 발생할 경우 3~5cm 이내로 확보할 방안 (25점)		75회
	해상 장대교량 건설공사의 착공부터 준공까지 측량계획 수립 (25점)		95회
	지하철(개착식공법)공사현장에서 설치되는 계측기의 종류, 각각의 목적 계측 시의 이용방법에 대해 설명 (25점)		60회

구분 \ 내용	출제문제	출제유형	회차
응용 측량	가설 중인 교량 구조물 및 교량 구조물의 안전관리 측면에서 측량의 역할 (30점) (25점) 해상에서 건설되는 교량공사의 수평위치를 측량하는 여러 가지 방법을 설명 (25점) 콘크리트 교량의 정밀안전진단을 위한 조사측량의 내용과 방법을 설명 (25점) (25점) 교량 측량의 하부구조 및 상부구조물을 중심으로 기술 (25점) / 교량의 지간측량 (25점)	논술	48, 50회 60회 60, 104회 66, 96회
	댐측량의 계획, 실시설계측량, 안전관리에 대해 기술 (25점) (30점) (25점) (25점) 양수발전소의 상부지 댐의 변형을 측정하는 방법을 기술 (50점) 다목적 댐건설에 따른 측량조사결과 보고서를 기술−세부목차까지 쓰시오. (50점)	논술	48, 49, 54, 90회 55회 55회
	비행장 측량의 계획, 순서, 방법에 대해 기술 (50점) / 측량 시 입지선정 고려사항 (25점) 신공항 건설측량에 대해 기술 (20점)	논술	48, 61회 55회
	GIS를 이용한 지하시설물 관리체계 구축에 대하여 기술 (25점) (25점) (25점) 도로시설물 관리에 GIS레이어 유형과 작업절차에 대하여 기술 (50점) 지하시설 자료취득 및 분석방법을 설명 (50점) / 지하시설물 탐사오차의 허용범위 (10점) / 지하지반정보 (10점) 지하시설물측량 현황과 문제점에 대해서 기술 (25점) (25점) (25점) (25점) (25점) (25점) / GPR 탐사 (10점) 지하시설물도 (10점) / 지하시설물 통합시스템 구축 (25점) (25점) (25점) (25점) 지하시설물 및 도로관리 범용프로그램 (10점) (25점) / 도로 및 지하시설물 DB 구축 사업 (25점)	논술/용어	51, 55, 56회 59회 59, 63, 68, 73, 76, 77, 78, 86, 89, 122, 125회 64, 70, 72, 74, 80, 81, 84, 116, 125회
	지하수 측량 방법 및 수맥도 작성 (10점) / 지하 매설물 측량 탐사방법 및 불탐구간 최소화 방안 (25점) / 지하시설물 탐사기법 (25점) (25점) / GPR 탐사기술의 활용성 증대를 위한 개선사항 (25점) 시설물 변형 측량에 있어서 변형측량의 의의, 변형측량방법(댐, 건축물인 경우) 및 안전진단관측에 관하여 기술 (40점) (25점) (25점) (25점) (25점) (25점) (25점) (25점) / 지하시설물관리시스템 (25점) 고속철도 주변의 지표면 변화를 효과적으로 계측할 수 있는 방법 (25점) (25점) 지상 LiDAR와 토털 스테이션 및 GPS를 이용한 지하공간 내의 3차원 위치 결정방법 (25점) 지하시설물 관리 품질 등급제 (25점)	용어/논술	49, 101, 104, 120, 122회 49, 57, 66, 74, 78, 102, 108, 117, 123, 128회 99, 108회 89회 125회
	건축물 측량의 의의, 부지 및 시설물 측설 및 마무리 공사측량에 대해 기술 (25점) / 건축물 대장 측량 (10점) / 지적측량 (10점) / 도해지적 (25점) 건축물 시공, 완공 후 검사에 필요한 측량에 대해 기술 (25점) / 첨단장비를 이용한 초고층 건물의 수직도결정 측량 (25점) (25점) 도시건축물 인허가 시에 급경사 구간의 경사도 분석방법 (25점)	논술/용어	58, 71, 76, 111회 65, 89, 107회 108회
	상수도(취수, 송수, 정수) 측량 방법 (25점) 광역상수도 건설에 따른 측량조사 결과보고서 작성에 대해 기술 (50점)	논술	50회 57회
	대단지를 매립하여 조성한 곳에 공장(예 : 제철소)을 건설하는 데 있어서 시공 및 관리측량에 대해 기술 (50점) 택지조성측량에 대해 기술 (25점) (25점) (25점) (25점) / 토지구획정리측량 (25점) (25점) (25점) 2km×2km 규모의 공단조성을 위한 공단입지조건과 부대시설에 대해 설명 (25점) 지형 조사측량에 대해 간척지 측량의 중요성을 설명 (25점)	논술	52회 57, 92, 113, 117, 122, 128회 57회 66회
	문화재 측량의 작업과정을 기술 (25점) (25점) / 문화재 보존을 위한 3차원 정밀 측정 (25점) 도시계획 입지 선정 시 풍수지리설에 의한 선정조건을 기술 (25점)	논술	56, 76, 84회 59회
	경관측량에서 경관도의 정량화에 대해 기술 (25점) (30점) (25점) (10점) (10점) (25점) (25점)	논술/용어	54, 54, 57, 58, 64, 68회
	용역사업 수행능력 평가서 작성(기술제안서 작성) (25점)	논술	107회
	일반측량 작업규정 제정 (25점) / I−construction (10점)	논술/용어	107, 114회
	무인 비행장치의 지적재조사 활용방안 (25점) / 스마트 건설에서 측량의 역할 (25점) / 스마트 건설에서 단계별 3차원 공간정보구축 (25점) (25점)	논술	119, 122, 126, 128회

CHAPTER
03 과년도 기출문제

※ 본 교재에 수록되지 않은 이전 문제는 「큐넷」 홈페이지(www.q - net.or.kr)에서 확인하실 수 있습니다.

111회 기출문제
>> 2017년 1월 22일 시행

1교시 **다음 문제 중 10문제를 선택하여 설명하시오.(각 10점)**

(1) 구면삼각형

(2) 수직선 편차와 연직선 편차

(3) 지구중심좌표계

(4) SLR(Satellite Laser Ranging)

(5) 등적투영과 등각투영

(6) 영해기점(領海基點)

(7) 도로의 종단곡선

(8) 과고감(過高感)

(9) 지상사진측량

(10) 벡터데이터(Vector Data)와 래스터데이터(Raster Data)

(11) 위치기반서비스(LBS : Location Based Service)

(12) 국가공간정보통합체계

(13) 해도(海圖)

2교시 **다음 문제 중 4문제를 선택하여 설명하시오.(각 25점)**

(1) 평면측량과 측지측량을 비교하여 설명하시오.

(2) 제5차 국가공간정보정책 기본계획의 7대 추진전략 및 추진과제에 대하여 설명하시오.

(3) 우리나라 측량기기 성능검사제도의 현황과 개선해야 할 점에 대하여 설명하시오.

(4) 해안선 조사의 개념과 내용 및 해안선 결정방법을 설명하시오.

(5) 해저 지진 발생 원인인 단층을 확인하기 위하여 지층탐사를 실시하려고 할 때, 해상에서 실시하는 지층탐사 방법에 대하여 설명하시오.

(6) 라이다(LiDAR) 센서기술현황 및 응용분야에 대하여 설명하시오.

다음 문제 중 4문제를 선택하여 설명하시오.(각 25점)

(1) 캔트(Cant)와 완화곡선(Transition Curve)과의 관계에 대하여 설명하시오.

(2) 직접수준측량의 방법으로 종단측량(Profile Leveling)을 실시할 경우 관측오차를 줄일 수 있는 방법에 대하여 설명하시오.

(3) 광파거리측량기의 원리, 관측오차종류 및 오차보정에 대하여 설명하시오.

(4) 드론을 이용하여 DEM(Digital Elevation Model)을 제작하기 위한 SfM(Structure from Motion)기술과 SfM의 수행과정에 대하여 설명하시오.

(5) 도해지적의 문제점을 설명하고 이에 대한 대책으로 도해지적을 수치화하는 방법에 대하여 설명하시오.

(6) 가상현실(Virtual Reality), 증강현실(Augmented Reality), 융합현실(Merged Reality)을 비교 설명하고 위치정보와의 관계에 대하여 설명하시오.

다음 문제 중 4문제를 선택하여 설명하시오.(각 25점)

(1) 공간정보 유통체계 구축을 위해 고려해야 할 사항을 제시하고, 공간정보의 활용도를 높이기 위한 방안에 대하여 설명하시오.

(2) 사진판독의 방법 및 판독요소에 대하여 설명하시오.

(3) 도시권역의 지하철 건설을 위한 터널측량의 절차와 정확도 향상방법을 설명하시오.

(4) 우리나라의 영해기선 설정방식과 관리의 문제점 및 개선방안에 대하여 설명하시오.

(5) 위성신호를 수신할 수 없는 실내공간에서 와이파이(Wi-Fi)를 이용하여 3차원 위치정보 플랫폼을 구축하는 방안에 대하여 설명하시오.

(6) 인공지능의 지식기반 추론 기법을 원격탐사 및 공간정보 분석에 활용하는 방안을 설명하시오.

1 교시 다음 문제 중 10문제를 선택하여 설명하시오.(각 10점)

(1) MMS(Mobile Mapping System)

(2) 수준측량의 양차(兩差)

(3) 정도저하율(DOP : Dilution of Precision)

(4) 정표고, 타원체고, 지오이드고

(5) 국가관심지점정보(National Interesting Point Information)

(6) 멀티빔 음향측심기(Multibeam Echosounder)

(7) RPC(Rational Polynomial Coefficient)

(8) 클로소이드(Clothoid) 곡선의 매개변수

(9) 측지측량(Geodetic Surveying)

(10) 지형지물 전자식별자(UFID : Unique Feature Identifier)

(11) 경중률(Weight)

(12) 대기의 창(Atmospheric Window)

(13) 평면각 단위의 종류별 정의 및 상호관계

2 교시 다음 문제 중 4문제를 선택하여 설명하시오.(각 25점)

(1) 무인항공기(UAV)를 이용한 항공사진측량에서 3차원 점군자료(Point Cloud Data)를 제작하기 위한 작업과정에 대하여 설명하시오.

(2) GNSS 수신기의 낮은 수신 감도로 인한 재밍(Jamming) 공격에 대비한 항재밍(Anti – Jamming) 방안에 대하여 설명하시오.

(3) 국토지리정보원에서 추진하고 있는 "차세대 국가위치기준체계 구축계획(2017년)"에 대하여 설명하시오.

(4) Network – RTK 방법으로 사용되고 있는 VRS(Virtual Reference Station) 측위와 FKP(Flachen Korrektur Parameter) 측위를 비교 설명하시오.

(5) 초분광영상카메라(Hyper Spectral Camera)의 특징과 처리기법, 활용 분야에 대하여 설명하시오.

(6) 측지좌표계(지리좌표계)와 지심좌표계(3차원 직교좌표계)를 각각 정의하고, 각각의 특징 및 용도, 상호변환을 위한 조건을 설명하시오.

다음 문제 중 4문제를 선택하여 설명하시오.(각 25점)

(1) 토목시공 현장에서 주로 사용하고 있는 토털스테이션(Total Station)의 오차종류 및 보정방법에 대하여 설명하시오.

(2) 공간정보를 활용한 햇빛지도(태양광에너지자원 지도)의 제작방법 및 활용에 대하여 설명하시오.

(3) 한국형 SBAS(Satellite Based Augmentation System) 개발에 따른 국제적 상호운용성 확보를 위한 협력방안에 대하여 설명하시오.

(4) 해석적 내부표정에 사용되는 등각사상변환(Helmert 변환)과 부등각사상변환(Affine 변환)에 대하여 비교 설명하시오.

(5) 도시지역에서 빈번히 발생하는 땅꺼짐(싱크홀) 현상 등의 안전 제고를 위한 지하공간 통합지도 구축에 대하여 설명하시오.

(6) GNSS(Global Navigation Satellite System) 측량의 오차 요인과 이를 감소시키기 위한 방법에 대하여 설명하시오.

다음 문제 중 4문제를 선택하여 설명하시오.(각 25점)

(1) 택지조성측량 작업과정에 대하여 설명하시오.

(2) 지표의 구성물질인 식물, 토양, 물의 대표적 분광반사특성을 그림과 함께 설명하고, 각각의 분광반사율에 영향을 미치는 요소에 대하여 설명하시오.

(3) 육상과 해상으로 이원화된 우리나라 국가수직기준체계의 문제점과 연계방안에 대하여 설명하시오.

(4) 해양 선박사고 예방 및 해상교통 관리를 위해 개발 중인 "e-navigation"에 대하여 설명하시오.

(5) GNSS(Global Navigation Satellite System)와 RNSS(Regional Navigation Satellite System)의 현황 및 전망에 대하여 설명하시오.

(6) 공간빅데이터체계의 구성요소와 체계 구축을 위한 추진 전략에 대하여 설명하시오.

1교시 다음 문제 중 10문제를 선택하여 설명하시오.(각 10점)

(1) 지오코딩(Geocoding)

(2) 단방향 위치보정정보 송출시스템(FKP)

(3) 실감정사영상(True Ortho Image)

(4) 합성지오이드모델(Hybrid Geoid Model)

(5) 초분광센서영상(Hyperspectral Sensor Imagery)

(6) 사진측량의 표정요소

(7) 공간보간법

(8) 전자해도시스템(ECDIS : Electronic Chart Display and Information System)

(9) I – Construction

(10) 반송파 위상차

(11) 스푸핑(Spoofing)

(12) 클라우드 컴퓨팅(Cloud Computing)

(13) 음향측심기(Echo Sounder)

2교시 다음 문제 중 4문제를 선택하여 설명하시오.(각 25점)

(1) 스마트시티(Smart City)에서 디지털 트윈(Digital Twin)의 활용방안에 대하여 설명하시오.

(2) 디지털항공카메라와 항공라이다에 대한 각각의 검정방법과 특성에 대하여 설명하시오.

(3) 해양공간정보 구축을 위한 수로측량의 종류와 측량방법을 설명하시오.

(4) 자율주행차량용 3차원 정밀도로지도 제작 방법과 정밀도로지도 유지관리 방안에 대하여 설명하시오.

(5) 공공의 목적으로 시행하는 공공측량의 정의, 절차, 공공측량으로 지정될 수 있는 대상에 대하여 설명하시오.

(6) 도로, 상하수도, 하천 등 실시설계를 위한 측량계획에 대하여 설명하시오.

3 교시 다음 문제 중 4문제를 선택하여 설명하시오.(각 25점)

(1) 항공사진 기반의 고해상도 근적외선 정사영상의 특성과 제작절차, 활용방안에 대하여 설명하시오.

(2) 항공영상과 항공라이다를 이용한 지진위험지역(활성단층)의 디지털 활성단층지도 제작방법과 활용방법에 대하여 설명하시오.

(3) 공간정보 간의 교환과 상호 활용을 위한 KSDI(Korea Spatial Data Infra-structure) 표준의 개념, 목적과 선순환체계 수립에 관하여 설명하시오.

(4) Dynamic GIS 구축방법과 활용방안에 대하여 설명하시오.

(5) 도로, 철도, 단지 및 하천공사 등의 건설공사 후 시설물 유지관리를 위한 준공측량에 대하여 설명하시오.

(6) 공간데이터의 압축방법에 대하여 설명하시오.

4 교시 다음 문제 중 4문제를 선택하여 설명하시오.(각 25점)

(1) 드론(UAV)을 이용한 수치지도 제작 공정과 자료처리 과정에 대하여 설명하시오.

(2) 국토지리정보원에서 추진하는 "신국가기본도 체계"의 추진배경과 필요성, 추진방향에 대하여 설명하시오.

(3) 사진측량의 상호표정(Relative Orientation)과 절대표정(Absolute Orientation)에 대하여 설명하시오.

(4) 터널측량에서 효율적인 시공관리를 위한 정밀중심선 측량과 3차원 내공변위 측량방법을 설명하시오.

(5) 지오이드 모델의 필요성과 우리나라 지오이드 모델의 구축 현황에 대하여 설명하시오.

(6) 국가측량정책방향의 기틀인 제1차 국가측량기본계획(2016~2020)의 주요 내용에 대하여 설명하시오.

1교시 다음 문제 중 10문제를 선택하여 설명하시오.(각 10점)

(1) 위치기반서비스(Location Based Service)

(2) 수치표면모델(Digital Surface Model)

(3) 온맵(Onmap)

(4) 착오(Mistake)와 참값(True Value)

(5) 다목적실용위성(아리랑) 5호

(6) 사진의 특수 3점

(7) 에피폴라 기하(Epipolar Geometry)

(8) 탄성파 측량(Seismic Surveying)

(9) 조석관측(Tidal Observation)

(10) 가상기지국(VRS)

(11) GPS의 궤도정보(Ephemeris)

(12) 지도투영(Map Projection)

(13) A-GNSS(Assisted GNSS)

2교시 다음 문제 중 4문제를 선택하여 설명하시오.(각 25점)

(1) 드론 라이다측량시스템에 대하여 설명하시오.

(2) 터널측량에서 갱외측량과 갱내측량을 구분하여 설명하시오.

(3) GIS(Geographic Information System) 구성요소에 대하여 설명하시오.

(4) 남북한 국가기준점 통합구축방안에 대하여 설명하시오.

(5) 제6차 국가공간정보정책 기본계획의 비전, 4대 추진전략과 중점추진 과제에 대하여 설명하시오.

(6) 지하공간안전지도 구축방법 중 지하공간통합지도 제작기준, 3차원 지하시설물 데이터 및 지하구조물 데이터 제작방법에 대하여 설명하시오.

3 교시 **다음 문제 중 4문제를 선택하여 설명하시오.(각 25점)**

(1) SAR(Synthetic Aperture Radar) 위성영상에서 발생하는 왜곡에 대하여 설명하시오.

(2) 국토교통부의 예산 지원으로 지방자치단체가 추진하는 도로 및 지하시설물 DB구축사
    업에서 시설물의 종류, 특징, 문제점, 개선방안에 대하여 기술하시오.

(3) 공간정보 구축 및 관리 등에 관한 법률을 적용받지 아니하는 측량에 대하여 설명하시오.

(4) MMS(Mobile Mapping System) 장비를 이용하여 구축한 정밀도로지도의 유지관리를
    위해 도입 가능한 기술 분야에 대하여 기술하고, 대상기술별 특성을 비교 설명하시오.

(5) 오픈 소스(Open Source) GIS의 특징, 장점, 활용 및 장애요인과 해결방안에 대하여
    설명하시오.

(6) 현재 국토정보플랫폼에서 제공하고 있는 측량기준점 정보의 현황과 과거 측량역사 기
    준점과의 연계방안에 대하여 설명하시오.

4 교시 **다음 문제 중 4문제를 선택하여 설명하시오.(각 25점)**

(1) 무인비행장치를 이용한 공공측량 작업절차와 작업지침의 주요내용에 대해서 설명하
    시오.

(2) POI(국가관심지점정보) 통합관리체계의 구축배경, 구축방법, 구축대상 및 이용 분야
    에 대하여 설명하시오.

(3) 원격탐사분야의 대기에서 에너지 상호작용인 흡수, 투과, 산란에 대하여 설명하시오.

(4) 지능정보사회에서 미래공간정보의 발전 전망과 차세대 국가공간정보 발전 모델인 디
    지털 트윈(Digital Twin) 공간의 개념 구상에 대하여 설명하시오.

(5) Geo – IoT의 구성요소와 향후 과제에 대하여 설명하시오.

(6) SLAM(Simultaneous Localization And Map – Buliding, Simultaneous Localization
    and Mapping)의 개념, 기존 공간정보취득 방식과의 차이점, 처리절차에 대하여 설명하
    시오.

1교시 다음 문제 중 10문제를 선택하여 설명하시오.(각 10점)

(1) GNSS 위치보강시스템

(2) 국가해양기본도

(3) 디지털 트윈 스페이스(DTS)와 사이버 물리 시스템(CPS)

(4) 정밀력(Precise Ephemeris)

(5) 국가지오이드모델(KNGeoid18)

(6) 중력 이상(重力異常)과 종류

(7) 구면삼각형과 구과량

(8) VLBI(Very Long Base-line Interferometry)

(9) 정오차와 부정오차

(10) 모호정수(Ambiguity)

(11) 공간보간법의 역거리 가중법과 크리깅(Kriging) 보간법

(12) 위성영상 해상도 종류

(13) 유토곡선

2교시 다음 문제 중 4문제를 선택하여 설명하시오.(각 25점)

(1) 산업단지 및 택지 조성측량 작업과정에 대하여 설명하시오.

(2) 시설물 또는 지표면의 변동 및 변형 등을 주기적, 연속적으로 모니터링할 수 있는 측량 기술 및 계측방안에 대하여 설명하시오.

(3) 3차원 실내공간정보 구축사업의 추진배경 및 구축과정을 설명하시오.

(4) 자율주행자동차 및 C-ITS에서 활용가능한 정밀도로지도의 구축절차 및 활용방안에 대하여 설명하시오.

(5) GNSS의 측위방법 중 절대측위와 상대측위를 비교 설명하시오.

(6) 수준점의 이전(移轉)에 대하여 설명하시오.

다음 문제 중 4문제를 선택하여 설명하시오.(각 25점)

(1) 실시설계를 위한 측량 중 노선(도로, 철도)측량작업 과정에 대하여 설명하시오.

(2) 항공사진 촬영을 위한 검정장의 조건 및 검정방법에 대하여 설명하시오.

(3) 조석관측의 방법 및 조위관측소에 대하여 설명하시오.

(4) 라이다(LiDAR) 센서 기술 및 시장 동향에 대하여 설명하시오.

(5) 수치지도의 각 축척(1/50,000, 1/10,000, 1/5,000, 1/1,000)에 따른 도엽코드 및 도곽의 크기를 설명하시오.

(6) 하천에 대한 종단측량과 횡단측량을 설명하시오.

다음 문제 중 4문제를 선택하여 설명하시오.(각 25점)

(1) 공공의 이해와 안전에 따른 공공측량 실시 목적, 공공측량 시행자, 공공측량 대상, 공공측량 성과심사 대상에 대하여 설명하시오.

(2) 국내외 공간정보 분야에서의 오픈소스 활용사례 및 정책지원 동향에 대하여 설명하시오.

(3) GNSS 측량에서 오차종류와 전리층의 영향 및 보정방법을 설명하시오.

(4) 스마트시티와 U-City의 특성에 대하여 설명하시오.

(5) 남·북간의 서로 다른 측지기준체계와 기준점 문제를 해소할 수 있는 방안에 대하여 설명하시오.

(6) LiDAR에 의한 DEM/DSM 제작방법에 대하여 설명하시오.

1 교시 다음 문제 중 10문제를 선택하여 설명하시오.(각 10점)

(1) 자오선수차

(2) 국가공간정보인프라(NSDI) 개념과 구성요소

(3) 지구중심지구고정좌표계(Earth Centered Earth Fixed Coordinate System)

(4) 주성분분석(Principal Component Analysis)

(5) 3중 차분(3중차, Triple Difference)

(6) 연직선 편차(Deflection of the vertical)

(7) 가우스상사이중투영법(Gauss Conformal Projection)

(8) 점고법(點高法)

(9) 일조부등(日潮不等)

(10) 사진측량용 도화기

(11) 레이저 사진측량

(12) 3차원 모델링의 LoD(Level of Detail)

(13) 「공간정보의 구축 및 관리 등에 관한 법률 시행령」에 의한 세계측지계의 요건

2 교시 다음 문제 중 4문제를 선택하여 설명하시오.(각 25점)

(1) 공간빅데이터체계의 구성요소와 체계구축을 위한 활용전략에 대하여 설명하시오.

(2) 원곡선 설치 방법 중 편각설치법을 그림과 함께 설명하시오.

(3) 원격탐사에서 능동형 센서와 수동형 센서의 융합 필요성과 센서 융합 조건에 대하여 설명하시오.

(4) 합성개구레이더(SAR : Synthetic Aperture Radar)의 기본원리 및 기하위치오차, 기하보정에 대하여 설명하시오.

(5) 모바일 GIS(Geographic Information System)의 개념, 구성요소, 위치결정 방법을 설명하시오.

(6) 위성항법 보정정보의 표준화 필요성과 항공 분야, 해양 분야에서의 위성항법 보정정보 국제표준에 대하여 설명하시오.

3교시 다음 문제 중 4문제를 선택하여 설명하시오.(각 25점)

(1) 표고 기준면과 수심 기준면의 상관관계에 대하여 설명하시오.

(2) 조건방정식에 의한 최소제곱 조정방법을 예를 들어서 설명하시오.

(3) 우리나라 측지원점과 현행 기준점 체계에 대하여 설명하시오.

(4) 하천측량에서 유량 측정방법에 대하여 설명하시오.

(5) DSM(Digital Surface Model)에서 수목, 건물 등 지형지물을 추출하는 필터링 알고리즘에 대하여 설명하시오.

(6) 구글 등 해외기업이 요구하는 공간정보의 국외 개방에 대한 문제점 및 해결방안을 설명하시오.

4교시 다음 문제 중 4문제를 선택하여 설명하시오.(각 25점)

(1) 국토교통부에서 고시한 표준시방서(KCS 10 30 15)에 따른 수심측량 작업기준에 대하여 설명하시오.

(2) 노선측량의 순서 및 방법을 설명하시오.

(3) 무인비행장치(UAV : Unmanned Aerial Vehicle)의 지적재조사 활용방안에 대하여 설명하시오.

(4) 네트워크 RTK의 데이터 처리 순서를 설명하고 가상기준국의 보정정보 생성 방법을 종류별로 장·단점과 함께 자세히 설명하시오.

(5) 사진측량에서 위치결정을 위한 기하학적 조건(공선조건, 공면조건, 에피폴라 기하)에 대하여 설명하시오.

(6) 공간데이터 모델의 개념과 벡터, 래스터, 불규칙삼각망(TIN) 데이터 모델의 특징을 설명하시오.

1 교시 다음 문제 중 10문제를 선택하여 설명하시오.(각 10점)

　(1) 구면 삼각형

　(2) 정밀도와 정확도

　(3) 국가기준점

　(4) Geo – IoT(Internet of Things)

　(5) GML(Geographic Markup Language)

　(6) 온맵(On Map)

　(7) 해안선(Coastline)

　(8) 표정도(Index Map)

　(9) 정밀 도로 지도

　(10) 방사 렌즈 왜곡(Radial Lens Distortion)

　(11) 편류(Crab)

　(12) 편심(귀심) 계산

　(13) 복곡선과 반향곡선

2 교시 다음 문제 중 4문제를 선택하여 설명하시오.(각 25점)

　(1) 수준측량 시 발생하는 오차와 보정방법에 대하여 설명하시오.

　(2) GNSS(Global Navigation Satellite System) 정지측량과 이동측량 방법을 비교하여 설명하시오.

　(3) 변화탐지를 수행하기 위한 원격탐사 시스템의 고려사항에 대하여 설명하시오.

　(4) 하천에서 수위 관측과 유속 관측에 대하여 설명하시오.

　(5) 장애인·노년층 등 공간정보 활용이 어려운 취약계층이 공간정보를 사용할 때 애로사항에 대하여 설명하시오.

　(6) GPR(Ground Penetrating Radar) 탐사 기술의 활용성 증대를 위한 개선사항에 대하여 설명하시오.

다음 문제 중 4문제를 선택하여 설명하시오.(각 25점)

(1) 도로 건설 시 실시설계측량에 대하여 설명하시오.

(2) 음향측심기와 라이다(LiDAR : Light Detection And Ranging) 수심측량 방법에 대하여 비교 설명하시오.

(3) 하상 변동 조사 공정과 최신 기술 적용 방안에 대하여 설명하시오.

(4) SAR(Synthetic Aperture Radar)의 분류에 따른 변화탐지기법에 대하여 설명하시오.

(5) 지도의 투영법 중 원통도법에 대하여 설명하시오.

(6) 공간 빅데이터 체계의 구성요소에 대하여 설명하시오.

다음 문제 중 4문제를 선택하여 설명하시오.(각 25점)

(1) 건설공사 시 토량 및 저수량 산정을 위한 체적계산 방법에 대하여 설명하시오.

(2) 위성영상의 해상도 종류를 나열하고 이들 각 해상도를 설명하시오.

(3) 위성영상의 센서 모델링 방법인 RFM(Rational Function Model) 기반의 RPC(Rational Polynomial Coefficients)를 설명하시오.

(4) 터널측량을 위한 측량과정에 대하여 설명하시오.

(5) 관로형 지하시설물 정보에 대한 지하공간 통합지도 제작 방법에 대하여 설명하시오.

(6) 스마트시티(Smart City)에서 디지털트윈(Digital Twin)의 역할에 대하여 설명하시오.

1교시 다음 문제 중 10문제를 선택하여 설명하시오.(각 10점)

(1) 디지털 트윈 공간(DTS : Digital Twin Space)

(2) SfM(Structure from Motion)

(3) 오차전파법칙(Propagation of Error)

(4) KNGeoid

(5) 메타데이터(Metadata)

(6) OTF(On The Fly)

(7) 실내공간정보 데이터 표준

(8) 인바 표척(Invar Staff)

(9) 슬램(SLAM : Simultaneous Localization and Mapping)

(10) 교호수준측량(Reciprocal Leveling)

(11) GNSS 오차 종류

(12) 지하지반정보

(13) VLBI(Very Long Baseline Interferometry)

2교시 다음 문제 중 4문제를 선택하여 설명하시오.(각 25점)

(1) 클로소이드 곡선(Clothoid Curve) 설치에 대하여 설명하시오.

(2) 도시 지역 간 연결교통로 개설에 따른 실시설계측량에 대하여 설명하시오.

(3) 스마트건설에서 측량의 역할에 대하여 설명하시오.

(4) 도시개발사업(택지, 산업단지)을 조성하기 위한 현황측량에 대하여 설명하시오.

(5) 침수흔적도와 침수예상도를 포함하는 재해정보지도의 제작과정 및 활용방안에 대하여 설명하시오.

(6) 3차원 국토공간정보 구축 방법에 대하여 설명하시오.

3 교시 다음 문제 중 4문제를 선택하여 설명하시오.(각 25점)

(1) 지리정보시스템(GIS) 데이터 중 벡터자료 파일형식에 대하여 설명하시오.

(2) 해양 물류수송에서 수중공간정보 취득을 위한 수심측량 작업공정에 대하여 설명하시오.

(3) 통합기준점 높이결정에 대하여 설명하시오.

(4) 위치기반서비스 플랫폼 설계 시 사용되는 지도매칭에 대하여 설명하시오.

(5) SAR을 이용한 지반 변위 모니터링 방안에 대하여 설명하시오.

(6) 철도시설 연결에 따른 시공측량에 대하여 설명하시오.

4 교시 다음 문제 중 4문제를 선택하여 설명하시오.(각 25점)

(1) 디지털항공사진측량 공정 중 촬영계획 수립에 대하여 설명하시오.

(2) 공간정보를 이용한 화재진압 및 화재예방 활동에 대하여 설명하시오.

(3) 도로시설물의 유지관리측량에 대하여 설명하시오.

(4) 드론 초분광센서를 이용한 농작물 현황측량에 대하여 설명하시오.

(5) 「공간정보의 구축 및 관리 등에 관한 법률」에 의한 측량업의 종류 및 업무에 대하여 설명하시오.

(6) 지하시설물 측량에 이용되는 탐사기법에 대하여 설명하시오.

123회 기출문제

1교시 다음 문제 중 10문제를 선택하여 설명하시오.(각 10점)

(1) 관성항법장치(INS : Inertial Navigation System)

(2) 다각측량(Traverse Surveying)

(3) 방위, 방위각 및 방향각

(4) 수준면(Level Surface)과 수준선(Level Line)

(5) 국가기준점

(6) 다중경로오차(Multipath Error)

(7) 단열삼각망

(8) 지상표본거리(GSD)

(9) 능동형 센서와 수동형 센서

(10) Map API

(11) DPW(Digital Photogrammetric Workstation)

(12) 해양수심측량 라이다(SHOALS)

(13) 해저면 영상조사

2교시 다음 문제 중 4문제를 선택하여 설명하시오.(각 25점)

(1) 「공간정보의 구축 및 관리 등에 관한 법률 시행령」에 의한 공공측량의 종류와 「공간정보의 구축 및 관리 등에 관한 법률」을 적용받지 아니하는 측량을 설명하시오.

(2) 항공레이저측량에 의한 수치표면자료(Digital Surface Data), 수치지면자료(Digital Terrain Data), 불규칙삼각망(TIN), 수치표고모델(DEM) 제작공정에 대하여 설명하시오.

(3) 공선조건식을 기반으로 공간후방교회법(Space Resection)과 공간전방교회법(Space Intersection)의 개념과 활용에 대하여 설명하시오.

(4) 제4차 산업혁명과 관련된 개념으로서, 디지털트윈(Digital Twin)의 개념과 우리나라 공간정보 분야에 활용하는 방안에 대하여 설명하시오.

(5) GIS에서 벡터데이터와 래스터데이터의 구조에 대하여 설명하시오.

(6) 우리나라 연안해역기본도의 현황과 발전방안에 대하여 설명하시오.

다음 문제 중 4문제를 선택하여 설명하시오.(각 25점)

(1) GNSS 현장관측방법의 종류에 대하여 설명하시오.

(2) 하천에서 유속계(Current Meter)와 부자(Float) 등을 이용하는 유속측정법과 평균유속을 계산하는 방법에 대하여 설명하시오.

(3) 드론측량의 활용·확산을 위해 관련된 기존 제도의 보완사항 및 타 산업 분야와의 기술 연계 방안에 대하여 설명하시오.

(4) 위스크브룸(Whisk Broom)과 푸시브룸(Push Broom) 스캐너의 자료취득 방법을 비교하고, 푸시브룸 방식의 상대적 장점을 설명하시오.

(5) 지방자치단체에서 활용 중인 지하시설물 관리시스템의 주요 기능을 상세히 설명하시오.

(6) 제6차 국가공간정보정책 기본계획에 대하여 설명하시오.

다음 문제 중 4문제를 선택하여 설명하시오.(각 25점)

(1) 토목공사에서 사용하는 체적계산 방법에 대하여 설명하시오.

(2) 국토지리정보원이 주관하는 항공촬영카메라의 성능검사 절차에 대하여 설명하시오.

(3) 공간 필터링(Filtering)을 이용한 영상강조처리 방법에 대하여 설명하시오.

(4) GIS의 공간분석방법에 대하여 설명하시오.

(5) 국가적인 대규모 선형구조물(송전선로, 고속도로, 철도)의 노선을 GIS를 이용하여 선정하는 방법에 대하여 설명하시오.

(6) 융복합 산업 활성화를 위한 3차원 입체모형 구축 기술을 비교 분석하고, 장단점을 설명하시오.

1교시 다음 문제 중 10문제를 선택하여 설명하시오.(각 10점)

(1) 양차(구차와 기차)

(2) 캔트(Cant)와 확폭

(3) 자오선과 묘유선

(4) 사진 좌표계

(5) 광속조정법(Bundle Adjustment Method)

(6) 흑체 방사(Blackbody Radiation)

(7) 방송력과 케플러 6요소

(8) 지중투과레이더(GPR) 탐사

(9) UTM(Universal Transverse Mercator) 좌표계와 UPS(Universal Polar Stereographic) 좌표계

(10) 히스토그램 평활화

(11) 위스크 브룸 스캐너(Whisk Broom Scanner)

(12) 기본수준면(Datum Level)

(13) 영해기준점

2교시 다음 문제 중 4문제를 선택하여 설명하시오.(각 25점)

(1) 지도투영법 중에서 원통, 원추, 방위 투영법에 대하여 설명하시오.

(2) 원격탐사에서 전자파의 파장별 특성에 대하여 설명하시오.

(3) 실감정사영상의 제작원리에 대하여 설명하시오.

(4) 비측량용 디지털카메라의 자체검정(Self-calibration) 방법에 대하여 설명하시오.

(5) 제2차 국가측량기본계획(2021~2025년)에 대하여 설명하시오.

(6) 해도의 의미와 종류에 대하여 설명하시오.

다음 문제 중 4문제를 선택하여 설명하시오.(각 25점)

(1) 삼각측량의 특징과 삼각망의 종류에 대하여 설명하시오.

(2) 항공레이저 측량 시 GNSS, IMU, 레이저의 상호 역할에 대하여 설명하시오.

(3) SSR(State Space Representation)에 대한 개념과 활용 분야에 대하여 설명하시오.

(4) 현재까지 발사된 한국형 다목적 실용위성(KOMPSAT) 체계에 대하여 설명하시오.

(5) 사진판독의 방법과 판독요소에 대하여 설명하시오.

(6) 3차원 지하공간통합지도 구축에 있어서 민간기관에서 운영하고 있는 전력구와 통신구의 조사측량 방법에 대하여 설명하시오.

다음 문제 중 4문제를 선택하여 설명하시오.(각 25점)

(1) 우리나라 측지 VLBI시스템과 활용 방안에 대하여 설명하시오.

(2) MMS(Mobile Mapping System)를 활용한 정밀도로지도의 제작 방법과 갱신에 대하여 설명하시오.

(3) 사진해석을 위한 내부표정(Interior Orientation)에 대하여 설명하시오.

(4) 공공측량 성과의 메타데이터 작성에 대하여 설명하시오.

(5) 지하시설물 관리를 위한 '품질등급제'의 해외사례와 국내 현황에 대하여 설명하시오.

(6) 드론 사진측량으로 수치표고모델(DEM)을 제작하기 위한 SIFT(Scale Invariant Feature Transform) 기법과 SfM(Structure from Motion) 기법에 대하여 설명하시오.

1교시 **다음 문제 중 10문제를 선택하여 설명하시오.(각 10점)**

(1) Broadcast – RTK

(2) 확률곡선과 정규분포(Probability Curve and Normal Distribution)

(3) 유토곡선(Mass Curve)

(4) 간섭계 소나(Interferometric Sonar)

(5) 기복변위(Relief Displacement)

(6) 정규식생지수(Normalized Difference Vegetation Index)

(7) 음향측심

(8) KS X ISO 19157(지리정보 – 데이터품질)에서 정의된 지리정보 데이터 품질요소

(9) 기본공간정보

(10) 브이월드(V – world)

(11) 영상 재배열(Resampling)

(12) 국제천구좌표계(ICRF : International Celestial Reference Frame)

(13) 독도의 측량 및 지도제작 현황

2교시 **다음 문제 중 4문제를 선택하여 설명하시오.(각 25점)**

(1) 우리나라 지자기 측량의 방법 및 활용에 대하여 설명하시오.

(2) 지상레이저측량을 활용한 터널의 내공 단면 확인 측량의 절차 및 방법에 대하여 설명하시오.

(3) 국토지리정보원에서 실시하는 항공사진측량용 카메라 검정에 대하여 설명하시오.

(4) 스마트건설에서 이루어지는 설계, 시공, 유지관리 단계별 3차원 공간정보의 구축 및 활용 방안에 대하여 설명하시오.

(5) 지하공간통합지도에 포함되는 데이터, 유지관리 절차, 전담기구에 대하여 설명하시오.

(6) 국가해양기본도를 종류별로 구분하고, 내용 및 구축방법에 대하여 설명하시오.

다음 문제 중 4문제를 선택하여 설명하시오.(각 25점)

(1) 국토지리정보원에서 서비스하고 있는 네트워크 RTK 중 VRS(Virtual Reference Station)방식과 FKP(Flachen Korrektur Parameter)방식에 대하여 비교 설명하시오.

(2) 노선측량의 순서와 방법에 대하여 설명하시오.

(3) 레이더(Radar) 원격탐측과 하이퍼스펙트럴(Hyper Spectral) 원격탐측의 특성과 활용에 대하여 각각 설명하시오.

(4) 무인비행장치측량(UAV Photogrammetry)을 정의하고, 무인비행장치측량에 의한 지도제작 과정을 설명하시오.

(5) SAR 영상을 활용한 철도 인프라의 효율적인 관리 방안에 대하여 설명하시오.

(6) 해저 물체 탐지를 위한 IHO S-44 표준에 따른 4가지 등급의 적용 해역, 탐사 요구사항을 설명하시오.

다음 문제 중 4문제를 선택하여 설명하시오.(각 25점)

(1) 국가위치의 기준에 관한 아래 사항에 대하여 설명하시오.
① 지구기준측지좌표계
② 한국측지계2002
③ 우리나라의 측량원점과 측량기준점

(2) 원격탐측에서 사용하는 영상처리에 대하여 설명하시오.

(3) 항공사진측량과 드론사진측량의 장·단점을 비교하고, 드론사진측량의 미래 활용방향에 대하여 설명하시오.

(4) 지리정보체계(GIS)를 구축하기 위한 공간정보 취득 방법에 대하여 설명하시오.

(5) 공간정보 기반의 재난 대비 지능형 시설물 모니터링 체계 구축 및 활용 방안에 대하여 설명하시오.

(6) 저개발국가의 국가공간정보인프라(NSDI) 구축 시 고려해야 할 사항에 대하여 설명하시오.

1교시 다음 문제 중 10문제를 선택하여 설명하시오.(각 10점)

(1) 세밀도(LoD : Level of Detail)

(2) 라이넥스(RINEX : Receiver Independent Exchange Format)

(3) 초장기선간섭계(VLBI : Very Long Baseline Interferometry)

(4) 편위수정

(5) 디지털 트윈(Digital Twin)

(6) ITRF2020(International Terrestrial Reference Frame 2020)

(7) 수치표고모형(DEM)과 수치표면모형(DSM)

(8) 수로기준점의 종류

(9) 다중분광(Multi-Spectral) 및 초분광(Hyper-Spectral)영상

(10) 최소제곱법

(11) 클로소이드(Clothoid) 곡선

(12) 조석 관측 방법

(13) 슬램(SLAM : Simultaneous Localization And Mapping)

2교시 다음 문제 중 4문제를 선택하여 설명하시오.(각 25점)

(1) 노선측량에 사용되는 곡선의 종류별 특징에 대하여 설명하시오.

(2) 최근 "2025 국가위치기준체계 중장기 기본전략 연구(국토지리정보원)"에 의한 정표고 체계 전환에 따른 표고의 종류, 정표고 결정이론과 정규 정표고와의 차이점에 대하여 설명하시오.

(3) 현재 운영중인 한국형 다목적 실용위성인 KOMPSAT(Korea Multi-Purpose SATellite)의 체계와 지도제작에서의 활용방안에 대하여 설명하시오.

(4) 디지털 항공사진측량에서 영상정합(Image Matching) 방법에 대하여 설명하시오.

(5) 오차의 종류에 대하여 설명하시오.

(6) 음향측심 기반의 수심측량 원리와 작업공정에 대하여 설명하시오.

다음 문제 중 4문제를 선택하여 설명하시오.(각 25점)

(1) 최근 건설중인 대심도 지하터널 측량방법과 3차원 지하공간통합지도의 효율적 구축방안에 대하여 설명하시오.

(2) 드론 영상을 이용하여 DSM(Digital Surface Model)을 자동 제작하는 알고리즘과 작업과정에 대하여 설명하시오.

(3) 항공 및 드론 라이다(LiDAR)측량 시스템의 구성요소 및 특징을 비교 설명하시오.

(4) 초분광(Hyper-Spectral) 영상에서 파장대(밴드)의 차원축소 방법 및 변환기법에 대하여 설명하시오.

(5) 도시개발사업 시행구역에 수용되는 토지에 대한 용지측량에 대하여 설명하시오.

(6) 측지좌표계와 지심좌표계에 대하여 구성요소, 특징, 용도 등을 비교하고, 상호변환을 위한 조건에 대하여 설명하시오.

다음 문제 중 4문제를 선택하여 설명하시오.(각 25점)

(1) 스마트건설에 필요한 3차원 공간정보구축을 위한 측량의 역할에 대하여 설명하시오.

(2) 항공사진측량 및 위성기반 영상취득체계에 대하여 설명하시오.

(3) 도심지의 대규모 지하 터파기 공사현장에서 지중 및 지반 변위 측정을 위한 측량방법에 대하여 설명하시오.

(4) 초고층 건축물과 비정형 건축물의 증가로 건축물 내부의 위치정보 필요성이 높아짐에 따른 실내공간정보 구축방법에 대하여 설명하시오.

(5) 전지구위성항법시스템(GNSS) 측량에서 위성의 기하학적 배치에 따른 정밀도 저하율(DOP : Dilution Of Precision)에 대하여 설명하시오.

(6) 수치표고모형(DEM)의 격자형(Grid)과 불규칙삼각망(TIN)에 대하여 비교 설명하시오.

02

지적기술사
과년도 기출문제

과년도 기출문제

※ 본 교재에 수록되지 않은 이전 문제는 「큐넷」 홈페이지(www.q-net.or.kr)에서 확인하실 수 있습니다.

111회 기출문제

>> 2017년 1월 22일 시행

1교시 다음 문제 중 10문제를 선택하여 설명하시오.(각 10점)

(1) 구분지상권

(2) LOD(Level of Detail)

(3) 네트워크 RTK(Real Time Kinematic)

(4) 관성항법장치

(5) DEM(Digital Elevation Model)과 DSM(Digital Surface Model)

(6) 비콘(Beacon)

(7) 간섭계 고도해상도 영상레이더(InSAR)

(8) 일자오결제도(1字5結制度)

(9) 사진측량에서 왜곡의 5가지 요소

(10) 입체지적

(11) 라이다(LiDAR)

(12) 위성기준점(CORS)

(13) 국가기본공간정보

2교시 다음 문제 중 4문제를 선택하여 설명하시오.(각 25점)

(1) 지적재조사의 면적증감에 따른 개선방안을 설명하시오.

(2) 도해지적 경계점의 수치좌표 등록방안에 대하여 설명하시오.

(3) 지적확정측량의 민간이양에 따른 지적측량수행자 및 지적소관청의 역할과 품질관리 확보방안에 대하여 설명하시오.

(4) 지적불부합지의 발생원인과 유형 및 해결방안에 대하여 설명하시오.

(5) 토지이동의 신청·신고에 대하여 설명하시오.

(6) 「민법」 및 「형법」상의 경계와 「공간정보의 구축 및 관리 등에 관한 법률」상 경계에 대하여 설명하시오.

3 교시 다음 문제 중 4문제를 선택하여 설명하시오.(각 25점)

(1) GIS 자료기반(DB) 생성과정에서 발생할 수 있는 오차에 대하여 설명하시오.

(2) 무인항공기(UAV)를 이용한 공간정보 구축 및 활용방안에 대하여 설명하시오.

(3) 지적도상 건축물을 등록하기 위한 방안에 대하여 설명하시오.

(4) 국가공간정보통합체계(國家空間情報統合體系, National Spatial Data Integrated System)에 대하여 설명하시오.

(5) 지적공부에 등록하는 면적단위의 변천 연혁에 대하여 설명하시오.

(6) 건축물이 있는 대지의 분할 제한에 대하여 설명하시오.

4 교시 다음 문제 중 4문제를 선택하여 설명하시오.(각 25점)

(1) 수치사진측량에서 영상정합기법에 대하여 설명하시오.

(2) 「지적재조사에 관한 특별법」 제14조에 의한 경계설정 기준의 문제점과 해결방안에 대하여 설명하시오.

(3) 지적공부의 등록 제도인 분산등록제도와 일괄등록제도에 대하여 설명하시오.

(4) 지적위원회 설치연혁 및 중앙지적위원회와 지방지적위원회를 비교 설명하고 운영상의 문제점과 개선방안에 대하여 설명하시오.

(5) 지오이드의 결정방법 및 활용효과를 설명하시오.

(6) 둔전(屯田)에 대하여 설명하시오.

113회 기출문제

1교시 다음 문제 중 10문제를 선택하여 설명하시오.(각 10점)

(1) 지거법(支距法)

(2) 토지의 사정(査定) · 강계선(疆界線) · 지역선(地域線)

(3) 특별소삼각점측량

(4) 메타데이터(Metadata)

(5) VRS(Virtual Reference Station)

(6) 지적국정주의

(7) 표정(Orientation)

(8) 신라 장적문서(帳籍文書)

(9) DOP(Dilution of Precision)

(10) 삼사법(三斜法)에 의한 면적측정

(11) 경계감정측량

(12) 공유(共有) · 총유(總有) · 합유(合有)

(13) 토렌스시스템(Torrens System)

2교시 다음 문제 중 4문제를 선택하여 설명하시오.(각 25점)

(1) 지적확정측량의 문제점과 개선방안에 대하여 설명하시오.

(2) 지적공부에 등록된 토지가 멸실된 경우 활용 가능한 복구자료와 지적복구 절차에 대하여 설명하시오.

(3) GNSS(Global Navigation Satellite System) 측량을 실시함에 있어 지오이드를 고려해야 하는 이유에 대하여 설명하시오.

(4) 경계복원측량 시 성과 차이의 발생원인을 기술적 · 제도적 측면으로 구분하여 설명하시오.

(5) 지적측량 검사제도의 문제점과 개선방안에 대하여 설명하시오.

(6) 지적측량성과의 일관성 유지 및 정확도 향상을 위한 지적측량성과 결정방법에 대하여 설명하시오.

다음 문제 중 4문제를 선택하여 설명하시오.(각 25점)

(1) 지적, 측량 및 공간정보를 정의하고 상관관계를 설명하시오.

(2) 국토교통부의 지적제도 개선계획(2016~2020)에 대하여 설명하시오.

(3) 현행 지적도 전산파일을 세계측지계 성과로 변환한 후 지적공부에 등록하기 위한 방안에 대하여 설명하시오.

(4) 현행 지적통계의 문제점과 발전방향에 대하여 설명하시오.

(5) 지적도 및 임야도의 도곽별, 축척별, 행정구역별 접합방안에 대하여 설명하시오.

(6) 모바일 기반의 지적기준점 관리방안에 대하여 설명하시오.

다음 문제 중 4문제를 선택하여 설명하시오.(각 25점)

(1) 토지분할허가제도에 대하여 설명하시오.

(2) 지적소관청에 위임된 지적사무의 수행체계 개선방안에 대하여 설명하시오.

(3) 통일시 북한지역에 적용 가능한 지적제도 구축 모형에 대하여 설명하시오.

(4) 국가가 관리하고 있는 지적정보의 민간위탁 방안에 대하여 설명하시오.

(5) 지적제도의 발전과정을 설명하고 다목적지적제도의 완성을 위한 선결과제에 대하여 설명하시오.

(6) 지적제도의 기능과 특성에 대하여 설명하시오.

1 교시 다음 문제 중 10문제를 선택하여 설명하시오.(각 10점)

(1) 깃기(衿記)

(2) 측량기하적(測量幾何跡) 작성방법

(3) 케플러(Kepler) 위성궤도의 요소

(4) 공간정보 구축 시 입력오차 유형

(5) 위성영상의 해상도

(6) 자유부번제도

(7) 판도사(版圖司)

(8) 측량기준점

(9) 미터법과 국제단위계(SI)

(10) 판적국(版籍局)

(11) 반송파(L_1파, L_2파)

(12) 적극적등록제도(Positive System)

(13) 블록체인(Block Chain)

2 교시 다음 문제 중 4문제를 선택하여 설명하시오.(각 25점)

(1) 지오이드모델(Geoid Model)의 결정방법과 활용사례에 대하여 설명하시오.

(2) 지적측량기준점을 설치할 경우 삼각측량과 삼변측량의 결합조정 방법에 대하여 설명하시오.

(3) 1954년 「지적측량 규정」 제정 이후 현행 「지적업무 처리규정」에서 정한 지적측량성과 결정방법 3가지 유형에 대하여 설명하시오.

(4) 측량오차의 종류별 특성(성질)을 기술하고 각 오차의 최소화방안에 대하여 설명하시오.

(5) 현행 측량업종을 나열하고 효율적인 측량업종 개편방안에 대하여 설명하시오.

(6) 지적측량방법에 따른 면적의 등록방식을 기술하고 효율적인 면적단위등록 일원화방안에 대하여 설명하시오.

3교시 다음 문제 중 4문제를 선택하여 설명하시오.(각 25점)

(1) 위성영상을 이용한 정사영상 제작과정에 대하여 설명하시오.

(2) 국민안전을 위한 지하공간정보 구축 및 공동 활용 방안에 대하여 설명하시오.

(3) 공간정보 기반정책 지원 포털인 '공간정보Dream'의 주요 내용과 활용 방안에 대하여 설명하시오.

(4) 지적재조사와 도시재생사업 간, 지적재조사와 도시재생뉴딜사업 간의 협업과 사업연계방안에 대하여 설명하시오.

(5) 수치표고모델(DEM)의 자료추출방법을 기술하고 방법별 차이점을 설명하시오.

(6) 공간정보에 활용되는 데이터베이스 관리시스템(DBMS)의 발전과정에 대하여 설명하시오.

4교시 다음 문제 중 4문제를 선택하여 설명하시오.(각 25점)

(1) 양안(量案)의 내용, 종류 및 법적 근거에 대하여 설명하시오.

(2) 지적(제도)의 일반적인 3대 구성요소와 다목적지적의 5대 구성요소에 대하여 설명하시오.

(3) 지적재조사 시 면적 증감에 따른 조정금 조세부과의 문제점과 개선방안에 대하여 설명하시오.

(4) 지적측량수수료 구성체계를 기술하고 효율적이고 알기 쉬운 지적측량수수료 산정기준 개편방안에 대하여 설명하시오.

(5) 토지조사사업에 대하여 일필지조사, 토지사정, 토지검사, 지압조사를 포함하여 설명하시오.

(6) 등록전환이나 분할에 따른 면적 오차의 허용범위 및 배분에 대하여 설명하시오.

1교시 **다음 문제 중 10문제를 선택하여 설명하시오.(각 10점)**

(1) 전자평판측량

(2) 기선측량

(3) 어린도

(4) 사물인터넷(Internet of Things)

(5) 지계아문

(6) 초연결사회

(7) 확률오차

(8) 가중치(Weight)

(9) 구소삼각원점

(10) 가상현실(Virtual Reality)

(11) 사표(四標)

(12) 지상원호교회법

(13) 클라우드컴퓨팅(Cloud Computing)

2교시 **다음 문제 중 4문제를 선택하여 설명하시오.(각 25점)**

(1) 지적삼각망의 종류와 그 특성에 대하여 설명하시오.

(2) GNSS 측량의 위치결정 원리와 차분법에 대하여 설명하시오.

(3) 거리측량 오차의 종류와 그 원인에 대하여 설명하시오.

(4) 도시개발사업에 따른 지구계 예정지적좌표 작성업무에 대하여 설명하시오.

(5) 우리나라 도해지적의 수치화 방법에 대하여 설명하시오.

(6) 무인항공기(UAV)를 이용한 지적재조사측량 방안에 대하여 설명하시오.

3교시 다음 문제 중 4문제를 선택하여 설명하시오.(각 25점)

(1) 지적정보의 품질 향상 방안에 대하여 설명하시오.

(2) 공간정보 융·복합 산업의 활성화 방안에 대하여 설명하시오.

(3) 지적재조사사업에서 인공지능(AI) 기술의 적용 방안에 대하여 설명하시오.

(4) 토지정보시스템(LIS) 래스터 데이터의 압축 기법에 대하여 설명하시오.

(5) 제6차 국가공간정보정책 기본계획에 대하여 설명하시오.

(6) 수치영상을 활용한 지적측량의 효율화 방안에 대하여 설명하시오.

4교시 다음 문제 중 4문제를 선택하여 설명하시오.(각 25점)

(1) 우리나라 토지등록의 제 원칙에 대하여 설명하시오.

(2) 현행 지목체계의 운영현황 및 개선방안에 대하여 설명하시오.

(3) 2010년 FIG 총회에서 발표한 「Cadastre 2034」에 대하여 설명하시오.

(4) 제2차 지적재조사 기본계획에 대하여 설명하시오.

(5) 토지조사사업 사정(査定) 당시에 결정되는 지역선과 경계선에 대하여 설명하시오.

(6) 부동산종합공부의 등록·관리 현황과 발전방안에 대하여 설명하시오.

1교시 다음 문제 중 10문제를 선택하여 설명하시오.(각 10점)

(1) 지적좌표계

(2) 오차전파법칙(Propagation of Error)

(3) 간주지적도(看做地籍圖)

(4) 관성측량(Inertial Surveying)

(5) 삼변측량(三邊測量)

(6) 편심관측(Eccentric Observation)

(7) 단방향 위치보정정보 송출시스템(FKP : Flächen Korrektur Parameter)

(8) MMS(Mobile Mapping System)

(9) 연속지적도

(10) 메타데이터(Metadata)

(11) 고시(告示)와 행정처분(行政處分)

(12) 의제(擬制, Legal Fiction)

(13) 유럽공간정보기반시설(INSPIRE : Infrastructure for Spatial Information in Europe)

2교시 다음 문제 중 4문제를 선택하여 설명하시오.(각 25점)

(1) 지적확정측량의 문제점과 개선방안에 대하여 설명하시오.

(2) 지적공부의 세계측지계 변환을 위한 공통점(Common Point)의 선정방법에 대하여 설명하시오.

(3) 지하공간의 통합안전관리체계 구축을 위한 지적정보의 활용방안에 대하여 설명하시오.

(4) 지번(地番)의 설정방법에 대하여 설명하시오.

(5) 토지의 소유권과 사용·수익권을 비교 설명하시오.

(6) GNSS에 따른 지적측량 시 관측위성의 조건 및 측량방법에 대하여 설명하시오.

3교시 다음 문제 중 4문제를 선택하여 설명하시오.(각 25점)

(1) 지역좌표계를 세계측지계로 변환하는 방법에 대하여 설명하시오.

(2) 지적측량성과의 일관성 유지를 위한 세부측량성과 결정방법에 대하여 설명하시오.

(3) 지적복구측량의 방법 및 절차에 대하여 설명하시오.

(4) 이동식 지도제작체계(MMS : Mobile Mapping System)를 이용한 지적정보 구축방안에 대하여 설명하시오.

(5) 토지행정도메인모델(LADM : Land Administration Domain Model) 도입에 따른 지적정보 표준화 방안에 대하여 설명하시오.

(6) 「토지이용규제 기본법」에 따른 지역·지구 지정 시 '지형도면(Topographic Drawings) 고시'의 문제점과 개선방안에 대하여 설명하시오.

4교시 다음 문제 중 4문제를 선택하여 설명하시오.(각 25점)

(1) 지적정보를 활용한 재해정보지도의 제작과정에 대하여 설명하시오.

(2) 부동산종합공부시스템에 구축된 부동산종합정보의 민간개방에 대하여 설명하시오.

(3) 지적도 및 임야도의 접합방법에 대하여 설명하시오.

(4) 지상경계점등록부 관리제도의 문제점과 개선방안에 대하여 설명하시오.

(5) 지적재조사 사업의 현황과 문제점을 제시하고 개선방안에 대하여 설명하시오.

(6) 통일 후 북한지역 지적제도 수립 방안에 대하여 설명하시오.

1교시 다음 문제 중 10문제를 선택하여 설명하시오.(각 10점)

(1) 지적복구측량

(2) 유심다각망

(3) GNSS(Global Navigation Satellite System)

(4) 배각법

(5) 디지털 트윈(Digital Twin)

(6) 지중레이더(Ground Penetrating Radar) 탐사법

(7) 자유도(Degree of Freedom)

(8) 스파게티(Spaghetti) 모형

(9) DSM(Digital Surface Model)

(10) 정밀도로지도

(11) 측량업의 등록취소 요건

(12) 면적지정분할

(13) 평면직각좌표

2교시 다음 문제 중 4문제를 선택하여 설명하시오.(각 25점)

(1) 지적측량성과 공동 활용 및 온라인 성과 검사 방안에 대하여 설명하시오.

(2) 지적측량 계산에서 오사오입(五捨五入)을 적용하는 이유에 대하여 설명하시오.

(3) 지적도근측량의 도선종류와 특징에 대하여 설명하시오.

(4) 지적도에 건축물을 정위치 등록하기 위한 효율적인 측량방법에 대하여 설명하시오.

(5) MMS(Mobile Mapping System)를 활용한 지적재조사측량방법을 설명하고 개선방 안을 제시하시오.

(6) 우연오차(Random Error)의 개념 및 조정방법에 대하여 설명하시오.

3교시 **다음 문제 중 4문제를 선택하여 설명하시오.(각 25점)**

(1) 토지 · 임야대장 및 지적 · 임야도의 정보화 연혁과 내용을 설명하시오.

(2) 블록체인(Block Chain) 기반의 지적공부 관리 방안에 대하여 설명하시오.

(3) 지적정보 취득을 위한 UAV(Unmanned Aerial Vehicle) 측량과 항공사진측량(유인) 을 비교 · 설명하시오.

(4) 사물인터넷(IoT)을 이용한 지적기준점 조사 방법에 대하여 설명하시오.

(5) 파일처리방식과 DBMS(Data Base Management System) 방식에 의한 공간자료 관 리방법에 대하여 비교 · 설명하시오.

(6) 부동산종합공부시스템 운영 S/W의 국산화 방안에 대하여 설명하시오.

4교시 **다음 문제 중 4문제를 선택하여 설명하시오.(각 25점)**

(1) 「지적위원회」 운영의 문제점과 개선방안에 대하여 설명하시오.

(2) 북한지역 세부측량원도의 디지털화 효과 및 활용 방안에 대하여 설명하시오.

(3) 민간 참여 확대를 통한 지적측량 산업 활성화 방안에 대하여 설명하시오.

(4) 해양지적제도를 도입하여야 하는 당위성과 등록방안에 대하여 설명하시오.

(5) 고정밀 위치정보 확보를 위한 측량기준점 관리의 개선방안에 대하여 설명하시오.

(6) 공간정보 관련 3법(「국가공간정보 기본법」, 「공간정보산업 진흥법」, 「공간정보의 구 축 및 관리 등에 관한 법률」) 운영의 문제점과 개선방안에 대하여 설명하시오.

1교시 다음 문제 중 10문제를 선택하여 설명하시오.(각 10점)

(1) 보간법

(2) 특별소삼각원점

(3) 커뮤니티 매핑

(4) 통합기준점

(5) 국가지오이드모델(KNGeoid18)

(6) 7 – Parameter(변환요소)방법

(7) 정오차(定誤差)와 부정오차(不定誤差)

(8) 둠즈데이북(Domesday Book)

(9) 국가공간정보포털

(10) 결수연명부

(11) 지적정리

(12) 전시과제도

(13) 다각망도선법

2교시 다음 문제 중 4문제를 선택하여 설명하시오.(각 25점)

(1) 공동 소유한 토지를 점유한 상태로 분할하는 방법에 대하여 설명하시오.

(2) 토지조사사업과 임야조사사업을 비교하여 설명하시오.

(3) 지적공부의 세계측지계 변환에 따른 문제점 및 개선방안에 대하여 설명하시오.

(4) 신규등록측량의 방법과 절차에 대하여 설명하시오.

(5) 토지경계의 설정과 확정에 대하여 설명하시오.

(6) 토지의 사정(査定)에 대하여 설명하시오.

다음 문제 중 4문제를 선택하여 설명하시오.(각 25점)

(1) 지하공간정보의 효율적 관리 및 활용방안에 대하여 설명하시오.

(2) 측량기준점의 관리체계 개선방안에 대하여 설명하시오.

(3) 항공삼각측량 조정방법에 대하여 설명하시오.

(4) 지적·임야도 자료정비 사업의 문제점과 개선방안에 대하여 설명하시오.

(5) 우리나라의 측지기준(Geodetic Datum)에 대하여 설명하시오.

(6) 토지의 경계가 안고 있는 문제점과 개선방안에 대하여 설명하시오.

다음 문제 중 4문제를 선택하여 설명하시오.(각 25점)

(1) 북한의 체제전환 시 북한지역의 효율적인 토지조사 방안에 대하여 설명하시오.

(2) 평면거리 계산방법에 대하여 설명하시오.

(3) 「GNSS에 의한 지적측량규정」에서 정한 정지측량(Static Survey)과 실시간 이동측량 (Real Time Kinematic Survey)을 비교하여 설명하시오.

(4) 지적소관청에 위임된 지적사무의 현황과 개선방안에 대하여 설명하시오.

(5) 토지 경계분쟁의 발생원인과 사법적 해결방법에 대하여 설명하시오.

(6) 지적(地籍) 어원의 발생론적 접근에 대하여 설명하시오.

1 교시 다음 문제 중 10문제를 선택하여 설명하시오.(각 10점)

(1) 대위신청

(2) 표준지 공시지가

(3) 도로명 주소대장

(4) 투화전(投化田)

(5) 지목의 설정원칙

(6) 지구계 측량

(7) 교회법

(8) 구면삼각형과 구과량

(9) 부동산종합공부

(10) 지적공부 등록사항 정정

(11) 기지경계선(旣知境界線)

(12) GPS 관측데이터 표준포맷(라이넥스, RINEX)

(13) 텔루로이드(Telluroid)와 의사지오이드(Quasi Geoid)

2 교시 다음 문제 중 4문제를 선택하여 설명하시오.(각 25점)

(1) 실시간이동측량(RTK)에 의한 지적측량 방법을 설명하시오.

(2) 지적측량 성과 다툼에 대한 구제절차와 그에 따른 문제점 및 개선방안에 대하여 설명하시오.

(3) 지적공부의 세계측지계 변환사업에 대하여 설명하시오.

(4) 임야대장에 등록된 토지의 등록전환 신청절차와 등록사항의 결정에 대하여 설명하시오.

(5) 지적재조사사업의 절차와 중점 추진과제에 대하여 설명하시오.

(6) 지오이드 결정방법에 대하여 설명하시오.

3교시 다음 문제 중 4문제를 선택하여 설명하시오.(각 25점)

(1) 지적확정측량의 업무절차와 방법에 대하여 설명하시오.

(2) 지적의 사법적 · 공법적 기능에 대하여 설명하시오.

(3) 도로명 주소와 건물번호 부여 기준에 대하여 설명하시오.

(4) 연속지적도 작성을 위한 도면접합의 일반적인 원칙에 대하여 설명하시오.

(5) 의사위성(Pseudo Satellite)과 준천정위성(準天頂衛星)에 대하여 설명하시오.

(6) 측량의 오차 종류와 표준편차에 대하여 설명하시오.

4교시 다음 문제 중 4문제를 선택하여 설명하시오.(각 25점)

(1) 지하공간의 효율적 관리를 위한 통합지하정보구축에 대하여 설명하시오.

(2) 현재 정부에서 추진하고 있는 임의지번(가지번) 정비사업의 활성화 방안에 대하여 설명하시오.

(3) 우리나라 지적통계 구축을 위한 지적전산 처리와 지적통계의 종류에 대하여 설명하시오.

(4) 수치사진측량의 영상정합(Image Matching)에 대하여 설명하시오.

(5) 디지털트윈 구축을 위한 입체지적 대상 시설과 필지획정 방안에 대하여 설명하시오.

(6) 지적제도와 등기제도를 비교하고, 일원화 방안에 대하여 설명하시오.

123회 기 출 문 제

1교시 다음 문제 중 10문제를 선택하여 설명하시오.(각 10점)

(1) 개재지(介在地)

(2) 삼각쇄(三角鎖)

(3) 드론 LiDAR

(4) 평판측량의 후방교회법

(5) 수치지면자료(Digital Terrain Data)

(6) 지적재조사의 토지현황조사

(7) 스마트 시티(Smart City)

(8) 경중률(Weight)

(9) 증강현실(Augmented Reality)

(10) 토지조사사업 당시의 조표(造標)

(11) 면적보정계수

(12) 지적현황측량

(13) 디지털 트윈(Digital Twin)

2교시 다음 문제 중 4문제를 선택하여 설명하시오.(각 25점)

(1) 지적세부측량의 성과결정 방법에 대하여 설명하시오.

(2) 토지조사사업과 지적재조사사업의 경계설정 기준에 대하여 비교 설명하시오.

(3) 부동산종합공부시스템의 구축과정 및 향후 발전방향에 대하여 설명하시오.

(4) GPS(Global Positioning System) 측량의 개념, 위치결정 원리, 차분법에 대하여 설명하시오.

(5) 지적정보의 벡터와 래스터 자료구조에 대하여 설명하시오.

(6) 지적재조사사업을 위한 사업지구지정 동의서 징구제도의 문제점 및 개선방안에 대하여 설명하시오.

다음 문제 중 4문제를 선택하여 설명하시오.(각 25점)

(1) 지적공부를 세계측지계로 변환하여 부동산종합공부시스템에 등록하는 절차를 도해지역과 경계점좌표등록부시행지역으로 구분하여 설명하시오.

(2) 공간정보의 개체(Entity)와 객체(Object)에 대하여 비교 설명하시오.

(3) 지적측량 과정에서 등록사항정정 대상토지를 발견하였을 때 처리절차에 대하여 설명하시오.

(4) 택지개발사업에 따라 $50,000m^2$ 규모의 지적확정측량을 실시한 경우 측량성과검사방법에 대하여 설명하시오.

(5) 인공지능(AI)을 이용한 도해지역 토지경계 설정방안에 대하여 설명하시오.

(6) 지적제도(지적재조사 포함) 운영을 위해 법률에서 규정하고 있는 위원회의 종류와 기능에 대하여 설명하시오.

다음 문제 중 4문제를 선택하여 설명하시오.(각 25점)

(1) UAV(Unmanned Aerial Vehicle)를 활용한 건물 경계선 추출방안에 대하여 설명하시오.

(2) 지적측량 처리기간의 현황과 개선방안에 대하여 설명하시오.

(3) 스파게티(Spaghetti)모형과 위상(Topology)모형에 대하여 비교 설명하시오.

(4) 지적공부 전산파일이 바이러스에 의하여 소실되었을 경우 복구과정에 대하여 설명하시오.

(5) 육지지적과 해양지적을 비교하고, 해상경계 설정방안에 대하여 설명하시오.

(6) 지적재조사 책임수행기관 제도와 책임수행기관의 역할에 대하여 설명하시오.

1교시 다음 문제 중 10문제를 선택하여 설명하시오.(각 10점)

(1) 침수흔적도

(2) 등록사항정정 대상 토지

(3) 도로명주소

(4) 벡터자료 파일 형식

(5) 가상기준점(VRS)

(6) 도해지적과 수치지적

(7) 라플라스점

(8) 지적위원회

(9) 지적국정주의

(10) 양차(Error Due to Both Curvature and Refraction)

(11) SSR(State Space Representation, 상태공간보정)

(12) SLAM(Simultaneous Localization and Mapping)

(13) 신뢰구간(Confidence Interval)

2교시 다음 문제 중 4문제를 선택하여 설명하시오.(각 25점)

(1) 지적재조사사업에 따른 지적기준점측량에 대하여 설명하시오.

(2) 지하공간의 개발, 이용 및 관리를 위한 지하공간통합지도에 대하여 설명하시오.

(3) 지상경계점등록부의 효율적 관리 및 활용방안에 대하여 설명하시오.

(4) 제2차 국가측량기본계획(2021~2025)에 대하여 설명하시오.

(5) 지형지물 전자식별자(UFID : Unique Feature Identifier)에 대하여 설명하시오.

(6) 디지털트윈, 드론길 등 3차원 공간정보의 입체 격자체계 구축에 대하여 설명하시오.

다음 문제 중 4문제를 선택하여 설명하시오.(각 25점)

(1) 공간정보 오픈 플랫폼(브이월드)의 문제점과 개선방안에 대하여 설명하시오.

(2) 등록전환측량의 방법과 절차에 대하여 설명하시오.

(3) 소규모 필지의 불합리한 경계에 대한 해결방안에 대하여 설명하시오.

(4) 지형공간정보체계의 자료기반(Database) 생성과정에서 발생하는 오차의 종류에 대하여 설명하시오.

(5) 메타데이터(Metadata)의 정의와 특성에 대하여 설명하시오.

(6) GNSS(Global Navigation Satellite System) 측량성과에서 높이계산을 위한 정밀 지오이드(Geoid)의 결정방법에 대하여 설명하시오.

다음 문제 중 4문제를 선택하여 설명하시오.(각 25점)

(1) 지적재조사지구에서 필지별로 실시되는 토지현황조사에 대하여 설명하시오.

(2) 최근 한국국토정보공사법 제정안의 제안이유와 주요 내용에 대하여 설명하시오.

(3) 3차원 국토공간정보의 제작기준 및 구축방법에 대하여 설명하시오.

(4) 국가공간정보 통합체계 구축에서 공간정보 품질기준 및 진단범위에 대하여 설명하시오.

(5) 필지별 토지이용정보의 구축 및 활용방안에 대하여 설명하시오.

(6) 지도투영법 중 TM과 UTM 투영법에 대하여 설명하시오.

1교시 다음 문제 중 10문제를 선택하여 설명하시오.(각 10점)

    (1) 중첩(重疊, Overlay)

    (2) 불규칙삼각망(TIN)

    (3) 공간정보오픈플랫폼(Spatial Information Open Platform)

    (4) 지적측량의 실시대상

    (5) 양안(量案)

    (6) 사진판독(Photographic Interpretation) 요소

    (7) 토지이동 신청

    (8) 이중차분(Double Phase Difference)

    (9) 대위신청

    (10) 공간자료교환표준(SDTS)

    (11) 지적제도의 3대 구성요소

    (12) 세계측지계 변환의 평균편차조정방법

    (13) 시효취득

2교시 다음 문제 중 4문제를 선택하여 설명하시오.(각 25점)

    (1) 토지의 등록단위인 일필지의 성립요건에 대하여 설명하시오.

    (2) 토지개발사업 시행에 따른 토지이동 및 지적정리업무를 승인 전, 승인 후, 준공 전, 준공 후로 나누어 설명하시오.

    (3) 지적공부 세계측지계 변환성과 검증 및 성과검사 방법에 대하여 설명하시오.

    (4) 공간데이터 구조 중 벡터 자료구조의 저장방법 및 파일형식에 대하여 설명하시오.

    (5) 도로명주소의 부여방법 및 절차에 대하여 설명하시오.

    (6) NGIS사업을 포함한 우리나라 국가공간정보 추진연혁에 대하여 설명하시오.

다음 문제 중 4문제를 선택하여 설명하시오.(각 25점)

(1) 법률상 정의되는 민법상 경계, 형법상 경계, 지적법상 경계에 대하여 각각 설명하시오.

(2) 지적제도의 특성 및 기능에 대하여 설명하시오.

(3) 지적확정측량의 지구계측량 및 필계점 확정에 대하여 설명하시오.

(4) 공간분석의 유형 및 공간자료 변환방법에 대하여 설명하시오.

(5) 평면지적의 문제점을 도출하고 3차원 지적으로의 구현방안에 대하여 설명하시오.

(6) 1977년 이후 4차에 걸친 「부동산소유권 이전등기 등에 관한 특별조치법」을 비교하여 설명하시오.

다음 문제 중 4문제를 선택하여 설명하시오.(각 25점)

(1) 우리나라 부동산 공시제도의 문제점과 개선방안에 대하여 설명하시오.

(2) 지적재조사 책임수행기관의 지정절차와 수행업무에 대하여 설명하시오.

(3) 3차원 위치결정 측량에 대하여 설명하시오.

(4) 우리나라 공간정보의 현황 및 외국의 공간정보 동향을 비교하여 향후 발전방향에 대하여 기술하시오.

(5) 지적기준점의 종류 및 설치방법에 대하여 설명하시오.

(6) 공간정보 표준화 요소 및 국내외 표준 관련 기구에 대하여 설명하시오.

1교시 **다음 문제 중 10문제를 선택하여 설명하시오.(각 10점)**

(1) 필지식별인자(PID)

(2) 양전척(量田尺)

(3) 영상정합(Image Matching)

(4) 평(坪)과 제곱미터(m²)

(5) 구장산술(九章算術)

(6) 측량소도(測量素圖)

(7) 과세지견취도(課稅地見取圖)

(8) 전제상정소(田制詳定所)

(9) 에피폴라 기하(Epipolar Geometry)

(10) 사지수형(Quadtree)

(11) 경계의 결정방법

(12) 지역권(地役權)

(13) 초장기선간섭계(VLBI : Very Long Baseline Interferometry)

2교시 **다음 문제 중 4문제를 선택하여 설명하시오.(각 25점)**

(1) 지적정보화 발전을 위한 품질표준화 적용방안에 대하여 설명하시오.

(2) 기초측량인 지적삼각측량의 근사법과 정밀법을 비교하여 설명하시오.

(3) 지적위원회 적부심사의 업무처리 절차 및 발전과제에 대하여 설명하시오.

(4) 토지경계 측량의 복원 원칙과 표준화 방안에 대하여 설명하시오.

(5) 지적공간정보 융복합 처리를 위한 공간정보 기술변화에 대하여 설명하시오.

(6) 지적측량에서 면적측정의 단위와 대상 및 결정방법에 대하여 설명하시오.

3교시 다음 문제 중 4문제를 선택하여 설명하시오.(각 25점)

(1) 빅데이터 시대 지적정보체계의 현안과제 및 발전모형에 대하여 설명하시오.

(2) 등록사항정정의 측량대상 및 실시방안에 대하여 설명하시오.

(3) 공간위치를 표시하는 좌표변환 기법에 대하여 설명하시오.

(4) 스마트워크 기반에서 지적기준점 전산관리의 발전모형에 대하여 설명하시오.

(5) 한국형 지적전산 정보의 활용 및 응용방법에 대하여 설명하시오.

(6) 지적재조사에 따른 지적공부의 공신력 확보방안에 대하여 설명하시오.

4교시 다음 문제 중 4문제를 선택하여 설명하시오.(각 25점)

(1) 도해지역 수치화를 위한 축척변경사업의 준비과정과 측량방안에 대하여 설명하시오.

(2) 우리나라 지목제도의 문제점과 개편모형에 대하여 설명하시오.

(3) 건물등록을 위한 지적측량과 공간정보의 연계방안 모형에 대하여 설명하시오.

(4) 분쟁해결 유형인 ADR(Alternative Dispute Resolution)에 대하여 설명하시오.

(5) 지적측량 시 발생하는 법률적 효력과 책임에 대하여 설명하시오.

(6) 우리나라 토지등록과 토지등기의 제도적 차이에 대하여 설명하시오.

03

5급(기술) 공무원
측량학 단원별
기출문제분석 및
과년도 기출문제

CHAPTER 01 출제빈도표

구분		2001	2002	2003	2004	2005	2006	2007	2008	2009	2010	2011	2012	2013	2014	2015	2016	2017	2018	2019	2020	2021	2022	빈도(개)	빈도(%)
총론						1		1	1				1	1		1								6	6.5
소계						1		1	1				1	1		1								6	6.5
측지학	지구와 천구									1														1	1.1
	좌표해석		1	1	1												1		1			1		6	6.5
	중력/지자기측량																								
	공간측량																								
	해양측량																								
	소계		1	1	1					1							1		1			1		7	7.6
관측값 해석	오차와 최소제곱법	1		1		1		1		1		1			1		1	1		1	1	1		12	13.0
	소계	1		1		1		1		1		1			1		1	1		1	1	1		12	13.0
지상측량	거리측량																					1	1	2	2.2
	각측량																								
	삼각/삼변측량	1																		1				2	2.2
	다각측량	1		1															1					3	3.2
	수준측량																								
	소계	2		1															1	1		1	1	7	7.6
GNSS 측량	GNSS측량		1	1			1	1	1	1	1			1		1	1	1	1	1	1	1	1	16	17.4
	GNSS측량 응용											1			1									2	2.2
	소계		1	1			1	1	1	1	1	1		1	1	1	1	1	1	1	1	1	1	18	19.6
사진 측량	사진측량	2	1		1	1			1	1							1		1	1			1	11	12.0
	사진판독																								
	사진측량 응용		1				1					1	1		1	1		1			1			8	8.7
	RS(원격탐측)										1				1									2	2.2
	소계	2	2		1	1	1		1	1	1	1	1		2	1	1	1	1	1	1		1	21	22.9
공간정보 (GSIS)	GSIS					1	1	1	1				1	1					1					7	7.6
	GSIS 응용				1						1	1		1		1				1			1	7	7.6
	소계				1	1	1	1	1		1	1	1	2		1			1	1			1	14	15.2
응용 측량	지형측량																								
	면·체적측량																								
	노선측량				1		1						1							1				4	4.3
	터널측량																								
	하천측량										1													1	1.1
	상하수도측량																								
	댐측량																								
	교량측량																								
	변형측량																								
	수로측량																								
	지적측량																		1					1	1.1
	기타														1									1	1.1
	소계				1		1				1		1		1				1	1				7	7.6
총계		5	4	4	4	4	4	4	4	4	4	4	4	4	5	5	4	4	5	4	4	4	4	92	100

CHAPTER

02 단원별 기출문제분석

내용 구분	출제문제	출제 유형	출제연도(배점)
총론/ 측지학	우리나라 기본측량, 공공측량의 기준점에 대하여 기술	논술	2000년(40점)
	세계측지계와 우리나라 평면직각 좌표계에 대하여 설명	논술	2002년(25점)
	우리나라의 경위도좌표계, 표고좌표계, 평면직교좌표계 및 측지좌표계에 대하여 서술	논술	2003년(30점)
	절대좌표계에 기준한 지구상의 점의 위치를 결정하는 방법을 그림을 그려서 설명하시오.	논술	2004년(30점)
	우리나라에서 2003년도에 도입한 세계측지계를 기준 측지계와 비교하여 다음을 설명하시오. (1) 세계측지계의 개념(10점) (2) 기준타원체 및 좌표계(10점) (3) 대한민국 경위도 원점(5점)	논술	2005년(25점)
	세계측지계 전환과 관련한 다음 사항에 대하여 기술하시오. (1) 세계측지계의 정의(15점) (2) ITRF와 WGS84의 차이(5점) (3) 한국측지계 2002의 의의(5점)	논술	2007년(25점)
	우리나라는 측량법 개정에 따라 지역측지계를 세계측지계로 전환하는 과정에 있다. 세계측지계 전환과 관련하여 다음 사항을 기술하시오. (1) 기준 측지계와 전환되는 세계측지계의 차이점(10점) (2) GIS 데이터베이스의 세계측지계 전환 과정(10점)	논술	2008년(20점)
	지리좌표계(ϕ, λ, h)에서 지심좌표계(X, Y, Z)로의 변환에 관련된 내용 중 다음 물음에 답하시오. (1) ϕ, λ, h, X, Y, Z와 묘유선 곡률반경(N)의 정의를 그림과 함께 설명하시오.(20점) (2) 위에서 정의된 매개변수를 이용하여 지리좌표계에서 지심좌표계로의 변환식을 유도하시오.(10점)	논술	2009년(30점)
	현재 우리나라는 육상과 해상에서 상이한 높이기준을 사용하고 있다. 각 높이 기준에 대하여 설명하고, 이원화된 높이기준 때문에 발생하는 문제점과 두 높이 기준의 통합방안에 대하여 기술하시오.	논술	2012년(25점)
	세종시 측지 VLBI 관측소 설치에 따른 측지기준과 기준점체계의 구성방안 및 위성기준점망과의 연결측량방법을 설명하시오.	논술	2013년(30점)
	지구상의 위치기준 및 표시방법에 대한 다음 물음에 답하시오. (1) 수평위치기준 및 표시방법에 대하여 설명하시오.(6점) (2) 수직위치기준 및 표시방법에 대하여 설명하시오.(3점) (3) 수평위치 결정과 수직위치 결정을 별도로 하는 이유에 대하여 설명하시오.(3점) (4) GNSS 측량으로 수평위치와 수직위치를 동시에 결정하기 위한 조건에 대하여 설명하시오.(3점)	논술	2015년(15점)
	3차원 직각좌표(X, Y, Z)와 경위도좌표(ϕ, λ, h)의 관계식은 다음과 같다. $$X=(N+h)\cos\phi\cos\lambda \quad Y=(N+h)\cos\phi\sin\lambda \quad Z=\{N(1-e^2)+h\}\sin\phi$$ 단, $N=\dfrac{a}{\sqrt{1-e^2\sin^2\phi}}$ 여기서, ϕ, λ는 위도와 경도, h는 타원체고, N은 묘유선 곡률반경, e는 이심률, a는 타원체 장반경일 때 다음 물음에 답하시오. (1) 위 관계식에서 3차원 직각좌표(X, Y, Z)로부터 경위도좌표(ϕ, λ, h)를 역계산하는 3개의 식을 유도하시오.(10점) (2) 역계산식에서 위도를 반복계산하는 방법과 절차를 설명하시오.(10점)	논술	2016년(20점)
	다음은 세계측지계(장반경=6,378,137m, 편평률=$\dfrac{1}{298.257222101}$)를 기준으로 한 삼각점의 위치정보를 나타낸 것이다. 설악11 삼각점에서 속초21 삼각점까지의 평균방향각이 29°00'00", 평면거리가 7,780m였다. 다음 물음에 답하시오.(단, 0.1m 단위까지 계산) { 점의 번호 / 위도 / 경도 / 타원체고 / TM의 N좌표(진북방향) / TM의 E좌표(동서방향) } 설악11 / 38°07'08" / 128°27'55" / 1,733m / 613,357m / 153,117m 속초21 / 38°10'49" / 128°30'31" / 551m (1) 속초21 삼각점의 TM 평면직각좌표를 구하시오.(4점) (2) 설악11과 속초21 삼각점의 3차원직각좌표(X, Y, Z)를 구하시오.(12점) (3) 3차원 공간상에서 두 지점 간 거리를 구하고, 평면거리와의 차이 값을 계산하시오.(4점)	계산	2018년(20점)

내용 구분	출제문제	출제 유형	출제연도(배점)
총론/ 측지학	임의의 점 A에 대한 측지좌표(Geodetic Coordinates)와 지심좌표(Geocentric Coordinates)의 상호 변환에 관한 다음 물음에 답하시오. (1) 점 A의 측지 위도(ϕ_A), 경도(λ_A) 및 타원체고(h_A)는 각각 39°10′20.10″N, 74°55′48.55″W, 300.195m이다. WGS84 타원체의 매개변수를 사용하여 점 A의 지심좌표(X_A, Y_A, Z_A)를 구하시오. (단, WGS84 타원체의 이심률(Eccentricity)은 0.08181919084, 장반경(a)은 6,378,137.0m, 단반경(b)은 6,356,752.3m로 한다)(10점) (2) 위 (1)에서 구한 지심좌표를 측지좌표로 역계산하고, 그 과정을 구체적으로 제시하시오.(15점)	계산	2021년(25점)
관측값 해석	최소제곱법에 대한 물음에 답하라. (1) 최소제곱법의 원리에 대하여 설명하라.(10점) (2) 최소제곱법의 관측방정식 및 조건방정식 중 하나를 행렬식을 이용하여 실 예를 들어 설명하라.(20점)	논술	2001년(30점)
	$\overline{AB}$, $\overline{BC}$, $\overline{CD}$, $\overline{AC}$, $\overline{BD}$를 측정한 결과가 다음 그림과 같다. 최소제곱법을 이용하여 각 구간의 조정거리와 총 구간 $\overline{AD}$의 조정거리를 매트릭스 해법으로 구하시오.(다만, 모든 측정값은 서로 상관관계가 없으며, 같은 정밀도로 측정하였다.) 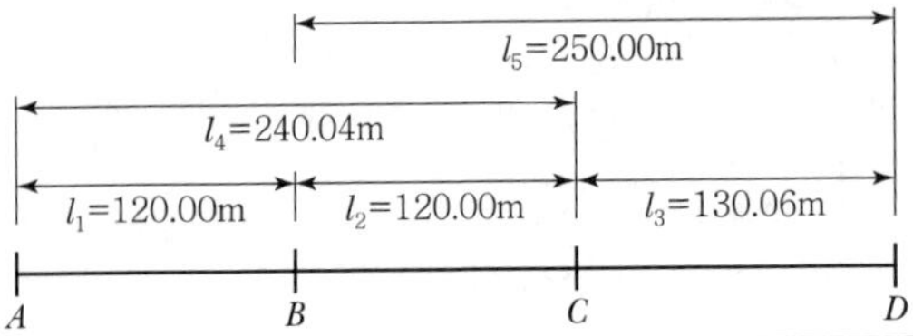 	계산	2003년(25점)
	△PQR에서 ∠P와 변길이 q, r을 TS(Total Station)로 측정하였다. 다음을 계산하시오.(단, ∠P=60°00′00″, q=200.00m, r=250.00m이며, 각측의 표준오차 σ_a=±40″, 거리측의 표준오차 σ_l=±(0.01m+$\frac{D}{10,000}$), D는 수평거리이다.) (1) △PQR의 면적(A)에 대한 표준오차(σ_A)(20점) (2) △PQR의 면적(A)에 대한 95% 신뢰구간(5점) 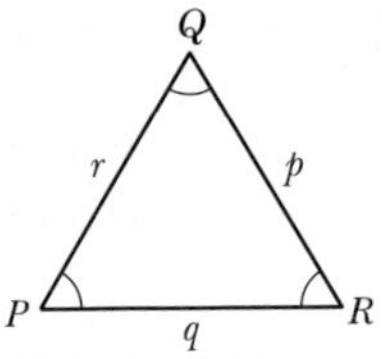	계산	2005년(25점)
	그림과 같은 수준망을 수준측량한 각 구간의 표고차가 아래와 같다. 최소제곱법을 적용하여 B, C, D점의 최확표고를 구하시오.(단, 수준점 A의 표고는 100.000m이다.) 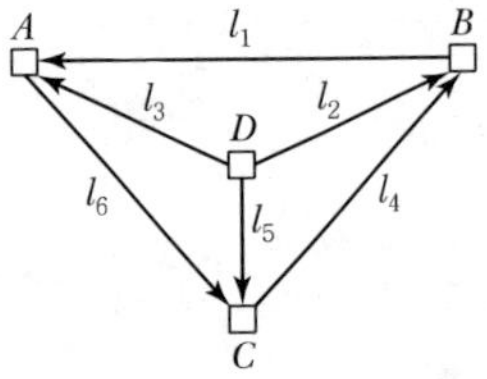 <table><tr><td>시점</td><td>종점</td><td>표고차(m)</td></tr><tr><td>B</td><td>A</td><td>l_1 = 21.973</td></tr><tr><td>D</td><td>B</td><td>l_2 = 20.940</td></tr><tr><td>D</td><td>A</td><td>l_3 = 42.932</td></tr><tr><td>C</td><td>B</td><td>l_4 = −11.040</td></tr><tr><td>D</td><td>C</td><td>l_5 = 31.891</td></tr><tr><td>A</td><td>C</td><td>l_6 = −11.017</td></tr></table>	계산	2007년(25점)
	평면삼각형의 세 내각을 측정한 최확값과 표준오차는 다음과 같다. 최소제곱법을 이용하여 조정하시오.(단, 0.1″ 단위까지 계산하시오.) α_1 = 56° 21′ 32″ (α_1 =± 1″) α_2 = 49° 52′ 09″ (α_1 =± 2″) α_3 = 73° 46′ 28″ (α_1 =± 3″)	계산	2009년(20점)
	1개 미지량을 관측할 때 일반적으로 참값을 알 수 없으므로 반복 관측한 결과를 최소제곱법을 이용하여 최확값을 구한다. 이와 관련하여 다음 사항을 기술하시오. (1) 최확값의 의미(5점) (2) 아래 확률밀도함수식을 사용하여 최소제곱법의 원리 설명(10점) $y = \frac{1}{\sigma\sqrt{2\pi}}e^{-v^2/2\sigma^2} = Ce^{-h^2v^2}$ (단, $h = \frac{1}{\sqrt{2}\sigma}$, $C = \frac{h}{\sqrt{\pi}}$ 이다.) (3) 1개 미지량에 대한 평균값이 최확값임을 증명(10점)	논술 · 계산	2011년(25점)

내용 구분	출제문제	출제 유형	출제연도(배점)
	2차원 평면에서 점 P의 좌표(x, y)를 결정하기 위하여 원점(0, 0)으로부터 거리(r)와 방위각(y축 양의 방향으로 부터 시계방향각 α)을 측정하였다. 거리 관측값이 150m, 방위각 관측값이 30°이며, 관측정밀도(표준편차)는 각 각 0.1m, 0.1°이다. 다음 물음에 답하시오. (1) 거리관측과 방위각 관측의 상관계수는 0.2라고 할 때, 점 P의 좌표를 결정하고 그 추정표준편차를 계산하시 오.(10점) (2) 점 P의 오차타원을 개략 도시하고 그 의미를 설명하시오.(5점)	논술 · 계산	2014년(15점)
	오차의 전파에 대한 다음 물음에 답하시오. (1) 우연오차의 오차전파식을 유도하시오.(15점) (2) 삼각수준측량에 의해 높이 H를 구하기 위한 측정값이 경사거리 $S=100$m, 경사각 $\theta=40°$이고, 거리(S)와 각(θ)에 대한 표준오차가 각각 $\sigma_S=\pm 0.1$m, $\sigma_\theta=\pm 5'$이다. 이때 S와 θ가 서로 독립 관측되었다면 높이 H와 높이의 표준오차 σ_H를 구하시오.(10점)	논술 · 계산	2016년(25점)
관측값 해석	신도시 기반시설물의 설계와 시공을 위한 수준점측량을 실시하여 다음과 같은 결과를 얻었다. 수준점(BM)의 표 고는 100.000m이고, 모든 관측값은 동일 조건에서 독립적으로 측정되었다. 물음에 답하시오.(총 30점) | 측점경로	높이차	거리
---	---	---
BM → A	$l_1=29.864$m	2km
BM → B	$l_2=34.722$m	2km
A → B	$l_3=4.865$m	2km
B → C	$l_4=9.529$m	4km
A → C	$l_5=14.376$m	4km | (1) 위의 그림에서 실선으로 표시된 수준망의 관측방정식을 제시하고, 최소제곱법을 이용하여 점 A, B, C 표고 및 조정된 표고값의 정밀도를 구하시오.(10점) (2) (1)의 수준망에 점선으로 표시된 경로에 대한 추가관측(BM → C, l_6)을 계획하였다. 계획된 관측을 고려하여 최소제곱법을 적용하면 어떤 결과가 나오는지 수치를 제시하여 설명하시오.(단, BM → C의 거리는 6km이 다.)(10점) (3) BM과 점 A, B, C를 사진측량의 광속조정(Bundle Adjustment)에 연속된 사진의 종접합점(Pass Point)으로 사용하고자 한다. 수준망의 관측방정식을 광속조정에 통합하는 방법을 설명하고, 조정된 표고를 사용하는 방 법과의 차이점을 기술하시오.(10점)	논술 · 계산	2017년(30점)
	구간의 거리를 관측한 결과는 다음의 그림 및 표와 같다. 물음에 답하시오. | 관측값 번호	구간	관측값±표준오차
---	---	---
l_1	AB	120.200m±0.002m
l_2	BC	110.100m±0.001m
l_3	AC	230.250m±0.003m | (1) 관측값의 경중률을 구하시오.(4점) (2) 관측방정식을 이용하여 최소제곱법으로 조정된 X와 Y의 최확값을 구하시오.(8점) (3) 조건방정식을 이용하여 최소제곱법으로 조정된 X와 Y의 최확값을 구하시오.(8점)	계산	2019년(20점)
	BM1, BM2, BM3, BM4 등 4개의 기설 수준점을 이용하여 새로운 A, B의 신규 수준점을 설치하고자 한다. 기설 수준점에 대한 표고와 각 코스의 측량성과는 그림과 표와 같다. 다음 물음에 답하시오. 	측점경로	높이차(m)
---	---
BM1 → A	11.010
BM2 → A	−9.172
A → B	3.538
BM3 → B	4.865
BM4 → B	−2.218 | (1) 관측방정식으로 A, B점에 대한 표고를 행렬을 이용하여 구하시오.(10점) (2) 수준점 A, B의 조정된 표곳값에 대한 개개의 표준편차를 구하시오.(10점) (3) (2)에서 표준편차 차이가 발생하는 원인을 설명하시오.(5점)	논술 · 계산	2020년(25점)

내용 구분	출제문제	출제 유형	출제연도(배점)
관측값 해석	그림과 같이 토탈스테이션으로 거리와 각을 관측하고, 이를 이용하여 최소제곱법으로 미지 좌표를 추정하려고 한다. 다음 물음에 답하시오. (1) 거리 관측값(s)과 각 관측값(θ)을 이용하여 점 P의 평면좌표(x, y)를 수식으로 나타내시오.(5점) (2) 비선형 관측모델에 최소제곱조정 방법을 적용하기 위한 선형식을 유도하고, 이때 필요한 값과 조건을 설명하시오.(10점) (3) 관측 결과가 아래 표와 같고, 동일 세션에서 거리와 각 관측의 상관계수(ρ)가 0.5라고 할 때 최소제곱조정 계산을 위한 관측값의 분산-공분산 행렬(Σ)을 구하시오. (단, 서로 다른 세션의 관측값은 서로 독립이라고 가정한다)(5점) | 세션	거리(s)		각(θ)	| |---|---|---|---|---| | | 측정값(m) | 표준편차(m) | 측정값(도-분-초) | 표준편차(″) | | 1 | 40.000 | 0.002 | 30-00-01 | 2.0 | | 2 | 40.002 | 0.002 | 29-59-59 | 2.0 | | 3 | 39.998 | 0.002 | 30-00-02 | 2.0 | (4) 만일, 최소제곱조정 결과 점 P의 평면좌표(x, y) 성분에 대한 표준편차가 각각 $\sigma_x = 0.4cm$, $\sigma_y = 0.2cm$이고, 공분산이 $\sigma_{xy} = 0.32cm^2$로 주어졌을 때, 점 P의 평면 오차 최댓값을 0.1mm 단위까지 구하시오.(5점)	논술 · 계산	2021년(25점)
지상 측량	국가삼각점 성과표는 삼각측량에서 매우 중요한 최종결과를 정리하여 표의 형식으로 작성한 것이다. 우리나라 삼각점 성과표의 내용에 기재되어 있는 사항들에 대하여 설명하라.	논술	2001년(25점)
	$\overline{DA}$ 길이와 $\overline{AD}$ 방위각을 구하라.(단, 결과를 도와 분으로 나타내어라.) 	계산	2001년(10점)
	결합트래버스(Traverse)의 폐합오차식을 유도하시오.	계산	2003년(20점)
	트래버스 측량과 관련하여 다음 물음에 답하시오. (1) 트래버스 조정에 사용되는 트랜싯법칙과 컴퍼스법칙을 비교하여 설명하시오.(5점) (2) 다음과 같은 트래버스 관측결과를 컴퍼스법칙으로 조정하여 각 측점의 좌표를 구하시오.(단, 각도는 초 단위 소수 둘째 자리까지 조정하고, 거리는 0.001m 단위까지 계산한다. 편의상 1번 측점의 좌표는 (0,0)으로 한다.)(20점) 	논술	2018년(25점)
	주어진 각과 거리를 이용하여 단열 삼각망 조정을 하고자 한다. 다음 물음에 답하시오. (단, ①, ②, …, ⑯는 삼각형의 내각이고, 기선 b_1의 방향각은 T_1이며, 검기선 b_2의 방향각은 T_2이다.) (1) 가 조건 조정에 대하여 설명하시오.(5점) (2) 방향각 조건 조정에 대하여 설명하시오.(10점) (3) 변 조건 조정에 대하여 설명하시오.(10점) 	논술	2020년(25점)

내용 구분	출제문제	출제 유형	출제연도(배점)
지상 측량	그림과 같이 건물의 좌표를 결정하기 위하여 A, B측선과 동일한 평면상에 P, Q점을 설치하고, 수평각과 연직각을 관측하였다. A측점에서 B측점 방향을 X축, 그 직각 방향을 Y축, 연직 방향을 Z축으로 설정하였으며, 이때 A점의 좌표는 $(0, 0, 0)$이다. 측정 결과가 다음과 같을 때 물음에 답하시오.(단, 수평각과 연직각의 관측오차가 없다고 가정한다) • 기선 : $\overline{PQ}=30\text{m}$ • 수평각 : $\angle APB=25°$, $\angle APC=30°$, $\angle APQ=95°$, 　　　　　$\angle PQA=65°$, $\angle PQB=92°$, $\angle PQC=100°$ • 연직각 : $\angle\alpha_A=20°$, $\angle\alpha_B=17°$, $\angle\alpha_C=14°$ 　　　　　(측점 P에서 측점 A, B, C를 관측) 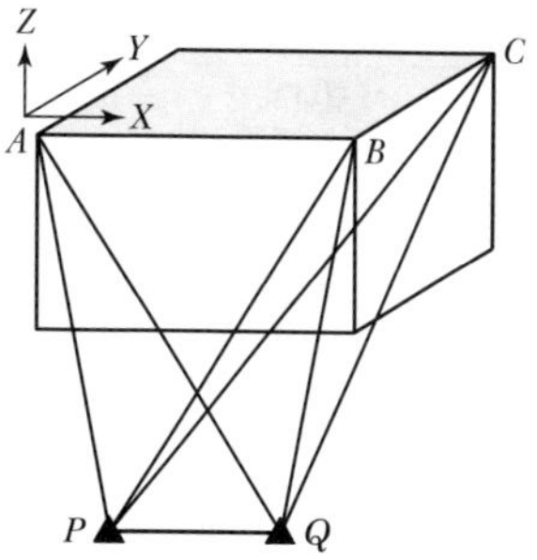 (1) 변장 $\overline{AP}$, $\overline{AQ}$, $\overline{BP}$, $\overline{BQ}$의 XY평면상 수평길이를 mm 단위까지 계산하시오.(15점) (2) B측점의 좌표를 mm 단위까지 계산하시오.(10점)	계산	2021년(25점)
	그림과 같이 점 P에서 수평각 α와 β를 관측하여 $\alpha=48°53'12''$와 $\beta=41°20'35''$를 얻었다. 기준점 A, B, C의 좌표가 아래 표와 같을 때, 다음 물음에 답하시오.(단, 좌표는 0.001m까지, 각은 초($''$)단위까지 구한다) 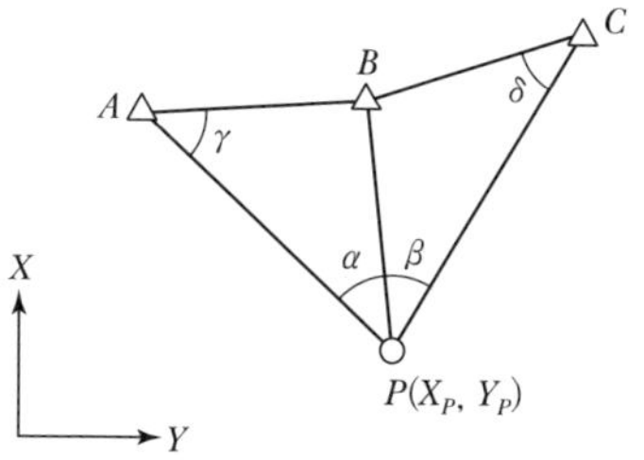 | 기준점	X(m)	Y(m)
A	2180.248	572.125
B	2249.795	1354.299
C	2486.122	2035.009 | (1) 수평각 γ와 δ를 구하시오. (20점) (2) 점 P의 좌표(X_P, Y_P)를 구하시오. (10점)	계산	2022년(30점)
GNSS 측량	GPS 측량의 특성과 상대측위(Relative Positioning)에 대하여 설명하시오.	논술	2002년(25점)
	GPS 측량의 다음 오차원인에 대하여 설명하시오. (1) 구조적 원인(5점)　　　　(2) 다중경로(5점)　　　　(3) 대기조건(5점) (4) DOP(5점)　　　　　　　(5) 사이클 수(5점)	논술	2003년(25점)
	GPS(Global Positioning System) 측량에서 사용되는 좌표계와 높이기준, 측량방법에 대하여 설명하고, 최근 위성측위(GNSS) 기술 동향에 대하여 기술하시오.	논술	2006년(30점)
	위성위치결정체계(GNSS)에 대한 다음 사항에 대하여 기술하시오. (1) GPS의 위치결정 원리(10점)　　　　(2) GPS의 오차(10점) (3) GPS의 RTK 위치결정 방법(5점)　　(4) 유비쿼터스사회 구현을 위한 위성위치결정체계(GNSS)의 역할(5점)	논술	2007년(30점)
	GPS 측량에서 발생하는 측위오차 중 기하학적 오차의 크기를 나타내는 DOP(Dilution of Precision)와 관련하여 다음을 기술하시오. (1) DOP의 활용성을 측량 전과 측량 후로 나누어 설명하시오.(10점) (2) 의사거리(Pseudo-Range) 관측치를 이용한 GPS 측위 방정식 　　$PR=\sqrt{(x^s-x_r)^2+(y^s-y_r)^2+(z^s-z_r)^2}+c\cdot\delta t_r$에서 DOP를 산출하는 방법을 최소자승추정법의 정규방정식(Normal Equation)과 관련지어 설명하시오.(단, PR은 의사거리 관측치, x^s, y^s, z^s는 3차원 직교좌표계 상의 위성 위치, x_r, y_r, z_r은 3차원 직교자료계상의 수신기 위치, c는 빛의 속도, δt_r은 수신기 시계오차를 의미한다.)(10점) (3) DOP의 종류를 나열하고 각각을 간단히 설명하시오. (5점)	논술	2008년(25점)
	GPS와 관련하여 다음 사항을 기술하시오. (1) GPS 위성신호의 구성요소(10점) (2) GPS의 의사거리에 의한 단독측위 원리(10점) (3) GPS의 의사거리 결정에 영향을 주는 오차의 종류와 각각의 저감대책(10점)	논술	2009년(30점)
	GPS를 이용한 측량과 관련하여 다음을 설명하시오. (1) 이중차분법(10점) (2) 불확정정수(모호정수)의 결정방법(10점) (3) DGPS 측위에서 상시관측소의 역할(5점)	논술	2010년(25점)

내용 구분	출제문제	출제 유형	출제연도(배점)
GNSS 측량	최근 GPS 측량기법으로 널리 이용되고 있는 RTK(Real-Time Kinematic) 방법과 VRS(Virtual Reference Station) 시스템 방법에 대한 원리 및 정확도와 각 방법의 장단점을 기술하시오.	논술	2011년(20점)
	GPS를 이용한 위치결정방법과 관련하여 다음 사항을 설명하시오. (1) 네트워크 RTK 측량방법(10점) (2) 상시관측소를 이용한 기준국의 보정방법(10점)	논술	2013년(20점)
	GNSS와 관련하여 다음 물음에 답하시오. (1) GNSS 거리측량원리를 광파거리측량기(EDM) 거리측량원리와 비교하여 설명하시오.(10점) (2) 관측 가능한 GNSS 위성의 개수가 증가할 때 PDOP 값이 감소하는 이유를 설명하시오.(10점)	논술	2014년(20점)
	최근 GNSS 기반의 측량이 많이 활용되고 있다. 이와 관련하여 다음 물음에 답하시오. (1) 전통적인 레벨을 이용한 높이측량과 GNSS 기반의 높이측량의 차이점에 대하여 설명하시오.(10점) (2) 건설현장 등에서 네트워크 RTK를 이용하여 정표고를 결정하는 방법에 대하여 설명하시오.(10점)	논술	2015년(20점)
	GPS 측량에서 시점 t에 대한 두 대의 위성수신기 i, j와 두 기의 위성 k, l 사이의 의사거리 관측값(Φ)은 다음과 같다. $$y = \begin{bmatrix} \Phi_i^k(t) \\ \Phi_j^k(t) \\ \Phi_i^l(t) \\ \Phi_j^l(t) \end{bmatrix}, \ \Sigma_y = \sigma_0^2 P^{-1} = \sigma_0^2 I_4$$ 여기서, Σ_y는 관측값에 대한 분산공분산행렬(Variance-covariance matrix), P는 중량행렬(Weight Matrix), I_4는 4×4 단위행렬이다. 이때 위성 k에 대한 일차(단일)차분은 $\Phi_{ij}^k(t) = \Phi_j^k(t) - \Phi_i^k(t)$, 위성 l에 대한 일차차분은 $\Phi_{ij}^l(t) = \Phi_j^l(t) - \Phi_i^l(t)$가 된다. 다음 물음에 답하시오. (1) 위성 k와 위성 l에 대한 관측값의 일차차분 관측방정식을 행렬-벡터(Matrix-vector) 관계식으로 표현하시오.(15점) (2) 위성 k와 위성 l에 대한 관측값의 일차차분 관측방정식이 서로 독립임을 증명하시오.(15점)	논술	2016년(30점)
	GNSS(Global Navigation Satellite Systems) 측량의 3차원 위치 추정에 사용하는 관측값은 다양한 요인에 의한 오차를 포함하고 있다. 이를 효과적으로 제거(추정)하기 위해 상대측량에서는 관측값을 차분하고, 다중주파수 관측 데이터를 취득한 경우에는 선형결합(Linear Combination)하는 방법을 사용할 수 있다. 다음 물음에 답하시오. (1) 고정밀 GNSS 상대측량에서 이중차분 관측값을 이용해 위치를 추정하는 이유를 단일차분 및 삼중차분과 비교하여 장점을 중심으로 설명하시오.(10점) (2) GNSS 이중주파수 광폭선형결합(Wide-lane Combination)을 모호정수 결정(Integer Ambiguity Resolution)에 사용할 때 얻을 수 있는 긍정적 효과를 설명하시오.(10점) (3) GNSS 이중주파수 반송파에 대하여 아래 식과 같은 선형결합을 형성할 때 장단점을 설명하시오.(5점) $$\Phi_{Lc} = \Phi_{L1} - \frac{f_{L2}}{f_{L1}} \Phi_{L2}$$ 여기서, Φ_{L1}과 Φ_{L2}는 $L1$, $L2$의 반송파 관측값이고, f_{L1}과 f_{L2}는 $L1$, $L2$의 반송파 주파수이다.	논술	2017년(25점)
	GNSS에 의한 측량방법과 관련하여 다음 물음에 답하시오. (1) 단독(Point) 측위와 상대(Relative) 측위, 정적(Static) 측위와 동적(Kinematic) 측위의 개념을 설명하시오.(8점) (2) 네트워크 RTK 방법의 가상기준점(VRS) 방식과 면보정계수(FKP) 방식을 비교 설명하시오.(6점) (3) 국가 GNSS 상시관측망의 개념과 활용성을 설명하시오.(6점)	논술	2018년(20점)
	GNSS 측량과 관련하여 다음 물음에 답하시오. (1) 위성의 배치에 따른 정확도를 나타내는 DOP(Dilution of Precision)를 산출하는 수식을 유도하시오.(15점) (2) 단독측위에서 4개의 위성이 다음과 같이 배치되어 있을 때 GDOP, PDOP, HDOP, VDOP를 계산하시오.(15점)<table><tr><td>위성 번호</td><td>방위각</td><td>고도</td></tr><tr><td>No.1</td><td colspan=2>천정</td></tr><tr><td>No.2</td><td>0°</td><td>60°</td></tr><tr><td>No.3</td><td>120°</td><td>60°</td></tr><tr><td>No.4</td><td>240°</td><td>60°</td></tr></table>	계산	2019년(30점)
	GNSS 측량에 대한 다음 물음에 답하시오. (1) 코드기반 수신기 위치결정원리에 대하여 선형화와 행렬을 적용하여 설명하시오.(15점) (2) 코드기반 DGNSS(Differential GNSS) 측량의 ① 수행과정, ② 오차보정방식, ③ DGNSS 서비스 방법에 대하여 각각 설명하시오.(10점)	논술	2020년(25점)

내용 구분	출제문제	출제 유형	출제연도(배점)
GNSS 측량	한 대의 저가형 GPS 수신기를 탑재한 차량이 운행하는 상황에서 위성을 이용한 차량 항법과 관련한 다음 물음에 답하시오. (1) 위성을 이용한 위치결정은 측위방법에 따라 단독 또는 상대측위, 정지 또는 이동측위, 실시간 또는 후처리 등으로 구분할 수 있다. 운행 중 교차로에서 신호대기로 정지한 차량이 별도의 보정정보 없이 측위한다면 이때 사용하는 측위방법은 무엇이며, 그 이유를 설명하시오.(10점) (2) 실시간 이동측위(RTK : Real Time Kinematic)에서 일반 RTK와 네트워크 RTK에 대해서 각각 설명하시오.(10점) (3) RTK 측량으로 취득한 높이 데이터를 이용하여 표고를 구하는 과정과 이때 필요한 정보를 기술하시오.(5점)	논술	2021년(25점)
	GNSS에 대한 다음 물음에 답하시오. (1) SBAS(Satellite Based Augmentation System, 위성기반 보강시스템)에 대하여 설명하시오.(10점) (2) GNSS를 이용한 위치 결정을 의도적으로 방해·교란하는 기술들에 대하여 설명하시오.(5점)	논술	2022년(15점)
사진 측량/ R.S	입체모델의 시차 개념과 시차 공식을 유도	논술	2000년(20점)
	수치표고모델(DEM)의 개요와 자료수집방법에 대하여 설명하라.	논술	2001년(20점)
	평탄한 지역의 경사사진에서 특수 3점의 축척을 비교 설명하라.	논술	2001년(15점)
	수치표고모델(DEM)을 설명하고 수자원 분야에서의 활용에 대하여 기술	논술	2002년(25점)
	항공사진측량의 시차(Parallax)와 기복변위(Relief Displacement)에 대하여 설명	논술	2002년(25점)
	인공위성 영상데이터의 기하보정(Geometric Correction) 및 재배열(Resa-mpling) 방법에 기술하시오.	논술	2004년(20점)
	사진측량에 관한 다음 사항을 설명하시오. (1) 공선조건(Collinearity Condition)(10점) (2) 표정(Orientation)(10점) (3) 수치편위수정(Digital Rectification)(5점)	논술	2005년(25점)
	국지적인 집중호우에 의한 홍수 및 산사태 위험지역을 모니터링하기 위해 정확하고 신속한 지형도 제작이 요구되고 있다. 이와 관련하여 다음 사항에 대하여 논하시오. (1) 지형도 작성방법(30점) (2) 항공레이저측량(LiDAR)의 활용방안(10점)	논술	2006년(40점)
	최근 유비쿼터스 시대에 즈음하여 고품질 3차원 지형공간정보의 필요성이 증가함에 따라 다중센서를 탑재한 항공레이저측량(디지털항공사진카메라+LiDAR+GPS/INS)에 대한 관심이 고조되고 있다. 항공레이저측량에 대한 다음 사항을 기술하시오. (1) 수치지도 제작 시 항공사진측량과 항공레이저측량의 차이점(10점) (2) LiDAR 데이터의 자료형태(Data Format)(5점) (3) LiDAR 데이터로 생성 가능한 수치지형모델(Digital Terrain Model)의 종류(5점) (4) 항공레이저측량의 활용 분야(5점)	논술	2008년(25점)
	항공사진측량에서 공선조건식을 유도하고 이 식을 이용한 3차원 지상좌표 결정방법을 기술하시오.	논술	2009년(20점)
	최근 국토개발, 지도제작, 환경조사, 자원조사 등에 활용되는 인공위성 영상데이터와 관련하여 다음을 설명하시오. (1) 인공위성 영상의 해상도(10점) (2) 원격탐사의 영상처리 과정(15점)	논술	2010년(25점)
	항공레이저측량과 디지털 항공카메라에 의해 얻어진 LiDAR 데이터와 영상을 이용하여 영상지도(Mosaic Image Map)를 생성하고자 한다. 이와 관련하여 다음 사항을 기술하시오. (1) 수치표고모델(Digital Elevation Model)과 정사영상의 정의(6점) (2) 수치표고모델과 정사영상 생성 작업공정(8점) (3) 수치표고모델과 정사영상의 정확도에 영향을 주는 요인(8점) (4) 영상지도 생성 작업공정(8점)	논술	2011년(30점)
	최근 항공사진측량 분야는 GPS/INS를 활용한 항공사진측량 방법의 활용도가 높아지고 있다. GPS/INS를 활용한 항공사진측량과 관련하여 다음 물음에 답하시오. (1) GPS/INS를 활용한 항공사진측량 방법의 특성과 GPS/INS의 연계 필요성에 대하여 기술하시오.(15점) (2) Direct Georeferencing의 개념 및 특성에 대하여 기술하시오.(10점)	논술	2012년(25점)
	위성영상처리와 관련하여 다음 물음에 답하시오. (1) 위성영상 시스템의 해상도에 대하여 설명하시오.(8점) (2) 그린벨트지역 불법이용을 모니터링하는 위성영상기반 변화탐지기법을 설계하시오.(12점)	논술	2014년(20점)
	수치지도나 항공라이다 등으로 구축한 DEM은 다양한 공간모델링이 가능한 셀 기반의 래스터 자료이다. 이와 관련하여 다음 물음에 답하시오. (1) DEM 구축 시 이용되는 내삽법(Interpolation) 중 크리깅(Kriging)기법에 대하여 설명하시오.(10점) (2) DEM으로 분석할 수 있는 경사도(Slope)와 주향도(Aspect)에 대하여 수식을 포함하여 설명하시오.(10점)	논술	2014년(20점)

내용 구분	출제문제	출제 유형	출제연도(배점)
사진 측량/ R.S	최근 고해상도 위성영상과 항공 LiDAR 데이터가 다양한 분야에 활용되고 있다. 이와 관련하여 다음 물음에 답하시오. (1) 항공레이저측량의 시스템 구성 및 특성에 대하여 설명하시오.(8점) (2) 중·저 해상도 위성영상을 이용한 산림바이오매스(이산화탄소 흡수량) 산정 방법의 문제점을 설명하시오.(7점) (3) 고해상도 위성영상과 LiDAR 데이터를 융합한 산림바이오매스 산정 방법의 특성을 설명하시오.(10점)	논술	2015년(25점)
	항공사진측량에 대한 다음 물음에 답하시오. (1) 공선조건식을 제시하고 그 의미를 설명하시오.(10점) (2) 광속조정법(bundle adjustment)의 정의, 작업순서, 관계식에 대하여 설명하시오.(15점)	논술	2016년(25점)
	무인항공기(UAV : Unmanned Aerial Vehicle)를 이용한 사진측량과 관련하여 다음 물음에 답하시오. (1) 무인항공기와 기존 유인항공기를 이용한 사진촬영의 장단점을 비교하여 설명하시오.(5점) (2) 무인항공기를 하천측량에 적용할 때, 기존 토탈스테이션(Total Station) 및 GNSS측량에 비해 기술적 측면과 작업의 효율성 측면에서 개선할 수 있는 사항을 설명하시오.(15점)	논술	2017년(20점)
	정사영상과 엄밀정사영상(진정사영상)에 관하여 다음 물음에 답하시오. (1) 공선조건식을 기반으로 정사영상을 제작하는 방법을 모두 설명하시오.(10점) (2) 엄밀정사영상(진정사영상)의 필요성과 제작방법에 대해 설명하시오.(10점)	논술	2018년(20점)
	사진측량에서는 동일 지역을 두 장의 사진에 중복되게 촬영시켜 입체시를 함으로써 3차원의 실세계를 재현하고 있다. 다음 물음에 답하시오. (1) 시차공식을 유도하여 설명하시오.(10점) (2) 입체시를 하기 위한 조건과 과고감(Vertical Exaggeration) 현상에 대하여 설명하시오.(10점)	논술	2019년(20점)
	무인항공기(UAV) 측량에 대한 다음 물음에 답하시오. (1) UAV를 이용한 ① 항공측량의 원리 및 특징, ② 수치지도 제작과정에 대하여 각각 설명하시오.(15점) (2) UAV를 고정익과 회전익으로 구분할 때 각 활용 분야에 대하여 설명하시오.(10점)	논술	2020년(25점)
	항공삼각측량에 대한 다음 물음에 답하시오. (1) 항공삼각측량을 조정기본 단위에 따라 분류·설명하시오.(5점) (2) 광속조정법(Bundle Adjustment)의 수학적 원리에 대하여 설명하시오.(15점) (3) 광속조정법의 특징 및 작업 순서를 설명하시오.(10점)	논술	2022년(30점)
공간 정보 (GSIS)	GSIS의 정의, 자료처리체계, 응용에 대해서 기술	논술	2000년(20점)
	도로의 최적노선 선정을 위한 공간데이터의 종류와 GIS의 공간분석기능을 설명하고 이들을 이용한 분석방법을 제시하시오.	논술	2004년(25점)
	지리정보시스템(GIS)의 공간데이터 획득방법에 대하여 설명하시오.	논술	2005년(25점)
	GIS 데이터에 관한 다음 사항을 설명하시오. (1) 벡터데이터와 래스터데이터의 비교(10점) (2) 메타데이터의 개념과 기능(5점)	논술	2006년(15점)
	다음 사항에 대하여 기술하시오. (1) 항공사진측량과 비교한 항공레이저측량(LiDAR)의 장단점(10점) (2) KLIS(한국토지정보시스템) (5점) (3) GIS의 중첩분석(5점)	논술	2007년(20점)
	GIS 데이터의 생성 및 품질과 관련하여 다음 사항을 기술하시오. (1) GIS 데이터의 분류(6점) (2) 스캐너(Scanner)를 활용하여 종이지도를 GIS에서 활용 가능한 데이터로 변환하는 과정(10점) (3) 벡터(Vector) 데이터의 위상(Topology)관계 설정(8점) (4) GIS 데이터의 품질(Quality)평가 항목(6점)	논술	2008년(30점)
	최근 3차원 국토공간정보 구축에 대한 관심도가 높아지고 있다. 이와 관련하여 다음을 설명하시오. (1) 3차원 국토공간정보 구축사업(5점) (2) LOD(Level of Details)(5점) (3) 항공사진측량용 디지털 카메라 자료를 이용한 수치지도 제작과정(15점)	논술	2010년(25점)
	수치지도와 기본지리정보에 대한 다음 사항을 기술하시오. (1) 수치지도 VER1.0과 VER2.0의 특징 및 차이점(10점) (2) 기본지리정보의 정의와 항목(7점) (3) 수치지도 VER2.0을 이용한 기본지리정보 구축 절차(8점)	논술	2011년(25점)
	공간(지리)정보시스템(GIS)에 대한 다음 물음에 답하시오. (1) GIS의 개념 및 구성에 대하여 기술하시오.(5점) (2) GIS의 기본적인 기능들에 대하여 기술하시오.(10점) (3) GIS의 기술 발전에 다른 자료운용기술(플랫폼)에 대하여 기술하시오.(10점)	논술	2012년(25점)
	GIS 기술을 이용한 태양광발전소 부지의 최적 입지분석 방법을 설명하시오.	논술	2013년(20점)

내용 구분	출제문제	출제 유형	출제연도(배점)
공간 정보 (GSIS)	지형공간정보를 구축하는 최신 측량기술은 크게 위성사진측량, 항공사진측량, 항공라이다측량, 지상측량, 모바일매핑시스템으로 구분할 수 있다. 실내공간정보를 포함한 3차원 공간정보를 구축할 때 위 5가지 측량기술의 역할 및 구축방법에 대하여 설명하시오.	논술	2013년(30점)
	NGIS(국가지리정보체계) 사업을 통해 구축된 다양한 공간정보를 유통·활용하기 위해 국가에서는 공간정보유통체계를 구축하여 운영하고 있다. 다음 물음에 답하시오. (1) 국가공간정보유통체계의 개념 및 구축 목표를 설명하시오. (7점) (2) 국가공간정보유통체계의 구성요소 및 역할을 설명하시오. (8점) (3) 국가공간정보유통체계의 메타데이터에 대하여 설명하시오. (10점)	논술	2015년(25점)
	실내 3차원 공간정보를 구축하기 위해 ① 지상 LiDAR(Light Detection And Ranging), ② 광학영상, ③ 지상 LiDAR와 광학영상의 통합방식을 이용할 수 있다. 다음 물음에 답하시오. (1) 실내 3차원 공간정보의 구축을 위한 점군자료(Point Cloud)의 획득 방법을 정지형(Static)과 이동형(Kinematic)으로 나누어 각각 설명하시오. (15점) (2) (1)의 방법들을 통해 획득한 점군자료의 자동화 처리과정을 제시하고, 각 단계별 문제점을 설명하시오. (10점)	논술	2017년(25점)
	"수치지도에서 축척(예를 들어, 1 : 1,000과 1 : 5,000)의 개념이 의미가 있는가"라는 질문과, "모니터상에서 확대, 축소가 가능하므로 수치지도에 관한 한 축척은 1:1이다."라는 주장에 대하여 논하시오.	논술	2018년(15점)
	국토교통부에서는 지하시설물 등의 안전한 관리 및 지하개발 설계·시공 지원 등을 위하여 지하공간통합지도를 구축하고 있다. 이와 관련하여 다음 물음에 답하시오. (1) 지하공간통합지도의 정의 및 지하정보의 종류에 대하여 설명하시오. (10점) (2) 지하공간통합지도의 구축 방법에 대하여 설명하시오. (10점) (3) 지하공간통합지도의 품질 향상방안에 대하여 설명하시오. (5점)	논술	2022년(25점)
응용 측량	하천측량의 목적·순서에 대하여 기술	논술	2000년(20점)
	도로의 선형계획에서 도로의 곡선 및 완화곡선과 관련하여 다음 사항을 설명하시오. (1) Cant와 Slack(10점) (2) Clothoid의 정의 및 이용(5점) (3) Clothoid의 형식 및 설치방법(5점) (4) Clothoid의 성질 및 단위 Clothoid(5점)	논술	2004년(25점)
	유토곡선의 정의, 주요 성질, 활용에 관하여 설명하시오.	논술	2006년(15점)
	최신 측량기술(GPS, TS 및 Echo-sounder 등)을 이용한 하천측량에 대하여 다음을 기술하시오. (1) 하천측량 작업과정(10점) (2) 수심 및 유속 결정(7점) (3) 하천수위의 종류와 활용(8점)	논술	2010년(25점)
	노선측량에 대한 다음 물음에 답하시오. (1) 도로의 개설하기 위한 도상계획, 계획조사측량 및 실시설계측량의 순서와 방법에 대하여 기술하시오. (10점) (2) 편경사와 확폭을 정의하고, 각각의 관련 수식을 유도하시오. (15점)	논술	2012년(25점)
	최근 100층 이상의 초고층 건물이 국내외에서 많이 건설되고 있다. 이와 관련하여 다음 물음에 답하시오. (1) 고층 건물 시공 시 수직도를 결정하기 위한 기존의 측량 방법들을 설명하시오. (10점) (2) 기존의 측량 방법들이 초고층 건물 적용 시 갖는 한계성에 대하여 설명하고, 이를 극복하기 위한 방법에 대하여 설명하시오. (15점)	논술	2014년(25점)
	우리나라 지적측량에 대한 다음 물음에 답하시오. (1) 지적확정측량의 개념 및 절차에 대하여 설명하시오. (6점) (2) 지적재조사사업의 배경 및 필요성, 방법, 기대효과에 대하여 설명하시오. (9점)	논술	2015년(15점)
	노선측량에서 교점(IP) 부근의 장애물로 인해 접근이 불가능하여 그림과 같이 트래버스를 구성하여 관측하였다. 누가거리가 100.000m인 점 A' 에서 측량한 결과 $L=280.000$m, $\angle\alpha=20°20'00$, $\angle\beta=39°40'00$이었다. $R=200$m의 단곡선을 접선지거법에 의하여 설치하고자 할 때, 다음 물음에 답하시오. (단, 중심말뚝의 간격은 20m 이며, 각은 초 단위까지 계산하고, 길이는 0.001m 단위까지 계산하되 지거의 좌표(x, y)는 소수점 이하 두 자리(0.01m)까지 계산함) (1) 곡선길이(C.L.), 시단현 길이(l_1), 시단현 편각(δ_1)을 구하시오. (5점) (2) 20m 편각(δ), 종단현 길이(l_2), 종단현 편각(δ_2)을 구하시오. (5점) (3) $\overline{AD}$를 X축으로 할 때 곡선 시점(A)으로부터 곡선의 중앙점까지의 모든 중심말뚝 위치를 좌표(x, y)로 나타내시오. (10점) (4) $\overline{BD}$를 X축으로 할 때 곡선 종점(B)으로부터 곡선의 중앙점까지의 모든 중심말뚝 위치를 좌표(x, y)로 나타내시오. (10점)	계산	2019년(30점)

기 출 문 제

>>> 2002년 시행

1. GPS 측량의 특성과 상대측위(Relative Positioning)에 대하여 설명하시오. (25점)

2. 수치표고모델(DEM)을 설명하고 수자원분야에서의 활용에 대하여 기술하시오. (25점)

3. 세계측지계와 우리나라 평면직각 좌표계에 대하여 설명하시오. (25점)

4. 항공사진측량의 시차(Parallax)와 기복변위(Relief Displacement)에 대하여 설명하시오. (25점)

1. 우리나라의 경위도좌표계, 표고좌표계, 평면직교좌표계 및 세계측지좌표계에 대하여
   서술하시오.   (30점)

2. $\overline{AB}$, $\overline{BC}$, $\overline{CD}$, $\overline{AC}$, $\overline{BD}$를 측정한 결과가 다음 그림과 같다. 최소제곱법을 이용하
   여 각 구간의 조정거리와 총 구간 $\overline{AD}$의 조정거리를 매트릭스 해법으로 구하시오.
   (다만, 모든 측정값은 서로 상관관계가 없으며, 같은 정밀도로 측정하였다.)   (25점)

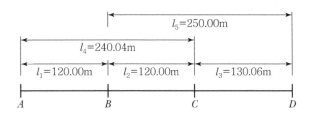

3. 결합트래버스(Traverse)의 폐합오차식을 유도하시오.   (20점)

4. GPS 측량의 다음 오차원인에 대하여 설명하시오.   (총 25점)
   1) 구조적 원인   (5점)
   2) 다중경로   (5점)
   3) 대기조건   (5점)
   4) DOP   (5점)
   5) 사이클 수   (5점)

1. 절대좌표계에 기준한 지구상의 점의 위치를 결정하는 방법들을 그림을 그려서 설명하시오. (30점)

2. 인공위성 영상데이터의 기하보정(Geometric Correction) 및 재배열(Resampling) 방법에 대하여 기술하시오. (20점)

3. 도로의 선형계획에서 도로의 곡선 및 완화곡선과 관련하여 다음 사항을 설명하시오.
(25점)
   1) Cant와 Slack (10점)
   2) Clothoid의 정의 및 이용 (5점)
   3) Clothoid의 형식 및 설치방법 (5점)
   4) Clothoid의 성질 및 단위 Clothoid (5점)

4. 도로의 최적노선 선정을 위한 공간데이터의 종류와 GIS의 공간분석기능을 설명하고, 이들을 이용한 분석방법을 제시하시오. (25점)

1. $\triangle PQR$에서 $\angle P$와 변길이 q, r을 TS(Total Station)로 측정하였다. 다음을 계산하시오.(단, $\angle P = 60°00'00''$, $q = 200.00$m, $r = 250.00$m이며, 각측정의 표준오차 $\sigma_a = \pm 40''$, 거리측정의 표준오차 $\sigma_l = \pm(0.01\text{m} + \dfrac{D}{10,000})$, D는 수평거리이다.)

(총 25점)

   1) $\triangle PQR$의 면적(A)에 대한 표준오차(σ_A)   (20점)

   2) $\triangle PQR$의 면적(A)에 대한 95% 신뢰구간   (5점)

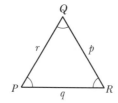

2. 우리나라에서 2003년도에 도입한 세계측지계를 기존 측지계와 비교하여 다음을 설명하시오.

(총 25점)

   1) 세계측지계의 개념   (10점)

   2) 기준타원체 및 좌표계   (10점)

   3) 대한민국 경위도 원점   (5점)

3. 사진측량에 관한 다음 사항을 설명하시오.   (총 25점)

   1) 공선조선(Collinearity Condition)   (10점)

   2) 표정(Orientation)   (10점)

   3) 수치편위수정(Digital Rectification)   (5점)

4. 지리정보시스템(GIS)의 공간데이터 획득방법에 대하여 설명하시오.   (25점)

1. GPS(Global Positioning System) 측량에서 사용되는 좌표계와 높이기준, 측량방법
   에 대하여 설명하고, 최근 위성측위(GNSS) 기술 동향에 대하여 기술하시오.   (30점)

2. GIS 데이터에 관한 다음 사항을 설명하시오.   (총 15점)
   1) 벡터데이터와 래스터데이터의 비교   (10점)
   2) 메타데이터의 개념과 기능   (5점)

3. 국지적인 집중호우에 의한 홍수 및 산사태 위험지역을 모니터링하기 위해 정확하고 신
   속한 지형도제작이 요구되고 있다. 이와 관련하여 다음 사항에 대하여 논술하시오.

                                                              (총 40점)
   1) 지형도 작성방법   (30점)
   2) 항공레이저측량(LiDAR)의 활용방안   (10점)

4. 유토곡선의 정의, 주요 성질, 활용에 관하여 설명하시오.   (15점)

1. 그림과 같은 수준망을 수준측량한 각 구간의 표고차가 아래와 같다. 최소제곱법을 적용하여 B, C, D점의 최확표고를 구하시오. (단, 수준점 A의 표고는 100.000m이다.)

(25점)

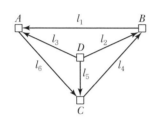

시점	종점	표고차(m)
B	A	$l_1 = 21.973$
D	B	$l_2 = 20.940$
D	A	$l_3 = 42.932$
C	B	$l_4 = -11.040$
D	C	$l_5 = 31.891$
A	C	$l_6 = -11.017$

2. 위성위치결정체계(GNSS)에 대한 다음 사항에 대하여 기술하시오. (총 30점)
   1) GPS의 위치결정 원리 (10점)
   2) GPS의 오차 (10점)
   3) GPS의 RTK 위치결정 방법 (5점)
   4) 유비쿼터스사회 구현을 위한 위성위치결정체계(GNSS)의 역할 (5점)

3. 세계측지계 전환과 관련한 다음 사항에 대하여 기술하시오. (총 25점)
   1) 세계측지계의 정의 (15점)
   2) ITRF와 WGS84의 차이 (5점)
   3) 한국측지계 2002의 의의 (5점)

4. 다음 사항에 대하여 기술하시오. (총 20점)
   1) 항공 사진측량과 비교한 항공 레이저측량(LiDAR)의 장단점 (10점)
   2) KLIS(한국토지정보시스템) (5점)
   3) GIS의 중첩분석 (5점)

1. 우리나라는 측량법 개정에 따라 지역측지계를 세계측지계로 전환하는 과정에 있다. 세계측지계 전환과 관련하여 다음 사항을 기술하시오. (총 20점)
   1) 기존 측지계와 전환되는 세계측지계의 차이점 (10점)
   2) GIS 데이터베이스의 세계측지계 전환 과정 (10점)

2. GIS 데이터의 생성 및 품질과 관련하여 다음 사항을 기술하시오. (총 30점)
   1) GIS 데이터의 분류 (6점)
   2) 스캐너(Scanner)를 활용하여 종이지도를 GIS에서 활용 가능한 데이터로 변환하는 과정 (10점)
   3) 벡터(Vector) 데이터의 위상(Topology)관계 설정 (8점)
   4) GIS 데이터의 품질(Quality)평가 항목 (6점)

3. 최근 유비쿼터스 시대에 즈음하여 고품질 3차원 지형공간정보의 필요성이 증가함에 따라 다중센서를 탑재한 항공레이저측량(디지털항공사진카메라＋LiDAR＋GPS/INS)에 대한 관심이 고조되고 있다. 항공레이저측량에 대한 다음 사항을 기술하시오.
   (총 25점)
   1) 수치지도 제작시 항공사진측량과 항공레이저측량의 차이점 (10점)
   2) LiDAR 데이터의 자료형태(Data Format) (5점)
   3) LiDAR 데이터로 생성 가능한 수치지형모델(Digital Terrain Model)의 종류 (5점)
   4) 항공레이저측량의 활용 분야 (5점)

4. GPS 측량에서 발생하는 측위오차 중 기하학적 오차의 크기를 나타내는 DOP(Dilution of Precision)와 관련하여 다음을 기술하시오. (총 25점)

1) DOP의 활용성을 측량 전과 측량 후로 나누어 설명하시오. (10점)

2) 의사거리(Pseudo-Range) 관측치를 이용한 GPS 측위 방정식

$$PR = \sqrt{(x^s - x_r)^2 + (y^s - y_r)^2 + (z^s - z_r)^2} + c \cdot \delta t_r$$ 에서 DOP를 산출하는 방법을 최소자승추정법의 정규방정식(Normal Equation)과 관련지어 설명하시오. (단, PR은 의사거리 관측치, x^s, y^s, z^s는 3차원 직교좌표계상의 위성 위치, x_r, y_r, z_r은 3차원 직교좌표계상의 수신기 위치, c는 빛의 속도, δt_r은 수신기 시계오차를 의미한다.) (10점)

3) DOP의 종류를 나열하고 각각을 간단히 설명하시오. (5점)

기 출 문 제

1. 지리좌표계(ϕ, λ, h)에서 지심좌표계(X, Y, Z)로의 변환에 관련된 내용 중 다음 물음에 답하시오. (총 30점)
   1) $\phi, \lambda, h, X, Y, Z$와 묘유선 곡률반경(N)의 정의를 그림과 함께 설명하시오. (20점)
   2) 위에서 정의된 매개변수를 이용하여 지리좌표계에서 지심좌표계로의 변환식을 유도하시오. (10점)

2. GPS와 관련하여 다음 사항을 기술하시오. (총 30점)
   1) GPS 위성신호의 구성요소 (10점)
   2) GPS의 의사거리에 의한 단독측위 원리 (10점)
   3) GPS의 의사거리 결정에 영향을 주는 오차의 종류와 각각의 저감대책 (10점)

3. 평면삼각형의 세 내각을 측정한 최확값과 표준오차는 다음과 같다. 최소제곱법을 이용하여 조정하시오.(단, 0.1″단위까지 계산하시오.) (20점)

$\alpha_1 = 56°21'32''$	$(\alpha_1 = \pm 1'')$
$\alpha_2 = 49°52'09''$	$(\alpha_2 = \pm 2'')$
$\alpha_3 = 73°46'28''$	$(\alpha_3 = \pm 3'')$

4. 항공사진측량에서 공선조건식을 유도하고 이 식을 이용한 3차원 지상좌표 결정방법을 기술하시오. (20점)

1. GPS를 이용한 측량과 관련하여 다음을 설명하시오.   (총 25점)
   1) 이중차분법   (10점)
   2) 불확정정수(모호정수)의 결정방법   (10점)
   3) DGPS 측위에서 상시관측소의 역할   (5점)

2. 최근 국토개발, 지도제작, 환경조사, 자원조사 등에 활용되는 인공위성 영상데이터와 관련하여 다음을 설명하시오.   (총 25점)
   1) 인공위성 영상의 해상도   (10점)
   2) 원격탐사의 영상처리 과정   (15점)

3. 최근 3차원 국토공간정보 구축에 대한 관심도가 높아지고 있다. 이와 관련하여 다음을 설명하시오.   (총 25점)
   1) 3차원 국토공간정보 구축사업   (5점)
   2) LoD(Level of Details)   (5점)
   3) 항공사진측량용 디지털 카메라 자료를 이용한 수치지도 제작과정   (15점)

4. 최신 측량기술(GPS, TS 및 Echo-sounder 등)을 이용한 하천측량에 대하여 다음을 기술하시오.   (총 25점)
   1) 하천측량 작업과정   (10점)
   2) 수심 및 유속 결정   (7점)
   3) 하천수위의 종류와 활용   (8점)

기 출 문 제

1. 수치지도와 기본지리정보에 대한 다음 사항을 기술하시오.   (총 25점)

   1) 수치지도 VER1.0과 VER2.0의 특징 및 차이점   (10점)

   2) 기본지리정보의 정의와 항목   (7점)

   3) 수치지도 VER2.0을 이용한 기본지리정보 구축 절차   (8점)

2. 1개 미지량을 관측할 때 일반적으로 참값을 알 수 없으므로 반복 관측한 결과를 최소제곱법을 이용하여 최확값을 구한다. 이와 관련하여 다음 사항을 기술하시오.   (총 25점)

   1) 최확값의 의미   (5점)

   2) 아래 확률밀도함수식을 사용하여 최소제곱법의 원리 설명   (10점)

$$y = \frac{1}{\sigma\sqrt{2\pi}}e^{-v^2/2\sigma^2} = Ce^{-h^2v^2} \text{(단, } h = \frac{1}{\sqrt{2}\,\sigma}, \ C = \frac{h}{\sqrt{\pi}} \text{이다.)}$$

   3) 1개 미지량에 대한 평균값이 최확값임을 증명   (10점)

3. 최근 GPS측량기법으로 널리 이용되고 있는 RTK(Real−Time Kinematic) 방법과 VRS(Virtual Reference Station) 시스템 방법에 대한 원리 및 정확도와 각 방법의 장단점을 기술하시오.   (20점)

4. 항공레이저측량과 디지털 항공카메라에서 얻어진 LiDAR 데이터와 영상을 이용하여 영상지도(Mosaic Image Map)를 생성하고자 한다. 이와 관련하여 다음 사항을 기술하시오.   (총 30점)

   1) 수치표고모델(Digital Elevation Model)과 정사영상의 정의   (6점)

   2) 수치표고모델과 정사영상 생성 작업공정   (8점)

   3) 수치표고모델과 정사영상의 정확도에 영향을 주는 요인   (8점)

   4) 영상지도 생성 작업공정   (8점)

1. 최근 항공사진 측량 분야는 GPS/INS를 활용한 항공사진측량 방법의 활용도가 높아지고 있다. GPS/INS를 활용한 항공사진측량과 관련하여 다음 물음에 답하시오. (총 25점)

   1) GPS/INS를 활용한 항공사진측량 방법의 특성과 GPS/INS의 연계 필요성에 대하여 기술하시오. (15점)

   2) Direct Georeferencing의 개념 및 특성에 대하여 기술하시오. (10점)

2. 현재 우리나라는 육상과 해상에서 상이한 높이기준을 사용하고 있다. 각 높이 기준에 대하여 설명하고, 이원화된 높이기준 때문에 발생하는 문제점과 두 높이 기준의 통합방안에 대하여 기술하시오. (25점)

3. 노선측량에 대한 다음 물음에 답하시오. (총 25점)

   1) 도로를 개설하기 위한 도상계획, 계획조사측량 및 실시설계측량의 순서와 방법에 대하여 기술하시오. (10점)

   2) 편경사와 확폭을 정의하고, 각각의 관련 수식을 유도하시오. (15점)

4. 공간(지리)정보시스템(GIS)에 대한 다음 물음에 답하시오. (총 25점)

   1) GIS의 개념 및 구성에 대하여 기술하시오. (5점)

   2) GIS의 기본적인 기능들에 대하여 기술하시오. (10점)

   3) GIS의 기술 발전에 따른 자료운용기술(플랫폼)에 대하여 기술하시오. (10점)

1. GPS를 이용한 위치결정방법과 관련하여 다음 사항을 설명하시오.   (총 20점)
    1) 네트워크 RTK 측량방법   (10점)
    2) 상시관측소를 이용한 기준국의 보정방법   (10점)

2. GIS 기술을 이용한 태양광발전소 부지의 최적 입지분석 방법을 설명하시오.   (20점)

3. 세종시 측지 VLBI 관측소 설치에 따른 측지기준과 기준점체계의 구성방안 및 위성기준점망과의 연결측량방법을 설명하시오.   (30점)

4. 지형공간정보를 구축하는 최신 측량기술은 크게 위성사진측량, 항공사진측량, 항공라이다측량, 지상측량, 모바일매핑시스템으로 구분할 수 있다. 실내공간정보를 포함한 3차원 공간정보를 구축할 때 위 5가지 측량기술의 역할 및 구축방법에 대하여 설명하시오.   (30점)

1. 수치지도나 항공라이다 등으로 구축한 DEM은 다양한 공간모델링이 가능한 셀 기반의 래스터 자료이다. 이와 관련하여 다음 물음에 답하시오. (총 20점)

   1) DEM 구축 시 이용되는 내삽법(Interpolation) 중 크리깅(Kriging) 기법에 대하여 설명하시오. (10점)

   2) DEM으로 분석할 수 있는 경사도(Slope)와 주향도(Aspect)에 대해 수식을 포함하여 설명하시오. (10점)

2. GNSS와 관련하여 다음 물음에 답하시오. (총 20점)

   1) GNSS 거리측량원리를 광파거리측량기(EDM) 거리측량원리와 비교하여 설명하시오. (10점)

   2) 관측 가능한 GNSS 위성의 개수가 증가할 때 PDOP 값이 감소하는 이유를 설명하시오. (10점)

3. 위성영상처리와 관련하여 다음 물음에 답하시오. (총 20점)

   1) 위성영상 시스템의 해상도에 대하여 설명하시오. (8점)

   2) 그린벨트지역 불법이용을 모니터링하는 위성영상기반 변화탐지기법을 설계하시오. (12점)

4. 최근 100층 이상의 초고층 건물이 국내외에서 많이 건설되고 있다. 이와 관련하여 다음 물음에 답하시오. (총 25점)

   1) 고층 건물 시공 시 수직도를 결정하기 위한 기존의 측량 방법들을 설명하시오. (10점)

   2) 기존의 측량 방법들이 초고층 건물 적용 시 가지는 한계성에 대하여 설명하고, 이를 극복하기 위한 방법에 대하여 설명하시오. (15점)

5. 2차원 평면에서 점 P의 좌표(x, y)를 결정하기 위하여 원점$(0, 0)$으로부터 거리(r)와 방위각(y축 양의 방향으로부터 시계방향각 α)을 측정하였다. 거리관측값이 150m, 방위각 관측값이 30°이며, 관측정밀도(표준편차)는 각각 0.1m, 0.1°이다. 다음 물음에 답하시오. (총 15점)

   1) 거리관측과 방위각 관측의 상관계수는 0.2라고 할 때, 점 P의 좌표를 결정하고 그 추정표준편차를 계산하시오. (10점)

   2) 점 P의 오차타원을 개략 도시하고 그 의미를 설명하시오. (5점)

1. 지구상의 위치 기준 및 표시 방법에 대한 다음 물음에 답하시오. (총 15점)
   1) 수평위치 기준 및 표시 방법에 대하여 설명하시오. (6점)
   2) 수직위치 기준 및 표시 방법에 대하여 설명하시오. (3점)
   3) 수평위치 결정과 수직위치 결정을 별도로 하는 이유에 대하여 설명하시오. (3점)
   4) GNSS 측량으로 수평위치와 수직위치를 동시에 결정하기 위한 조건에 대하여 설명하시오. (3점)

2. 우리나라 지적측량에 대한 다음 물음에 답하시오. (총 15점)
   1) 지적확정측량의 개념 및 절차에 대하여 설명하시오. (6점)
   2) 지적재조사사업의 배경 및 필요성, 방법, 기대효과에 대하여 설명하시오. (9점)

3. 최근 GNSS 기반의 측량이 많이 활용되고 있다. 이와 관련하여 다음 물음에 답하시오. (총 20점)
   1) 전통적인 레벨을 이용한 높이측량과 GNSS 기반의 높이측량의 차이점에 대하여 설명하시오. (10점)
   2) 건설현장 등에서 네트워크 RTK를 이용하여 정표고를 결정하는 방법에 대하여 설명하시오. (10점)

4. NGIS(국가지리정보체계) 사업을 통해 구축된 다양한 공간정보를 유통·활용하기 위해 국가에서는 공간정보유통체계를 구축하여 운영하고 있다. 다음 물음에 답하시오. (총 25점)
   1) 국가공간정보유통체계의 개념 및 구축 목표를 설명하시오. (7점)
   2) 국가공간정보유통체계의 구성요소 및 역할을 설명하시오. (8점)
   3) 국가공간정보유통체계의 메타데이터에 대하여 설명하시오. (10점)

5. 최근 고해상도 위성영상과 항공 LiDAR데이터가 다양한 분야에 활용되고 있다. 이와 관련하여 다음 물음에 답하시오. (총 25점)
   1) 항공레이저측량의 시스템 구성 및 특성에 대하여 설명하시오. (8점)
   2) 중·저 해상도 위성영상을 이용한 산림바이오매스(이산화탄소 흡수량) 산정방법의 문제점을 설명하시오. (7점)
   3) 고해상도 위성영상과 LiDAR 데이터를 융합한 산림바이오매스 산정방법의 특성을 설명하시오. (10점)

기 출 문 제

1. 3차원 직각좌표(X, Y, Z)와 경위도좌표(ϕ, λ, h)의 관계식은 다음과 같다.

$$X = (N+h)\cos\phi\cos\lambda$$
$$Y = (N+h)\cos\phi\sin\lambda$$
$$Z = \{N(1-e^2)+h\}\sin\phi$$
$$단, \ N = \frac{a}{\sqrt{1-e^2\sin^2\phi}}$$

여기서, ϕ, λ는 위도와 경도, h는 타원체고, N은 묘유선 곡률반경, e는 이심률, a는 타원체 장반경일 때 다음 물음에 답하시오. (총 20점)

1) 위 관계식에서 3차원 직각좌표(X, Y, Z)로부터 경위도좌표(ϕ, λ, h)를 역계산하는 3개의 식을 유도하시오. (10점)

2) 역계산식에서 위도를 반복계산하는 방법과 절차를 설명하시오. (10점)

2. 항공사진측량에 대한 다음 물음에 답하시오. (총 25점)

1) 공선조건식을 제시하고 그 의미를 설명하시오. (10점)

2) 광속조정법(Bundle Adjustment)의 정의, 작업순서, 관계식에 대해 설명하시오. (15점)

3. GPS 측량에서 시점 t에 대한 두 대의 위성수신기 i, j와 두 기의 위성 k, l 사이의 의사거리 관측값$(\varPhi)$은 다음과 같다.

$$y = \begin{bmatrix} \varPhi_i^k(t) \\ \varPhi_j^k(t) \\ \varPhi_i^l(t) \\ \varPhi_j^l(t) \end{bmatrix}, \ \Sigma_y = \sigma_0^2 P^{-1} = \sigma_0^2 I_4$$

여기서, Σ_y는 관측값에 대한 분산공분산행렬(Variance-covariance Matrix), P는 중량행렬(Weight Matrix), I_4는 4×4 단위행렬이다. 이때 위성 k에 대한 일차(단일) 차분은 $\varPhi_{ij}^k(t) = \varPhi_j^k(t) - \varPhi_i^k(t)$, 위성 l에 대한 일차차분은 $\varPhi_{ij}^l(t) = \varPhi_j^l(t) - \varPhi_i^l(t)$가 된다. 다음 물음에 답하시오. (총 30점)

1) 위성 k와 위성 l에 대한 관측값의 일차차분 관측방정식을 행렬-벡터(Matrix-Vector) 관계식으로 표현하시오. (15점)

2) 위성 k와 위성 l에 대한 관측값의 일차차분 관측방정식이 서로 독립임을 증명하시오. (15점)

4. 오차의 전파에 대한 다음 물음에 답하시오. (총 25점)

1) 우연오차의 오차전파식을 유도하시오. (15점)

2) 삼각수준측량에 의해 높이 H를 구하기 위한 측정값이 경사거리 $S = 100\text{m}$, 경사각 $\theta = 40°$이고, 거리(S)와 각(θ)에 대한 표준오차가 각각 $\sigma_S = \pm 0.1\text{m}$, $\sigma_\theta = \pm 5'$이다. 이때 S와 θ가 서로 독립 관측되었다면 높이 H와 높이의 표준오차 σ_H를 구하시오. (10점)

1. GNSS(Global Navigation Satellite Systems) 측량의 3차원 위치 추정에 사용하는
   관측값은 다양한 요인에 의한 오차를 포함하고 있다. 이를 효과적으로 제거(추정)하기
   위해 상대측량에서는 관측값을 차분하고, 다중주파수 관측데이터를 취득한 경우에는
   선형결합(Linear Combination)하는 방법을 사용할 수 있다. 다음 물음에 답하시오.

   (총 25점)

   1) 고정밀 GNSS 상대측량에서 이중차분 관측값을 이용해 위치를 추정하는 이유를 단
      일차분 및 삼중차분과 비교하여 장점을 중심으로 설명하시오.   (10점)
   2) GNSS 이중주파수 광폭선형 결합(Wide-lane Combination)을 모호정수 결정
      (Integer Ambiguity Resolution)에 사용할 때 얻을 수 있는 긍정적 효과를 설명하
      시오.   (10점)
   3) GNSS 이중주파수 반송파에 대해 아래 식과 같은 선형결합을 형성할 때 장단점을
      설명하시오.   (5점)

   $$\Phi_{Lc} = \Phi_{L1} - \frac{f_{L2}}{f_{L1}} \Phi_{L2}$$

   여기서, Φ_{L1}과 Φ_{L2}는 $L1$, $L2$의 반송파 관측값이고, f_{L1}과 f_{L2}는 $L1$, $L2$의 반송파
   주파수이다.

2. 무인항공기(UAV : Unmanned Aerial Vehicle)를 이용한 사진측량과 관련하여 다음
   물음에 답하시오.   (총 20점)
   1) 무인항공기와 기존 유인항공기를 이용한 사진촬영의 장단점을 비교하여 설명하시
      오.   (5점)
   2) 무인항공기를 하천측량에 적용할 때, 기존 토털스테이션(Total Station) 및 GNSS
      측량에 비해 기술적 측면과 작업의 효율성 측면에서 개선할 수 있는 사항을 설명하
      시오.   (15점)

3. 실내 3차원 공간정보를 구축하기 위해 ① 지상 LiDAR(Light Detection And Ranging), ② 광학영상, ③ 지상 LiDAR와 광학영상의 통합방식을 이용할 수 있다. 다음 물음에 답하시오. (총 25점)

  1) 실내 3차원 공간정보의 구축을 위한 점군자료(point cloud)의 획득 방법을 정지형(Static)과 이동형(Kinematic)으로 나누어 각각 설명하시오. (15점)

  2) 1)의 방법들을 통해 획득한 점군자료의 자동화 처리과정을 제시하고, 각 단계별 문제점을 설명하시오. (10점)

4. 신도시 기반시설물의 설계와 시공을 위한 수준점 측량을 실시하여 다음과 같은 결과를 얻었다. 수준점(B.M.)의 표고는 100.000m이고, 모든 관측값은 동일 조건에서 독립적으로 측정되었다. 물음에 답하시오. (총 30점)

측점경로	높이차	거리
B.M.→A	$l_1 = 29.864m$	2km
B.M.→B	$l_2 = 34.722m$	2km
A→B	$l_3 = 4.865m$	2km
B→C	$l_4 = 9.529m$	4km
A→C	$l_5 = 14.376m$	4km

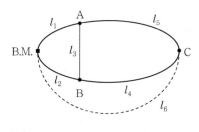

  1) 위의 그림에서 실선으로 표시된 수준망의 관측방정식을 제시하고, 최소제곱법을 이용하여 점 A, B, C 표고 및 조정된 표고값의 정밀도를 구하시오. (10점)

  2) 1)의 수준망에 점선으로 표시된 경로에 대한 추가관측(B.M. → C, l_6)을 계획하였다. 계획된 관측을 고려하여 최소제곱법을 적용하면 어떤 결과가 나오는지 수치를 제시하여 설명하시오. (단, B.M. → C의 거리는 6km이다.) (10점)

  3) B.M.과 점 A, B, C를 사진측량의 광속조정(bundle adjustment)에 연속된 사진의 종접합점(Pass Point)으로 사용하고자 한다. 수준망의 관측방정식을 광속조정에 통합하는 방법을 설명하고, 조정된 표고를 사용하는 방법과의 차이점을 기술하시오. (10점)

1. 트래버스 측량과 관련하여 다음 물음에 답하시오.   (총 25점)

   1) 트래버스 조정에 사용되는 트랜싯법칙과 컴파스법칙을 비교하여 설명하시오. (5점)

   2) 다음과 같은 트래버스 관측결과를 컴파스법칙으로 조정하여 각 측점의 좌표를 구하
      시오.(단, 각도는 초 단위 소수 둘째 자리까지 조정하고, 거리는 0.001m 단위까지
      계산한다. 편의상 1번 측점의 좌표는 (0,0)으로 한다.)   (20점)

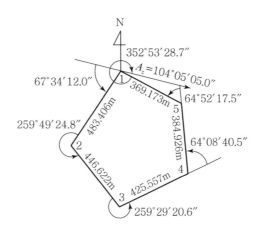

2. GNSS에 의한 측량방법과 관련하여 다음 물음에 답하시오.   (총 20점)

   1) 단독(Point) 측위와 상대(Relative) 측위, 정적(Static) 측위와 동적(Kinematic) 측
      위의 개념을 설명하시오.   (8점)

   2) 네트워크 RTK 방법의 가상기준점(VRS) 방식과 면보정계수(FKP) 방식을 비교 설
      명하시오.   (6점)

   3) 국가 GNSS 상시관측망의 개념과 활용성을 설명하시오.   (6점)

3. 다음은 세계측지계(장반경 $= 6,378,137$m, 편평률 $= \dfrac{1}{298.257222101}$)를 기준으로 한 삼각점의 위치정보를 나타낸 것이다. 설악11 삼각점에서 속초21 삼각점까지의 평균방향각이 $29°00'00''$, 평면거리가 7,780m였다. 다음 물음에 답하시오.(단, 0.1m 단위까지 계산) (총 20점)

점의 번호	위도	경도	타원체고	TM의 N좌표 (진북방향)	TM의 E좌표 (동서방향)
설악11	38°07'08''	128°27'55''	1,733m	613,357m	153,117m
속초21	38°10'49''	128°30'31''	551m		

1) 속초21 삼각점의 TM 평면직각좌표를 구하시오. (4점)
2) 설악11과 속초21 삼각점의 3차원직각좌표(X, Y, Z)를 구하시오. (12점)
3) 3차원 공간상에서 두 지점 간 거리를 구하고, 평면거리와의 차이 값을 계산하시오. (4점)

4. "수치지도에서 축척(예를 들어, 1 : 1,000과 1 : 5,000)의 개념이 의미가 있는가"라는 질문과, "모니터상에서 확대, 축소가 가능하므로 수치지도에 관한 한 축척은 1 : 1이다."라는 주장에 대해 논하시오. (15점)

5. 정사영상과 엄밀정사영상(진정사영상)에 관하여 다음 물음에 답하시오. (총 20점)
1) 공선조건식을 기반으로 정사영상을 제작하는 방법을 모두 설명하시오. (10점)
2) 엄밀정사영상(진정사영상)의 필요성과 제작방법에 대해 설명하시오. (10점)

1. 구간의 거리를 관측한 결과는 다음의 그림 및 표와 같다. 물음에 답하시오.　　(총 20점)

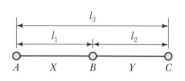

관측값 번호	구간	관측값±표준오차
l_1	AB	120.200m±0.002m
l_2	BC	110.100m±0.001m
l_3	AC	230.250m±0.003m

　1) 관측값의 경중률을 구하시오.　　(4점)

　2) 관측방정식을 이용하여 최소제곱법으로 조정된 X와 Y의 최확값을 구하시오. (8점)

　3) 조건방정식을 이용하여 최소제곱법으로 조정된 X와 Y의 최확값을 구하시오. (8점)

2. GNSS 측량과 관련하여 다음 물음에 답하시오.　　(총 30점)

　1) 위성의 배치에 따른 정확도를 나타내는 DOP(Dilution of Precision)를 산출하는 수식을 유도하시오.　　(15점)

　2) 단독측위에서 4개의 위성이 다음과 같이 배치되어 있을 때 GDOP, PDOP, HDOP, VDOP를 계산하시오.　　(15점)

위성 번호	방위각	고도
No.1	천정	
No.2	0°	60°
No.3	120°	60°
No.4	240°	60°

3. 사진측량에서는 동일 지역을 두 장의 사진에 중복되게 촬영시켜 입체시를 함으로써 3차원의 실세계를 재현하고 있다. 다음 물음에 답하시오.　　(총 20점)

　1) 시차공식을 유도하여 설명하시오.　　(10점)

　2) 입체시를 하기 위한 조건과 과고감(Vertical Exaggeration) 현상에 대하여 설명하시오.　　(10점)

4. 노선측량에서 교점(IP) 부근의 장애물로 인해 접근이 불가능하여 그림과 같이 트래버스를 구성하여 관측하였다. 누가거리가 100.000m인 점 A'에서 측량한 결과 $L = 280.000$m, $\angle \alpha = 20°20'00$, $\angle \beta = 39°40'00$이었다. $R = 200$m의 단곡선을 접선지거법에 의하여 설치하고자 할 때, 다음 물음에 답하시오.(단, 중심말뚝의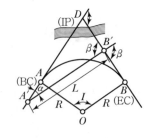

간격은 20m이며, 각은 초 단위까지 계산하고, 길이는 0.001m 단위까지 계산하되 지거의 좌표(x, y)는 소수점 이하 두 자리(0.01m)까지 계산함) (총 30점)

1) 곡선길이(CL), 시단현 길이(l_1), 시단현 편각(δ_1)을 구하시오. (5점)

2) 20m 편각(δ), 종단현 길이(l_2), 종단현 편각(δ_2)을 구하시오. (5점)

3) $\overline{AD}$를 X축으로 할 때 곡선 시점(A)으로부터 곡선의 중앙점까지의 모든 중심말뚝 위치를 좌표(x, y)로 나타내시오. (10점)

4) $\overline{BD}$를 X축으로 할 때 곡선 종점(B)으로부터 곡선의 중앙점까지의 모든 중심말뚝 위치를 좌표(x, y)로 나타내시오. (10점)

1. 주어진 각과 거리를 이용하여 단열 삼각망 조정을 하고자 한다. 다음 물음에 답하시오.
(단, ①, ②, ⋯, ⑮는 삼각형의 내각이고, 기선 b_1의 방향각은 T_1이며, 검기선 b_2의
방향각은 T_2이다.) (총 25점)

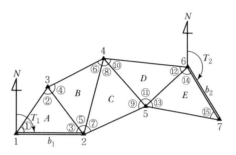

1) 각 조건 조정에 대하여 설명하시오. (5점)
2) 방향각 조건 조정에 대하여 설명하시오. (10점)
3) 변 조건 조정에 대하여 설명하시오. (10점)

2. GNSS 측량에 대한 다음 물음에 답하시오. (총 25점)
1) 코드기반 수신기 위치결정원리에 대하여 선형화와 행렬을 적용하여 설명하시오.
(15점)

2) 코드기반 DGNSS(Differential GNSS) 측량의 ① 수행과정, ② 오차보정방식,
③ DGNSS 서비스 방법에 대하여 각각 설명하시오.
(10점)

3. BM1, BM2, BM3, BM4 등 4개의 기설 수준점을 이용하여 새로운 A, B의 신규 수준점을 설치하고자 한다. 기설 수준점에 대한 표고와 각 코스의 측량성과는 그림과 표와 같다. 다음 물음에 답하시오.   (총 25점)

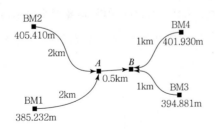

측점경로	높이차(m)
BM1 → A	11.010
BM2 → A	−9.172
A → B	3.538
BM3 → B	4.865
BM4 → B	−2.218

1) 관측방정식으로 A, B점에 대한 표고를 행렬을 이용하여 구하시오.   (10점)

2) 수준점 A, B의 조정된 표곳값에 대한 개개의 표준편차를 구하시오.   (10점)

3) 2)에서 표준편차 차이가 발생하는 원인을 설명하시오.   (5점)

4. 무인항공기(UAV) 측량에 대한 다음 물음에 답하시오.   (총 25점)

1) UAV를 이용한 ① 항공측량의 원리 및 특징, ② 수치지도 제작과정에 대하여 각각 설명하시오.   (15점)

2) UAV를 고정익과 회전익으로 구분할 때 각 활용 분야에 대하여 설명하시오.   (10점)

1. 한 대의 저가형 GPS 수신기를 탑재한 차량이 운행하는 상황에서 위성을 이용한 차량 항법과 관련한 다음 물음에 답하시오. (총 25점)

   1) 위성을 이용한 위치결정은 측위방법에 따라 단독 또는 상대측위, 정지 또는 이동측위, 실시간 또는 후처리 등으로 구분할 수 있다. 운행 중 교차로에서 신호대기로 정지한 차량이 별도의 보정정보 없이 측위한다면 이때 사용하는 측위방법은 무엇이며, 그 이유를 설명하시오. (10점)

   2) 실시간 이동측위(RTK : Real Time Kinematic)에서 일반 RTK와 네트워크 RTK에 대해서 각각 설명하시오. (10점)

   3) RTK 측량으로 취득한 높이 데이터를 이용하여 표고를 구하는 과정과 이때 필요한 정보를 기술하시오. (5점)

2. 임의의 점 A에 대한 측지좌표(Geodetic Coordinates)와 지심좌표(Geocentric Coordinates)의 상호 변환에 관한 다음 물음에 답하시오. (총 25점)

   1) 점 A의 측지 위도(ϕ_A), 경도(λ_A) 및 타원체고(h_A)는 각각 39°10′20.10″N, 74°55′48.55″W, 300.195m이다. WGS84 타원체의 매개변수를 사용하여 점 A의 지심좌표(X_A, Y_A, Z_A)를 구하시오.(단, WGS84 타원체의 이심률(Eccentricity)은 0.08181919084, 장반경(a)은 6,378,137.0m, 단반경(b)은 6,356,752.3m로 한다) (10점)

   2) 위 1)에서 구한 지심좌표를 측지좌표로 역계산하고, 그 과정을 구체적으로 제시하시오. (15점)

3. 그림과 같이 건물의 좌표를 결정하기 위하여 A, B 측선과 동일한 평면상에 P, Q점을 설치하고, 수평각과 연직각을 관측하였다. A측점에서 B측점 방향을 X축, 그 직각 방향을 Y축, 연직 방향을 Z축으로 설정하였으며, 이때 A점의 좌표는 $(0, 0, 0)$이다. 측정 결과가 다음과 같을 때 물음에 답하시오.(단, 수평각과 연직각의 관측오차가 없다고 가정한다)　　(총 25점)

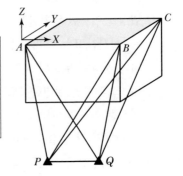

- 기선 : $\overline{PQ}$ = 30m
- 수평각 : $\angle APB$=25°, $\angle APC$=30°, $\angle APQ$=95°,
  $\angle PQA$=65°, $\angle PQB$=92°, $\angle PQC$=100°
- 연직각 : $\angle \alpha_A$=20°, $\angle \alpha_B$=17°, $\angle \alpha_C$=14°
  (측점 P에서 측점 A, B, C를 관측)

1) 변장 $\overline{AP}$, $\overline{AQ}$, $\overline{BP}$, $\overline{BQ}$의 XY평면상 수평길이를 mm 단위까지 계산하시오.　　(15점)

2) B측점의 좌표를 mm 단위까지 계산하시오.　　(10점)

4. 그림과 같이 토털스테이션으로 거리와 각을 관측하고, 이를 이용하여 최소제곱법으로 미지 좌표를 추정하려고 한다. 다음 물음에 답하시오.　　(총 25점)

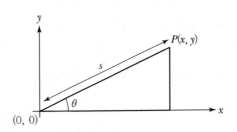

1) 거리 관측값(s)과 각 관측값(θ)을 이용하여 점 P의 평면좌표(x, y)를 수식으로 나타내시오.　　(5점)

2) 비선형 관측모델에 최소제곱조정 방법을 적용하기 위한 선형식을 유도하고, 이때 필요한 값과 조건을 설명하시오.　　(10점)

3) 관측 결과가 아래 표와 같고, 동일 세션에서 거리와 각 관측의 상관계수(ρ)가 0.5라고 할 때 최소제곱조정 계산을 위한 관측값의 분산-공분산 행렬(Σ)을 구하시오. (단, 서로 다른 세션의 관측값은 서로 독립이라고 가정한다) (5점)

세션	거리(s)		각(θ)	
	측정값(m)	표준편차(m)	측정값(도-분-초)	표준편차($''$)
1	40.000	0.002	30-00-01	2.0
2	40.002	0.002	29-59-59	2.0
3	39.998	0.002	30-00-02	2.0

4) 만일, 최소제곱조정 결과 점 P의 평면좌표(x, y) 성분에 대한 표준편차가 각각 $\sigma_x = 0.4\text{cm}$, $\sigma_y = 0.2\text{cm}$이고, 공분산이 $\sigma_{xy} = 0.32\text{cm}^2$로 주어졌을 때, 점 P의 평면 오차 최댓값을 0.1mm 단위까지 구하시오. (5점)

기 출 문 제

1. 그림과 같이 점 P에서 수평각 α와 β를 관측하여 $\alpha = 48°53'12''$와 $\beta = 41°20'35''$를 얻었다. 기준점 A, B, C의 좌표가 아래 표와 같을 때, 다음 물음에 답하시오.(단, 좌표는 0.001m까지, 각은 초($''$)단위까지 구한다)   (총 30점)

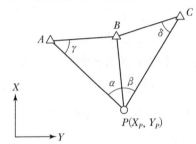

기준점	X(m)	Y(m)
A	2180.248	572.125
B	2249.795	1354.299
C	2486.122	2035.009

1) 수평각 γ와 δ를 구하시오.   (20점)

2) 점 P의 좌표(X_P, Y_P)를 구하시오.   (10점)

2. 항공삼각측량에 대한 다음 물음에 답하시오.   (총 30점)

1) 항공삼각측량을 조정기본 단위에 따라 분류 · 설명하시오.   (5점)

2) 광속조정법(Bundle Adjustment)의 수학적 원리에 대하여 설명하시오.   (15점)

3) 광속조정법의 특징 및 작업 순서를 설명하시오.   (10점)

3. GNSS에 대한 다음 물음에 답하시오.   (총 15점)

1) SBAS(Satellite Based Augmentation System, 위성기반 보강시스템)에 대하여 설명하시오.   (10점)

2) GNSS를 이용한 위치 결정을 의도적으로 방해 · 교란하는 기술들에 대하여 설명하시오.   (5점)

4. 국토교통부에서는 지하시설물 등의 안전한 관리 및 지하개발 설계 · 시공 지원 등을 위하여 지하공간통합지도를 구축하고 있다. 이와 관련하여 다음 물음에 답하시오.

(총 25점)

1) 지하공간통합지도의 정의 및 지하정보의 종류에 대하여 설명하시오. (10점)
2) 지하공간통합지도의 구축 방법에 대하여 설명하시오. (10점)
3) 지하공간통합지도의 품질 향상방안에 대하여 설명하시오. (5점)

참고문헌 REFERENCE

1. 「측량공학」 유복모 (박영사, 1996)
2. 「측량학 원론(Ⅰ)」 유복모 (박영사, 1995)
3. 「측량학 원론(Ⅱ)」 유복모 (박영사, 1995)
4. 「측량학」 유복모 (동명사, 1998)
5. 「사진 측정학」 유복모 (문운당, 1998)
6. 「측량학 해설」 정영동 · 오창수 · 조기성 · 박성규 (예문사, 1993)
7. 「원격탐측」 유복모 (개문사, 1986)
8. 「경관공학」 유복모 (동명사, 1996)
9. 「표준 측량학」 조규전 · 이석 (보성문화사, 1997)
10. 「측지학」 유복모 (동명사, 1992)
11. 「현대수치 사진측량학」 유복모 (문운당, 1999)
12. 「GIS 용어 해설집」 이강원 · 황창학 (구미서관, 1999)
13. 「지형공간정보론」 유복모 (동명사, 1994)
14. 「공간분석」 김계현 (두양사, 2004)
15. 「원격탐사의 원리」 대한측량협회 번역
16. 「지리정보시스템의 원리」 대한측량협회 번역
17. 「환경원격탐사」 채효석 · 김광은 · 김성준 · 김영섭 · 이규성 · 조기성 · 조명희 옮김 (시그마프레스, 2003)
18. 「공간정보공학」 조규전 (양서각, 2005)
19. 「GIS 개념과 기법」 김성준 · 김대식 · 김철 · 배덕효 · 신사철 · 조명희 · 조기성 옮김 (시그마프레스, 2007)
20. 「항공레이저측량의 기초와 응용」 서용철 · 최윤수 · 허민 옮김 (대한측량협회, 2009)
21. 「GNSS 측량의 기초」 서용철 옮김 (대한측량협회, 2011)
22. 「영상탐측학 개관」 유복모 · 유연 (동명사, 2012)
23. 「현장측량실무지침서」 ㈜케이지에스테크 (구미서관, 2012)
24. 「GPS 이론과 응용」 서용철 옮김 (시그마프레스, 2013)
25. 「지하공간정보 관리론」 손호웅 · 이강원 (시그마프레스, 2015)
26. 「공간정보 용어사전」 한국지형공간정보학회 (국토지리정보원, 2016)
27. 「드론(무인기) 원격탐사, 사진측량」 이강원 · 손호웅 · 김덕인 (구미서관, 2016)
28. 「사진측량 및 원격탐측개론」 한승희 (구미서관, 2016)
29. 「원격탐사와 디지털 영상처리」 임정호 · 손홍규 · 박선엽 · 김덕진 · 최재완 · 이진영 · 김창재 (시그마프레스, 2016)
30. 「지형공간정보체계 용어사전」 이강원 · 손호웅 (구미서관, 2016)
31. 「측지학 개론」 박관동 · 양철수 (금호, 2017)
32. 「정밀측량 · 계측」 이영진 (청문각, 2018)
33. 「포인트 측량및지형공간정보기사 필기」 박성규 외 6인 (예문사, 2021)
34. 「공간정보 품질표준(KS X ISO 19157) 해설서」 국토교통부
35. "정밀 1차망의 실용성과 산징에 관한 연구" 최재화, 국립지리원, 1994.
36. "정밀 2차 기준점 실용성과 산정방안에 관한 연구" 건설교통부 국립지리원, 1995.
37. "우리나라 정밀수준망에 관한 연구(우리나라의 주요 항구의 평균해면 및 조위 분석)" 건설교통부 국립지리원, 1983.

38. "정밀 수준망의 조정에 관한 연구" 건설교통부 국립지리원, 1987.
39. "한국 측지좌표계와 지구 중심 좌표계의 재정립에 관한 연구(Ⅰ)" 건설교통부 국립지리원, 1996.
40. "지자기 측량에 관한 연구" 건설교통부 국립지리원, 1990.
41. "지자기 편차 작성에 관한 연구" 건설교통부 국립지리원, 1997.
42. "우리나라 정밀 삼각망 조정에 관한 연구" 건설교통부 국립지리원, 1984.
43. "측지 기준점 유지관리에 관한 연구" 건설교통부 국립지리원, 1991.
44. "중력 측정에 관한 연구" 건설교통부 국립지리원, 1986.
45. "수치지도 좌표체계" 이영진, 건설교통부 국립지리원, 1998.
46. "수치지도 관리 및 개선을 위한 연구" 건설교통부 국립지리원, 1997.
47. "TM 투영에서의 좌표변환에 관한 연구" 조규전, 대한측량협회, 1997.
48. "지리정보체계 구축을 위한 수치지도제작의 방향" 김원익, 대한측량협회 1994.
49. "GPS/INS 항공사진측량의 실무적용을 위한 연구" 건설교통부 국립지리원, 2002.
50. "항공사진 품질향상 방안에 관한 연구 Ⅱ" 건설교통부 국립지리원, 2003.
51. "메타데이터 표준화 연구" 건설교통부 건설교통부 국립지리원, 2003.
52. "공간정보 기반의 지능형 시설물 모니터링체계 활용방안 마련 연구" 공간정보산업협회, 2017.
53. "스마트건설을 지원하는 측량제도 발전방안 연구" 국토교통부 국토지리정보원, 2019.
54. "우주측지기술을 이용한 국가측지망 고도화 연구" 국토교통부 국토지리정보원, 2019.
55. "우주측지기술을 이용한 국가측지망 고도화 연구(2차)" 국토교통부 국토지리정보원, 2019.
56. "2025 국가위치기준체계 중장기 기본전략 연구" 국토교통부 국토지리정보원, 2019.
57. "2019년도 지각변동감시체계 구축" 국토교통부 국토지리정보원, 2020.
58. "독도 측량 및 지도제작 주요성과 보고서" 국토지리정보원
59. "지하시설물 관리체계 고도화 방안 연구" 공간정보품질관리원
60. "우리나라 정밀측지망 설정에 관한 연구" 안철수 · 윤재식 · 김원익 · 안기원 (한국측지학회, 4(1), pp. 13~24, 1986)
61. "1, 2등 국가삼각점의 실용성과 정밀산정" 최재화 · 최윤수 (한국측지학회, 13(1), pp. 1~12, 1995)
62. "신뢰타원에 의한 삼변망의 오차 해석, 도로 시설물 관리를 위한 자료기반 설계에 관한 연구" 백은기 · 구재동 (한국측지학회, 13(1), pp. 13~20, 1995)
63. "한국측지좌표계의 재정립에 대한 연구" 이영진 · 조규전 · 김원익 (한국측지학회, 14(2), pp. 141~150, 1996)
64. "연직선 편차와 천문좌표산정을 위한 GPS의 적용 연구" 이용창 · 이용욱 (한국지형공간정보학회지, 5(1), pp. 57~70, 1996. 6)
65. "천문 경위도 결정에 있어서 GPS의 응용 가능성 검토" 강준묵 · 오원진 · 손홍규 · 이용욱 (한국지형공간 정보학회지, 3(2), pp. 75~82, 1995. 12)
66. "D-InSAR 기법을 이용한 호남선 고속철도 구간 지반 침하 분석" 김한별 · 윤홍식 · 염민교 · 이원응, 한국지형공간정보학회지, 2017.
67. "실내환경에서 영상을 이용한 무인비행체 SLAM 기법연구" 임성규 (2011)
68. "디지털 트윈과 스마트시티 정책 및 방향" 이재용 (측량, 2017)
69. "라오스 · 몽골 등 8개국에 최신 국내 공간정보기술 전수" (국토교통부 보도자료, 2018)
70. "국가공간정보 통합 · 활용체계 개선 2단계 사업완료" (국토교통부 보도자료, 2022)

71. "해외 오픈소스 공간정보 정책동향 및 시사점" 강혜경 (국토연구원 보도자료, 2018)
72. "4차 산업혁명을 견인하는 '디지털 트윈 공간(DTS)' 구축 전략" 사공호상 외 (국토정책 Brief, 2018)
73. "캄보디아 국가공간정보인프라 현황 및 구축현황" 국토연구원 (국토정책 Brief, 2010)
74. "개발도상국 공간정보인프라 구축 및 활용 연구 : 해외시장 진출을 위한 전략과 정책과제를 중심으로" 최병남, 강혜경 외 (국토연구원, 2012)
75. "국가 인프라의 효율적 관리를 위한 SAR 영상 활용방향 : 철도인프라를 중심으로" 서기환 · 임륭혁 · 이일화 (국토연구원, 2021)
76. "해외 공간정보 인프라 현황 및 수주 전략 연구" 김경일 외 (대한지적공사, 2014)
77. "내 발 밑에서 발생하는 안전사고, 예방할 수 있는 단 하나의 수단 '지하공간통합지도'" (한국국토정보공사, 2021)
78. "지하매설물 스마트 통합 안전관리체계 포럼" (한국과학기술단체총연합회 · 한국부식방식학회, 2020)
79. "제5회 「측량의 날」 기념식 및 측량기술진흥대회/제3회 「Geomatics Forum」" (대한측량협회, 2004)
80. "2005 GIS/RS 공동춘계학술대회" 논문집 (2005)
81. "제6회 측량의 날 기념식/제10회 측량기술진흥대회/제4회 Geomatics Forum/측량학회 추계학술대회" (대한측량협회, 2005)
82. "한국측량학회 춘계학술발표회 논문집" (한국측량학회, 2006)
83. "제8회 측량의 날 기념식 및 측량기술진흥대회 & 제6회 Geomatics Forum 및 측량학회 추계학술대회" (대한측량협회, 2007)
84. "2007 GIS 공동춘계학술대회 논문집" ((사)한국공간정보시스템학회, 2007)
85. "2009 GIS 공동추계학술대회 논문집" ((사)한국공간정보시스템학회, 2009)
86. "측량" (대한측량협회, 2000~2015)
87. "국가 수직기준체계 수립을 위한 연구" (국토지리정보원, 2010)
88. "지구물리측량연구 연구보고서" (국토지리정보원, 2010)
89. "육지, 해양 지오이드 통합모델 구축방안 연구" (국토지리정보원, 2011)
90. "2011 한국지형공간정보학회 춘계학술대회 논문집" (한국지형공간정보학회, 2011)
91. "한국측량학회 춘계학술발표회 논문집" (한국측량학회, 2012~2014)
92. "2012 NSDI 공동추계학술대회 논문집" (한국지형공간정보학회, 한국공간정보학회, 2012)
93. "2012 한국수로학회 추계학술대회 논문집" (한국수로학회, 2012)
94. "2012 해양과학 국제세미나 지속가능한 해양영토관리를 위한 해양조사" (국립해양조사원, 2012)
95. "국가수직기준 연계성과 확산을 위한 워크숍" (국토지리정보원, 2012)
96. 지적측량분야 GPS 효율성 향상을 위한 PPP – RTK 기술연구 (대한지적공사 공간정보연구원, 2013)
97. 수준측량에 GNSS 기술 적용을 위한 공청회 (국토지리정보원, 대한측량협회, 2014)
98. "한국지형공간정보학회 춘계학술대회 논문집" (한국지형공간정보학회, 2014~2018)
99. "제14회 Geomatics Forum" (대한측량협회, 2015)
100. "공동추계학술대회 논문집" (한국공간정보학회, 한국지형공간정보학회, 2015~2016)
101. "한국측량학회 정기학술발표회 논문집" (한국측량학회, 2015~2022)
102. "측량" (공간정보산업협회, 2016~2019)
103. "대한공간정보학회 춘계학술대회 논문집" (대한공간정보학회, 2019~2022)

104. '측량'(한국공간정보산업협회, 2021)

105. "위클(국토위성센터 소식지)" 국토지리정보원 국토위성센터, 2021.

106. 실내공간정보 구축 작업규정

107. 지하공간통합지도 제작 작업규정

108. 지하안전관리에 관한 특별법 시행령

109. 고속도로설계 실무지침서

110. 국토교통부 스마트건설기술현장 적용 가이드라인

111. 공공측량성과 메타데이터 작성가이드(Ver.1.3, 공간정보품질관리원)

112. 국토교통부 국가관심지점정보(http://www.molit.go.kr/USR/WPGE0201/m_35926/DTL.jsp)

113. 국립해양조사원(https://www.khoa.go.kr)

114. 브이월드(https://map.vworld.kr)

115. 국토정보플랫폼/공간정보/독도공간정보(http://map.ngii.go.kr)

박성규

약 력

- 공학박사
- 측량 및 지형공간정보기술사
- 現) 서초수도건설학원 원장
- 前) 한국지형공간정보학회 부회장

저 서

도서출판 예문사
- 측량 및 지형공간정보 특론
- 포인트 측량 및 지형공간정보기술사
- 포인트 측량 및 지형공간정보기술사 과년도문제해설
- 포인트 측량 및 지형공간정보기술사 실전문제 및 해설
- NEW 측량 및 지형공간정보기술사 기출문제 및 해설
- 지적기술사
- 포인트 지적기술사
- 포인트 측량 및 지형공간정보기사 필기
- 포인트 측량 및 지형공간정보기사 실기
- 포인트 측량 및 지형공간정보산업기사 필기/실기
- 포인트 측량 및 지형공간정보기사 과년도문제해설
- 포인트 측량 및 지형공간정보산업기사 과년도문제해설
- 포인트 측량 및 지형공간정보기사 · 산업기사 실기 과년도 문제해설
- 포인트 측량기능사 필기＋실기
- 토목기사 · 산업기사 핵심이론 및 문제해설
- 포인트 토목기사 과년도문제해설
- 포인트 토목산업기사 과년도문제해설
- 포인트 토목기사 실기
- 토목종합문제집
- 최신 측량학 해설
- 핵심 측량학 해설
- 도시계획기사 대비 측량학
- 포인트 토목시공기술사
- 측량 및 지형공간정보 용어해설

임수봉

약 력
- 공학박사
- 측량 및 지형공간정보기술사
- 現) (주)동원측량 컨설턴트 대표이사

저 서
도서출판 예문사
- 측량 및 지형공간정보 특론
- 포인트 측량 및 지형공간정보기술사
- 포인트 측량 및 지형공간정보기술사
  과년도문제해설
- 포인트 측량 및 지형공간정보기사
- 포인트 측량 및 지형공간정보산업기사
- 측량 및 지형공간정보 용어해설

박종해

약 력
- 측량 및 지형공간정보기술사
- 現) ㈜케이지에스테크 전무
- 現) 현대건설기술교육원 강사
- 前) 한국지형공간정보학회 이사

저 서
구미서관
- 현장측량실무지침서

도서출판 예문사
- 포인트 측량 및 지형공간정보기술사
- 포인트 측량 및 지형공간정보기술사
  실전문제 및 해설
- NEW 측량 및 지형공간정보기술사
  기출문제 및 해설

강상구

약 력
- 공학박사
- 측량 및 지형공간정보기술사

저 서
도서출판 예문사
- 포인트 측량 및 지형공간정보기술사
- 포인트 측량 및 지형공간정보기술사
  과년도문제해설
- 포인트 지적기술사

송용희

약 력
- 공학석사
- 측량 및 지형공간정보기술사

저 서
도서출판 예문사
- 포인트 측량 및 지형공간정보기술사
- 포인트 측량 및 지형공간정보기사
- 포인트 측량 및 지형공간정보산업기사
- 포인트 측량 및 지형공간정보기사
  과년도문제해설
- 포인트 측량 및 지형공간정보산업기사
  과년도문제해설
- 포인트 측량 및 지형공간정보기사 실기

이혜진

약 력
- 공학석사
- 측량 및 지형공간정보기술사
- 現) 신안산대학교 겸임교수
- 現) 대진대학교 강사
- 前) 인하공업전문대학, 송원대학교,
  인덕대학교 강사

저 서
도서출판 예문사
- 포인트 측량 및 지형공간정보기술사
- 포인트 측량 및 지형공간정보기술사
  실전문제 및 해설
- NEW 측량 및 지형공간정보기술사
  기출문제 및 해설
- 포인트 측량 및 지형공간정보기사
- 포인트 측량 및 지형공간정보산업기사
- 포인트 측량 및 지형공간정보기사
  과년도문제해설
- 포인트 측량 및 지형공간정보산업기사
  과년도문제해설

Seocho
서초수도건설학원
www.seochosudo.kr

여러분의 미래를 설계하는 힘,
도전과 꿈이 있다면 그 가능성은 열려 있습니다.

건설기술교육의 최고의 장! 서초수도건설학원에서
여러분의 꿈을 위한 도전을 도와드리겠습니다.

강의 개강일정

측량및지형공간정보기술사				2월, 8월, 11월 개강			
측량 및 지형 공간 정보	기사/산업기사	필기	1·4회 시험대비 (1월, 7월 개강)	지적	기사/산업기사	필기	1·3회 시험대비 (1월, 5월 개강)
		실기	매회 필기시험 직후			실기	매회 필기시험 직후
	기능사	필기	1·3·4회 시험대비 (11월, 5월, 7월 개강)		기능사	필기	1·4회 시험대비 (11월, 7월 개강)
		실기	매회 필기시험 직후			실기	매회 필기시험 직후

[개설강좌]

토목시공기술사 / 토목구조기술사 / 건축구조기술사 / 도로및공항기술사 / 토질및기초기술사 / 건축시공기술사
측량및지형공간정보기술사 / 건설안전기술사 / 상하수도기술사 / 도시계획기술사 / 조경기술사 / 자연환경관리기술사
철도기술사 / 교통기술사 / 지적기술사 / 토목품질시험기술사 / 건축품질시험기술사
측량및지형공간정보(산업)기사 / 지적(산업)기사 / 도시계획기사 / 토목(산업)기사 / 건축(산업)기사
한국국토정보공사 전공대비 / 5급.7급.9급 공무원(기술직)

서초수도건설학원 서울본원 ☎02)522-0441 / 대전분원 ☎042)222-0441

포인트

측량 및 지형공간정보기술사

발행일	2006. 9. 10	초판발행
	2009. 1. 5	개정 1판1쇄
	2011. 1. 10	개정 2판1쇄
	2013. 8. 25	개정 3판1쇄
	2017. 3. 20	개정 4판1쇄
	2019. 8. 20	개정 5판1쇄
	2022. 8. 20	개정 6판1쇄

저 자 | 박성규 · 임수봉 · 박종해 · 강상구 · 송용희 · 이혜진
발행인 | 정용수
발행처 | 예문사

주 소 | 경기도 파주시 직지길 460(출판도시) 도서출판 예문사
T E L | 031) 955 – 0550
F A X | 031) 955 – 0660
등록번호 | 11 – 76호

정가 : 90,000원

ISBN 978–89–274–4769–6 13530